V&Runipress

D1718307

Herzlichst

J. Mehl

2013

Kilian Mehl

Burn on, Homo sapiens!

Essays über die Menschen

V&R unipress

Bibliografische Information der Deutschen Nationalbibliothek

Die Deutsche Nationalbibliothek verzeichnet diese Publikation in der Deutschen
Nationalbibliografie; detaillierte bibliografische Daten sind im Internet über
http://dnb.d-nb.de abrufbar.

ISBN 978-3-8471-0176-5

Printed in Germany.
Druck und Bindung: CPI Buch Bücher.de GmbH, Birkach
Lektorat: Bettina Moll, www.texttiger.de
Cover-Collage: Gestaltung nach einer Idee der Stadt der Zukunft in 3013 (Burn on, Homo sapiens!)
© Yimeng Wu; www.yimengwu.com

Gedruckt auf alterungsbeständigem Papier.

Inhalt

Vorwort

Haben Sie sich schon einmal gefragt, warum kein Tag vergeht, an dem nicht irgendwo in den Medien von Burn-out die Rede ist? Tagtäglich wird der zunehmend erschöpfte Mensch, die erschöpfte Gesellschaft oder der erschöpfte Planet thematisiert, und die Angst vor Krankheit, Jobverlust oder ganz allgemein vor irgendeiner Krise ist auch ständig präsent (Kap. 5).

Warum fokussieren wir uns weniger auf positive und mehr auf negative Dinge und genießen unser doch so gut laufendes Leben in unseren (post)industrialisierten Gesellschaften nicht? Der Wohlstand ist noch niemals so groß und der Lebenskomfort noch niemals so hoch gewesen wie jetzt. Die technischen Möglichkeiten und Hilfsmittel sind ausgereifter als je zuvor, die Arbeit körperlich weniger anstrengend als früher und wir haben auch mehr Freizeit.

Wundert es Sie da nicht, dass die Krankheitsstatistiken bezüglich seelischer Erkrankungen in den letzten Jahren explosionsartig in die Höhe schnellten? Was ist los? Was ist passiert? Was haben wir für Schwierigkeiten und was ist eigentlich Burn-out?

Vielleicht sind an all dem Dilemma die wachsende Leistungs- und Zeitbeschleunigung schuld, die technischen Quantensprünge oder das ungeordnete Vorhandensein an materiellem und immateriellem Überfluss, denen wir nicht mehr Herr werden können. Vielleicht hängt es aber auch mit einem Verlust von verhaltensrelevanten Werten und Basiskompetenzen zusammen oder damit, dass uns notwendige neue Kompetenzen zur Bewältigung unserer Herausforderungen in der Jetzt-Gesellschaft fehlen. Natürlich, wir leben in der Zeit eines raschen Biotopwandels und sind damit erst einmal überfordert, die dafür notwendigen Anpassungsleistungen zu erbringen. Was sollen und können wir aber aktiv tun, um uns nicht nur passiv unserem Schicksal zu ergeben?

In Kapitel 1 fangen wir mal ganz von vorne an, blicken auf unseren Ursprung, die ersten Entwicklungsschritte unserer Art, um anschließend in Kapitel 2 darauf zu schauen, wie sich die anderen Primaten, die Affen, zu uns parallel entwickelt haben. Uns interessiert, wie wir »Primatenprimus« wurden.

Kapitel 3 beschäftigt sich dann mit den wesentlichen Fragen der Menschheit:

Was ist der Mensch, wie funktioniert er und wofür ist er da? Seitdem der Mensch reflektieren kann, sucht er die Antworten auf diese Fragen. Wir unternehmen einen Streifzug durch die Meinungen, die sich Philosophen, Psychotherapeuten und Pädagogen anlässlich dieser Thematik gebildet haben, um eventuell etwas Nützliches für eine anwendbare Jetzt-Philosophie zu finden.

Das Lebendige lässt sich aber am besten durch Lebendigkeit beschreiben, und so schauen wir uns in Kapitel 4 einige Filmszenen aus unserem jetzigen Sein an.

Vielleicht sind wir doch noch zu retten, und die uns überschwemmenden Horror-, Untergangs- und Mutanten-Zukunftsvisionen, die uns in unzähligen aktuellen Filmen ein düsteres Morgen malen, verlieren ihre Bedrohlichkeit genauso, wie unsere romantischen Vorstellungen, Utopien und Wünsche einer immerwährenden Komfortzone, in der wir uns bequem zurücklehnen können, als Illusion entlarvt werden.

Wozu haben wir, die bestangepassten »Affen« der Welt, einen superflexiblen, kreativen und potenten Erfahrungsreaktor, den wir unser Hirn nennen? Doch ohne unseren Körper und unsere Seele – was ist das eigentlich? – wäre es nutzlos. Diese Aspekte wollen wir in den Kapiteln 6 und 7 näher betrachten.

Vielleicht ist uns die enorme Anpassungsfähigkeit, die den kleinen Altweltaffen zum Homo sapiens gemacht und mit enormem Erfolg in die Gegenwart geführt hat, doch nicht ganz abhandengekommen. Eventuell können wir doch etwas tun, und unser Glück ist nicht nur eine Schicksalsfrage, sondern eine Aufgabe, und unsere beklagenswerten Angst- und Burn-out-Szenarien können einer inneren Burn-on-Haltung mit Bewältigungsoptimismus weichen (Kap. 8).

Wie können wir die für uns so wichtigen und artgerechten Erfahrungsräume gestalten? Wir brauchen sie dringend, um zu notwendigem innerem Wachstum zu kommen und uns auf die Zukunft vorzubereiten. Vorschläge und Wege für gesamtgesellschaftliche Veränderungen sind in Kapitel 8 und 9 aufgezeigt, und im Anhang gibt es Tipps und Anleitungen für erste Schritte im Alltag.

Das letzte Kapitel ist aber nie geschrieben, und das Beste kann immer noch kommen, wenn wir nur damit anfangen, das zu tun, was wir schon längst wissen: Die Notwendigkeit anzuerkennen, dass wir uns an das neue Biotop anpassen und es mit unseren enormen sozialen Fähigkeiten und unserer ungeheuren Kreativität wieder etwas artgerechter gestalten müssen.

Das Buch ist ein Plädoyer zur Herstellung künstlicher, aber auch Wiederherstellung natürlicher menschengerechter Erfahrungsräume. Nur diese sind der Boden und der Nährstoff, auf dem und mit dem wir in eine gelingende Zukunft wachsen können.

1. Homo sapiens: Überlebensstratege und Anpassungsgenie

1.1 Die segensreiche Klimakatastrophe?

Fast undurchdringliches Dickicht: Zwischen riesigen Bäumen und zu Gewölben verschlungenen Lianen zieht sich ein unendlich scheinendes, sumpfiges Kissen. Es sind Farne, Orchideen und Moose, die sich zu gewaltigen Wänden auftürmen und Decken aus geheimnisvollen Grüntönen bilden. Hier und da dringt ein Sonnenstrahl in die Abgründe des dampfenden Regenwaldes. – Wir befinden uns in Afrika.

Doch tief unter diesem Reich des Lebendigen brodelt glühendes Gestein, das sich mit gewaltiger Kraft seinen Weg nach oben bahnt. Afrika droht auseinanderzubrechen. Auf einer Länge von sechstausend Kilometern, etwa von Somalia bis Mozambique, entsteht ein langer, großer Graben: das *Great Rift Valley*. Hunderte von Metern senkt es sich in die Tiefe, während seine Ränder sich zu gewaltig hohen Bergketten ausformen, zu denen später auch Vulkane wie der Kilimandscharo gehören werden. Über fünftausend Meter hoch wachsen die Berge an, die das Land teilen, und diesseits wie jenseits der Bergketten verändert sich das Klima. Die Berge bilden eine Regenbarriere, die westlich des Massivs Regenwälder erblühen, östlich jedoch nur noch Baumsavannen zurücklässt.

In den Regenwäldern tummeln sich schon seit Langem Primaten. Sie hangeln sich von Baum zu Baum und ernähren sich hauptsächlich von Beeren und Früchten. Doch der große Klimawandel hat ihnen Grenzen gesetzt. Weite, trockene, meterhohe Grasfelder erstrecken sich jetzt im Osten des Landes. Nur noch vereinzelt trifft man auf einen Baum und ab und an auf riesige Seen.

Vor etwa 2,5 Millionen Jahren wagten sich Wesen über diese Schwelle hinaus. Ihr Merkmal war der aufrechte Gang. Wir nennen sie heute die Hominiden. Es war eine Spezies aus der Abstammungslinie des Homo sapiens, es war *Homo rudolfensis*.

1.2   Drei Wesen am großen Graben

Im Wald war es ziemlich eng geworden, die Besiedlung wurde immer dichter, die Nahrung immer knapper. Es gab eine hohe Kindersterblichkeit, denn es war fast unmöglich, sie unter diesen schlechten Bedingungen am Leben zu erhalten und großzuziehen. Dann wurden auch noch die Aggressionen und Auseinandersetzungen unter den Bewohnern immer heftiger, bis es fast gar nichts mehr zu essen gab. Viele Bewohner waren deshalb bis hinaus an den Waldrand gedrängt, dorthin, wo das gefährliche Grasland begann. Nur vereinzelt durchbrachen hier Gruppen von Dornbüschen oder kleine Bauminseln die Weite des meterhohen Grases, welches sich gleichförmig und sanft dem Wind beugte. Doch wie verlockend war der Gedanke, hinaus in die Graslandschaft zu gehen und Beeren, Samen, Nüsse, Früchte und Pilze zu finden – all das, was hier im Wald knapp geworden war. Vielleicht konnten sie jenseits des Waldrandes überhaupt ein angenehmeres und gesünderes Leben führen. Vielleicht hätten sie dort alle eine bessere Zukunft und ihre Nachkommen bessere Überlebenschancen.

Bereits einige von ihnen hatten es versucht, aber alle, die die Grenze überschritten und das Gebiet jenseits des Waldes betreten hatten, waren bislang gescheitert. Die Gefahren in dem hohen Gras waren einfach doch zu groß gewesen. Ihr Problem war, dass sie zu klein waren, um die Steppe ausreichend überblicken zu können. An jeder Stelle lauerten dort Gefahren und ehe sie sich versahen, waren sie auch schon zur Beute geworden und einem Raubtier zum Opfer gefallen. Immer wieder gerieten sie in diese tödlichen, ausweglosen Situationen, aus denen kein Entrinnen mehr war. Das war schrecklich und nahm ihnen zunächst jede Hoffnung auf ein besseres Leben.

Doch einem von ihnen war es schon gelungen. Er hatte die Waldgrenze überschritten und war zurückgekommen. Wie machte er dies nur? Auf alle Fälle konnte er sich viel sicherer fortbewegen als die anderen. Im Erspähen von Gefahren musste er eine bessere Methode haben. Die drei am Waldrand Hockenden beobachteten ihn genau. Er reckte sich wie ein Bär und stellte sich auf seine Hinterbeine. So tapste er durch das hohe Gras, immer auf der Hut, den Blick rundum gerichtet, um rechtzeitig genug zu bemerken, wo eine Gefahr lauern konnte. Auf diese Weise gelang es ihm, die begehrten Früchte und Knollen zu sammeln. Weit entfernte er sich nicht, und immer hielt er sich in der Nähe des Waldrands auf, um bei drohender Gefahr schnell wieder die schützenden Baumwipfel zu erklimmen. Doch eines Tages hatte es ihn dann doch erwischt. Im letzten Moment noch sah er, wie sich eine große Wildkatze geschmeidig durch das hohe Gras auf ihn zubewegte. Flink drehte er sich um und rannte los, um den Rettung verheißenden Wald zu erreichen. Doch die Katze war schneller. Kurz bevor er einen Baum hochklettern konnte, schnappte sie zu. Sie war froh. Denn ihre drei hungrigen Kinder warteten schon drei Tage lang draußen in der Steppe im Schatten eines Kameldornbaums auf eine kräftigende Mahlzeit.

Auf Dauer war das Risiko also viel zu groß. Die drei Wesen am Waldrand hatten Angst. Natürlich hatten sie es auch schon versucht, sich auf die hinteren Beine zu stellen und loszulaufen. Sicherlich war dies schon eine lange Zeit her, gewiss länger als ein Leben. Immerhin, ein Stück weit hatten sie sich damals hinausgewagt, aber zur Ernährung ihrer Familien hatten die wenigen Nahrungsfunde bei Weitem nicht ausgereicht. Nach wie vor plagte sie der Hunger. Es musste etwas passieren. Ihre Familien waren kaum mehr überlebensfähig. Ihre Kinder hatten nichts zu essen. Ihre kraftlosen Brüder und Schwestern erlagen Krankheiten oder den Angriffen feindlicher Gruppen. Andere wiederum hielten die Anspannung und die Bedrohung, die mit den Querelen unter den Familien verbunden waren, kaum noch aus. »Wie macht das denn nur Pietek?«, fragten sie sich. »Ihm geht es im Gegensatz zu uns doch ganz gut und seiner Familie auch.«

Pietek kletterte langsam auf den großen Baum, bis in die höchsten Wipfel. Zwischen den Zähnen trug er einen Zweig. Da gab es nicht mehr viel zu holen, auf dem Baum, doch außen, ganz außen, an den dünnen Zweigen, hingen noch ein paar der süßen Früchte. Pietek kletterte hinauf, so weit es ging und so lange der Ast ihn noch trug. Dann machte er sich ganz lang und bog mit seinem Stöckchen den Früchte tragenden Zweig zu sich hin.

Lange beobachteten die drei Wesen Pietek oben in den Bäumen, und dann probierten sie es selbst aus, verbesserten immer wieder ihre Methode, sammelten Erfahrungen, vielleicht mehrere Leben lang.

Drei Wesen stehen am Waldrand. Sie haben sich aufgerichtet. Es wird Zeit, dass sie gehen, denn die Sonne steigt schon glutrot am Horizont über der Savanne auf. Es ist nicht einfach. Drei schwere Knüppel haben sie sich gesucht. Sie sind die Größten in ihrer Familie und die Schnellsten. Doch so schnell wie eine Wildkatze sind sie nicht. Natürlich haben sie einen Pirschpfad. Dieser verbindet einzelne Baumgruppen auf dem kürzesten Wege. Doch wenn sie kommt, die Katze, kann es auch schon zu spät sein und zu weit, um die nächste Baumgruppe zu erreichen. Dann helfen nur noch die Knüppel. Diese Vorgehensweise haben die drei Wesen von Pietek gelernt oder von seinen Kindern und immer weiter verfeinert. Stöcke benutzen sie als Hilfsmittel, Knüppel als Waffen, und sie unterstützen sich gegenseitig in der Gruppe.

Und so stehen sie da: Ihre Herzen schlagen schnell, ihre Hände sind feucht, ihre Münder trocken. Sie haben Angst, den neuen Weg zu gehen. Doch dann wagen sie es. Behutsam und vorsichtig, mit all den Erfahrungen, die sie bereits gemacht haben, erobern sie sich aufrechten Ganges, mit Knüppeln bewaffnet die Savanne. Ihr Marsch ist lang, länger als ein Leben, und mit denen im Innersten des Waldes haben sie schon lange nichts mehr zu tun.

Sie hatten die Herausforderung angenommen. Wenn auch mit Angst, sie waren losgegangen, und je weiter und länger sie gegangen waren, desto kompetenter waren sie geworden. Ihr Vorteil war ihre enorme Anpassungsfähigkeit. Sie benutzten ihre Hände, bastelten Waffen und Werkzeuge, zerlegten zunächst bereits tote Tiere und jagten anschließend lebendige. Sie gingen das Wagnis ein, Sümpfe und Gewässer zu durchqueren.

Die proteinreiche tierische Nahrung förderte ihr Gehirnwachstum. Homo, der Superprimat, sollte in kürzester Zeit einen Quantensprung zum bestangepassten Hominiden machen. Vielleicht waren es der Klimawandel am Großen Afrikanischen Grabenbruch und die vielen Millionen Quadratkilometer großen Savannenflächen gewesen, die es der Evolution ermöglichten, *Homo sapiens* zu gebären.

»Lucy«

Mary Leakey entdeckte durch einen Zufall 1978 in Laetoli (Tansania) die Fußabdrücke zweier aufrechtgehender Wesen: eines mit größeren und eines anderen mit kleineren Füßen. Das war ein direkter Beweis für Bipedie (das Laufen auf zwei Füßen). Zwei Hominiden mussten sich vor Urzeiten in diesem Gebiet aufgehalten haben. Ausgelassen und fröhlich feierten die Forscher ihren Fund abends im Camp, hörten dabei den Beatles-Song »Lucy in the sky with diamonds« und nannten daraufhin das Fossil »Lucy«.

War »Lucy« vielleicht eine Frau gewesen, die mit ihrem Kind diese Gegend auf der Suche nach Nahrung und Unterschlupf durchstreifte? Wir wissen es nicht oder noch nicht!

1.3   Drei Männer an der Atlantikküste

Mehrere Leben später ist es eng geworden in der kleinen europäisch-atlantischen Küstenstadt. Die Häuser stehen eng, die Armut ist groß und die Gewalt nimmt zu. Schon kann man nach Einbruch der Dunkelheit nicht mehr durch die Gassen gehen. Entweder aus Habgier oder einfach nur aus Hunger und Not wird man bedroht. Hinzu kommt, dass die Obrigkeit hart, streng und unnachgiebig ist: Entweder sie schreibt einem vor, wie man zu leben und zu denken hat, oder sie verbietet einem Tätigkeiten, die es einem ermöglichen, für sich selbst zu sorgen.

Unten am Hafen sitzen drei Männer. Sie schauen hinaus auf das offene Meer. Vielleicht Tausende haben bislang den Mut bewiesen, ins Ungewisse aufzubrechen. Sie sind am unendlichen Horizont verschwunden und nie wieder zurückgekehrt. Ob sie ankamen oder nicht, weiß man oft nicht. Dort drüben soll das gelobte Land liegen. Dort soll man alle Freiheiten haben, um für sich und seine Familie sorgen zu können. Doch die Überfahrt ist teuer und zudem gefährlich. Kaum eines dieser alten Schiffe schafft es, das große Wasser zu überqueren. Und wenn, dann kann es sein, dass nur noch die Hälfte der Passagiere überlebt hat.

Der eine, ein Hüne von Mann, hatte es auch in seiner Not versucht. Er war handwerklich geschickt, vielleicht der Beste. Vielleicht hätte er nicht allein gehen sollen? Vielleicht hatte er zu wenig Mittel bei sich? Zu wenig Unterstützung? Man weiß es nicht! Seine Nachbarn, die zurückgeblieben waren, haben es dann anders gemacht, vielleicht hatten sie aus seinen Fehlern gelernt. Mit der gesamten Familie und Verwandtschaft sind sie eines Tages davongefahren. Ein Jahr hatten sie sich auf die Herausforderung und das Wagnis vorbereitet, Pflanzen, Tiere und Waffen mitgenommen. Wohlhabend sollen sie jetzt da drüben sein, so sagt man.

Die Lage hat sich verschärft, der Druck ist größer geworden, das Überleben schwieriger. Große Armut herrscht in der Stadt, Chaos, Tod und Krankheit. Drei Männer sitzen unten am Hafen. Vor ihnen das neue Schiff. Mühevoll haben sie es mit ihren eigenen Händen gebaut. Blut, Schweiß und Tränen hat es sie gekostet, es fertig zu stellen. Aber jetzt endlich ist es so weit: Das Schiff ist mit all den Dingen beladen, die man für die große Reise braucht, mit Nahrung, Wasser, Waffen, Kleidung, und selbst Medikamente nehmen sie mit. Morgen wird es losgehen. Es wird besser werden als damals, denn sie haben inzwischen viele nützliche Erfahrungen gemacht, sie haben viel dazu gelernt und sie sind nicht mehr die Ersten.

Ihre Herzen schlagen schnell, ihre Hände sind feucht, ihre Münder trocken, und sie haben Angst. Aber sie haben sich entschlossen, die Herausforderung anzunehmen. Keinen werden sie zurücklassen. Das ganze Dorf wird aufbrechen. Und so fahren sie los, sich die neue Welt zu erobern. Tausende! Und dann Millionen!

1.4   Peter, Petra, Paul und Paulinchen 2013

Vier Menschen sitzen um einen Tisch. Peter liest die aktuellen digitalen Nachrichten vor, die er mit seinem kleinen elektronischen Gerät erhalten kann.

Das Gerät gibt er niemals aus der Hand, nur nachts, da legt er es neben sein Kopfkissen, denn er arbeitet in einem internationalen Konzern, der in Europa und Amerika ansässig ist, und für die Amis muss er immer erreichbar sein. Wenn er schläft, arbeiten die da drüben in den Staaten. In seinem Mail-Account hat sich ganz schön was angesammelt, all die Nachrichten muss er vor Bürobeginn noch checken. Überhaupt gilt es für jeden fortschrittlich modernen Menschen als »in«, immer und überall online zu sein. In einem spanischen Touristenort ist ein Bus verunglückt, zwölf Tote, Deutsche waren nicht dabei, in München gab es Alarm wegen eines Sprengsatzes im Bahnhof, aber es war keiner, die Gipfelgespräche zwischen den Regierungsoberhäuptern fanden in einer wohlwollenden und konstruktiven Atmosphäre statt, dennoch gab es einige Diskrepanzen, das Wachstum stagniert, dafür wird das Benzin teurer, und das Wetter wird teils heiter, teils wolkig.

Die Kaffeemaschine macht den Kaffee und während Peter berichtet, was in der Welt so passiert, steht Petra vor der Mikrowelle, um sich auf die Schnelle einen Instant-Chai-Latte zu machen. Richtig zu frühstücken, dazu hat sie bei einer 40-Stunden-Woche mit einem täglichen Fahrweg von bis zu zwei Stunden keine Zeit. Nach drei kurzen Schlucken von dem süßen Heißgetränk muss sie auch schon los, sie darf nicht zu spät kommen.

Im Reihenhäuschen ist es schön warm. Draußen vor der Tür hört man schon die ersten Autos warmlaufen. Peter muss erst gleich zur Arbeit, er hat Glück, er darf »gleiten«. Die anderen müssen schon früher los, denn es soll glatt sein. Trotzdem sollte er schon auf die 35 Stunden Arbeitszeit im Büro kommen. Man stelle sich vor: Vor hundert Jahren war es noch üblich, doppelt so viel zu arbeiten! Peter ist nervös, sein Projekt läuft zu langsam. Es unterliegt einem ständigen »Change« und dauernd müssen Neuigkeiten bedacht werden. Er hat Angst, die Kontrolle zu verlieren. Sein Chef hat auch Angst und macht ihm Druck. Peter hat auch Angst davor, wenn es im Job nicht klappt, dann kann er das Reihenhäuschen nicht abbezahlen und das Auto seiner Frau auch nicht. Sie braucht es aber dringend, denn die Kinder müssen vor der Arbeit in die Kindertagesstätte und in die Schule gebracht werden. Nachmittags muss Paul dreimal in der Woche zur Klavierstunde, Paulinchen täglich von der Kita abgeholt werden, und die Eltern in der Seniorenresidenz sollte man auch wenigstens einmal pro Woche kurz besuchen.

Diesen Abend will Peter unbedingt auf den Heimtrainer. Er hat zugenommen, die dauernde Sitzerei im Büro. Am späten Nachmittag wird er Zeit haben, denn Petra geht dann mit ihrer Freundin zum Nordic Walking. Das macht sie dreimal pro Woche. Ihre Gesundheit ist ihr wichtig. Darum nimmt sie jetzt auch die notwendigen Vitamine und Nahrungsergänzungsmittel. Die nimmt sie immer, denn das soll bei all dem Mangel gut sein, hat sie gelesen. Überhaupt ist Gesundheit ja das Wichtigste im Leben. Man sagt zwar, die Menschen seien körperlich gesünder als je zuvor und würden im Schnitt auch bedeutend älter als früher, aber trotzdem kann es ja nicht schaden, und schließlich beschäftigen sich heute ja so viele Menschen mit den Produkten, die man kaufen und konsumieren kann, um gesund zu bleiben, allein aus Angst der Gesundheit wegen.

Paul vergleicht via E-Mail schnell die Hausaufgaben mit seinen Klassenkameraden und gibt ihnen den letzten »Google-Feinschliff«, während er den Pausensnack in seine Tasche schiebt. Im sozialen Netz verabredet er sich zum digitalen Computerspiel-Chat für den Nachmittag. Das ist praktisch, so braucht er nach den Hausaufgaben bei diesem kalten Wetter sein Zimmer nicht zu verlassen. Der Fortschritt macht's möglich. In der Schule läuft es hingegen nicht ganz so gut. Womöglich hätte er eine Aufmerksamkeitsstörung, sagt der Hausarzt, er solle es mal mit einem Medikament probieren.

Petra und Paulinchen eilen schnell zum Auto, denn heute hat Paulinchen Frühförderung. Es war nicht einfach, einen Platz zu kriegen und teuer ist es auch noch, dabei nagen die Unterbringungskosten für Petras Eltern schon hart am Familienbudget. Die Eltern waren am Anfang noch dagegen gewesen. Sie wollten sich nicht in ein Altersheim abschieben lassen, auch wenn das Ding neumodern »Seniorenresidenz« hieß. Es war für sie selbst und auch für die Eltern nicht leicht gewesen. Es gibt einfach zu wenig Zeit, Raum, Platz und Betreuungsmöglichkeiten für Alt und Jung, und der Staat kümmert sich zu wenig und immer diese Hetze.

Bis jetzt haben Peter und Petra aber alles im Griff. Sie haben es weit gebracht. Sie haben ein Heim, da ist es warm, alle werden satt, die Kinder sind gut untergebracht, während sie arbeiten gehen, eigentlich mangelt es ihnen an nichts. Doch was ist morgen? Und was ist, wenn es nicht mehr so ist, wie es ist? Gerade hat der Mann im Fernsehen doch gesagt, die Wirtschaft wachse nicht mehr und trotzdem solle das Benzin teurer werden. Was ist, wenn Paul nun wirklich krank ist? Und was, wenn ihnen jetzt das Öl ausginge? Hoffentlich findet man noch eine andere Quelle, aber sie sind ja schon dabei, Öl chemisch aus den Steinen zu pressen. Es gab ja schließlich auch diese Nachhaltigkeitskonferenz, und sie trennen jetzt auch wieder den Müll, ihre Autos verbrauchen weniger Sprit und moderne Doppelfenster haben sie jetzt auch. Aber was, wenn Peter seinen Job verliert? Eigentlich ist er ja versichert. Und Paul mit seiner Krankheit? Ja, der ist auch versichert. Und Petra tut ja schon alles, um gesund zu bleiben.

Peter schaut auf Petra, Petra schaut auf Peter. Manchmal haben sie den Eindruck, dass sie mehr damit beschäftigt sind, zu überleben, statt zu leben. Natürlich, eigentlich weiß jeder, der nur ein bisschen nachdenkt, dass es so auf Dauer nicht weitergehen kann: das Leben abhängig vom Öl, die Mobilität in tonnenschweren Stahlkarossen, das Höher-schneller-weiter-mehr-mehr-mehr-Wachstumskarussell und das alles mit der ständigen Angst, nicht mithalten zu können, aus dem Hamsterrad zu fliegen, an Gesundheit zu verlieren oder von fremden Menschen überrollt zu werden, die uns alles wegnehmen wollen oder doch womöglich alles besser können als wir selbst. Alles ändert sich, rasant und unvorhersehbar.

Petra und Peter haben ein bisschen Angst, denn sie kennen die Zukunft nicht. Sie haben das Gefühl auszubrennen. Aber auf Dauer wollen sie diese Gefühle nicht. Ihr Leben gehört ihnen selbst doch ganz alleine, und sie wollen sich nicht von ihrer Angst bestimmen lassen. Und wenn da oben und da draußen nichts Entscheidendes passiert, dann muss eben mit ihnen selbst, von innen heraus, etwas passieren. Aber da, tief in ihrem Inneren, ist sie, diese ständige Angst, die ihr Leben beherrscht, keine Beständigkeit, dieses permanente Gefühl der Bedrohung, die ständige Angst, zu versagen, die Angst, die Kontrolle zu verlieren oder bei weniger Geld an Wohlstand einzubüßen. Doch trotz all dem, wollen sie jetzt ihr Leben neu in die Hand nehmen. Bei sich selbst wollen sie anfangen, mit kleinen Dingen, oder vielleicht mit den Nachbarn zusammen ein Projekt starten. Sie warten nicht mehr darauf, dass andere das für sie erledigen, sie werden selbst Lösungen finden, zumindest für ihr Leben und das von Paul und Paulinchen. Sie werden darüber nachdenken, was wirklich los ist und darüber, welche Wege nun neu gebahnt werden müssen. Vielleicht wird Peter in seiner Firma auch etwas mit neuen Denkanstößen bewegen können und dasselbe wird Petra auch versuchen. Sie werden das scheinbar Unmögliche denken und es in die Tat umsetzen und vielleicht, wenn nicht gar wahrscheinlich, wird man weitere Mitstreiter und Mitakteure finden. Und dieses neue Denken, wenn es denn gut ist, wird Schule machen.

Apropos Schule, sie haben ja schon damit angefangen, dort den Kindern nicht nur Wissen, sondern auch Handlungskompetenzen zu vermitteln. Die Anfänge sind zwar zaghaft und versiegen auch manchmal schnell wieder, aber sie existieren schon. Genauso in den Firmen, dort fangen sie jetzt auch damit an, das erlöschende Feuer wieder anzufachen, indem sie den Angestellten wieder mehr Mitbestimmungsrecht und Eigenverantwortung übertragen und Raum für neue Ideen in so genannten Thinktanks lassen.

Die Lösungen von gestern und heute zählen jedenfalls nicht mehr, und Petra mag so auch nicht mehr weitermachen. Sie will das Neue denken und wagen, weil das Alte ihr nichts mehr gibt. Es ist schön, wohlhabend, satt, sauber und sicher zu leben. Keine Frage! Aber nicht um den Preis der ständigen Angst, das alles zu verlieren. Schon morgen will sie schauen, was sie alles machen kann, und Peter will das auch. Das war das Thema ihres Gesprächs und ihr einvernehmlicher Beschluss zwischen Tür und Angel.

Peter sitzt in seinem Wagen und fährt zur Arbeit. Irgendetwas hat sich in ihm verändert. Er weiß es nicht genau, er fühlt es nur. Die mulmige Angst, die er sonst immer hatte, ist einem anderen Gefühl gewichen. Vielleicht kann man es mit Mut, Lust oder Freude bezeichnen, er weiß es nicht genau, es ist nur so ein Gefühl.

Petra legt den Gang ein. Sie ist sehr zögerlich. Vielleicht macht sie es heute einmal anders. Sie wird Paulinchen nicht zur Frühförderung bringen, sondern mit ihr spielen und dann direkt zu den Eltern fahren. Eine Überraschung sozusagen, ein Frühstücksbesuch im Seniorenheim. Und abends bleiben die Walkingstöcke dann eben mal im Hausflur stehen. Nicht für immer, aber heute mal. Denn sie will ihre Freundin überraschen. »Heute machen wir mal etwas anderes!«, wird sie sagen. »Wir reden einfach. Einfach so möchte ich von mir erzählen und von Dir erfahren, wie es Dir so geht. Ich will etwas Neues machen und wissen, was Du davon hältst! Ich will in meinem Leben etwas verändern!«

Das Alte zählt nicht mehr und das Neue ist noch nicht gefunden. Peter, Petra, Paul und Paulinchen werden darum ringen. Sie werden versuchen, das Errungene zu bewahren und die alten Lösungen, die nicht mehr zählen, aufzugeben. Sie werden das Neue wagen.

Mehrere Leben später wird es vielleicht anders sein, besser oder schlechter, man wird sehen. Die Zukunft wird jedenfalls anders!

Wer sind wir und warum?

Um die gesamte anatomische, zeitliche und räumliche Dimension der menschlichen Evolutionsgeschichte zu erfassen, bedarf es noch einiger Forschungsarbeit und etlicher Funde. Es gibt viele Spekulationen – wie diese kleinen einleitenden Geschichten – und ebenso viele Interpretationen. Zugleich besteht ein erbitterter Streit unter den Forschern. Da geht es um Glaubenssätze, Wahrheiten, Weltbilder, aber auch um das Ansehen im Hier und Jetzt. Andere wiederum sind mehr darum bemüht, die Evolutionsgeschichte und die Jetzt-Zeit vor ihrem eigenen Hintergrund zu verstehen. Sie haben das Bedürfnis, Zusammenhänge zu begreifen, vielleicht einen Sinn zu finden, auch um ihr eigenes Selbst besser zu verstehen oder ihr Leben handhabbarer zu machen. Nicht anders, als Homo sapiens sich immer verhalten hat und auch jetzt immer noch verhält. Warum sollte es bei Forschern, Wissenschaftlern, Philosophen oder Literaten anders sein? Im Wesentlichen geht es uns allen doch darum, Aufschlüsse über uns selbst zu erlangen, wir möchten Geschichten konstruieren, verstehen und daraus lernen. Wenn wir die Vergangenheit betrachten, können wir daraus für die Gegenwart lernen und so die Weichen für die Zukunft stellen. Wir selbst, aber auch wir als Art »Homo sapiens«.

Wie immer die Geschichten der Menschen waren und sein werden, sie bestehen im Wesentlichen aus Herausforderungen und Aufgaben, die es zu bewältigen gilt. Das ist und bleibt das Prinzip des Lebendigen.

2. Vermutungen über Primaten

2.1 Wann war der Mensch ein Mensch?

Wenn wir meinen, dass unsere heutigen alltäglichen Angelegenheiten und Probleme weltbewegender sind, als all die kleinen und großen »evolutionären« Streitigkeiten damals waren und morgen sein werden, dann täuschen wir uns vermutlich. Die wirklich nennenswerten »Vorhaben« der Natur werden wir nicht aufhalten können, selbst wenn wir als Menschen die großen Umweltveränderungen durch unser Fehlverhalten anscheinend ausgelöst haben. Dazu sind wir einfach nicht kompetent genug. Im Übrigen ist es der Natur auch ziemlich egal, was wir machen, sie wird sich schon irgendwie organisieren, und der Versuch, sie uns untertan zu machen, wird vermutlich immer ein Versuch bleiben. Wahrscheinlich werden wir uns den veränderten Gegebenheiten anpassen, auf irgendeine Art und Weise und so weit es geht, denn Homo sapiens ist Weltmeister im Anpassen. Die Zukunft liegt noch vor uns und wird ergebnisoffen bleiben.

Um nun besser verstehen zu können, wie wir mit all unseren Fähigkeiten und Kompetenzen zu dem geworden sind, was wir sind, lohnt es sich, einen Blick auf die zeitlichen und räumlichen Dimensionen der menschlichen Evolution zu werfen. Zunächst fangen wir mit den Evolutionsforschern und den Primatologen an. Erfahren wir also im Folgenden ein wenig über den Ursprung menschlicher Entwicklung: Wann beginnt der Hominide eigentlich, ein Hominide zu sein? Wann begann der Mensch, ein Mensch zu sein, und was unterscheidet uns so grundsätzlich vom Affen? Können wir vielleicht sogar etwas von den Affen lernen?

Wir beginnen vor 7 Millionen Jahren und betrachten insbesondere die zeitliche Dimension. Da gab es einen Affenmenschen (*Sahelanthropus tchadensis*). Er war ca. 150 cm groß und lebte in Zentralafrika zuerst in Wäldern, dann im Grasland, mitunter auch an Flüssen und Seen. Vermutlich lief er schon auf zwei Beinen. Aber hat der heutige Hominide (*Homo sapiens*) mit ihm etwas zu tun? Wir wissen es nicht, noch nicht.

Fast zur gleichen Zeit dieses frühen »Vormenschen« (nach heutiger Einordnung) gibt es einen anderen Zweig, den wir als »Südaffen« bezeichnen. Es ist die Linie der *Australopitheken*. Eine Angehörige dieser Gattung haben wir an früherer Stelle bereits kennengelernt: »Lucy«. Sie gehörte zu dem Zweig des *Australopithecus afarensis*. Ihr Hirnvolumen betrug 375 – 550 cm³, sie war 1 – 1,50 m groß und 30 – 70 kg schwer. Beheimatet war sie in den wie oben beschriebenen bewaldeten Graslandschaften.

Doch es gab nicht nur diese Arten von Vormenschen mit geringem Hirnvolumen, vielmehr nimmt man an, dass neben den Australopitheken noch zahlreiche andere hominidenartige Gruppierungen existierten.

Wir sind immer noch in Afrika. Hier finden wir eine Art, die uns am ähnlichsten ist: Es ist der *Homo rudolfensis*. Auch er war nicht viel größer als 150 cm und wog um die 40 – 50 kg. Er hinterließ seine Spuren vor 2,5 Millionen Jahren, sie verlieren sich jedoch auch vor 1,8 Millionen Jahren wieder.

Ein weiterer Artgenosse seiner Zeit war der *Paranthropus boisei*. Er hatte das gleiche Gewicht, die gleiche Größe, lebte im Busch- und Grasland und war ein Pflanzenfresser. Seine Spuren finden wir in Südafrika. Sie verlieren sich allerdings erst später als die des Homo rudolfensis, nämlich erst vor 1,1 Millionen Jahren. Wir sehen, unser Wissen ist lückenhaft, aber wo sollen wir nach unseren Wurzeln suchen?

Es gibt nun noch eine weitere Hominidenart, neben möglichen anderen, deren Spur wir verfolgen wollen. Wir nennen sie *Homo erectus*. Es ist sehr wahrscheinlich, dass in diesem Zweig der Hominiden die Wurzeln von Homo sapiens zu finden sind. Der Homo erectus lebte und entwickelte sich in Afrika und Asien. Sein Hirnvolumen betrug im Gegensatz zu den anderen Arten schon 1100 cm³. Er wurde bis zu 165 cm groß und wog ca. 65 kg. Vermutlich war er sogar schon Jäger und Sammler.

Erst viel später jedoch, vor ca. 200.000 Jahren, finden wir endlich Spuren von dem, den wir *Homo sapiens* nennen – vor 200.000 Jahren! Er entwickelte sich, so nimmt man an, in Afrika aus dem Homo erectus. Sein Hirn umfasste 1400 cm³, er war Jäger und Sammler, und erst vor 10.000 Jahren (!) begann er mit Ackerbau und Viehzucht. Homo sapiens hatte aber auch noch entfernte Verwandte. Denn vor ca. 80.000 Jahren war schon ein Teil dieser anatomisch modernen Menschen aus Afrika in den Nahen Osten abgewandert. Wie neueste genetische Untersuchungen der Zellkern-DNA vermuten lassen, vermischte er sich dort mit dem *Neandertaler*. Einige wenige Prozent der Neandertal-Gene (immerhin 1 – 4 %, so der Genetiker Svante Pääbo) finden wir sogar im heutigen europäischen und asiatischen Homo sapiens. Was aber dann beim zweiten Zusammentreffen passierte, als sich Homo sapiens in großer Zahl aus Afrika kommend über den Nahen Osten nach Europa und Asien hin ausbreitete, wissen wir nicht. Unser entfernter Verwandter, der Neandertaler in seiner ursprünglichen Form, lebte zu dieser Zeit jedenfalls noch. Etwa 300.000 Jahre lang hatte er Europa unter den schwierigsten Umweltbedingungen besiedelt. Aber dann war er spurlos verschwunden. Ob Homo sapiens ihn ausrottete, unsere Vettern einfach neben uns ausstarben? Was immer auch geschehen ist, bislang können wir nur Vermutungen darüber anstellen.

Zwar entdeckte man 2003 auf einer kleinen indonesischen Insel einen weiteren Verwandten von Homo sapiens: *Homo floresiensis*. Sein Lebensweg begann wohl etwa zur gleichen Zeit wie der von Homo sapiens. Doch übrig blieb nur Homo sapiens, sehen wir einmal von den anderen Menschenaffen ab, die wir als »Primaten« bezeichnen. Auf diese Weise ist es ganz schön einsam um ihn geworden.

Früher war das nicht so. Viele Gruppen von Vormenschen und Hominiden lebten zur gleichen Zeit, und alle versuchten durchzukommen. Homo sapiens ist jedoch der einzige Hominide, der bis jetzt überlebt hat.

Es steht also außer Frage, dass fast überall auf der Welt archaische »Menschenarten« lebten. War es in Asien der Peking-Mensch, so war es in Europa der Neandertaler. Einen Konkurrenten hatten sie aber wohl alle: Dieser kam vor 100.000–200.000 Jahren aus Afrika, über den Sinai, und bevölkerte einerseits Europa und breitete sich andererseits in Richtung Asien aus. Genetische Forschungen von Svante Pääbo scheinen dies sicher zu bestätigen. Ob dieser Hominide nun die anderen Menschenformen verdrängte oder sich mit ihnen vermischte, diese Frage bleibt offen und ist noch zu klären.

Homo sapiens: Seine Reise dauerte fast 100.000 Jahre. Dann hatte der bestangepasste Hominide sich die Erde untertan gemacht. Mit Ausnahme der Antarktis war er nun überall.

2.2 Stammen wir vom Affen ab oder sind wir Affen?

Vor 7 Millionen Jahren begann also zuerst die Karriere der Primaten und anschließend die der Hominiden. In den letzten 2,5 Millionen Jahren entwickelten diese einige Merkmale, die wir heute charakteristisch für Homo sapiens halten. Da ist der aufrechte Gang, ein gutes Sehvermögen, ein großes Hirn, Sprache und ein ausgeprägt entwickeltes Sozialverhalten, die Kunst, vorausschauend zu planen und sich in andere hineinzuversetzen. Als der Theologe Charles Darwin 1859 in seiner Evolutionstheorie behauptete, der Mensch stamme vom Affen ab, ging ein Aufruhr durch die Gesellschaft des 19. Jahrhunderts. Doch was heißt eigentlich »abstammen«? Unter Berücksichtigung natur- und geisteswissenschaftlicher Erkenntnisse müssen wir doch vielmehr zu einem anderen Schluss kommen: *Homo sapiens ist eigentlich ein Affe und zwar der bestanpassungsfähige* – bis jetzt jedenfalls – *und genau deshalb gibt es ihn noch.* Wir können also

davon ausgehen, dass Menschenaffen und Menschen von ein und derselben
Linie abstammen und sich jede einzelne Art früher oder später separierte. Ihre
Wesen sind sich ziemlich ähnlich und unterscheiden sich oft nur graduell.

Mit jeder eindeutigen Trennung zwischen so genannten Affen, Menschenaffen, Vormenschen, Hominiden, insbesondere dem Homo sapiens, tun wir uns
schwer. Sie ist auch nicht unbedingt sinnvoll, wenn wir für bestimmte Zeiter-
scheinungen und ebenso für menschliche Verhaltens-, Denk-, Fühl- und Entscheidungsmuster ein Verständnis erlangen wollen – und das wollen wir in
diesem Buch. Wenn wir demzufolge beabsichtigen, Sozialverhalten oder die
individuelle Entwicklung von Menschen zu begreifen oder pragmatische Lehr-
und Lernmethoden zu finden, wenn wir uns zum Ziel setzen, lebensnahe und
wirksame Therapieformen zu entwickeln und Förderliches für die Menschheit
unternehmen wollen, dann hat es keinen Sinn, unsere Herkunft abzuspalten und
lebensferne Konstrukte über uns selbst zu kreieren. Besser ist es immer, das
Ganze im Blick zu behalten und in unsere Überlegungen miteinzubeziehen.

Freilich tut es gut, sich als Homo sapiens dem Himmel und der »göttlichen
Vollkommenheit« näher zu fühlen als andere Wesen. Schauen wir uns aber die
Menschheitsgeschichte an, so hat dieser Glaubenssatz immer wieder trennende
Betrachtungsweisen hervorgebracht und diese gestärkt – sogar im Menschen
selbst hat man versucht, zu separieren. Erinnern wir uns nur an die Zeiten, wo
die Verteufelung unserer »animalischen Triebe« und unseres »schlechten, unvollkommenen Selbst« auf unsere abendländischen Religionsfahnen geschrieben war. Wer wollte damals – und wer will heute schon – den Teufel im Leib
haben? Das »äffische Unvollkommene« oder »tierische Triebhafte« wollten wir
überwinden und vernichten, es sollte nicht zu uns gehören.

So waren wir jedoch dem Himmel nur scheinbar näher. Besser wäre es, insbesondere für die Zukunft, wir lernten, alle Seiten an uns als die unsrigen zu
akzeptieren und mit diesen umzugehen, mit den gewalttätigen wie den fried-
liebenden.

Eine Verleugnungs- oder Überwindungshaltung verstellt, so viel steht fest,
unseren Blick auf das Ganze. Unsere »Kulturfähigkeit« versetzt uns dazu in die
Lage, intellektuelle, zum Teil recht willkürliche Konstrukte über uns und unsere
Geschichte zu kreieren und festzulegen. Vielleicht halten wir uns nur so aus.
Außerdem könnte ein solches Distanzierungskonstrukt pragmatisch sinnvoll
sein, so unwissenschaftlich und willkürlich es auch sein mag. Dementsprechend
sind moralische – also nicht wissenschaftliche – Direktiven zeitbezogen
durchaus nachvollziehbar und sinnvoll. Nehmen wir das Beispiel »Töten«:

> Die Abtreibung eines drei Monate alten Fötus ist zurzeit legal, die eines viermonatigen
> aber nicht. Vom medizinischen oder wissenschaftlichen Standpunkt aus gesehen gibt
> es diese Grenze aber nicht. Der dreimonatige unterscheidet sich zwar vom viermo-

natigen Embryo, jedoch nicht im Wesentlichen, und somit ist die Grenze willkürlich. Dennoch gibt uns eine solche »moralische« Regelung eine Leitlinie für Handeln und Gewissen und ist damit durchaus sinnvoll. Es handelt sich aber keinesfalls um eine objektive Wahrheit oder Richtigkeit, denn die Abtreibungsregelung ist nur zeitlich begrenzt nützlich. Deshalb kann es oft sinnvoll sein, einen festen Standpunkt, eine etablierte Regel oder ganze eingeschliffene kollektive Muster den Anforderungen der Gegenwart entsprechend anzupassen oder diese gar ganz zu verlassen.

Fest steht: Das heutige Verhalten von Homo sapiens gründet im Wesentlichen auf dem Verhalten seiner Vorfahren. Die Hoffnung, dass der Mensch im Gegensatz zu unseren Vettern, den Menschenaffen, doch einer besonderen kulturellen Evolution unterliegt und sich dadurch von ihnen wesentlich unterscheidet, überzeugt keineswegs. Kultur jedenfalls scheint kein Alleinstellungsmerkmal des heutigen Homo sapiens zu sein. Die neuere epigenetische Forschung erleichtert es uns heute zudem, so genannte biologische und kulturelle Evolutionsansichten wieder zu vereinen. Sie ist dabei, die einseitige und – so glaubte man früher – alleinige genetische Festlegung von Kulturfähigkeit wieder aufzuheben. Kulturelle Entwicklung, so die Vertreter der Epigenetik, kann in Gene übergehen und genetische Prädispositionen bringen wiederum Kultur hervor.
Einleuchtende Beispiele dafür, dass uns unsere Vorfahren doch mehr ähneln, als wir denken, und wir mehr oder minder gleiche oder ähnliche Verhaltensweisen in den Genen tragen wie sie, finden wir ebenso, wenn wir »äffische« mit »hominiden« Mustern vergleichen.
Hier zwei prominente Beispiele dafür (es gibt natürlich unzählige andere, die vielerorts auch schon beschrieben wurden):

Der heutige Mann zeigt (immer noch) eine Tendenz zur Promiskuität, um seine Gene möglichst weit zu verbreiten, die heutige Frau tendiert (immer noch) eher zur Monogamie, weil sie auch dafür sorgen muss (musste), das mithilfe des Mannes gezeugte gemeinsame Kind über die Jahre großzuziehen. Natürlich überdecken die zeitlichen Erfordernisse (kulturelle Einflüsse) diese Tendenzen (dies ist aus Sicht der jeweiligen Gesellschaft evolutionär vermutlich auch sinnvoll). Doch auch heute sind diese typischen Verhaltensweisen noch präsent und eindeutig erkennbar. Schauen wir nur in die Boulevardblätter, dort sind sie vielerorts beschrieben! Ungeheuerlich empören oder belustigen wir uns immer neu über die äffischen Fehltritte (öfter über die der Männer). Und natürlich empören sich die Frauen (verständlicherweise) über die Männer am meisten.
Zweites Beispiel: Die meisten Morde (fast 99 %) werden von Männern begangen. Hat das möglicherweise etwas damit zu tun, dass sie sich früher dem Wagnis gefährlicher Jagd aussetzen mussten, wobei Risikolust und Aggression ein evolutionärer Vorteil war? Waren die Frauen früher diejenigen, die die Horde zusammenhalten, soziale Kompetenz zeigen mussten und deshalb hier, auch heute noch, über höherwertige Kompetenzen verfügen als die Männer? Vermutlich! Was ist hier Affe, was Mensch, was Biologie, was Kultur? Bei Schimpansen beispielsweise sind es auch überwiegend die

Männer, die Kriege führen und morden. Bei den Bonobos zeigen überwiegend die Frauen eine sehr ausgeprägte soziale Kompetenz.

Große Verhaltensunterschiede treten auch heute noch in den einzelnen Kulturkreisen und innerhalb der unterschiedlichen Gesellschaftsformen von Homo sapiens auf. Dieses Phänomen entsteht aus der jeweiligen Erfahrung für das Sinnvolle, welches je nach den Umständen variieren kann. Das heißt, es kommt darauf an, was in den jeweiligen Umwelten zur jeweiligen Zeit als sinnvoll empfunden wird und auch sinnvoll ist. Was sinnvoll ist, manifestiert sich auf Dauer ganz nach dem evolutionären Prinzip. Genetisch vorgeprägt, kulturell modifiziert und im Ergebnis bestangepasst, manifestiert es sich. Das ist auch heute so, aber damals war es auch so, und morgen wird es wohl auch noch so sein: das evolutionäre Prinzip.

Bevor sich ein Merkmal jedoch verhaltensrelevant biologisch manifestiert, bedarf es nach heutiger Einschätzung mindestens dreißigtausend Jahre. Jeglicher Versuch, uns von unseren Altvorderen trennscharf zu distanzieren, selbst von den Menschenaffen, kann also – zumindest evolutionsbiologisch betrachtet – wissenschaftlich nicht sinnvoll sein. Sinnvoll ist hingegen, immer das Ganze im Blick zu haben.

In uns leben sie weiter, die Hominiden, die Vormenschen und die Affen. Es macht keinen Sinn, sie zu verleugnen, nur weil wir uns schämen, uns mit Moral und Ethik das Schöpfungskrönchen aufsetzen wollen oder weil wir glauben, mit der Fähigkeit unseres »neuen« Denkvermögens nunmehr alles im Griff zu haben. Denn das haben wir ja nicht. Wir verhalten uns oft sehr unvernünftig. Die Augen vor unseren Wurzeln zu verschließen, ist jedenfalls nicht sinnvoll.

Wenn wir unsere ganze Vergangenheit betrachten, sind wir in der Lage, daraus zu lernen. Wir können mittlerweile, auch dank neuerer Eigenschaften unserer Großhirnrinde, die »Systemkonzeption Mensch« besser verstehen und darüber nachdenken, warum und wie sich denn nun der bestangepasste Hominide die Erde untertan gemacht hat. Für ein besseres Verständnis von Homo sapiens und seinen Eigenschaften müssen wir folglich die Perspektive nur weit genug wählen.

2.3   »Macht Euch die Erde untertan!«

Homo sapiens entwickelte mit der Zeit ein besonderes Vermögen, aus seinen Erfahrungen zu lernen. Er hatte damals und hat auch heute viele Gefahren zu bestehen. Er musste in der Vergangenheit nicht der schnellste Läufer, der beste Kletterer oder der schnellste Schwimmer werden, und er wurde es auch nicht. Homo sapiens konnte nichts perfekt. Eher war er überall durchschnittlich, ein

Generalist sozusagen. Er kann bis heute nur ein bisschen schnell laufen, ein bisschen klettern, ein bisschen schwimmen, er ist ein bisschen hiervon und ein bisschen davon. Aber eines hatte er auch schon damals den anderen Lebewesen weit voraus. Er war in der Lage, schneller und flexibler aus Erfahrungen, die er machte, zu lernen und bessere Antworten auf Probleme und Gefahren der Gegenwart zu finden. Er lernte, sich selbst und die anderen zu betrachten, er konnte sich ungewöhnlich gut mit seinen Artgenossen austauschen und bemerkte schnell, dass soziales Verhalten und soziale Kompetenz ein evolutionär ungeheurer Vorteil sind. Er baute Unterstützungssysteme innerhalb von Gruppen auf, lernte Toleranz, Vertrauen, aber auch die Möglichkeiten des Taktierens und der Täuschung kennen. Er entwickelte Zielstrebigkeit, Durchhaltevermögen, Leidens- und Kooperationsfähigkeit, und er lernte schnell, das Vorteilhafte von dem Nichtvorteilhaften zu unterscheiden. Er konnte darüber reflektieren, mit ausgefeilten Sprachen darüber kommunizieren und auf diese Weise Erfahrungen über Generationen hinweg weitergeben. Und immer weiter schreibt sich günstiges Verhalten in den Genen fest. Ja, so lange, bis er günstiges Verhalten in seinen Genen implementiert hatte. Und all dies gelang ihm, weil er Erfahrungen, die er mit Körper, Seele und Geist machte, produktiv für sein Weiterkommen und seine Nachfahren nutzen konnte: Homo sapiens lernte aus seinen Erfahrungen.

Erfahrungslernen hieß, lernen durch das Leben. Das hatte er bereits Tausende oder Millionen von Jahren gemacht. Das war und ist seine Spezialität. Dabei war er, so wissen wir, ein Generalist, weil er ein breites Spektrum von Basiskompetenzen besaß und entwickelte. Diejenigen Primaten und Hominiden, die darüber hingegen nicht verfügten, hatten, so lässt sich annehmen, ein kurzes Leben. Vielleicht waren es all die archaischen Menschenarten, die sich nicht wie Homo sapiens auf der Erde durchsetzen konnten; und die letzten Primaten – Schimpansen, Bonobos, Gorillas und Orang-Utans – haben wohl auch keine sonnige Zukunft vor sich. Homo sapiens scheint bessere Überlebenschancen zu haben: der Generalist, der Durchschnittliche und doch so Einzigartige, der Kreative, der Soziale, der Erkenntnispotenzial und Lösungsorientiertheit entwickelte.

2.4   Den bösen Affen austreiben?

Mensch und Menschenaffe haben eine Wurzel und entstammen ursprünglich den gleichen Wesen. In ihnen entwickelten sich unsere Gene und unsere Verhaltensweisen im Laufe von Millionen Jahren. Umso unverständlicher, dass wir uns heute von den »anderen« Affen eher distanzieren, als uns mit ihnen zu vergleichen, dass wir nichts mehr mit ihnen zu tun haben, sie nicht in unsere Betrachtungen miteinbeziehen wollen. Wir wollen uns abgrenzen und grenzen damit einen Teil unseres Selbst aus. Wir wollen es nicht haben, das Archaische in uns, denn wir setzen es gleich mit dem Bösen, Unguten, »Animalischen«. Wir wollen es nicht annehmen, weil das Trieb- oder Instinkthafte in unserer zivilisierten Welt negativ besetzt ist; gleichzeitig glauben wir aber, dass das, was wir Vernunft nennen, unser Joker sei. Und dennoch verhalten wir uns doch allem Anschein nach dermaßen unvernünftig, dass es kaum zu glauben ist. Was ist mit unserem Joker? Vernunft: Heißt das, den Blick schärfen und in den nicht wirklich mit dem Verstand begreifbaren und kontrollierbaren Dingen das Ungute, Schlechte, Nichtfunktionierende, Beängstigende, Unberechenbare sehen? Angstvoll schauen wir auf das Animalische und Unfassbare in uns, statt freudig auch das zu sehen, was gut daran sein könnte.

Das Christentum beispielsweise war zunächst eine Erfolgs- und Motivationsreligion, basierend auf dem erfolgreichen Konzept von Jesus von Nazareth, der die Liebe, die Wertschätzung, das Verzeihen und das Soziale gepredigt hatte. Seine Lehre ließ die Menschen förderliche Erfahrungen machen und eroberte rasch die alte Welt Aber bald schon wurde die christliche Religion in Machtstrukturen vereinnahmt. Noch vor einigen hundert Jahren zog der Großinquisitor mit allerlei »vernünftigen Konstrukten« durch das Land, um den Teufel in uns zu vernichten, mit all den Grausamkeiten, die wir hier nicht beschreiben müssen. Schade eigentlich, denn die Theorie Jesus von Nazareths und die Förderung seiner produktiv verbindenden, liebenden, gemeinschaftlichen, versöhnenden, verzeihenden, Frieden schließenden Idee scheint keine schlechte Sache an sich zu sein, sie spiegelt bloß eine weitere Seite des Menschen. Beide Seiten, Gutes wie Böses, sind insgesamt betrachtet die vitalen Pole, die unser Dasein ausmachen. Hüten wir uns also, im Menschen das Böse, das Animalische, das Instinkthafte als zu Überwindendes zu sehen oder das Gute, das Humane, das Vernünftige als zu Förderndes. Wir haben beides und wir brauchen beides.

2.5   Die Sache mit der Aufklärung

Dann endlich kamen die »aufgeklärten« Gesellschaften. Sie strebten nach der »reinen« Wahrheit, sie lehnten das Nichtlogische, das »böse«, »unvernünftige« Selbst ab und nährten sich aus antiken Philosophien. Die Folge davon ist, dass sich ihre Hybris bis in das Jetzt moderner Gesellschaften erhalten hat, ja sogar einen Grundpfeiler heutiger Denk- und Glaubensmuster darstellt. So stolz sind wir auf unsere aufgeklärten Köpfe, dass wir bis heute ganze Kulturen der Selbstignoranz gebildet haben.

Wir wollen nicht das Unkontrollierbare, das Schlechte, das Unberechenbare, das Gefühlte, das Erahnte und Intuitive in uns gelten lassen, da es nicht beherrschbar und unkontrollierbar scheint. Und was nicht kontrolliert werden kann, das macht Angst, denn das Primitive, Böse könnte ja durchbrechen. Es ist zu unheimlich, zu eigendynamisch und zu mystisch – Goethes Faust kann ein Lied davon singen. Historisch haben wir die Erfahrung gemacht, dass dies die Wurzel des Bösen zu sein scheint. So wurde die »Vernunft« oder das »Aufgeklärte« mit ihrem Anspruch auf absolute Wahrheit quasi selbst zu einer moralisierenden Religion.

Dabei haben wir aber vergessen, dass es immer die Kehrseite der Medaille gibt. Das Selbst kann nicht nur »triebhaft böse und schlecht« sein, sondern auch »triebhaft gut und hilfreich«. Es gibt die gute Ahnung, den richtigen Instinkt, das wertschätzende Empfinden, die versöhnende Intuition oder ein demütiges Durchhaltevermögen, eine gelassene Frustrationstoleranz, die feine, sinnliche Eigen- und Fremdwahrnehmung und natürlich auch Erkenntnis- und Urteilsfähigkeit. Und so stellt sich uns die Frage, ob es das Böse als solches wirklich so häufig gibt? Ist denn das von uns als böse und schlecht Empfundene auch immer böse und schlecht vom Gegenüber gemeint, oder handelt es sich oft nur um unsere Interpretation? Sind wir so kognitionsversessen, weil wir Angst haben, sonst die Kontrolle über das Böse zu verlieren? Ausschließlich »Vernunft« und »Logik«, Bewertung und Kognition, verbunden mit einer Ignoranz unserer inneren Möglichkeiten, reichen aber nicht aus für ein gelingendes Leben. Jetzt schon spüren wir, dass unser einäugiger »vernünftiger« Blick auf geregelte Sicherheit und geregeltes Äußeres, auf Kontrolle und äußeres Wachstum bei Weitem nicht genügt. »Was die Welt im Innersten zusammenhält« (Goethe) ist in uns und nicht um uns.

2.6   Lieber, guter, vielseitiger Homo sapiens ...

Homo sapiens muss genauer, aufmerksamer und liebevoller in sein Herz schauen, sich demütiger mit allem Drum und Dran annehmen und daraus etwas machen. Wenn er hierbei den Blick auf seine Potenziale und seinen unheimlichen inneren Reichtum an Möglichkeiten richtet, eröffnen sich ihm die Ressourcen für seine Zukunft. Denn wo es Triebe gibt, gibt es auch einen Antrieb, wo es Lust gibt, gibt es Freude, wo es Egoismus gibt, gibt es Durchsetzungskraft, wo es Hass gibt, gibt es Liebe, wo es Verachtung gibt, gibt es Wertschätzung, wo es Angst gibt, gibt es Vertrauen, wo es Streit und Wut gibt, gibt es Versöhnliches und wer sich selbst sehen kann, kann andere auch sehen.

Homo sapiens muss ein »Guter« sein, wenn wir uns seine Erfolgsgeschichte anschauen. Wir sollten mehr sein »Gutes« fördern, als ängstlich sein »Böses« zu bekämpfen. Wir täten gut daran, die potenziellen emotionalen Fähigkeiten und Basiskompetenzen wieder in unseren Fokus zu rücken, zu achten und zu entwickeln – und zwar unter salutogenetischer (das Gesunde beachtende) Betrachtungsweise. Basiskompetenzen sind heute und morgen wichtiger als je zuvor und werden über unsere Zukunft mit entscheiden. Vor allem müssen wir zwischen dem, was wir für vernünftig halten, und dem, was Verstand oder Verständnisfähigkeit bedeutet, streng unterscheiden.

Homo sapiens ist gut damit gefahren, ein Allrounder mit Körper, Seele und Geist zu sein. Mit Kopf, Herz und Hand hat er sich die Welt erobert und wird sie positiv gestalten, sofern er Förderliches in sich selbst entwickelt. Erst, wenn wir das positive Potenzial von Homo sapiens weiter fördern, in seiner unglaublichen Vielfalt und individuellen Einzigartigkeit, erschließen wir uns die Ressourcen für morgen. Es ist ganz sicher die preiswerteste und profitabelste Investition in die Zukunft.

Ohne Wachstum geht es nicht, wir brauchen das Wachstum unbedingt, aber gemeint ist das innere, zur persönlichen Meisterschaft jedes einzelnen Individuums. Und dabei helfen uns unsere viel geschmähten Triebe und unsere ursprünglichen Basiskompetenzen, derer wir uns oft nicht mehr bewusst sind. Vielleicht können wir etwas mehr über uns und unser Verhalten erfahren, wenn wir uns näher mit den Menschenaffen befassen.

2.7   Homo sapiens, der Primatenprimus

Vielleicht haben Sie sich schon einmal gefragt oder werden Sie sich jetzt fragen, warum das Buch mit diesen drei Wesen am großen Graben beginnt und was denn nun diese »Affengeschichten« in diesem Buch zu suchen haben. Wir sind auf der Suche, ein besseres Verständnis für Homo sapiens zu bekommen, um dadurch bessere Systeme und Methoden entwickeln zu können, die uns helfen, gegenwärtige und zukünftige Herausforderungen und Probleme »artgerecht« und effektiv zu bewältigen. Es liegt nahe, dass wir da auch auf unsere Cousinen und Cousins schauen. Lesen wir im Folgenden also, was wir von Primatologen, Wissenschaftlern, die sich mit Menschenaffen beschäftigen – besonders aber von den Schimpansen und Bonobos –, lernen können.

Höchstwahrscheinlich, wenn nicht sogar sicher, sind Menschen und so genannte Menschenaffen aus einer Abstammungslinie entstanden. Es ist jedoch bislang noch nicht geklärt, wann sich Homo sapiens oder seine Vorgänger, beispielsweise die Australopitheken, zu einer eigenen Artentwicklung abspalteten. Zu den Menschenaffen zählen wir Schimpansen, Bonobos, Gorillas und Orang-Utans. In der Biologie unterscheidet man »Menschenaffen« von »Tieraffen«, was im Englischen durch die Bezeichnung *monkeys* (Tieraffen) und *apes* (Menschenaffen) deutlich wird. In der deutschen Sprache hingegen subsumieren wir oft alle unter dem einen Begriff »Affen«.

Primatologen gehen davon aus, dass sich als Erstes der Orang-Utan vor ca. 14 Millionen Jahren, dann der Gorilla vor ca. 7 Millionen Jahren, der Mensch vor ca. 5 Millionen Jahren und 3 Millionen Jahre später die Bonobos und Schimpansen separat entwickelten. Deshalb haben wir schon »rein rechnerisch« die größte Ähnlichkeit mit Schimpansen und Bonobos.

Keineswegs sind die Menschenaffen die Bösen, Gewalttätigen und Primitiven, für die sie so oft gehalten werden, und der Mensch der rein Gute, Friedliche und Vernünftige. Beide Spezies verbindet viel mehr, als sie trennt. So vor allem das gemeinsame Merkmal, dass sie beide eine verhältnismäßig hoch entwickelte soziale Kompetenz mit genetisch relativ lockeren Prädispositionen besitzen und sehr viel durch Erfahrung lernen können. Sie unterscheiden sich in ihren Verhaltensweisen und Strukturen eher graduell als grundsätzlich. Das ist auch der Grund, warum wir von ihnen sehr viel über unsere eigenen Verhaltensmechanismen lernen können.

Immer wieder finden wir Äußerungen oder Schriften, die sich mit der Frage beschäftigen, ob wir denn nun böse oder gut seien, wobei noch zu klären wäre, was »böse« und »gut« eigentlich ist. Zur Beantwortung dieser Fragen werden auch immer wieder unsere Vettern, die Menschenaffen, herangezogen. Sie müssen meist für die Ursprünge des Bösen im Menschen herhalten, für den Egoismus, die Gewalt, den Machtmissbrauch oder ähnliche Dinge, über die wir uns im Zusammenleben mit unseren Mitmenschen beklagen. Wir nennen es dann »das Primitive« in uns, wenn einmal wieder das Bösartige, das rein von den Trieben Gesteuerte über uns die Oberhand gewinnt und in unserem Verhalten durchschlägt.

Die Bedeutung des Wortes »primitiv« ist, zumindest im landläufigen Sprachgebrauch, negativ besetzt, wobei das Wort an sich dem Wort »Primat« (der Erste) ja doch sehr ähnelt. Betrachten wir Primaten im Allgemeinen, so sind wir durchaus auch primitiv, d. h. wir ähneln uns alle sehr. »Primitiv« müsste dann aber eine andere Bedeutung haben. Unsere Verwandten sind nämlich ebenfalls durchaus schlau, liebenswert, hilfsbereit, mitfühlend oder was auch immer wir für »das Gute« halten. Bei ihnen wie bei uns Menschen kommt eben alles vor, was wir generell in die Schubladen »gut« oder »schlecht« und »lieb« oder »böse« stecken. Es gibt sie nicht, die dunklen Seiten, »das Äffische«, und die hellen Seiten, »das Menschliche«.

Natürlich, Menschenaffen führen untereinander Kriege, sie morden, auch in der eigenen Gruppe, sie üben Rache und Ähnliches. Sie helfen sich aber auch gegenseitig, sie teilen ihre Nahrung untereinander, auch mit den Alten, sie pflegen sich gegenseitig und sind fürsorglich mit den Jungen, sie lieben sich, haben Romanzen, können traurig sein oder auch wie Menschen Feste feiern. Menschen wiederum können sich besonders gut in die Lage ihres Gegenübers hineinversetzen, Empathie zeigen und aus der Mimik des Gegenübers dessen Gefühlslage herauslesen. Das können Menschenaffen aber auch. Sie unterscheiden sich demnach alle lediglich im Grad der Ausprägung ihrer Fähigkeiten, allerdings nicht grundsätzlich voneinander. So sind Schimpansen z. B. graduell gewalttätiger als Bonobos, die als äußerst friedfertig gelten, denn in ihrem Sozialverhalten dreht sich viel um Kooperation, Konfliktlösung, Liebe und Sexualität. Das Gewalttätige des Menschen bezeichnen wir als tierisch-primitiv. Würden wir unser Augenmerk mehr auf die Bonobos richten, stellten wir schnell fest, dass das Kooperieren, Konflikte lösen, Unterstützungssysteme in Gruppen aufbauen und die empathische Hilfsbereitschaft ebenfalls »äffisch-primitive« Verhaltensweisen sind. Warum vergleichen wir uns also nicht vielmehr auch mit diesen? Warum sollte »primitiv« also gleichbedeutend mit »schlecht«, »zurückgeblieben«, »dumm«, »aggressiv« oder »animalisch« sein?

Vielleicht ist es an der Zeit, dass wir wahrnehmen, was wirklich ist, und uns auf alle menschlichen Eigenschaften konzentrieren, anstatt rational-kognitive Erklärungsmuster vom »Guten«, »Bösen«, »Vernünftigen« und »Unvernünftigen« zu konstruieren, die oft wirklichkeitsfremd und damit unbrauchbar sind. Denn unsere Bewertungen, Entscheidungsfindungen und unser Verhalten beruhen doch meist ebenso auf erworbenen emotional-sozialen Grundlagen und nicht ausschließlich nur auf dem, was wir unserer analytischen Denkfähigkeit zuschreiben. Unsere rational-kognitiven Fähigkeiten gebären nicht nur »Gutes«. Aus diesem Grunde muss dann auch der Versuch scheitern, gewaltsam »vernünftig« sein zu wollen, denn dann berücksichtigen wir nicht die emotionalen und unbewussten Mitentscheider in unserem Gehirn und wie wir als Menschen grundlegend von unserer Systemkonstruktion her funktionieren (dazu erfahren wir mehr in Kap. 6.4.1).

Beschäftigen wir uns mit den Verhaltensforschungen von Primatologen bei Menschenaffen, so entdecken wir überraschende Parallelen im Verhalten bei uns selbst und in unseren menschlichen Gesellschaften. Ein Schimpansenchef kann seine Gruppe beispielsweise niemals alleine beherrschen. Er ist immer auf Verbündete angewiesen, die ihm helfen. Als Alphatier muss er von der Mehrheit der Gruppe toleriert werden, sonst wird er gestürzt. »Herrsche und teile!« ist seine Devise. Dieses Motto kennen wir deutlich aus unserer eigenen Menschheitsgeschichte. Heutzutage – wenn auch etwas undeutlicher – gilt dieses Verhaltensprinzip immer noch. Macht und Stellung sind nach wie vor beim heutigen Homo sapiens kräftige motivationale Triebfedern, auch wenn es durchaus tabuisiert ist, sich klar und deutlich hierzu zu bekennen. Mit Macht umgehen zu können, erfordert hohe soziale Kompetenz, sonst ist sie schnell verloren. Und dabei hat Machterhalt nicht immer etwas mit Gewalt zu tun, sondern auch mit strategischem Geschick, mit Kooperationen und Allianzen. Der Mächtige, der unliebsam wird, der nicht gut für die Gruppe ist und nicht auch dem Allgemeinwohl dient, ist schnell erledigt. (Wir erleben dies gerade prägnant unter anderem in den nordafrikanischen Staaten, und dabei wird es nicht bleiben.)

Die Zeit ist reif. Diktatorische oder oligarchische Machtstrukturen, die lange Zeit »funktionierten«, wie in Tunesien, Libyen, Ägypten oder Syrien, sind im Zuge einer globalen Entwicklung, in der sich Wissen durch demokratischere Strukturen modernerer Gesellschaften über die Medien verbreiten, nicht mehr aufrechtzuerhalten. Alphafamilien werden gestürzt, und es entsteht zunächst ein Machtvakuum. Die erste Folge ist aber nicht die Implementierung volldemokratischer Strukturen, sondern erst einmal ein neuer Kampf verschiedenster Gruppierungen um die Vormachtstellung – so ist es bei den Menschenaffen auch. Was letztendlich daraus resultiert, wird sich erst später zeigen.

Alles ist möglich, denn die Zukunft ist offen. Wir können nicht davon ausgehen, dass es immer so endet, wie wir uns dies mit unserem »vernünftigen« westlichen Demokratieverständnis vorstellen. Ob also die herrschende Person, meist Familie, abgewählt, ausgestoßen oder getötet wird, ist erst einmal sekundär, obwohl das »Abwählen« sicherlich meist die kultivierteste Art ist, das Problem mit dem nicht akzeptierten Mächtigen zu lösen.

Hierarchische Strukturen und Machtgefüge kommen bei Menschen wie Menschenaffen – insbesondere ausgeprägt bei Schimpansen – also gleichermaßen vor. Das zeigt sich schon bei alltäglichen Machtdemonstrationen. Ob an Stammtischen oder in Talkshows, hier hören wir oft bei Gesprächen – meist bei den Männern – den aggressiven Unterton, die versteckte Beleidigung oder die laute Stimme deutlich heraus. Es sind rhetorische und mimische Mittel, um die Machtverhältnisse in der Gruppe zu klären. Auch Schimpansen begegnen sich auf diese Art und Weise zunächst mit Imponiergehabe, bevor es um die eigentliche Sache ihres Zusammentreffens geht.

Hierarchien finden nicht nur »oben« statt, sondern ziehen sich durch die gesamte Gruppe: in menschlicher Gesellschaft auf höherer Ebene in Person von Politikern, Firmenbossen oder Kirchenfürsten, aber auch in jeglichen anderen Gruppenkonstellationen wie in Abteilungen von Institutionen, Vereinen oder Unternehmen. Jeder will wissen, welche Stellung er hat, welche Befugnisse, welche Möglichkeiten. Hier gibt es dann die graduellen Unterschiede: Entweder ist eine klare Struktur und Hierarchie vorgegeben oder weniger oder gar nicht. Ist sie klar vorgegeben, also sichtbar geregelt (Normen), führt ein Verstoß gegen das in der Struktur implementierte Verhaltenssystem meist offen zum Konflikt. In vielen Fällen werden Regelverstöße seitens der Mächtigen mit im System festgelegten Strafen, Verweisen oder Abmahnungen geahndet. Solche Hierarchiesysteme sind stabil, wenn auch manchmal künstlich-starr. Letztendlich verhindern sie aber weder den subtilen Versuch, das Regelwerk auf irgendeine Art und Weise unterlaufen zu wollen, noch das Auftreten gruppenschädigender Phänomene (Rivalitäten, Mobbing, Neid etc.). Das ist in so genannten flachen Hierarchien nicht anders. Dort werden innerhalb der Gruppe ebenso ständig Rollenzuweisungen, ihre Bedeutung in der Gruppe und Machtpositionen überprüft, angezweifelt oder gefördert. Der Unterschied besteht nur darin, dass sich die einzelnen Gruppenmitglieder untereinander stets in einem dynamischen sozialen Prozess des Austauschs und Aushandelns befinden, da sie nicht »von Amts wegen« auf ein Regelwerk zurückgreifen können. Zum Einen gibt es klare, sichtbare, festgeschriebene Normen, welche Regeln, Betriebskultur und -moral betreffen, zum anderen den eher unausgesprochenen Appell an den »sozialen Instinkt« des Menschen. Beide Systeme haben Vor- und Nachteile, je nachdem, was die gemeinsame Aufgabe ist, wobei die flacheren Strukturen ganz klar höhere soziale Kompetenzen erfordern. In den meisten Fällen finden wir aber weder klar ausgeprägte noch rein flache Hierarchien vor, sondern es gibt viele graduelle Abstufungen.

Zusätzlich muss man wissen, dass immer dort, wo sich Menschen und Menschenaffen in Gruppen aufhalten und ein gemeinsames Ziel verfolgen, noch ein »verdecktes« soziales Organigramm existieren kann, auch wenn es bei Menschengruppen, zumindest in Firmen und Institutionen, daneben das »offizielle« Organigramm an der Wand im Besprechungszimmer gibt. Die Themen Macht und Hierarchie dürfen deshalb nicht tabuisiert werden, weil sie überall dort relevant werden, wo sich Menschen (und Menschenaffen) in Gruppen zusammenfinden. Macht- und Hierarchiestrukturen sind wesentlich und stabilisierend für Gruppenkonstellationen, denn sie regeln das Miteinander, das meist auf ein bestimmtes Gruppenziel hin ausgerichtet ist (sei es schlicht der Nahrungserwerb oder die tatsächliche berufliche Aufgabe). Deshalb ist es sinnvoll, die sozialen Kompetenzen des Einzelnen dahingehend zu schulen, dass er gut mit Macht und Hierarchie umgeht, seinen Platz in der Gruppe finden und auch am Gelingen eines gemeinsamen Projektes entsprechend beteiligt sein kann.

Was heißt das nun für die alltägliche Praxis? Für die Oberen wie für die Unteren heißt das zunächst: Beobachten, Sozialordnungen und Hierarchien erkennen und damit kompetent umgehen lernen, auch wenn diese manchmal nur für einen gewissen Zeitabschnitt der Gruppe Stabilität geben, weil Sozialordnungen sich phasenweise auch ändern können.

Beobachten wir die Führungsetage in der Gesellschaft von Affen und Menschen, so können wir leicht Zeichen von Hierarchien und Gruppenzugehörigkeiten erkennen, die deutlich nach außen hin sichtbar gemacht werden. Im Zoo haben Sie sicherlich schon einmal gesehen, dass das Alphatier bei den Schimpansen mit allerlei Getöse durch die Gruppe schreitet, sich auf die Brust schlägt, seine Zähne zeigt, mit Herrscherdominanz auf die anderen herunterblickt oder aggressiv die Haare sträubt. Vielleicht haben Sie aber auch schon einmal bemerkt, dass der Firmenvorstand seine Büros im Wolkenkratzer meist ganz oben hat, oder sich gefragt, warum der »Primat« der katholischen Kirche so merkwürdig gekleidet ist, Richter in schwarzen Roben erscheinen, Ärzte – je bedeutungsvoller sie sind – umso mehr Kugelschreiber, Piepser und Besteck in ihren weißen Kitteln mit sich tragen oder Ähnliches. All dies sind Insignien der Macht oder Symbole der Sozialordnung. Zeichen für Gruppenzugehörigkeiten kommen natürlich nicht nur bei den Mächtigen vor: Studenten kleiden sich wie Studenten, Investmentbanker wie Investmentbanker, Gewerkschafter ziehen sich das Jackett aus, lockern den Schlips und krempeln die Ärmel hoch, wenn sie eine Rede halten usw. Sozialordnung ist folglich immer da, auch wenn wir Menschen manchmal bemüht sind, sie verbal oder anders zu vertuschen.

Wenn uns die Menschenaffen im Verhalten aber so ähnlich sind, was können wir von ihnen z. B. in Bezug auf die Rolle der Geschlechter, über ausgegrenzte Verlierer oder Fremdlinge in der Gruppe lernen? In unseren bisherigen Beispielen jedenfalls hat sich der Mensch, besonders der Menschenmann, eher »schimpansig« und laut verhalten, um seine Macht in der Gruppe zu verteidigen, und gleichermaßen scheinen die Männer immer noch in den meisten menschlichen Gesellschaften das System vorwiegend patriarchalisch zu dominieren, auch wenn sich zumindest in den westlichen Gesellschaften nach und nach eine Gleichberechtigung der Geschlechter ihren Weg zu bahnen beginnt.

Wenn wir uns die Bonobo-Affen anschauen, so sieht bei ihnen die geschlechtliche Rollen- und Machtverteilung grundlegend anders aus. Bonobos haben nämlich eine matriarchalische Struktur. Die älteren Bonobo-Frauen halten mit ihrer Erfahrung und den gewachsenen Bindungen fest das Zepter in der Hand. Primatenforscher sagen, dass es in der Bonobo-Gesellschaft friedlicher zugeht als bei den Schimpansen oder vielen anderen Affen. Bindungsfindung und Konflikte werden dort etwas anders geregelt, subtiler und komplexer, was bei Menschenfrauen übrigens ähnlich ist, denn auch diese agieren weitaus subtiler, um Ziele zu erreichen, als die Männer es tun.

Konkurrenz und Machtkämpfe entstehen aber nicht nur zwischen Frauen und Männern in Bezug auf die gesellschaftliche Rollenverteilung oder wenn es bei Frauen und Männern um die Partnerwahl geht, sondern generell auch geschlechterunspezifisch im Ringen um Machtpositionen innerhalb der Gruppe. Wenn die Konflikte ausgetragen worden sind, gibt es meist Gewinner und Verlierer. In Menschenaffengesellschaften unterwerfen sich die Verlierer jedoch keineswegs stabil und dauerhaft den Alphagruppen, vielmehr solidarisieren sie sich untereinander und bilden Koalitionen. So kennen wir es auch aus unseren nicht demokratischen und demokratischen Gesellschaften, denken wir nur an die oben erwähnten Situationen in Nordafrika, wo unterschiedlichste religiöse oder soziale Gruppen alleine oder in Koalitionen um neue Machtverhältnisse rangeln oder kämpfen.

In demokratischen Gesellschaften bildeten und bilden sich Gewerkschaften als Koalitionen aller, die in Arbeitsprozessen nur über ihre Arbeitskraft verfügen, nicht aber über Kapital und Eigentum. Viele Gruppierungen und Parteien nutzten und nutzen die Solidarisierung mit den scheinbaren oder tatsächlichen Verlierern aus, um Macht zu erlangen oder ihre Macht aufrechtzuerhalten. Die Macht des »sozialen Arguments« ist stark, so oberflächlich und unsinnig es oft auch sein mag. Keiner wird es wagen, in den Verdacht des Nichtsozialen zu kommen. Der Gegenwind wäre zu stark und würde Machtstrukturen gefährden.

Um die Angst des Machtverlustes und eine verspürte Bedrohung der eigenen Gruppe geht es ebenso bei dem Phänomen der Fremdenfeindlichkeit, welches sowohl bei den Menschen als auch bei den Menschenaffen vorzufinden ist. Wenn beispielsweise unterschiedliche Schimpansengruppen ihren Weg kreuzen, kann es zum Krieg kommen. Sie beäugen sich kritisch und verteidigen ihr Territorium. Kommt es zum Krieg, versuchen Schimpansen oft, die gegnerischen Männchen zu töten und die Frauen zu entführen. Und will man in ein Affengehege, in dem bereits eine sozialisierte Affengruppe lebt, einen fremden Schimpansen einführen und diesen in die Gruppe integrieren, so ist dieses nahezu unmöglich. Der Neue wird in den allermeisten Fällen ausgeschlossen, darf nicht an den Mahlzeiten teilnehmen. Vielleicht wird er sogar getötet, wenn er sich nicht ganz geschickt einfügt und unterordnet. Unsere Fremdenfeindlichkeit basiert auf eben solchen sozialen und emotionalen Beweggründen. Der Neue in der Firma wird erst einmal ganz genau beobachtet und je nachdem, ob er sich zunächst unterwirft, anpasst oder nicht, entscheidet das über seine spätere soziale Stellung. Der »Neigschmeckte« (schwäbisch: der neu Hinzugekommene) im süddeutschen Raum bleibt oft immer einer. Im Gegenüber des Neuen würden die, die immer schon da waren, fühlen und sagen: »Er ist keiner von uns!«

Das, was wir nicht kennen, was uns fremd ist und nicht in unser System passt, macht uns Angst, weil wir es nicht kontrollieren und zuordnen können. Wir wissen nicht, ob der Fremde oder die fremde Kultur uns unserer Macht berauben will, in jedem Fall wirkt das Fremde erst einmal bedrohlich: »Was der Bauer nicht kennt, das isst er nicht.« Das ist ein großes Problem, denn die bereits existierenden großen Migrationsströme werden zukünftig im Globalisierungsprozess noch weiter anwachsen.

Der Konflikt ist mit dem Auftauchen des Fremden oder konkret im Begegnen einer fremden Kultur bereits da: die Angst um den Arbeitsplatz, die Angst vor Islamisierung des Westens usw. Da schreiben die einen angstvoll Bücher über die Überfremdung und den eigenen Untergang – und bedienen damit ganz offensichtlich eine natürliche Angst der ansässigen Gesellschaft –, während die anderen bewusst versuchen, den Konflikt in seiner emotionalen Dimension nicht zu erkennen. Die Hauptproblematik aber ist und bleibt oft folgende: zum einen die Angst und feindliche Grundstimmung innerhalb der ansässigen Gruppe und zum anderen die nicht vorhandene Anpassungsbereitschaft vieler Fremder an die durchaus auch fremde Kultur und Sprache.

Was man tun könnte? Es wäre beispielsweise möglich, mit entsprechend hohen sozialen Kompetenzen, bei gleichzeitigem Anspruch auf einen Integrationswillen der Kommenden, Fremdenangst und feindliche Grundstimmungen zu vermindern. Schauen wir uns wieder an, welches Bewältigungspotenzial bei unseren Verwandten, den Bonobos, in solchen Situationen zum Tragen kommt! Bonobos sind Künstler der Versöhnung und des Friedenschließens. Geschickt lösen sie Konflikte, denn sie verfügen über hohe soziale Fähigkeiten. Treffen sie auf eine fremde Gruppe oder treffen sie an ihren Territoriengrenzen aufeinander, gibt es zwar zunächst Geschrei und Aufregung, aber sogleich beginnen die Gruppen, den »Fremdenkonflikt« zu lösen – nicht immer, aber meistens. Es lohnt sich oft nicht, sich gegenseitig zu bekämpfen und zu töten. Die Verluste auf beiden Seiten wären einfach zu groß. Also lernen sie sich lieber gegenseitig kennen, streicheln sich oder haben Sex miteinander.

Primatenforscher wie Frans de Waal haben ihre Verhaltensweisen wie Verzeihen, Versöhnen, Mitleid und deeskalierendes Vorgehen näher beschrieben. Menschen haben offensichtlich beide Fähigkeiten – die den Schimpansen näherliegende aggressive Auseinandersetzungsenergie und das Talent, Koalitionen und Frieden zu schließen von den Bonobos. Das ist auch schlüssig, liegt doch die selbstständige Entwicklung des Menschenstamms zeitlich vor derjenigen der Schimpansen und Bonobos. Wir können demnach davon ausgehen, dass Menschen durchaus auch Bonobo-Fähigkeiten haben.

Menschen haben also naturgemäß die Fähigkeit, durch gemeinsame Erfahrungen ein friedvolles, angstfreies Miteinander herzustellen. Natürlich ist dies immer ein Balanceakt zwischen Konkurrenz und Kooperation. Konsensfähigkeit ist hier die gefragte Basiskompetenz, und richtige Integrationspolitik versucht, Erfahrungsräume des Miteinanders zu initiieren, wo der Balanceakt zwischen gemeinsamem Fordern und Fördern tatsächlich auch gelingen kann. Das ist der einzige Weg, den wir im Übrigen auch schon zigtausende Male erfolgreich praktiziert haben: Menschen führen ja nicht nur Kriege, sondern im überwiegenden Maße schließen sie Frieden. Wenn wir die Entstehung Deutschlands und jetzt die Vereinigungsbemühungen Europas oder die großen Demokratien betrachten, so gibt es zwar Konflikte, Auseinandersetzungen oder auch noch Kriege, aber mindestens genauso, wenn nicht gar imposanter, entstehen große Allianzen, die versuchen, gewaltfrei und kooperativ miteinander umzugehen. Das ist ein Beispiel dafür, dass wir wie die Menschenaffen ebenso über hohe soziale Kompetenzen verfügen, die ein friedfertiges Zusammenleben mit anderen Kulturen gelingen lassen können.

Wir sind also in der Lage, ob evolutionär vorgegeben oder kulturell verfeinert, Grundängste durch Erfahrung abzubauen. Unsere enorme soziale Plastizität versetzt uns hierzu in die Lage. Da wir Menschen die weitaus besten Möglichkeiten zur Reflexion und zur vorausschauenden Planung haben, können wir mit dieser Kenntnis versuchen, das Richtige zu tun. Und wenn wir unsere

Systemkonstruktion betrachten und das, was in uns steckt, können wir unsere
Kompetenzen gezielt fördern. Das geschieht durch Handeln und Erfahrung.
Durch *learning by thinking, feeling and doing.*

Lernen über Erfahrung findet bei Menschen und Menschenaffen gleichermaßen statt, wobei wir in Menschenaffengesellschaften direkter und ungefil-
terter beobachten können, worauf ihr gelingendes Zusammenleben basiert. In
menschlichen Gesellschaften ist uns der Blick auf die Basics jedoch oft durch
Zeitgeistiges, politisch Korrektes oder nicht Korrektes (Moralisches, Ethisches
oder Tabuisiertes) verstellt, wozu vor allem auch die menschliche Sprache – weil
sie ein sehr ungenaues und unvollständiges Kommunikationsmittel ist – und
unsere rational-kognitiven Konstrukte – weil sie oft plausibel klingen, es aber
nicht sind – das Ihrige beitragen.

Halten wir aber zunächst Ausschau nach ursprünglichen Basiskompetenzen
in den Gesellschaften der Menschenaffen! Primatologen konnten in ihrem
Verhalten beobachten, dass diese beispielsweise Mitleid mit anderen Menschenaffen und Hilfsbereitschaft zeigen sowie unter ihnen eine Ausgewogenheit
zwischen Geben und Nehmen herrscht. Diese Verhaltensweisen machen bei den
Menschenaffen neben anderen den Kitt des sozialen Miteinanders aus. Diese
sozialen Kompetenzen erfordern, dass sich einzelne Mitglieder der Gesellschaft
in die Perspektive des oder der anderen hineinversetzen können. Neurowissenschaftler verbinden diese Fähigkeit mit den Spiegelneuronen, die von vielen
als ein Alleinstellungsmerkmal von Menschen angesehen werden. Doch die oben
genannten sozialen Fähigkeiten, die eine Menschenaffengruppe zu einer funktionierenden Gesellschaft werden lassen, setzen die Fähigkeit und das Beherrschen der Methoden des Perspektivwechsels bereits voraus: sich selbst von den
anderen unterscheiden und sich in die Lage des anderen hineinversetzen zu
können. Affen merken sich über lange Zeit Gesichter, erkennen sich im Spiegel,
ahmen sich selbst nach, imitieren sich gegenseitig und offenbaren ihren Artgenossen, genauso wie Menschen dies tun, ihren emotionalen Zustand. Sie
klagen bei Schmerz oder Jammern bei Überlastung genauso wie Menschen vor
dem Büro ihres Kollegen aufseufzen, um ihre schwere Arbeit zu unterstreichen
oder künstlich hüsteln, wenn sie kundtun möchten, dass sie eigentlich krank
sind. Hiermit beabsichtigen sie, beim anderen Verständnis und Empathie für das
eigene Befinden auszulösen, mit dem Zweck, auf diese Weise eine emotionale
Bindung herzustellen.

Menschenaffen und Menschen haben, so viel wissen wir, ein enorm großes
Interesse an der sozialen Situation des anderen und an einem funktionierenden
Miteinander. Ihr evolutionärer Erfolg war es sicherlich, in diesem komplexen,
feinfühligen, sozialen Konstrukt ihrer Art die geeignete Balance zwischen
Egoismus und Altruismus, zwischen gewaltsamem Durchsetzen und Konsens-
bildung zu finden sowie die passende emotionale Entscheidung im richtigen

Moment zu treffen. Neben der Fähigkeit, ein Bewusstsein für das Selbst zu haben und das Ich vom Du unterscheiden zu können, gibt es eine weitere wesentliche Gemeinsamkeit zwischen Menschenaffe und Mensch: Beide verfügen über eine enorme Fähigkeit, sozial vorteilhafte Verhaltensweisen zu kreieren.

Homo sapiens entwickelte sich wohl als der Erfolgreichste unter allen Primaten. Sonst wäre es ihm nicht gelungen, in Milliardenstärke den gesamten Erdball zu bevölkern und auch zu dominieren. Er wäre auch nicht in der Lage gewesen, auf engstem Raum recht gut funktionierende Gemeinschaften zu bilden. Er hat es also in der Vergangenheit schon geschafft, mit genau diesen Fähigkeiten, von denen wir oben gelesen haben, abzuwägen, was wohl jetzt das Sinnvollste für das Weiterkommen seiner Art sei. Dieses Vermögen hat Homo sapiens auch heute noch, wenn er sich darauf besinnt, im richtigen Moment die richtigen Entscheidungen zu treffen.

Entscheidungen sind aber immer emotionsbasiert, egal wie klug und rational wir uns geben und unsere Entscheidungen sprachlich verpacken. Beim genauen Hinsehen steckt hinter ihnen immer eine emotionale Basis. Deshalb ist es überaus wichtig, dass wir unsere Aufmerksamkeit verstärkt auf unsere komplexen, hoch entwickelten emotionalen Fähigkeiten und sozialen Kompetenzen richten und dass wir in unserer Gesellschaft – vor allem in unserem Bildungssystem – besonders Charakterbildung fördern. Dazu gehört u. a. ganz wesentlich die Fähigkeit, Unterschiede und Widersprüche auszuhalten und für die Gemeinschaft nutzbar machen zu können. Unser Ziel sollte es sein, menschliche Gruppierungen und Gesellschaften förderlich zu entwickeln, indem die unterschiedlichen vorhandenen Ressourcen zugunsten der Gemeinschaft und für das Zusammenleben genutzt werden. Das geniale Miteinander scheint der Schlüssel für die Zukunft zu sein, so wie wir es – mal mehr, mal weniger gut gelungen – bei der Betrachtung ursprünglichen Verhaltens anderer Primaten beobachten konnten und können.

Was wir Moral nennen, scheint dementsprechend auch nichts weiter zu sein, als die intuitive Erkenntnis, dass Teilen, gegenseitige Hilfe oder Verzicht zum richtigen Zeitpunkt für das Ganze und damit auch für das Individuum vorteilhafter zu sein scheinen als z. B. ein zügelloser und brutaler Egoismus. Zumindest die Evolution weiß das und deshalb belohnt sie unser Gehirn bei sozialem Verhalten mit einer Peptid- und Hormondusche. Der soziale Instinkt ähnelt so dem sexuellen Instinkt. Nur aus diesem Grunde erheben wir intuitiv emotionale Richtigkeit zu einer verhaltensbewertenden Konzeption und nennen es Moral. So gelingt es uns, soziale Verfehlungen oder Defizite aufzuspüren und zu minimieren sowie individuelle und sozial richtige Bilanzierungsfähigkeiten geeignet und »artgerecht« zu fördern.

Für unser persönliches Glücksgefühl benötigen wir beispielsweise in unserem Innern das Gefühl einer ausgeglichenen Bilanz von Geben und Nehmen, um uns im Gleichgewicht zu fühlen. Ist dies nicht der Fall und fühlt sich ein Mensch persönlich stark unausgeglichen, kommt es, so wissen wir nicht nur aus der Psychotherapie, zu Fällen von pathologischer Selbstbestrafung. Auf dieses Verhaltensmotiv treffen wir zusätzlich auch in unterschiedlichen Religionen, wo es um eine Art Ausgleich geht, nämlich um die Tilgung von Sündenschuld. Hier findet man Bußrituale und Reuebekundungen körperlicher wie seelischer Art. Homo sapiens ist folglich neben den anderen Primaten auf ein »ausgeglichenes«, vorteilhaftes soziales Miteinander und Fortkommen (auch hormonell und neurochemisch) fixiert.

Möglicherweise spiegelt sich diese Erkenntnis auch im Erfolg demokratischer Gesellschaften wider, wobei sich die Demokratie als politisches Modell zunehmend als das geeignetste aller Regierungssysteme herauszukristallisieren scheint. Jüngste Entgleisungen in der Menschheitsgeschichte wie der Kommunismus, der von einer wirklichkeitsfernen Egalität der Menschen ausging, und auch der Nationalsozialismus, der totalitär die Herrenrasse allein zur Krone der Schöpfung und den Rest zu unwürdigen, kranken Untermenschen deklarierte, eliminierten sich bekanntermaßen auf Dauer selbst, da sie nicht der Systemkonzeption von Homo sapiens und auch nicht der anderer Primaten entsprachen.

Wenn wir nun Rückblick halten auf das, was wir bislang über die Verhaltensweisen von Menschenaffen und Menschen erfahren haben, müssen wir feststellen, dass unser Verhalten wie das der Menschenaffen auf uralten essenziellen Trieben basiert, wie z. B. dem Streben nach Nahrung, Sexualität, Sicherheit in der Gruppe, aber auch nach Macht. Was aber im Großen und Ganzen das Verhalten so nachhaltig prägt, ist vor allem die Erfahrung. Das menschliche Verhalten birgt jedoch nicht nur die Erfahrungen des Einzelnen oder der Gruppe, sondern die gesamten Erfahrungen von Menschheitsbeginn an. Uns zeichnet als Menschen auch aus, dass wir in der Lage sind, durch Kognition, Reflexionsfähigkeit und Sprache Bewährtes aus der Vergangenheit zu übernehmen. Wir Menschen mit unserer dynamischen genetischen Prädisposition sind also mit ziemlich lockerer Nadel gestrickt und verfügen neben den triebgesteuerten Dispositionen zusätzlich noch über die großartigen Möglichkeiten, unser Verhalten zu reflektieren und nachzufühlen, wie es uns mit der ein oder anderen Entscheidung gegangen ist: Wir erfahren, lernen, wägen ab, modifizieren unser Verhalten, verfeinern unsere Fähigkeiten, ausgerichtet auf unsere gegenwärtigen Bedürfnisse, die zeit- und kulturabhängig sind. Unser komplexes Gehirn ist entsprechend von so ungeheurer Plastizität, dass wir in jedem Moment eine starke Anpassungsfähigkeit und ein Gespür für das Richtige entwickeln können (vgl. Kap. 6: Unser Gehirn: ein »Erfahrungsreaktor«). Der Mensch mit seinen genetischen Prädispositionen, seinen emotionalen Kompetenzen und seiner Kognitionsfähigkeit ist ein »kulturfähiges« Wesen, auch wenn dieser Begriff mit Vorsicht zu genießen ist, denn auch unsere

Kulturfähigkeit ist begrenzt und wiederum natürlich abhängig von unserer Systemkonstruktion und Genetik.

Fazit: Der größte Vorteil des Menschen scheint das mögliche Zusammenspiel aller Faktoren zu sein. Das befähigt uns, vielfältige Optionen im individuellen und sozialen Verhalten wahrzunehmen, je nachdem, wie es die Umstände erfordern. Das macht unsere enorme Anpassungsfähigkeit aus. Diese besondere Eigenschaft scheint allgemein eine herausragende soziale Kompetenz der Primaten zu sein. Auch Menschenaffen lernen wie wir über Erfahrung und können für das Hier und Jetzt Entscheidungen abwägen und ihr Handeln den Bedürfnissen entsprechend modifizieren.

Machen wir uns all unsere Fähigkeiten und Kompetenzen bewusst und vermehrt zunutze! Wir wissen nun, dass sich ein gelingendes Leben aus Erfahrungen gestaltet, aus denen wir lernen und mit denen wir uns auf das Notwendige im Hier und Jetzt einstellen können. Der Unterschied zu anderen Primaten ist hierbei nicht grundlegend, sondern rein graduell. Das verdeutlicht uns die Primatenforschung auf eindrückliche Weise, und wenn wir Menschen da abholen, wo sie sind und das fördern, was sie können, sind wir auf dem richtigen Weg.

Auch als Primatenprimus basiert unser Basisverhalten generell wie bei den Menschenaffen auf uralten Trieben. Wir sind aber »mit lockerer Nadel gestrickt« und in der Kombination von genetischen Prädispositionen mit Erfahrungen in der Lage, jederzeit eine größtmögliche Anpassungsfähigkeit zu entwickeln.

Mit mehr Kenntnis über unsere Systemkonzeption sind wir sowohl in der Lage, individuelle, passgenaue Möglichkeiten zu finden, ein möglichst glückliches Leben zu fördern als auch in der Folge gelingende soziale Systeme zu entwickeln. Grundlage solcher Findungs- und Entwicklungsmöglichkeiten ist in der Regel die individuelle und soziale Erfahrung, die wir durch unser Tun im Hier und Jetzt leiten und fördern können – und nicht die bloße Erkenntnis oder Nutzbarmachung bereits vorhandenen Wissens.

Diesen Mechanismus haben wir nicht »neu erfunden«. Erfahrungen waren und sind schließlich der Nährboden dafür, die stabilste und förderlichste Anpassung an die Gegebenheiten herzustellen. So haben es auch schon unsere Vorfahren gemacht. Da die Gegebenheiten jedoch jeweils von Zeit, Kultur und Lebensraum geprägt sind, variieren auch die Antworten auf die Frage nach dem Weg zu einem gelingenden Leben.

Das nächste Kapitel wird mit seinen Vermutungen über Homo sapiens schlaglichtartig einen Überblick über die Antworten geben, die einige Philosophen, Psychologen, Psychotherapeuten und Pädagogen in der Vergangenheit auf die grundlegenden Fragen der Menschen versucht haben zu finden. Finden auch wir – heute noch – dort etwas, was wir für unser Leben und für eine Lebensphilosophie im Hier und Jetzt gebrauchen können?

3. Vermutungen über Homo sapiens

Was sollten und könnten wir im Hier und Jetzt selbst nun tun, um ein möglichst gelingendes Leben jedes Einzelnen, aber auch der gesamten sozialen Gemeinschaft und Gesellschaft zu fördern, damit eine gelingende Zukunft für Homo sapiens denkbar wird? Hierzu hat sich der Mensch seit langer Zeit ebenso Gedanken gemacht, wie wir in diesem Buch. Schauen wir also auf die Geschichte der Antworten, die Philosophen, Psychotherapeuten, Psychologen und Pädagogen bereits auf die urmenschlichen Fragen nach dem Ursprung, Nutzen und Sinn menschlichen Lebens und Handelns glaub(t)en, gefunden zu haben. Vielleicht finden wir ja brauchbare Ansätze für eine »Jetzt-Philosophie«.

3.1 Von Philosophen

Wir sind also nicht die Ersten, die sich hierüber Gedanken machen. Zurückblickend auf die philosophischen Schriften, zumindest der letzten ca. zweitausend Jahre, finden wir unzählige Vermutungen über Homo sapiens, die wir selbstverständlich kurz durchstreifen sollten. Was haben unsere Vordenker erkannt, welches Wissen haben wir davon bereits genutzt und welches sollten oder könnten wir für ein gelingendes Leben (noch) nutzbar machen? (Wenn Sie nun lieber einen »Blitzdurchlauf« durch die Philosophiegeschichte der vollständigen Lektüre dieses Kapitels vorziehen, da Sie die »Kleine Geschichte der Philosophie« lieber in einem adäquaten Fachbuch studieren oder selbst das nicht, dann reicht es zum Verständnis völlig aus, wenn Sie an dieser Stelle weiterblättern und die Zusammenfassung in Kap. 3.1.4 lesen.)

Die ursprünglichen Fragen der Menschheit, mit denen sich Philosophen beschäftigen, sind heute noch immer die gleichen wie damals: Wer bin ich? Warum bin ich? Wozu bin ich? Wie sollen wir uns verhalten? Natürlich stellen wir uns diese Fragen erst, seitdem wir das haben, was wir Bewusstsein nennen, oder besser gesagt: nachdem es uns von allen anderen Lebewesen am besten möglich ist, zu schlussfolgern bzw. vorausschauend zu denken und Erkanntes zu generalisieren.

Wir möchten gerne alles verstehen und bestenfalls darin auch noch einen Nutzen für uns und unsere Mitmenschen erkennen, um so eine gelingende Gegenwart und Zukunft gestalten zu können. Das war und ist natürlich nicht immer so mit dem Nutzen. Viele begnügen sich schon mit dem Verstehen. Verstehen und dann noch einen handhabbaren Nutzen daraus ziehen, das könnte die Aufgabe von Staat, Politik oder auch Kirchen sein. Dies ist aber nicht so einfach, wie wir oft an der aktuellen Politik sehen und uns auch aus der Vergangenheit bekannt ist. Denken Sie nur an die unzähligen eskalierenden Kriege und gewalttätigen Auseinandersetzungen auch jüngst in Europa (Balkankriege)! Denken Sie an unser tatsächliches Verhalten in Anbetracht der von uns prognostizierten Klimakatastrophe oder an unsere erschrockene Reaktion auf das Reaktorunglück in Japan! (Hatten wir nicht schon längst ähnliche Erfahrungen gemacht und eigentlich verstanden, worauf es ankommt, nämlich die Umwelt und den Menschen ausreichend zu schützen?) Denken Sie an unser vollkommen antiquiertes und unterschiedliches Bildungssystem, in dem sich trotz eindeutiger wissenschaftlicher Erkenntnisse nicht genügend bewegt, auch da Landesfürsten Angst haben, die Macht zu verlieren, die ihnen die Alliierten unlängst zur Machtverteilung prophylaktisch zuteilten! Denken Sie an Gesundheitssysteme, die lieber Krankheit, deren »Reparatur« und Medizintechnik finanzieren, als durch kluge Prävention mehr Gesundheit zu erzielen oder an das Verhütungsverbot der katholischen Kirche als Nichtantwort auf das Bevölkerungswachstum! Erkenntnis und resultierendes Verhalten scheinen oft nicht zusammenzupassen, solange die tatsächliche Erfahrung hierzu fehlt. Sicherlich fallen Ihnen auch weitere Beispiele ein, wo Staat und Kirchen für ihre Politik passende Theorien suchten und für ihr Machtgefüge missbrauchten, auch wenn diese nicht dem allgemeinen Wohl der Menschheit dienten. Nicht selten ignorierten sie dabei auch neueste wissenschaftliche Erkenntnisse.

Erst duch das Umsetzen und Nutzbarmachen von Theorien im praktischen Handeln, ausgerichtet auf ein bestimmtes Ziel, erlangt das Theoretische seinen Sinn. Wir gewinnen durch Verständnis und Sinn, ob zutreffend oder nicht, zunächst Motivation und Zuversicht für unser Streben, Gegebenheiten und Erfahrungswissen handhabbar zu machen und umzusetzen. Das Umsetzen der Theorie in die Praxis scheitert jedoch nicht nur, weil möglicherweise das Deutungskonstrukt menschenfern ist oder andere Interessen oder Machtstrukturen ein stärkeres Gewicht haben, sondern auch oft an der begrenzten Denk- und Fühlweite des Menschen. Homo sapiens ist meist erst betroffen, wenn es ihn direkt betrifft. Was irgendwo oder in weiter Ferne erdacht wird oder tatsächlich geschieht, das findet außerhalb seiner Reichweite statt. Damit werden wir uns später noch näher beschäftigen (vgl. Kap. 4.6.4: Die Welt – ein globales Dorf mit Kehrwoche?).

Es sind also in erster Linie zunächst die Philosophen, die sich in der Vergangenheit mit Sinn- und Verständnisfragen beschäftigt haben und dies heute immer noch tun. Lassen Sie uns also hier einen Blick auf ihre vielfältigen Vermutungen über Homo sapiens werfen und auf die Antworten, die sie auf die grundlegenden menschlichen Existenzfragen gefunden zu haben glaub(t)en! Dabei werden sich für uns natürlich die Fragen stellen, ob diese uns bis heute weitergebracht und geholfen haben und ob ihre Ansichten zutreffen oder nicht. Haben wir uns ihre Ansichten nutzbar machen können? Haben wir etwas gelernt? Haben wir uns mit ihrer Hilfe (weiter)entwickelt, ein Stück weiterentwickelt hin zur persönlichen Meisterschaft und einem gelingenden Leben? Oder haben die Denkfreunde uns zumindest ein kohärentes Verständnis von Homo sapiens geliefert? Oder handelt es sich vielmehr um sehr subjektive Konstrukte, Befürchtungen und Hoffnungen, die im Wesentlichen dem Zeitgeist des jeweiligen Philosophen entsprechen? Philosophen erklären sich die Menschheitsfragen tatsächlich von Zeit zu Zeit und von Kultur zu Kultur verschieden. Ihre eigene Sozialisation und Religion spielen dabei eine große Rolle. Es geht um die Suche nach Erklärungen und den drängenden Wunsch, ein kohärentes Bild von der Welt zu erlangen. Weil wir denken können, verlangen wir nach einem kohärenten Selbst- und Weltbild, in das wir uns schlüssig einordnen können und die Philosophen wollen dies natürlich auch.

Beginnen wir mit unserer Betrachtung also kurz vor Christi Geburt, zu einem Zeitpunkt, als Philosophen ungefähr damit anfingen, ihre Denkfiguren auf Papyrus zu bringen. Weil philosophische Schriften »auslegbar« sind, dürfen wir selbstverständlich auch nicht vergessen, dass ein solcher Streifzug nur das wiedergibt, was der Verfasser dieses Buches mit seinem »subjektiven Hirn« aufgenommen, verstanden und mit Bedeutung versehen hat.

Das beginnende philosophische Denken ist zunächst einmal mythisch, d. h. es entstehen verschiedene Erklärungskonstrukte, um die Frage zu beantworten, warum die Welt so ist, wie sie ist und warum die Menschen so sind, wie sie sind. Der Mythos gab den Menschen ein Gefühl von Plausibilität und ein Gefühl für die Kohärenz der Weltordnung. So bildeten sich im Laufe der Menschheitsgeschichte die verschiedensten Mythen heraus. Die Wichtigsten von ihnen finden wir zunächst in den aus der Mythenwelt entstandenen Philosophien, Religionen wieder, dann in den Naturwissenschaften und bis zum heutigen Tage in vielem, was die wesentlichen Fragen der Menschheit beantworten soll.

3.1.1   Vom Therapeuten Sokrates über den Humanisten oder Buddhisten Seneca zum Begründer der positiven Psychologie Epikur?

Die Mythenkritiker (ca. 600 v. Chr.) dachten sich, dass es sehr subjektive Erklärungsmodelle seien, die in den Mythen von Generation zu Generation weitergegeben würden. Eigentlich müsse man doch nur die Welt genau beobachten, um auf die Fragen unseres Seins nachvollziehbare Antworten zu finden und sich natürlich erklären zu können, woher wir kommen, warum wir leben und welcher Sinn hinter all dem steckt. Auf diese Weise entstanden die Naturphilosophien, z. B. die griechischen in der Antike. Das war einer der ersten Schritte in Richtung naturwissenschaftliche Denkweise, die bis heute noch vorherrscht.

Männer wie Thales von Milet, Heraklit oder Demokrit beobachteten die Natur, machten sich Gedanken darüber und zogen daraus ihre Schlussfolgerungen. Von Heraklit ist der Ausspruch »Alles fließt« bekannt. Heraklit meinte damit, dass nichts ist, wie es ist, dass alles sich dauerhaft verändert und diese Widersprüchlichkeiten das Lebendige ausmachen. Er beobachtete also, dass sich alles fortwährend verändert und sich dabei in Gegensätzen und Gemeinsamkeiten wiederfinden lässt. Wenn wir den Hunger nicht kennen, kennen wir nicht das Gefühl des Sattseins, wenn wir den Tag nicht kennen, wissen wir nicht, was die Nacht ist, wenn wir den Krieg nicht kennen, kennen wir nicht den Frieden. Natürlich kannte er keine chemischen oder physikalischen dynamischen Gesetze. Er glaubte an den die Welt umfassenden Geist, an das Funktionsprinzip, das er »Logos« (Vernunft) nannte, und nicht an einen Gott im mythischen Sinne.

Die anderen griechischen Denker betrachteten nachfolgend ebenso die Materie und vermuteten irgendetwas, was diese Materie bewegt und verändert. Noch heute ist diese dualisierende Denkweise in den Weltbildern, Naturwissenschaften und deutlich in der Medizin zu erkennen (z. B.: Psyche und Körper, Gott und die Welt, Geist und Gehirn), auch wenn es in dieser Form heutzutage wohl nicht mehr aufrechtzuerhalten ist. Schon bald trennten also die Philosophen. Sie nannten das, was sie betrachten konnten, »Materie«, und die Kräfte, die alles bewirken, »Geist« (Natur- und Geisteswissenschaften).

Demokrit (ca. 450–350 v. Chr.) glaubte, dass die Dinge aus kleinsten Teilchen in den unterschiedlichsten Mischungen zusammengesetzt sind. Diese Teilchen nannte er Atome. Sie seien unteilbar und die kleinsten Teile, die es überhaupt gibt. Wahrnehmung und Empfindung erklärte er sich auch mit der Atomtheorie; sie seien die Bewegung der Atome. Das Bewusstsein oder das, was gemeinhin Seele genannt wurde, bestünde ebenso aus diesen kleinen Bausteinen, die er Atome nannte. Und es gäbe nur ein Naturgesetz (nicht Gott), welches dafür verantwortlich sei, dass alles so ist, wie es ist. Auf diese Weise wurde sein materialistisches System schlüssig und harmonisch. Es ist heute wieder ziemlich aktuell und als »naturwissenschaftliches« anerkannt.

Beschäftigten sich die Naturphilosophen in dieser Zeit eher allgemein mit der Natur, so richteten Sokrates bzw. die griechischen Sophisten ihr Augenmerk besonders auf den Menschen. Homo sapiens: »Der Mensch ist das Maß aller Dinge« (Protagoras, 490–411 v. Chr.). Sie wollten sich außerdem auch nicht festlegen, ob es einen Gott gibt oder nicht (Agnostiker). Wenn wir sagen, dass die Naturphilosophen wie Demokrit die ersten Ansätze der Naturwissenschaften begründeten, so könnte man jetzt sagen, dass die Sophisten vielleicht die Basis für die Human- oder Geisteswissenschaften legten. Sie untersuchten Ethik, Norm und Sitte im Zusammenhang mit natürlichen Dingen und gesellschaftlich bedingten Einflüssen.

Den wichtigsten Einfluss auf das anschließend entstehende europäische Denken hatte sicher Sokrates (470–399 v. Chr.). Vielleicht war er auch einer der ersten Therapeuten. Er lehrte nämlich nicht, sondern führte fragende Gespräche. Er ließ die Erkenntnis seines Gegenübers zu dessen Einsicht reifen. Vielleicht ist die innere Haltung Sokrates' wichtiger als all seine Erkenntnis. Sein wichtigster Ausspruch »Ich weiß, dass ich nichts weiß!« zeigt einerseits seine Demut vor der Komplexität der Welt bzw. des Menschen und andererseits seine bedeutende innere Haltung zur Methodik. Dementsprechend sollte es in Bezug auf Sokrates eher bei Vermutungen über Homo sapiens bleiben. Sein dialektisches Denken – These, Antithese, Synthese – war seine Methode, zu »Höherem« zu kommen. Es war ein permanentes geistiges Sich-Entwickeln ohne Festlegung. Ein wahrer Denker war dieser Sokrates. Leider musste er für seine permanent alles infrage stellende innere Haltung sterben. Es ist nämlich unheimlich anstrengend, seine endlich gefundenen subjektiven inneren Wahrheiten und Wirklichkeiten immer wieder anzweifeln zu müssen. Dies ging den Oberen damals nicht anders als heute auf den Geist. Sokrates war in seinen Vermutungen also noch nicht festgelegt.

Sein Schüler Platon (427–347 v. Chr.) hingegen schon. Er glaubte, dass es eine Ideenwelt gibt, eine Welt, in der alles, was existiert, quasi in einer Form edler Matrix oder Reinzeichnung vorhanden sei. Der Mensch lebe als unvollkommenes »Modell« außerhalb dieser Welt und könne sich mit seinen Wahrnehmungen, Lüsten und Empfindungen diesem Ideal nur schwer nähern. Allein die Vernunft ermögliche es uns Zug um Zug, dieser objektiven Wirklichkeit und Wahrheit teilhaftig zu werden. Wahrnehmung und Empfindung seien subjektive Dinge, während Vernunft zur wahren Erkenntnis führe. Eigentlich war Platon ein typischer Rationalist von der Art, wie wir sie heute noch vorfinden. Er übertrug das so genannte Vernünftige anschließend auch auf politische Gesellschaften. Platon hielt die Menschen also für unvollkommen. Mithilfe ihrer Vernunft sollten sie jedoch vollkommen werden. Das Vollkommene sei dabei natürlich gleichzusetzen mit dem Idealen. Das Ideale ist hier aber das, was Platon sich darunter vorstellte; er vermutete, dass es eine Idee (seine Idee!) vom »vollkommenen, edlen Prototyp« Homo sapiens gibt. Es sei dann unsere Aufgabe, uns mit Mitteln der Vernunft diesem Ideal zu nähern. Man könnte sagen, dass dies eigentlich wieder ein mythisches Weltbild ist …

Platons Schüler Aristoteles (384 – 322 v. Chr.) beschäftigte sich wieder mehr mit der Beobachtung der Natur und deren Veränderungsprozessen. Er betrachtete die Natur und teilte sie ein in leblose Dinge und lebendige Wesen wie Pflanzen, Tiere und Homo sapiens. Den Menschen sah er dabei an oberster Stelle; er habe von Pflanzen Fähigkeiten übernommen, z. B. Nahrung aufzunehmen oder zu wachsen, von Tieren habe er gelernt, zu fühlen und sich zu bewegen, und letztendlich besitze er allein die einzigartige Fähigkeit, vernünftig zu denken. Überdies müsse es, so Aristoteles, über all dem einen Gott geben, der alles in Bewegung hält – was aus heutiger Sicht ziemlich hierarchisch klingt. Der Mensch sei dazu bestimmt, alles, was ihn ausmache, auch zu leben. Nur dann werde er glücklich. Er brauche Lust und Vergnügen, Freiheit und Verantwortung, Arbeit und Erkenntnis. Jede Form der Einseitigkeit führe zum Unglück.

Eine andere Schule war die Schule der Kyniker. Diogenes (ca. 400/390 – 328/323 v. Chr.), der Mann, der in der Tonne wohnte, ist wohl der bekannteste unter ihnen. Der Mensch solle sich von allem weltlich Anzustrebenden trennen und weder Macht, Amt noch Luxus zur Grundlage seines Glücks machen. Glück bedeute, im Hier und Jetzt ohne Streben nach vergänglichen Dingen zu leben. So wohne das Glück in einem selbst und keiner könne es einem wegnehmen. Diese Gedanken sind uns heute auch nicht fremd und viele populäre »Glücksforscher« und »Glückskabarettisten« lassen diese Erkenntnis heute (berechtigterweise) wieder aufleben.

War es noch das höchste Ziel der Kyniker, alles Leid und jeden Schmerz zu ertragen, so hielten die Epikuräer (Epikur 341 – 270 v. Chr.) es für das höchste Ziel, so viele sinnliche Freuden und Lüste zu erleben wie nur möglich. Man solle sich daher nicht mit den Ängsten, Problemen und Defiziten beschäftigen, sondern den Blick vielmehr auf die Genüsse und Ressourcen des Lebens richten. Natürlich brauche man auch hin und wieder Mäßigkeit und Beherrschung, aber nur, um das Gute und Lustvolle erneut zu erfahren. Vielleicht ist dies die Basis für den Ansatz, nicht immer nur auf das Schlechte und Defizitäre zu schauen, sondern vor allem die guten Seiten des Menschen und des Lebens in den Vordergrund zu stellen. Ist es vielleicht das, was Aaron Antonovsky in seinem Buch *Zur Entmystifizierung der Gesundheit* (1997) zum Ende des 20. Jahrhunderts mit »Salutogenese« umschreibt? Oder sind es die Vorformen der heutigen Modepsychologen, wie beispielsweise Martin Seligman (mit seiner Publikation: *Flourish. Wie Menschen aufblühen. Die positive Psychologie des gelingenden Lebens*, 2012) oder andere Vertreter der positiven Psychologie?

Die Stoiker waren im Gegensatz zu Platon, der einen klaren Dualismus vertrat (Zweiteilung der Wirklichkeit) Monisten. Ihrer Auffassung nach gab es keinen

Gegensatz zwischen Körper und Geist, sondern nur ihre Einheit. Außerdem stellten sie den Menschen in den Mittelpunkt und müssen so als die eigentlichen Begründer des Humanismus betrachtet werden. Der Stoiker Seneca (4 v. Chr. – 65 n. Chr.) prägte den Satz »Der Mensch ist dem Menschen heilig«, welcher zu einem späteren Zeitpunkt auch in der humanistischen Psychologie wiederzufinden ist. Alles auf der Welt folgt aus stoischer Sicht festgeschriebenen Gesetzen. So müsse man sowohl sein Unglück als auch sein Glück mit »stoischer« Ruhe ertragen.

Aus diesem antiken Gedankengut über die Natur und die Menschen – welches hier sicherlich nicht vollständig, aber beispielhaft zusammengefügt ist – entstanden in der Folge zahlreiche Weltanschauungen und Menschenbilder. Leicht stellt man fest, dass sich die Vermutungen über Homo sapiens oft wiederholen und sich immer wieder in neuen Formen, Begriffen und Variationen zeigen. Zusammengefasst finden wir unverkennbar die Wurzeln der Naturwissenschaften bei den Vorsophisten und die Grundlage der Humanwissenschaften bei den Sophisten. Die Unterscheidung zwischen Natur- und Humanwissenschaften geht also auf philosophische Axiome und Betrachtungsweisen zurück, deren Spuren wir noch bis in die heutige Zeit verfolgen können. War Sokrates demnach eine Art Therapeut, der im Gespräch mit seinem Gegenüber Gedanken austauschte, wachsen und gemeinsam gedeihen ließ, ganz so, wie es auch heute noch in der therapeutischen Praxis üblich ist? Hatte Platon die Denkweise eines typischen Rationalisten, so wie er uns heute auch noch begegnet, oder entsprach der theoretische Ansatz von Aristoteles vielleicht dem der heutigen Glücksforscher? Hat sich die humanistische Psychologie mit dem Menschen als Maß aller Dinge in den Schulen der Stoiker entwickelt oder pflegten die Epikuräer eine Art positive Psychologie, wie Seligman sie auch heute noch beschreibt? Man könnte es so deuten, denn Philosophie ist keine exakte Disziplin. Zu sehr ist sie in der Sprache und in der Deutung des Lesers verhaftet. Sie ist ihrem Wesen nach relativ und niemals kontextfrei, weder in ihrer Entstehungsgeschichte noch in der späteren Deutung des Lesers. Grundsätzlich aber beschäftigt sie sich mit dem Menschen in der Welt sowie mit seinen existenziellen Fragen und wiederholt sich dabei in Gemeinsamkeiten und Widersprüchlichkeiten.

Lassen Sie uns jetzt noch einen Blick auf die Vermutungen der Philosophen in der europäischen Kultur werfen, selbst wenn die Zusammenschau der einzelnen Denkfreunde mit Auszügen ihres philosophischen Gedankenguts keinen Anspruch auf Vollständigkeit erheben kann, weder hinsichtlich der Auswahl der Philosophen selbst noch hinsichtlich des möglichen Inhalts. Aber vielleicht hilft uns der folgende Überblick, ein Gesamtverständnis philosophischer Betrachtungsweisen im zeitlich-historischen Kontext zu gewinnen und zu erahnen, was Homo sapiens in seinen Grundzügen wohl ausmachen könnte. Natürlich ist zu bedenken, dass eine solche Betrachtung dadurch noch nicht wirklich für die

Gegenwart nutzbar gemacht werden kann, aber sie hilft uns vielleicht, förderliche Vorgehensweisen zu finden, um pragmatisch Gegenwart und Zukunft bestmöglich zu gestalten. Beginnen wir hier mit der Philosophie des Christentums, die in Europa entstand. Sie wurde, wie einleitend erwähnt, durch philosophische Betrachtungen wie selbstverständlich auch für Macht- und Herrschaftsansprüche nutzbar gemacht bzw. missbraucht.

3.1.2 Von einem Wanderprediger mit einer erfahrbaren Philosophie

Etwa zur gleichen Zeit machte ein Wanderprediger in den von Römern besetzten Gebieten Galiläas und Judäas von sich reden. Die Juden hofften, von der römischen Besatzungsmacht befreit zu werden, aber es war klar, dass dies militärisch oder mit Gewalt nicht ginge, ihre Übermacht war einfach zu groß. Der Wanderprediger, den sie Jesus von Nazareth nannten, unehelicher Sohn eines Tischlers und einer Magd aus Nazareth, rief deshalb auch nicht zur gewaltsamen Revolution auf. Ganz im Gegenteil: Er verlangte eine moderate Haltung gegenüber der Staatsmacht (die mit den Römern kooperierte) und predigte eher die Revolution von innen, modern ausgedrückt: den Weg zur persönlichen Meisterschaft, einen gewaltlosen Weg der Liebe und Versöhnung. Er kritisierte die tradierten religiösen Ansichten, war gegen den gewaltsamen Widerstand und zog den pazifistischen Weg vor. Es war ihm klar, dass er damit im Staate der Juden polarisierte und auch, dass er damit einen gefährlichen Weg eingeschlagen hatte.

Um sich herum versammelte er die streitbare Gruppe der Jünger. Immer wieder wollten diese ihren Anführer zum triumphalen Gegenkandidaten der herrschenden Klasse pushen. Jesus aber wusste, dass dies sowohl für die führenden Strömungen im Judentum, die Pharisäer und Sadduzäer, als auch für die römischen Besatzer eine echte Bedrohung darstellen und ihn vielleicht das Leben kosten würde. Aus diesem Grunde hielt er sich in Bezug auf den Wunsch seiner Anhänger zunächst eher bedeckt und suchte fast ausschließlich die Kommunikation mit dem Volk, von ein paar Auseinandersetzungen mit der jüdischen Führungselite, Hohepriester und Schriftgelehrte, einmal abgesehen.

Jesus muss wirklich ein begnadeter Redner gewesen sein, der es verstand, durch gelungene Visualisierungen, Metaphern und Interaktionen die Menschen für seine Idee zu begeistern. Seine Jünger, die ihm nachfolgten, machte er zu »Menschenfischern«, die seine Mission fortsetzten und verbreiteten. Seine Philosophie wurde erfahrbar und lebbar. Er selbst versuchte, sie den Menschen vorzuleben, bis auf kleine menschliche Ausrutscher, wie z. B. als er zornig die Verkaufsstände der Händler vor den Toren des Tempels umschmiss. Es regte ihn zu sehr auf, dass ein Ort der Religion, der Kontemplation und Besinnung zu merkantilen Zwecken missbraucht wurde.

Jesus kannte die Tora, die Geschichte seines Volkes, sehr gut und konnte die seinerzeitigen religiösen und politischen Entwicklungen ziemlich gut einschätzen. Im Gegensatz zu vielen vorherigen Propheten verkündete er aber nicht nur die heilige Schrift der Juden – also die Inhalte des Alten Testaments –, sondern er praktizierte alltäglich vor den Augen seiner Mitmenschen seine neue Lebensphilosophie mit Kopf, Herz und Hand: mit dem Kopf, wenn er in Bildern und Gleichnissen zu ihnen sprach (z. B.: Lk 13,6 – 9: Das Gleichnis vom unfruchtbaren Feigenbaum), mit dem Herzen, wenn er mit den Trauernden, Martha und Maria Erbarmen hatte und Lazarus, ihren Bruder, von den Toten auferweckte (Joh 11: Die Auferweckung des Lazarus) und mit den Händen, wenn er die Kinder segnete (Mt 19,13 – 15: Die Segnung der Kinder), neue Jünger berief (Mt 4,18 – 22) und Kranke durch Handauflegen (Mk 8,22 – 26: Die Heilung eines Blinden) heilte. Man könnte auch sagen, er enfaltete das Potenzial seines Selbst ganzheitlich, mit Körper, Seele und Geist. Das war es, was unter anderem seinen Erfolg ausmachte und seine Philosophie zu einer der weltgrößten Religionen werden ließ.

Im Prinzip rief Jesus die Menschen auf, sich von innen heraus, durch eine neue Haltung, zu verändern. Er verlangte etwas Neuartiges von ihnen und förderte zugleich ihre Entwicklung als »neue Menschen«, die sich anders als früher und anders, als es vielleicht die Konventionen vorschrieben, verhalten und handeln sollten. Er verlangte von ihnen grundlegende und neue Basiskompetenzen sowie eigene, zum Teil spontane Urteils- und Entscheidungskraft, beispielsweise als er Simon Petrus und Andreas zu »Menschenfischern« berief und sie sich auf der Stelle entscheiden mussten, ob sie mitkommen wollten und bereit waren, ihre Familien zu verlassen oder nicht (Mt 4,18 – 22). Jesus verlangte die Nachfolge als neuer Mensch ziemlich vehement, mit großer Überzeugung und Zielstrebigkeit sowie einem unbeugsamen Durchhaltevermögen. Sein Ausspruch »Ich bin der Weg, die Wahrheit und das Leben. Niemand kommt zum Vater, denn durch mich« (Joh 14,6) unterstreicht seine überzeugte Zielstrebigkeit auf seinem neuen Weg »ins Licht«.

Für die Machthaber – zum einen für die religiösen, zum anderen für die politischen – wurden Jesus und seine Lebensphilosophie, die er mit Erfolg unter's Volk brachte, ziemlich gefährlich. So sahen sie sich letzten Endes genötigt, ihn zum Tode am Kreuz zu verurteilen, um ihm und seiner Idee Einhalt bieten zu können. Seine neue Lebensphilosophie, seine Theorie vom neuen Menschen und auch sein lebendiges Exempel, das er in seinem Denken, Fühlen, Verhalten und Handeln davon gab, waren so überzeugend, dass seine Jünger – obwohl sie sich zunächst aus Angst eher von ihrem hingerichteten Anführer distanzierten –

dann doch nicht umhin konnten, seine Lehre und die Idee der Erfüllung der Tora, nämlich die Ankunft des Messias, als geschehen zu verkünden.

Die menschlichen Eigenschaften des Kooperierens, des Friedenhaltens, des Vergebens, des Strebens nach höheren und friedlichen Kompetenzen waren so neu und frappierend zu dieser Zeit, dass dies zur Konzeption neuer Religionen, insbesondere des Christentums, führte.

3.1.3   Vom Erfinder der Großinquisition Augustinus über den Mechaniker Descartes zu Nietzsche, dem Verwirrten?

Aurelius Augustinus (354 – 430) hat hinsichtlich des Gebrauchs religionsphilosophischer Theorien zum Zwecke der Begründung absoluter Herrschaftsansprüche einen großen Beitrag geleistet. Er war Vordenker einer absolutistischen, autoritären Denkweise und beanspruchte, die absolute Wahrheit gefunden zu haben: Der Mensch sei seinem Wesen nach böse. Er müsse sich asketisch kasteien, um zum göttlichen Guten zu kommen. Das Christentum wurde weit verbreitet und meist zur Staatsreligion ernannt. Wer sich der göttlichen Wahrheit noch nicht geöffnet habe, müsse deshalb zu seinem eigenen Glück gezwungen werden, so die augustinische Parole. Das war der Nährboden, auf dem die Inquisition keimte und heranwuchs, und gleichsam reifte so das Christentum zu einer Religion der Angst heran mit der Devise: Wer sich selbst oder seine Selbstverwirklichung in den Vordergrund stellt und sich das Göttliche nicht angedeihen lässt, ist zum Verderben verbannt. Um demnach die Menschen retten und dem Göttlichen zuführen zu können, müsse man sie wohl zu ihrem Glück zwingen, wenn sie es selbst nicht wollten. Natürlich gibt es von Augustinus auch viele Zitate und Glaubenssätze, die aus dem Kontext herausgelöst weise und vernünftig klingen. In Wirklichkeit aber bereitete der Zwang zum Göttlichen und Guten ein düsteres Mittelalter vor.

Viele Philosophen des Christentums und aus dem Christentum erwachsende Staatsideologien schlugen in die gleiche Kerbe. Der philosophische Hintergrund – bei Thomas von Aquin (1225 – 1274) beispielsweise die Einbeziehung aristotelischen Denkens – war mannigfaltig. So meinte dieser, dass die christliche Seele unsere größte Kraft sei und Dasein und Körper forme. Sinnlich erwachse sie zu Vernunft und Erkenntnis und münde in unser letztes Ziel, nämlich Glück zu erfahren. Hierzu sei das Gute notwendig, nach welchem die Menschen streben müssten. Thomas von Aquin verblieb in der Tradition, dass der Mensch auf diesen Pfad auch gezwungen werden müsse, wenn er ihn nicht selbst finde. Sein Denken prägte für lange Zeit die europäische Kultur und Geschichte.

Nun hat das mit dem Guten, Göttlichen, ja irgendwie nicht richtig funktioniert, wenn wir uns die düsteren Geschichten des Mittelalters anschauen. Vielleicht werfen wir deshalb einen Blick auf den philosophischen Skeptiker Michel de Montaigne (1533 – 1592), der sich in seinen berühmten *Essais* mit den Fragen seiner Zeit beschäftigte, wo er den Menschen nicht in den Mittelpunkt seiner Betrachtung stellt, wie es seine oben erwähnten Vordenker noch getan hatten. Der Mensch sei vielmehr ein Teil des Ganzen, so Montaigne, und zwar ganz so, wie die anderen Geschöpfe auf der Welt es auch sind. Seine Erkenntnisse seien oft falsch, abhängig von den Umständen und was wirklich wahr sei, könne er sowieso nicht wissen. Das mutet gar ein bisschen modern an, diese Skepsis. Montaigne verlangt Demut und Unterordnung unter die Dinge der Welt und rät, mit den Realitäten der jeweiligen Gegenwart ruhig und besonnen umzugehen. Es sei so, wie es eben sei, und man solle einfach die Ruhe bewahren. (Kennen wir das nicht auch schon von den Stoikern?) Es gebe kein moralisches Besser oder Schlechter und wir sollten die Grenzen unseres Daseins einfach so akzeptieren, wie sie sind. Freilich empfiehlt er in seiner »stoischen« Ruhe, sich am besten dem Staat und der Kirche unterzuordnen – wahrscheinlich um des lieben Friedens willen.

Ein wenig später machte René Descartes (1596 – 1650) mit seinem frühneuzeitlichen rationalistischen Ansatz von sich reden. Ihn wollen wir besonders beachten, denn er ist ziemlich entscheidend für eine Denkweise, die uns bis in die Jetzt-Zeit hinein prägt. Seine philosophischen Ansätze spiegeln sich insbesondere in wissenschaftlichen Vorgehensweisen und Betrachtungen wider. Seiner Auffassung nach darf man sich ausschließlich rational nachvollziehbarer Erkenntnisse und Erklärungen bedienen, will man die Welt verstehen. Überall würden die gleichen Naturgesetze gelten, die nur so erkannt werden müssten. Dazu brauche es natürlich gewisser Grundannahmen (Axiome), die, weil sie logisch und einleuchtend seien, nicht begründet oder bewiesen werden müssten. Auf diesen Axiomen bauen übrigens auch heute noch wissenschaftliche Konstrukte auf. Intuition und Wahrnehmung täuschen uns oft und sind nicht beweisführend. So dachte auch Descartes und meinte, dass eigentlich die Gesetze der Mechanik gelten müssten. Auf ihnen basiere folglich die Wirklichkeit, und natürlich gebe es etwas, das all dieses ausrichte: Es sei also Gott, der das Leben nach rein mechanistisch-naturwissenschaftlichen Gesichtspunkten lenke. So trennte Descartes absolut Geistiges von absolut Körperlichem. Die Naturgesetze, die wir erkennen müssten, seien von Gott vorgegeben, und wir müssten diese Rätsel nur lösen. Alles Leben funktioniere folglich wie eine Maschine.

Diese Hypothese machte sich anschließend die Medizin als Grundlage ihrer wissenschaftlichen Entwicklung zu eigen. Bis heute hat diese Auffassung zum Teil leider immer noch in der Medizin ihre Gültigkeit behalten. Körper, Seele und Geist werden demnach nicht als eins betrachtet. So kommt es leider dazu, dass wir vor dem Hintergrund dieses mechanistischen Weltbilds sehr dezidiert nur auf Teile der Systemkonzeption Mensch schauen, und zwar so, als hätten wir eine Maschine vor uns. Krank ist der Magen, das Ohr, das Auge oder der Kopf und deshalb muss die »Körpermaschine« nur an dieser Stelle behandelt und repariert werden. Krank ist jedoch eigentlich im holistischen Sinne nicht ein einzelnes Organ, sondern immer der ganze Mensch. Unter dem Druck neuer Erkenntnisse verliert das Denken Descartes' aber nach und nach an Einfluss und eine komplexere Betrachtungsweise setzt sich zunehmend durch. So erschien 1994 ein Buch von António Damásio mit dem Titel *Descartes' Irrtum*. Descartes war ein Denker des Dualismus, ein Verfechter der strikten Trennung zwischen Geist und Materie. Dennoch bleibt ihm das Metaphysische. Hinter all der klaren, natürlichen und beweisbaren Mechanik des Seins steckt nämlich Gott, der sie erfunden hat und lenkt.

Blaise Pascal (1623 – 1662) war ein Kritiker dieses Rationalismus. Er bezweifelte, dass wir rational alles Wissen ergründen könnten und bezog deswegen die »Logik des Herzens« als unabdingbare Notwendigkeit mit ein. Letztendlich können wir, so Pascal, mit Vernunft die existenziellen Fragen des Lebens nicht lösen. Denn wir brauchen dafür unbedingt die Ahnung, das Transzendente und die Logik des Herzens. Beim Axiom »Gott« blieb Pascal allerdings der Tradition seiner Zeit treu. Das Spirituelle und Transzendentale behielt bei ihm, neben dem »Vernünftigen«, jedoch seinen Stellenwert. Sicherlich, die Vermutungen von Descartes waren für das weitere Geschehen prägender als die von Pascal.

Überspringen wir nun einige Jahrzehnte und wenden wir uns Adam Smith (1723 – 1790) zu, der auf das gegenwärtig gültige Welt- und Menschenbild ebenfalls noch einen sehr großen Einfluss hat. Seine Ansichten sind erfrischend anders und befreiender. Smith ist uns überwiegend als Wirtschaftstheoretiker aus den Zeiten der Aufklärung bekannt, doch was uns hier interessiert, sind seine Grundannahmen über den Menschen. Vor einiger Zeit machte die Entdeckung der Spiegelneuronen (das organmedizinisch-neurologische Korrelat von Mitgefühl und Empathie, also die Fähigkeit, sich in den anderen hineinversetzen zu können) Furore. Smith ahnte schon damals die große Bedeutung dieser insbesondere für das Sozialleben hoch relevanten Eigenschaft, auch wenn er natürlich noch keine Spiegelneuronen kannte. Der Vorteil einer hohen sozialen Kompetenz war für ihn zu dieser Zeit möglicherweise im evolutionsbiologischen Kontext noch nicht erkennbar. Rein philosophisch betrachtet, war er aber der Auffassung, dass sich aus dieser Fähigkeit und der Sympathie für den Mitmenschen moralische Werte entwickeln ließen. Das Nachfühlen des (Er-) Lebens der anderen, das Mitleid mit, aber auch die Sympathie für die Mitmenschen führen uns, so Smith, zur Nächstenliebe. Dieses Fühlen in der Gemeinsamkeit würden wir als Glück erleben. (Das ist heutzutage sicherlich keine unpopuläre Annahme.) Von dieser Vermutung ausgehend entwickelte Smith dann seine Gesellschafts- und Wirtschaftsphilosophie. (Wir merken, wie für uns

die Vermutungen unserer altvordren Denkfreunde Schritt für Schritt nachvollziehbarer werden, je näher sie an unsere Gegenwart heranrücken.)

Die absolutistischen Staaten sollten durch freie Staaten und freie Märkte
abgelöst werden. Das Individuum sollte sich entfalten können und seine Grenze
erst im Freiheitsbestreben des anderen finden. Individualismus, also Glück und
Wohl des Einzelnen, sei zu fördern, wobei natürlich die schwachen Gesellschaftsmitglieder, laut Smith, vor den starken beschützt werden müssten. Es ist
uns zunächst noch nicht klar, warum dies so sein muss, schließlich hat Smith
diese These allein aus seinen Denkansätzen und Beobachtungen kreiert und
nicht weiter begründet. Dennoch würde heutzutage kaum jemand, der in einer
unserer westlichen Demokratien lebt, Smiths Auffassung in irgendeiner Weise
infrage stellen. Denn wahrscheinlich würde es ihm schlecht ergehen, wenn er
öffentlich dieser Mainstream-Ethik widersprechen würde. Warum sollte es ihm
aber anders ergehen als dem Nichtgläubigen in der Zeit des Augustinus. Wer
gültige Moral und Ethik hinterfragt, hat schlechte Karten. Er stört die kollektive
Kohärenz und gibt disharmonische Impulse. Zeitgeist hat große Macht (vgl.
Kap. 4.7.3: Warum wir doch nicht immer sagen dürfen, was wir meinen). Damit
soll jedoch nicht die Gültigkeit von Smiths Ansicht angezweifelt werden. Vielleicht hat sie sich ja doch als richtig erwiesen und auch bewährt. Vielleicht.

Thomas Hobbes (1588–1679) hatte schließlich noch ca. zweihundert Jahre
zuvor postuliert, dass der Mensch des Menschen Wolf sei – *homo homini lupus
est* – damit meinte er, dass sich die Menschen untereinander zerfleischen wie
böse Wölfe. Mittlerweile wissen wir natürlich, dass Wölfe sehr soziale Wesen
sind. Vermutlich hat Smith also Recht gehabt, denn es ist nicht von der Hand zu
weisen, dass evolutionsbiologisch gesehen die herausragenden Vorteile von
Homo sapiens wirken, und zwar: soziale Kompetenz und soziales Miteinander.

In unserer philosophischen fragmentarischen Betrachtung folgt nun Imma-
nuel Kant (1724–1804), den wir auf keinen Fall außen vor lassen können, denn
die Inhalte seiner philosophischen Arbeiten stehen uns heute immer noch sehr
nah und haben ihre Wirkung auf unser heutiges Denken keinesfalls verfehlt.
Zumindest im Hinblick auf die Bedeutung der Erfahrung und die heutige
Hirnforschung ist Kants Philosophie aktueller als je zuvor. Unsere Vernunft habe
Grenzen und unsere Sicht der Dinge sei subjektiv, so Kant. Alles, was wir erkennen und für wahr halten, entspringe unseren Erfahrungen. Erfahrung habe
etwas mit Emotionen und deren Deutung im Gefühl zu tun. Alles, was wir
erfahren, hängt deshalb laut Kant letztendlich auch mit unserer Kognition zusammen. Nur wenn wir Erfahrenes in unserem Bewusstsein deuten können,
werde es für uns begrifflich (wirksam kann es allerdings schon vorher sein;
Anm. des Verfassers). Wie wir die Welt und uns erleben, sei darum deutungs-
und erfahrungsabhängig: Mit allen unseren Sinnen erfahren wir also die Welt
und machen sie zu unserer subjektiven Wirklichkeit. Körper, Seele und Geist

erfahren sich selbst und die Welt, machen sich einen Reim darauf und kreieren unsere subjektiven Wirklichkeiten. Wahrnehmung, Emotion und Vernunft bilden so eine Einheit und sorgen im besten Fall für ein Kohärenzgefühl. Das, was praktisch und sinnvoll ist, hat Vorrang vor jeder Theorie. So in etwa könnte man die Meinung Kants zusammenfassen. Die weiteren moralischen, ethischen und politischen Schlussfolgerungen Kants können wir hier weglassen.

Der Existenzphilosoph Sören Kierkegaard (1813–1885) ergänzt Kants Gedanken in gewisser Weise. Da sich Wahrheit immer im Erleben und mit der Lebensgeschichte herausbildet, ebenso das Denken darüber, kann, so Kierkegaard, auch die Philosophie letztlich zu keiner absoluten Wahrheit und Gewissheit kommen. Diese Ungewissheit sei gleichzusetzen mit der Geburt Gottes. Freilich hat der Theologe das so nicht gesagt, aber wohl in dieser Weise umschrieben. Dort, wo unsere Ungewissheit, Unkenntnis und damit existenzielle Angst beginne, fange der Glaube an. Er befreie uns, gebe uns Antwort und Sinn. Der Gott Kierkegaards ist nicht der philosophisch-rational analysierte, sondern der persönliche, menschliche, subjektive Gott jedes Einzelnen. Kierkegaard dachte theologisch so, und axiomatisch argumentierte er auch so. Seine Aussagen über Homo sapiens können aber auch folgendermaßen gedeutet werden: Dort, wo die subjektive Wirklichkeit, das Selbst-, Fremd- und Weltbild des Einzelnen an Ratlosigkeit und Ungewissheit stößt, hilft der Glaube zu einem Verstehen und einer abgerundeten sinnstiftenden Kohärenz.

Zu guter Letzt dürfen wir Friedrich Nietzsche (1844–1900) nicht vergessen. Erfrischend freigeistig beschreibt er die Vielfältigkeit der Welt und der Menschen. Es ist sinnlos, ihn in eine Form pressen zu wollen. Er äußert Vermutungen, gibt Denkanstöße, aber liefert uns nicht die Lösung. Er will keine Erkenntnis, hält sie gar für unmöglich. So manche Erkenntnis entlarvt er als Mittel zum Zweck. Jedes Auge sehe eine andere Erkenntnis und die menschliche Vielfalt lasse sich nicht in vorgefertigte Schubladen packen. Die Konstrukte der Philosophen würden dem Menschen und seiner notwendigen Entwicklung nicht gerecht, ja verhinderten diese geradezu. »Die« gültige Wahrheit gebe es sowieso nicht, und die Fragen nach der Gewissheit seien unbeantwortbar und unnütz. Neues für die Zukunft entstehe nicht in diesen erzwungenen Konstrukten, sondern nur in der Annahme des Menschen mit all seinen Facetten, den guten wie den schlechten, ohne Wenn und Aber.

3.1.4 »Den Vorhang zu und alle Fragen offen«

Machen wir an dieser Stelle ein didaktisches Experiment und fügen alle oben beschriebenen philosophischen Schlüsselgedanken und Kerninhalte zu einer Geschichte zusammen. Bei allen, die das vorhergehende Kapitel gelesen haben, dürfte sich das Wichtige jetzt besser im Gehirn verankern, für die anderen, die es ausgelassen haben, bieten wir hier den versprochenen »Blitzdurchlauf« durch die Philosophiegeschichte.

Unsere Geschichte beginnt mit einem Mann, der ca. 600 Jahre v. Chr. lebt und meint, dass nichts ist, wie es ist, dass alles sich dauerhaft verändert und dass diese Widersprüchlichkeiten das Lebendige ausmachen würden. Sein Name ist Heraklit. Von ihm bekannt ist der Ausspruch »Alles fließt«.

Etwas später glaubt Demokrit, es gebe ein Naturgesetz (nicht Gott), welches dafür verantwortlich sei, dass alles so ist, wie es ist.

Noch ein wenig später stellt Sokrates fest, dass die ganze Angelegenheit dieses fließenden Lebens und die gesetzmäßigen Zusammenhänge ziemlich kompliziert seien und man durch verstärktes Nachdenken der Sache auf die Spur kommen könne. Sein wichtigster Ausspruch »Ich weiß, dass ich nichts weiß!« zeigt seine Demut vor der Komplexität der Welt. Dialektisches Denken (These, Antithese, Synthese) ist seine Methode, zu »Höherem« zu kommen: ein permanentes geistiges Sich-Entwickeln ohne Festlegung. Sokrates ist in seinen Vermutungen noch nicht festgelegt.

Einer seiner Schüler namens Platon kann nicht glauben, dass alles nur so fließt und stellt sich die Frage: »Was ist das Ziel in diesem Spiel?« Von dem Ziel hat er eine Vorstellung und glaubt, dass alles dahin streben müsse, denn er hält die Menschen für unvollkommen. Mithilfe ihrer Vernunft sollen sie jedoch vollkommen werden können. Das Vollkommene ist dabei natürlich das Ideale. Das Ideale ist aber, was Platon sich darunter vorstellt. Platon vermutet also, dass es eine Idee (seine Idee!) vom »vollkommenen, edlen Prototyp« Homo sapiens gibt. Es ist dann also unsere Aufgabe, uns mit Mitteln der Vernunft diesem Ideal zu nähern.

Dreißig bis vierzig Jahre nach Platons Tod wird ein Mann namens Aristoteles geboren. Er glaubt nicht, dass man so streng und einseitig sein Leben auf eine Idee hin ausrichten sollte, wie Platon dies noch meinte. Der Mensch müsse alles, was ihn ausmache, auch leben. Dann werde er glücklich. Er brauche Lust und Vergnügen, Freiheit und Verantwortung, Arbeit und Erkenntnis. Jede Form der Einseitigkeit führe zum Unglück.

Noch etwas später zieht sich ein Mann namens Diogenes in sich selbst und in eine Tonne zurück. Der Mensch solle weder Macht, Amt noch Luxus zur Grundlage seines Glücks machen. Glück bedeute, im Hier und Jetzt ohne Streben nach vergänglichen Dingen zu leben. So wohne das subjektive Glück in einem selbst, keiner könne es einem vorschreiben und somit auch nicht wegnehmen.

Etwa zur gleichen Zeit findet Epikur, man solle die Kirche im Dorf lassen. Man solle sich nicht mit den Ängsten, Problemen und Defiziten beschäftigen, sondern mit den Genüssen und Ressourcen des Lebens. Natürlich brauche man auch hin und wieder Mäßigkeit und Beherrschung, aber nur, um das Gute und Lustvolle neu zu erfahren.

Es verstreichen ca. dreihundert Jahre, in denen sich die Menschen natürlich weiterhin Gedanken zu den entscheidenden Sinnfragen des Menschen und des Lebens machen, bis ein Mann namens Seneca bestätigt, dass wohl doch alles gewissen Gesetzmäßigkeiten unterliegt und einen Sinn haben muss. Man solle das Leben einfach in Ruhe leben und ertragen, es eben nehmen, wie es ist. Seneca schreibt: Der Mensch sei dem Menschen heilig. Alles auf der Welt folge festgeschriebenen Gesetzen. So müsse man sowohl sein Unglück als auch sein Glück mit »stoischer« Ruhe ertragen.

Zwischenzeitlich wird in einer anderen Gegend am Mittelmeer ein Sozialrevolutionär geboren. Man nennt ihn Jesus von Nazareth. Er entwickelt die Strategie des gewaltlosen Widerstands gegen die Obrigkeit und definiert, was gut, böse und das Ziel sei. Er wird einen entscheidenden Einfluss auf das Abendland und seine Philosophie haben.

Nun habe man das Ziel, das Gute und das Ideal doch definiert, sagt ein Mann, der sich auf Jesus bezieht und Aurelius Augustinus heißt. Der Mensch sei eigentlich böse. Er müsse sich asketisch kasteien, um zum göttlichen Guten zu kommen, und wer sich der göttlichen Wahrheit noch nicht geöffnet habe, müsse eben zu seinem Glück gezwungen werden. In Wirklichkeit aber bereitet der Zwang zum Göttlichen und Guten ein düsteres Mittelalter vor.

Achthundert Jahre später kann Thomas von Aquin dies nur bestätigen. Die christliche Seele sei unsere größte Kraft und münde in unserem letzten Ziel, dem erfahrenen Glück. Hierzu sei das Gute notwendig.

Die christlichen Hardliner versucht Michel de Montaigne zwischen 1533 und 1592 etwas zu besänftigen. Der Mensch sei ein Teil des Ganzen, abhängig von den Umständen, und was wirklich wahr sei, könnten wir sowieso nicht wissen. Es sei so, wie es ist, und man solle ruhig bleiben. Es gäbe kein moralisches Besser oder Schlechter, und wir sollten die Grenzen unseres Daseins akzeptieren.

Kurze Zeit später greift ein Mann namens Descartes die Themen um Naturgesetzmäßigkeit und Gott wieder auf. Die ganze Komplexität der Zusammenhänge bricht er auf Verstehbares herunter und zerlegt den Menschen wie eine Maschine in seine Einzelteile. So werde alles nachvollziehbar. Sein Konstrukt wird die Wissenschaftlichkeit noch jahrhundertelang beeinflussen. Ihm ist klar, dass man sich ausschließlich rationaler, exakter Erkenntnisse und Erklärungen bedienen darf, um die Welt verstehen zu können. Überall würden die gleichen Naturgesetze gelten, die es nur zu erkennen gelte. Natürlich brauche es hierzu gewisser Grundannahmen, die logisch und einleuchtend und deshalb nicht weiter begründet oder bewiesen werden müssten. Wahrnehmung und Intuition täuschten uns oft und seien nicht beweisführend. Eigentlich würden die Gesetze der Mechanik gelten. Hierauf baue sich die Wirklichkeit auf. Natürlich gebe es etwas, das all dieses lenke. Dies sei Gott. Die Naturgesetze, die wir erkennen müssten, seien von Gott vorgegeben. Körper, Seele und Geist sind nach Descartes folglich nicht eins. Hinter all der klaren, natürlichen und beweisbaren Mechanik des Seins stecke nämlich Gott.

Etwa zur gleichen Zeit meint Pascal, dass die Dinge so einfach nun doch nicht darzustellen seien. Letztendlich könnten wir mit Vernunft die existenziellen Fragen des Lebens nicht lösen, wir bräuchten zusätzlich die Ahnung, das Transzendente und die Logik des Herzens.

Adam Smith, eigentlich ein Wirtschaftsphilosoph, ist ähnlicher Meinung und erweitert seinen Blick ganz wesentlich auf soziale Aspekte. Das Nachfühlen im Leben der anderen, das Mitleid, aber auch die Sympathie, führten uns zur Nächstenliebe. Dieses Fühlen in der Gemeinsamkeit erleben wir nach Smith als Glück. Individualismus, also das Glück und Wohl des Einzelnen, sei zu fördern, wobei natürlich die schwachen Gesellschaftsmitglieder vor den starken beschützt werden müssten.

Kurz vorher noch ist ein Mann namens Hobbes an der Bösartigkeit des Menschen verzagt und hat Menschen mit Wölfen verglichen. Freilich mit der falschen Annahme, dass Wölfe »grausame Wesen« seien. Dass Wölfe sehr fürsorgliche und soziale Wesen sind, das wusste Hobbes damals noch nicht. Er postulierte deshalb, dass sich die Menschen untereinander zerfleischen wie böse Wölfe.

Kant hingegen liegt später mit seinen Vermutungen teilweise schon ziemlich nahe an neueren neurowissenschaftlichen Erkenntnissen und aktuellen Auffassungen der Hirnforschung, zumindest ist dies Teilen seiner Schriften zu entnehmen. (Er vermutet auch noch anderes, aber das soll hier nicht das Thema sein.) Unsere Sicht der Dinge ist subjektiv, meint er. Alles, was wir erkennen und für wahr empfinden, entspringe unseren Erfahrungen. Erfahrung habe etwas mit Emotionen und deren Deutung im Gefühl zu tun. Alles, was wir erfahren, hänge letztendlich auch mit unserer Kognition zusammen. Nur wenn wir es in unserem Bewusstsein deuten könnten, werde es für uns begrifflich. Wie wir die Welt und uns erlebten, sei deutungs- und erfahrungsabhängig. Laut Kant erfahren Körper, Seele und Geist sich selbst und die Welt und machen sich so einen Reim darauf.

Wozu der Glaube dient und wie er entsteht, fasst Kierkegaard dann zusammen: Dort, wo die subjektive Wirklichkeit, das Selbst-, Fremd- und Weltbild des Einzelnen an Ratlosigkeit und Ungewissheit stoße, helfe der Glaube zu einem Verstehen und zu einer abgerundeten sinnstiftenden Kohärenz.

Fast schon befreiend fasst Nietzsche dann das Jahrtausende dauernde Ringen um Wirklichkeit und Wahrheit zusammen. »Die« gültige Wahrheit gebe es sowieso nicht und die Fragen nach der Gewissheit seien unbeantwortbar und unnütz. Neues für die Zukunft entstehe nicht in diesen erzwungenen Konstrukten, sondern nur in der Annahme des Menschen mit all seinen Facetten, den guten wie den schlechten, ohne Wenn und Aber.

Natürlich wäre es vermessen, an dieser Stelle die subjektive Wirklichkeit und Betrachtungsweise des Verfassers beim Studieren und Zusammenfassen der philosophischen Schriften nicht zu erwähnen. Natürlich ist es möglich, dass dem Verfasser wie dem Leser die »wirkliche Erkenntnis« der Philosophie verschlossen geblieben ist und vielleicht auch bleibt. Aber die Hauptfrage ist hier auch nicht »Was ist wirklich wahr?«, sondern »Gibt es für das menschliche Weiterkommen entscheidende philosophische Erkenntnisse?« und »Wie können wir diese philosophischen Erkenntnisse für unser jetziges Leben, Denken, Fühlen und Handeln tatsächlich nutzbar machen?«.

Nicht zufällig betrachten wir Nietzsche am Ende unserer Reihe philosophischer Vermutungen über Homo sapiens. Sind nun wirklich noch alle Fragen offen, die wir uns zu Beginn dieses Kapitels gestellt haben? Es scheint so … So drastisch und schwer Nietzsches Schriften jedoch teilweise auch sein mögen, umso befreiender wirkt ihr offenes Ende, das er in Anbetracht all der Fragen mit seiner beschreibenden Art lässt. Nietzsche betrachtet die Menschen in ihrem Sosein und presst seine Vermutungen nicht in ein zwingendes, schlüssiges philosophisches Konstrukt, das alle Fragen beantwortet. Vielleicht ist das die beste Ausgangslage, um pragmatisch Nutzbares und Förderliches für die Menschen im

Jetzt zu entwickeln. Denn Leben und Entwicklung bedeuten ja erfahrungsgemäß stetige Veränderung. Es ist ein dem Leben immanentes Prinzip per se.

Unser Leben findet, so haben wir festgestellt, immer im Kontext unserer Erfahrungen und unserer Zeit statt und dementsprechend deuten wir es auch. Vermutungen über Homo sapiens sind philosophisch betrachtet Denkspiele bzw. Denkkonstrukte mit einer mehr oder weniger hohen Wahrscheinlichkeit, zutreffend zu sein. Sie verfügen außerdem über zum Teil sich ähnelnde, zum Teil auch sich widersprechende Konstrukte, die sie selbst betreffen, welche aber meist nur in geringem Maße zur Lebensgestaltung – oder besser gesagt – zur Gestaltung eines gelingenden Lebens genutzt werden können. Philosophische Erkenntnismodelle sind, wie selbstverständlich andere auch, immer relativ. Hinzu kommt, dass die Suche nach der letztendlichen Wahrheit nicht sehr zielführend ist – außer, dass »stimmige« Denkkonstrukte uns (mehr) Spaß machen und natürlich harmonisierend und synchronisierend auf unser Gehirn und unser Kohärenzbedürfnis wirken. Tatsächlich können sie uns auch in gewisser Weise weiterbringen, das soll gar nicht in Abrede gestellt werden. Sinnvoller ist es aber, uns auf Anwendbares zu beschränken. Und das gelingt uns am besten, indem wir uns und unsere Mitmenschen befähigen, individuell nützliche Denk-, Fühl- und Verhaltensmuster zu erlangen, die uns intrinsisch und sich selbst organisierend auf die jeweiligen Anforderungen des Lebens vorbereiten.

Homo sapiens hat eigenes, kreatives Denk-, Fühl- und Verhaltenspotenzial. Das ist das Prinzip seiner Lebendigkeit, und das war und ist stets sein Erfolgskonzept gewesen: Er ist eines der anpassungsfähigsten Wesen überhaupt. Wenn es uns gelingt, seine Potenziale und Fähigkeiten in geeigneten Bildungs- und Erfahrungsräumen zu schulen, fördern wir seine Möglichkeiten wohl am effektivsten, in Gegenwart und Zukunft ein gelingendes Leben in Gemeinschaft zu führen.

Eins steht fest: Homo sapiens wird immer und täglich um die nächstbeste pragmatische Lösung für sein Fortkommen ringen. Je mehr er die inneren Voraussetzungen hierfür mitbringt, desto mehr Erfolg wird er dabei haben. Auf keinen Fall können wir hier jedoch zukünftige Lösungen vorwegnehmen, denn selbst die Evolution kennt sie nicht.

> Zweitausend Jahre Philosophie konnten dem einen oder anderen Impulse für seine subjektive Wirklichkeit geben, auch um eine eigene kohärente Lebensgeschichte zu schreiben. Meist waren es aber die Lebens- und Denkgeschichten der Philosophen selbst, die die »Denkfreunde« zum Inhalt ihrer Ideen und Lehren gemacht haben. »Die« absolute Wahrheit, eine allgemeingültige Sinnfindung oder eine schlüssige oder bewiesene Antwort auf menschliche Grundsatzfragen gibt es nicht. Die Philosophie ist sehr akademisch und so nur von geringem pragmatischem Nutzen. Sie spiegelt aber den Geist, das Denken und die Widersprüche der jeweiligen Zeit, in der sie entstanden ist.

3.2 Von Psychotherapeuten, Psychologen und Pädagogen

Zunächst beschäftigen sich natürlich hauptsächlich die Philosophen (Denkfreunde) mit den Fragen, was denn nun Homo sapiens eigentlich ausmacht, weshalb und wofür er da ist und woher er eigentlich kommt. Nicht allzu viel Neues, besser Brauchbares für das »Jetzt«, brachte es uns ein. Letztendlich aber interessiert es sie alle: die Biologen, die Theologen, die Mediziner, die Ethnologen, die Anthropologen und die Physiker und zuletzt die Literaten. Denn was könnte spannender sein, als das, »was die Welt im Innersten zusammenhält« (Goethe: *Faust I*, V. 382 f.). Betrachten wir nun in ähnlicher Weise wie die Philosophen einige Psychotherapeuten und Psychologen, gerade weil sie sich mit geistig und psychisch dysfunktionalen Zuständen von Menschen beschäftigen und deshalb besonders spannende Ansichten, auch bezüglich Menschen- und Weltbild, entwickelten. Finden wir hier brauchbare stimmige Kernaussagen über den Menschen und ein gelingendes Leben? (Und für die, die wieder den »Blitzdurchlauf« wählen wollen: Die Kurzzusammenfassung befindet sich ein paar Seiten weiter in Kap. 3.2.2.)

3.2.1 Von Traumdeutern und Rattenpsychologen, die sicherlich einiges zum Verständnis von Homo sapiens beigetragen haben!

Fangen wir am besten mit Herrn Freud an, dem Vater der Psychotherapie sozusagen. Sigmund Freud (1856 – 1939) war Mediziner, beschäftigte sich zunächst mit neuropathologischen Aufgaben, prägte den Begriff »Psychoanalyse«, baute darauf sein Menschen- und Weltbild auf und entwickelte daraus dann seine psychoanalytische Methodik. Zur Vervollständigung und als Beispiel für den Zusammenhang von Zeitgeist und gültigem Menschenbild sei darauf hingewiesen, dass Freuds Bücher bezeichnenderweise 1933 bei den Bücherverbrennungen der Nationalsozialisten verbrannt wurden. 1938 emigrierte er nach Großbritannien, wo er an einem Krebsleiden am 23. September im Jahre 1939 verstarb.

In einer Zeit, in der Aufklärung und Vernunft, also kognitive Stärke und Einsicht, als »das« Richtige galten und zur abendländischen Leitidee wurden, beschäftigte sich Freud mit dem so genannten »Unbewussten«. Möglicherweise rund um die menschliche Frage »Warum ist alles so mit mir, wie es ist?« konstruierte Freud Axiome und Methoden sowie kausale Erklärungsmodelle, die bei Fragen der Selbsterkenntnis, beim Hinterfragen der eigenen Lebensgeschichte sowie beim Beschreiten des aktuellen Lebensweges und neuen (Entwicklungs-) Schritten weiterhelfen können. Biographisch stellt sich Freud dennoch eher als pessimistisch-nekrophil denkender Mensch dar. (Wer will es ihm auch verdenken vor dem Hintergrund seiner lustfeindlichen Zeit …) So kommen bei Freud Begrifflichkeiten und Themen vor wie der Destruktionstrieb, der Tod als Lebensziel, Träume als verdeckte (schambesetzte) Triebwünsche, Triebregelung durch Verschiebung und Erhöhung auf eine andere Tätigkeit oder ein anderes Niveau (Sublimierung), die sexuelle Lust des Knaben an der Mutter (Ödipus) und die folglich aggressive Abwehr des Vaters.

Methodisch entwickelte er zu diesen Konstrukten intrapsychische Dialogpartner: das Über-Ich, das Ich und das Es. Seine möglicherweise im eigenen System (Körper, Seele, Geist) empfundenen Unstimmigkeiten zwischen Luststreben und unbefriedigender Wirklichkeit wurden zu wichtigen (Freud'schen) Themen in der Auseinandersetzung mit den drei Instanzen und ihrem Zusammenspiel.

Das starke Über-Ich – heute nennen wir es »Gewissen« – gibt die verinnerlichten Glaubenssätze vor, die beinhalten, was vom Individuum als gut und richtig bzw. böse und falsch gehalten wird. Ganz anders ist das mächtige Es (das Selbst), das mit seinen teils unanständigen und verborgenen Trieben im tiefsten Inneren schlummert. Das vernünftige Ich hat eine Vermittlerposition und die Aufgabe, diese zwei konträren Pole zu vereinen. Diese Auseinandersetzungen der drei Instanzen spüren wir innerlich manchmal vielleicht. Das ist dann, wenn uns Goethes Faust ganz aus der Seele spricht, wenn er sagt: »Zwei Seelen wohnen, ach! in meiner Brust«. Gelingt aber dem Ich die Einigung zwischen den zwei Widerstreitern nicht in angemessener Form oder gar nicht, dann wird das System des betreffenden Menschen krank, und es kommt bei ihm zu neurotischen Störungen.

Methodisch gesehen reichte für Freud eine gut durchgeführte Introspektion nicht aus, um diese unbewussten, möglicherweise unstimmigen Vorgänge zu ergründen. Es bedurfte seiner Meinung nach eines außenstehenden Analysierenden und der Methodik der so genannten »Psychoanalyse«. Freud postulierte demnach für die therapeutische Praxis die psychoanalytische Methodik, den ihr eigenen Ablauf des Gesprächs mit dem Patienten und – ganz vordergründig – die Kunst der Deutung des vom Klienten Gehörten.

Zu Anfang konzentrierte er sich auf die Traumanalyse. Er deutete die vom Klienten geäußerten Trauminhalte in einem neuen Rahmen und erschloss dem Klienten auf diese Weise bei dessen aktuellen Problemen verborgene Kausalitätszusammenhänge. Zu einem späteren Zeitpunkt sollte dann die Methodik der Psychoanalyse nicht nur auf den Traum beschränkt bleiben, sondern auch die Grundlage für die etwas später entstehende Tiefenpsychologie bilden.

Unbewusste Ereignisse oder unbewusste psychodynamische Mechanismen wie das Übertragen unschöner und unanständiger Triebimpulse auf andere Personen oder das Verdrängen dieser Impulse verursachen krankhaftes Verhalten. Die klassisch nach Freud arbeitenden Analytiker deuten auch heute noch das vom Klienten Erzählte oder lassen diesen im weiteren Therapieprozess dazu auch selbst assoziieren, sodass der Klient zum Teil (fast) allein zu Deutungen seiner Krankheit vordringen kann. Hieraus entsteht eine schlüssige Erklärung und Kohärenz von Ursache und Wirkung in der Krankengeschichte, sowohl für den Analytiker als auch für den Klienten. Es muss nicht unbedingt so gewesen sein, es ist ja nur eine Deutung. Wichtiger erscheint, dass sie stimmig ist. Dieses Verstehen, Nachvollziehen und Erkennen hilft dem analysierenden Menschen und lindert seine neurotischen Symptome.

Wahrscheinlich – oder eigentlich ganz sicher – entstand die Theorie der Psychoanalyse auch unter dem Einfluss von Freuds eigenen Lebenserfahrungen und Verhaltensmustern. Er hatte Konflikte mit den Eltern, eine eigene belastende Sexualität und außerdem noch eine schwierige berufliche Karriere. Es gab die Kulturwelten eines Schopenhauers und die zeitgeschichtlich begründete finstere Realität des Antisemitismus und Nationalsozialismus. Sicherlich waren es auch die Auseinandersetzung mit der eigenen Biographie und die Selbstreflexion, die Freud im Endeffekt zu seinen Ansichten brachten. Doch wahrscheinlich ist dies nur ein Aspekt in der Entstehungsgeschichte der Freud'schen Psychoanalyse, weshalb man sich nicht allein mit diesem Begründungszusammenhang begnügen sollte, wenn man diesen Therapieansatz besser verstehen oder in seiner Wirksamkeit für den Klienten bewerten möchte.

Versuchen wir also lieber, die psychoanalytische Methode insgesamt gesehen zu beurteilen. Freuds größte Gegner warfen ihm zu seinen Lebzeiten bis heute Unwissenschaftlichkeit und subjektiven Konstruktivismus vor. Viele seiner Anhänger schätzen hingegen bis heute seine Methode, weil sie selbst die Erfahrung machen konnten, dass es hilft, ein kohärentes Bild seiner selbst und von der eigenen Geschichte zu entwickeln, welches stimmig und schlüssig ist, nicht mehr so viele Rätsel aufgibt und somit ein Selbstverständnis, eine eigene Zielrichtung und Entwicklungsfähigkeit möglich macht. (Allein das hilft schon, nimmt Ängste und entspricht dem evolutionären Vorteilsprinzip der Hominiden.)

Dies mag pseudowissenschaftlich klingen, aber zu erörtern, was nun wissenschaftlich und was pseudowissenschaftlich ist, soll hier nicht unser Interesse sein. Wir können das Konstrukt von Freud für bizarr und grotesk halten, aber wenn es dem Klienten hilft, eine kohärente subjektive Wirklichkeit zu erzeugen, dann ist ihm zumindest therapeutisch betrachtet schon sehr damit geholfen. Und mehr noch: Es ist eines unserer wesentlichen Bedürfnisse und Ziele als Mensch, die Rätsel der Welt, der eigenen Art und insbesondere die unseres Selbst zu ergründen. Man kann das auch mit »die Suche nach dem Sinn« benennen. Und je mehr Kausalität und Kohärenz dabei entstehen, umso glücklicher werden wir in unserem subjektiven Empfinden jenseits der Diskussion von Wissenschaftlichkeit und Pseudowissenschaft. Natürlich gibt es auch verheerende analytisch erarbeitete Deutungen sowohl von Patienten als auch (leider) von Therapeuten (und gar nicht so wenige), die dysfunktionale, kranke, neurotische und lebensuntüchtige Zustände geradezu einzementieren.

Freud machte sich auch im weitesten Sinne schon Gedanken über Kognition (Ich oder überwiegend Kortex), Emotion (Es oder überwiegend limbisches System) und die Steuerung von Handlungen, möglicherweise übernommen vom Über-Ich (Gewissen oder die guten und schlechten Erfahrungen, die, bildlich gesprochen, in der *Amygdala* bzw. im *Nucleus accumbens* verinnerlicht sind). Wenn auch nicht präzise, so bemerken wir doch hier schon des Psychoanalytikers Ahnung über Zusammenhänge und Strukturen, die heute für viele Hirnforscher und Wissenschaftler – wenn auch nicht für alle – schon als erwiesen gelten und aktuellen neurobiologischen Annahmen entsprechen.

Freud findet – auch wenn Krankheit und Leid eher Maxime seiner Betrachtungen sind –, dass der ständige Flow und die Stimmigkeit der drei Partner Über-Ich, Es und Ich nicht den Stillstand des Lustprinzips bedeuten und dass man selbst, wenn man gesund ist, nie aufhört, nach der als Glück empfundenen Harmonie der drei Instanzen zu streben. In seinen Grundaussagen zum Thema »Glücksstreben« und dazu, dass das Glück immer nur in einer gewissen Dynamik Raum finden kann – Stillstand lässt bekannterweise das Glück verblassen –, unterscheidet sich Freud kaum von modernen Glücksbetrachtern, wie z. B. Mihaly Csikszentmihalyi (*Flow. Das Geheimnis des Glücks*, 2007).

Demnach ist es sicherlich sinnvoller, alle Theoriebildungen auch vor den Erfahrungen ihrer jeweiligen Konstrukteure anzuschauen. Bei den meisten werden wir dann wohl bei vorurteilsfreier Betrachtung der Auffassung sein: »Da ist schon etwas dran!« Die Subjektivität einer solchen Erklärungskonstruktion –

wie es bei Freud der Fall ist – tut dem keinen Abbruch. Das beobachten wir ebenso bei dessen Zeitgenossen Carl Gustav Jung (1875 – 1961).

Jung wurde in der Schweiz geboren, studierte in Basel Medizin und spezialisierte sich in der Züricher Klinik Burghölzli auf Psychiatrie. Im Grunde schloss er sich zunächst Freuds Auffassungen von der Psyche des Menschen an, den er 1907 persönlich kennengelernt hatte. Jung saß einer internationalen psychoanalytischen Vereinigung vor. Durch den Austausch mit anderen und infolge seiner eigenen Entwicklung als Psychiater kritisierte er dann immer mehr die absolutistische Freud'sche Denkweise der Psychoanalyse, die für sich beanspruchte, die einzig wahre zu sein. Psychologische Betrachtungsweisen, die die eigene Subjektivität berücksichtigen – wie dies etwa bei Alfred Adlers Individualpsychologie der Fall ist – unterstützte er hingegen. Das bedeutet also auch für Jungs psychologische Theorie, dass sie von seinen persönlichen Erfahrungen maßgeblich beeinflusst und geprägt wurde. (Vgl. dazu Jung: »Man sieht, was man am besten aus sich sehen kann« [Gesammelte Werke 6: Psychologische Typen] – das ist wohl ein Seelenproblem der Gegenwart.)

In der gleichen Schrift findet man auch das, was 1997 als neue Erkenntnis Antonovskys gewürdigt wurde. Es ist das »Prinzip der Salutogenese«. Jung wollte den Menschen lieber aus seinen gesunden Anteilen heraus verstehen als ihn defizitorientiert von seinen Defekten und Krankheiten her zu betrachten. Natürlich konstruierte Jung hierzu seine eigene Theorie: die Analytische Psychologie. Die hohe Bedeutung der sexuellen Triebregung als bedeutende Motivation, wie Freud es vertrat, sah Jung eher als allgemeine psychische Energie an. Das Freud'sche Unbewusste zerlegte er in das persönliche und in das kollektive Unbewusste. Das persönliche Unbewusste bei Jung entspricht dem Unbewussten bei Freud (bspw. wenn es um unterdrückte Bewusstseinsinhalte geht), das Kollektive beinhaltet die Archetypen (charakteristische Urgestalten und Eigenschaften, z. B. das Weibliche, das Mütterliche, das Väterliche – wobei Jungs subjektive Vorstellungen, bspw. vom »Weiblichem«, hier natürlich miteinfließen). Man könnte heute auch sagen, dass bei Jung die Archetypen den ererbten Anlagen oder – moderner ausgedrückt – den genetischen Dispositionen entsprechen. Durch »Individuation« (Maßschneidern der Persönlichkeit) entsteht laut Jung aus dem Archetypischen (Genetischen) dann das Selbst (oder modern: die Persönlichkeitsstruktur eines Menschen).

Wesentlich an Jungs Vermutungen über Homo sapiens ist im Prinzip, dass er in dem wohl jedem Mensch innewohnenden Unbewussten ein »göttliches Füllhorn« von Möglichkeiten und Eigenschaften (Energien) sieht, die es im Laufe seiner Entwicklung (Individuation) zu einer gesunden menschlichen Ganzheit zusammenzuführen gilt. Energetische Blockaden und Störungen in diesem Prozess seien schließlich die eigentliche Ursache für die Entstehung von Krankheiten und Unglück. Nichtsdestotrotz würde jedoch alles und jeder eigentlich zu einer religiösen Ganzheit streben, so meint er. Diese Auffassung Jungs ist nicht verwunderlich, denn er wurde als Sohn eines Pfarrers geboren und beschäftigte sich in seinem Leben viel mit mystischen und spiritistischen Dingen.

Um die Mitte des vorigen Jahrhunderts entstand dann die Humanistische Psychologie. Mit »humanistisch« bezeichneten die Erfinder – Carl Rogers, Abraham Maslow oder Kurt Goldstein sind hier die bekannteren Namen – ihr Wert- und Menschenbild. Nach den schrecklichen Kriegen, die mittlerweile industrialisiert geführt, über die Medien bekannt gemacht wurden und den Eindruck erweckten, besonders grausam gewesen zu sein, wurde der Wunsch nach dem eigentlich doch guten Menschen in den Mittelpunkt der Betrachtung gestellt.

Der Mensch: Er hat Werte, er ist kreativ, er verwirklicht sich selbst und er hat Würde. Mit all diesen Eigenschaften bestimmt der Mensch sich und sein Schicksal selbst und wächst zu einem positiv eingestellten und gut handelnden Menschen heran. Autonomie und autonomes Handeln gehören zu den zentralen Begriffen der Humanistischen Psychologie ebenso wie Themen, bei denen es generell um den Wert und die Würde des Menschen geht.

Wenn der Mensch von seinem Wesen her aber »gut« ist – was ist »gut« überhaupt? –, wird eigentlich nicht ganz klar, wie es überhaupt zu Kriegen und Grausamkeiten zwischen den Menschen kommen kann. Vielleicht sind es dann gut gemeinte sowie gerechte Kriege und Grausamkeiten, die wir erleben? Oder handelt es sich bei der Grundannahme von dem von Natur aus guten Menschen etwa nur um die humanistische Sehnsucht nach dem neuen Menschen, die ganz schnell und einfach von der Realität widerlegt werden kann? Der dringliche Wunsch nach dem guten und aufrichtigen Menschen, der sich frei entfaltet und sich zum Guten entwickeln soll, wird verständlich im Zusammenhang mit dem damaligen Zeitgeschehen. Oder ist dies wieder eine wissenschaftlich etwas unscharfe Sehnsucht nach Frieden und Harmonie? Wenn ja, dann ist es immerhin eine sehr wertschätzende, förderliche Haltung Homo sapiens gegenüber.

Erich Fromm (1900 – 1980), im Prinzip genauso verbittert und pessimistisch wie Sigmund Freud, blieb in seinen Vermutungen jedoch nicht so unscharf wie die humanistischen Psychologen. Er war Psychoanalytiker und glaubte daran, dass den Menschen sowohl psychologisch als auch biologisch die Tendenz zum Wachsen innewohnt. Hiermit meinte er den Wunsch nach Differenzierung, nach Kreativität und tiefer Erfahrung, den Wunsch nach Freiheit und die Sehnsucht nach Selbstbestimmung. Interessant an seinen Gedankengängen zu diesem evolutionären Wachstumsprinzip ist vor allem, dass er dies auch biologisch begründet. Das klingt sogar durchaus modern, wobei Wachsen bei ihm nicht heißt, dass der Mensch schon gut ist.

Natürlich ist Fromm auch wie jeder andere von zeitgeistigen Themen und seinen persönlichen Erfahrungen in seinen Arbeiten beeinflusst worden. Innerer Bewegungs-, Freiheits- und Wachstumswunsch oder -drang als biologisches inneres Grundprinzip des Lebendigen werden deshalb bei Fromm mit zeitgeistigen Themen gefüllt. Es sei unter anderem das angeborene Bestreben nach Wahrheit und Gerechtigkeit. Bösartige Triebe wie die der Aggression oder Destruktivität seien hingegen nicht angeboren. Echte Bedürfnisse und Fähigkeiten hätten allein schöpferische Kraft als Selbstzweck. Erich Fromm war Jude und erlebte die beiden großen Kriege des vorigen Jahrhunderts. Er ging nach Amerika, engagierte sich in der amerikanischen Friedensbewegung gegen die Atomwaffenpolitik, erfuhr die Auswirkungen der Industrialisierung, die ökologischen Folgen, die Gefahren des Atomkriegs und die Blüte des Kommunismus. Natürlich müsse sich die Seele des Menschen unter diesen Erfahrungen grundlegend ändern, meinte Fromm, weil es sonst »überhaupt nicht weitergehen kann«.

Fromm wandte sich in seiner Not übrigens auch dem Buddhismus zu. Dies ist nicht ganz verwunderlich, haben Buddhismus und Psychoanalyse doch ähnliche Methoden und Vorstellungen, wie man das Leiden ertragen und überwinden kann. Es handele sich im Buddhismus um eine Form der Meditation, die das Irrationale, Unbewusste, Vorbewusste sprechen lässt. In der Psychoanalyse sei es hingegen die »freie Assoziation«, die Unbewusstes der Vernunft und der rationalen Bearbeitung zuführen will. Beide, Buddhismus und Psychoanalyse, beabsichtigten den Zugriff auf das Unbewusste. Beide Methoden, Meditation und freie Assoziation, trügen in sich das Bedürfnis, dem Unbewussten Raum vor dem Logisch-Kognitiven zu geben (vgl. Fromm: *Zen-Buddhismus und Psychoanalyse*, 1972).

Carl Rogers (1902 – 1987), ein Zeitgenosse Erich Fromms und Mitbegründer der Humanistischen Psychologie, vermutet auch erstaunlich Modernes über den Menschen. Ihn wollen wir ebenso im Kontext seiner Realitäten betrachten. Rogers kam aus einem protestantisch-calvinistischen Elternhaus und wuchs in der Nähe von Chicago auf. Er wollte zunächst Pfarrer werden und betrieb religionsgeschichtliche Studien, bis er schließlich Psychologe wurde. Es folgten sein Engagement in der amerikanischen Antikriegsbewegung, seine Auseinandersetzung mit politischen Fragestellungen und zuletzt seine Zeit als weltweit in politischen Spannungsgebieten aktiver Friedensmissionar.

Im Gegensatz zu den eher pessimistischen Ansichten Freuds oder auch Fromms war Rogers, ähnlich wie Jung, der Meinung, dass der Mensch »von Natur aus positiv« sei (Rogers: *Entwicklung der Persönlichkeit*, 1961). Freud hielt das Es eigentlich grundlegend für schlecht und animalisch oder irrational. (Bloß, was ist schlecht, animalisch oder irrational?) Fromm fand das irgendwie auch, aber glaubte, dass der Mensch davon wegkommen und einfach wachsen will. Im Gegensatz dazu hielt Rogers den Menschen schon von Natur aus für »sozial,

vorwärtsgerichtet, rational und realistisch«. (Doch was ist »sozial, vorwärtsgerichtet, rational und realistisch«?)

Davon aber einmal abgesehen entdeckte Rogers in den Menschen ebenfalls
eine Lust zur Entwicklung, eine Lust zum Lernen. Er vermutete einen Prozess,
der sich aus den ständigen Erfahrungen ergibt, die der Mensch macht. Er spürte,
dass das Prinzip des Lebendigen bedeutet, neue, innere Perspektiven, Kompetenzen und Möglichkeiten zu erlangen. Diese menschlichen Grundprinzipien
fasste er in seiner Schrift *Der neue Mensch* (1981) zusammen. Die Bezeichnung
»neuer Mensch« impliziert, dass es auch »alte Menschen« gegeben haben muss
und gibt, die anscheinend nicht so funktionierten oder funktionieren, wie Rogers es sich vorstellte. Ist der »alte Mensch« also doch eher so einer wie Freud
den Menschen betrachtete? Eines kann man bzgl. Rogers Überlegungen zum
»neuen Menschen« aber in jedem Fall anmerken: Es handelt sich erst einmal nur
um Annahmen, wie ein »guter« Mensch, der die humanistische Idee weiterbringt, notwendigerweise sein müsste. Vielleicht hätte die Schrift besser *Neue
Vermutungen über den erforderlichen Menschen* heißen sollen …

In der »völlig veränderten Welt von morgen«, so Rogers, könne der Mensch
offen für Erfahrungen, Betrachtungsweisen, Ideen und Konzepte sein, nach
einem »ganzheitlichen Leben« streben (also nach einer Kohärenz zwischen
Körper, Seele und Geist suchen), Veränderungen befürworten und Risikobereitschaft zeigen. Genauer betrachtet, möchte man diese Eigenschaften dem
gestandenen Savannenjäger von damals auch nicht absprechen. Das war und ist
sicher auch überlebenswichtig, es war und ist vermutlich das Prinzip des Lebendigen.

Rogers – nun kommt die Zeitgeschichte wieder zum Tragen – glaubte aber
auch, dass der neue Mensch Wissenschaft und Technologie gegenüber skeptisch
eingestellt sei, neue Formen der Nähe suche, ökologisch sei, bürokratische Institutionen, materiellen Anreiz und Belohnungen ablehne. Vielleicht ist dies
alles wünschenswert, aber solche Eigenschaften den Menschen (von heute oder
morgen) schon als Grundeigenschaft zuschreiben zu wollen, ist so nicht
schlüssig, *wishful thinking* und auch aus wissenschaftlicher Sicht so nicht
haltbar. Solche Inhalte sind immer wieder vor dem weltgeschichtlichen Hintergrund zu verstehen. Vergessen wir dabei nicht, dass all diese Realitäten –
Weltkriege, ethnische Vernichtung, Rassenprobleme in den USA, Vietnamkrieg
– von Menschen selbst verursacht worden sind. War das dann, mit Rogers gesprochen, etwa »der alte Mensch«, der von Natur aus eigentlich schon sozial,
vorwärtsgerichtet, rational und realistisch sein sollte?

Die von Rogers erstgenannten Eigenschaften, wie Lust an Entwicklung und
am Erlernen neuer Fähigkeiten, sind evolutionsbiologisch gut nachvollziehbar,
aber die zweitgenannten, wie Ablehnung materieller Belohnung und bürokra-
tischer Institutionen, entspringen, so scheint es, eher seinen Ängsten, Hoff-

nungen oder Sehnsüchten. Sie sind keine grundlegenden oder angeborenen Eigenschaften.

Es bleibt Rogers Methodik der Personenzentrierten Psychotherapie, bei uns »Gesprächspsychotherapie« genannt, die aus Sicht des humanistischen Psychologen große Freiräume für die persönliche Entwicklung zulässt, eine wohlwollende therapeutische Haltung beinhaltet und auf der Annahme fußt, »der Mensch sei eigentlich gut«. Mit dieser inneren (Zurück-)Haltung des Therapeuten bleibt viel (Spiel-)Raum für Prozessentwicklung beim Klienten. Das hat sich bis heute empirisch bewährt. Vermutlich, weil der Entwicklungsprozess und die Konstruktion der subjektiven Wirklichkeit im Klienten und nicht im Therapeuten entstehen (sollten). Durch das Ermöglichen einer positiven und »liebenden« Grundeinstellung erhält der Klient angstfreien Entfaltungsraum. Er darf Fehler machen, »rumspinnen«, affektiv reagieren, und zwar immer mit der bedingungslosen Zuneigung und dem grundsätzlichen Schutz des Therapeuten. So wird für ihn eine wachstumsfreundliche, Fehler tolerierende und wertschätzende Beziehung erfahrbar.

Hinsichtlich unseres Anliegens, mehr über die grundlegenden Fragen und Antworten Homo sapiens zu erfahren, interessiert auch Viktor Frankls (1905 – 1997) Menschenbild. Frankl, in jüdischer Familie geboren und aufgewachsen, Psychiater und Psychotherapeut in Wien, verlor fast seine gesamte Familie in den Konzentrationslagern der Nazis. Er hatte beruflich viel mit Menschen zu tun, die den subjektiven Lebenssinn verloren haben. Später erlebte er die Grausamkeiten des NS-Regimes.

Frankl hat die Logotherapie erfunden. Kern seiner Therapie ist die Sinnfrage. Vermutlich aus eigenem Sinnlosigkeitserleben stellte er fest, dass es das absolut Wichtigste sei, im Leben einen subjektiven Sinn zu finden. Zunächst einmal beschränkte er sich darauf, dass der Sinn darin liegen könne, etwas zu tun, wovon man überzeugt ist, oder etwas zu erleben, was einmalig ist und zu innerem Wachstum führt. Es komme auf die innere Haltung an, mit der ein Mensch seinem unabänderlichen Schicksal begegne. Das Leben habe immer bis zuletzt einen Sinn. Diese individuell zu findende Überzeugung und Sinnhaftigkeit gebe dem Leben die motivationale Kraft und dem Individuum die notwendige Stabilität.

Bis hierhin können wir Frankl ohne Weiteres folgen. Und die pure Lust am Sein oder an sinnstiftender, sich selbst genügender Funktionslust sind sicher auch Prinzipien des Lebendigen. Betrachten wir das Leben Frankls, dann ist es verständlich, dass Frankl sich mit diesen Basics nicht begnügen konnte (Lust am Sein, Funktionslust). Im biographischen Kontext erlebte er vermeintlich viel subjektiv Sinnloses, Demotivierendes und Desillusionierendes. Wie kann ein Mensch die Grausamkeiten eines Konzentrationslagers überstehen, wenn er nicht irgendwie einen Hoffnungsschimmer, einen Sinn oder einen Zweck vermutet? Die Lust am Überleben allein kann es nicht sein, meinte Frankl. So hielt Frankl den »Willen zum Sinn« für die motivational wichtigste Lebensinstanz und nicht einfach nur den Willen zum Überleben, zur Lust oder zur Macht. Hier sah er auch die Abgrenzungskriterien zu anderen Lebewesen. Der Wille zum Sinn sei das, was den Menschen zum Menschen mache.

Das ist allerdings nicht sehr überzeugend, denn auch er bleibt in seinen Äußerungen leider unscharf. Die Unschärfe begründete er mit der Subjektivität der Sinnfindung. Um welchen Sinn es sich jeweils beim Einzelnen handele, das bleibe letztendlich jedem ganz allein überlassen. Nun wissen wir aber, dass Frankl an sich ein religiöser Mensch war, und es ist anzunehmen, dass seine subjektive Sinnfindung in der Spiritualität, also vermutlich in der Existenz Gottes, begründet war. Frankl erreichte bedeutende Auflagen mit seinen Schriften. War er vielleicht doch selbst ein Sinnstifter? Gab er den Menschen doch intuitiv kohärente Konstrukte zur plausibleren Sinnfindung ...

Das erstmalig von Frankl erspürte motivationsstiftende Handeln, das kreative Schaffen (mit der Hoffnung auf Belohnung), das Erleben mit der Belohnung inneren Wachstums und innerer Freiheit und die Freuden, jemanden lieben zu können, sind sicherlich auch modernen Motivationsforschern nicht fremd. Das Förderliche, eine solche aktive Einstellung zum Leben zu haben, ist unter Betrachtung neuester neurophysiologischer und -psychologischer Erkenntnisse nicht von der Hand zu weisen. Frankl vermutete das auch schon in seinem Buch *Der Mensch vor der Frage nach dem Sinn* (1972). Die weitere unbedingte Sinnfindung aber, die sich in den unzähligen Sinnbüchern Frankls nachlesen lässt – bis zur Erwähnung eines »Übersinns« – wird als subjektive Wunschwirklichkeit verständlich, die sicherlich unter dem Einfluss seiner Biographie und dem Aspekt der Geschichte geboren wurde.

Natürlich ist jedes Sinnkonstrukt – was es auch immer sei –, das dem Wohlergehen von sowohl Kranken als auch Gesunden dient, akzeptabel. Den Leidenden Hoffnung und Sinn zu geben oder zu ermöglichen, ist sicher auch Aufgabe eines Arztes. Den Leidenden in den Konzentrationslagern der Nazis irgendwie Stütze durch Sinnfindung geben zu wollen, ist noch nachvollziehbarer. Einen »letzten wahren Sinn« in einer Zeit immer transparenter werdender menschlicher Grausamkeiten zu vermuten, ist genauso verständlich. Aber was ist, wenn Dogmatiker und Ideologen einen anderen Sinn finden? Der Sinn sei subjektiv, so Frankl. Was ist dann beispielsweise mit der Sinngebung, Feinde ausrotten, den »Herrenmenschen« züchten oder eine klassenlose Gesellschaft mit Gewalt durchsetzen zu wollen? Auch solche Sinnfindungen oder -konstrukte geben motivationale Kraft. Gibt es denn »den« guten oder »den« bösen Sinn? Diese Frage beantwortet Frankl in seinen Schriften leider nicht.

Ein noch deutlicheres Beispiel für die starke Abhängigkeit von Menschenbild und Zeitgeschehen zeigt sich am Leben und Wirken Abraham Maslows (1908 –

1970). Biographie, Zeitgeschichte und Weltsicht offenbaren sich in einem Menschenbild, welches wiederum starken Einfluss auf die Schule der Humanistischen Psychologie hatte. In seiner Schrift *Psychologie des Seins* (1962) veröffentlichte Maslow Grundannahmen über den Menschen. Wie bei anderen Autoren auch ranken sich dort um eine sicherlich heute noch gültige Essenz Hoffnungen, die der Zeitgeschichte Maslows entsprangen. Maslow schrieb von der inneren Natur des Menschen. Er glaubte, dass diese auch wissenschaftlich nachgewiesen werden könne, er selbst hat in dieser Richtung aber nie etwas unternommen. Der Mensch sei primär nicht böse, behauptete er. Die menschlichen Emotionen seien entweder neutral oder gut. Somit seien Grausamkeit, Bosheit oder Destruktivität dem Menschen nicht eigen, sondern eher Zeichen von Frustration oder Krankheit. Deshalb müsse man gerade die guten Fähigkeiten und Eigenschaften des Menschen fördern und dürfe sie nicht unterdrücken. Wenn man dem Menschen erlaube, sich zu entwickeln, werde er gesund und glücklich. Unterdrücke man ihn, werde er hingegen krank. Im Anschluss daran vermutete er etwas, was aus heutiger Sicht ebenso dem Prinzip des Lebendigen, dem Prinzip inneren und äußeren Wachstums sowie innerer Freiheit entspricht und sicherlich aus evolutionsbiologischer und neuropsychologischer Sicht auch heute Gültigkeit besitzt: »Ein Mensch, der nichts gemeistert, ertragen und überwunden hat, zweifelt auch weiterhin, dass er es könnte. Dies gilt nicht nur für äußere Gefahren, es gilt auch für die Fähigkeit, die eigenen Impulse zu kontrollieren und zu hemmen, um vor ihnen keine Angst mehr haben zu müssen« (Maslow: *Psychologie des Seins*, 1962).

In seinem anderen größeren Werk *Motivation und Persönlichkeit* (1954) beschreibt er Eigenschaften von Personen, die auf deren Gesundheit schließen lassen. Diese Eigenschaften hatte Maslow mittels einiger Tests erhoben: Spontaneität, gelungene Problemzentrierung, Wahrnehmung der Realität, Akzeptanz, Autonomie, Emotionalität, mehr Grenzerfahrungen, Beziehungsfähigkeit und Kreativität. All dies sind die Fähigkeiten, die wir heute neben anderen zu den wichtigen menschlichen Basiskompetenzen zählen. Auf dem Fundament der Essenzen evolutionstheoretisch sicher nachvollziehbarer, menschlich wichtiger Basiskompetenzen und Eigenschaften baute Maslow ein optimistisches Menschenbild auf, welches verständlicherweise seinerzeit motivational notwendig war.

In unsere Betrachtungen über Homo sapiens wollen wir auch Maslows Zeitgenossen Burrhus Skinner (1904–1990) einbeziehen, weil er eine bedeutende Rolle für die Entstehung der »Verhaltenstherapie« spielte. Das ist insofern interessant, weil es doch zu einer deutlichen Polarisierung zwischen den tiefenpsychologisch ausgerichteten Schulen und der nun sich neu formierenden »Rattenpsychologie« kam. (»Rattenpsychologie«, weil die anfänglichen Lerntheorien Skinners aus Tauben- und Rattenversuchen hergeleitet wurden.)

Skinner ist bekannt geworden als Verhaltenswissenschaftler durch Lern-
konzepte und Lerntheorien wie die operante Konditionierung. Er negierte zwar
nicht innere Strukturbegriffe wie Gefühle, das Unbewusste oder Triebe, aber er
hielt sie für unwesentliche Nebenprodukte, die aus Verhaltensänderungen re-
sultierten. Er drehte quasi den Spieß um: Nicht die inneren Instanzen prägen das
Verhalten, sondern durch Verhaltensänderungen verändern sich innere Einstellungen und Instanzen. Dies ist sicherlich einer der grundlegendsten Unterschiede zwischen tiefenpsychologisch orientierten und verhaltenstherapeutisch
orientierten Denkmodellen, welche auch heute noch zur Polarisierung der zwei
großen Denk- und Therapierichtungen – Tiefenpsychologie und Verhaltenstherapie – beitragen.

Die Tiefenpsychologen, die sich seit jeher Gedanken darüber machen, »was
die Welt im Innersten zusammenhält« und auf untergeordneter Ebene auch den
Menschen, vertreten die Auffassung, dass die Verhaltensforscher den Menschen
nicht in seinem tiefsten Mensch-Sein würdigen. Sie sehen ihn vielmehr von den
Verhaltensforschern auf rationalistische Art und Weise zu einer Art Lernma-
schine degradiert.

Die Verhaltenswissenschaftler wiederum kritisieren alle tiefenpsychologischen Erklärungsversuche für nicht wissenschaftlich, nicht belegbar und unwesentlich. Sie beschränken sich auf rationales, instrumentalisiertes Denken
und eine wissenschaftliche Methodik. Zumindest ist dies während der Anfänge
des so genannten Behaviourismus so gewesen. Der Mensch wird geprägt und an
seinem Verhalten gemessen. Dieses, verlautbaren die Behaviouristen, würde
aber nicht gesteuert durch Empfindungen, die innere menschliche Natur oder
Ähnliches, sondern durch die Umwelt, also eher von außen durch die Kultur und
die sozialen Beziehungen. Setze man nun Lerntheorien und Verhaltens(ände-
rungs)theorien in die Praxis um, könne man einerseits zu besseren Lösungen
finden und andererseits zur Modifikation inneren Erlebens (Beschleunigung des
Evolutionsprozesses) beitragen.

Skinner kam aus einer protestantischen, amerikanischen Familie. Er wollte
gerne Schriftsteller werden, verfügte über ein hohes Sendungsbewusstsein und
experimentierte an der Harvard University viel mit Ratten und Tauben. Hierbei
entdeckte er Lerntheorien, insbesondere die Prinzipien der operanten Konditionierung.

Bei aller Kritik an der rationalistisch-technokratischen Betrachtungs- und
Vorgehensweise Skinners wird niemand leugnen können, dass Skinners Forschungen zum operanten Lernen und zur Verhaltenskontrolle zumindest auf
pädagogisch-erziehungswissenschaftlichem Gebiet eine große Bedeutung erlangt haben. Aus Skinners Lernpsychologie- und Verhaltenstheorie-Repertoire
stammen auch gegenwärtig noch wichtige Methoden und Instrumente der

modernen Erziehung sowie nicht wenige Methoden für ein gelingendes Selbstmanagement.

Selbst unser tägliches Verhalten ist durch Lern- oder Konditionierungspro-
zesse bedingt. Lernprozesse funktionieren im Wesentlichen nach dem Prinzip
»Belohnung oder Bestrafung« bzw. »angenehm und gut für mich« oder »unangenehm und schlecht für mich«. Diese Erfahrungen steuern dann unser zukünftiges Verhalten. Heute wissen wir außerdem, dass die Erfahrungen, die wir
gemacht haben, in uns nicht bewusste Hirnbereiche »abgesenkt« sind und auf
diese Weise unbewusste emotionale Bewertungsstellen für aktuelles Planen und
Handeln darstellen. Da sind wir dann wieder in »der Tiefe« des Unbewussten
angekommen (Tiefenpsychologie). Wir werden feststellen, dass es vollkommen
unnötig ist, polarisierend mit den unterschiedlichen Vermutungen über Homo
sapiens umzugehen.

3.2.2 Gibt es eine gemeinsame förderliche Essenz?

Brechen wir an dieser Stelle nun wieder die vorgestellten Betrachtungsweisen, so
gut es geht, herunter. Nehmen wir sie aus dem Kontext der Persönlichkeiten und
ihrer Zeitgeschichte heraus und versuchen wir, Kernaussagen zusammenzu-
fassen. Das tun wir hier in gleicher Weise für die Psychotherapeuten, wie wir es
bei den Philosophen auch getan haben, indem wir die Kerninhalte zu einer
Geschichte zusammenschreiben:

> Die Grundlagen psychotherapeutischen Denkens und die Entwicklung psychothera-
> peutischer Methoden entstanden im Wesentlichen im vorigen Jahrhundert. Die Ge-
> schichte der Psychotherapie ist jedoch relativ jung und kurz und beinhaltet deshalb
> sehr viel Weltanschauliches und Philosophisches. Erst später und vor allem jetzt
> werden naturwissenschaftliche Aspekte mehr berücksichtigt. Sicherlich stehen wir am
> Anfang dieser neuen Entwicklung.
> In einer Zeit, in der Aufklärung die abendländische Leitidee war, beschäftigt sich
> Sigmund Freud mit dem so genannten »Unbewussten«. Methodisch entwickelt er hierzu
> intrapsychische Dialogpartner: das Über-Ich, das Ich und das Es. Das starke Über-Ich –
> Gewissen nennen wir es heute – gibt die verinnerlichten Glaubensregeln vor, was für gut
> und richtig bzw. böse und falsch gehalten wird. Ganz anders das mächtige Es (das
> Selbst), es schlummert im tiefsten Inneren mit seinen teils unanständigen und ver-
> borgenen Trieben. Das vernünftige Ich soll nun diese zwei konträren Pole vereinen
> (»Zwei Seelen wohnen, ach! in meiner Brust«, so Faust). Gelingt ihm dies nicht in
> angemessener Form, wird das System krank und es kommt zu neurotischen Störungen.
> Wir können das Konstrukt von Freud für bizarr und grotesk halten. Wenn es hilft,
> eine kohärente, subjektive Wirklichkeit zu erzeugen, so hilft es zumindest therapeu-
> tisch, also als Methode. Je mehr Kausalität und Kohärenz entsteht, umso glücklicher
> werden wir subjektiv jenseits der Diskussion von Wissenschaftlichkeit und Pseudo-

wissenschaft. Allerdings besteht auch die Gefahr nicht konstruktiver Deutungen des Therapeuten, die den Klienten in seiner Pathologie verhaften lassen.

Wenn auch nicht präzise, so sehen wir doch hier schon Freuds Ahnung über Zusammenhänge und Strukturen, die heute von vielen Hirnforschern und Wissenschaftlern – wenn auch nicht von allen – als wissenschaftlich erwiesen gelten. Freud findet jedenfalls, dass der ständige Flow und die Stimmigkeit der drei Partner Über-Ich, Selbst und Ich Zufriedenheit bedeuten und dass der gesunde Mensch nach diesem Glück strebe. Dies alles geschehe immer in einer gewissen Dynamik. Stillstand lasse das Glück verblassen. Freud unterscheidet sich diesbezüglich in seinen Grundannahmen kaum von modernen Glücksbetrachtern.

Wesentlich an Jungs Vermutungen über Homo sapiens ist im Prinzip, dass er das allen Menschen anscheinend innewohnende Unbewusste ein »göttliches Füllhorn« von Möglichkeiten und Eigenschaften (Energien) nennt, die im Laufe der Entwicklung (Individuation) zu einer gesunden menschlichen Ganzheit führen. Energetische Blockaden und Störungen in diesem Prozess lassen, nach Jung, Krankheiten und Unglück entstehen.

Erich Fromm glaubt auch, dass den Menschen sowohl psychologisch als auch biologisch die Tendenz zum Wachsen innewohnt. Hiermit meint er den Wunsch nach Differenzierung, nach Kreativität und tiefer Erfahrung, den Wunsch nach Freiheit und die Sehnsucht nach Selbstbestimmung. Es sei unter anderem das angeborene Bestreben nach Wahrheit und Gerechtigkeit. Bösartige Formen der Aggression und Destruktivität seien hingegen nicht angeboren. Echte Bedürfnisse und Fähigkeiten hätten schöpferische Kraft als Selbstzweck.

Fromm ist Jude und hat die beiden großen Weltkriege des vorigen Jahrhunderts erlebt. Natürlich muss sich die Seele des Menschen unter diesen Erfahrungen grundlegend ändern, meint auch Fromm selbst, weil es sonst »überhaupt nicht weitergehen kann«. Daraufhin wendet er sich in seiner Not auch dem Buddhismus zu. Beide, Buddhismus und Psychoanalyse, wollen den Zugriff auf das Unbewusste. Beide Methoden, Meditation und freie Assoziation, haben den Wunsch, dem Unbewussten vor dem Logisch-Kognitiven Raum zu geben.

Im Gegensatz zu den eher pessimistischen Ansichten Freuds oder Fromms findet Rogers, ähnlich wie Jung, dass der Mensch »von Natur aus positiv« sei. Davon aber einmal abgesehen, entdeckt Rogers in den Menschen ebenfalls eine Lust zur Entwicklung, eine Lust zum Lernen, er spürt einen Prozess, der sich aus den ständigen Erfahrungen ergibt, die der Mensch macht. Diese menschlichen Grundprinzipien fasst er in seiner Schrift »Der neue Mensch« zusammen. Die Bezeichnung »neuer Mensch« impliziert, dass es auch »alte Menschen« gegeben haben muss und gibt, die anscheinend nicht so funktionierten oder funktionieren, wie Rogers es sich denkt. Vielleicht hätte die Schrift besser *Neue Vermutungen über den erforderlichen Menschen* heißen sollen.

In der »völlig veränderten Welt von morgen«, meint Rogers, könne der Mensch offen für Erfahrungen, Betrachtungsweisen, Ideen und Konzepte sein, nach einem »ganzheitlichen Leben« suchen, also eine Kohärenz zwischen Körper, Seele und Geist anstreben, Veränderung befürworten und Risikobereitschaft zeigen. Genauer betrachtet, möchte man diese Eigenschaften dem gestandenen Savannenjäger von damals aber auch nicht absprechen. Es bleibt Rogers Methodik der Personenzentrierten Psychotherapie, bei uns »Gesprächspsychotherapie« genannt, die aus Rogers Sicht große Freiräume für die persönliche Entwicklung zulässt, eine wohlwollende therapeutische Haltung beinhaltet und auf der Annahme fußt, »der Mensch sei eigentlich gut«.

Vermutlich aus eigenem Sinnlosigkeitserleben stellt Viktor Frankl fest, dass es das absolut Wichtigste sei, im Leben einen subjektiven Sinn zu finden. Es komme auf eine innere Haltung an, mit der ein Mensch seinem unabänderlichen Schicksal begegne. So hält Frankl den »Willen zum Sinn« als die motivational wichtigste Lebensinstanz und nicht den einfachen Willen zum Überleben, zur Lust oder zur Macht. Der Wille zum Sinn sei das, was den Menschen zum Menschen mache. Welcher Sinn es sei, bleibe letztendlich jedem Einzelnen überlassen. War er vielleicht doch selbst ein Sinnstifter?

Der Mensch ist primär nicht böse. Die menschlichen Emotionen sind entweder neutral oder gut. (Diese Sichtweise Abraham Maslows kennen wir wie andere auch aus der Philosophie.) Deshalb müsse man die guten Fähigkeiten und Eigenschaften des Menschen fördern und dürfe sie nicht unterdrücken. Wenn man dem Menschen erlaubt, sich zu entwickeln, wird er gesund und glücklich, unterdrückt man ihn, wird er krank. »Ein Mensch, der nichts gemeistert, ertragen und überwunden hat, zweifelt auch weiterhin, dass er es könnte. Dies gilt nicht nur für äußere Gefahren, es gilt auch für die Fähigkeit, die eigenen Impulse zu kontrollieren und zu hemmen, um vor ihnen keine Angst mehr haben zu müssen« (*Motivation and Personality*, 1954). Maslow beschreibt Eigenschaften von Personen, die auf deren Gesundheit schließen lassen. Diese Eigenschaften hat er mittels einiger Tests erhoben: Spontaneität, gelungene Problemzentrierung, Wahrnehmung der Realität, Akzeptanz, Autonomie, Emotionalität, mehr Grenzerfahrungen, Beziehungsfähigkeit und Kreativität.

Zum Schluss haben wir uns noch mit Burrhus Skinner beschäftigt, der eine bedeutende Rolle bei der Entstehungsgeschichte der »Verhaltenstherapie« spielte. Skinner negiert zwar nicht innere Strukturbegriffe wie Gefühle, das Unbewusste oder Triebe, aber er hält sie für unwesentliche Nebenprodukte, die aus Verhaltensänderungen resultieren. Er dreht quasi den Spieß um: Nicht die inneren Instanzen prägen das Verhalten, sondern durch Verhaltensänderungen ändern sich innere Einstellungen und Instanzen. Dies ist sicherlich einer der grundlegendsten Unterschiede, die zwischen verhaltenstherapeutischen und tiefenpsychologischen Denkmodellen existieren und auch heute noch zur Polarisierung der zwei großen Denk- und Therapierichtungen – Tiefenpsychologie und Verhaltenstherapie – beitragen. Es steht fest, dass Skinners Forschungen zu operantem Lernen und zur Verhaltenskontrolle zumindest auf pädagogisch-erziehungswissenschaftlichem Gebiet eine große Bedeutung erlangt haben.

Das große Verdienst der Psychotherapie ist die entstandene Methodenvielfalt zur Bearbeitung inneren und äußeren menschlichen Erlebens. Den genannten und ebenso den hier nicht erwähnten Philosophen und Psychotherapeuten muss also an dieser Stelle, trotz aller Bedenken und Kritik, für ihre herausragende Denkleistung ein hoher Respekt gezollt werden. Sie alle haben sich große Mühe gegeben und einen Beitrag zur Ergründung von Homo sapiens in der Welt geleistet. Die einen mehr, indem sie die äußeren, die anderen mehr, indem sie die inneren Bedingungen reflektierten. Ohne sie alle wäre allein eine Interpretation der Ergebnisse der Hirnforschung, aber auch anderer Humanforschungsbereiche nicht denkbar und somit unmöglich. Wir können so die Grundannahmen über den Menschen quasi in einer Metastudie herausfiltern und mit neuesten Forschungsergebnissen abgleichen. Das hilft uns auf dem Weg zu einem tiefen und besseren Verstehen und Erforschen, was die Systemkonzeption Mensch ist und wie sie in Wirklichkeit funktioniert.

War Freud also der philosophische Vordenker unserer modernen Hirnforschung? War Jung ein subjektiver Konstruktivist oder einer der ersten Psychotherapeuten mit salutogenetischem Gedankengut? Ganze Textpassagen aus den Schriften von Erich Fromm könnten ungekürzt in den Schriften manch moderner Evolutionsbiologen erscheinen. Bestückte Rogers seinen »neuen Menschen«, den er für erforderlich hielt, nicht mit den gleichen Eigenschaften, die wir jedem erfolgreichen frühzeitlichen Savannenjäger zuschreiben würden? Finden wir Frankl bei seiner unablässigen Beschäftigung mit dem möglichen Sinn eines Lebens, initiiert durch seine furchtbaren Erfahrungen in einer schlimmen Zeit, nicht bei Antonovsky wieder? Oder war Frankl letztendlich doch selbst ein Sinnstifter? Beschrieb Maslow vielleicht schon pragmatisch und nutzbringend die Basiskompetenzen, die ein Mensch heute mehr denn je benötigt, um sein Leben immer wieder neu gelingen zu lassen?

Als Skinner die »Rattenpsychologie«, besser ausgedrückt, die Grundzüge der heute gültigen Verhaltenstherapie entwickelte, stellte er fest, dass die Modifikation des Verhaltens Einflüsse auf das Innenleben hat. Aber beschrieb Skinner nicht einfach nur die Kehrseite der Medaille? Das wäre eine ziemlich gute Idee, Methoden zu beschreiben und zu entwickeln, die durch äußere Einflüsse auf den Menschen und durch strukturierte Methoden die Persönlichkeit und das Denken, Fühlen, Verhalten und Handeln der Menschen modifizieren. Sicherlich wird niemand ernsthaft infrage stellen, dass dies so ist oder zumindest dass dies möglich ist. Jedoch nunmehr zum Absolutum zu erheben, dass sich die Persönlichkeit und das Erfahren des Menschen ausschließlich durch äußere Einflüsse entwickeln, ist nicht nur neurobiologisch unwahrscheinlich, sondern auch vollkommen unnötig. Skinner hätte es besser bei seiner Beschreibung einer guten therapeutischen Methode bewenden lassen sollen. Denn der Prozess der Persönlichkeitsentwicklung und -veränderung spielt sich im Menschen ab, sodass davon auszugehen ist, dass es erhebliche, sich selbst organisierende, autonome intrapsychische und intraphysische Vorgänge gibt, die mit Sicherheit auch eine große Rolle für die gesunde ganzheitliche Entwicklung der Systemkonzeption Mensch spielen. Den Menschen auf die Daseinsform einer von außen zu bearbeitenden Steinskulptur zu reduzieren, wird wohl weder dem Menschen selbst noch seinem sich selbst organisierenden Innenleben gerecht.

Menschen- und Weltbilder von Psychotherapeuten sind bis heute sehr unterschiedlich und unterliegen – wie in der Philosophie – zeitgeschichtlichen Einflüssen. Das Verdienst der relativ jungen Psychotherapie ist die entstandene Methodenvielfalt, die es Menschen ermöglicht, inneres und äußeres Erleben förderlich zu verarbeiten. Aus heutiger Sicht ist allerdings auch eine bedenkliche Methodeninflation zu beobachten.

Förderlich ist und wird sein, die Ansichten über den Menschen mit den neuesten Erkenntnissen über ihn abzugleichen und das Gleiche mit den unterschiedlichen Methoden zu tun. Wir werden nicht nur sehen, wie sich die Spreu vom Weizen trennt, sondern auch, dass es große, verbindende Elemente zwischen den Methoden gibt. Der Mensch entwickelt sich durch äußere, innere und sich selbst organisierende Prozesse. Um aber noch zu vervollständigen, wie sehr man doch die Entwicklung von Menschen, das innere Wachstum des Selbst auf allen Ebenen positiv beeinflussen kann, z. B. durch ein bestimmtes Lernarrangement, ganzheitliche Erfahrungsräume und eine zur Selbsttätigkeit und Selbstverantwortlichkeit anleitende Erziehung, beschreiben wir dies ergänzend anhand der Reform- und Erlebnispädagogik.

3.2.3 Von Lehrern

Wir wollen hier keinen historischen Abriss über die unzähligen Ansichten innerhalb der Pädagogik bringen. Pädagogik ist im Prinzip so alt wie die Menschheit und beschäftigt sich überwiegend mit der Theorie und Praxis, wie man Kinder und Jugendliche erzieht, ihnen Wissen vermittelt und ihnen die zum Lernen notwendigen Erfahrungsräume verschaffen kann. Natürlich gibt es auch andere Bereiche, um die sich die Erziehungswissenschaften bemühen, wie z. B. die Erwachsenen- oder die Gesundheitspädagogik. Im Wesentlichen geht es aber immer um Erziehung und Bildung, jedoch in enger Anlehnung an Philosophie, Zeitgeist und momentane gesellschaftliche Notwendigkeiten. Im Grunde müssten wir mindestens bei Platon oder der Schule von Athen wieder anfangen. Wir müssten uns vorarbeiten zu Wilhelm von Humboldt (1767–1835), der das preußische Bildungswesen reformiert und eigene Modelle von Forschung und Lehre für die Universitäten entwickelt hat. Dann müssten wir weitermachen mit Erziehungskonzepten und Lehrerpersönlichkeiten, die uns beispielsweise aus dem Klassikerfilm *Die Feuerzangenbowle* oder auch durch eigenes Erfahren bekannt sind, um dann vielleicht mit den Disziplinvorstellungen eines Bernhard Bueb (*Lob der Disziplin*, 2006) zu enden, der ehemals das Amt des Direktors vom

Internat Schloss Salem bekleidete. Diesem allem nachzugehen, soll jedoch den unzähligen pädagogischen Fachbüchern und Fachdisziplinen vorbehalten bleiben. Uns interessieren hier hingegen die Grundqualitäten des Lehrens und Lernens, die auf Homo sapiens, seine Systemkonzeption von Körper, Seele und Geist maßgerecht zugeschnitten sind, kurz: das Lernen von der Wiege bis zur Bahre.

Wir lernen lebenslang oder sollten es zumindest tun und das am besten in artgerechten Erfahrungsräumen. Die Diskussionen darüber, wie besser gelernt wird, scheinen heute aktueller denn je zu sein, sind doch in Erziehungskontexten derzeit Worte wie Neuropädagogik und Neurodidaktik zu Modeworten avanciert. Dennoch, die Diskussion ist uralt: Das Fragen rund um die Weitergabe von Wissen und der Wunsch, das Lernen zu verbessern und in der Persönlichkeit zu reifen, um das persönliche Leben und das Fortkommen der Art zu sichern, gab es wohl schon, solange wir denken können. Schenken wir dann also alten Wein in neuen Schläuchen aus? Ja und nein. Sicherlich gibt das Präfix »neuro« allem einen populärwissenschaftlich modernen Anstrich, aber es hat sich auch einiges auf dem Feld der Erziehungswissenschaften und der neurobiologischen Forschung getan. Erfahrungen, Erkenntnisse und neues Wissen auf diesen Gebieten – vor allem der Hirnforschung – können weiterhin zu einer Optimierung von Lernprozessen beitragen und dafür sorgen, dass Homo sapiens sich noch besser im Leben orientieren und an die gegebenen Umstände anpassen kann.

In diesem Zusammenhang sollten wir uns einer förderlichen Entwicklung aus der Geschichte der Pädagogik für die Ausprägung von Basiskompetenzen zuwenden, die vielleicht mit der so genannten Reformpädagogik ihren Anfang nahm. Es war die Zeit um 1900, in der sich Reformpädagogen wie Rudolf Steiner (1861 – 1925), Maria Montessori (1870 – 1952) und auch Kurt Hahn (1886 – 1974), um nur einige zu nennen, kritisch mit den militärisch geprägten Anstaltsschulen auseinandersetzten. Natürlich entwickelte sich die Reformpädagogik vor dem Hintergrund der in Europa und in den USA modern werdenden Gesellschaften. Der bisherige Mainstream, Fakten und Wissen durch Pauker und Pauken den Schülern einzutrichten, passte dazu nicht mehr, und so wurde nach und nach die reformpädagogische Bewegung in Gang gesetzt. Es gehe zwar auch um das Aneignen von Wissen und Fakten, aber nicht nur, sondern vor allem auch um das Lehren und Lernen von (Selbst-)Verantwortlichkeit, Freiheit und Selbsttätigkeit im entdeckenden Lernen durch eigene Erfahrungen und Lebens-, Alltags- und Weltbezogenheit im Lernprozess, die Bildung von sozialen Kompetenzen und damit um ganzheitliche Persönlichkeitsbildung mit allen Sinnen in einer Art von Schule, die nicht mehr trennscharf zwischen der Welt des Lernens (Schulgebäude) und der Welt des Lebens (Alltag) unterscheidet. Bei der Durchsetzung dieser reformpädagogischen Prinzipien im Bildungswesen ging und geht es auch heute noch um das Ganz- und Selbstwerden des Menschen in ganzheitlich organisierten, auf das Individuum abgestimmten und demokratisch organisierten Lernprozessen mit hoher Sozial- bzw. Gruppenkomponente. Montessori-Pädagogik erreicht das beispielsweise mit einer vorbereiteten Lernumgebung, ausgestattet mit Sinnesmaterial (mit unseren Worten: mit Erfahrungsräumen, die zum Lernen und Entdecken anleiten), einem Lernen mit Kopf, Herz und Hand (Geist, Seele und Körper) und dem Prinzip der Freiheit und Eigentätigkeit (Selbstständigkeit und Selbstwirksamkeit). Denn Maria Montessori sieht das Kind als »Baumeister seiner Selbst«, das als Teil eines göttlichen Plans seine Aufgabe in der Welt erfüllt. Es hat quasi alles in sich, den ganzen Bau- und Lebensplan, und weiß eigentlich von Natur aus, was es braucht. Es lernt in der Stille, im individuellen Wiederholen, erlangt Erkenntnis über die Polarisation der Aufmerksamkeit und über alltagspraktische Erfahrungen. Wenn man Kindern nur die nötigen Freiräume und die individuelle Zeit dazu lässt, könnten sie als Mittler des Friedens für die Erwachsenenwelt fungieren. Montessori weist Kindern sogar eine Messias-Rolle zu. Der Pädagoge – aus dem Griechischen von *pais* (»der Knabe«) und *agagos* (»führend«) – soll dies ermöglichen, indem er eben nicht mehr anleitet und führt, sondern nur noch den Schüler auf seinem individuellen Weg begleitet. Der Pädagoge ist dann Partner, Berater und Unterstützer. »Hilf mir, es selbst zu tun!« ist Montessoris Motto, das durch eine veränderte Rollenzuweisung bei Schüler und Lehrer auch in anderen reformpädagogischen Richtungen zum Tragen kommt.

Aus dem ganzheitlichen Ansatz der Reformpädagogik erwuchs die Erlebnispädagogik. Kurt Hahn gilt als ihr Vater. Er war politisch sehr engagiert und wollte mit seinen erlebnispädagogischen Methoden auf die aus seiner Sicht falsche Entwicklung in der Gesellschaft einwirken. Dies betraf insbesondere die städtische Jugend, die sich immer mehr von sich selbst entfremdete. Erziehung, so war seine Meinung, wäre ihrer Aufgabe nicht gerecht geworden, wenn Jugendliche ihre persönliche Passion (Leidenschaft, das, wofür sie brennen) nicht gefunden hätten. Durch naturverbundene Methoden ganzheitlichen Lebens und Lernens – Übernachten im Freien, Ferienlager und Aktivitäten in der freien Natur – sowie einem Angebot an sozialen Tätigkeiten solle der Erlebnispädagoge, so Hahn, den Schülern dazu verhelfen, eigene Talente zu entdecken. Hahns reformpädagogische Prinzipien gipfelten in der Outward-Bound-Bewegung, die noch heute einen bedeutenden Stellenwert in der Erlebnispädagogik hat.

Den eindeutigen Vaterschaftstest für die Erlebnispädagogik würde Hahn aber nicht bestehen, gab es doch vor ihm schon, beginnend in der reformpädagogischen Bewegung, aber auch parallel zu seiner Wirkungszeit, viele Köpfe, die den erlebnispädagogischen Weg vorbereiteten, Methoden entwickelten und Theorien kreierten. Johann Heinrich Pestalozzi (1746 – 1827) brannte schon vor Montessori für das Lernen mit Kopf, Herz und Hand, und der Amerikaner John

Dewey (1859–1952) leistete einen wesentlichen Beitrag zum handlungsorientierten Lernen.

Es gab eine Zwischenzeit, da verblassten all diese Modelle, man unterdrückte sie oder steckte sie am Ende des letzten Jahrhunderts nach den zwei großen Weltkriegen vielerorts in die unwissenschaftliche Spaß- und Spielschublade. Doch heute ist die Erlebnispädagogik moderner und aktueller als je zuvor. Das, was Reform- und Erlebnispädagogen oder Soziologen beschrieben und aktuell beschreiben – wie z. B. Helmut Altenberger, Rüdiger Gilsdorf, Bernd Heckmair, Michael Jagenlauf, Ulrich Lakemann oder Werner Michl, um nur einige deutsche Wissenschaftler zu nennen, die sich mit Erlebnispädagogik befassen –, wurde bereits und wird immer mehr durch moderne Hirnforscher in Beziehung zur Neurostruktur von Homo sapiens gesetzt. Aktuell forschende und zum Teil populärwissenschaftlich publizierende Neurowissenschaftler sind beispielsweise: Gerald Hüther, Gerhard Roth oder Manfred Spitzer.

Auf diesen Grundlagen können mit weiteren wissenschaftlichen Erkenntnissen anderer Fakultäten – wie der Evolutionsbiologie oder Anthropologie – verfeinerte und optimierte Modelle für Lehr- und Lernmethoden entwickelt werden. Dies kulminiert aktuell zum Teil in den etwas platten Forderungen, dass Lernen einfach Spaß machen müsse, bis hin zu fundierteren Ansichten über erfahrungsorientierte Lehr- und Lernmodelle oder erfahrungsorientierter Therapie.

Modelle mit Erfahrungsorientiertheit basieren auf physischen, psychischen, kognitiven und sozialen Inhalten, die tiefer liegende Kompetenzen der Persönlichkeit berühren, Selbst- und Weltbild in den Lernprozess miteinbeziehen und sich nicht nur auf kognitive Wissensvermittlung beschränken. Vielleicht ist es nur die Entdeckung oder Wiederentdeckung von dem, was Menschen eigentlich im Kern ausmacht: die nachhaltige Prägung durch Erfahrung.

Persönlichkeitskompetenzen spielen nicht nur in pädagogischen Prozessen eine Rolle, sondern ziehen sich wie ein roter Faden durch unser ganzes individuelles, soziales und gesellschaftliches Leben. Sie bestimmen im Wesentlichen, ob Gesellschaft und Leben gelingen können. Die Bedeutung für Lernen und ein persönlichkeitsentfaltendes Leben der Ansätze, die auf der Reform- und Erlebnispädagogik gründen, wird heute durch die Forschungsergebnisse der Neurobiologie nachgewiesen, und sie wächst noch, denn Selbstentfaltung und das Lernen notwendiger Basiskompetenzen sollten heute in unserer Gesellschaft einen besonders hohen Stellenwert einnehmen. In den folgenden Kapiteln werden wir das näher erörtern, ergänzen und nachvollziehen können. Damit wollen wir es mit dem Blick auf die Pädagogik zunächst bewenden lassen.

Nicht rein zufällig haben wir bis hierhin einen kurzen Streifzug durch die Philosophie, die Psychotherapie und dann noch durch einen Teil der Pädagogik gewagt. Ist es doch unser Ziel, einen Überblick über die verschiedenen Vermutungen zu gewinnen, die über die Jahrhunderte hinweg Menschen zum Thema Homo sapiens angestellt haben. Natürlich könnten wir unseren Streifzug durch viele andere Fakultäten, wie beispielsweise durch die Sozialwissenschaften, fortsetzen. Sie alle gründen auf einem Menschenbild und sind nicht mehr oder weniger bedeutungsvoll als die philosophischen Theoretiker und die daraus erwachsenen psychotherapeutischen Methodiker und Pädagogen. Selbst die Medizin, unter der wir heute noch, etwa seit Descartes' Konstrukt eines mechanistischen Menschenbildes, meist die Beschäftigung mit dem Körper (Soma) verstehen, unterliegt derzeit einem Wandel. Denn zum jetzigen Zeitpunkt ist ein solches mechanistisch-materialistisches Bild des fremd beseelten Menschen nicht mehr aufrechtzuerhalten und damit auch keine mechanistisch-materialistische Medizin mehr.

Mit dem Beginn professioneller Psychotherapie, so gegen Ende des 19. Jahrhunderts, entwickelten sich aus der Philosophie und der Medizin zwei bis heute gültige, große methodische Richtungen, die zum einen unter dem Begriff »Tiefenpsychologie«, zum anderen als »Verhaltenstherapie« bekannt sind. Die einen beschäftigen sich methodisch eher mit dem Verstehen innersten Erlebens und Fühlens des Menschen. Sie wickeln Homo sapiens quasi von innen auf. Die anderen kreieren hingegen eher lerntheoretische (pädagogische) Konstrukte, mit denen sie Homo sapiens und sein Leben von außen beeinflussen. Der bis in die Gegenwart reichende »Kampf« der Vertreter beider Richtungen um richtig und falsch ist aus heutiger Sicht und mit unseren Kenntnissen von der Systemkonzeption Homo sapiens nicht mehr wirklich notwendig und vertretbar. Homo sapiens erlebt das Außen und verarbeitet es innen zu seiner persönlichen Erfahrung, die ihn wiederum in seinem inneren und äußeren Verhalten steuert. Entwicklung von innen und außen – ein permanentes Wechselspiel …

Wie und wo Entwicklung und Kompetenz am besten gedeiht, zeigten wir in den kleinen Ausflügen zur Reformpädagogik und Erlebnistherapie. Später werden wir uns noch näher damit befassen.

Im Laufe der Menschheitsgeschichte sind viele philosophische Ansichten über Homo sapiens entstanden und so einige psychotherapeutische und pädagogische Methoden entwickelt worden. Diese Methoden sind umso besser, je mehr sie der menschlichen Systemkonzeption – der Triade Körper, Seele, Geist – gerecht werden. Hieraus kann eine nutzbare Jetzt-Philosophie erwachsen. Insbesondere Lernen im Leben und Lernen über Erfahrung tragen zur Stabilisierung und Stärkung persönlicher Meister-schaft und zu einer artgerechten Gestaltung unseres Biotops bei. Natür-liche, psychotherapeutische und pädagogische Erfahrungsräume sind deshalb wünschenswert und zu fördern.

3.3   Vom Sinn und Glück im Hier und Jetzt

3.3.1   Vom Glauben als Klebstoff der (eigenen) Geschichte

Mehr noch als bei den Philosophen fällt bei den Psychotherapeuten des letzten Jahrhunderts auf, dass kaum ein Dialog, kaum ein »Kreuzen der geistigen Klingen« oder eine Diskussion stattfand. Jeder kochte mehr oder weniger sein eigenes Süppchen und verachtete nahezu die Ansätze des oder der anderen: Dissens statt versuchter Konsens. Wir erleben dieses erstaunliche Hemmnis noch heute. Nur langsam geschieht ein sich vorsichtiges Annähern und He-rantasten oder der Wunsch nach Synthese, wie bei Klaus Grawe, der eigentlich erstmalig mit seiner allgemeinen Psychotherapie (*Psychotherapie im Wandel*, 1994) verschiedene psychotherapeutische Methoden verglich.

Psychoanalytiker oder Neurowissenschaftler »beschnuppern« sich heutzu-tage vorsichtig auf dem ein oder anderen Kongress. Den bestehenden wissen-schaftlichen Erkenntnissen entsprechend scheinen starre Schulkonzepte dem-nach so nicht mehr bestehen zu können. Dessen ungeachtet ist die vergleichende Diskussion oder der offene Austausch der Standpunkte irgendwie doch noch tabuisiert. In vielen psychotherapeutischen Arbeitsgemeinschaften werden zudem eigene Überzeugungen, Glaubenssätze und Ansichten genauso intim behandelt, wie es etwa bei religiösen oder sexuellen Themen bzw. bei näheren Angaben zum monatlichen Gehalt der Fall ist. Allein um sich geringfügig öffnen oder eigene Bekenntnisse offenbaren zu können, wird hier der so genannte »geschützte Raum« benötigt oder ein außenstehender Beobachter und Ratgeber (Supervisor oder Mediator) gefordert. Zu gefährlich scheint es für viele The-rapeuten, die eigene Lebenskohärenz und das eigene Welt- und Menschenbild auch nur ansatzweise zur Disposition zu stellen. Auch die Ausbildungsvoraussetzung einer umfassenden Selbsterfahrung hilft nur bedingt, sich als Therapeut voll umfänglich selbst in therapeutische Prozesse miteinzubeziehen. Wir sehen, wie sensibel und empfindlich die professionelle Seele angesichts der Gefahr reagiert, dass ihre eigene, kohärente Mitte irritiert werden könnte, denn hier befindet sich das Archiv ihrer subjektiven Geschichte und ihres subjektiven Menschenbildes. Dieses Archiv benötigt ein jeder von uns unbedingt und weitestgehend beständig zum Verstehen seines eigenen Lebens. Es handelt sich um das eigene Welt- und Selbstbild und darum, die Kontrolle darüber zu behalten. Das braucht der Mensch als wichtigen, stabilisierenden Faktor. Das ist bei uns allen so, bei den Philosophen, den Psychotherapeuten und bei jedem Homo sapiens heutzutage, der sich Gedanken macht und über ein subjektiv gelingendes Leben sinniert.

Für professionelle Vorgehensweisen hinsichtlich der Entwicklung von Menschen, ob in funktionalen, sich selbst organisierenden oder in dysfunktionalen, »kranken« Zuständen bedeutet dies, dass wir nicht oder noch nicht in der Lage sind, mit rein wissenschaftlichen Vorgehensweisen die lebendige Komplexität der Systemkonzeption Mensch voll umfänglich zu beschreiben, sie in ihrer Funktionsweise zu erfassen und sie für menschliche Entwicklungs- oder Heilungszwecke ganz und gar nutzbar zu machen. Auch der Ruf nach reiner Wissenschaftlichkeit oder auf Evidenz basierenden Methoden greift zu kurz. Zu lebendig und komplex ist der Mensch – sowohl der Helfer als auch der Klient – und zu unberechenbar seine sich selbst organisierenden Prozesse. So bleibt professionellen Helfern diesbezüglich die Hauptaufgabe, förderliche Denk-, aber noch mehr Erfahrungsräume zu schaffen. Das gilt für Psychotherapeuten ebenso wie für Pädagogen oder andere »Entwickler«.

Geradezu unerbittlich befindet sich der Mensch – und hier besonders der in den westlichen Gesellschaften – auf der privaten und kollektiven Glückssuche. Fast quälend sucht er in seiner Reflexionsgeschichte nach sinnvollen Antworten für sein Leben. Je mehr Tradition, Religion und von außen oder oben bestimmte Werte jedoch an Stellenwert verlieren, umso größer wird beim modernen Individuum das Bedürfnis nach der eigenen letztendlichen Erkenntnis und der ewigen Glückseligkeit. Natürlich ist diese Suche nicht neu und die Themen auch nicht. Sie kommen, werden Zeitgeist und gehen wieder – jedenfalls bis jetzt – und je weniger das, was zu glauben und zu leben ist, von außen oder oben vorgeschrieben wird, desto mehr sucht der Einzelne sein Plätzchen in den unterschiedlichsten Glaubens- und Lebensgemeinschaften zu finden. Tausende Studenten strömen in die philosophischen Fakultäten auf der Suche nach der glückbringenden Wahrheit und wenden sich enttäuscht und desillusioniert von der akademischen Philosophie vorzeitig wieder ab. Viele begeben sich auf ihrer Suche nach dem eigenen Heil in die Liga der Psychotherapeuten und ringen dort verbittert mit sich selbst und/oder mit ihrem Klienten um die heilende Wahrheit.

Wir werden diese verständliche Suche des Menschen und ebenso den Anspruch von Menschen, die »absolute Wahrheit« besitzen zu wollen, nicht abstellen können – alleine schon nicht aus Machtinteressen. Vielleicht bedeutet aber das immer bessere Verständnis der Systemkonzeption Mensch aus wissenschaftlicher Sicht auch das Ende der Philosophie und/oder manch eigentümlicher Psychotherapie. Jedenfalls wird es wohl eine Ernüchterung bei den bisherigen Vermutungen über Homo sapiens geben. Denn Homo sapiens ist ein sehr begabtes, anpassungsfähiges und lernfähiges Säugetier, aber jedes philosophische Gedankengebäude über funktionelle Grundannahmen hinaus, vom Humanismus bis zum Streben nach Verschmelzung mit dem göttlich Guten und Edlen, war und ist ein viel zu weit gegriffenes illusionäres (Wunsch-)Konstrukt.

Das soll nicht heißen, dass wir den Menschen auf ein triviales Wesen mit einem bedeutungslosen Leben herunterbrechen werden. Ganz im Gegenteil: Möglicherweise kann es gerade unser Ziel sein, uns selbst in unserer fast unerschöpflichen, selbst organisierenden Kraft und in unseren lebendigen Elementen zu erfahren. Vielleicht erfahren wir uns eben gerade nicht als eine unverbesserliche, primitive Kreatur, sondern vielmehr als der genialste Affe unter den Affen mit hoher Plastizität und hohem Entwicklungspotenzial. Hierzu gehört wahrscheinlich aber ebenso, dass wir uns sowohl von einem polarisierenden, düsteren, verzweifelten Menschenbild eines Kierkegaards trennen müssen als auch von den einfachen Glücksutopien zeitgenössischer Ratgeber. Zum Menschen gehören Liebe und Hass, individuelle und kollektive Ansprüche, Gesundheit und Krankheit, Genuss und Anstrengung. Es sind die vitalen Pole menschlichen Lebens inklusive aller erdenklicher Facetten, Spiel- und Erfahrungsräume, die sich dazwischen auch noch befinden.

Die Art und Weise wie wir mit diesen Ambiguitäten (Widersprüchen) umgehen können – mit Körper, Seele und Geist –, wird im Endeffekt über unser evolutionäres Fortkommen entscheiden. Dass dies gelingt, dazu können wir etwas beitragen. Wir haben die besten Fähigkeiten abseits jeglicher Ideologie und Philosophie, uns bestmöglich mit Körper, Seele und Geist zu bewegen und ganzheitlich zu entwickeln.

Sind die jahrhundertelangen Vermutungen über die Systemkonzeption Mensch auch noch so unterschiedlich angereichert mit persönlichen Erfahrungen, Erlebnissen und Überzeugungen Einzelner und eingebettet in die jeweilige Zeitgeschichte, so stellen wir doch fest, dass alle Vermutungen – wenn wir ihre Inhalte ideologisch entblättern – Kernaussagen über Homo sapiens enthalten, die zweifelsohne schlüssig ihre Passung in einer kohärent und stimmig anmutenden, neuen Sichtweise über Homo sapiens finden könnten.

3.3.2 Im Meer der Wahrheiten und Wirklichkeiten

Seitdem der Mensch selbstbezogen reflektieren kann, denkt er über sich und seine Artgenossen nach – zumindest der ein oder andere. Hieraus entstanden und entstehen bis heute die großen zeitgenössischen Mainstreams, die unterschiedliche Menschen- und Weltbilder als Lebensgrundlage für das alltägliche Handeln mitbrachten oder -bringen. Gerade deshalb sind sie, selbst wenn sie dem gleichen abendländischen Kulturkreis entstammen (z. B. Europa, Amerika), auch immer wieder heftig aneinandergeraten. Im Zuge der geistigen Globalisierung scheint die Sache nicht einfacher zu werden, denn der Austausch im Medienzeitalter über die unterschiedlichsten Menschen- und Weltbilder scheint sich zu potenzieren, und es ist anzunehmen, dass dies nicht weniger Zündstoff bieten wird, als es derzeit sowieso schon der Fall ist, wenn »westliche« Gesellschaften beispielsweise auf »befremdliche« islamistische Auffassungen vom Menschen, von der Welt und dem Sinn des Lebens treffen.

Die Vermutungen über Homo sapiens prägen die gültigen ethischen, moralischen, theologischen und gesetzlichen Richtlinien, nach denen sich die Menschen oder Kulturgruppen zu richten haben, um einen gelingenden Alltag und ein Fortkommen des eigenen Kulturkreises – früher bei den Hominiden »Horde« oder »Sippe« genannt – zu gewährleisten. Lassen wir uns also überraschen, wie sich das globalisieren lässt und was dann die Vorherrschaft ausmacht. Was sicher ist: Kein Mensch kann sich wohl von den Einflüssen seines Kulturkreises freisprechen. Es gibt die kollektiven Richtlinien und diese prägen jedes systemimmanente Individuum mehr oder weniger bei der Findung seiner eigenen Wahrheiten und Wirklichkeiten ebenso wie die subjektive Deutung auf der Grundlage eigener Erfahrungen. So bildet sich eine systemisch-hierarchische Ordnung vorherrschender Ansichten.

Es ist aber nicht nötig, die »reine, höhere Wahrheit sowie objektive Wirklichkeit« finden oder bestimmen zu wollen, wenn wir die Systemkonzeption aller Menschen berücksichtigen und über bewegliche Basiskompetenzen verfügen, die unser aktuelles individuelles und kollektives Verhalten ausmachen, das durch diese aber auch verändert und angepasst werden kann. Hierzu müssen wir nur wahrnehmen, was wirklich ist. Tatsächlich scheint es sinnvoller zu sein, im Hier und Jetzt pragmatisch, liebevoll und »artgerecht« mit uns selbst umzugehen. Wenn wir mit einer anmaßenden göttlichen Hybris und dem Irrglauben, »die« absolute Wahrheit und »den« richtigen Weg gefunden zu haben, auch gegen andere inbrünstig ethische und moralische Überzeugungen vertreten und so unsere mögliche kosmopolitische Bedeutung herausstellen, hilft uns das, hilft das unserer Art - Homo sapiens - kaum weiter. Bleiben wir doch etwas pragmatischer und demütiger! Nehmen wir - die gewitzten Nachfahren der Altweltaffen - uns doch lieber mit allem Drum und Dran so an, wie wir sind!

Besser ist es demnach, einen Überblick über die ungeheure Komplexität verschiedener Menschenbilder zu erhalten, so wie wir es beispielhaft mit den Philosophen, Psychotherapeuten, Psychologen und Pädagogen versucht haben, um anschließend wiederkehrende und verbindende Elemente zu suchen und herauszufiltern, sie mit unseren naturwissenschaftlichen Kenntnissen abzugleichen und ein allgemeines Verständnis von Homo sapiens, seinen Funktionsmechanismen und seinen Möglichkeiten zu entwickeln. Wir brauchen in jedem Fall ein besseres, verbindendes, auch globales Verständnis der Systemkonzeption Mensch, um auf dieser Grundlage bessere Methoden zu finden, Menschen in ihrer Entwicklung zu fördern. Gerade in Globalisierungsprozessen ist es daher sinnvoll, die Menschen da abzuholen, wo sie sind und wie sie sind, und nicht da, wo sie nach Menschenwunschbild sein sollten – Menschenbilder sind von Menschen gemacht und daher genauso unvollkommen und veränderbar, wie es bei Homo sapiens selbst der Fall ist.

Bei vielen Menschen werden außerdem heutzutage die Axiome und Prinzipien ihrer Weltanschauung zumindest das alltägliche Leben nicht direkt wesentlich beeinflussen. Die Grundannahmen über die Menschen sind bei Softwarespezialisten, Verkäufern, Produktionsleitern oder Werkzeugmachern vielleicht zunächst nur sekundär wirksam. Von höherer gesellschaftlicher Bedeutung und Wirksamkeit sind diese bei Menschen, deren berufliche Tätigkeit sich aus diesen Vermutungen generieren. Bei Philosophen und Literaten haben die Vermutungen über Homo sapiens jedoch zunächst auch keinen direkten Einfluss auf das alltägliche Handeln. Die Gedanken sind bekanntlich frei und kreieren nicht per se eine Handlungsmaxime, außer sie gedeihen hierarchisch zur Staatsansicht oder Wissenschaftsgrundlage. Wir haben bereits einige davon kennengelernt.

In den medizinisch-psychotherapeutischen Bereichen hingegen, gleichwohl in den Erziehungswissenschaften sowie in anderen bildenden Bereichen stellen die Vermutungen über Homo sapiens eine wesentliche, direkte Grundlage für das tägliche »Handwerk« dar und üben auf diese Weise doch einen direkten Einfluss auf die Menschen aus.

Trotz heutiger allgemeiner, auch willkürlicher Psychologisierung und Deutung fast jeden Lebensbereichs und der Entstehung einer in allen Medien vorkommenden »Boulevardpsychologie« existieren auch naturwissenschaftstheoretisch fundierte Ansichten, die zumindest zu Beginn dieses Jahrhunderts noch dominierten. Neben diesen – so lässt sich beobachten – gedeihen derzeit auch wieder mehr esoterische Weltbilder als Ruf nach mehr Mystik und Spiritualität. Beide Bewegungen entstehen aus dem menschlichen Drang, die Welt mit leicht zu systematisierenden und verstehbaren Konzepten zu erfassen. Es ist der Wunsch nach Sinn und Handhabbarkeit. Es ist der Ausdruck des Wunsches, eine als unerträglich empfundene und anschwellende Komplexität in einfache, überschaubare Teile abmildern und zerlegen zu wollen, um sie besser begreifen zu können. Dies ist nicht immer sinnvoll, manchmal sogar schlecht, weil wesentliche Informationen verloren gehen können. »Das Ganze« wurde mittlerweile überall in derart viele Einzelteile, Geschichten, Konstrukte, Philosophien, Welt- und Menschenbilder zerlegt, sodass wir das Ganze (fast) nicht mehr vor Augen haben und erkennen können. »Sehen wir denn den Wald vor lauter Bäumen noch?« Was das Ganze ist? Im Fall der Humanwissenschaften, aber auch der Medizin ist es ganz einfach und durchaus begreifbar. Es ist der Mensch in seiner Umwelt im Hier und Jetzt.

3.3.3 Lebendigkeit auszuhalten ist schwieriger, als Glaubenskonstrukten zu folgen

Von einem Verstehen, Erahnen oder Erspüren einer Ganzheit haben wir uns – so scheint es jedenfalls – weit entfernt. In einer komfortablen Welt mit der Suche nach Bequemlichkeit und dem Bedürfnis nach maximaler Sicherheit und Vorhersehbarkeit haben wir uns in einem gefährlichen Regelwerk künstlicher, oft einfacher Konstrukte so verstrickt, dass wir die Basis menschlicher Verhaltensfähigkeit und die Basis eines gelingenden Lebens bzw. gelingender Gesellschaften aus den Augen und damit teilweise sogar ganz verloren haben. *Use it or loose it!* (»Gebrauche Deine Fähigkeit oder du verlierst sie!«) ist ein gültiges Prinzip der Systemkonzeption Mensch. Homo sapiens musste (und muss!) als anpassungsfähiges Wesen plötzlich und ungeplant handeln, Überraschungen und Neues verarbeiten oder auf ein unerwartetes Geschehen bestmöglich reagieren können – kurz: ad hoc aus dem Selbst (Bauchgefühl) heraus, richtig und gut auf die gegebene Situation reagieren. Die Grundlage dafür ist das intuitive Selbst, welches die menschlichen Basiskompetenzen beinhaltet.

Die uns zum Teil unerträglich gewordene Komplexität unseres Lebens, die wir nicht erfassen können, reduzieren wir oft unzulässigerweise auf zu einfache Erklärungsmodelle und Verhaltensleitlinien. Dieses Herunterbrechen hat in pragmatischer Hinsicht natürlich durchaus seine Berechtigung, um Dinge handhabbar zu machen. Andererseits handelt es sich aber nicht um absolute und objektive Wirklichkeiten und Wahrheiten, die wir damit beschreiben wollten oder könnten. Unsere auf diese Weise definierte Wirklichkeit und Wahrheit ist vielmehr nur als eine Möglichkeit unter vielen Zuständen des Seins zu erklären. Wir sind nicht in der Lage, als Teil eines Systems »die« objektive Wirklichkeit und Wahrheit zu erkennen. Unsere Wirklichkeiten und Wahrheiten sind – durchaus zulässige – erfahrungsabhängige, pragmatische Konstrukte.

Nur eines müssen wir wissen: Wir dürfen diese Konstrukte nicht verabso-

lutieren und schon gar nicht für immer einzementieren, denn alles, was dem
Lebendigen unterliegt, ist auch der Veränderung unterworfen, und die Zukunft
ist und bleibt offen. Das zu wissen und zu verinnerlichen, ist eine Basiskompetenz, die wir mit »Ambiguitätstoleranz« bezeichnen. Es ist die Kompetenz,
Widersprüche oder gefühlte Widersprüche auszuhalten und die Demut, auf den
Anspruch einer quasi göttlichen Anmaßung und dem Bedürfnis nach immerwährenden Sicherheiten zu verzichten. Unsere Lebensphilosophie sollte sich
also weniger auf unsere eigene »wahre Vorhersage« gründen, sondern besser auf
unsere Wahrnehmungsfähigkeit (!) von dem, was wirklich und im Hier und Jetzt
da ist. Dies zu akzeptieren, ist eine weitere Basiskompetenz. Es handelt sich um
die Kompetenz der »Selbst-, Fremd- und Weltwahrnehmung«.

Mit dieser pragmatischen, inneren Haltung entwickeln wir fast zwangsläufig
eine weitere Basiskompetenz: die »Wertschätzungsfähigkeit«. Mithilfe dieser
Kompetenz versuchen wir den anderen, seine Wahrheit und Wirklichkeit sowie
sein Verhalten anzuerkennen, weil er genauso da und damit richtig ist, wie wir
selbst es sind. Ich kann mich mit der »anderen« Wahrheit wertschätzend auseinandersetzen und vielleicht sogar aus unseren beiden Wahrheiten sokratisch
eine Synthese bilden und damit die Zukunft erwachsen lassen. Nur sollten wir
uns von einer absoluten, prinzipiellen Be- oder Verurteilung des anderen
fernhalten. Schließlich existiert allem voran eine prinzipielle, mutige innere und
äußere Beweglichkeit, die allen Basiskompetenzen zugrunde liegt.

Die Zukunft wachsen lassen zu können, ist ein evolutionäres Prinzip. »Die«
Zukunft gibt es nicht und somit kann unser Modell der Zukunft auch nie das
absolut richtige sein. Lebendige Systeme sind hochkomplex, und Evolution wie
Zukunft lassen sich ungemein schwierig vorhersagen. Wenn wir zurückdenken,
finden wir dafür viele Beispiele. Wie war das noch mit dem Kalten Krieg, den
Vorhersagen zum Waldsterben, mit Aids, dem immer wieder auftretenden
Seuchenwahn, z. B. bei der Schweinegrippe? Was wird denn nun mit dem Klima
bzw. der Klimakatastrophe? Wird es jetzt immer wärmer oder wird es doch
kälter? Wer kann das schon genau sagen? Um kein Missverständnis aufkommen
zu lassen: Es geht nicht darum, nichts zu tun und nicht für unsere entworfene
und erwünschte Zukunft vorzusorgen. Es geht um eine gegenwärtige innere
Haltung, die Selbsteinschätzung, das Selbstbegreifen der eigenen Funktion in
einem hoch differenzierten System. Wir operieren lediglich mit dem, was uns
zur Wirklichkeit und damit bewusst geworden ist und womit wir uns in Beziehung setzen.

In unserer Kommunikation verhält es sich ähnlich wie bei den Wechselwirkungen und gegenseitigen Bedingtheiten unseres komplexen Lebens: Vordergründig nehmen wir das gesprochene Wort und nicht die Bedeutung sowie die
vorbewussten und unbewussten Dinge während des Sprechaktes bei uns selbst
und beim Gegenüber wahr. Kommunikation als meine Wahrheit (Sprecher) und

die Wahrheit des anderen (Empfänger) in ihrer möglichen Widersprüchlichkeit wahrzunehmen und zu begreifen, ist ebenfalls eine Basiskompetenz. Es ist die »Kommunikationsfähigkeit«. Sie beinhaltet einerseits, sich der Beschränktheit der Wahrnehmung bewusst zu sein, nicht alles erfassen zu können, wenn man sich mit jemandem in Beziehung setzt, und andererseits das Bestreben, möglichst viele Informationen (verbal, nonverbal, im Kontext der Geschichte) zu erhalten und weiterzugeben sowie das Gefühl dafür, dass uns dies nie vollkommen gelingen kann. Auf diese Weise bleibt so einiges oder das ganze Leben immer ein Konsens aus vielen unterschiedlichen Dingen, Gedanken und Gefühlen – und das ist auch gut so. Das zu erspüren und zu ermöglichen, beschreiben wir mit der Basiskompetenz, die wir »Konsensfähigkeit« nennen.

Eine offene innere Grundhaltung für die Vielfältigkeit Homo sapiens – nicht nur der Menschen-, Weltbilder und Lebensentwürfe, sondern auch für die individuellen Talente des Einzelnen – zu entwickeln sowie grundlegende Basiskompetenzen der Menschlichkeit zu fördern, es gibt nichts Sinnvolleres als das für das Leben im Hier und Jetzt. Auf diese Weise kann der Einzelne, der Mensch an sich und der Mensch in der Gesellschaft konstruktiv und in aller lebendigen Buntheit wachsen.

Gewiss werden wir unsere gegenwärtigen Probleme damit nicht sofort lösen können, auch nicht auf Dauer, aber vielleicht kommen wir der Lösung durch die Vielseitigkeit der Talente innerhalb der »Horde« Homo sapiens Schritt für Schritt ein wenig näher. Gestehen wir uns trotz alledem vereinfachende Menschen- und Weltbilder zur Beruhigung unserer Ängste bei all den Unsicherheiten, Komplexitäten und offenen Fragen des 21. Jahrhunderts zu, und nehmen wir sie als Hilfskonstrukte, um etwas entspannter und selbstbewusster auf eine nicht vorhersagbare Zukunft hin zu leben und zu wachsen. Das gehört auch dazu. Doch wollen wir uns in erster Linie auf unsere Systemkonzeption von Körper, Seele und Geist konzentrieren. Zugegebenermaßen, wir kennen diese natürlich auch nur zum Teil und werden wohl nie vollständig begreifen, wie sie funktioniert. Jedoch eines wissen wir: Was wir erfahren und erarbeitet haben, reicht, um sinnvolle und hilfreiche Methoden für das Hier und Jetzt zu entwickeln und diese auch anzuwenden.

3.3.4 Brauchen wir eine Moral?

Wenn es nun besser sein soll, Lebendigkeit auszuhalten, anstatt Glaubenskonstrukten zu folgen, stellt sich uns zwangsläufig die Frage, ob wir überhaupt eine Moral brauchen. Darauf eine Antwort zu finden, das beschäftigt in der Tat viele Menschen. Das ist nicht verwunderlich, denn die Ansichten darüber, was Moral denn nun wirklich ist, gehen weit auseinander und erstrecken sich über eine gewaltige Bandbreite. Sie sei das, was letztlich den Menschen vom Tier unterscheide, sagen die einen. Hierbei geht eine Gruppe davon aus, dass Moral quasi von oben kommt, was so viel heißen soll wie: Moral ist eine objektive Wahrheit. Die anderen hingegen glauben, die Moral sitze irgendwo im menschlichen Gehirn und stelle sozusagen das Alleinstellungsmerkmal der menschlichen Spezies dar. Wiederum andere halten es für ziemlich wahrscheinlich, dass sie rein genetisch-evolutionären Charakter hat, dass die Moral aus unseren Instinkten erwachsen müsse. Und wiederum andere halten sie für ein Repressionsinstrument der herrschenden Klasse. Wie immer haben alle ein bisschen Recht. Auf die Frage »Brauchen wir eine Moral?« können wir dennoch zunächst so antworten: »Wir brauchen sie nicht – wir haben sie aber zwangsläufig.«

Homo sapiens ist ein hochgradig sozial geprägtes Wesen und in einem solchen sozialen Bindungsgefüge entsteht Moral ganz nebenbei. Moral ist keine Wahrheit, sondern prägt sich an den Wirklichkeiten aus, die wir – jeder Einzelne von uns – individuell in Auseinandersetzung mit der Welt und mit unseren Mitmenschen definieren. Moral entsteht folglich aus kollektiver emotionaler Bewertung, aus den Deutungen und inneren Haltungen der Menschen. Im besten Fall und im Detail wird sie an ihrer derzeitigen Nützlichkeit definiert.

Moral: Sie entsteht aus dem uns genetisch innewohnenden Sozialen und wird dabei durch unsere menschliche Kultur modifiziert. Schon Kinder lernen im Normalfall durch die Eltern und durch die anderen Menschen, wie man sich im Kollektiv am besten verhält bzw. was gutes und schlechtes Verhalten ist. Das, was als gut und was als schlecht gewertet wird, ändert sich natürlich zeit- und erfahrungsabhängig. Insofern bleibt Moral immer unscharf. Moralvorstellungen sind abhängig vom Zeitgeschehen, vom kulturellen Hintergrund und individuell gesehen veränderbar durch die eigenen Erfahrungen, die man macht. Was gestern gut war, muss heute noch lange nicht gut sein, und was gestern böse war, kann heute schon wieder gut sein. Es gibt sie nicht, die vernünftig-korrekte Moral, die sich beispielsweise an »dem« richtigen Ideal festmacht, etwa so wie Kant es meinte, sondern im besten Fall die artgerechteste.

Menschen brauchen für ein gelingendes Leben sowohl ein stimmiges Selbstbild, also eine eigene Geschichte, die sich an richtig und falsch, gut und böse orientiert, als auch eine soziale Passung. Menschen wollen anerkannt, geliebt und geachtet werden, da sie soziale Wesen sind. Und um sowohl ihre eigene Geschichte als auch ihre Beziehungen und sozialen Einbindungen, die Geschichte der anderen und ihre soziale Stellung wahrnehmen zu können, brauchen sie Bewertungsmuster. Moral entspringt aus diesen emotionalen Bewertungsmustern, die aus der Summe unserer Erfahrungen entstehen. Und da unsere Erfahrungen sehr subjektiv sind, muss Moral insofern immer unscharf und relativ bleiben. Sie stellt nämlich die emotionale Bewertung eines Verhaltens dar.

Wenn das Kollektiv ein bestimmtes Verhalten emotional-kognitiv für richtig oder falsch erklärt, dann ist das Moral.

Natürlich entspringt dies unserer sozialen Genetik, in der vorteilhaftes soziales Verhalten zum Großteil schon angelegt ist. Da wir aber einen kulturellen Ermessensspielraum haben und zudem die Kraft rational-kognitiver Erklärungsmuster besitzen, richtet sich die Moral auch an (vermeintlich) kulturellen Notwendigkeiten aus. So kann beispielsweise das Töten eines Menschen ein Kapitalverbrechen sein, eine gerechte Strafe oder eine ordenswürdige Heldentat.

Moral kann nicht ein für allemal festgelegt werden, sie ist lebendig und meist das in einer Gruppierung oder Gesellschaft bestmöglich erdachte Konzept. Sie kann sich im Laufe der Geschichte zeit- oder epochenabhänig ändern. Es kommt aber durchaus auch vor, dass in zeitgleich existierenden Kulturen unterschiedliche Moralvorstellungen vorkommen. Moralisches Denken und Verhalten, natürlich auch so genanntes unmoralisches, sind immer da. Sie entstehen zwangsläufig durch immer vorhandene, kollektive emotionale Bewertungsmaßstäbe. War der schlau spekulierende Investmentbanker vor nicht allzu langer Zeit noch ein gut angesehener Mann mit hohem Sozialprestige, so kippte diese Bewertung schnell, als seine Spekulationen begannen, die Allgemeinheit zu bedrohen. Schnell war sein Verhalten unmoralisch und er ein menschenverachtender Zocker. War das Töten eines Fötus oder Embryos vor einiger Zeit noch ein absolutes No-Go, so wurde es im Zuge der Emanzipation der Frau zu einem Selbstbestimmungsrecht (»Mein Bauch gehört mir!«). Ist es heute unmoralisch und verwerflich, Boat-People, die in tausend Kilometern Entfernung versuchen, mit Booten ihrer Not und Armut zu entkommen, nicht zu helfen und sie nicht aufzunehmen, so würde dies schon anders aussehen, stünden sie im Vorgarten vor unserem Reihenhaus. Hätten wir dann das moralische Recht, Frauen, Kinder und Eigentum zu schützen?

Natürlich, selbst mit fein und bestens ausgeprägten Basiskompetenzen sind wir als Individuen nicht frei von Moral, und es steht uns auch nicht zu, unsere eigene Moral für besser zu halten als die der anderen. Basiskompetenzen entstehen durch Erfahrungen und Moral im Übrigen auch. Was wir tun können, ist, uns bestmöglich fit zu machen für eine förderliche Moralbildung. Wie richtig wir dabei liegen, wissen wir allerdings nie genau. Aber höchstmögliche Urteils- und Entscheidungskraft (auch eine Basiskompetenz) mit höchstmöglichem Reflexions-, Veränderungs- und Anpassungspotenzial breitflächig zu fördern, zu bilden und zuzulassen, ist nicht nur der richtige Weg für die Moralbildung, sondern auch, um eine gelingende Zukunft zu gestalten. Damit ist zur Moral alles gesagt!

3.3.5 Die Zukunft wird anders

Unser Bild von der Zukunft bleibt unscharf und so soll es auch bleiben, weil all das oben Gesagte inklusive der Zukunft genau in dieser Unschärfe sein größtes Möglichkeits- und Entfaltungspotenzial hat. Was bleibt, ist die anzustrebende innere Haltung im Hier und Jetzt umzusetzen: das Leben mit all seinen Erfahrungs- und Möglichkeitsräumen für die Ausbildung grundlegender menschlicher Basiskompetenzen, so gut es geht, zu nutzen. Werden wir etwas konkreter! Wir können das schrittweise wie folgt erreichen:

- Um das Jetzt zu erfassen, bilde Dich umfassend und unaufhörlich bezüglich Deines Wissens, Deiner Charakterbildung und der Basiskompetenzen! Denn sie sind das A und O, um die Gegenwart zu begreifen.
- Um das Hier und Jetzt bestmöglich zu gestalten, stelle alles kritisch infrage, vor allem besonders begründete und durch Wissenschafts- und Literaturverweise »bewiesene« fundamentale Leitkonstrukte! (Natürlich auch jene, die in diesem Buch enthalten sind.)
- Überprüfe ständig alle zu starren Denk-, Fühl- und Handlungsmuster!
- Richte Dein Leben besser an Deinen eigenen inneren Wahrheiten und Wirklichkeiten aus als an denen der anderen und kommuniziere diese!
- Stelle Ereignisse, Menschen, Dinge oder Bereiche Deines Lebens nicht nur mit Deinen kognitiven Fähigkeiten infrage, sondern mit Deiner Ganzheit!
- Versuche wahrzunehmen, was »für Dich« wirklich ist und nicht zu »wissen«, was »absolut« wirklich und wahr ist!
- Lass Dich und Deinen Nächsten in großer Wertschätzung gedeihen und entwickeln wie eine Blume auf der Blumenwiese!
- Bemühe Dich, das Ganze zu betrachten, bilde keinen Tunnelblick, nur um Dein Konstrukt zu verteidigen!
- Und wenn es auch weh tut: Akzeptiere, dass Deine Modelle hin und wieder einstürzen, akzeptiere das Neue, den unbegangenen Weg, auch wenn er Dir zunächst Angst macht und ein Gefühl von Unsicherheit bereitet!
- Relativiere Dich und erkenne Deine wirkungsvolle, aber dennoch minimale Stellung im Gesamtsystem der Welt und des Universums an! Dein Lebenssinn könnte vielleicht sein, Dich und Deine einzigartige Bedeutung zu erkennen in einem Gesamtsystem, welches Du zwar nicht erfasst, aber in dem Du doch bist, mit jedem einzelnen Deiner Worte, mit jeder Tat, mit jedem Kontakt, mit jeder Beziehung, die sich alle mit den Worten, Taten oder Anwesenheiten des oder der anderen zu einem vielleicht »höheren System« entwickeln. Nennen wir es Zukunft!

- Bleibe folglich ständig in innerer und äußerer Bewegung und vergiss niemals all das, mit dem Du in Beziehung trittst, wertzuschätzen! Verliere nie die Achtung vor dem anderen!
- In dieser Offenheit und Bereitschaft zum persönlichen und gemeinsamen inneren Wachstum wende Dich dem Leben zu mit allem Drum und Dran! Nimm es als Ganzes, mit all seinen Höhen und Tiefen, mit Liebe, Leid und Tod!
- Mach Erfahrung über Erfahrung in der kurzen Zeit dieses Verweilens auf dem Zeitstrahl Homo sapiens'! Denn Erfahrungen lassen Dich innerlich wachsen. Dein inneres Wachstum ist Dein Wachstum und Dein persönlicher Beitrag zum Ganzen, somit auch zur Evolution und zur Zukunft. Das ist das Prinzip des Lebendigen!

Diese vermutlich sinnvollste Philosophie und Vermutung über ein gelingendes Leben ist nicht aus der Luft gegriffen – wie bei manch akademisierter Philosophie der Eindruck entsteht –, sondern basiert auf den Errungenschaften neuester Medizin und Neurobiologie sowie empirischer Psychotherapie und Psychosomatik. Sie setzt sich zusammen aus den unvollkommenen, aber schlüssig erscheinenden neueren Erkenntnissen über die Systemkonzeption des Menschen sowie zu einem wesentlichen Teil aus einer retrospektiven Betrachtung des Werdegangs von Homo sapiens und ebenso aus den Anregungen manch eines philosophischen Denkers. Homo sapiens hat einen sehr erfolgreichen Werdegang hinter sich und vermutlich auch vor sich. Viele Probleme hat er schon gelöst, viele Gefahren bestanden. Die Probleme von heute sind nicht größer oder kleiner, nicht mehr oder weniger geworden, sondern gestalten sich nur anders als damals. Insofern ist es nun an der Zeit, sich auf die Herausforderungen der Gegenwart und auf die der Zukunft zu konzentrieren!

3.3.6 Die Jetzt-Philosophie

Die Philosophie muss gegenwartsbezogener werden. Sprechen wir von Philosophie, kommen uns zwangsläufig als Erstes die Gedanken an alte Meister und berühmte Namen. Wir denken an Platon, Kant oder Hegel, aber so richtig nützlich für die Gegenwart erscheint uns dies alles auch nicht. Der Aufruf der Jetzt-Philosophen an die Menschen könnte in etwa wie folgt lauten:

- Du schaffst es, Homo sapiens! Auf jeden Fall glauben wir daran, blicken wir auf Deinen einzigartigen Weg zurück, den Du die letzten paar Hunderttausend Jahre gegangen bist.

- Du bist ein beispielloser Allrounder, kein guter, kein böser, Du bist, wie Du bist! Wenn Du einen Vorteil für Dich, Deine Gruppe oder Deine Familie siehst, wirst Du versuchen, ihn wahrzunehmen, und zwar mit allen Mitteln. Dabei kannst Du grausam und hart sein, aber auch geschickt täuschend, verschleiernd und taktierend.
- Ich habe aber auch gesehen, wie liebevoll und »selbstlos« Du sein kannst. Einfach so. Weil es gut für Deinen Nächsten ist, für Deine Gruppe oder Familie.
- Ich habe Dich schon bitterlich weinen sehen aus Trauer und Schmerz über Verlust und schicksalhafte Ereignisse oder über Deine eigenen Fehlhandlungen.
- Ich habe mitbekommen, wie Du lachst und glücklich bist, dass alles gerade so gut läuft.
- Ich bin fasziniert davon, was Dir immer wieder einfällt, Dich gut auf die Zukunft vorzubereiten, auch wenn Du plötzlich durch die kollateralen Missstände Deines eigenen Handelns überrascht wirst. Aber so ist das eben mit dem Erfolg. Die Bedingungen ändern sich so rasant, dass man sich ständig von Neuem darauf einstellen muss. Wo gehobelt wird, fallen bekanntlich auch Späne. Jetzt bekomme bitte heute keine Angst!
- Wenn Du auf stürmischer See mit Deinem Segelschiff fährst, hat es keinen Sinn, über den Sturm zu schimpfen oder über die Mannschaft. Es kommt darauf an, dass die Mannschaft gut ausgebildet und erfahren ist. Dann wird sie gemeinsam mit beherzten Entscheidungen und guten Manövern das Schiff in ruhiges Fahrwasser bringen. Sie wird die Segel neu setzen und dem Wind anpassen, aber nicht jammern über den drehenden Sturm. Angst bekommt der auf dem Schiff, der nicht segeln kann. Angst entsteht, wenn die Mannschaft im entscheidenden Moment nicht ihr gemeinsames Ziel sieht und nicht zusammenarbeitet.
- Also versuche nicht, dem Wind befehligen zu wollen! Er hört nicht auf Dich.
- Versuche nicht, die anderen segeln zu lassen und selbst unter Deck zu sitzen!
- Stell Dir nicht vor und glaube nicht, das Wetter sei immer gleich und der Wind würde immer mit gleicher Stärke aus der gleichen Richtung kommen! Das ist eine Illusion!
- Denk auch nicht, dass alle gleich sind in der Mannschaft! Du brauchst die Mutigen, die Kräftigen, die Überlegten, die Schnellen, die Bedächtigen, die Einzelkämpfer und die Team-Worker. Sie verstehen alle etwas von ihrem Handwerk, wenn sie gut ausgebildet sind, segeln können und Erfahrung haben, aber vor allem müssen sie natürlich das Zusammenspiel der Mannschaftsmitglieder beherrschen.
- Die, die nicht segeln können und ängstlich sind, schick lieber unter Deck! Wenn es darauf ankommt, stehen sie Dir nur im Weg und stören Dich. (Besser

wäre natürlich, alle wären rechtzeitig gut ausgebildet worden. – Pass auch auf, dass es nicht zu viele werden!) Nimm sie Dir gleich nach dem Sturm zur Brust und zeig ihnen, wie das geht mit dem Segeln! Zeig ihnen die möglichen Gefahren, die Manöver und die Zusammenarbeit! Erklär ihnen die Kommandos und all das, was man beim Segeln, auch auf stürmischer See, braucht! Dann werden sie alsbald auf dem fahrenden Schiff, selbst bei Sturm und Wind, eine echte Hilfe sein und sich dabei sogar wohlfühlen. Voller Selbstwirksamkeit werden sie sich »mitten im Leben« spüren. Dann macht das Segeln auch Spaß, wenn Wind und Wetter Dir um die Nase tanzen.

- Also hab keine Angst! So ist es übrigens nicht nur mit dem Segeln. So ist es mit dem Prinzip des Lebendigen und dem Leben an sich.
- Du brauchst Erfahrungen im Umgang mit Dir, den anderen und der Welt und so schulst Du Deine basalen Kompetenzen. Alles andere ist mehr oder weniger Spekulation.
- Der Wunsch, dass die Stürme aufhören und nichts am Schiff kaputt geht, alle in der Mannschaft gleich sind, keiner krank wird und das Schiff wie am Schnürchen durch das Meer segelt, ist verständlich, aber er ist eine Utopie. Eine fatale Utopie.
- Genauso verhält es sich auch mit dem Leben. Lerne, durch das Leben zu segeln, mit all Deinen Erfahrungen und bestmöglichen Basiskompetenzen! Genieße die Sonnentage und ertrage die Stürme gleichermaßen!
- Vielleicht können wir auf dieser Basis ein neues, realistisches Menschenbild erstellen, mit all den neuen und alten Erkenntnissen und Vorerfahrungen. Lass uns Homo sapiens nicht verklären, aber lass uns auch keine ewig düsteren Bilder von ihm zeichnen! Lass uns auch die Grautöne zulassen und akzeptieren! Lass weder unseren Wunsch nach Harmonie und Vollkommenheit noch unsere Frustrationen über Niederlagen und Gefahren zur Basis des Gedankens einer Jetzt-Philosophie werden! Für das eine erfanden wir den Himmel und für das andere die Hölle. Dort können wir es hindenken. Ins Leben gehört beides nicht. Lass uns Homo sapiens nehmen, wie er ist! Das wird uns jetzt und hier am meisten, besten und wahrscheinlich auch in der Zukunft helfen!

Die »Wahrheit« ist nicht auffindbar, und die Zukunft wird meist anders, als wir denken und es uns erhoffen. Eine förderliche Jetzt-Philosophie in die Praxis umsetzen meint, die Menschen im Hier und Jetzt persönlichkeitsstark, gebildet, flexibel und damit umfassend anpassungsfähig zu machen. Es ist die Aufgabe Nummer eins eines jeden Menschen und der Gesellschaften, in denen wir leben, in einer sich derzeit rasant verändernden Wirklichkeit diese Herausforderung anzunehmen. Flexibilität und Anpassungsfähigkeit sind und bleiben unser Handwerkszeug für Gegenwart und Zukunft.

Wenn wir uns im folgenden Kapitel die Phänomene unserer heutigen Gesellschaft anschauen, wird uns schnell klar werden, dass es mit einer Jetzt-Philosophie nicht allein getan sein wird. Ratschläge sind gut, Bedingungen für ihre Umsetzbarkeit zu schaffen, ist noch besser. Basiskompetenzen lernen wir am besten in natürlichen, »ursprünglichen« Situationen, die heute oft nicht mehr gegeben sind. Entweder sind wir in der Wohlstandsgesellschaft zu bequem geworden und haben in vielen Bereichen damit aufgehört, selbsttätig mit Körper, Seele und Geist das Leben zu erfahren und begnügen uns mit Hilfs- oder Ersatzmitteln, oder unsere Angst vor dem Selbsttun und dem Fremden, Neuen, ist so groß, dass wir uns lieber von dem, was uns zu gefährlich erscheint, fernhalten. Das Fell von vielen von uns ist dünn geworden, wir bekommen schnell kalte Füße und sind nichts mehr gewohnt, fürchten das Leben oder sind vom schnellen Biotopwandel überfordert. Viele werden dadurch auch krank und hilfsbedürftig. Sie verbrennen. Wir entwickeln eigentümliche, sinnvolle, weniger sinnvolle, auch komische, oft auch gefährliche Verhaltensweisen oder Ersatztätigkeiten. Sie alle zeigen einerseits, was Homo sapiens braucht und will, und andererseits, dass er mit vielen Dingen im rasanten Biotopwandel nicht wirklich gut zurechtkommt. Deshalb benötigen wir dringend wieder mehr artgerechtere Lernfelder, denn nur so können wir unsere elementar wichtigen Basiskompetenzen schulen und uns das notwendige Handwerkszeug zur Gestaltung der Zukunft aneignen. Schauen wir im Folgenden auf einige charakteristische Verhaltensweisen in unserer heutigen Gesellschaft, um dann zu einem späteren Zeitpunkt gesellschaftsadäquate (neue) Erfahrungsräume – natürliche, aber auch künstlich geschaffene – zu empfehlen. Was die Menschen abschließend daraus machen, wissen wir natürlich nicht. Aber zunächst erhalten sie ein besseres Handwerkszeug für ein wie auch immer gestaltetes gelingendes Leben. Die Zukunft wird sowieso meist anders, als man denkt. Dennoch: Zuerst kommt der Prozess, dann das Produkt, und so müssen wir es gestalten. Vergessen wir nicht: Der menschliche Entwicklungsprozess birgt vielfältige Möglichkeiten. Wir benötigen nur Vertrauen zu uns selbst. Glauben wir an uns, an den genialen, multitalentierten »Primatenprimus«! Glauben wir an Homo sapiens!

4. Phänomene moderner Gesellschaften

4.1 Der Preis des Wohlstands

Im Rückblick auf den evolutionären Weg des kleinen Altweltaffen zu Homo sapiens in Kapitel 2 haben wir die unsäglich großen Herausforderungen vor Augen, die der kleine Allrounder im Laufe seiner Geschichte bewältigen musste. Niemals lebte er problemlos, niemals fiel es ihm leicht, immer war sein Leben mit Mühe und Wagnis verbunden, bis er sich schließlich über den Globus verbreitet hatte. Unzählige ähnliche hominidenhafte Mitstreiter ließ er hinter sich auf der Strecke. Sie verschwanden vom Erdball. Letztendlich erklärten wir ihn in unserer biologischen Systematik zum Sieger. Diejenigen, die ihm anscheinend immer noch dicht auf den Fersen waren oder sind (Orang-Utans, Gorillas und Schimpansen), packten wir bis weit in die 1980er Jahre des vorigen Jahrhunderts in die Klasse der »Menschenaffen« (*Pongidae*) im Gegensatz zu uns, den »echten Menschen« (*Hominidae*).

Wir nannten und nennen ihn und somit uns »Homo sapiens«, Homo, der Mensch, Homo sapiens, der weise, vernunftbegabte Mensch. Diese wissenschaftliche Bezeichnung entstand in den Zeiten der Aufklärung. Deshalb ist es nicht verwunderlich, dass wir ihn *sapiens*, den »Weisen«, nannten, denn der aufgeklärte Mensch hatte wieder Mut gefasst, sich seines Verstandes zu bedienen, eigene Erkenntnisse und neue Einsichten zu gewinnen. Auf unsere kognitiven Fähigkeiten, zu denen wir Einsicht, Erkenntnis und Vernunft zählen, waren und sind wir seit der Aufklärung besonders stolz. (Es ist wichtig, dass wir zwischen »verständnisbegabt« und »vernunftbegabt« unterscheiden. »Verständnisbegabt« ist der Mensch mit seinen kognitiven Fähigkeiten, über etwas nachdenken und etwas verstehen zu können. Die Schlussfolgerungen, die er aus dem Verstandenen zieht, nennen wir oft vernünftig, wenn sie uns kohärent und logisch erscheinen. Aber ob sie es auch sind, steht auf einem anderen Blatt – auch wenn Schlussfolgerungen oft mit Worten wie »klare Erkenntnis«, »vernünftige Lösung«, »eindeutige Wahrheit«, »logische Tatsache« oder Ähnlichem umschrieben werden. Unterscheiden wir also präzise zwischen unserer Fähigkeit, denken zu können [Verständnis] und unserer Möglichkeit, Erkenntnisse und unserer Meinung nach logische Schlussfolgerungen aus dem jeweils Verstandenen ziehen zu können [Vernunft]. Dies sind also zwei unterschiedliche Dinge.)

Trotz allem wird die Bezeichnung »Homo sapiens« letztendlich dem kleinen Allrounder nicht gerecht. Zu viele seiner anderen Qualitäten bleiben unberücksichtigt. Wir hätten ihn auch treffender »Homo cooperativus«, »Homo sociologicus« oder »Homo multimethodale« nennen können. (Je nach Schwerpunkt anderer Wissenschaftsbereiche sind später tatsächlich auch ähnliche Benennungen entstanden.)

Zurück zum kleinen Altweltaffen: Er hat sich also durchgekämpft bis zum bestangepassten Hominiden, dem einzigen, den es noch gibt. Zum Teil ist er in den so genannten westlichen Wohlstands- und Konsumgesellschaften gelandet, und es wäre ein Trugschluss, anzunehmen, dass er nun »seinen« Weg gegangen und an einem »vernünftigen« Ziel angelangt sei. Denn ehrlich gesagt, steht er heute genau wie damals vor unglaublich großen Herausforderungen und Problemen, die es zu meistern und zu lösen gilt. Wenn wir uns nun tatsächlich als »weise« bezeichnen wollen, empfiehlt es sich, uns noch nicht am Ziel zu wähnen und der Illusion hinzugeben, das meiste sei bereits durchdacht und damit auch schon überstanden. Machen wir uns bewusst, dass wir heute vor großen Herausforderungen stehen und in Zukunft auch stehen werden, Herausforderungen, die ein hohes Maß an Engagement und Anpassung von uns verlangen.

Doch was sind die größten Herausforderungen der Menschen in der Jetzt-Zeit, jetzt, da der Mangel und die Qual des Lebens mindestens in den komfortablen westlichen Gesellschaften überwunden zu sein scheinen? Jetzt, in einer Zeit, wo wir mit einem weiteren gewaltigen Bevölkerungswachstum auf der Erde rechnen müssen, jetzt, wo sich vermutlich Homo sapiens global vernetzen und vermischen wird, jetzt, wo die Erdbevölkerung immer näher zusammenrückt und so auch im gegenseitigen, direkten Wettbewerb steht, jetzt, wo wir angstvoll auf das Verschwinden unserer natürlichen Ressourcen schauen oder sorgenvoll die Entwicklung des Klimas betrachten? Was sind die Herausforderungen und was ist letztlich der Preis für den Wohlstand, den wir so lange erstrebt und auch erreicht haben? Ist Homo sapiens so großen Herausforderungen überhaupt gewappnet? Wie kann er sie bewältigen, wie muss er sich anpassen und was muss er jetzt lernen? Welche Basiskompetenzen benötigt er dafür? Kann er die bereits im letzten Kapitel beschriebenen Basiskompetenzen und die entworfene Jetzt-Philosophie (vgl. Kap. 3.3.6) für sich überhaupt nutzbar machen? Wenn wir von den Phänomenen moderner Gesellschaften lesen, sollten wir diese Frage im Hinterkopf behalten: Was müsste oder könnte anders werden, um den kleinen Allrounder zu unterstützen, sich besser dem sich rasant verändernden Biotop anzupassen?

Wir leben im Hier und Jetzt, und deshalb ist es naheliegend, anzuschauen, wie es Homo sapiens unter den zurzeit herrschenden gesellschaftlichen Bedingungen ergeht. Wenn wir unser Hier und Jetzt verstehen, können wir die zu erwartenden Herausforderungen besser erfassen und vielleicht auf diese Weise entsprechend besser bewältigen, denn heute werden schon die Wege gebahnt, die wir morgen gehen werden.

Sehen wir uns die derzeitige Volksgesundheit in den hoch industrialisierten, modernen Gesellschaften an, so stellen wir einen Wandel fest. Schon heute sind psychische und psychosomatische Krankheiten Spitzenindikationen, wenn es darum geht, bisher erwerbstätige Menschen noch vor Erreichen des regulären Rentenalters krankheitsbedingt in Pension zu schicken. Neben den oft tragischen Einzelschicksalen schlagen dabei besonders die daraus entstehenden sozialen Kosten zu Buche. Mangelnde und nachlässige Gesundheitsfürsorge im Privaten sowie am Arbeitsplatz hinterlassen nicht nur finanziell in der Volks wirtschaft große Schäden. Der westliche und vermutlich bald globale Lebensstil scheint zudem enorme Auswirkungen auf Homo sapiens und sein seelisches Empfinden zu haben. Natürlich trifft es nicht jeden, doch im statistischen Mittel nehmen Symptombilder wie Depressionen, Burn-out oder Somatisierungsstörungen ein bedrohliches Ausmaß an.

Der Mensch strebte und strebt nach materiellem Wohlstand. Das ist nicht neu, durchaus legitim und erwächst einem inneren Bedürfnis. Dieses Streben führte u. a. zum *American Way of Life*, zum *Wirtschaftswunder Deutschland* der 1960er, 1970er und 1980er Jahre des vergangenen Jahrhunderts und treibt heute die Wachstumsmärkte in Asien und Indien an. Prognosen verheißen einen ähnlichen Trend für viele Länder der Welt nach ihrer wirtschaftlichen Liberalisierung. Ob Systeme, die auf dem Paradigma materiellen, unendlichen Wirtschaftswachstums basieren, heute noch sinnvoll oder eher unsinnig sind, werden wir später erörtern. Wir wollen uns im Folgenden zunächst mit den Auswirkungen der »Wachstumspolitik« auf den Menschen beschäftigen.

Ein Charakteristikum, vor allem auf wirtschaftliches Wachstum ausgerichteter Märkte, ist die starke Arbeitsteilung und Abhängigkeit von Produktzulieferern jeglicher Art. Durch die feingliedrige Arbeitsteilung wissen viele an der Produktion beteiligte Menschen kaum noch, welcher Sinn hinter ihrer Tätigkeit steckt. Im Gegensatz zu früheren Tätigkeiten, etwa bei denen eines Bauers oder eines Handwerkers, findet heutzutage eine Entfremdung vom Gesamtprodukt statt. Hinzu kommt ein ständig steigender Leistungsdruck – quantitativ wie qualitativ. Folgen dieses Szenarios sind u. a. Sinnentfremdung und Überforderung.

Noch vor hundert Jahren hatten die meisten Gesellschaften mit extremen Mangelerscheinungen zu kämpfen. Die körperliche Arbeit war hart, die Ernährung schlecht, die Hygiene unzureichend. Der überwiegende Teil unserer

Menschheit lebte und lebt auch heute noch in großer Armut, die daraus resultierende krankmachende Wirkung brauchen wir hier nicht weiter zu erläutern.
Parallel dazu wuchsen und wachsen jedoch Überflussgesellschaften heran, die
ein eigenes Spektrum typischer Erkrankungen bis heute erzeugen.

Wir hatten gehofft, dass zumindest in den Wohlstandsgesellschaften die
Probleme der Volksgesundheit kleiner und das persönliche Glück des Einzelnen
wachsen würde. Die Probleme haben sich aber nur verlagert und das persönliche
Glück blieb weitgehend auf der Strecke (obwohl bspw. in der amerikanischen
Verfassung sogar ein Recht auf Glück festgeschrieben ist).

Wie kommt es aber, dass offenbar die monetären Voraussetzungen in ge-
wissen Ländern im Überfluss vorhanden sind und gleichzeitig trotzdem das
seelische Leid der Menschen überhandnimmt, anstatt dass sich ihr persönliches
Glück vermehrt? Eine Antwort auf diese Frage finden wir im Entstehen der
Multioptionsgesellschaften. Für diese ist u. a. die maximale Liberalisierung aller
Lebensbereiche charakteristisch. Den Menschen in einer Multioptionsgesellschaft stehen viele Möglichkeiten zur Gestaltung ihres Lebens zur Verfügung.
Der Einzelne kann sich heute weitgehend über familiäre und gesellschaftliche
Strukturen hinwegsetzen. Grundsätzlich kann er, je nach Eignung, jeden Beruf
ausüben, den er will. Er kann in jedes Land reisen, kann heiraten, wen er will,
und politisch in großzügigem Rahmen aktiv werden, von Ausnahmen wie z. B.
bei einigen muslimischen Frauen in unserer Gesellschaft einmal abgesehen.

Gab früher noch die Herkunft die Leitlinien für das künftige Leben vor, so sind
in modernen westlichen Kulturen längst die einengenden Strukturen gesellschaftlicher Vorgaben gesprengt. Jeder kann prinzipiell viel erreichen, wenn er
Wissen und Erfahrung mit genügend Durchsetzungsvermögen paart. Doch die
»neuen Freiheiten« und sein Leben so gestalten zu können, wie man möchte,
verlangen vom Einzelnen große Fähigkeiten zur Erfassung sozialer, gesellschaftlicher und marktrelevanter Mechanismen und gleichzeitig eine hohe Entscheidungskompetenz. Nicht jeder besitzt diese und ist in der Lage, mit seinen
Freiheiten sinnvoll umzugehen. Abgesehen von einer komfortablen Sattheit, die
alles zum Erliegen zu bringen scheint, kann hier auch, wie schon beim Leistungsdruck erwähnt, rasch ein Gefühl der Überforderung zutage treten.

Zur Bewältigung dieser neuen Herausforderungen müssen nun alte Fähigkeiten, die wir in der Bequemlichkeit des Wohlstands vielleicht verloren haben,
wiedererlangt werden und mehr denn je vorhanden sein. Zusätzlich müssen zur
gesunden Bewältigung eines derartigen gesellschaftlichen Liberalismus neue
persönliche Fähigkeiten hinzukommen, die bisher bei der breiten Bevölkerung
in diesem Ausmaß kaum benötigt und bislang auch nicht ausreichend erkannt,
gefördert und genutzt wurden. Dazu gehören u. a. Kompetenzen zur Gewin-
nung von entscheidungsrelevanten Informationen – denken wir nur an den
Informationsüberfluss im Internet – sowie vor allem Urteilskraft und die Fä-

higkeit, richtige Entscheidungen treffen zu können. In solche wirkungsvollen Entscheidungsprozesse, so lässt sich vermuten, fließen nicht nur intellektuelle Vernunftanalysen ein, sondern vermehrt auch die bereits erwähnten »Basiskompetenzen« wie Zielstrebigkeit, Durchsetzungsvermögen, Eigen- und Fremdwahrnehmungsfähigkeit, Stresstoleranz und Leidensfähigkeit, die Fähigkeit, Widersprüche auszuhalten und den anderen wertschätzen zu können, ein inneres Wertemuster (Selbstbild) sowie soziale Kompetenzen bilden zu können, zu denen beispielsweise Konsensfähigkeit und Kommunikationsfähigkeit zählen (vgl. dazu auch Kap. 6.8: Seele: »Cloud« der Basiskompetenzen?).

Menschen, die in diesem Selbstmanagement nicht ausreichend geschult sind, werden im täglichen Durchsetzungskampf oft gnadenlos aufgerieben. Viele von ihnen werden von anderen leicht übervorteilt oder bieten sich durch ihre Schwäche als Mobbingopfer an. Andere verfallen in Selbstmitleid, werden depressiv, leiden unter Burn-out, spüren innere Aggressionen und wenn sie diese nicht nach außen hin ausleben können, flüchten sie sich nicht selten in Scheinwelten mithilfe von Alkoholmissbrauch, illegalem Drogenkonsum oder (nichtstofflichen) Süchten wie der Kaufsucht oder dem übermäßigen Verweilen in nicht realen, virtuellen Cyberwelten (Internet, Games usw.).

Solche persönlichen Missstände quälen und zerstören nicht nur das einzelne Individuum, sondern stürzen manchmal ganze Familienverbände ins emotionale Unglück. Über den familiären Rand hinaus betrachtet, sinkt das Niveau der psychosozialen Volksgesundheit spürbar ab. Die Probleme werden also in die Wirtschaft getragen. Die Folgekosten verminderter Leistungsfähigkeit und erhöhter Krankheitsfälle sind immens und bewegen sich jährlich, je nach Volksgröße, in Milliardenhöhe. Darüber hinaus stören Krankheit und persönliche Missstände eine positive Weiterentwicklung der gesamten Gesellschaft, auf politischer, sozialer und auf wirtschaftlicher Ebene.

Wo können wir aber anfangen, wenn wir etwas verändern wollen, wenn unser Ziel ist, dass sich die Menschen und die Gesellschaften positv (weiter)entwickeln? Zunächst und in erster Linie – völlig unpolitisch und ohne Ideologie betrachtet – müssen wir uns auf die systemische Konzeption des Menschen beziehen, die allem zugrunde liegt. Seit Sigmund Freud vor mehr als hundert Jahren die Psyche des Menschen als Forschungsfeld entdeckt hat, sind wir dabei, das System Mensch zu erkunden und zu verstehen. Dabei helfen uns heutzutage ganz wesentlich die neuesten Erkenntnisse aus der Hirnforschung und der Evolutionsbiologie. Heute sind wir in der Lage, diese wissenschaftlich fundierten Forschungsergebnisse für die Entwicklung einer sinnvollen und zukunftsträchtigen sozialen und gesundheitlichen Fürsorge zu nutzen.

Was die Sache einfacher macht: Der Mensch hat sich in den vergangenen vierzigtausend Jahren nicht grundlegend in seiner Systemkonzeption geändert.

Hierzu war die Entwicklungszeit einfach zu kurz, die vom Mammutjäger bis zum Börsenmakler verstrichen ist. Damals wie heute gelten die gleichen Grundregeln. Homo sapiens möchte die Möglichkeit haben, möglichst unabhängig für sich und seine Sippe zu sorgen und ein gutes Überleben zu sichern. Auf die Neuzeit übertragen und differenziert für ein Leben in Glück und Zufriedenheit heißt das: Der Mensch muss für sich und in seinen Handlungen einen Sinn erkennen können. Er sollte in der Lage sein, zu verstehen, was um ihn herum geschieht und wie alles miteinander zusammenhängt und sich gegenseitig beeinflusst. Ebenso wichtig ist, dass er sich darüber im Klaren ist, inwieweit er eigene Fähigkeiten besitzt, Dinge durch sein Handeln und seine Entscheidungen zu beeinflussen. Er sollte ein Gefühl dafür entwickeln, inwieweit er diese Fähigkeiten nutzen darf. Nicht zuletzt, als soziales Wesen, benötigt er zu seinem Glück Vertraute, Freunde, Menschen, die ihn lieben und geliebte Menschen, die ihn – manchmal sogar bis zum Lebensende – begleiten.

Das Erfüllen dieser Kriterien schützt uns in gewisser Weise vor psychosomatischen Krankheiten, ist dies jedoch nicht der Fall, steigt die Wahrscheinlichkeit an, dass wir erkranken. Der Mensch muss also einen Sinn für sich im Leben entdecken. Das kann ihm gelingen, wenn er seine persönlichen Regeln der Lebensführung verinnerlichen und das, was um ihn herum geschieht, auf irgendeine Art und Weise verstehen kann. Zusätzlich muss er in seinem Handeln Selbstwirksamkeit spüren können. Solch ein kohärentes Gefühl entscheidet letztendlich darüber, ob ein Mensch seelisch und auch körperlich stark, gesund, zufrieden und glücklich lebt und gedeiht.

In einer Multioptionsgesellschaft, wie sie der Westen und bald auch andere Gesellschaften vorleben, könnte man die Kriterien für Kohärenz – Sinnhaftigkeit, Verstehbarkeit und Handhabbarkeit (Kategorisierung nach Antonovsky [Vertreter der Salutogenese], in: *Zur Entmystifizierung der Gesundheit*, 1997) – weitgehend durch den Handlungsspielraum, über den dort viele Menschen verfügen, realisieren. Noch haben wir gute Strukturen im Bildungsbereich, in der betrieblichen Gesundheitsvorsorge, im medizinisch-psychotherapeutischen Bereich. Die gesellschaftliche Praxis zeigt aber zum einen, dass viele Menschen nicht mehr in der Lage sind, die oben genannten drei Schlüsselkriterien in ihr persönliches Leben zu integrieren und davon zu profitieren, zum anderen, dass die vorhandenen Strukturen nicht zur Entwicklung »starker« Menschen mit Basiskompetenzen auf dem Weg zu hoher persönlicher Meisterschaft genutzt werden. Genau dieser Mangel an Selbstmanagement führt derzeit zu den bereits beschriebenen gesellschaftlichen Problemen, die dazu führen könnten, dass früher oder später das gesamte Wohlstandssystem sozial und damit finanziell zusammenbricht. Wir haben Hochkulturen immer wieder untergehen und verschwinden sehen. Ob die hier beschriebene Entwicklung dafür in vielen Fällen die Ursache war, vermag man nicht zu sagen, aber es ist zu befürchten.

Angst scheint jedenfalls das tragende Leitgefühl unserer Gesellschaft zu sein. Die Menschen bekommen Angst, weil sie nicht mehr verstehen, was passiert. Das bereitet ihnen Stress, gleichzeitig ist jedoch ihre Stresstoleranz herabgesetzt. Es kommt zu Kommunikationsstörungen, zu Depression und Motivationsverlust, die Belastbarkeit sinkt und so schließt sich ein Teufelskreis, der ein sozialpsychologisches Kernproblem zu werden scheint, und zwar mit allen erdenklichen Auswirkungen auch in allen anderen Bereichen.

Wir müssen die Menschen wieder und noch mehr als früher zu innerem Wachstum und ihrer persönlichen Meisterschaft führen. Nur so werden wir die großen Probleme der Gegenwart und der Zukunft meistern können. Das ist oder wird, schneller als wir es uns wünschen, die neue große Herausforderung für Homo sapiens darstellen.

Angst ist das Leitsymptom unserer augenblicklichen Starre und Bewegungslosigkeit, mit der wir umgehen lernen müssen. Aber wovor haben wir eigentlich Angst?

4.2   Wovor haben wir Angst?

Das Gefühl »Angst« ist zunächst einmal ein lebenswichtiger emotionaler und kognitiver Marker, den wir dringend benötigen, um das Leben zu meistern. Angstgefühle unterscheiden sich von Individuum zu Individuum und existieren in verschiedenen Intensitätsabstufungen, die teils genetisch, teils erlernt worden sind. Hier betrachten wir kollektive Ängste, die auf gesellschaftlicher Ebene entstehen und existieren. Teils hat man sich diese Ängste selbst angeeignet, hat sie von anderen Menschen übernommen, als soziale Wesen im Austausch mit anderen gelernt, wann es ängstlich zu sein gilt, teils werden sie aber auch bewusst gefördert – ganz subtil, z. B. durch die Medien oder durch bestimmte Marketingstrategien.

Vor ca. fünfhundert Jahren entstand die amerikanische Gesellschaft durch meist mutige und eigensinnige Menschen, die zunächst Europa verließen, um Neues zu wagen. Sie stellten sich ihrer Angst, überwanden ihre Furcht und ließen Gewohntes und Sicheres hinter sich, um neue Lebensräume erschließen zu können. Die Menschen mussten Sicherheiten aufgeben, Bedrohungen entgegensehen, Risiken eingehen, um neue Freiheit zu erlangen.

Das Streben nach neuen Lebensräumen, nach Freiheit und Wohlstand ist legitim und erwächst einem inneren Bedürfnis. Dieses Streben trieb damals und treibt auch heute noch die Menschen überall dort auf der Welt an, wo sie gegen Mangel, Not und dessen Folgen zu kämpfen haben, wo die körperliche Arbeit hart ist, die Ernährung schlecht, die Hygiene unzureichend und wo große Armut herrscht – wie es auch heute in großen Teilen der Welt immer noch der Fall ist.

Doch parallel dazu entstanden und wuchsen Überflussgesellschaften heran, die ein eigenes Spektrum an Problemen erzeugten und bis heute erzeugen. Eines von ihnen ist Angst.

Hier treffen wir wieder auf die Fragen, die wir uns schon gestellt haben: Wie kommt es dazu, dass die materiell reichsten Gesellschaften auf der Welt mit so viel Angst und so vielen Angsterkrankungen einhergehen? Wie kommt es dazu, dass sich die Probleme nur verlagert zu haben scheinen und sich das erhoffte persönliche Glück vieler Menschen eben doch nicht einstellt? Wir haben es hier mit einem Paradoxon zu tun. Wir, die Reichen und »Gesunden«, haben Angst, zu verarmen, Angst, zu erkranken, Angst, zu sterben oder gar vernichtet zu werden. Wenn nun die tatsächlichen Bedrohungen mindestens nicht größer geworden sind als früher, die Ängste aber doch, müssen wir das Pferd wohl von hinten aufzäumen.

In einer Multioptionsgesellschaft mit hoher sozialer Absicherung, in der fast alles möglich ist, werden Basiskompetenzen, die früher überlebenswichtig waren, zunehmend vernachlässigt. Vorübergehend kann es sich eine wohlhabende Gesellschaft sicherlich leisten, viele Menschen aus ihrer Selbstverantwortung zu entlassen. In der Komfortzone ist es auch leichter, auf Selbstwirksamkeit, Zielstrebigkeit oder andere Basiskompetenzen zu verzichten. Der Strom kommt schließlich aus der Steckdose, das Essen aus dem Supermarkt und die Neuigkeiten in bunten Bildern ins Wohnzimmer. Wir haben auf alles ein »Recht«! Wenn wir krank werden, ist es nicht unser Schicksal, sondern wir haben ein Recht darauf, behandelt zu werden. Wenn wir die Arbeit verlieren, müssen wir nicht, wie vielleicht früher, auf »Wanderschaft« gehen. Wir haben ein Recht darauf, dass sie sich in der Nähe unseres Wohnortes befindet. Sie darf auch keine anderen Anforderungen oder Herausforderungen beinhalten, denn wir haben ein Recht auf »Zumutbarkeit«. Wenn es kalt ist, haben wir ein Recht auf Wärme und wenn es warm ist, ein Recht auf eine Klimaanlage oder hitzefrei. Wir haben ein Recht auf Urlaub, auf ein wohlgeordnetes Leben, und wir haben ein Recht darauf, dazuzugehören, selbst wenn wir uns mal nicht den Gesetzen der Gruppe oder der Gesellschaft anpassen (wollen).

Es soll hier kein falscher Eindruck entstehen und kein Mensch will das Rad zurückdrehen. All die genannten Rechte sind großartige soziale Errungenschaften der Menschheit. Es ist einfach genial, eine maximale Liberalisierung in allen Lebensbereichen zu haben, und auch der Wohlstand ist eher gut als schlecht. Nur müssen wir auch den Preis für unseren Wohlstand kennen. Früher oder später müssen wir ihn zahlen, global, regional und zum Schluss ganz sicher noch jeder selbst. »Der Preis« hat im Übrigen viele Facetten, eine davon ist die Angst, das zu verlieren, was wir haben. Und wir werden sehen, dass der Preis letztendlich zu hoch ist, weil er das zu zerstören droht, wofür wir ihn bezahlen.

Die Auswirkungen der Wohlstandsgesellschaft bei gleichzeitigem Verlust von wesentlichen Kompetenzen sind unschwer zu erkennen: Eine ungesunde Angstkultur überzieht das Land. Wir haben in der Komfortzone verlernt, mit dem Risiko umzugehen. Der Umgang mit dem Risiko ist eine Basiskompetenz. Die Kunst, mit solchen Risiken generell umgehen zu können, sich auf Neues einzustellen, Probleme zu bewältigen, Flexibilität zu zeigen, anpassungsfähig zu sein und durch die Auseinandersetzung mit der Welt an persönlicher Meisterschaft zu gewinnen, muss erfahren und gelernt werden. Aus diesem Stoff besteht Lebenstüchtigkeit, und nur das ist, wenn es ihn überhaupt gibt, der Garant für unsere Zukunft.

Statt uns dem Leben mit allem Drum und Dran zu stellen, beschäftigen wir uns angstvoll mit dem vermeintlichen Bewahren des Erreichten. Jede Veränderung macht uns Angst, und es scheint, als wollten wir eine »Äquilibrierung« der schönen, bequemen, inneren und gesellschaftlichen Zustände bezwecken. Es sieht so aus, als wollten wir das, was ist, »einfrieren«, aus der Angst heraus, es zu verlieren. Dabei verlieren wir aber etwas Lebendiges, verlieren wir selbst an Lebendigkeit. Veränderungen, neue Zustände, Wandel, Bedrohung und Risiko gehören jedoch wesentlich zum Leben dazu. Unsere Bewahrungsmentalität wirkt deshalb rein kontraproduktiv und nicht lösungsorientiert. Natürlich ist es nicht nur eine Pflicht, sondern auch sinnvoll, im Auto einen Sicherheitsgurt anzulegen und ebenso in einem großen Wohnhaus einen Feuermelder zu installieren. Durch die übertriebene Art aber, mit der wir versuchen, jegliche Risiken zu verhindern, begeben wir uns auf gefährliches Glatteis. Sicherheit oder – besser gesagt – ein sicheres Gefühl erreichen wir nämlich gerade nicht, indem wir Bedrohungen verhindern, sondern indem wir lernen, mit ihnen umzugehen.

Es ist eine Illusion: das Leben ohne Gefahr. Je mehr wir uns gesellschaftlich und persönlich in eine ängstliche Flucht- und Verweigerungshaltung begeben, umso mehr wird die Angst uns einholen. In den speziellen medizinischen Therapien bei Angsterkrankungen ist dies schon lange bekannt. Gesellschaftlich scheinen wir uns immer noch nicht im Klaren darüber zu sein, wie ungesund dieser Weg eigentlich ist.

Wir sind konfrontiert mit einer Inflation aus Gesetzen, Geboten und Verboten sowie einer Inflation an Kontrollmechanismen (*Controlling*), Überprüfungen, Zertifizierungen, Legitimierungen und Limitierungen, geboren aus kollektiver Angst vor Kontrollverlust, möglichem Veränderungspotenzial und der Angst, Fehler zu machen. So wird der notwendige selbstverantwortliche und kreative Bewegungsspielraum für ein lebendiges Leben immer kleiner … Sicher ist es keine böse Absicht der Menschen, wenn sie sich selbst Fesseln anlegen, sondern es ist die Angst. Die kollektive Angst, es könnte etwas passieren oder sich verändern. Ein wirklich sicheres Gefühl verleiht uns aber nur eine persönliche

Selbstsicherheit, die wir als Basiskompetenz erfahren, lernen und verinnerlichen können.

Wir haben Angst, uns falsch zu ernähren und nehmen Nahrungsergänzungsmittel. Wir haben Angst, zu erkranken und schlucken Tonnen an pharmazeutischen Produkten. Wir haben Angst vor Verletzung und bald wird es keine Sportart mehr geben, in der man keinen Helm oder Brustpanzer tragen muss. Wir haben Angst, dass uns jemand überfallen könnte, und bald wird es kein Plätzchen mehr geben, an dem nicht Kameras installiert sind oder Wächter stehen. Mütter haben Angst, dass ihren Kindern etwas passiert, und kutschieren sie durch die bedrohliche Welt, ob zur Schule oder zum Musikunterricht. Und nicht nur Beamte haben Angst vor der eigenen Entscheidung, der eigenen Verantwortung, schieben »den Vorgang« von Stelle zu Stelle und sichern sich mit vermeintlichen Gutachten und Obergutachten ab. Die Liste lässt sich unendlich fortführen.

Natürlich ist das ein oder andere aus Sicherheits- oder Qualitätsaspekten sinnvoll – darüber wollen wir hier auch nicht diskutieren – aber die Tendenz dieser angstgeleiteten Überfürsorglichkeit und Überreglementierung ist für eine Gesellschaft genauso tragisch wie für ein Kind. Wir lernen nicht oder verlernen, uns auf Neues einzustellen, Herausforderungen zu meistern, mit uns selbst umzugehen, eigene Verantwortung zu tragen, im Zweifelsfalle oder im Hinblick auf das Erreichen eines Ziels auch Leid und Frustration in Kauf zu nehmen und letzten Endes unsere Selbstwirksamkeit zu spüren. Gerade diese empfinden wir aber nur, wenn wir uns aus eigener Kraft durch das Leben und die Welt bewegen, wenn wir uns nicht fremdgesteuert und reglementiert, vermeintlich sicher bis ans Ende unserer Tage betreuen lassen.

Es ist eine Forderung an die Politik und an alle, die Menschen bei ihrer Entwicklung helfen, hier eine Wende herbeizuführen. Es ist nicht sozial und nicht menschengerecht, Menschen aufgrund ihres vermeintlichen Sicherheitsbedürfnisses in »Schutzhaft« zu nehmen. Solche Menschen verlernen, mit ihren Ängsten und der Freiheit umzugehen. Sicherlich meinen die Gesellschaft und die Politik es meist gut (manchmal steckt allerdings auch politisches Kalkül dahinter). Es ist ja allzu menschlich, den Gefahren und dem Unglück entweichen und andere Menschen davor bewahren zu wollen, aber so kann es nicht unbegrenzt weitergehen. Denn jeder muss ein Mindestmaß an Selbstverantwortlichkeit fühlen, um das Quantum Freiheit zu spüren, was ihn letztendlich glücklich macht.

Wir Menschen sind von unserem Wesen her dazu geschaffen, »Appetit auf Neues« zu entwickeln und Risikobereitschaft zu zeigen. Dies ist eine lebendige Eigenschaft, die erst die evolutionäre Meisterschaft von Lebewesen und zugleich die persönliche Meisterschaft jedes Einzelnen von uns ermöglicht. Wenn wir das gesellschaftlich nicht erkennen, wird auf Dauer nicht das herauskommen, was vordergründig angestrebt wird, nämlich eine problem- und schmerzlose sichere Wohlstandsgesellschaft, sondern das Gegenteil: eine Gesellschaft, deren Probleme an Größe und Zahl zunehmen wird. Allerdings vollzieht sich dann irgendwann das gesellschaftliche Leben nur noch mit wenig Netz und doppeltem Boden, und es wird viele ängstliche, abhängige Menschen ohne Basiskompetenzen geben, ziellos, wertfrei und mit unzureichenden sozialen Kompetenzen. Das wird unser Preis sein, den wir zu zahlen haben, wenn wir nichts ändern, wenn wir uns nicht ändern. Darum müssen wir jedem Einzelnen von uns, angefangen bei den Kindern, sowohl natürliche als auch künstliche Erfahrungsräume (wieder) bereitstellen und zugänglich machen, um mit der Ausprägung von Basiskompetenzen wieder wachsen zu können und so ein gelingendes Leben mit allem Drum und Dran bewerkstelligen zu können. Wir werden spüren – oder ahnen jetzt schon –, dass sich Freiheit und absolute Sicherheit ausschließen, dass Abhängigkeiten und Fremdverantwortlichkeit unsere Ängste schüren, jedoch Selbstverantwortung und Eigeninitiative uns ein Gefühl der Lebendigkeit und Zufriedenheit geben.

Patientin S., 32 Jahre, wohlhabend:

Aus einfachen Verhältnissen heraus – der Vater war Bauarbeiter, musste körperlich hart arbeiten und oft den Job wechseln – beschloss sie, dass es besser sein würde, einen reichen Mann zu suchen, der ihr die »Sicherheit eines problemlosen Lebens« geben könne. Weniger aus Liebe oder Zuneigung, sondern mehr aus dem Wunsch heraus, gut versorgt werden zu wollen, heiratete Frau S. mit 19 den dreißig Jahre älteren Mann, den sie gesucht und gefunden hatte. Herr Z. hatte viel Geld und versorgte seine »Prinzessin« mit allem nur Erdenklichen, mit all dem, was sie sich immer schon gewünscht hatte: ein Haus, eine Köchin, Hausbedienstete, Kleidung, Schmuck, Komfort und ein Reitpferd, welches sie jedoch reiten ließ, da sie Angst bekam, es könne ihr mit dem Pferd etwas passieren.

Frau S. bewegte sich lieber im hauseigenen Fitnessstudio, besorgte sich aus »gesundheitlichen Gründen« Nahrungsergänzungsmittel und Zusatzvitamine, so wie es in unzähligen Zeitschriften und Heftchen empfohlen wurde. Sie hatte Angst, krank zu werden und wollte ein gesundes Leben führen.

Ihr Mann war beruflich viel unterwegs, und so hatte sie Angst um Hab und Gut oder in der Villa überfallen zu werden. Die Fenster wurden vergittert und Alarmanlagen eingebaut. Ihrem Mann warf sie vor, dass er zu wenig zu Hause sei, auch um sie zu beschützen. Sie hatte Angst, allein zu sein.

So versank sie in ihrem goldenen Käfig, ohne Aufgaben, Ziele und ohne Selbstwirksamkeit, in kontemplativer Selbstbetrachtung und pathologischer Introspektion. Sie stand stundenlang vor dem Spiegel, war mit sich und der Welt und ihrem Mann sowieso nicht mehr zufrieden.

Bald schon führte sie ihr Unwohlsein auf bestimmte Lebensmittel zurück. Sie fand viele Allergien und Nahrungsunverträglichkeiten, die auch von bestimmten Doktoren bescheinigt und besiegelt wurden. Schon morgens verspürte sie eine gewisse »Lustlosigkeit und Antriebsschwäche«, sie hatte »Kopfdruck«, Einschlafstörungen, Herzklopfen, Schweißausbrüche und klagte über massiven Leistungsverlust. All die Medikamente, die sie gegen diese Krankheiten nahm, halfen irgendwann immer weniger. Außerdem vertrug sie sie nicht in dieser Kombination.

Viermal in diesem Jahr habe sie schon den Notarzt rufen müssen, und viermal hätten sie im Krankenhaus nach allerlei technischen Untersuchungen gesagt: »Sie haben nichts!« So habe sie meist ein Medikament dazubekommen und sei nach Hause geschickt worden. Ihre Medikamentenportionen seien so übermäßig groß, dass sie dies allein schon vom Magen her nicht vertrage. Sie könne das Haus kaum noch verlassen und liege apathisch auf dem Sofa.

Frau S. übergab uns einen 78-seitig starken Aktenordner, in dem sie akribisch alle Untersuchungen, Befunde, Symptome mit Datum und Befund aufgelistet hatte. Sie reichte uns ebenfalls eine Liste der Unverträglichkeiten, aber auch eine über »Verfehlungen oder Unfähigkeiten« der Ärzte, die »wohl nichts von ihrem Handwerk verstünden«. Im Internet hatte sie 17 verschiedene Krankheiten herausgefunden, die sie bat, jetzt abzuklären und zu behandeln.

Wovor haben wir also Angst? Eigentlich haben wir Angst davor, dass wir das Leben mit allem Drum und Dran nicht mehr ohne fremde Hilfe schaffen. Wir haben Angst, weil wir in unserer Komfortzone domestiziert sind und dass Herrchen uns vielleicht kein Futter mehr geben könnte. Wir werden eine Gesellschaft von Patienten und Opfern, denen der Könnens- und Bewältigungsoptimismus, der Mut und die Bereitschaft zum Wagnis – alles ursprüngliche Stärken von Homo sapiens – abhandengekommen sind. Wir haben sozusagen ein wachsendes Abhängigkeits-Autonomieverlust-Problem. Das sind also unsere wirklichen Probleme, die wir haben, nicht die vielen vordergründigen Ängste und deren oft mediale Aufbereitungen, die wir furchtvoll konsumieren. Die Zeit ist reif für Veränderungen!

Wir tun uns also schon schwer, das Erreichte und Bestehende aufrechtzuerhalten. Die gewaltigen Probleme, die moderne Gesellschaften aber jetzt schon haben, werden sich zukünftig potenzieren, besonders wenn wir weiterhin auf das »kranke Pferd« eines stetigen wirtschaftlichen Konsumwachstums setzen. So oder so: Wichtige gesellschaftliche Umbauprozesse werden unsere gesamte Gestaltungskraft benötigen.

Denken wir an Ressourcenknappheit, Reparaturen unserer Umweltsünden, das Bezahlen unseres auf Kredit kommender Generationen ausgelebten Konsumverhaltens! Denken wir an soziale Ausgaben und/oder Gesundheitskosten, wenn das Kind »noch tiefer« in den Brunnen gefallen ist, und an vieles mehr! Können wir das aber alles mit so vielen schwachen und kranken Menschen bewerkstelligen? Oder was ist zu tun?

Vermutlich sind Armeen persönlichkeitsstarker, professioneller Helfer notwendig, um zunächst den an Basiskompetenzdefiziten sowie Selbstwert- und Selbstwirksamkeitsmangel leidenden Mitgliedern unserer Gesellschaft zu helfen, damit wir den wirklich drohenden Gefahren unserer Gesellschaft erfolgreich begegnen können. Dabei gilt es zu beachten, dass nicht nur handfeste Erkrankungen Resultat der schwierigen Biotopgestaltung und unserer Anpassungsschwierigkeiten sind, sondern viele weitere gesellschaftliche Phänomene, die als Vor- oder Anzeichen von Entwicklungen gedeutet werden können. Es gibt also noch andere Reaktionsmuster oder Bewältigungsstrategien (Coping-Strategien), von denen wir exemplarisch in den nächsten Kapiteln berichten wollen. In den drei folgenden beschriebenen Phänomenen lesen wir beispielhaft von solchen Coping-Strategien zur individuellen und kollektiven Affektregulation in unseren modernen Gesellschaften. Ist der Kaufrausch ein eher gewünschtes Verhalten, so begegnen wir dem zunehmenden Problem des Komasaufens eher noch hilflos. Die Lust, Grenzen zu überschreiten, würden wir eher in sehr strengen, offen reglementierenden, autoritären Gesellschaften erwarten und nicht in scheinbar sehr großzügigen und freien modernen Gesellschaften. Aber gerade dort erhält sie einen besonderen Stellenwert. Unsere natürliche Entgrenzungslust können wir »geregelt« und »halbwild« in Entgrenzungsreservaten ausleben. Das ist vielleicht schlau und auch so in Ordnung.

Der höchste Preis des Wohlstands ist der Verlust unserer Anpassungsfähigkeit. Durch unsere wachsende Passivität in unserer Komfortzone haben wir immer mehr unsere natürlichen Basiskompetenzen verloren. Das und die noch fehlende Einsicht in ihre unabdingbare Notwendigkeit für die Bewältigung gegenwärtiger und zukünftiger Probleme bezahlen wir derzeit noch mit unseren Wirtschafts- und Sozialsystemen. Durch unser zunehmendes Unvermögen, gefährlich lähmende Ängste und unseren Autonomieverlust laufen wir aber Gefahr, immer unfähiger zu werden und zu verpassen, das wirklich Wichtige für jetzt und morgen zu tun.

4.3   Von Ersatzphänomenen

4.3.1   Kauf Dir was! Kaufen macht so viel Spaß!

Wenn wir – insbesondere Samstagvormittag, denn da haben die meisten Zeit – durch die Innenstädte laufen, drängen wir uns meist durch ein Gewimmel von Leuten, die mit Tüten und Taschen bepackt, vielleicht noch mit einer To-go-Getränkedose oder -Bratwurst bestückt, ihrem Kaufrausch nachgehen. Sie wollen um jeden Preis konsumieren, sie »brauchen« oder »verbrauchen« (lat.: *consumere*) also etwas. Nun können wir aber davon ausgehen, dass Menschen, zumindest in modernen Gesellschaften, fast alles, was sie wirklich benötigen, schon haben. Was machen sie also da in dieser großen Anzahl, hektisch getrieben, teilweise todernst, teilweise mit Freude in der Fußgängerzone? Wenn wir davon ausgehen, dass sie vermutlich das meiste, was sie dort kaufen, in Wirklichkeit gar nicht brauchen, weil ihre Bedürfnisse schon befriedigt sind und ihr Bedarf in der Regel schon längst gedeckt ist, müssen sie wohl ein anderes Ziel verfolgen. Sie gleichen in der Regel Defizite aus, oder sie folgen einem kulturell-wirtschaftlichen Phänomen, welches von der Konsumgesellschaft bewusst aufrechterhalten wird und auch aufrechterhalten werden soll. Denn unser gesamtes gesellschaftliches System ist auf Wirtschaftswachstum aufgebaut. Wirtschaftswachstum heißt, dass fast alle Bereiche unseres Lebens auf Produzieren und Verbrauchen ausgerichtet sind.

Das Phänomen, dass wir an ein immerwährendes Wachstum glauben, kommt aus der Zeit der industriellen Revolution, wo es darum ging, fortan Mangelzustände zu beseitigen. Es ist noch gar nicht so lange her – vielleicht zweihundert Jahre –, dass die Menschen früh industrialisierter Gesellschaften begannen, solche Wirtschaftssysteme zu kreieren. So hören wir noch heute täglich in den Medien das unstrittige Credo, für Glück und Wohlstand sei das wirtschaftliche Wachstum unverzichtbar. Wir bräuchten, so heißt es, Wachstum, Kaufkraft, eine Steigerung des Bruttoinlandsproduktes und Ähnliches. Abgesehen von der Tatsache, dass uns kaum noch etwas Vernünftiges einfällt, was wir wirklich brauchen, ist allein angesichts der enormen terrestrischen Belastungen (Umweltverschmutzung, Rohstoffverbrauch, globales Bevölkerungswachstum, etc.) der Gedanke an ein immerwährendes wirtschaftliches Wachstum äußerst bizarr und in sich selbst widersprüchlich.

Auf der einen Seite beklagen wir ängstlich die Zerstörung unserer Umwelt und den Verbrauch der natürlichen Ressourcen und auf der anderen Seite versuchen wir, mit allen erdenklichen Mitteln den Konsum (Verbrauch) in die Höhe zu treiben. »Neuromarketing« ist hier das aktuelle Schlagwort. Erkenntnisse der Hirnforschung sollen helfen, gezielt mit allerlei psychologischen Tricks unsere Sinne anzusprechen und uns zu überlisten, das vierzigste T-Shirt, das zwanzigste Paar Schuhe oder den elektronisch gesteuerten Dosenöffner zu kaufen. Auf die aberwitzige Vorstellung und den Glauben, dass immerwährendes Wachstum für uns unabdingbar, nützlich und sogar Heil versprechend sei, werden wir später noch einmal zurückkommen.

Im Augenblick interessiert uns aber das Phänomen »Kaufrausch« an sich. Würden wir einen Steinzeitjäger mitten in die City auf den Marktplatz stellen, so würde er sich sicherlich auch etwas kaufen, z. B. ein Paar feste Outdoor-Schuhe, vielleicht ein gutes Messer oder sogar auch gleich ein Mammutsteak, damit er es sich nicht erjagen muss. Spätestens dann würden ihm aber die Ideen ausgehen, und er würde sich ratlos umschauen. Seine direkten Bedürfnisse wären befriedigt und damit vermutlich auch seine Lust am Kaufen gestillt.

Ganz anders ist es mit uns. Unser gesellschaftliches Gefüge hat den Glaubenssatz »Konsumiere auf Teufel komm raus!« verhaltensrelevant gemacht. Dafür sind soziale Normen maßgebend, die sich quasi als kulturgenetische Eigenschaft bereits etabliert haben. Des Weiteren haben wir wirkliche, meist emotionale Bedürfnisse von Homo sapiens, die in unserer Gesellschaft nicht mehr oder nur noch teilweise befriedigt werden, geschickt durch kulturell gesteuertes Konsumverhalten ersetzt und damit scheinbefriedigt. Konsum dient somit der extrinsischen Belohnung für Erfolg, als Trost für Leid und Stress (Frustkaufen), der Identitätsstiftung sozialer Gruppierungen oder der sofortigen Lust- oder Ersatzbefriedigung. Konsum verheißt Glück, Gruppenidentität, Solidarität und Erfüllung. Das sind alles Grundbedürfnisse, die Homo sapiens natürlich immer schon hatte und über die er bis heute verfügt, denn sonst könnten sie jetzt ja nicht mehr für den Konsum nutzbar gemacht werden. Je mehr jedoch diese menschlichen Bedürfnisse auf der Ebene einer kompetenten Lebensgestaltung und eines gelingenden Lebens direkt befriedigt werden könnten, umso weniger würde das alltägliche Spiel übermäßigen Konsums oder Konsumzwangs zur Surrogat-Befriedigung glücken und umso resistenter wäre man folglich auch gegenüber den »heimlichen Verführern«. Die emotionale Kompetenz des Menschen entscheidet demnach über ein mehr oder minder gesundes oder ungesundes Kauf- und Konsumverhalten. Der übermäßige Konsum von materiellen Gegenständen und Waren steht deshalb in seiner psychologischen Funktion einem übermäßigen Konsum von Alkohol oder von anderen Drogen in nichts nach. Deshalb spricht man auch vom Krankheitsbild der Kaufsucht, die in vielem den anderen Süchten ähnelt.

Übermäßiger Alkoholkonsum wird auf der einen Seite in der Öffentlichkeit nicht gern gesehen – im Berliner Nahverkehr ist mittlerweile, wie in Teilen der USA, sogar das Konsumieren von Alkohol ausdrücklich verboten. Auf der anderen Seite ist das Trinken von größeren Mengen des »Feuerwassers« zum Habitus geworden und von großen Feierlichkeiten oder kulturellen Traditionen wie dem Karneval nicht wegzudenken. Allein mit den »Besoffenen« – den Obdachlosen und Punks, die am Straßenrand oder in der Ecke liegen –, will man nichts zu tun haben. Hier ist man angeekelt, wendet sich ab, oder man ist doch eher hilflos und weiß nicht, was man tun soll. Einen wildfremden Menschen mit nach Hause zur Ausnüchterung zu nehmen, aus reiner Nächstenliebe, wer macht das schon, man könnte ja bestohlen werden … Bei Burschenschaftstreffen kann es anders sein – »Saufen, was das Zeug hält!« als männliches Standfestigkeitsritual. Wenn jemand an Alkoholsucht erkrankt, fällt es oft erst einmal gar nicht auf, denn Alkohol in Maßen zu konsumieren, gehört in unserer Gesellschaft zur Geselligkeit und zu jedem guten Essen dazu. Nur wenn es sich um den Konsum von nicht legalen Drogen handelt, wird gesetzlich direkt ein Riegel vorgeschoben, denn das ist verboten und nun wirklich nicht erwünscht. Weil wir uns hier auf illegalem Boden und damit auch in einem Tabubereich bewegen, sind wir

Drogensüchtigen gegenüber noch hilfloser, erkennen zwar im Gegensatz zur Alkoholsucht, wie schlimm die Krankheit ist, reagieren aber gesellschaftlich gesehen mit mehr Ausschluss, mehr Verboten und mehr Sanktionen, statt die Ursachen für das Krankwerden zu bekämpfen. Dass dies den illegalen Drogenhandel stärkt, weiß man schon lange … Warum bleibt das so? Gehen wir zurück an den Anfang, zum Kaufen und ganz allgemein zum Konsumieren. Beides wird gesellschaftlich nicht nur toleriert, sondern ist sogar explizit erwünscht. Denn es entspricht der Grundlage unseres wirtschaftlichen Denkens und unserer Wohlstandsphilosophie.

Übermäßiges Kaufen und Konsumieren kann zu ausgeprägter und verheerender Kaufsucht führen. Handelt es sich zunächst oft nur um eine Art Ersatzbefriedigung, das Auffüllen innerer Leere, eine »Haben-wollen-Mentalität«, einen Seins-Ersatz oder wie auch immer wir es nennen wollen, so ist die daraus unter Umständen entstehende Kaufsucht eine wirkliche Krankheit und bedarf in den meisten Fällen dringend, wie das folgende Beispiel zeigt, psychotherapeutischer Behandlung.

Frau K., 49 Jahre, ohne Schulabschluss

Frau K. wurde schon in der Schule wegen ihrer Kleidung gehänselt: keine Markenware, eher abgetragene Kleider ihrer älteren Geschwister, kaum Geld für »angesagte« Kosmetikprodukte.

Schon damals fühlte sie sich »klein und schäbig«. Sie hatte lange Zeit keinen Freund und führte dies unter anderem auf ihr mangelndes Äußeres zurück, obwohl sie eigentlich eine recht hübsche Frau war.

Sie stahl als Jugendliche zunächst ihren Großeltern Geld, um sich Dinge zu kaufen, die sie, wenn sie sie nicht benötigte oder trug, im Keller versteckte. Einmal habe sie sich für Geld sogar prostituiert, um sich ein modisches Kostüm zu kaufen. Beim Tragen des Kleides habe sie sich »so sauwohl und richtig fraulich« gefühlt, dass es sich wirklich gelohnt habe.

Mit 24 heiratete sie. Zunächst war sie glücklich, dann gab es aber Differenzen wegen finanzieller Angelegenheiten. Das Haushaltsgeld (aus ihrem und dem Verdienst des Mannes bestehend) habe meist gerade nur mal bis zur Monatsmitte gereicht. Zunächst habe ihre Bank »nicht mehr mitgespielt«. Daraufhin habe sie Unterschriften gefälscht, um an das Geld ihres Mannes heranzukommen. Mit vielen Ausreden habe sie das Haus verlassen und sei shoppen gegangen. Die Waren habe sie immer versteckt. Insbesondere nach den Auseinandersetzungen mit ihrem Mann oder ihren Eltern oder wenn sie sehr alleine gewesen sei, habe sie sich »etwas Schönes kaufen müssen«. Als ihre im Haus wohnenden Eltern und ihr Mann ihren Ausgang überwacht hätten, habe sie einfach begonnen, aus Warenkatalogen und via Internet Dinge zu bestellen.

Frau K. und ihre Familie sind heute finanziell ruiniert. Bei zwei Krankenhausaufenthalten stahl Frau K. Mitpatienten Geld, um sich »Dinge, die gut tun«, zu kaufen. Frau K. ist vorbestraft. Erst nach einem dritten Krankenhausaufenthalt gelang es ihr, ihr Kaufverhalten und vor allem die Triggermechanismen, die in ihr ablaufen, zu erkennen, um dann nach kognitiver Umstrukturierung korrigierende emotionale

Erfahrungen zu machen. Dann endlich konnte sie ihre emotionalen Bedürfnisse adäquater zuordnen und – vor allem – befriedigen.

Hierzu bedurfte es also zunächst einer klärungsorientierten Behandlung, die der Patientin die Zusammenhänge ihres Verhaltens mit ihrer Biographie näherbrachte. Anschließend konnte sie an lösungsorientierte, korrigierende emotionale Erfahrungen herangeführt werden, um auch ihr Verhalten entsprechend zu ändern.

Immerzu und allerorts werden wir aufgefordert zu konsumieren, was das Zeug hält. Von jeder Straßenecke aus lachen uns charmante Damen und Herren auffordernd von Plakatwänden an, und im Fernsehen kann man fast keinen Film mehr ansehen, ohne dass dieser alle paar Minuten von Kaufaufforderungen unterbrochen wird. Allein der soziale Druck, nicht das neueste Auto zu haben, noch die alte Modefarbe zu tragen oder eben die falsche Krawatte, zwingt uns unausweichlich zu diesem »modernen« Kaufverhalten, um nicht als »komischer Typ von gestern«, Eigenbrödler oder Außenseiter stigmatisiert zu werden. Das ist sicherlich jetzt schon so oder wird zumindest bald ein anachronistisch wirkendes Paradigma für Glück, Erfolg und ein gelingendes Leben von Homo sapiens sein, welches ein stetiges pathologisches Verbrauchsverhalten erfordert, das gleichzeitig dazu dient, emotionale Defizite hominidengerechter Lebensgestaltung auszugleichen. Nur leider spüren wir diese Surrogatwirkung fast nicht mehr, da sie kulturbestimmend und gesellschaftsrelevant geworden ist, wie jede andere gesellschaftlich tolerierte oder gar gewünschte Droge auch.

Es ist eben immer nur eine Frage gesellschaftlicher Wertung und Bewertung. Den Bierkrug stemmenden Stammtischbruder interpretieren wir als Urbild deutscher Gemütlichkeit als etwas Positives, den Hanf rauchenden Hippie auf der Parkbank hingegen als bedenkliche Randfigur. Das mit Tüten, Taschen und Kartons bepackte Samstagspärchen in den Markenklamotten beurteilen wir im Allgemeinen als wohlhabend, erfolgreich, modern und stark, und den Wollsocken tragenden, Müll vermeidenden, Fahrrad fahrenden Ökofreak belächeln wir eben nur einfach als »Außenseiter«. Das Pärchen verbraucht gerade hemmungslos den Rest der Welt und der Müslimann schont Ressourcen. Wir sehen, dass gesellschaftliche Wertung und kollektives Verhalten der Masse nicht viel mit Kategorisierungen in richtig und sinnvoll oder falsch und unsinnig zu tun haben muss.

Eine solch verfestigte verhaltensrelevante soziale Norm und gesellschaftliche Mainstream-Wertung, wie das jetzige Konsumverhalten und alles, was damit zusammenhängt, zu verändern, das ist nahezu unmöglich, solange diese gewünscht und System erhaltend sind. Allein sie infrage zu stellen oder zu überdenken, rückt den Hinterfragenden sofort in die Ecke des skurrilen Verzichtapostels. So wird sich erst einmal nichts daran ändern, dass wir in Spam-Mails, Werbematerial, Zeitungsanzeigen und Fernsehspots zunehmend ersticken, denn die kollektive Angst, die uns bei sinkenden Wachstumsraten überkommt, ist riesig. Und dennoch wird es dabei bleiben, dass all unsere Bemühungen, auf diese Weise glücklicher und zufriedener zu werden, vermutlich nicht gelingen werden. In diesem Ausmaß dient Konsum, wie wir gesehen haben, nicht den wirklichen Bedürfnissen von Homo sapiens. Deshalb werden das maßlose Konsumverhalten und auch die Wachstumspolitik vermutlich nur eine vorübergehende Zeiterscheinung bleiben können, die – wie so viele Irrtümer sowohl der Geschichte als auch der Evolution – sicherlich bald korrigiert werden (müssen) – freiwillig oder irgendwann eben gezwungenermaßen.

4.3.2 Komasaufen – wieso?

Wenn wir, insbesondere den jungen Menschen, nicht den Raum geben, positive und persönlichkeitsbildende Erfahrungen zu machen, ist das ein neurobiologischer, somit pädagogischer und gesellschaftlich gesehen gravierender Fehler. Wir wissen, nichts prägt nachhaltiger als die eigene Erfahrung.

Nun haben wir Gesellschaftsformen, in denen (vermeintliche) Sicherheit weitaus mehr zählt als Freiheit. Sicherheit und Freiheit sind sogar in gewisser Weise Gegensätze. Die Freiheit nährt sich nämlich von der eigenen Willensbildung, der eigenen Entscheidung und vom eigenen Tun. Äußere Sicherheit hingegen bedeutet in vielerlei Hinsicht, in einem goldenen Käfig zu sitzen und nicht selbst handeln zu dürfen oder zu können. Frei sein ist kein passiver Zustand, sondern heißt, aktiv tätig zu sein oder zu werden. Frei sein heißt wiederum auch, dafür die Kompetenzen zu erlangen oder diese bereits erlangt zu haben. Frei sein meint hingegen nicht, satt, sauber und versorgt zu sein, sondern sich aktiv mit einer inneren Lebenshaltung für einen Lebensweg entscheiden zu können. Dies ist in einer Multioptionsgesellschaft, in der uns alle Möglichkeiten offen stehen, nicht unbedingt einfach. Unsere Aufgabe ist es deshalb, nachwachsenden Generationen die Möglichkeiten aufzuzeigen, wo man die notwendigen Kompetenzen für ein gelingendes Leben in Freiheit erwerben kann. Freiheit auszuhalten, ist viel schwieriger, als Gesetze zu befolgen. So haben Regelüberschreitungen, übermäßige Gewalt und Jugendkriminalität in unseren Gesellschaften größtenteils nicht mehr viel mit leidvoller wirtschaftlicher Armut, sondern vielmehr mit optionalen Freiheiten, Überfluss und Orientierungslosigkeit zu tun.

Wenn wir das »Komasaufen« einschränken wollen, indem wir Gesetze erlassen oder Innenstädte für Jugendliche absperren, ist dies eine hilflose und auch falsche Reaktion. Wenn wir Bürgersteige, Plätze und U-Bahn-Stationen noch mehr mit Video überwachen, bringt das nicht viel mehr, als dass wir das Unglück einer plötzlichen jugendlichen Gewalttat im Bild festhalten können, um sie anschließend zu sühnen. Aber verhindern können wir sie damit nicht. Wenn sie aufgezeichnet ist, ist sie schon längst geschehen. All die Überreglementierung und all die Versuche, ausschließlich mit neuen Gesetzen den Phänomenen einer orientierungslosen Jugend zu begegnen, scheinen derzeit also eher ins Leere zu laufen. Sie bieten allenfalls weiteres Konfliktpotenzial.

Wie sollen sich auch im Verhalten der Jugendlichen Änderungsprozesse zeigen? Unsere Gehirne werden und funktionieren doch nur so, wie wir sie gebrauchen. Das ist beim Kriminellen genauso wie beim rechtschaffenen Bürger. Gesetze zu befolgen, hat jedenfalls eher etwas mit einem passiven Verhalten zu tun und keineswegs mit einer aktiven Entscheidungsmöglichkeit. In unseren »modernen« Gesellschaften lernen wir also alle weniger, die Gesellschaft aktiv mitzugestalten, als vielmehr, dass und warum vorgegebene Gesetze zu befolgen sind.

Das Angebot des Passiven zeigt sich in vielen gesellschaftlichen Bereichen ganz konkret. Beispielsweise bei den Lehrern: Ihre Handlungsfreiheit wird eingeschränkt. Sie haben vor allem und unbedingt die Richtlinien der Kultusministerien zu befolgen, sich an den Lehrplan zu halten und Wissen zu vermitteln. Studiengänge werden durch das Bachelor- und Masterstudium wieder »verschult« und Betriebe – oft von Menschen ohne Führungskompetenzen – geführt, als bestünden sie aus einem Heer dummer, möglichst folgsamer Marionetten. Gute Unternehmen werden aber mehr gelebt als geführt. Kurz: Gestaltungsräume und Erfahrungsmöglichkeiten, die zu aktivem Verhalten anregen, werden in der Gesellschaft an falscher Stelle zunehmend eingeschränkt und reduziert.

Dem noch nicht genug, toppen wir das Ganze noch, indem wir das Leben in seinen vielfältigen Dimensionen medial in illusionäre Wirklichkeiten, bunte Bilder und Geschichten packen, statt es in der Realität wirklich zu erfahren. Kein Wunder, dass viele Menschen, insbesondere Kinder und Jugendliche, das eigene, nicht gelebte Leben in der TV-Konserve suchen. Freilich, bunte Bilder und bewegende Geschichten ziehen unsere Aufmerksamkeit erst einmal mehr auf sich. So ist unser Hirn programmiert. Wir erfahren uns vor dem Fernseher jedoch nur als Betrachter und als passive Konsumenten. Wir können weder in das Geschehen eingreifen noch der Handlung eine entscheidende Wende geben, um die Geschichte zu beeinflussen. Auf unser eigenes Zutun kommt es da nicht an. Wir bleiben quasi draußen vor der Tür stehen. Schon so machen insbesondere Kinder früh die Erfahrung, wie man eine passive Grundhaltung einnehmen kann. Sie machen die Erfahrung, dass es anscheinend keine Gestaltungsspielräume gibt bzw. dass es nicht darauf ankommt, sich aktiv in den Lauf der Dinge einzubringen. (Vielleicht werden diese frühen Erfahrungen von Unwirksamkeit ja auch relevant, wenn zu einem späteren Zeitpunkt, z. B. junge Erwachsene, sich nur geringfügig an Wahlen beteiligen wollen. Oft lautet ihre Begründung: »Wir können ja eh nichts bewirken!«) Die Menschen – leider vor allem viele junge –

erfahren sich als gemacht und nicht als machend. Aus dieser Haltung erwächst dann auch der übermäßige Versorgungswunsch, wie der von Frau K. und die Anspruchshaltung: »Wenn Du mich liebst, muss Du mich auch versorgen!«

Hierüber sollten wir nachdenken und nicht über neue Gesetze. Wir sollten Wege suchen, wie wir den passiven Erfahrungsräumen neue attraktive Erfahrungsräume gegenüberstellen können, die zu Aktivität und eigener Gestaltung einladen. Um keine Missverständnisse aufkommen zu lassen: Es geht nicht darum, Fernsehen oder Medien grundsätzlich zu verteufeln. Den jungen Menschen sollen nur in ihrer größten Entwicklungsphase vielfältige Erfahrungs- und positive Prägungsräume zur Verfügung gestellt werden. Für ein später gelingendes Leben und zur Ausbildung von Basiskompetenzen gehört das nun einmal dazu: die aktive Auseinandersetzung mit anderen Menschen, mit dem Selbst und der Umwelt. Es gehört dazu, auf Bäume zu klettern, herunterzufallen und sich vielleicht ein Bein zu brechen, Fußball zu spielen, zu siegen und zu verlieren, sich zu verausgaben und sogar Schmerzen zu ertragen sowie soziale Kompetenzen in der Gruppe zu trainieren und sich darüber zu freuen, wenn etwas gelingt.

Unser Gehirn kann das, was es erfährt. Wenn es sich ausschließlich in einer passiven Betrachter- und Duldersituation befindet, wenn es ausschließlich erfährt, dass etwas anderes oder jemand anderes für seine Sicherheit und Zufriedenheit sorgt, bildet es nicht die Fähigkeiten aus, die ein gelingendes, eigenverantwortliches Leben möglich machen. Im Leben müssen wir jedoch mit den gegebenen Umständen, mit den anderen und mit uns selbst umgehen können. Aber wie lernen wir, mit unseren Affekten umzugehen, mit Unzufriedenheit, Angst, Wut, Trauer oder Langeweile? Wie erlernen wir Frustrationstoleranz und Leidensfähigkeit, und wie erlangen wir aktive Gestaltungskraft, wenn nicht in aktiven Erfahrungsprozessen?

Sind TV-Bilder und -Geschichten unsere Welt, so versucht das Gehirn, die notwendige Affektregulation über das virtuelle Medium Fernsehen zu bewältigen. Es lernt nicht, wie es normalerweise der Fall sein sollte, die Dinge mit sich selbst auszumachen und in Beziehung zur Situation und zu den beteiligten Menschen zu setzen. Visuelle Medien dienen vielmehr der Entspannung, der Flucht in fremde Welten oder dem Aggressionsabbau. Denken Sie nur an die enorme Bandbreite von Computerspielen, zu denen sich online aus aller Welt Menschen verabreden, um gemeinsam in unwirkliche Abenteuerwelten abzutauchen, wo gegeneinander gekämpft oder gar Krieg geführt wird!

Menschen müssen aber lernen, ihre Affekte in der Realität selbst zu steuern und diese, wenn möglich, gewinnbringend einzusetzen. Wir brauchen ein Gefühl der Selbstwirksamkeit und Autonomie, auch für unser Wohlbefinden. Das Fernsehen und die Online-Spiele sind hier nur zwei Beispiele einer passiven »virtuellen« (Schein-)Wirklichkeit, aber doch anschaulich genug, um zu verdeutlichen, wie sehr das eigene Erfahren, Handeln und Entwickeln von Fähigkeiten eingeschränkt ist. Passive Wirklichkeiten finden wir natürlich auch in anderen Gesellschaftsbereichen. In jedem Fall quält es die Systemkonzeption Mensch in ihrem Innersten, wenn sie die eigene Inkompetenz in der Realität zu spüren bekommt. Sie reagiert dann mit Angst, wird sich ihrer Insuffizienz bewusst, bleibt oftmals passiv-abhängig und frustriert.

Und jetzt brauchen wir uns über das so genannte »Komasaufen« auch nicht mehr zu wundern. Es ist die hilflose Reaktion der unglücklichen Systemkonzeption Mensch, die sich in einer scheinbar ausweglosen Situation wahrnimmt. Drogen und Abhängigkeit – sowohl die passive Abhängigkeit von Fernsehen und Computerspiel als auch der unkontrollierte Alkoholkonsum und anderer Rauschmittel – täuschen uns eine Harmonisierung und Synchronisierung neuronaler Netzwerke vor. Sie vermitteln uns das Gefühl scheinbarer positiver Bewältigung, scheinbarer Entspannung, scheinbarer Zufriedenheit und scheinbaren Glücks. Beim Komasaufen fühlt sich die Gruppe sozial miteinander verbunden, gemeinsam handelnd, gemeinsam Zufriedenheit erfahrend, gemeinsam entspannt und harmonisiert – natürlich letztendlich alles auf einem sehr niedrigen, passiven Niveau und vorgetäuscht. Komasaufen ist insofern die pathologische Reaktion auf fehlende tatsächlich erlebte positive Bewältigungserfahrungen und auf die Unfähigkeit, ein gelingendes, zufriedenes Leben aus eigenem Antrieb und eigener Kraft herstellen zu können.

Franz, 21 Jahre, ehemals Gymnasialschüler

Franz war 12, als er zum ersten Mal »so richtig blau« war. Damals lachten seine älteren Kumpel noch, mit denen er den billigen Fusel aus den Supermärkten trank, als er in seinem Erbrochenen liegend von der Polizei gefunden und abtransportiert wurde.

Einige Zeit später suchte sich Franz dann eine Gruppe, in der er der Älteste war. Den Alkohol ließen sie sich von erwachsenen Pennern besorgen, denn es wurde gesetzlich versucht, sie vom Fusel fernzuhalten. Zu ihren Partys trafen sie sich nicht in schmuddeligen Parkecken, sondern in den Wohnungen ihrer Eltern oder in Partykellern. Sie fühlten sich erwachsen und cool, sie waren nett gekleidet und sprachen über die neuesten technischen Geräte und angesagtesten »Klamotten«, die man sich kaufen sollte, »um hip zu sein«. Sie lästerten über spießige Lehrer und »bekloppte Eltern«, die sich von morgens bis abends »von anderen ausbeuten« ließen und es dabei doch nicht so weit gebracht hatten, so viel zu haben, wie die Menschen, die sie aus Film und Fernsehen kannten. Eigentlich ging es ihnen gut, sie waren satt und sauber, aber innerlich fühlten sie eine große Leere, die sie auf diesen Partys zu füllen suchten, bis sie sich lallend in den Armen lagen, die jungen Pärchen, um von ihrem »coolen Leben« zu träumen.

Franz hatte das Glück, eine Therapie machen zu können. Später, nach einer längeren sozialen Maßnahme, während der er auch einen Beruf erlernte, wurde er Möbelschreiner. Jetzt ist er selbst aktiv, zielgerichtet, orientiert und motiviert.

Einer seiner früheren Kumpel aber wurde durch wiederholte Körperverletzung straffällig und sitzt nun im Gefängnis. Und seine ehemalige Freundin kommt nicht vom Heroin weg, auf das sie damals umgestiegen war. Deren Freundin wiederum bekam von irgendjemand ein Kind und lebt nunmehr vom Staat alimentiert irgendwo. Berufsausbildung und Arbeit hat sie leider keine.

Beim Komasaufen handelt es sich also in vielen Fällen – natürlich nicht in allen – um eine pathologische Affektregulation, weil die Kinder und Jugendlichen die Basiskompetenzen für eine natürliche adäquate Affektregulation nicht erlernen konnten bzw. nicht gelernt haben. Wir verhindern Komasaufen demnach nicht durch schärfere Gesetze oder durch Aufseher an jeder Ecke, sondern indem wir jungen Menschen rechtzeitig ermöglichen, andere Bewältigungskompetenzen zu erlernen.

Wie gesagt, nicht in allen Fällen ist die exzesshafte Überschreitung jeglichen Maßes mit einer Reifungsstörung oder einer hoch pathologischen Affektregulation zu begründen. Das geschieht auch aus anderen Gründen, z. B. nur der puren Lustbefriedigung wegen. Dabei kann es sich auch um eine ganz natürliche – oder besser – tolerable Affektregulation handeln, wie wir im Folgenden lesen werden.

4.3.3 Die Lust auf Entgrenzung

Moralische, gesellschaftliche oder gar kriminelle Grenzüberschreitungen von Homo sapiens sind natürlich kein neues Phänomen moderner Gesellschaften. Trotzdem kommt ihnen auch und gerade innerhalb von modernen Multioptionsgesellschaften ein besonderer Stellenwert zu. Die Gewährung von multiplen Optionen und maximaler Konsumfreiheit wollen wir so, weil sie einen wesentlichen Teil unseres Freiheitsbegriffs ausmachen. Sie bergen aber geradezu die Gefahren eines kollektiven und individuellen Kontrollverlusts sowie die Versuchung der Grenzüberschreitung. Also brauchen wir bei all der Freiheit doch die in unserer scheinbar grenzenlos freien, individualisierten, demokratischen Gesellschaft integrierten Kontrollmechanismen. Sie kontrollieren und steuern Teile unseres privaten und gesellschaftlichen Lebens.

Diese Notwendigkeit und die unbewusst mitschwingende Angst, alles könne aus dem Ruder laufen, wirken sich jedoch auch auf einer ganz anderen, subtileren Ebene aus: einerseits in Gestalt eines sehr komplexen und umfassenden, stetig noch wachsenden gesetzlichen Regelwerks mit Ge- und Verboten, andererseits in einem nur schwer greifbaren, aber doch unumstößlich demokratisch-moralischen Grundverständnis mit der unterschwelligen Erwartung an uns, als »richtiger« Demokrat immer folgsam und regeltreu bleiben zu müssen.

Der »gute« Bürger ist in unserer Gesellschaft nämlich genau definiert, wenn wir einmal näher darüber nachdenken. Ein Grund dafür ist vermutlich der Umstand, dass die großzügig gewährten neuen Entfaltungsmöglichkeiten in unserer freiheitlich-demokratisch organisierten Gesellschaft die »Gefahr« von noch größeren Fehltritten und Entgleisungen bergen, als es früher schon der Fall war. Hinzu kommt, dass Homo sapiens von Natur aus auch den Hang zur Grenzüberschreitung mitbringt. Neues sowie Unkontrollier- und Unberechenbares mahnen im besten Fall zur Vorsicht, machen aber heute mehr denn je auch Angst. Deshalb bleibt es dabei, dass wir der Wildheit und Unberechenbarkeit des menschlichen Wesens besser erst einmal die Zügel anlegen.

Sicherlich braucht der Mensch Orientierung im Leben und muss sich natürlicherweise auch an gewisse Regeln halten, allein um des gesellschaftlichen Zusammenlebens willen. So sind wir in modernen Gesellschaften zwar bemüht, Freiheit und Selbstbestimmung unaufhörlich zu bekunden, schränken sie aber dennoch durch die Zunahme an Gesetzen, Richtlinien und Verhaltensnormen wieder übermäßig ein. Was erlaubt ist und was nicht, was gern oder nicht gern gesehen wird, das ist so etwas »schwammig« geworden.

»Schwammige« Grenzen auszutesten und zu überschreiten ist noch reizvoller, als in überholten Obrigkeitsstaaten eindeutig formulierten Gesetzen treu zu bleiben. Es ist wie bei Kindern: Was absolut verboten wird, ist mehr oder weniger klar, aber da, wo Grenzen und Konsequenzen unklar, nur angedeutet oder unglaubwürdig sind, da werden sie gern ausgetestet. Die Lust hierzu ist allgemein groß, nicht nur bei den Kindern, wie wir auch in den vorhergehenden Kapiteln schon lesen konnten und in den folgenden noch lesen werden.

Wir beschränken Akzeptanz und Toleranz, wenn es um »gewisse« Investmentbanker oder Dauerarbeitslose geht, wenn das Höher-schneller-weiter-Prinzip verlassen wird, wenn es nach unserer Meinung nicht sozial genug zugeht oder jemand doch viel zu viel verdient. Wir können es nicht gutheißen, wenn sich jemand nicht anschnallt, zu viel oder überhaupt raucht, seiner Familie scheinbar untreu wird oder die von ihm geforderte Leistung nicht erbringt. Wir haben kein Verständnis für den, der die allgemeingültigen demokratischen Grundregeln anscheinend immer noch nicht beherrscht oder diese einfach nicht so ernst nimmt, seine Steuerlast mit Tricks verringert oder einfach so, unverrichteter Dinge, ungerecht Mitarbeitern kündigt. Wir können es nicht ab, wenn andere Autos fahren, die immer noch zu viel CO_2 produzieren oder Häuser nicht optimal isoliert sind. Wir regen uns darüber auf, wenn die Straßenverkehrsordnung verletzt wird, die Umwelt nicht geschont wird und über den, der gern jagt oder andere nicht mehrheitstolerierte Dinge tut. Unsere Akzeptanz und Toleranz stoßen an Grenzen, wenn jemand den Anschein des Sexismus erweckt, (nichtlegale) Drogen nimmt, den Zweig unseres Baumes abschneidet, der über seinem Gartenzaun hängt, wenn jemand geruchsbelästigend grillt oder zu laut eine Party feiert. Außerdem tolerieren wir nicht, wenn ein Lehrer seinen Schüler körperlich berührt oder auf irgendeine Art und Weise sanktioniert.

Insgesamt tolerieren oder akzeptieren wir also bei unseren Mitmenschen kein Verhalten, das den Anschein erweckt, den gesellschaftlichen Mainstream zu verlassen. Die persönliche Freiheit findet hier durch die soziale Gemeinschaftskomponente ihre natürlichen Grenzen. Sie bleibt aber ein bisschen unausgesprochen und doch ein bisschen erwartet, sprich etwas »schwammig«. Das ist per se für die Menschen ein Grundstressfaktor, müssen sie sich doch meist selbst in ein erwartetes Schema einpassen. Das wertende Feedback der anderen und der Wunsch des Einzelnen nach Anerkennung in der Gruppe haben Auswirkungen auf das Individuum, seine Einstellung zur Freiheit, auf sein Verhalten und seine Entfaltung. Es möchte oder muss einfach dabei sein: bei der Gruppe der neuen »Gutmenschen«, der tolerierten Bürger, die einen Beitrag für die moderne Gesellschaft leisten. Also unterwirft sich der einzelne Mensch lieber oft auch willkürlichen und nur scheinbar demokratischen Regeln. Denn der Preis, nicht dazuzugehören, ist für Homo sapiens einfach zu hoch.

Eine gut ausgebildete Urteils- und Entscheidungsfähigkeit, eine eigene Vorstellung vom Leben, von notwendiger Zielstrebigkeit und Durchhaltevermögen sowie das individuelle Profil sind eben nur so lange gern gesehen, wie es in den tolerablen Rahmen der modernen Gesellschaft passt. So sind gut ausgebildete Kompetenzen, persönliche Fähigkeiten und Mündigkeit vielleicht zwar erwünscht, aber eben nur »im Rahmen«. Der zu mündige Bürger mit zu viel Persönlichkeit und zu hohen Sozialkompetenzen ist einerseits zwar gern gesehen, weil er selbstständig ist, Eigenverantwortung trägt und der bunten, oft scharfen, aber natürlich lebendigen Auseinandersetzung gewachsen ist, andererseits entsteht dabei aber offensichtlich für Staat und Gesellschaft die Gefahr, die Generalkontrolle und die Übersicht über die Bürger in einem rasanten Biotopwandel zu verlieren. Die moderne Kontroll- und Normkultur unterwirft das Selbst der Menschen fast ebenso wie in Obrigkeitsstaaten und lässt ihn oft von sich selbst entfremdet zurück.

Wir leben eine Kultur voller defizitärer Selbst- und Fremdzuschreibungen und nicht selten beschleicht uns das Gefühl, in irgendeiner Form doch unbemerkt in Ketten gelegt worden zu sein oder uns selbst in unserer Freiheit beschnitten zu haben. Es war schon immer eine Gratwanderung, den Anforderungen einer funktionierenden Gesellschaft genügen und gleichzeitig menschlichen sowie persönlichen Bedürfnissen oder Trieben nachkommen zu wollen. Wir dürfen uns darum durch unsere nur scheinbar so große Freiheit nicht blenden lassen. Nur erwartet man heutzutage viel mehr von jedem Einzelnen, diesen Balanceakt selbst zu gestalten. Er drückt sich aus in der heimlichen Suche nach dem Archaischen, der in Surrogatwelten führt, wie wir es von Extremsportarten, spielerisch kriegerischen Auseinandersetzungen in Stadien, Clubbing-Veranstaltungen, aus Sauna- und Wellnessclubs oder von Bordellen kennen. Und die Lust auf Archaisches steigt, je virtueller, digitalisierter, zivilisierter, kontrollierter und genormter unsere Wirklichkeit wird. Wir wollen schließlich einen Ausgleich zum gesellschaftlichen Normierungsdruck – doch gleichzeitig unterliegen wir ihm und dem Zwang zur eigenen Selbstkontrolle und -beherrschung, die uns dieses dichte, moderne Leben erst ermöglichen.

Natürlich, haben wir das Leben so gewählt, wie es jetzt ist. Es schien uns Erfolg versprechender, die Interessen und das Sicherheitsbedürfnis des Kollektivs in den Vordergrund zu stellen, als der Willensausübung des Einzelnen völlig freien Spielraum zu lassen. Kooperation mit Gleichgesinnten erschien uns günstiger als die Konfrontation Einzelner mit ihren individuellen, zum Teil sich widersprechenden Lebensentwürfen. Aber auch das hat seinen Preis. Darum haben wir also die modernen Barrieren und Kontrollenmechanismen gewählt, damit das unmittelbare, individuelle Handeln dem sozial befriedeten, gemeinschaftlichen kooperativen Prozess nicht im Wege steht. Wir nahmen an, das sei vorteilhafter und für uns die beste Lösung.

Zugegeben, da mag auch was dran sein, und das soll hier ja auch kein Plädoyer für die Rückkehr zu unseren archaischen Wurzeln sein. Doch die möglicherweise sogar richtige Kultivierung der Menschenmassen hat dann auch ihren Preis. Es ist der Preis der erwarteten Begrenzung, der Begrenzung unserer eigenen Möglichkeiten und der Begrenzung direkten Handelns. Die dazu notwendige Trieb- und Impulskontrolle bedarf eines enormen Kraftaufwandes, den wir auch mit einer steigenden Tendenz der Neurotifizierung des modernen Menschen bezahlen. (In diesem Zusammenhang verstehen wir unter einer Neurose Schwierigkeiten im Umgang mit äußeren [Umwelt] und inneren [psychischen] Stressoren, die zu einer Fehlanpassung oder gesundheitlichen Beeinträchtigung führen.)

Zwischen den individuellen und den kollektiven Ansprüchen ausgeglichen, gerecht und maximal förderlich zu navigieren, wird eine Gratwanderung bleiben. Das erfordert insbesondere hohe Basiskompetenzen, um mit den neurotischen Konfliktlagen, defizitären Selbst- und Fremdzuschreibungen und dem Verzicht auf das Archaische bestmöglich umgehen zu können – auch Ambiguitätstoleranz (Widersprüche auch auszuhalten) ist da ganz hilfreich. Deshalb wollen wir die Bewältigung dieser neuen Coping-Herausforderung anhand von Sex, Drugs and Rock 'n' Roll beschreiben.

Soziales Leben braucht Spielregeln, das dürfte unstrittig sein. Doch aus einer wachsenden Angst, die Kontrolle über das vordergründig ganz freie gesellschaftliche Leben und über sich selbst zu verlieren, wird der Bogen heutzutage – auch gesellschaftlich gesehen – überspannt. Strengere Kontrollen bedeuten letztendlich doch auch Eingrenzung, Freiheitsverlust und gesellschaftliche Sanktionen bei Grenzüberschreitung. Außerdem beschneiden wir uns dabei zusätzlich auch noch um eine notwendige Voraussetzung für unsere Entwicklung. Denn nur wer Grenzen überschreitet, kann auch Neues finden, Neues ausprobieren, dazulernen und neu Erfahrenes für eigene Zwecke nützlich machen. Sicherlich brauchen wir andererseits auch Regeln, um instinktgeleitete, übergriffige Brutalität und Aggression im Rahmen zu halten – eine vollkommene Entfesselung würde höchstwahrscheinlich in Anarchie ausarten. Aber alles mit Maß!

Wenn wir wie jetzt und weiterhin unsere gesunde Neugierde, unseren Entfaltungs- und Freiheitsdrang und all unser triebhaftes Begehren übermäßig zwanghaft im Zaum halten müssen, so werden sie mehr und mehr an Bedeutung und Kraft gewinnen. Diese zusammengeballte Kraft ist jedoch weitaus gefährlicher als gelebte Liberalität. Denn gelebte Liberalität fördert Eigenverantwortlichkeit und bewusstes zielgerichtetes Verhalten sowie die Aneignung und Ausprägung von Basiskompetenzen. Sprechen wir demnach allem natürlich Triebhaften und jeglicher Lust, die vordergründig sinnlos und unbegründet erscheint, ihre Daseinsberechtigung ab, dann werden wir Homo sapiens nicht gerecht.

Wir können doch oft gar nicht anders. Wir brauchen das Wilde, das vermeintlich Ziel- und Zwecklose, das Abenteuer und die damit oftmals verbundene Ausschüttung von Endorphinen und Morphinen. Wir brauchen das unberechenbare Risiko und das Wagnis. Zu uns gehören die Lust auf Neues, der Entdeckerdrang und die Sehnsucht nach Freiheit und Unbegrenztheit. Wir brauchen also beides: auf der einen Seite den legendären Triebverzicht und die Zähmung unserer Wildheit und auf der anderen Seite auch die Möglichkeiten zu einem entgrenzten Sein. Erst wenn wir in der Lage sind, beides zu leben, können wir beides voneinander unterscheiden und in unserem Leben richtig gewichten und selbst einordnen lernen.

Die Norm ist unsere Mitte und entspricht einer Normmoral. Sie repräsentiert aber nur die Mitte der Möglichkeitspalette und umfasst weder links noch rechts, weder oben noch unten. Das können wir uns gut an unseren so genannten Volksparteien klarmachen. Fast jede Partei will die Bedürfnisse und Wünsche der Mitte bedienen, will Volkspartei sein, verliert dadurch aber letztendlich an Profil, sodass Wagnis, Mut, das Umsetzen von neuen Ideen, nötige Reformen und der notwendige individuelle Charakter der Partei meist auf der Strecke bleiben. Die richtige Würze, Salz und Pfeffer, liegen schließlich weitestgehend außerhalb dieser Mittelmäßigkeit. Innovative Impulse kommen vorwiegend von links oder rechts, von oben oder unten, meist jedoch nicht aus der Mitte. Darum sollten wir unbedingt, trotz aller mittelmäßigen Moral- und Maßhalteappelle, Liberalisierung und natürliche, nicht moralisch eingeschränkte Erfahrungsräume zulassen und überdies ihre Verbreitung fördern. Denn sie gehören zu den Prinzipien des Lebendigen. Das Freiheitsbestreben des Menschen bahnt sich früher oder später sowieso selbst seinen Weg und nimmt den Raum ein, den es benötigt. Denken wir allein an die letzten Jahrzehnte, so gibt es viele derartiger natürlicher Liberalisierungsprozesse, die sich trotz strenger Normen behauptet, Altes abgeändert und Neues als Verhaltensnorm in der Gesellschaft verankert haben. Ein Beispiel dafür ist der Wandel der Bedeutung von Ehe und Familie oder die sexuelle Liberalisierung im Zuge der Entdeckung neuer Verhütungsmittel.

Die »heilige« Ehe und die Familie sind übrigens keineswegs natürliche Konstrukte von Homo-sapiens-Gemeinschaften. Sie sind aus einer kulturellen Notwendigkeit heraus entstanden und religiös beeinflusste, wenn nicht gar religiös begründete Konstrukte. Sie dienten und dienen noch heute der sozialen Gemeinschaft und schlichtweg dem Überleben. Man stützt und hilft sich gegenseitig, teilt sich die anstehenden Aufgaben und Arbeiten, institutionalisiert Verlässlichkeit und gewährleistet dadurch eine gut organisierte Aufzucht des Nachwuchses. Diese zweckmäßigen, gegenseitigen Versorgungsversprechen wurden dann irgendwann in Rechtskonstrukte verpackt und mit Moralansprüchen verbunden. Das kann durchaus sinnvoll sein, um die Fortdauer kulturell entstandener, für das Kollektiv nützlicher Konstrukte zu sichern, muss auf Dauer aber nicht so bleiben.

Das kollektiv für richtig Befundene verinnerlicht jedes Individuum jedenfalls rasch in seine eigenen Bilder von Gut und Böse, Richtig und Falsch. Man knüpft hohe Erwartungen an derartige moralische Institutionen, die ein ganzes Regelwerk beinhalten, denn sie berühren thematisch reale Grundbedürfnisse von Homo sapiens, nämlich Sicherheit und Geborgenheit. Gleichzeitig kommt es jedoch infolge des mitgelieferten Verhaltenskodex zu ungesunden Macht- und Unterwerfungsansprüchen sowie zur scheinbar nun legalisierten Besitzergreifung des Partners. Schuld daran ist die Überführung der Lebensgemeinschaft, einer ursprünglich kulturell notwendigen, natürlichen Institution in eine moralisch unantastbare.

Das ist so, aber entspricht das wirklich und immerzu dem, was wir wollen? Fragen wir uns nicht, wie es aktuell zur Erosion dieser angeblich als »normal« angesehenen und scheinbar natürlichen, der Natur des Menschen entsprechenden Konstrukte wie der lebenslangen Ehe und der Familienverbände kommt? Ist es der nunmehr einsetzende Untergang unserer zivilisierten Gesellschaft? Sind Trennungen oder Scheidungen – die früher von Richtern noch als moralische Verfehlung und Sünde gewertet wurden – nicht heute fast etwas Gewöhnliches? Vor nicht allzu langer Zeit galt es als exotisch, lebenslang unverheiratet zu bleiben. Diese Menschen bedauerte man sogar als kuriose und arme Gestalten. Sind sie das heute auch noch? Was halten wir von Patchwork-Familien? Sind sie nicht mittlerweile ein normaler Bestandteil unserer Gesellschaft geworden? Gingen früher Frauen, die unverheiratet schwanger wurden,

noch vor Verzweiflung wegen der Schande ins Wasser, so zählt man heute un-
ehelich geborene Kinder genauso zur Gesellschaft wie andere auch. Sollten sie
etwa nicht rechtlich genauso geschützt werden wie eheliche Kinder? Sind wir
nicht dabei, die Empörung über homosexuelle Partnerschaften langsam zu
überwinden, ohne den Verfall von Sitte und Moral heraufzubeschwören? Natürlich gibt es die konservativen Hauptbedenkenträger, aber genauso auch die
allzu Forschen und die, die immer alles übertreiben müssen. Aber finden wir
nicht nach und nach letztlich immer wieder einen neuen Konsens, der uns die
Überwindung nicht mehr sinnvoller Rechts- und Moralkonstrukte aufzeigt?

Wir wollen hier keine politischen Antworten finden, sondern nur deutlich
machen, dass Neues immer im Spiel mit und an den Grenzen entsteht, und
Grenzüberschreitungen oft auch unserer Natürlichkeit entsprechen. Wie sollte
es sonst – wie in unserem Beispiel – zu solchen Grenzüberschreitungen – wie
dem Seitensprung, der neuen Affäre, einem Doppelleben, Bordell- und Club-
besuchen – kommen? Wie trostlos sind bis heute leblose Gemeinschaften und
Gesellschaften, die mit größten Anstrengungen versuchen, eine künstliche, von
oben aufgezwungene Moral zu leben, oder unter dem Banner demütiger
Selbstaufgabe bloß dahinvegetieren, sich unfrei fühlen und ihre Natur künstlichen Verhaltenskonstrukten unterwerfen? Welches Elend entsteht in manch
unter dem Banner der Pflicht zwanghaft zusammengeschweißter Familie durch
Gewalt, Respektlosigkeit und gegenseitige Quälereien?

Auf keinen Fall soll hier ein Schreckensszenario von Ehe und Familie ge-
zeichnet werden. Unzählige Ehen und Familien – wenn nicht gar die Überzahl –
funktionieren gut, sind sinnvoll, erfüllend und bereichernd. Die Rolle des
amoralischen Scharfrichters und Advocatus Diaboli ist überhaupt nicht gewollt.
Gewollt ist nur, zu verdeutlichen, dass solche Konstrukte manchmal sinnvoll,
aber auch manchmal sinnentleert, überholt, auf jeden Fall aber von uns kulturell
gemacht, aber nicht unumstößlich auf ein angeborenes, selbstverständliches
und natürliches Axiom des Homo-sapiens-Daseins zurückzuführen sind.

Wäre dies so, dann müsste es nicht zu diesen Grenzüberschreitungen und zu
all dem ertragenen Unglück kommen, welches so oft in unserer Mitte noch
entsteht. Wäre das so, dann gäbe es gar nicht erst den Wunsch, diese Grenzen
überschreiten zu wollen oder zu müssen. Dann gäbe es keine Selbst- oder
Fremdtäuschung mehr, kein »Fremdgehen« und keinen Betrug. Dann gäbe es
nicht die mögliche zeitliche Begrenztheit glücklichen Zusammenlebens. Es gäbe
keine Clubs und Puffs mehr, keine One-Night-Stands und Quickies, und auch
das gewollte Single-Leben und das Eremitentum gäbe es nicht. Wäre lebenslange
monogame Partnerschaft und das Familien-Dasein dem Menschen angeboren,
würde es sich hier um unumstößliche menschliche Institutionen handeln, dann
müsste es keine Gazetten mehr geben, die alle »Fehltritte«, Partnerwechsel und
Partnerstreitigkeiten sensationslustig ausschlachten und auch keine Filme voller

Liebe und Zärtlichkeit, die wir stellvertretend für vielleicht eigenes, nicht erlangtes ersehntes Glück in uns süchtig aufsaugen, um unsere innere Leere zu überwinden und unsere Sehnsucht nach Liebe, Lust, Berührung und Aufmerksamkeit zu stillen. Wahrscheinlich gäbe es auch keine Stadt- und Schützenfeste mehr, keinen Karneval und keine Fastnacht, die Feste, bei denen wir uns trauen, etwas mehr Grenzüberschreitung und Hemmungslosigkeit zuzulassen. Viele von uns warten auf diese Feste oft schon ganz ungeduldig – bewusst oder unbewusst –, um das pralle Leben wieder zu spüren, vielleicht mit etwas erlaubter, zeitlich begrenzter Grenzüberschreitung. Sie dienen uns als Ventil einer existenziellen Bedürfnisbefriedigung oder als »Freigang« aus unserer aufgezwungen oder selbst auferlegten künstlich-moralischen Gefangenschaft.

Nun gehört Homo sapiens aber zur Gruppe der Primaten, wozu auch die Orang-Utans, Gorillas, Schimpansen und Bonobos zählen. Vergleichen wir das Sexual und Gruppenverhalten von Homo sapiens mit seinen natürlichen Schwestern und Brüdern, so stellt man fest, dass diese in der »freien« Natur ganz anders und vielleicht sogar besser zurechtkommen. Gorillas leben beispielsweise polygyn. Das heißt, das starke Männchen versammelt um sich herum einen Harem von Weibchen, die es bewacht, für die es sorgt und die es begattet. Zumindest funktioniert das meist so. Schimpansen und Bonobos führen ein promiskes Leben. Sie wechseln ihre Partner und die Gemeinschaften. Die Bonobos treiben es noch wilder, als wir es uns jemals vorstellen können, voller Genuss und Freude.

Der zivilisierte Homo sapiens aber lebt in der modernen westlichen Welt meist monogam, zumindest scheint es nach außen hin so. Monogamie ist eigentlich gleichbedeutend mit lebenslang »gelebter« Einehe. So lebt jedoch keine unserer Cousinen und keiner unserer Vettern. Überhaupt leben nur ein paar wenige Prozent aller Säugetiere wirklich monogam. Sicherlich gibt es da noch die so genannte serielle Monogamie, was eine aneinandergereihte, monogame Zweisamkeit meint, die über ein ganzes Leben lang verteilt ist. Dann hat man auch mehrere Partner, nur hintereinander, und nicht wie bei den anderen Primaten parallel, und das ist in unserem Kulturkreis gang und gebe und für unsere Homo-sapiens-Gesellschaft nichts Ungewöhnliches mehr. Wie kommen wir aber dazu, ein monogames Leben als eine Bedingung ohne Wenn und Aber festzuzurren? Gibt es doch eigentlich viele Arten von Lebensgemeinschaften und die unterschiedlichsten Ausformungen sexueller Vorlieben und Beziehungen, nicht nur im Tierreich, sondern auch in den unterschiedlichen Kulturen der Homo-sapiens-Gemeinschaften (und das passt zu uns, sind wir doch die vielseitigen Allrounder, die sich auch in diesen Lebensbereichen den notwendigen Bedürfnissen anzupassen vermögen).

Gerade weil wir uns, ob sinnvoll oder nicht, ob notgedrungen oder gewollt, in modernen Massengesellschaften irgendwie begrenzen müssen, damit das Zu-

sammenleben funktionieren kann, brauchen wir gleichermaßen auch Entgrenzungsmöglichkeiten, um unsere natürlichen Bedürfnisse, unsere Neugier und
unsere Sehnsucht nach Entspannung zu befriedigen. Das ist sicher kein neues,
aber ein stark reaktualisiertes Phänomen, darum sei es hier erwähnt. Es bezieht
sich nicht nur auf die sexuelle Freiheit, sondern auch auf die heutigen gesellschaftlichen Entgrenzungsphänomene im Allgemeinen. Wir haben dieses Entgrenzungsphänomen gewählt, weil sich am Beispiel der sexuellen Entgrenzung
diese Entwicklung besonders gut verdeutlichen lässt. Wenn wir Disziplin halten
und uns all den Regelmechanismen unterwerfen sollen, dann brauchen wir auf
der anderen Seite auch die Möglichkeiten der Ekstase und der Extreme.

Wir suchen förmlich das Neue, das andere, das Nichtbeschränkte, und zwar
nicht nur in den unwiderstehlichen neuen Reizen und außergewöhnlichen Sexualpraktiken, sondern auch im ekstatischen Tanz, in nicht enden wollenden,
mehrtägigen Techno-Veranstaltungen, in hemmungslosen Sauf- und Sexorgien
oder im haltlosen Drogenkonsum bis zur Aufgabe unserer eigenen Begrenztheit.
Wir suchen das Leichte, das Spielerische, die Fülle und die Ausschweifung, das
Übermäßige und Kompromisslose. Wenn wir an diesem Punkt sind, wollen wir
nicht mehr den Zweck abwägen müssen, den tieferen Sinn begreifen oder das
Vernünftige tun. Dann wollen wir uns vielmehr im Maßlosen und Unersättlichen
baden. Alles soll erlaubt sein, keiner soll uns bändigen! Wir wollen und müssen
heraus aus dem Realen, aus dem, was uns in unserer Freiheit beschränkt, ab in
die Illusion und Imagination. Wir suchen das Risiko, das Wagnis, am besten in
kollektiven Trance- und Traumwelten. Die einzige Gefahr, die uns droht, ist die
Sucht, das nicht mehr zurück oder nicht mehr verzichten Können oder Wollen.
Wir könnten uns unter Umständen ja vielleicht in diesen Schein- und Traumwelten verlieren …

Doch aus diesem mächtigen Entfesselungsbegehren erwächst letztendlich
auch das, was uns Spaß macht, was ausgleichend wirkt und uns entspannt in
unserer »gestressten« Welt: die wilden Feten, die Musikevents, in denen wir uns
kollektiv zudröhnen, der ausschweifende Luxuskonsum, das Baden in Champagner, die luxuriös und frei gestalteten sexuellen Spielwiesen der Lust in den
unterschiedlichsten Formen und Farben. Es sind die Reservate unserer ursprünglichen Wildheit und unserer archaischen Triebe. Sie gehören zu den vitalen Polen unseres natürlichen Seins und sind alleine deshalb für uns so ungeheuer wichtige und notwendige Erfahrungsräume. Wir sollten sie also besser
nicht verdammen, es sind unsere Grenzerfahrungsräume. Auch die Angst, diese
Reservate der Disziplin- und Zügellosigkeit könnten uns zerstören, ist unbegründet. Erst das Überschreiten von Grenzen lässt uns diese im Großen und
Ganzen von Fall zu Fall als sinnvoll akzeptieren und tolerieren.

Paula S., 43 Jahre

Paula S. war eine fast hoffnungslose Alkoholikerin. Sie trank täglich und maßlos, um ihrer reglementierten und zementierten Welt zu entfliehen. Ihre Welt, das war der von ihr als übergriffig und dominant erlebte Mann, gegen den sie sich nicht anders zu helfen wusste, als sich in den Rausch zu flüchten, das waren ihre anspruchsvollen Kinder, denen sie glaubte, nicht mehr gerecht werden zu können, und das war ihre monotone Arbeit, die ihr Leben zu einem langen, grauen Fluss werden ließ, auf dem sie dahinzuschippern schien, ohne ihm je entrinnen zu können.

Als sie bemerkte, dass die Flucht in die Scheinwelt begann, ihren Körper zu zerstören, begab sie sich in eine lange, harte stationäre Therapie. Dort lernte sie, das mit dem Trinken zu lassen, Grenzen zu akzeptieren und andere, wirklich rettende Ufer für einen neuen Lebensentwurf zu finden. Sie lernte, Ressourcen aufzubauen, aus ihnen zu schöpfen und ihre innere Leere, die sie bis dahin mit Alkohol aufgefüllt hatte, mit Neuem, Lebbarem, Reizvollem zu füllen. Keinen Tropfen Alkohol trank sie mehr, es ging ihr gut, sie war fröhlich, voller Elan und Zuversicht. Wir waren glücklich über dieses Ergebnis und entließen sie voller Hoffnung aus der stationären Behandlung. Doch schon einen Tag später wurde Paula S. von der Polizei wieder bei uns abgeliefert. Sie war sternhagelvoll und kaum ansprechbar. Unsere Frustration war groß. In kürzester Zeit schien unsere Patientin wieder da angekommen zu sein, wo sie vor Wochen bei Aufnahme in unserer Klinik gestartet war. Wir alle waren enttäuscht und traurig.

Nachdem Paula S. ihren Rausch ausgeschlafen, geduscht und die Kleidung gewechselt hatte, erschien sie gut gelaunt zur Visite. Im folgenden Gespräch erklärte sie ihrem Therapeuten: Mit aller Konsequenz und Härte habe sie in den Wochen der Therapie gelernt, Grenzen einzuhalten; es habe kein Entrinnen gegeben. Sie habe die Vorteile eines nicht alkoholisierten Lebens erfahren und die anfängliche Leere mit tollen Inhalten, Gefühlen und Gedanken gefüllt. Dabei habe sie ein Gefühl dafür entwickelt, wie es ist, wenn man ein neues Leben anfängt. Dieses neue, gute Gefühl und das andere Leben, wolle sie keinesfalls mehr missen. Sie habe schließlich erfahren dürfen, wie sinnvoll es ist, Grenzen einzuhalten und nicht im Rausch dahinzuvegetieren. Jedoch wären das während ihres Klinikaufenthaltes Grenzen gewesen, die ihr Ärzte und Therapeuten vorgeschrieben hätten. Das hätte ihre Autonomie eingeengt, was zu diesem Zeitpunkt bestimmt auch nötig gewesen wäre, aber es seien eben Grenzziehungen von anderen gewesen und nicht ihre eigenen. Dann, nach ihrer Entlassung, und nur dieses einzige Mal, wollte sie es selbst erfahren. Das habe sie sich schon am letzten Tag der Therapie geschworen. Sie wollte ganz bewusst ihre eigenen Grenzen definieren und überschreiten, um zu testen, ob sie stark genug ist, wieder zum geregelten Leben zurückzukehren. Sogleich sei sie an die erste Tankstelle gefahren, habe sich Unmengen an Alkohol besorgt und sich in einem Park fast bis zur Besinnungslosigkeit betrunken. Es wäre eine selbstbestimmte, gewollte Entgrenzung gewesen. Jetzt gehe es ihr aber wieder gut. Sie habe selbst ihre eigenen Grenzen überschritten und aus eigener Motivation wolle sie diese von nun an wieder einhalten. Sie verabschiedete sich, dankte allen und ging. Wir konnten zumindest in den darauf folgenden drei Jahren erfahren, dass Paula S. nie wieder einen Tropfen Alkohol zu sich genommen hatte.

Natürlich, wie könnte es anders sein, die profitorientierte Industrie unserer Konsumgesellschaft hat sich als Erstes auf unsere mächtigen, geheimen Wünsche und Begierden gestürzt, um sie sich zunutze zu machen und den größtmöglichen Gewinn davon zu tragen. Nicht nur Sex als Ware verspricht profitable Geschäfte, sondern Ware, präsentiert in einem erotischen oder sexuellen Kontext, genauso: Die Superfrau, die sich auf der Motorhaube eines Neuwagens räkelt, die Eiscreme, die zwischen lustbetonten Lippen verschwindet, die sexy, glatte, jung aussehende Haut, die nur durch den neuen Rasierer mit besonderem Scherkopf hervorgezaubert wird, der makellose Waschbrettbauch des Sportlers auf dem 24-Gang-Mountain-Bike, die ewig jung gebliebene, attraktive Frau, die dies nur ihrer Anti-Aging-Creme zu verdanken hat, das anschmiegsame, willige Weibchen, das sich an den coolen 3-Tage-Bart-Biertrinker anlehnt, all das soll unser heimliches Begehren und unsere Instinkte ansprechen. Mit diesem Auto, dieser Eiscreme, diesem Rasierer, diesem Rad, dieser Tagescreme und diesem Bier gehörst Du dazu und bist Du dabei, bei den Menschen, die ewig jung, schön, kraftvoll, potent und sexy sind. – Klar, das ist eine Illusion, der wir erliegen sollen, um Wirtschaftsunternehmen einen möglichst großen Gewinn einzubringen.

Je mehr wir wissen und erfahren haben, was jenseits nur scheinbar feststehender Grenzen ist, desto einfacher fällt es uns, friedvolle und sinnvolle Grenzen zu akzeptieren, die unser Zusammenleben erst möglich und frei machen. Es ist also gesellschaftlich von Nutzen, wenn wir die Reservate erlaubter Grenzüberschreitung, die niemandem schaden, akzeptieren. Diese Reservate zu betreten, hat nichts mit anarchischem Verhalten zu tun, denn sie selbst haben auch ihre Spielregeln. Wir müssen also tolerieren, dass wir uns austoben wollen, beispielsweise auf den Brunft- und Balzplätzen der Diskotheken, die es jedem Einzelnen ermöglichen, sich endlich einmal in grenzenlosem Narzissmus anzupreisen und darzustellen, ein Narzissmus, der in zwangloser Freiheit den unverbindlichen Flirt zulässt und andere genussvolle Erfahrungen einleitet. Wir brauchen die rauschenden Feste in Luxus, Glanz und Gloria, um einmal vom Alltag auszuspannen und diesen hinterher mit einem zufriedenen Gefühl wieder annehmen zu können. Wir dürfen und sollten sie genießen, die geile Nacktheit in den einschlägigen Sauna- und Wellnessclubs, die vielleicht unser Begehren anstachelt, es aber auch relativiert, genauso unsere Lust am Kampf und unseren Aggressionstrieb, die wir in riesigen Sportstadien befriedigen.

Erst die Erfahrung, was jenseits der Grenzen passiert, gibt uns die Souveränität und Basiskompetenz, das Jenseits und Diesseits sinnvoll einzuordnen. Die Gefahr, dass wir uns dort auf Dauer verlieren, ist ziemlich gering, und da, wo sie groß ist, gibt es meist doch gewisse vernünftige Spielregeln. Erfahrungsräume aber, in denen wir uns selbst mit Körper, Seele und Geist spüren und verschwinden können, lassen uns in der Regel reifen und eine autonome Wertigkeit und Wirklichkeit bilden. Nehmen wir uns doch nicht auch noch die letzten dieser wilden Erfahrungsreservate. Wenn wir auf uns vertrauen, suchen wir, die spitzfindigen Allrounder, uns schon das Beste, Schönste und Sinnvollste heraus.

> Affekt- und Triebregulation sind natürliche Vorgänge beim Menschen. Ihre Verhaltensausprägungen unterliegen u. a. kulturellen Einflüssen, die aus der Anpassung an das jeweilige Biotop (Umwelt) erfolgen. So gibt es in unseren modernen Gesellschaften gewollte (Kaufrausch), unreife (Komasaufen) und auch verständliche (Entgrenzungslust) gesellschaftliche Verhaltensphänomene.

4.4 Von der Sehnsucht nach Aufmerksamkeit, nicht realen Freunden und den Folgen der Reizüberflutung

4.4.1 Primaten in der U-Bahn

Im Jahre 1194 kommt Robin von Locksley aus seiner Gefangenschaft nach Britannien zurück. Es erwartet ihn eine böse Überraschung. Sein Vater ist getötet und seine Güter sind beschlagnahmt worden. Verantwortlich für all das ist der Sheriff von Nottingham, der ein grausames Regime führt. Was soll Robin tun? Er hat keine Perspektive, keine Zukunft mehr und die Würde ist ihm genommen worden. Es bleibt ihm nur, zu kämpfen und Rache zu nehmen, um diese Demütigung ertragen zu können. Er versammelt um sich herum einen Haufen gesetzesloser Räuber und Vagabunden und beginnt einen Guerillakrieg gegen den Sheriff und sein Regime. Natürlich muss unser Held in der Legende ein Guter sein. So wird sein Kampf ein Kampf für das Gute, ein Kampf für die Armen und Entrechteten, ein Befreiungskampf für ein zutiefst gedemütigtes Volk. Die Rede ist von Robin Hood, und alle haben ihn in ihr Herz geschlossen, weil er für das Gute kämpft.

In einer U-Bahn-Station wird ein Mann, der anderen helfen will, von einer Gruppe Jugendlicher brutal zu Tode geprügelt. Aber nicht nur dort, sondern auch anderswo, herrschen Angst und Terror. Horden vagabundierender Jugendlicher, oft zugedröhnt mit allerlei Drogen, streifen zunehmend umher. Haltlos, hemmungslos und aggressiv treiben sie ihr Unwesen. Hilflos begegnen wir diesen verhaltensauffälligen Jugendlichen. Wir sehen vorrangig das Böse und Aggressive in ihnen, und deshalb, so glauben wir, muss man sie bekämpfen. Wir stellen ihnen Armeen schwarz gekleideter »Securities« gegenüber, und an jeder Ecke montieren wir Kameras, die vermutlich nicht mehr leisten, als dass wir live dabei sein können, wenn das Gesetz der Wilden gilt. Hilflose Appelle von Politikern fordern die Mutigen auf, sich mit Zivilcourage dem Bösen entgegenzustellen. Aber ist da nicht gerade einer mit Zivilcourage zu Tode geprügelt worden? Gleicht der politische Appell nicht dem nationalsozialistischen Aufruf zum Volkssturm, Bürger in den Krieg gegen das Böse in die U-Bahn-Schächte zu schicken, mit einer nur geringen Chance, diesen Krieg überhaupt gewinnen zu können? Zumindest nicht, wenn nur ein einzelner Mutiger in den Krieg zieht und die anderen, die mehr das Zuschauen als das Handeln gelernt haben, nur passiv herumstehen. Zivilcourage ist nicht nur allein die Eigenschaft der Mutigen, sondern auch die soziale Kompetenz einer Gemeinschaft, die gemeinschaftlich grobe Normverletzungen als »Wir-Gefühl« nicht zulässt.

Anstatt aber ausschließlich mit Härte und Repression dieses gesellschaftliche Problem in den Griff kriegen zu wollen – sei es durch couragierte Einzelkämpfer oder durch die Androhung und den Vollzug von Strafen – müssen wir unbedingt mit aller Konsequenz die Perspektive wechseln. Wir müssen unser Schwarz-Weiß-Bild von dem lieben Robin Hood und den bösen U-Bahn-Schlägern gründlich auf den Prüfstand stellen, sonst droht uns eine zunehmende Spaltung der Gesellschaft. Es gibt nicht die »gute« (Robin Hood) und die »schlechte« Gewalt (U-Bahn-Schläger).

Natürlich kann man mit der moralischen Schwarz-Weiß-Brille auf der Nase Menschen in die Schubladen »gut« und »böse« stecken: auf der einen Seite die lieben, guten und braven Bürger, die ihrer Arbeit nachgehen, auf der anderen die bösen, unwilligen, kriminellen und verwahrlosten. In Südamerika können wir sehen, was daraus erwachsen kann. »Die Guten«, sicher geschützt, hinter hohen Mauern mit Stacheldraht, »die Bösen«, sich selbst überlassen im Ghetto vor der Stadt. Nun hat diese »Verbrasilianisierung«, wie sie genannt wird, durchaus auch andere Gründe – Landflucht und wachsende Besiedlung von Ballungsräumen –, aber im Kern herrscht die gleiche Gefühlslage: In den Ghettos leben Menschen ohne Würde, ohne Perspektive, allein gelassen, nicht gefördert, nicht gefordert, nicht dazugehörend. Und genauso ist es in den U-Bahn-Schächten auch. Eine gesellschaftliche Spaltung wie in obigem brasilianischem Beispiel ist auf diese Weise vorprogrammiert, und es ist nicht nur die oft skizzierte Schere zwischen Arm und Reich.

Darum sollten wir uns die Frage stellen, ob die Schläger aus der U-Bahn wirklich die von Grund auf Bösen sind oder ob wir sie böse gemacht haben. Ein Kettenhund, der ohne Erziehung und Zuwendung unter schlechten Bedingungen draußen lebt und Tag und Nacht den Hof aggressiv verteidigt, ist sicherlich seinem ursprünglichen Wesen nach kein wirklich böser Hund. Sein Bruder genoss vielleicht eine gute Hundeerziehung und die Zuwendung einer fürsorglichen Familie mit Kindern. Vielleicht spielt er mit diesen, gehorcht seinen Besitzern und weiß sehr gut, wie es geht, sich sozial einzuordnen.

Leider ist es nun aber schon so weit, dass wir sie in steigender Zahl haben – die wilden Jugendlichen –, und selbstverständlich müssen wir zunächst für unsere eigene Sicherheit sorgen. Dagegen ist auch gar nichts einzuwenden. Doch unsere Anstrengungen und Investitionen sollten mit aller Konsequenz und im großen Stil auf einer anderen Ebene stattfinden: Wir müssen wieder in Menschen investieren! In Menschen, die solchen Jugendlichen helfen, damit diese lernen, wie sie ihre wertvollen Potenziale für die Entwicklung ihres Selbst nutzen und sich damit in die Gesellschaft einbringen können. Diese Investition in die uns nachfolgenden Generationen ist eine Investition in eine gelingende Zukunft.

Was die Verhaltensauffälligkeiten bei Menschen anbelangt, so sind die Hintergründe dafür vielschichtig. Meist stecken hinter den Aggressionen: Angst, Perspektivlosigkeit und blinde Wut. Die Menschen, die aggressiv handeln, haben selbst meist keine Ahnung, was mit ihnen los ist. Wut und Hass steuern ihr Verhalten. Sie saufen, randalieren, streiten und schlagen. Schaut man aber etwas genauer hin, mangelt es ihnen nicht nur an Bildung, sondern auch an Basiskompetenzen. Sie sind eher schwach, undiszipliniert, ohne Ausdauer und demotiviert. Es fehlt ihnen an Kompetenz zur Affektregulation und an sozialen Kompetenzen. Vielleicht haben sie in ihrer Kindheit zu wenig Zuwendung, Zuspruch, Lob, Ermutigung und Liebe genossen, und vielleicht ist dies heute immer noch so. Es kann aber auch sein, dass sie bislang zu wenig gefordert worden sind, zu wenig Leid und Stress erfahren haben oder in einer Welt voller Gewinner, in der sie nur Platz in der »Loser-Ecke« finden, zu gehemmt sind, um ihr Leben gelingen zu lassen. Unter Umständen erfahren sie weder unterstützende Begleitung noch Anerkennung. Vielleicht sind sie im Grunde ihres Herzens auch nur einsam und fühlen sich vernachlässigt. Sie besitzen wahrscheinlich weder emotionale noch soziale Reife, geschweige denn ein starkes Selbstbewusstsein, Empathie oder die Fähigkeit, mit jemandem mitzufühlen oder jemanden wertzuschätzen. Sollte davon doch wider Erwarten ein Rest übriggeblieben sein, spülen sie den vielleicht auch noch mit Alkohol weg. Mit ihrer Inkompetenz wird dann ihre Perspektivlosigkeit noch größer und damit auch ihre Isolation. Die mögen und akzeptieren wir in unserer Gesellschaft aber nicht: die Störenfriede, die Dummen, die Leistungsunfähigen und Gewaltbereiten.

Wir kümmern uns um jeden verwahrlosten Hund (das ist auch gut so). Ganze Verbände engagieren sich, um diesen armen und wehrlosen Tieren zu helfen, doch große Gruppen unserer Kinder lassen wir einfach so allein. Wir lassen sie allein mit all ihren Anpassungsschwierigkeiten – und das über Generationen. Da ist es nicht verwunderlich, wenn die Alleingelassenen wiederum ihre eigenen Defizite und ihre Kompetenzlosigkeit an ihre Kinder weitergeben. So nehmen wir in Kauf, dass Generationen von Menschen in ihrem Alleingelassen-Sein verrohen und zu »aggressiven Kettenhunden« oder apathisch demotivierten »Sofaliegern« werden.

Stattdessen müssen wir sie abholen, und zwar jetzt und so früh wie möglich. Wir müssen ihnen Chancen eröffnen, Basiskompetenzen zu erlernen, damit sie in der Lage sind, sich selbst auf den Weg zu machen und ihr Leben selbstwirksam zu gestalten. Allein mit materieller Zuwendung von Seiten des Staates ist es eben doch nicht getan. Im Gegenteil scheint dessen finanzielle Unterstützung eher unerheblich für eine Verhaltensänderung zu sein und manchmal sogar eher schädlich zu wirken.

Jene aber, die die bereitgestellten Chancen für ein freies, selbstbestimmtes Leben in Eigenverantwortung partout nicht ergreifen und sich den notwendigen Regeln und Vorschriften einer Gesellschaft nicht wenigstens in einem Mindestmaß unterwerfen wollen, müssen wir dazu verpflichten, zu lernen und zu erfahren, was das ist und wie das geht, ein gelingendes Leben zu gestalten, selbstbestimmt und mit Verantwortung für sich selbst und für die Gesellschaft, in der sie leben. Dafür brauchen wir sicher auch künstliche Erfahrungsräume wie gemeinsame Projektarbeit in der Gruppe, Outdoor-Training oder Ähnliches.

Das Stichwort hierzu ist Charakter- und Wissensbildung, vor allem auch für die Entwicklung des Selbst: Wir müssen darauf achten, dass wir bereits für unsere Kinder gute Voraussetzungen schaffen, damit diese sich Bildung aneignen können. Wir müssen ihnen den Erfahrungsraum für psychische Reifung geben. Wir müssen in sie investieren, indem wir ihre Stärken und ihre Einzigartigkeit fördern. Die Menschen an sich sind das einzige Kapital – oft bezeichnet mit dem schrecklichen Wort »Humankapital« –, in das es sich lohnt, für unsere Zukunft zu investieren. Sie müssen Beziehungsfähigkeit im Kontakt mit bindungsfähigen Menschen lernen.

Die Wertemuster in unserer Gesellschaft sind beliebig geworden. Früher fungierten äußere, oft vorgegebene Werte als Stabilisierungsfaktoren für uns Menschen. Die Kirche als »Muss«, der strenge Lehrer oder Vater, festgelegte Benimmregeln sowie die Gesetze von Gott und der Obrigkeit können wir als Beispiele nennen. Heute, da es dies in zunehmender Weise weniger oder gar nicht mehr gibt, müssen wir die Menschen anders stabilisieren, nämlich dadurch, dass wir sie ihre Fähigkeiten und Grenzen erfahren lassen und ihnen eigene innere Werte- und Entscheidungsmuster zu finden ermöglichen. Es gilt demnach, gesellschaftliche Strukturen zu finden und aufzubauen, die diesem Auftrag gerecht werden.

Es ist nicht nur soziologisch sinnvoll, sondern auch ökonomisch, die eingeschränkte Gemeinschaftsfähigkeit in allen Bereichen mit Fürsorge und zugleich mit aller Konsequenz einzufordern. Aber allein mit ökonomischen oder ordnungspolitischen Maßnahmen bekommen wir das Problem ganz sicher nicht in den Griff. Denn es handelt sich um ein individuelles und soziales Problem unserer modernen Gesellschaften, und genau auf dieser Ebene müssen wir es auch angehen und lösen, indem wir mit veränderten Strukturen und Erfahrungsräumen die entsprechenden kulturellen Bedingungen für gutes Gedeihen und Wachstum schaffen.

Hier können viele Möglichkeiten diskutiert werden. Was halten Sie beispielsweise von einem Schulfach »Gelingendes Leben« oder von jährlichen,
dreiwöchigen, professionell geleiteten, verpflichtenden Schulmaßnahmen in
den großen Ferien mit Begleitung durch Mentoren über die gesamte Schulzeit?
Das wäre zumindest ein Anfang.

Das bedeutet, Homo sapiens benötigt neben der inneren Haltung, sich auf das
(eigene) Leben einlassen zu wollen, entsprechende Kultur- und Wachstums-
räume, in denen die Unmittelbarkeit der Erfahrung zu meisterhafter Individuation und Sozialisation verhilft. In unseren westlichen Konsum- und
Wachstumsgesellschaften werden jedoch nicht nur durch die Wahl der Werte
und die Art des Lebensstils immer mehr dieser für Homo sapiens so lebens-
notwendigen Biotope zerstört, sondern auch durch den prinzipiell zu begrü-
ßenden technischen Fortschritt – z. B. birgt die entstehende elektronische Vir-
tualität die Gefahr, dass viele Menschen, die im Leben sowieso schon nicht mehr
zurechtkommen, sich noch mehr vom Leben abwenden und in eine Welt von
Illusionen flüchten.

4.4.2   Surfen, Bloggen, Chatten, Mailen

Neue elektronische Medien erobern die Welt und das ist auch gut so. Wir können
und sollten uns dem Neuen nicht verschließen, sondern es für ein gelingendes
Leben nutzen. Gleichzeitig dürfen wir aber in die modernen Möglichkeiten nicht
all unsere Heilserwartungen setzen. So sprechen die einen schon vom Internet
als neuem Kulturraum, während die anderen in den neuen virtuellen Lebens-
stilen mancher Zeitgenossen den Untergang der Menschheit sehen, als ginge der
Teufel um wie ein brüllender Löwe und würde alle verschlingen. Letzteres entspringt unserer natürlichen Vorsicht und Angst vor Neuem. Als die ersten
maschinengetriebenen Fahrzeuge entstanden, gab es auch Stimmen, die von
bedenklichen Auswirkungen auf die Gesundheit der Insassen durch die erreichten hohen Geschwindigkeiten der Fahrzeuge sprachen (sie fuhren sicher
nicht über 100 km/h). Die Zukunft wurde natürlich anders, das wissen wir. So ist
es erst einmal nicht verwunderlich, dass die fulminante Entwicklung elektronischer Medien auch von vielen sehr kritisch und teilweise sogar überängstlich
betrachtet wird. Die anderen, die Befürworter, konstruieren sich hingegen eine
schöne neue Welt, in der nun endlich alles verknüpft und verfügbar zu sein
scheint und so zum schnellen glücklichen Ganzen führen soll. Das Wissen der
Welt wird so immer verfügbarer gemacht, und rein theoretisch kann ich mit
jedem Menschen auf der Welt Kontakt aufnehmen. Im virtuellen Raum kann ich
treffen, wen ich will, und zwar sofort. Ja, ich kann mich sogar virtuell neben
meinen Freund Alexandro in Kuala Lumpur auf's Sofa setzen und mir seine

Fotos anschauen. Dennoch muss die schöne neue Welt – zumindest in nächster Zukunft – noch eine Illusion bleiben. Denn ein gelingendes Leben findet in mir und in Dir statt und (noch) nicht in den elektronischen Medien.

Und trotzdem ist es sinnvoll, die Wirkungen und Möglichkeiten neuer Medien näher unter die Lupe zu nehmen, um das Positive an ihnen für die Menschen nutzbar zu machen. Vielleicht ist es wie mit einem starken Medikament: keine Wirkung ohne Nebenwirkung. Es kommt auf die Dosis, die Art und den Zweck der Anwendung an. Das Medikament nicht zu nehmen, bedeutet, seine Vorteile nicht zu nutzen. Zu viel von der Arznei zu nehmen, bedeutet in erster Linie, den Nebenwirkungen zu großen Raum einzuräumen und sich letztendlich eventuell zu vergiften. Der Unterschied zwischen einem heilsamen Medikament und Gift liegt in der Menge der Dosis begründet (*dosis facit venenum*, Paracelsus).

Gegen Ende des 18. Jahrhunderts gingen die Warnungen von der »Lesesucht« durch das Land: Die Geschichtenflut vergifte das Gemüt der Leser, das Überschwemmen mit gedruckten Informationen verwirre die Menschen und störe ihre Denkabläufe. Und dennoch haben diese Warnungen die Printmedien nicht aufgehalten, und dass wir nun ein Volk von Lesesüchtigen geworden wären, kann man auch nicht behaupten. Im Gegenteil: Das Leben der Menschen findet weder in Büchern noch im Internet, sondern weiterhin in und zwischen den Menschen statt. Dennoch haben die elektronischen Medien, genauso wie Bücher, Einfluss auf uns. Mehr noch als die ca. 100.000 Bücher, die in Deutschland jedes Jahr erscheinen, versorgt uns das Internet mit zahlreichen wichtigen und unwichtigen Informationen. Die Vielfalt ist verlockend, und das Wichtige vom Unwichtigen zu unterscheiden umso schwerer. Es reizt uns, Belanglosigkeiten aneinanderzureihen, anstatt uns tiefer gehend mit den Informationen und ihren Bedeutungen auseinanderzusetzen.

Auch das seit einigen Jahren auf dem Markt sich immer mehr behauptende E-Book bringt Veränderungen mit sich. Wird es das klassische Buch ablösen? Hat es Vor- oder Nachteile für die Menschen? Wie wir wissen, gibt es immer beides: Fluch und Segen. Mit den Online- und E-Book-Möglichkeiten sind wir schnell, es ist bequem, es ist umfangreich, aber es fehlt vielleicht das Stöbern in Bibliotheken, das Zusammentreffen mit anderen Menschen oder Ähnliches. Das Auto führt zu Bewegungsmangel und Übergewicht, aber es macht uns gewaltig mobil. Das Internet liefert uns eine breite Wissensoberfläche, fördert aber nicht die notwendige Tiefe des eigenen Denkens.

Eine gute, wenn nicht gar zwingende Voraussetzung dafür, dass technische Hilfe und mediale Fülle mehr Segen als Fluch sind, ist die gute Ausprägung oder Lernmöglichkeit von Basiskompetenzen – in diesem Fall Urteils- und Entscheidungskraft und/oder beispielsweise soziale Kompetenzen. Geschieht dies rechtzeitig, so kann der Mensch die digitalen Medien wie ein Werkzeug nutzen. Geschieht es nicht, kann er es nicht. So einfach ist das.

Dass wir ihn haben, den Informations- und Wissenspool, ist unser Vorteil, damit gut umzugehen, jedoch unsere Schwierigkeit. Es fordert uns heraus und verlangt nicht nur neue Denkstrukturen, sondern weitaus mehr: eine bestimmte, andere Art, unsere Aufmerksamkeit zu fokussieren, einen höheren und geschulteren Einsatz unserer visuellen Gedächtnisse und dass wir stets den roten Faden im Blick behalten. Es erfordert exponentiell höhere Urteils- und Entscheidungskraft, dabei sind wir ja oft schon überfordert, wenn wir im Supermarkt aus 34 Produkten das geeignete Haarwaschmittel heraussuchen sollen. Letzten Endes liegt es an unserem persönlichen Willen und Potenzial, ob wir weiterhin ausreichend entscheidungsfähig bleiben und für uns sinnvolle Verknüpfungen von Informationen zu einer stimmigen Geschichte vernetzen. Dafür ist jedoch der Erwerb neuer, zusätzlicher Fähigkeiten notwendig, was uns erst einmal überfordert und vielleicht auch Angst macht. Doch auch hier ist es sinnvoll, die Herausforderung anzunehmen und an ihr zu wachsen.

So ergeben sich durchaus positive kognitive Trainingseffekte beim Computerspiel. Der Anwender lernt hier, sich vielen unterschiedlichen Anforderungen gleichzeitig zu stellen, um zu einem Ziel zu gelangen. Er muss hören, sehen, vernetzen, vorausschauen, abwägen und über Strategien und Taktik nachdenken. Multitasking-Fähigkeit ist für diese komplexe kognitive Herausforderung vonnöten – mehrere Aufgaben müssen fast zur gleichen Zeit bearbeitet werden können. Das kann der Anwender also mindestens lernen, und das ist es doch auch, was heutzutage vielerorts im »wahren« Leben und im Arbeitsprozess von Menschen gefordert wird. Ob die Lerneffekte die Schäden am Gehirn allerdings übertreffen, ist strittig. Es gibt Studien, die genau das Gegenteil behaupten. Computerspieler könnten ihre Aufmerksamkeit eben nicht mehr fokussieren. Sie seien sehr ablenkbar. Eine Aufmerksamkeitsstörung würde gefördert.

Während das elektronische Spiel von vornherein eine aktive Teilnahme impliziert, denkt man beispielsweise beim Sehen eines Spielfilms zunächst gar nicht daran, dass es noch etwas anderes geben könnte, als diesen einfach nur anzuschauen. Es macht jedoch einen großen Unterschied, ob wir uns nur passiv-konsumtiv verhalten oder aktiv mit den Medien auseinandersetzen. Davon abgesehen, dass man beim Spielen am Computer viel lernen kann, ist hier eigene Aktivität meist die Voraussetzung dafür, dass das Spiel gelingt, und man den Sieg davon trägt. Natürlich ist dies niemals mit wirklichen Erfahrungsräumen zu vergleichen, in denen ich mit Kopf, Herz und Hand dabei bin. Beim Computerspiel reicht es, eine kämpferische Haltung auf dem Sofa einzunehmen. Beim Spielfilm können wir zwar nicht direkt in die Handlung eingreifen und sind dadurch versucht, uns einfach kritiklos und unaufmerksam berieseln zu lassen, aber wir können uns natürlich auch Gedanken zum Film machen, etwa überlegen, ob die erzählte Geschichte für uns sinnvoll ist oder nicht, ob die affektive Reaktion der Schauspieler in der Geschichte etwas mit unserem Leben zu tun haben könnte oder wie die Geschichte hätte anders ausgehen können. Wir haben die Option zu wählen, aktiv »mitzuspielen« oder passiv zu bleiben.

Der Umgang mit und der entsprechende Nutzen von elektronischen Medien muss demnach differenziert betrachtet werden, weil sie einerseits bei aktivem Verhalten dazu dienen können, bestimmte Denkfiguren zu trainieren, andererseits aber bei einer passiv-konsumtiven Lebenshaltung lediglich als Ablenkungsmanöver vom realen Leben Verwendung finden. In letzterem Fall haben wir nichts gewonnen. Es kommt also darauf an, wie wir etwas benutzen und uns bewusst zu machen, dass die nützlichen bzw. schädlichen Prozesse in uns selbst ablaufen und nicht in den Medien. Wir sind immer mitbetroffen. Gerade deshalb ist es so wichtig, die Kompetenzen zu trainieren und zu stärken, die einem entwicklungsfördernden Umgang mit den Medien und ihrer sinnvollen Nutzung zugutekommen. Das betrifft insbesondere Kinder und Jugendliche, da diese sich in ihrer Hauptprägungsphase befinden. Eine pauschale Diskussion darüber, ob die elektronischen Medien bzw. virtuellen Welten uns schaden oder nutzen, ist sicher nicht zielführend. Das entspräche in etwa der Fragestellung, ob ein Hammer schädlich oder doch nützlich sei. Der Hammer nützt, um einen Nagel in die Wand zu hauen, aber richtet Schaden an, wenn man ihn als Mordwaffe gebraucht, um jemanden den Kopf einzuschlagen.

Betrachten wir das Verschicken und Empfangen von Mails und SMS, so birgt auch diese relativ junge Kommunikationsform ungeheure Vorteile, aber auch Nachteile. Kurz und knapp können wir Informationen austauschen, andeuten, welche Gefühle uns bewegen, berichten, welche Hobbys wir haben, wo wir sind, wie das Wetter ist und Ähnliches. Man nimmt an, dass bei diesem Kommunizieren das Gehirn trainiert wird, Informationen schnell zu verarbeiten und auf diese ebenso schnell zu reagieren. Jedoch ist zu bedenken, dass oft nur Belanglosigkeiten mitgeteilt werden und dem Informationsaustausch eine gewisse Unverbindlichkeit innewohnt. Es gibt Untersuchungen, die zeigen, dass diese schnelle, unverbindliche, indirekte Kommunikation auch zu unkontrolliertem, impulsivem Denken und Entscheiden führen kann. Dadurch, dass unser Kommunikationspartner nicht direkt und real vor uns steht, und wir für unser Verhalten bzw. unser Geschriebenes nicht direkt die Konsequenzen tragen müssen, bleibt unsere Kommunikationshandlung erst einmal unverbindlich und ohne Folgen. Weil wir auch nicht direkt mit der kommunizierenden Person konfrontiert werden, birgt das den Nachteil, dass wir unter Umständen aufkommende Missverständnisse oder Ähnliches gar nicht erst erkennen und auch nicht direkt klären können. Es ist ein Unterschied, ob wir uns in einem virtuellen sozialen Netzwerk bewegen und unserem Gegenüber schreiben, dass wir sie oder ihn jetzt am liebsten küssen würden oder ob wir es tatsächlich tun. Sie oder er befindet sich nicht voll umfänglich in Kontakt mit uns, sondern vielleicht kilometerweit entfernt und sitzt, wie wir selbst, in einem isolierten Raum vor einer Maschine, einem Monitor. Der volle Erfahrungsraum einer Beziehung ist nicht gegeben und so bleibt unsere Äußerung rein virtuell, unwirklich und unverbindlich.

Unser Gehirn lernt hier, impulsiven, unkontrollierten Entscheidungsmustern – vielleicht wie im Spiel – zu folgen, die in der Realität vollkommen andere Konsequenzen haben würden, als es im virtuellen Raum der Fall ist. Wir müssen unserem Gegenüber ja nicht in die Augen sehen, wir riechen und berühren sie oder ihn ja nicht, tauschen keine Pheromone aus, sehen weder ihr noch sein Erröten, noch brauchen wir das unsrige zu fürchten. Mails sind schnell geschrieben, ergänzt, korrigiert, widerrufen und haben den klassischen Brief mittlerweile bei Weitem an Beliebtheit übertroffen, wenn nicht gar zu einer Art antiquierter Besonderheit werden lassen – ganz zu schweigen von dem immer seltener werdenden »Sich-wirklich-in-Beziehung-setzen-Wollen«.

Das Antrainieren der Fähigkeit, schnell und unüberlegt Informationen weiterzugeben sowie oberflächliche Entscheidungen zu treffen, sich also nicht wirklich tiefer gehend und konsequenter mit einem Handlungs- und Planungsablauf zu befassen, kann eine mangelnde Aufmerksamkeit, eine geringe Konzentrationsfähigkeit sowie ein sprunghaftes Verhalten zur Folge haben. Selbst wenn die Benutzung elektronischer Medien und Spiele einen Trainingseffekt auf Gewinnen- und Verlieren-Können, auf den Umgang mit plötzlich eintretenden Situationen oder auf die Gestaltung von Entscheidungsfindungsprozessen hat, ist jedoch stets zu bemängeln, dass die Auseinandersetzung mit der direkten, realen Situation und der Austausch mit den unmittelbar betroffenen Personen fehlt. Die oben beschriebenen virtuellen »Trainingsräume« sind eben immer nur ein Teil des Ganzen und können weder ganzheitlich-mehrdimensional wirken noch ausreichend fordern.

Sicherlich ist es möglich, sich in die Gedankenwelten des anderen via Mail, SMS oder Chat partiell hineinzuversetzen. Doch die sozial-kognitive Fähigkeit der Perspektivenübernahme bzw. des Perspektivenwechsels, die bei Homo sapiens genetisch angelegt ist, muss hierfür zunächst vorher, während des Sozialisationsprozesses der Kindheit und Jugend, ausgeprägt und erlernt werden. In den Neurowissenschaften wird sie als Fähigkeit zur *theory of mind* oder als Mentalisierung bezeichnet. Schon bei der aktiven Herausbildung der zwei wichtigen sozialen Teilkompetenzen – Empathie und Mitgefühl – stoßen die oben genannten digitalen Medien an ihre Grenzen, denn zur Aneignung sozialaffektiver Fähigkeiten benötigt man sowohl einen direkten Realitätsbezug als auch Möglichkeiten zur Realitätsüberprüfung. Wir, vor allem aber Kinder und Jugendliche, brauchen zur Kompetenzbildung einfach das Ganze, das Gegenüber, die spontanen Reaktionen, die Mimik, die Körpersprache, den Jetzt-Bezug.

Denn erst in dieser umfassenden Ganzheit entstehen Tiefe und Verbindlichkeit des Denkens, Fühlens und Handelns. All dem können »Als-ob-Situationen« (z. B. in Computerspielen) oder der Informationsaustausch über reine Sprach- und Textsymbolik (beim Mailen, Simsen, Chatten usw.) sicher nicht ausreichend gerecht werden. Die zunehmenden Möglichkeiten der Vollvisualisierung werden das im Übrigen auch nicht wesentlich ändern und besser machen können.

Wenn das Ziel, zwischenmenschlich die Fähigkeit zu tiefer Verbindlichkeit zu erlangen, davon abgelöst wird, Informationsfluten schnell und oberflächlich mit antrainiertem Reaktionsverhalten in den Griff zu bekommen, wenn Leben und Kommunikation weniger im direkten Austausch miteinander, sondern eher unverbindlich im virtuellen Raum und mittels elektronischer Medien stattfinden, dann schlägt sich das in der Gegenwart u. a. in ansteigenden Diagnosestellungen von Hyperaktivität, Aufmerksamkeitsdefiziten oder individueller und sozialer Kompetenzschwächen Jugendlicher nieder. Traurigerweise führt unsere teilweise noch vorherrschende Grundauffassung, für jedes »Zipperlein« das entsprechende »Pillchen« zu haben und alles behandeln zu können, dazu, dass wir auch die oben genannten Mangelerscheinungen mit Tabletten ausgleichen wollen. Doch damit haben wir dann das Wesentliche, das, was der Jugend wirklich fehlt, aus den Augen verloren: das Handeln und adäquates Verhalten zu lehren, und zwar in einem kontinuierlichen Lernprozess. Es wäre gewiss der sinnvollere Ansatz, den Betroffenen zu helfen, wieder handlungsfähig zu werden – selbstständig und selbstverantwortlich –, statt sie durch Ärzte mit Medikamenten behandeln zu lassen.

Dass bei der Verwendung neuer elektronischer Medien keine ganzheitliche Erfahrung entstehen kann, ist, so scheint es, das grundsätzliche Problem: Es sind nur Teilaspekte, die ohne Bezug zur direkten Wirklichkeit in der virtuellen Welt erfahren werden können, und Handeln kann hier stets nur ein »Probe-Handeln« ohne wirkliche Auswirkung und Konsequenz sein. Der Umgang mit den Medien und die daraus resultierenden Lernerfahrungen entsprechen hinsichtlich ihrer Relevanz für das alltägliche Leben noch nicht einmal denen, die man beim Trainieren im Flugsimulator für einen realen Flug gewinnt. Rein virtuelle Erfahrungen sind deshalb so gut wie ungeeignet, uns dabei zu helfen, die Herausforderungen zu meistern, die uns das wirkliche Leben in unserer Gesellschaft beschert.

Kurz gesagt, die schöne, neue Welt der Medien beinhaltet sowohl Vor- als auch Nachteile für die Menschen. Es wäre aber der falsche Ansatz, die neuen Medien als ausschließlich schlechte zu verdammen und nicht das Gute an ihnen zu nutzen. Denn wenn sie sich negativ auf uns auswirken, hat das mit uns selbst, einem fehlenden Fundament und den Prozessen zu tun, die in unserem Körper, in unserer Seele und in unserem Geist ablaufen. Die Medien an sich sind nicht per se schlecht für uns. Es ist also weitaus sinnvoller, Menschen »medienfähig«

zu machen, als über übermäßige Verbote und Beschränkungen nachzudenken. Entwicklungen sind nicht aufzuhalten, vor allem nicht, wenn sie auch Vorteile versprechen. Wir sollten uns deshalb darauf konzentrieren, die mit dem Neuen verbundenen Herausforderungen anzunehmen und das Positive für uns nutzbar zu machen. Zu diesem Zweck ist es notwendig, Menschen bei der Herausbildung der notwendigen Basiskompetenzen und Wertemuster zu unterstützen.

Der eine benötigt dabei mehr Hilfe als der andere, und die Wirkung der neuen Medien auf den Einzelnen ist von Person zu Person unterschiedlich. Für einen sozial kompetenten Menschen ist es wahrscheinlich überhaupt nicht schädlich, in sozialen Netzwerken zu spielen – auch wenn das reale Leben weitaus attraktiver ist. Für einen verschüchterten, sprachgehemmten Jugendlichen, der sich die meiste Zeit in seinem Jugendzimmer versteckt, aber doch. Er holt sich den notwendigen sozialen Minimalkontakt über das Netz, lernt aber nicht, reale soziale Kompetenz auszubilden oder Beziehungen zu leben.

Manfred, 29 Jahre, studierte BWL, ohne Abschluss

Wir konnten einen 29-jährigen jungen Mann kennenlernen, der vollkommen verwahrlost in seiner Studentenbude aufgefunden wurde, nachdem Nachbarn aufgefallen war, dass irgendetwas nicht mit ihm stimmen konnte (Rollläden immer unten, Müll vor der Tür, nie zu sehen …).

In seinem Zimmer stapelten sich die leeren Pizzakartons und Colabecher, überall in der Wohnung waren schmutzige Wäsche und Abfall verstreut. Er selbst war ungepflegt und litt wegen seiner mangelnden Hygiene mittlerweile an einem stark infizierten Hautekzem. Er zerkratzte sich selbst, seine Haut eiterte, er war total heruntergekommen und verwahrlost.

Sein Studium der Betriebswirtschaftslehre hatte er vor drei Jahren stillschweigend abgebrochen. Seine Eltern besuchte er nicht mehr, er gab vor, sehr mit seiner Promotion beschäftigt zu sein, er müsse viele Vorträge halten und mit seinem Professor auf Reisen gehen. Außerdem stelle er als »Farmberater« über das Internet verschiedenen Organisationen Fragen, er stehe mit diesen sozusagen in Korrespondenz … Er habe eine hübsche Brasilianerin zur Freundin - diese Info und ein Bild von ihr hatte er via Internet herumgeschickt -, diese studiere ebenfalls und habe wie er auch wenig Zeit. Ihre Eltern hätten eine große Farm in Südamerika, wo er »sehr oft« zu Besuch sei, um dort ein geeignetes, funktionierendes Management einzurichten. All diese Neuigkeiten und Bilder (!) verbreitete der Student bei seinen Eltern, Bekannten und Freunden. Seine Eltern schickten ihm monatlich 500 Euro zur Unterstützung für sein Studium und davon lebe er.

Wie Sie sich vielleicht schon denken können, waren der Großteil seines Lebens und seine Beschreibungen hierzu elektronische Fiktion. Bei Aufnahme in die Klinik konnte der junge Mann kaum noch zwischen der Wirklichkeit und seiner Scheinwelt unterscheiden. Damit konfrontiert, berief er sich darauf, dass es ja in seinem Leben fast so sei bzw. bald alles so sein werde wie beschrieben.

Solche virtuellen Lebenskonstruktionen sind leider keine Seltenheit mehr. Es trifft meist die Menschen, die sowieso schon anfällig für Verdrängungsmechanismen sind und Angst vor dem wirklichen Leben oder realer Kontaktaufnahme zu anderen Menschen haben. Die neuen Informations- und Medientechniken unterstützen und verstärken derartige Krankheitsbilder sogar noch, die Realitätsverlust sowie skurrile und groteske Denk- und Fühlfiguren in unterschiedlichem Maße beinhalten. Natürlich sind sie bei einigen psychiatrisch erkrankten Menschen zum Teil schon vorher angelegt. Ist eine Persönlichkeit auf diese Weise prädisponiert oder biographisch vorbelastet und fehlt ein reales Korrelativ und Feedback, so unterstützt das die Manifestation eines solchen Verhaltens.

Ein ausgereifter Mensch mit charakterlicher Eignung, einem gesunden Selbstbewusstsein und Selbstbild sowie ausreichend sozialen Kompetenzen wird die brutalsten Filme sehen und Computerspiele machen können, ohne Schaden zu nehmen, weil er über die Fähigkeit verfügt, die virtuelle Welt von der realen präzise unterscheiden und die Dinge dort einordnen zu können, wo sie hingehören. Derjenige aber, der nicht gelernt hat, emotionale Impulse sinnvoll zu verwerten – z. B. mit Aggressionen umzugehen –, der sich ausgegrenzt und nicht anerkannt fühlt und keinerlei Frustrations- und Leidenstoleranz hat, wird zur Harmonisierung und Synchronisierung seiner neuronalen Netzwerke möglicherweise die medial vorgeschlagene Lösungsvariante in die Realität transportieren. Im Amoklauf glauben Menschen wie er, endlich die Aufmerksamkeit, die (negative) Anerkennung, die Befriedigung ihrer Hass- und Racheimpulse und letztendlich im Tod den Wunsch nach Erlösung von ihrem inneren Leid zu finden. Derjenige hingegen, der gelernt hat, Informationen tiefer gehend auszuwerten oder solche, die ihn nicht weiterbringen, wieder zu verwerfen, der sinnvolle Denk- und Fühlmuster ausgeprägt und auf der Grundlage seiner Basiskompetenzen ein Verständnis für kohärente Sinnbildung entwickelt hat, wird die Möglichkeiten des Internets und der elektronischen Medien gewinnbringend für sich einsetzen können. Derjenige, der ziellos und oberflächlich durch die Medienwelt surft, weil er das Vertiefen nicht gelernt hat, wird jedoch schnell den Überblick verlieren, nicht innehalten können, um kritisch all die Eindrücke und Informationen zu reflektieren und auszuwerten und eher durch die Multioptionalität des Angebots verstört werden. Diese Erfahrungen von Zerfahrenheit und mangelnder Kohärenz werden sich wie ein Schleier über seine Charakterbildung und Persönlichkeit legen und ihn in sinnentleerte, depressive oder aggressive Verarbeitungsmuster führen.

Es ist quälend, von so unendlich vielen Details erschlagen zu werden, ohne die Antwort auf eine konkrete Frage finden zu können oder ohne für die überbordende Informationsflut adäquate Bewertungsmöglichkeiten und Auswahlkriterien zu haben. In diesem Fall bleiben die kohärente Sinnfindung sowie die

Harmonisierung und Synchronisierung neuronaler Netzwerke aus. Das zu lernen und solche Verarbeitungsstrukturen auszubilden bedeutet, Basiskompetenzen zu entwickeln.

Konstruieren die neuen elektronischen Medien somit einen neuen Kulturraum für den Menschen? Nein, das ist nicht zu erwarten, denn sie sind lediglich ein technisches Hilfsmittel oder ein Datenportal. Die Kohärenz der unzähligen zusammengetragenen Informationen aus bruchstückhaften Details entsteht im Menschen und durch ihn selbst. Selbstbild, Weltbild und ein für ihn bedeutungsvoller Zusammenhang werden so konstruiert. Das war und ist die Stärke von Homo sapiens. Sein kreatives Denken, Fühlen und Verhalten bilden neue lösungsorientierte und sinnvolle Geschichten. Soweit wir wissen, kann das nur Homo sapiens. Damit wir angesichts der Fülle an Informationen und Optionen in den neuen Medien so lange aufmerksam bleiben können, bis unsere kognitiven Muster und emotionalen Bewertungsstellen Sinn- bzw. Kohärenzbildung ermöglichen, benötigen wir Basiskompetenzen wie Urteils- und Entscheidungskraft, Zielstrebigkeit, Durchhaltevermögen, aber auch Frustrationstoleranz. Es erfordert bezüglich unserer Denk- und Fühlmuster mehr und andere Kompetenzen als früher. Sehen wir es als Herausforderung! Im günstigsten Fall wird es den einzelnen Menschen zu innerer Weiterentwicklung und persönlicher Meisterschaft führen und auf diese Weise auch Homo sapiens als Art evolutionär in seinen kollektiven Denk-, Fühl- und Verhaltensmustern beeinflussen.

Dass Neuerungen innerhalb der Geschichte – z. B. naturwissenschaftliche Entdeckungen oder technische Erfindungen – immer schon einen großen Einfluss auf die menschliche Entwicklung hatten, belegen u. a. Untersuchungen zur Veränderung des Intelligenzquotienten. Bereits in den 1980er Jahren zeigten erste Studien einen signifikanten Anstieg des Intelligenzquotienten, der bis heute anhält. Natürlich werden hier nur die kognitiven Fähigkeiten gemessen, und nicht jeder Test ist repräsentativ oder hier gar geeignet, um eine generelle Aussage über die Höherentwicklung der menschlichen Spezies herzuleiten. Dennoch scheint sich, nicht ganz unerwartet, irgendetwas zu verändern.

Wenn sich unsere kognitiven Fähigkeiten und Möglichkeiten verbessern, wird keiner bestreiten, dass dies förderlich ist. Wichtig ist jedoch, dass wir dabei nicht unsere anderen Potenziale aus den Augen verlieren oder vernachlässigen. Voraussetzung für die Nutzbarmachung neuer Medien und ebenso für die Gestaltung einer gelingenden Zukunft ist zugleich die Förderung unserer emotionalen Kompetenzen. Die Hirnforschung hat unsere Annahmen bestätigt und gezeigt, dass das eine mit dem anderen untrennbar verbunden ist: Kognition bildet mit Emotion ein Gefühl und Emotion ohne Kognition ist sprachlos. Umso wichtiger ist es, dass wir z. B. für Bewältigungs- oder Lernsituationen auch emotional positive Erfahrungsräume schaffen (bspw. an Arbeits- und Bildungsplätzen), in denen Anerkennung, Begeisterung, Wertschätzung und

Angstfreiheit atmosphärisch vorherrschen. Da lässt es sich für Homo sapiens am besten Probleme bewältigen oder Neues dazu lernen.

Letztendlich gehören zur Lebenskompetenz nicht nur individuelle Fähigkeiten wie Zielstrebigkeit, Durchhaltevermögen, Frustrations- und Leidenstoleranz, sondern auch soziale Kompetenzen wie Kommunikations- und Kooperationsfähigkeit, die unsere komplexen Verhaltensmuster prägen. An dieser Stelle fallen uns Begrifflichkeiten wie »neue digitale Sozialisation« und »digitale soziale Netzwerke« ein, auf die wir hier und im übernächsten Unterkapitel (Kap. 4.4.4) deshalb nochmals besonders eingehen. Führend auf diesem Gebiet ist zurzeit Facebook. Seit seinem Start 2004 zählt das Netzwerk weltweit über eine Milliarde Mitglieder (!). Sie kontaktieren über dieses Medium Menschen auf allen Kontinenten. Neben dem verwandten Bloggen sind soziale Netzwerke (das Nutzen der *social media*) so an Stelle vier der Internetaktivitäten gerückt.

Nun stellt sich hier die Frage, ob durch den Gebrauch von sozialen Netzwerken letztendlich auch die menschliche Psyche beeinflusst werden kann oder nicht. Die Antwort darauf muss wie so oft »einerseits ja« und »andererseits nein« lauten. Denn dafür sind wiederum die vorhandenen Basiskompetenzen, die psychischen Eigenschaften und die jeweiligen Gefühlslagen ausschlaggebend. So gibt es sicherlich Menschen, die die Anonymität der Netzwerke als Flucht vor echten Beziehungen nutzen. Es gibt Einsame, die sich wünschen, über diese einen leichten Einstieg in echte Beziehungen herstellen zu können, Süchtige auf der Suche nach kleinen Freuden und Anerkennung durch die anderen, die ihnen zu ihrem erwünschten und begehrten kleinen Dopamin-Kick verhelfen, unersättliche Narzissten, die durch immerwährende Selbstdarstellung zur inneren Harmonisierung gelangen sowie diejenigen, die Selbstwert und Selbstvertrauen über die Anzahl ihrer Kontakte stabilisieren.

Trotzdem wird es zugleich auch andere Effekte geben, wie den tatsächlichen Austausch von Informationen und Neuigkeiten, der zu einer speziellen Expertenbildung oder zu einer bunten Allgemeinbildung führen kann. Das Zusammengehörigkeitsgefühl bestimmter Gruppen, die sich mit speziellen Dingen beschäftigen, wird gefördert und vielleicht wird dank Facebook und Co. vielleicht sogar die steigende Anzahl von Analphabeten in den westlichen Gesellschaften wieder abnehmen, da das Lesen- und Schreiben-Können zu den notwendigen Voraussetzungen für eine aktive Teilnahme in digitalen Netzwerken gehören. Auch als Machtinstrument zur schnellen Mobilisierung von Menschen bei Protesten oder Aufständen und gegen staatliche Allmacht werden soziale Netzwerke wie Facebook zunehmend mehr an Bedeutung und Einfluss gewinnen. Wie bei der Nutzung der anderen elektronischen Medien- und Kommunikationsformen, benötigen wir auch hier entsprechende Basiskompetenzen, um die Zeit im digitalen sozialen Netz konstruktiv und gewinnbringend für uns nutzen zu können – kognitive, soziale und emotionale. Auf diese werden wir später noch näher eingehen (vgl. Kap. 6.8: Seele: »Cloud« der Basiskompetenzen?).

Jedoch auch andere sich rasant entwickelnde Techniken können jetzt und in Zukunft neben ihren Vorteilen auch Nebenwirkungen und Nachteile für das Leben und die Entwicklung von Homo sapiens mit sich bringen – beispielsweise, wenn sie wertvolle Basiskompetenzen und Schlüsselqualifikationen verdrängen, was quasi einem Angriff auf die funktionale Autonomie von Homo sapiens gleichkommt. Es lohnt sich also, wachsam zu bleiben!

4.4.3 Affe mit App und Navi?

In der digitalen Welt und durch die entsprechenden technischen Möglichkeiten sind Applikationen und elektronische Hilfsmittel auf dem Vormarsch. Applikationen, bekannt auch unter der gängigen Abkürzung App, sind kleine Anwendungsprogramme für hauptsächlich mobile digitale Betriebsgeräte. Hier kann man mit seinem kleinen digitalen Taschengerät, was jeder moderne Mensch heutzutage mit sich herumträgt, von fast überall auf der Welt Informationen einholen. Im Wesentlichen handelt es sich dabei – jetzt jedenfalls noch – um Infos zum aktuellen Wetter, die neuesten Nachrichten, digitale Zeitungen oder einfache Anwendungen wie Fotobearbeitungsprogramme. Nun ist dagegen ja nicht unbedingt etwas einzuwenden. Außer man stellt sich erst einmal generell vielleicht die Frage, ob man wirklich immer und überall und sofort alles wissen können und jede Info aus dem Internet eruieren muss.

Das hat nicht nur etwas mit unseren kleinen Anwenderprogrammen zu tun, sondern ist zunächst ein allgemeines Phänomen der Internet-Informationstechnologie. Aber mal ehrlich, handelt es sich dabei manchmal nicht schlicht um ein großflächiges, flaches Abschöpfen von oberflächlichem Wissen, so, wie wenn man bei einer Suppe mit dem Löffel oben nur den Rahm oder andere leichtere Ingredienzen abschöpft, wohl wissentlich, dass die schwereren, schmackhafteren Teile auf den Grund des Tellers abgesunken sind, nur dass im World-Wide-Web die meisten von uns zu den tieferen, nachhaltigeren Wissensinhalten gar nicht mehr vordringen?

Wenn wir also im Internet ad hoc auf die Suche nach Antworten auf spontane Fragen gehen, dann sollten wir bestenfalls in der Lage sein, zu entscheiden, was genau aus der Fülle an Informationen wirklich wichtig für uns ist. Wir sollten beurteilen können, wie verbindlich die Quellen sind, die uns auf die Schnelle Antworten liefern und ob sie vielleicht doch hinsichtlich ihrer Glaubwürdigkeit hinterfragt werden müssten. Schaut man Jugendlichen über die Schulter, wenn sie mit ihren Geräten hantieren, zweifelt man oft an dieser differenzierten oder kritischen Vorgehensweise.

Es könnte sein, dass eine Gewöhnung an solche inflationär voranschreitenden, oberflächlichen Vorgehensweisen unsere Denkweise, unsere Denkstrukturen und -figuren verändert. Vielleicht wird ein automatisiert-kritisches, selbstständiges und vertieftes Umgehen mit Fakten so verlernt oder sogar gar nicht erst gelernt. Die wirklich ernstzunehmende Gefahr liegt wohl eher bei der letzteren Vermutung, es unter Umständen gar nicht erst gelernt zu haben.

Sind hingegen Urteils- und Entscheidungskraft als Basiskompetenzen bereits vorhanden, könnte dies nicht nur vor einem Verlernen tief gehender Lese- und Recherchestrategien oder letztendlich dem Verlust der Denkfähigkeit schützen, sondern auch dazu beitragen, eine Motivation auszubilden, sich diese überhaupt erst anzueignen. Weitergehende Befürchtungen und Vermutungen sind zumindest jetzt noch Spekulation.

Zurück zu den Apps, denen wir uns jetzt wieder zuwenden wollen. Sie sind natürlich schon etwas Besonderes und können auch das Leben erleichtern, aber andererseits könnten und werden bestimmt auch Apps kommen, bei denen wir Vorsicht walten lassen sollten, weil sie vielleicht imstande sind, uns unserer autonomen Kompetenz zu berauben.

Es gibt neben der informativen Recherchemöglichkeit also noch eine weitere Funktion dieser digitalen Anwendungshilfen, und diese hat einen realen Handlungsbezug. Man bekommt durch die jeweilige App nicht nur Informationen geliefert, sondern kann direkt mit ihrer Hilfe tätig werden, z. B. durch die Out-Bank-App. Mittels dieses Anwendungsprogramms kann man seine Stromrechnung überweisen und gleichzeitig natürlich noch vieles andere mehr erledigen. Anwendungsprogramme wie dieses für allerlei Nötiges oder Unnötiges, Nützliches oder Unnützes kommen gerade immer mehr auf den Markt. Auch hier sollte jeder so viel Kompetenz und Urteilskraft mitbringen, dass er selbst in der Lage ist, zu beurteilen und zu entscheiden, was er wirklich braucht und was nicht.

Schon ohne App haben die kleinen Taschengeräte einen enormen Einfluss auf die Menschen, auch wenn sie nur lästig und störend sind. Denken Sie beispielsweise an die längst überwunden geglaubte und wiederbelebte Diashow, die wir früher beim Nachbarn in zweistündigen Sitzungen am Samstagabend gemeinsam bei Bier und Erdnüssen absolvierten! Sie kehren jetzt auf unheimliche und direktere Weise zu uns zurück. War es früher noch eine zweistündige Pflichtübung mit Beginn und Ende, so überraschen uns heutzutage solche Attacken überfallartig wie ein Blitz und noch dazu immer wieder. Man sitzt also in netter Gesprächsrunde, und plötzlich schiebt der rechte oder linke Tischnachbar einem sein kleines Taschengerät vor die Nase und zeigt mit sanft über den Bildschirm wischenden Handbewegungen seine letzte Urlaubsreise, sein neues Auto, eine witzige Fotomontage oder ein lustiges You-Tube-Filmchen. Im schlimmsten Fall holen dann aus der Runde weitere Personen ihre Geräte heraus und zeigen ebenso, was sie noch so in petto haben. Und das Ende ist im Gegensatz zur Diashow nicht abzusehen. Selbst das ist natürlich alles zu meistern, wenn auch recht mühsam.

Bedenklicher sind jedoch die Programme, die menschliche Eigenschaften und Fähigkeiten übernehmen, ergänzen oder gar steuern. Gemeint sind hier die allseits bekannten Navigationshilfen, die zweifellos nützlich sein können, aber nicht unbedingt unsere eigene Orientierungs- und Kombinationsfähigkeit fördern. Schlimmstenfalls beeinträchtigen sie uns sogar dahingehend, dass wir diese wertvollen Fähigkeiten sogar auf Dauer ganz verlernen. Bei vielen von uns ist es schon so weit gekommen, dass wir ohne Navi regelrecht aufgeschmissen und hilflos sind – ohne Navi würden wir nur ungern zu fremden Zielen in großen Städten fahren. Vermutlich fühlen wir uns nicht nur hilflos, nein, wahrscheinlich sind wir es mittlerweile schon größtenteils. Wir sollten also abwägen: Das Automobil beispielsweise hat uns riesige Vorteile gebracht, aber der Preis dafür war und ist bis heute auch enorm hoch. Machen wir uns nur bewusst, welche Rohstoffe wir mit unserer tonnenschweren Blech- und Plastikkiste täglich vergeuden und wie sehr wir damit die Umwelt belasten! (Und vergessen wir dabei auch nicht die Folge dieser ungesunden Mobilität, die viele von uns dazu nötigt, mit Stöcken durch den Stadtpark laufen zu müssen, um körperlich nicht zu verkümmern!)

Denken wir auch an die immer neuen Entwicklungen bei der Automobilherstellung, an die vielen neuen Details, den noch höheren Komfort und die »fortschrittliche« Ausstattung! Dabei sind die Autos mittlerweile technisch kaum zu verbessern. Soll der Konsum nicht stagnieren und sollen die Autos weiterhin gut abgesetzt werden, müssen die Automobile, die neu auf den Markt kommen, auch weiterhin mit allerlei erstaunlichen Applikationen versehen werden. Es sind Autos, die selbst einparken, Autos, die sehen, ob der Pilot müde wird, Autos, die Mauern und Hindernisse oder gar Fußgänger als solche wahrnehmen, Autos, die selbst Gas geben, bremsen und lenken können. Der Autofahrer wird auf diese Weise mehr und mehr zum Passagier und verliert seine ursprüngliche Aufgabe, sein Fahrzeug eigenverantwortlich und vernünftig zu steuern. Das hat zur Folge, dass er das Autofahren, das, was er selbst nicht mehr machen muss, nach und nach verlernt: Das fängt beim Einparken an, und zuletzt wird er wohl auch das Autofahren zunächst ungewohnt finden und dann bald ganz verlernen.

Dass das, was wir nicht mehr denken, fühlen oder tun müssen, verkümmert und sich gleich zurückbildet, das ist nichts Neues, auch wenn die Hirnforschung das gerade für das Gehirn nochmals erneut bestätigt. Schon um 1800 beschrieb Jean-Baptiste Lamarck, einer der ersten Evolutionsforscher oder -denker, dass das, was wir nicht gebrauchen, verkümmert bzw. dass wir die Strategien, die wir benutzen und wirklich internalisiert haben, sogar vererben können (Lamarckismus). Selbst wenn diese Lehre zunächst so wissenschaftlich nicht aufrechterhalten werden konnte, ist diese Denkfigur jedoch auf Grundlage der Epigenetik heute wieder hoch aktuell und sicher neu zu bewerten. Weiter gedacht hieße dies, dass die Weiterentwicklung oben angesprochener »Lebens-Apps« – ein Teil davon wird übrigens hochtrabend und fälschlicherweise *augmented reality* genannt – unsere Anpassung in einer nicht förderlichen Weise steuern, nämlich nachfolgenden Generation weniger Fähigkeiten weiterzuvererben.

Mit *augmented reality* werden computergestützte Erweiterungen der Realitätswahrnehmung bezeichnet, z. B. die Brille mit eingebauter Navigationshilfe oder vielleicht auch der Ultraschallsensor im Ohr. Hier handelt es sich aber nicht nur um eine Erweiterung der Realitätswahrnehmung, sondern auch um solche Programme, die das Handeln von Menschen direkt beeinflussen. Sie steuern oder übernehmen menschliche Handlungen zum Teil sogar ganz. Das hat für den Menschen, der basale Handlungen und Aufgaben seines Lebens an Maschinen abgegeben hat, nicht förderliche Konsequenzen für seine autonome Verhaltenssteuerung und seine Handlungskompetenzen. Solche Programme haben also einen unmittelbaren und großen Einfluss auf die Basiskompetenzen, wie z. B. auf unsere Urteils- und Entscheidungskraft; wird sie weniger oder nicht mehr ausreichend genutzt, laufen wir Gefahr, sie immer mehr zu verlieren. Hinzu kommt, dass wir auch in unseren Verhaltens- und Handlungskompetenzen beeinträchtigt werden, denn uns werden immer mehr Situationen vorenthalten, die uns die Möglichkeit geben würden, auszuprobieren, wie es ist, uns auf die eine oder andere Art zu verhalten oder selbst handeln zu können. Diese Programme verhindern also den Erwerb realer Erfahrungsschätze. Ist das Übernehmen des Autoeinparkens vielleicht »nur« das Übernehmen handwerklichen Könnens und die Navigationshilfe »nur« die Übernahme der Orientierungsfähigkeit, so sind Apps wie die folgende wirklich prekär, denn sie stellen einen direkten Eingriff in die menschliche Verhaltens- und Handlungssteuerung dar:

Es handelt sich um eine der so genannten Lauf-Apps – wie iSmoothRun oder Withings Smart Activity Tracker – und diejenige, um die es hier geht, wird von einer Netzgemeinde sportlich Aktiver gemeinsam genutzt. Ihre Mitglieder kontrollieren sich gegenseitig über GPS beim Joggen. Die App zeichnet beim Laufen die Strecke, die Geschwindigkeit und den Energieverbrauch auf und teilt diese Daten wissenschaftlich aufbereitet der Netzgemeinde über das Smartphone mit. Joggt jemand aus der Community nicht wie abgesprochen, so muss er dafür eine Geldstrafe zahlen und sich auf das Lesen von ermahnenden, aufmunternden oder anders bewertenden Kommentaren der anderen gefasst machen. Damit wird die Kraft der intrinsischen Fähigkeit der Selbstverantwortlichkeit, des Durchhaltens oder der Zielstrebigkeit auf ein einfaches Belohnungs- und Bestrafungssystem mit Geld externalisiert. Das hat aber wiederum folgenden Effekt: Was wir nicht benutzen, verkümmert, vielleicht sogar über Generationen, in diesem Fall die Selbstverantwortlichkeit. Es soll auch eine App geben, welche zu schnelles, falsches oder mangelndes Essen oder Trinken anmahnt. Vorstellungen, was es diesbezüglich in Zukunft noch alles geben könnte, sind nicht begrenzt, und als Horrorvision sieht man Homo sapiens in Zukunft mit allerlei Apps bespickt herumlaufen, Homo sapiens, der ohne Apps auf dieser Welt nicht mehr alleine zurechtkommt. Diese Vorstellung ist wohl eher nicht erleichternd, auch wenn der Begriff *augmented reality* ein komfortableres Leben verspricht. Diese Vorstellung wird wohl die meisten von uns eher gruseln und Unbehagen bereiten.

Die zuletzt beschriebene Kategorie von Apps meint also die Computerunterstützung an der Schnittstelle zwischen virtueller und realer Welt. Natürlich wissen wir nicht genau, wie wir uns zukünftig dieser Entwicklung anpassen. Der nächstliegende und vorläufige Ratschlag meinerseits wäre einfach: Seid so erfahren, basiskompetent und persönlichkeitsstark, dass Euch solche Hilfen nicht in Euren Fähigkeiten und Kompetenzen beeinflussen und Euch nicht entmündigen!

> Meinem Sohn gebe ich zu fortschrittlicher Technik und in Bezug auf die neuesten Erfindungen immer folgende »Lebensweisheit« mit auf den Weg: Handle einfach nach dem James-Bond-Prinzip! James Bond kann alles, er bewegt sich durch Feuer, Wasser, Luft, sein Auto fliegt, sein Kugelschreiber schießt, jedoch am Ende liegt er mit einer attraktiven Frau und einer Flasche Champagner im Bett. Wenn sein Chef oder Miss Moneypenny anrufen, dann lässt er einfach das Telefon klingeln und genießt das reale Leben. So muss man es machen, so ist es dann ja auch gut.

Die stärksten Nebenwirkungen mobiler Anwendungssoftware haben, wie erwartet, Apps der letzten Kategorie. Es kann das vollkommene Abtauchen in virtuelle, digitale Welten jenseits jeglichen Realitätsbezugs sein, eine gefährliche Vermischung virtueller und realer Welt beinhalten, aber auch die technische Übernahme von Urteils- und Entscheidungskraft und Handlungskompetenz. Dabei ist der grundsätzliche Auftrag von Homo sapiens heutzutage sehr wahrscheinlich weniger, sich die Welt weiterhin untertan zu machen, sondern die Welt und ihre Ressourcen zu erfahren und diese liebevoll und nachhaltig zu nutzen. Denn das ist schließlich seine Lebensgrundlage. Der Mensch ist Teil der Welt, und die Welt ist das Fundament, der Boden, auf dem er gedeiht. Ein Mensch, der ausschließlich ein virtuelles *second life* führt, also in Scheinwelten herumgeistert und nicht im realen Leben Lebensnotwendiges lernt, verliert im wahrsten Sinne des Wortes den Boden unter den Füßen. Was kann man von diesem schon erwarten? Was soll dieser denn noch für einen Beitrag zur Bewältigung der basalen individuellen und sozialen Aufgaben und Herausforderungen der heutigen und zukünftigen (globalen) Gesellschaft leisten, zur Gestaltung der Lebenswirklichkeit, die für Homo sapiens die Lebensgrundlage darstellt?

Die reale Welt kann ohne und mit uns bestehen (bleiben) oder untergehen. Wir hingegen können ohne die reale Welt nicht existieren. Sie ist unser Ein und Alles, und wenn wir uns in Scheinwelten jeglicher Art verlieren, geben wir uns einer gefährlichen Illusion hin. Wir vergessen die existenzielle Bedeutung der realen Welt. Sie ist schließlich als Biotop für uns existenziell, genauso wie für unsere Art das Gemeinschaftsleben existenziell ist.

Angesichts dessen ist es wohl kaum schwierig zu beurteilen, ob die real existierende Welt oder die Kunstwelten für uns förderlicher sind. Schauen wir mit dem Background dieser Überlegungen nochmals auf die Vernetzung der Cyberstimmen und -gesichter.

4.4.4   Digitales Twittern oder lebendiges Stimmengewirr

Digitale soziale Netzwerke sind – zumindest momentan – der Renner. Sie sind psychologische Phänomene neuer technischer Möglichkeiten, aber auch Phänomene einer Gesellschaft, die möglicherweise zunehmend an echten und tragenden sozialen Bindungen und Verbindungen verliert. Es sind die »Hire-and-fire-Unternehmen«, der vermarktete Mensch und der Mensch, dessen wichtigste Funktion das Konsumieren ist. Wir denken dabei an gesichtslose Großstadtwohnanlagen, wo der Nachbar nichts zählt oder wo man ihn gar nicht erst kennt, und es kaum kulturelle Einrichtungen gibt. Mit solchen Voraussetzungen und den heutigen technischen Möglichkeiten in nahezu jedem Haushalt gedeihen virtuelle soziale Welten wie Facebook wunderbar. Kein Wunder, dass der Börsenwert dieses Netzwerks exorbitant gestiegen ist. Dabei handelt es sich doch nur um eine virtuelle Versammlung unterschiedlichster Menschen, die zunächst nicht mehr verbindet, als dass sie sich gegenseitig ihre Gesichter zeigen (*facebook*). In Gesellschaften des gesichtslosen Massenmenschen reicht dies zunächst vielleicht an Identität stiftender Bedeutung ...

Zum größten Teil werden in digitalen sozialen Netzwerken Belanglosigkeiten und Trivialitäten untereinander ausgetauscht. Dies ist nicht schlimm und unterscheidet sich im Wesentlichen nicht vom berühmten Smalltalk. Schon unsere Vorfahren trommelten sich freudig auf die Bäuche, lachten, johlten und »twitterten« (*to twitter*; engl. »zwitschern«) sozusagen schon die Neuigkeiten wie die Spatzen von den Dächern. In dieser Weise aktiv zu sein, scheint also nichts Besonderes. Dennoch weist uns der enorme Zuspruch, den die Netzwerke erfahren, auf etwas Bedeutendes hin: auf das große Bedürfnis nach sozialer Nähe, nach sozialen Kontakten, nach Geborgenheit in einer sozialen Gruppe. Ihr enormer Erfolg zeugt von der Sehnsucht nach einem Zugehörigkeitsgefühl und von einem nicht geringen Identifikationsbedürfnis.

Diese Erkenntnis ist für unsere Betrachtung gesellschaftlicher Phänomene und hinsichtlich der Diskussion um digitale soziale Netzwerke – oder besser »Ersatznetzwerke« – der wichtigste Aspekt. Natürlich darf man bei der Beurteilung dieses Phänomens weder die Vorteile einer global-digitalen Vernetzung mit sozialem Hintergrund übersehen noch deren Nachteile. Bei letzteren denken wir an Mobbing, Diskriminierung, Verleumdung oder Verbreitung anderer nicht förderlicher Gedankenkonstrukte. Soziale Netzwerke eignen sich bedauerlicherweise dafür mit ihrer virtuellen Distanz, ihrer informationstechnischen Zeitversetztheit und der dadurch entstehenden Anonymität besonders.

Wenn beispielsweise ein Kunde mit seinem Frisör, ein Patient mit seinem Arzt oder ein Gast mit einem Restaurant unzufrieden ist, und dies auf Facebook postet, im Netzwerk teilt und das wieder geteilt wird, kann das äußerst geschäftsschädigend sein, sodass dies fast an Rufmord grenzt. Denn eine niederschmetternde Kritik ist immer und überall abrufbar, kaum zu dementieren und aus dem Netzgiganten nur schwer wieder herauszulöschen. Homo sapiens funktioniert eben auch im Netz als soziales Wesen – auch bei Facebook. Die dort fluktuierenden Gedanken und Lebensgewohnheiten sind teils mehr, teils weniger förderlich, wie das Beispiel zeigt, und sind manchmal durch ihre rasante Verbreitungsmöglichkeit ansteckend wie eine Krankheit. Und zusätzlich versuchen die Macher der Plattform durch das Einspeisen von Werbeflächen dann auch noch unser Konsumverhalten zu beeinflussen und unsere Kauflust zu verstärken.

Daraus, dass die User der »sozialen« Plattform vertrauensvoll persönlichste Daten durch ihre Selbstdarstellung und Chronik im Community-Profil preisgeben, schlägt Facebook dann in großem Stil Profit. Gigantische Datenmengen zu Konsum- und Kaufverhalten, zu Vorlieben und Freizeitaktivitäten der User werden im Hintergrund des Profils und ebenso über den überall auffindbaren »Finde-ich-gut«- oder »Finde-ich-nicht-gut«-Button eruiert und an Internetfirmen zu Marketingzwecken verkauft. Wie das US-amerikanische Großunternehmen Google Inc. macht Facebook durch Werbung seinen größten Umsatz.

Warum erfahren aber digitale soziale Netzwerke trotzdem einen so gewaltigen Zuspruch, selbst auf die Gefahr hin, dass wir als Personen total durchschaubar für die Öffentlichkeit und mit profilbezogener Werbung zugeschüttet werden? Die Menschen, die sich über Facebook vernetzen, haben ein enormes natürliches Bedürfnis nach sozialem Kontakt, nach Menschen, mit denen man etwas gemein hat, nach Gruppen, in denen man sich wohlfühlt – sie wollen dazugehören. Sie wollen sich selbst darstellen, sie wünschen sich Aufmerksamkeit, Anerkennung und Anteilnahme und wollen im Freundes- und Bekanntenkreis immer *up to date* sein. Diese soziale und kommunikative Orien-

tierung von Homo sapiens ist es, die sich der Netz-Großkonzern Mark Zucker-
bergs voll und ganz für sein Geschäftsmodell zunutze gemacht hat.

Dass Facebook mehr wie ein gläserner Kasten funktioniert, und es dort mit
dem Datenschutz nicht zum Besten bestellt ist, weiß zwar mittlerweile fast jeder,
dennoch wiegt die enorme Sehnsucht nach sozialem (Online-)Kontakt weitaus
schwerer als die Vorbehalte gegen eine pseudosoziale Plattform, die ihrem
Wesen nach eigentlich etwas ganz anderes verfolgt, als das große Bedürfnis der
Menschen zu stillen. Viele User sind sich zudem oft nicht bewusst, dass sie sich
nur in künstlich kreierten Scheinwelten bewegen, die nur digital Gemeinsamkeit
und Nähe suggerieren, aber keine in der Realität bieten können. Vielleicht sollte
man einfach mal darüber nachdenken, ob es wirklich notwendig ist, sich mit
seinen Freunden um die Ecke über Facebook zu unterhalten, wenn man sich mit
ihnen auch draußen, in einem realen Erfahrungsraum, bei einer Tasse Kaffee
oder zu einer Freizeitaktivität verabreden kann.

Schlussendlich ist Facebooks Erfolg und unser Dilemma das sich so rasant
wandelnde und entwickelnde Biotop, in dem wir uns derzeit befinden: mit
seinen großen Ballungsräumen, Versingelungstendenzen, Auflösungserschei-
nungen von Familien- und Vereinsstrukturen, seinem stetigen Wandel und
schnelllebigen Verlust von Gruppenidentitäten und multioptionalen Werte-
strukturen. Denn genau da entsteht und wächst sie, die klammheimliche
Sehnsucht nach Gruppengeborgenheit, Gemeinschaftsgesinnung, kollektiver
Emotionalität und eigentlich allem, was das Soziale von Homo sapiens ausmacht. Und deshalb wirkt die angeblich so soziale Gesichtsbuch-Gemeinschaft
wie ein Sog auf uns. Passen wir nur auf, dass wir dabei unser Gesicht und unsere
realen Kontakte zur Außenwelt nicht (ganz) verlieren!

Feste, wie das im Folgenden beschriebene, welche in praller Fülle solche
Bedürfnisse in der Realität stillen könn(t)en, werden hingegen gerade immer
seltener oder verkommen zu ebensolchen Scheinwelten. Das kommt daher, weil
in diesen die sozialen Sehnsüchte auch immer weniger wirklich befriedigt
werden. Das Bedürfnis der Teilnehmer nach sozialem Kontakt wird stattdessen
durch Sauf- oder Konsumorgien überlagert, das Bedürfnis nach Gemeinschaft
durch die Lust am gemeinsamen Betrinken und Geldausgeben ersetzt. Begeben
wir uns jetzt auf ein noch funktionierendes Heimatfest:

> In einer Stadt in der oberschwäbischen Provinz gibt es ein Kinder- und Heimatfest, wie
> es in vielen Städten und Gemeinden üblich ist. Es findet jährlich statt und dauert 5 Tage.
> Die Einheimischen fiebern enthusiastisch diesem Fest entgegen, und eine Kommission
> bereitet das Fest monatelang vor. Für einen Fremden erschließt sich diese überaus
> große Begeisterung zunächst nicht. Ist es doch ein Fest wie viele andere Stadtfeste auch.
> Man trifft sich an Bierständen und Würstchenbuden, fährt Karussell und einen bunten
> historischen Festzug durch die Stadt gibt es auch. Die Stadt ist geschmückt mit blau-
> weißen Fahnen, die Menschen dekorieren sich mit Abzeichen und schicken Hüten, ihre

Autos bestücken sie mit Aufklebern, und an oder vor ihren Häusern hissen sie Fahnen. Es ist ein Gedränge und Gewühle wie üblicherweise bei allen anderen Stadt- und Gemeindefesten auch. Dass wir nun genau dieses Fest etwas näher betrachten, um die tiefere Bedeutung solcher Feste herauszufiltern, ist mehr oder weniger reiner Zufall.

Das Fest ist von einer Kommission vorbereitet worden, und die Menschen warten eigentlich nur noch auf den Startschuss. Pünktlich wird es mit einigen Böllerschüssen von einem der zahlreichen historischen Türme der Stadt eröffnet. Ein Höhepunkt ist u. a. der »Frohe Auftakt«. Schon längst haben sich weit angereiste Alteinheimische wieder in der Stadt eingefunden und in Gästezimmern oder in ihren ehemaligen Kinderzimmern eingerichtet. Sie haben ihre alten Hüte und Abzeichen hervorgeholt, die sie schon damals trugen, und finden sich so schnell wie möglich zum »Frohen Auftakt« auf dem zentralen Platz der Stadt ein. Alteinheimische und Heimische stehen eng beieinander und ein aufgeregtes Stimmengewirr zeugt von Identitätsgefühl und einer gemeinsamen Geschichte. Alle tauschen sie alte Anekdoten aus, erzählen von ihrem jetzigen Leben, umarmen und küssen sich, demonstrieren ihre gegenseitige Verbundenheit, ihre Zuneigung und ihr Vertrauen in die eigene Gruppe. Meist beschritten sie jahrelang einen gemeinsamen Weg in der Schule oder bei der Ausbildung. Sie lassen ihre alten Kontakte und Vernetzungen wieder aufleben oder bahnen neue an.

Das ganze Fest ist wohl strukturiert und gespickt mit Ritualen, Bräuchen und althergebrachten Strukturen: Die Heranwachsenden erhalten Eintritt in die Gemeinschaft, z. B. durch den Schuss auf einen Holzadler, und wer den besten Schuss abgegeben hat, wird neuer Schützenkönig. Das ist eine große Ehre. Andere Heranwachsenden-Gruppen bilden Paare und bereiten sich monatelang in Tanz- und Benimmkursen vor, in denen sie die Tänze und Verhaltensregeln der »Alten« lernen. Diese werden dann auf einem Festball vorgeführt. Die einzige Voraussetzung, um in die Gemeinschaft aufgenommen werden zu können, ist Einheimischer zu sein. Man muss die hiesige Schule besuchen und sollte sich, so gut wie es geht, den Sitten und Gebräuchen, Traditionen und Ritualen der Gruppe unterwerfen können. Auch diejenigen, die sich in irgendeiner Weise früher in der Gruppe verdient gemacht haben, an der Vereinsarbeit beteiligt waren oder anderweitig Ansehen in der Stadt genießen, sind miteinbezogen und in der Gruppe gern gesehen.

Die Menschen haben ihre Häuser fein herausgeputzt und manche Köstlichkeit bereitgestellt, um alte und neue Freunde und Bekannte wieder zu treffen und zu bewirten. Als besondere Auszeichnung gilt auch, wenn man in Haus oder Garten von einem der zahlreichen aktiven Trommel-, Pfeif- und Fahnengruppen besucht wird; zeigt doch das Ständchen, welches einem vor dem Haus gebracht wird, dass man wirklich dazugehört und dass man für frühere oder aktuelle Leistungen für Stadt oder Gruppe, in die man eingebunden ist, geehrt wird.

Überall treffen sich die Menschen, reden über ihre Erfahrungen von damals oder über die, die sie in der Fremde gemacht haben. Neuigkeiten werden ausgetauscht und alte Geschichten wieder und wieder erzählt. Man erinnert sich gerne … Und auch die vielen traditionell ausgetauschten »Rutenküsse« – so heißen die Küsse während dieser Zeit –, führen zur Verbundenheit in der Gruppe und zu liebevollen Beziehungen, sodass sich die Paare manches Mal später sogar das Ja-Wort für's Leben geben. Beruflich und auch geschäftlich ist es von Vorteil, in dieser Insidergruppe zu sein. Denn in einer Identität stiftenden Gruppe wie dieser hilft und unterstützt man sich gegenseitig in besonderer Weise. Es ist nicht anders, als es in studentischen Verbindungen der Fall ist.

Darum geht es also. Das ist es, was das Festphänomen im Wesentlichen ausmacht. Nicht das Würstchen, nicht das Bier, nicht das Karussell, sondern die eigene Geschichte in Verbindung mit der gemeinsamen, die Identität, die Sicherheit und Geborgenheit, das Gefühl, dazuzugehören, die alten und die neuen Emotionen, die Verbindungen und Liebschaften, die Authentizität jedes Anwesenden, der tatsächlich da ist, nicht nur mit Foto oder virtuellem Kommentar. Bei solch einem Fest kann man in der Jetzt-Zeit zusammen lachen, weinen, sich in den Armen liegen, sich riechen oder auch nicht riechen und neue gemeinsame Ziele finden. Man kann sich in die Augen schauen und direkt miteinander kommunizieren, mit Körper, Seele und Geist.

Beim miteinander Feiern, im gegenseitigen Erleben und Erfahren, kann man sich und die anderen voll umfänglich und im Ganzen wahrnehmen. Das Fest ist ein Tummelplatz zum Üben eigener sozialer Kompetenzen, um gegenseitige Unterstützungssysteme aufzubauen und das ureigenste und lebenswichtigste Interesse von Homo sapiens zu befriedigen: nämlich dazuzugehören. – Es gibt besonders sozial geprägte Tiere, die sterben, wenn sie aus ihrer Herde oder Gruppe ausgeschlossen werden, und Homo sapiens ist ebenfalls, wenn nicht sogar das bedürftigste aller sozialen Wesen.

Wer unter solchen Aspekten derartige Feste betrachtet, wird schnell eine Antwort auf die Frage finden, ob die virtuellen, so genannten »sozialen« Netzwerke unsere soziale Lebensform von morgen sein werden. Wie voll, reich und emotional ist doch im Gegensatz zu diesen das pralle Leben einer solchen städtischen Gemeinschaft? Es ist doch undenkbar – zumindest für den Verfasser –, dass es möglich sein wird, unsere ureigensten und evolutionsbiologisch über Jahrtausende entstandenen sozialen Fähigkeiten und Bedürfnisse auf diese Weise kompensieren oder überlisten zu können. Virtuelle soziale Netzwerke können kein wirklicher Ersatz für die Authentizität, Direktheit und Emotionalität solcher tatsächlichen Kontakte sein. Natürlich ist das nette, per EDV übermittelte Bild der feiernden Freundinnen und Freunde mit ihren alten Hüten und Abzeichen an einen Alteinheimischen, der nun in London lebt und leider nicht kommen konnte, eine tolle Sache. Aber er war eben selbst nicht dabei.

Helmut B., den wir als Patienten kennenlernten, verließ fast nie seine Wohnung. Er hatte weder aktive noch passive Freizeitaktivitäten und keinerlei soziale reale Kontakte. Helmut B. schwor auf eine virtuelle soziale Gemeinschaft, die er in einem der sozialen Netzwerke fand. Auf die traurige Feststellung des Therapeuten, dass er doch ziemlich in seinem Single-Dasein allein sei, ohne Freunde und Bekannte, die Familie weit weg, meist sachlich bei seiner Arbeit als Informatiker oder zu Hause vor dem Fernseher oder PC, erwiderte er entrüstet: »Wo denken Sie hin? Auf der ganzen Welt habe ich Freunde! Ich habe sie gezählt! Mit 180 Menschen bin ich in Kontakt!«

Manche Menschen flüchten sich also aufgrund von Überforderung im realen Leben oder Kontaktproblemen geradezu in die Scheinwelten des World-Wide-Webs. Andere wiederum, die sich von Reizen, Anforderungen und Inhalten überflutet fühlen, suchen das Nichts, um einfach »runterzukommen«. Sie suchen die Stille, die Leere, das Nichtstun. Beides sind vitale Pole des Menschen: der Trubel und die Stille, die Nähe und die Distanz.

Die unheimliche Beschleunigung des derzeitigen Biotopwandels, die Unbeständigkeit und der Wertewechsel fordern diese Verarbeitungs- und Reflexionszeiten geradezu ein. Und hier sind wir bei einem einerseits neuen, andererseits gar nicht so neuen Phänomen moderner Gesellschaften angelangt: beim Chillen.

4.4.5 Hilft Chillen?

Wir kennen alle also ein weiteres aktuelles Phänomen, welches in diesem Zusammenhang erwähnt werden sollte: das Chillen.

> Neulich kam ein besorgter Vater zu mir und berichtete, dass sich sein Sohn des Öfteren mit seinen Freunden und Freundinnen verabrede. Auf die Frage, was sie denn vorhätten, antwortete der Sohn, sie würden chillen. Der Sohn erklärte, dass man dann so sitzt und nichts macht. Man verabredet sich also zum Nichtstun. Dies komme immer häufiger vor, manchmal liege der Sohn auch einfach nur auf seinem Bett, starre an die Decke und sage, er würde chillen. Der Vater war sehr besorgt wegen der Gesundheit seines Sohnes. Ob ich dieses Phänomen kenne und ob das »Chillen« auf eine bestimmte Krankheit hinweise? In gewisser Weise konnte ich den Vater beruhigen. Ich erzählte ihm, dass Chillen schon lange bekannt sei. In Westfalen würde man es Dösen nennen und selbst Loriot hätte hierüber bereits einen Sketch verfasst. (In diesem Sketch sitzt ein Mann in seinem Sessel und guckt vor sich hin. Im Hintergrund läuft seine Frau geschäftig hin und her, räumt dies und das weg, fordert ihren Mann auf, er solle doch etwas lesen und nicht nur sitzen, sie fragt ihn, ob er irgendetwas hätte, worüber man sprechen sollte. Immer wieder beteuert der Mann, er wolle einfach nur dort sitzen. Die Frau versteht nicht, warum er nicht irgendeine aktive Tätigkeit durchführt. Immer wieder bittet der Mann darum, ihn einfach nur dort sitzen zu lassen. Er chillte.)

Damit sich Erfahrungen, Wissen und Eindrücke in unserem Gehirn verankern, brauchen sie Zeit. Sie müssen geordnet, über die Nervenzellen und Synapsen verschaltet werden, um ihre Bedeutung und Wirkung entfalten zu können. Deshalb brauchen wir Zeiten, in denen wir keine neuen Reize aufnehmen. Der Schlaf z. B. ist ein solcher Zeitraum, in dem wir neuen Input verarbeiten, in unseren Gedächtnissen abspeichern, verknüpfen oder in unser Selbst- und Fremdkonzept einbauen. Früher ergaben sich überdies solche Zeiten aus der Lebensgestaltung und dem Tagesablauf. Die Mammutjäger beispielsweise saßen am Abend nach anstrengender und aufregender Jagd um's Feuer und starrten in die Glut. Jeder war ganz bei sich, vielleicht die Jagd nochmals vor dem inneren Auge erfahrend.

Heute sind wir einem permanenten »Beschuss« von Reizen und Eindrücken unterworfen. Jugendliche, die schon in der Schule immer schneller und immer mehr lernen sollen (man denke an G8 – Abitur nach acht Jahren Gymnasium schon mit Abschluss der zwölften Klasse statt wie früher mit der dreizehnten), die möglicherweise von der Schulbank vor den Fernseher hechten, haben diese Verarbeitungsintervalle nicht mehr. Der Fernseher läuft, das Handy klingelt, die Freizeitverpflichtung ruft, der Kopf ist noch voll vom Schulinput. Dies hat zum einen zur Folge, dass sich wichtige Erfahrungen und Wissen nicht adäquat verankern, zum anderen führt es auch zum Phänomen des Chillens. Chillen ist die Zeit ohne Ziel, ohne Aufgabe, ohne Pflicht und ohne Anspruch. Man ist nur da, man will nur sitzen, eventuell ist noch ein belangloser Smalltalk drin. Chillen ist nicht mehr und nicht weniger.

Dies ist übrigens wiederum ein Beispiel dafür, dass die Systemkonzeption Mensch sich aus der Not den Freiraum kreieren kann, den sie dringend benötigt. Chillen als modische Aktivität ist eine Art verschärfte Notantwort auf unsere ungesunde Lebensgestaltung, auf die Feuersalve erlebter Reize, die uns mehr verwirren, als dass sie zur Bildung unserer Selbst- und Fremdkonzepte beitragen.

Im Grunde genommen ist Chillen auch nichts Neues, und letztendlich bleibt nun die Frage, was wir angesichts der »Notsituation« tun können, außer nur zu chillen. Immerhin scheint es nicht einfach, beispielsweise gegen eine unkomplizierte und bunte virtuelle Welt mit Dingen aus dem realen Leben anzutreten. Das wirkliche Leben ist komplexer und schwieriger als die digitale, eine tatsächliche Bergwanderung anstrengender als eine virtuelle U-Boot-Fahrt bei Nacht, Entscheidungen in der Realität verbindlicher und folgenschwerer als im Videospiel. Je länger die Menschen – in diesem Fall die Kinder und Jugendlichen – in der scheinbar komfortablen Passivwelt des Konsumierens bleiben, umso schwieriger wird es, sie für das wirkliche Leben zu begeistern und umso größer wird ihre in der Scheinwelt erlernte Hilflosigkeit gegenüber den Anforderungen, die das alltägliche Leben an sie stellt. Je früher es uns gelingt, den Menschen wieder Räume für positive Bewältigungserfahrungen und damit auch positive Ruheräume zur Verarbeitung des Erfahrenen bereitzustellen, desto schneller und leichter werden sie wieder Geschmack am Prinzip des Lebendigen finden. Hier sind nicht nur äußere Räume gemeint, wie Jugendfreizeiten, gemeinsames Zelten oder die Aktivitäten in Sport- oder Musikvereinen, sondern auch die inneren Erfahrungsräume, die entstehen, wenn man andere unterstützt und sich engagiert (Hilfsprojekte oder ehrenamtliche Tätigkeiten), arbeitet (Ferienjobs) oder etwas plant und organisiert (Reise) oder einfach nur irgendwo sitzt und Erfahrenes wirken lässt. Denn schließlich macht nichts zufriedener und glücklicher als die eigene Kompetenz und persönliche Meisterschaft, ein selbstbestimmtes, aktives Leben zu führen – und nichts wirkt präventiver, die Flucht in passive Abhängigkeiten oder Drogen zu verhindern, als das.

Chillen ist also einzuordnen in das Bestreben nach Harmonisierung und Synchronisierung des Lebens. Neuronale Netzwerke im Gehirn erfordern das auch. Je wilder und umfangreicher der Input von außen, desto größer das Verlangen der Menschen nach Ruhe und »leerer Zeit«! Die Welle angebotener Entspannungs- und Meditationskurse sowie die Übernahme fernöstlicher Religionen und Techniken in unseren Kulturkreis belegen das nur zu gut – ein verständliches, ungefährliches Phänomen. Deshalb konnte ich auch den Vater beruhigen: Er brauche sich ansonsten keine Sorgen zu machen. Ich riet ihm, seinem Sohn auch andere spannende, jedoch aktive Erfahrungsräume anzubieten und gleichermaßen die notwendigen Ruheräume und Ruhezeiten.

> Die, die im rasanten Wandel der Zeit nicht mithalten können und Anpassungsdefizite entwickeln, dürfen wir nicht zurücklassen oder »nur« bestrafen. Fortschritt und sozialer Friede setzen hier besondere Hilfe zur Selbsthilfe voraus (erfahrungsorientierte »Nachschulung«). Besonders die jüngeren zukunftsgestaltenden Generationen müssen wir rechtzeitig durch die Förderung verinnerlichter charakterlicher Basiskompetenzen auf die großen, auf uns zukommenden Herausforderungen vorbereiten. Eine der anstehenden großen Herausforderungen ist die Gestaltung einer bestmöglich informierten, digital vernetzten, für alle transparenten globalen Welt. Das bedarf persönlichkeitsfundierter Medienkompetenz, aber auch dem menschlichen System gerecht werdender Verarbeitungspausen. Der Mensch funktioniert schließlich nicht wie ein digitaler Rechner, sondern nach eigenen analogen Gesetzmäßigkeiten.

4.5 Schneller, höher, weiter oder einfach bunt und cool?

4.5.1 Warum die Menschen mit Rädern auf Berge steigen und mit Stöcken um Städte rennen

»Moderne Phänomene«, wie wir sie bis jetzt kennengelernt haben, und auch die, die folgen werden, sind meist Anpassungs- oder Ausgleichsphänomene als Antwort auf einen rasanten Biotopwandel. Oft entstehen sie zunächst in Form von Ersatz- oder dann auch länger bestehenden Schein- oder Kunstwelten, in denen die Menschen versuchen, ihre basalen Sehnsüchte, aber auch ihre wichtigen Bedürfnisse zu befriedigen. Letzteres scheint ihnen oder kann ihnen – aus welchen Gründen auch immer – unter den bestehenden realen Bedingungen nicht gelingen.

Natürlich handelt es sich bei den Bindungsgefügen zwischen den Menschen und ihren Biotopen um sich gegenseitig bedingende. Der Mensch prägt sein Biotop, und das Biotop prägt wiederum die Menschen, die in ihm leben. Das heißt aber nicht unbedingt, dass der Mensch sein Biotop auch immer und automatisch seiner Art und seinen Bedürfnissen entsprechend gut gestaltet. Gerade deshalb ist und wird es wichtiger, unser Augenmerk auf dringend notwendige, existenziell reale und artgerechte Erfahrungsräume zu richten. Denn wir brauchen sie, um Menschen den notwendigen Grund und Boden für ihr Wohlbefinden und ihre Reifung zu geben.

Oft scheint es, als steuerten wir geradezu in die Kunstbiotope unserer domestizierten Haustiere: der Kanarienvogel, der Angst hat, seinen goldenen Käfig zu verlassen, der Wellensittich, der mit seiner Plastikgefährtin schmust, der Hamster, der sich Bewegung in seinem Hamsterrad holt oder die Ratten, die sich in ihren Käfigen gegenseitig blutig beißen – Menschen, die sich wie Affen in der U-Bahn gebärden, welt- und lebensabgewandte Bildschirmhocker oder Jugendliche, die keine realen Beziehungen mehr leben, sondern »Gesichtsbilder« wie Trophäen sammeln. Ihr Leben besteht zum größten Teil nur noch aus ungesunder Netzarbeit. Und zum Schluss hilft erst mal nur noch Chillen? Das erinnert doch alles sehr an zwangsdomestizierte, unfrei gewordene Tiere, die sich nicht mehr natürlich zu bewegen und zu verhalten wissen. Die Hoffnung, dass sich alles im erwähnten Bindungsgefüge von selbst regelt, dürfen wir nicht aufrechterhalten.

Dennoch: Wir dürfen Hoffnung haben, weil die Systemkonzeption Mensch darauf ausgelegt ist, die Zukunft zu meistern. Allerdings sollten wir nicht darauf vertrauen, dass sich alles von selbst schon wieder reguliert oder darauf warten, dass von Seiten der Natur oder durch andere Menschen schon irgendwann eine Veränderung herbeigeführt wird. Ohne eigene Anstrengung und das eigene Bemühen, die so notwendigen »realen« Erfahrungsräume (wieder)herzustellen, geht es nicht. Könnensoptimismus, das eigene Wollen und die Selbstwirksamkeit spüren, das alles ist notwendig, um überhaupt Ziele verfolgen und diese auch erreichen zu können. Sind diese Faktoren im realen Lebenskonzept scheinbar nicht mehr vorhanden, notwendig oder gefragt, macht sich dieser Verlust ureigenster menschlicher Motivationen früher oder später – oft bis zum Krankwerden – bemerkbar. Wenn wir in unserer Lebensumgebung nichts Neues mehr ausprobieren können, nicht uns selbst zu helfen wissen, weiterkommen, uns weiterentwickeln oder nach etwas streben können, um es auch zu erreichen, dann haben wir entweder keine Räume mehr dafür zur Verfügung oder wir haben die uns angebotenen, weniger anstrengenden Ersatzspielplätze gewählt.

Dazu werden wir im Folgenden mehr lesen. Außerdem werden wir Antworten darauf finden, warum Menschen mit Rädern auf Berge steigen und mit Stöcken um Städte rennen, indem wir die evolutionsbiologischen Prinzipien »Anstrengung«, »etwas können zu wollen« und »Könnensoptimismus« in den sport- und freizeitlichen Phänomenen unserer Zeit und Gesellschaft betrachten.

»Künstliche« Bewegung gibt es schon seit eh und je, mindestens aber, seit wir uns zunehmend weniger natürlich körperlich bewegen müssen, und Sport als spielerischer Wettkampf ist uns spätestens seit der Antike bekannt. Der *Homo ludens* (*ludere*; lat. »spielen«) liebt es, zu spielen, und zwar bis ins hohe Erwachsenenalter. Die Fußballarenen scheinen immer gewaltiger zu werden, fast schon imposanter als die Kirchen der vorherigen Jahrhunderte. Die Hälfte der Zeitung besteht aus Sport- und Wettkampfnachrichten und ganze Fernsehkanäle konzentrieren sich mittlerweile ausschließlich darauf, nicht endende Reportagen von harten Wettkämpfen zu bringen, wo es vor allem um die Zehntel- und Hundertstelsekunden geht, die es stets noch zu übertreffen gilt. Heerscharen von Menschen wälzen sich wie Lindwürmer beim Marathon durch die großen Metropolen der Welt.

Der Hochleistungssport hat für den Großteil der Bevölkerung eine kompensatorische Funktion, denn wir lassen auch gerne – oft sogar lieber – kämpfen. Fußballer, Boxer und Rennfahrer werden als Idole und Stars gefeiert und bei ihrem Ableben einem Staatsbegräbnis gleich beerdigt. Es ist die Sehnsucht der Menschen nach Identifikation mit diesen Helden, die Herausforderungen annehmen, die sich quälen und anstrengen, die Verzicht und hartes Training auf sich nehmen, die mutig sind, etwas wagen, die kämpfen und siegen wollen.

Wenn wir schon nicht selbst frei sein können und dürfen, so feiern wir wenigstens diese Helden, die uns vorleben, was wir selbst so sehr vermissen. Das Gefühl, dabei sein zu können, dazuzugehören und wirksam zu werden. Die Identifikation mit den Aktiven und Kämpfenden heilt symptomatisch unser angeknackstes Selbst und die Sehnsucht nach eigener Erfüllung im Leben.

Rund um diese ursprüngliche Sehnsucht hat sich bis heute eine gigantische Industrie entwickelt. Die Wirtschaft durchschaute in der Vergangenheit schnell die Psychologie der potenziellen Konsumenten und versucht bis heute ihre Bedürfnisse mit käuflichen Identifikationsprodukten zu befriedigen. Spielerhemden und allerlei Vereinsinsignien – das galt damals schon als »die« Marktlücke, die sich aus diesem Phänomen gewinnversprechend auftat. Man identifiziert sich mit den Kriegern, wenn man das Fan-Trikot trägt, das Cap, den Schal und die Fahne schwenkt. Diese Insignien der Idole uniformieren die Kämpfer in der Südkurve des Stadions und die kampfbegeisterten Fans vor dem Bildschirm. Das Affektbedürfnis wird bedient, Körper und Selbst aber bleiben passiv.

Wir haben uns in unseren modernen Gesellschaften sowieso weitestgehend von der Ausführung körperlicher Tätigkeiten verabschiedet. Wir brauchen kein

Holz mehr zu hacken, um es warm zu haben, wir brauchen nicht mehr kilometerweit zur Arbeitsstelle zu laufen, die Wenigsten müssen heute noch selbst Gemüse anbauen oder Tiere schlachten, die Wäsche per Hand waschen oder das Geschirr abspülen. Das alles übernehmen jetzt Maschinen. Und warum sollten wir laufen, wenn der Lift uns in die achte Etage bringt? Die Arbeitszeiten haben sich bei den meisten Menschen unserer Gesellschaft extrem verkürzt, die freien Zeiten erfüllen den größeren Raum. Wir müssen nur an die bäuerliche Gesellschaft oder die Arbeiter in den industriellen Gründerzeiten denken.

Innerlich werden wir passiver, äußerlich unbeweglicher. Oftmals vergrößern eine falsche oder übermäßige Ernährung und ein grundsätzlicher Mangel an Bewegung die unwägbare Situation noch, in der wir uns befinden: Wir erreichen die medial festgelegten Ideale des erfolgreichen, gesunden, hyperfitten Menschen nicht mehr. Wir sind gefährdet … Und so machen wir uns zunehmend dann doch daran, mit allerlei Equipment eine zunächst sinnlos erscheinende körperliche Betätigung durchzuführen. Gefördert wird dies natürlich durch die profitorientierte Industrie, die ganz fix die »notwendigen« Equipments in allerlei Ausführungen und Preisklassen bereitstellt oder manch neue Sportart erfindet. Hatte man früher ein Paar Sportschuhe, so kann es sein, dass man heute derer acht oder noch mehr hat: die für's Turnen, die für's Wandern, die für's Joggen, die für's Tennisspielen, die für's Fußballspielen, die für's Golfen, die für's Radfahren und die für's Bergsteigen. Bewegung in allen möglichen Formen, Facetten und Dimensionen beschäftigt auf diese Weise ganze Wissenschaftszweige, auch uns Mediziner. Die Bücherregale sind voll von praktischen Anleitungen und Ratgebern, und jeden Tag scheint eine neue Sportart erfunden zu werden, sei es zu Wasser, zu Lande oder in der Luft.

Vor einigen Jahrzehnten noch wäre dies in einem solchen Ausmaß undenkbar gewesen. Eine scheinbar vollkommen nutzlose Tätigkeit – und dafür noch Geld bezahlen? Man war froh, wenn man sein Tagewerk erledigt hatte, über die Runden gekommen ist und abends in der guten Stube am Herd saß. Wer wäre denn mit Hightech-Equipment durch die wilde Natur gerannt und wer hätte sich abends auf ein Laufband gestellt, um auf der Stelle tretend Kilometer zu machen? Undenkbar, und es war auch einfach nicht notwendig. Die Organisation des Lebens und Überlebens barg damals genügend Tätigkeitsfelder, um abends körperlich erschöpft zur Ruhe zu kommen.

Nicht dass wir uns falsch verstehen, eine verständliche zeitgeistige Antwort auf den natürlichen Drang nach Bewegung, Ausgleich und Herausforderung soll hier nicht kritisch abgewertet werden. Nein, ganz im Gegenteil sogar, sie verdeutlicht die Notwendigkeit der Systemkonzeption Mensch in all ihren Dimensionen, auch dem körperlichen Bewegungsdrang, gerecht werden zu müssen. Wir müssen nur Antworten auf das finden, was uns die moderne Gesellschaft durch diesen derzeit so rasanten Biotopwandel weggenommen hat bzw.

noch wegnehmen wird. Wir müssen uns bewusst werden, dass uns die moderne Gesellschaft mit allem Komfort und Wohlstand auch Dinge nimmt, die wir unbedingt benötigen, um gesund und weiterhin leistungsfähig genug zu bleiben und die von uns präferierten Lebensformen aufrechterhalten zu können. Wohlstand und Freiheit haben nun einmal ihren Preis. Ob er niedrig oder akzeptabel ist oder uns mit Zins und Zinseszins in den Ruin treibt, das bestimmen wir.

Natürlich könnten wir an der einen oder anderen Stelle über die Sinnhaftigkeit oder Sinnlosigkeit, über den falschen oder richtigen Weg diskutieren. Wichtig ist aber, dass wir erkennen, dass es Dinge gibt, auf die wir einfach nicht verzichten sollten und auch nicht verzichten können. Schon Kinder erobern sich mit Neugier die Welt und trainieren naturgemäß die notwendigen Fähigkeiten, die sie später für ein gelingendes Leben brauchen. Kindern merkt man an, wenn sie gesund sind und gesund aufwachsen, dass sie einem natürlichen Drang nach Bewegung, Herausforderung und zu erringender Anerkennung von außen nachgehen. Wird ihnen dieser genommen, machen wir sie krank oder unleidlich – bei Erwachsenen ist das nicht anders.

Jetzt können Sie vielleicht erahnen, was dahinter steckt, wenn man Menschen sieht, die mit ihren High-Tech-Radanzügen, wie Aliens verkleidet, mit verbissenen, todernsten Gesichtern den Berg hochgeradelt kommen oder mithilfe von Stöcken um Städte rennen. Es ist die natürliche Sehnsucht nach Bewegung und Herausforderung, etwas Neues auszuprobieren und Ausdauer zu beweisen. Es ist das Bedürfnis, dafür vielleicht von anderen Anerkennung zu erlangen, vermischt mit dem Wunsch, auch zu den modernen, schlanken, gesunden Medienbildmenschen gehören zu wollen, einfach »hip« zu sein und auch dieses neue Sozialprestige förderliche Fahrradmodell oder diese neuen identitätsstiftenden Nordic-Walking-Stöcke zu besitzen.

Dass wir aber die gesamte Systemkonzeption Mensch im Blick behalten müssen, damit es uns wirklich gut geht, ist klar, denn unsere Defizite treten nicht nur im körperlichen Bereich auf. Neben dem körperlichen Bewegungsmangel und den motorisch-physischen Defiziten, haben wir ebenso Mangelerscheinungen zu beklagen, die durch individualpsychologischen und psychosozialen Bewegungsmangel weiter zunehmen. Dabei hängt das eine mit dem anderen untrennbar zusammen.

Herr G., 38 Jahre, Gymnasiallehrer

Herr G. war eine imposante sportliche Erscheinung im Alter von 38 Jahren. Leider ging er nach einem komplizierten Beckenbruch noch mit Gehhilfen, als er zur Aufnahme kam. Er war depressiv und fühlte sich schwach, das Leben war für ihn freud- und lustlos geworden, man brauche ihn nicht mehr, deshalb habe er schon versucht, sich das Leben zu nehmen.

Früher sei er täglich dreißig Kilometer Rad gefahren, am Wochenende sogar hundert pro Tag. Er habe Biathlon und jeden Volksmarathon mitgemacht. Sein Zimmer sei voller Preise und Medaillen. Dann sei er vom Rad gestürzt und hätte wochenlang im Bett liegen müssen. Seine Arbeit als Lehrer habe er zwar noch, aber er glaube, dass die Schüler ihn nun nicht mehr akzeptieren würden, wenn er wiederkäme. Seine Ehe habe einen Knacks, er streite sehr viel mit seiner Frau, die ihn sicher nicht mehr liebe. Seine Kinder würden ihn nicht mehr respektieren und machten sowieso, was sie wollten. Sie hätten keine Achtung mehr vor ihm, jetzt wo er ein gebrochener Mann sei und »nichts mehr« leiste.

Bei Herrn G. wurde während der Behandlung Folgendes deutlich: Herr G. war schon seit längerer Zeit vor den Alltags- und Beziehungsproblemen in seine »Leistungssportwelt« geflüchtet. Dort hatte er primäre Sinnhaftigkeit und Lebenserfüllung gefunden, die »Systemkonzeption G.« blieb so durch eine – wenn auch neurotische Konfliktlösungsstrategie – stabil. Durch den vorübergehenden Wegfall dieser kompensatorischen Möglichkeit kam das ganze Dilemma wieder zum Tragen, und Herr G. war in ein tiefes depressives Loch gefallen.

Auch diesem Fall wollen wir mit Methoden und Antworten begegnen, die es bereits lange gibt. Im Fall G. hieße dies: Herrn G. zu ermöglichen, dass er seine Geschichte, das, was passiert ist, besser versteht (Kopf), dass er einen ausbalancierteren Weg findet, seinem Leben einen Sinn zu geben, nach einem gelingenden Leben zu streben (Herz) sowie ihm zu helfen, wieder sportliche Aktivitäten, aber adäquate (!), in sein Leben einzubauen (Hand). Das würde einem ganzheitlichen Erfahrungslernen mit Kopf, Herz und Hand entsprechen, einem Training zur Förderung ganzheitlicher Lebenskompetenz.

Wenn der Preis moderner Gesellschaften eine zunehmende Verarmung psychophysischer Kernkompetenzen beinhaltet, brauchen wir schließlich beides: das Training unseres Körpers und auch dasjenige von Geist und Seele. Denn alles hängt unabdingbar miteinander zusammen und steht in gegenseitiger Wechselwirkung, weil Körper, Seele und Geist eins sind. Das werden wir im folgenden Kapitel noch deutlicher erkennen.

4.5.2 Warum es kicken muss: Extremsportarten – wieso?

Nun ist uns der Drang der Menschen nach künstlicher Bewegung etwas klarer geworden und dass die Wirtschaft diesen Bedarf aufgreift, ist auch verständlich. Das wurzelt einfach im derzeitigen System und in den Menschen, die in diesem leben. In einer Multioptionsgesellschaft suchen wir förmlich danach, Bedürfnisse zu finden, diese zu wecken, und als wachstumsbasierte Gesellschaft wollen wir daraus auch ein profitables Geschäft machen. Letztendlich ist unser Drang nach Bewegungsausgleich aber so natürlich wie der Drang eines Pferdes, wenn es aus der Box in die Koppel kommt. Wir brauchen die natürliche Bewegung geradezu.

Dennoch, trotz explosionsartig ansteigender Teilnehmerzahlen, ist es ja nur noch ein kleiner Bevölkerungsanteil, der wirklich sportlich aktiv ist. Über die Hälfte der Bevölkerung bleibt weiterhin inaktiv. Die Inaktivität in den einzelnen Bevölkerungsgruppen ist allerdings unterschiedlich. Sind es bei den bis 40-Jährigen ein Drittel, so wächst die Zahl der Inaktiven bei den bis 60-Jährigen auf zwei Drittel an. Aber nicht nur das Alter ist entscheidend, sondern auch der soziale Status. Ist der soziale Status niedrig, ist die Zahl der Inaktiven höher. Dies kann mit dem niedrigeren Gesundheitsbewusstsein und Bildungsstand zu tun haben, möglicherweise aber auch mit dem mangelhaften Gefühl für Selbstfürsorge und der fehlenden Dynamik, in der sich der ein oder andere mit höherem Sozialstatus befindet. Ohne das Feld der Political Correctness unnötig verlassen zu wollen, ist doch anzunehmen, dass jemand, der es gewohnt ist, seinen Lebensentwurf mit Zielstrebigkeit, Durchsetzungsvermögen oder Frustrationstoleranz zu verwirklichen, auch rascher beim Sport den »inneren Schweinehund« überwindet und ebenso die anfänglichen Mühen und Qualen einer Sportart aus- und schließlich auch durchhält. Er gelangt einfach in eine bestimmte Dynamik. Ihm ist die Aussicht auf das folgende Erfahren von Zufriedenheit, Belohnung und Ausgeglichenheit oder – salopp gesagt – die zu erwartende Dopamin-Dusche des Gehirns Anreiz genug, um weiterzumachen.

Der gleiche Mechanismus führt den ein oder anderen zu Extremsportarten. Es ist die Suche nach einer inneren Erfüllung, die es vielleicht an anderer Stelle nicht (mehr) gibt. Es ist die Suche nach ganzheitlicher Perfektion (Funktionslust), um Herausforderungen meistern zu können. Vielleicht ist es auch ein Symbolhandeln mit Ernstcharakter, um der äußeren und inneren Verflachung einer erzwungenen zivilisatorischen Komfortzone, der man nicht mehr viel abgewinnen kann, zu entfliehen (Fallbeispiel von Herrn G). In aller Regel ist es eine natürliche, dem Menschen eigene Tendenz, das Wagnis aufsuchen zu wollen. Im Wagnis machen wir neue Erfahrungen, spüren wir unsere Selbstwirksamkeit, unsere Reifung zur persönlichen Meisterschaft und die Erweiterung des Raumes.

Denken Sie an die drei Wesen am Anfang des Buches, die ihren Raum wagemutig und zukunftsträchtig erweiterten (Eroberung der Savanne)! »Etwas zu wagen«, das ist ein Prinzip des Lebendigen. Dies muss nicht nur im Extremsport so sein. Der Wagende perfektioniert generell im Wagnis seine Basiskompetenzen. Er muss leidensbereit sein, frustrationsgewohnt, zielstrebig, ausdauernd und möglicherweise risikofreudig. Es ist nicht der praktische Nutzen, sondern die innere Erfüllung. (Denn wozu soll es schon gut sein, mit bloßen Füßen und Händen eine Wand zu ersteigen?) Der Wagende verwandelt sein Unvermögen in Vermögen und Unsicherheit in Sicherheit. Je mehr Ernstcharakter das Wagnis hat, desto mehr muss der Mensch zwischen Sicherheit und Gefährdung abwägen. Er lebt mit Enttäuschungen und Tiefpunkten, erleidet Fehlschläge, doch der letztendliche Kompetenzgewinn im Wagnis gibt ihm das Gefühl, vollkommener zu sein.

Nun kann man darüber streiten, ob manchmal nicht das Maß des Wagnisses überschritten wird und an die Grenze des Pathologischen, des Kontraphobischen reicht. Natürlich gibt es das alles, aber es erklärt Extremsportarten immer noch nicht hinreichend. Genauso wie der Wagnisscheue sich möglicherweise in einer pathologischen Entwicklungsblockade seiner Persönlichkeit befindet, gibt es zwischen absoluter Wagnisvermeidung und extremer Wagnissuche ein Zwischending. Zwischen übermäßiger Verharrungstendenz und unvernünftiger Wagnissuche gibt es das subjektive Maß zwischen notwendiger Sicherheit und einkalkulierbarer Gefährdung. Im Aushalten dieser Spannbreite und im Finden des individuellen Maßes profitiert der Extremsportler durch psychischen und physischen Kompetenzgewinn.

Extremsportarten mit extremem Wagnis sind somit vielleicht eine Annäherung an einen der vitalen Pole des Menschen. Wir kennen das Sprichwort »Wer wagt, gewinnt!« und oft beschreiben gerade Volksweisheiten wie diese natürliche und gesunde Impulse. Wer mit seiner inneren Haltung jegliches Wagen und Probieren aufgegeben hat, sei es mentaler, emotionaler oder körperlicher Art, verlässt das Prinzip des Lebendigen. Der Spieß könnte sich umdrehen, und der Preis könnte Motivationsverlust, Verfall oder im schlimmsten Fall Krankheit bedeuten. Die Motivation, Extremsportarten zu betreiben, entspringt also in der Regel gesunden Impulsen des Menschen. Es sind die gleichen kompensatorischen Impulse und Handlungen wie die in den zuvor beschriebenen Volkssportarten als Reaktion auf eine Gesellschaft, die den Urbedürfnissen der Menschen nicht mehr voll umfänglich gerecht werden kann. Kompensatorisches Handeln und Verhalten wie Extremsport oder Chillen sind zwar bemerkenswert, aber nicht so bedenklich wie Komasaufen, Impulsdurchbrüchigkeiten und Gewaltbereitschaft: Was Wagemut und Aktivität bei den Extremsportlern anbelangt, so können wir uns oft gar eine Scheibe davon abschneiden, denn nur so – durch das Sich-Einlassen und Beschreiten von neuen Wegen, durch das Ausprobieren manchmal gefährlich erscheinender Schritte und das Aushalten von unbequemen Situationen – konnte und kann Homo sapiens sich weiterentwickeln, das zeigt auch die Geschichte von unseren drei wagemutigen Wesen am Anfang des Buches. Die Erfahrung von Selbstwirksamkeit, eigenem Tun und Urheberschaft spielen dabei eine bedeutende Rolle für unser Wohlbefinden. Dies ist ein weiterer wesentlicher Aspekt, der für die Ausübung von Extremsportarten zutrifft. Doch finden wir hierzu noch frappierendere Phänomene in unserer Gesellschaft, die wir noch kennenlernen werden.

> Auch wenn sich Volkssportarten manchmal skurril gestalten, sind sie ge-
> nauso wichtige, moderne und notwendige Ersatzwelten wie Extrem-
> sportarten. Sie spiegeln neben dem natürlichen Bewegungsdrang gesun-
> der Menschen auch die natürliche (!) Sehnsucht nach Wagnis, Erfolg,
> Anerkennung und positiver Bewältigungserfahrung.

4.6 Glückskonsum oder den »unbequemen Weg« wählen?

4.6.1 Warum die Fastfood-Kultur gut für Sterneköche ist

Das schnelle Essen, die ruckzuck hergestellte Mahlzeit erleichtert uns so vieles. Schnell haben wir uns die schmackhaftesten Mahlzeiten zubereitet, und wirklich kochen können, das brauchen wir schon längst nicht mehr. Meist reichen eine Schere, eine Mikrowelle, kochendes Wasser, Tiefkühlkost, Vorgefertigtes und die passende Gewürzmischung. (Im Übrigen steht die Mahlzeit von den Nährwerten her einem selbst zubereiteten Gericht kaum nach.) So können wir die köst-lichsten Gerichte zaubern, uns entspannt vor den Bildschirm hocken und uns eine der zahlreichen Sendungen anschauen, in denen Sterneköche oder lustige Kochteams aus den aberwitzigsten Zutaten die ungewöhnlichsten Gerichte kreieren. Kein Tag vergeht, an dem nicht irgendjemand irgendetwas in irgend-einer Sendung vorkocht.

Derweil steigt die Anzahl der Auflagen von Kochbüchern, Kochmagazinen und Ernährungsheftchen exponentiell. Es ist nicht mehr Großmutters altes Rezeptbuch, wo am Rand mit Bleistift Omas eigene Erfahrungen notiert waren, sondern es sind meterlange Regale internationaler Kochbuchkuriositäten, die heutzutage eine hoch aufgerüstete Hightech-Küche zieren. Vielleicht wird sie nicht mehr so oft benutzt wie Großmutters einfache, alte Küche, aber sie ver-sinnbildlicht nicht nur unsere Sehnsucht nach Genuss, sondern auch unseren Wunsch nach eigener Schöpfung und Kreation. Die praktische, schnelle Küche aus dem Regal hat uns vom Herd vertrieben und uns gleichzeitig ein Stück Selbstwirksamkeit und Kreativität genommen.

Menschen möchten aber selbstwirksam handeln, selbst kreieren, eigene Ideen produzieren und schöpferisch tätig sein. Wir erinnern uns an die Patientin S. aus Kapitel 4.2: »Wovor haben wir Angst?«. In all dem Komfort und Service, der ihr beschert wurde, verlor sie an Selbstwert, Selbstwirksamkeit, damit an eigener Bedeutung und wurde darüber krank.

In unserer Zeit ist es zur Gratwanderung geworden, das rechte Mittelmaß für ein Leben zu finden, das Momente des Gelingens birgt, wenn man sich zwischen

Komfort, Arbeitserleichterung, äußerlicher Lebensverbesserung und Kreativität, Selbstwirksamkeit und eigener Schöpfungskraft entscheiden soll. Hierzu bedürfen wir hoher Urteils- und Entscheidungskraft sowie der anderen Basiskompetenzen. Das Für und Wider für das Eine oder das Andere hat die Nahrungsmittelindustrie jedoch schon längst erkannt. Schließlich soll man sich wohlfühlen, wenn man das eine oder andere Produkt kauft. Aus diesem Grund gibt es Halbfertigprodukte, bei denen man zumindest verschiedene Zutaten selbst mischen muss oder das Produkt mit Pfefferkörnern oder Kräutern aus dem Garten zu etwas eigenem machen kann.

Es geht hier nicht um das Pro und Kontra von Nahrungsmittelprodukten, sondern um spezielle emotionale Bedürfnisse des Menschen. Der Mensch ist darauf angelegt, eigenkreativ und selbstwirksam zu sein. Das fördert seine Zielstrebigkeit, sein Durchhaltevermögen und all die anderen Dinge, die zum Prinzip des Lebendigen gehören und sicherlich evolutionär von Vorteil waren und sind. Wie sollen wir das Leben in all seinen Dimensionen, Beziehungen, Freuden und Leiden lieben, wenn wir uns selbst und unserem Beitrag hierzu keinen Wert beimessen können?

Wir sehen dies natürlich nicht nur beim Kochsendungsphänomen, sondern beobachten es auch bei vielen anderen Dingen: Wie oft sollten Sie schon ein Neugeborenes bewundern? Nach kurzer Zeit stellen Sie (meistens zumindest!) als Mann fest (Frauen setzen ihrer weiblichen Struktur entsprechend oft ihren eigenen sozialen Film in Gang), dass es ein nettes Neugeborenes ist, vielleicht ein auch noch nicht so nettes, noch schrumpeliges, und diese Betrachtung reicht Ihnen zunächst. Aber Sie sehen den verliebten Blick der Mutter auf ihr eigenes »Produkt« und streichen mit ihrem Finger nochmals vorsichtig über das kleine Näschen. Wie oft schon mussten Sie sich langweilen, wenn Sie mit Ihrem Nachbarn endlos lange Fotoalben durchblättern mussten, um dessen Segeltörn nochmals mitzuerleben? Ihr Nachbar schien das nicht zu bemerken und blätterte und blätterte, denn er durchlebte dabei nochmals seinen Einsatz bei Sturm und Wind und seine Selbstwirksamkeit im eigenen Handeln. Es sind aber seine Gefühle, und er war sich nicht darüber im Klaren, dass Sie nicht über die gleichen Erfahrungen verfügten und dies allein sein Einsatz war, an den er sich erinnerte und dass sein Segeltörn für Sie eine ganz andere, geringwertigere Bedeutung haben musste. Und sind Sie schließlich nicht selbst stolz, wenn Sie passgenau die Garderobe im Flur mit Mitteln aus dem Heimwerkermarkt gebaut haben? (»Das habe ich selbst gebaut!«) Und Ihr kleines Gemüsebeet im Garten? Schmeckt das Gemüse nicht tausend Mal besser als das gekaufte? Woran wir selbst mit Körper, Seele und Geist teilgenommen haben, aktiv gestaltend und bewältigend, das übermittelt uns eine prägende, lebendige Erfahrung. Wir fühlen uns stolz, selbstwirksam und wertvoll.

Wenn Sie beispielsweise die Vorgänge um das große Bahnprojekt Stuttgart 21 verfolgt und analysiert haben, werden Sie im Rückblick schnell den Kardinalfehler entdecken: Es hat kaum einen sachlichen Grund gegeben, der gerechtfertigt hätte, gegen dieses Projekt zu sein. Aber die lange und oft nicht kommunizierte Planungsphase gab den Menschen das Gefühl, nicht beteiligt, übergangen und überrumpelt worden zu sein. Nicht selbst mitbestimmen zu dürfen, was am Heimatort geschieht, fremdbestimmt und wirkungslos zu sein, einer Handvoll ignoranter Politiker, Kapitalisten und Ingenieure ausgeliefert, das konnte den Menschen nicht gefallen, ihnen nicht gut tun. Aus diesem Grund musste es im Nachgang auch ein weiteres Schlichtungsverfahren geben. Alle durften ihre Meinung kundtun, kleinere Veränderungen einfließen lassen und zum Schluss sollten alle das Gefühl haben, ernst genommen und beteiligt gewesen zu sein und nunmehr ein gemeinsames Projekt geplant und verwirklicht zu haben.

Saßen Sie nicht schon oft in Seminaren oder Konferenzen, wo eine gute Idee eines Teilnehmers so lange mit den unterschiedlichsten Worten von den anderen wiederholt und ergänzt wurde, bis jeder das Gefühl hatte, selbst daran mitgewirkt zu haben? Nicht nur, dass man dann seine Selbstwirksamkeit spürte, sondern dieser Vorgang lieferte auch die Basis dafür, dass man diese Idee als gemeinsam entwickelte besser mittragen konnte. Führungskräfte sollten darüber Bescheid wissen und das berücksichtigen! Je mehr Führungskräfte ihre Mitarbeiter mitentscheiden lassen, je öfter sie Mitarbeiter an der Entwicklung von Projekten beteiligen oder ihnen diese Arbeit sogar ganz überlassen, umso größer ist die Motivation, sich für die Umsetzung eines Vorhabens oder von Veränderungen zu engagieren. Die Menschen machen so ihre eigenen schöpferischen Erfahrungen mit den zu bewältigenden Aufgaben, und nichts wirkt stärker als diese. Vielleicht scheint dies erst einmal ungewohnt, und ungern geben Unternehmer das Zepter aus der Hand. Aber der zunächst »unbequeme Weg« ist nicht unbedingt der schlechtere, sondern macht den Weg frei für Neues und für Entwicklung – Kontrolle abgeben heißt in diesem Fall, Verantwortung abgeben zu können und Raum für Selbsttätigkeit, -wirksamkeit und Urheberschaft zu geben. Mit der Wirksamkeit seiner Mitarbeiter wächst dann auch das Unternehmen. Ergebnis: ein glücklicher Chef und mit der Arbeit zufriedene, motivierte und nicht minder glückliche Angestellte.

Selbstwirksamkeit und Urheberschaftsgefühl, wie wir es beim Kuchenbacken, Planen eines Bahnhofs, Leiten eines Projekts beschrieben haben, vermitteln das Gefühl, präsent, kreativ und lebendig zu sein, Anteil genommen zu haben und dazuzugehören. Nichts macht uns zufriedener als das. Und dennoch sind wir zurzeit sehr auf das Inanspruchnehmen von fertigen Konsumgütern oder Situationen fixiert, die uns Bequemlichkeit und vermeintliche Zufriedenheit verschaffen, ohne dass wir etwas dazu beitragen müssen. Ein solch neurotischer »Zufriedenheitskonsum« lässt sich vorzüglich auf dem breiten Feld der Ernäh-

rung und Nahrung ausleben. Eigentlich wollten und haben wir mit unserem
Kochbeispiel den Wunsch und die Erfüllung nach Urheberschaft beschrieben.
Aber wenn wir schon beim Kochen und bei der Ernährung sind, greifen wir
gleich ein weiteres Phänomen unserer Gesellschaft auf. Ernährung hat nicht nur
etwas mit Nährstoffen zu tun oder mit der Zubereitung als Urheberschaftsbe-
weis, sondern auch mit der Art, wie wir uns ernähren, mit unserem seelischen
Gleich- oder Ungleichgewicht, unserer seelischen Zufriedenheit oder Unzufriedenheit.

4.6.2   Liebe geht durch den Magen, aber Ernährung auch durch die Seele

Wir haben gelesen, was die Fastfood-Kultur uns nimmt: nicht eigentlich die
Nährstoffe, sondern vielmehr die Urheberschaft. Damit aber nicht genug,
spiegeln sich in all unseren Ernährungsproblemen und -diskussionen unsere
tiefe Verunsicherung, der Verlust unserer Urteils- und Entscheidungskraft,
unsere wachsende Anspruchs- und Konsumprägung und die allgegenwärtig
wachsende Fremdsteuerung. Und das wirkt sich wiederum auf alle unsere Lebensbereiche aus, unter anderem auf unser Ernährungsverhalten.

Es gibt wohl kaum Gesellschaften, die eine solche Vielfalt verschiedenster
Nahrungsmittel zur Verfügung haben, wie wir in unseren modernen westlichen
Gesellschaften. Sicherlich ist die Lebensmittelüberwachung, -haltbarmachung
und -verteilung hier am effektivsten, sieht man einmal ab von dem nachbar-
schaftlichen Lebensmittelaustausch, den Eiern und dem Suppenhuhn vom benachbarten Bauernhof. Dem Allesfresser Homo sapiens dürfte es da nicht
schwerfallen, sich ausreichend zu ernähren – er tut es ja auch, er isst eher zu viel.

Ob die Nahrungsaufnahme hierzulande – bezüglich der Nährstoffe, Mine-
ralien und Vitamine – ausgewogen ist, das ist eine andere Frage. Wir können
aber davon ausgehen, dass die große Mehrheit damit keine Probleme hat. Das
trifft auch für relativ arme Menschen zu und selbst für Gruppen, die sich – aus
welchen Gründen auch immer, z. B. aus moralischen – einseitig ernähren. So
nehmen die ca. 7 Millionen Vegetarier – Menschen, die kein Fleisch und keinen
Fisch essen – über tierische Produkte, etwa über Eier, Käse oder Milch, die ohne
Fleischkonsum fehlenden Nährstoffe auf. Auch die ca. 700.000 Veganer – Menschen, die keinerlei tierische Produkte essen – wissen oft besonders gut, welche
Maßnahmen sie ergreifen müssen, um ihre Ernährungsdefizite auszugleichen.
Das ist nicht verwunderlich, denn diese Menschen kennen sich einfach sehr gut
mit dieser Materie aus, da für sie Ernährung meist einen sehr hohen Identifi-
kationscharakter und Stellenwert hat.

Und trotz alledem gibt es sehr viele Menschen, die es eher schwer haben, ein
entspanntes Verhältnis zu ihrer Ernährung aufzubauen oder aufrechtzuerhal-

ten. Damit sind nicht die gemeint, die sich besonders »bio«, »öko«, regional oder anderweitig besonders gesund ernähren. Wir meinen vielmehr die Menschen, die sich nur scheinbar sehr gesundheitsbewusst ernähren, weil sie so lange wie möglich gesund und fit bleiben und am besten den Tod noch ein wenig hinauszögern möchten. Verzichten wollen sie allerdings auch nicht so richtig. Sie wollen guten Gewissens das genießen, was die anderen auch haben: Kuchen, Käse, Bier und Kaffee, aber »nur« als gutes Surrogat – zuckerfrei, fettfrei, alkoholfrei, koffeinfrei – eben »gesund«, denn ihnen sitzt ja die generalisierte, hier auf Ernährung projizierte Ängstlichkeit im Nacken. Diese Angst haben sich die Medien und die Marketingabteilungen der Lebensmittelindustrie auch längst zunutze gemacht und die Menschen dort abgeholt, wo sie sich befinden: in ihrer Verunsicherung und Mediensteuerbarkeit. Wer sich »bio« ernährt, lebt gesünder, und Ökoessen schmeckt sowieso besser. Das ist natürlich eine vage Behauptung, worüber sich sicher auch streiten lässt.

Weder ist die Produktion dieser »gesunden« Lebensmittel automatisch umweltfreundlicher, nur weil »bio« oder »öko« draufsteht, noch ist das Essen unbedingt gesünder als herkömmliches. Manchmal fehlt den Menschen einfach auch das Wissen, da sie teilweise noch nicht einmal den Begriff Vollwertkost von Vollkornbrot recht unterscheiden können. Sie packen Nahrung in gute und böse Kategorien, also in moralische Schubladen. (Ein »Du darfst« markiert wohl eher die »guten« Lebensmittel.) Bei dieser Kategorisierung hilft ihnen allzu gerne die mächtige Lebensmittelindustrie, denn für »gute«, die Gesundheit und Fitness erhaltende Produkte gibt man gerne mehr Geld aus als für »böse«, die nur dick oder krank machen.

Vor dem Hintergrund dieser Dynamik ist jedoch etwas sehr Bedenkliches entstanden: Menschen, die aus anderen Gründen mit sich und ihrem Leben nicht mehr zurechtkommen, die Probleme haben, voller Ängste sind oder sich im rasanten Biotopwandel unserer Zeit nicht mehr zurechtfinden, externalisieren ihre Probleme und projizieren sie auf ihre Nahrungsaufnahme. Auf diese Weise wird Ernährung für sie zum Schauplatz neurotischer Konfliktbewältigung.

Lachten wir vor noch nicht allzu langer Zeit über Hape Kerkelings Kunstfigur Horst Schlämmer – »Ich hab Rücken« –, so begegnen uns nun nicht nur in den Kliniken immer mehr Menschen, die sagen: »Ich hab Laktose« oder die glauben, an einer Glutenunverträglichkeit zu leiden. Viele von ihnen führen Listen mit dreißig bis vierzig »bösen« Nahrungsmittelbestandteilen, die sie für alle Fälle immer mit sich tragen, oft »getestet« von gewissenlosen Heilpraktikern oder Ärzten, die es jetzt zu vermeiden gilt. Sie behaupten, in letzter Konsequenz nur ganz ausgewählte Nahrungsmittel zu sich nehmen zu können. Nicht selten stöhnen sie darüber, dass sie nach einem Vollkornmüsli in der Frühe – welches aus Fitnessgründen oft angepriesen wird – müde werden und nicht leistungsfähig sind (was natürlich verständlich ist). Sie bevorzugen bizarre und groteske Diäten oder machen sich mit massenweise Rohkost das Leben schwer.

Von all diesen Spezies sind die vielleicht noch am harmlosesten, die mehrmals täglich teure Kapseln, Pülverchen und Tropfen als so genannte Nahrungsergänzungsmittel zu sich nehmen, oder die, die sich je nach Konstitution mit Ying- oder Yang-Gemüse ernähren. Am schwerwiegendsten sind aber die Fälle, bei denen die Menschen gar nicht umhin können, sich den ganzen Tag lang krankhaft und minutiös mit ihrer Ernährung zu beschäftigen. Ist solch ein Verhalten sehr ausgeprägt, so hat die Medizin hierfür mittlerweile eine Diagnose: »Orthorexie«. Orthorexie oder Orthorexia nervosa nennt man die Krankheit, bei denen Menschen krankhafte Muster im Umgang mit Essen entwickeln. Diese Muster haben nichts mit einer wissenschaftlichen Erklärung zu tun, sondern rühren eher von einer Art bizarrer Ernährungsphilosophie her. Sie verspricht, bei entsprechend vorsichtiger und eingeschränkter Nahrungsmittelaufnahme Gesundheit, Glück und Zufriedenheit zu bescheren und gleichzeitig den Menschen vor Krankheit und Bösem zu beschützen.

In Mode ist zurzeit besonders die Laktoseunverträglichkeit und natürlich gibt es auch eine Variante der Krankheit: die Laktoseintoleranz. An ihr leiden Menschen, die schon geringste Mengen Laktose (Milchzucker) nicht vertragen. Die Häufigkeit, mit der diese Intoleranz zurzeit scheinbar vorkommt oder diagnostiziert wird, ist jedoch nicht nachzuweisen. Natürlich hält kein Mensch Milchzucker in unbegrenzten Mengen aus. Wer also einen Liter Milch trinkt und sich wundert, dass es in seinem Bauch grummelt, hat noch lange keine mit Krankheit zu betitelnde Laktoseunverträglichkeit. Wie immer ist die Dosis entscheidend. Gleichwohl finden wir in vielen Lebensmittelläden ganze Abteilungen mit laktosefreien Produkten. Große Milchverarbeitungsbetriebe beschriften ihre Lkws mit Werbung für laktosefreie Produkte. Ein halbes Volk scheint plötzlich krank zu sein. Das Ziel ist klar! Laktosefreie Produkte sind durchschnittlich teurer als laktosehaltige, seltener auf dem Markt der möglichen Produktauswahl anzutreffen und spielen mehr Gewinn ein. Wir finden viele solcher Beispiele in unserem alltäglichen Leben vor. Doch uns interessieren der Ursprung und die Ursachen dieses Phänomens.

Kommen wir also zu unserer Anfangsthese zurück: Unsere Vorstellung, durch unsere zwanghafte Suche nach perfekter Gesundheit und durch besondere Ernährungsphilosophien tiefe Verunsicherungen, persönliche Ängste sowie die generell herrschende Angststimmung in unserer Gesellschaft beheben zu können, ist eine Illusion. Glück, Zufriedenheit und ein gelingendes, erfülltes Leben können wir so nicht erlangen. Oft werden als versteckte Ursache diese Verunsicherungen, Ängste und Anpassungsstörungen unbewusst in Lebensmittelunverträglichkeiten verpackt und so zum Ausdruck gebracht. Durch unseren Irrglauben, auch in diesem Fall Glück, Gesundheit und ein langes Leben durch

Ernährung kaufen zu können, bereiten wir hier ebenfalls einen fruchtbaren Boden für wachsende merkantile und mediale Interessen. Von Wirtschaft und Werbung werden unsere Ängste, Sehnsüchte und Wünsche dann liebend gern aufgegriffen. Nichts blüht kräftiger als das Geschäft mit der Not und dem letzten Körnchen Hoffnung. Es beginnt oft mit kostspieligen Unverträglichkeitsuntersuchungen bei obskuren Gesundheitsanbietern, zeigt sich an den bunten Laktosefrei-Lastwagen und endet anschließend mit phänomenalen, technisch-modernen Webauftritten von erfolgreichen Gesundheits- und Pharmaunternehmen.

Das Schlimme daran ist aber, dass Menschen, die tatsächlich nicht in ihrem Leben zurechtkommen, zunehmend auf Nebenkriegsplätze geführt und so von der Möglichkeit einer wirklichen Ursachenbehebung abgelenkt werden. Die Diskussion und der Kampf um die richtige Ernährung ersetzen aber nicht die Anstrengung, darüber nachzudenken und auszuprobieren, wie man ein sinnvolles, zweckbestimmtes, angstfreies und damit gelingendes Leben führen kann.

Damit ist auch dieses Phänomen und die Zunahme der Ernährungsneurotiker erklärt, und wir schließen dieses Kapitel mit einer lustigen Anekdote bei einem Transatlantikflug:

> Nicht unweit von mir saß eine voluminöse Amerikanerin. Sie hatte einem schon leidgetan, als sie sich mit Müh und Not zwischen die zwei Armlehnen hatte zwängen müssen. Ich beobachtete, wie sie sich bei der Stewardess ein Fläschchen Mineralwasser bestellte, doch sie trank es nicht, sondern studierte stattdessen unaufhörlich die Etiketten. Nach einiger Zeit klingelte sie nach der Stewardess, streckte ihr das Fläschchen entgegen und fragte: »Is this fatfree?« Die Stewardess antwortete, dass es sich um Mineralwasser handele. Die Dame stellte aber fest, dass nirgendwo auf der Flasche vermerkt sei, dass das Getränk »fatfree« sei und keine Kalorien habe. Insofern wäre sie sehr unsicher und würde stattdessen lieber eine Cola light trinken. Übrigens: Von den ganzen knisternden Ess-Päckchen mit merkwürdigen Ingredienzien, die einem unaufhörlich auf jedem Flug gereicht werden, ließ sie keines aus zu essen.

So lustig diese Anekdote klingt, so nachdenklich sollte sie uns machen. Hier stimmt etwas nicht, und es ist offensichtlich, dass diese Frau vermutlich nicht sehr glücklich ist, irgendwie »falsch« denkt, fühlt und auch handelt. Und es gibt weitere Irrwege ... Wellness boomt und das nicht nur der Wellness, also des Wohlgefühls, wegen. Oft steht auch eine hohe Glückserwartung hinter dem Konsum von Angeboten, die uns Entspannung und Wohlbefinden versprechen. Ob es angesichts der hohen Glückswirkung von selbsttätigem Handeln überhaupt möglich ist oder Sinn macht, Glücks- bzw. Wohlfühlmomente zu kaufen und einfach nur passiv zu konsumieren, dieser Frage soll im nächsten Kapitel nachgegangen werden.

Ernährung ist für uns Menschen mehr als nur Nährstoffaufnahme. Auch hier gilt: Was wir selbst mit Körper, Seele und Geist aktiv gestaltet oder hier zubereitet haben, vermittelt uns eine lebendige Erfahrung und Urheberschaftsgefühl. Das Gefühl der Selbstwirksamkeit macht uns stolz und gibt uns Selbstvertrauen. Unsere Ernährungsgewohnheiten reflektieren oft auch unsere Lebensanschauungen, Befürchtungen, Ängste und Gefühle.

4.6.3 Das Verlangen nach Wohlgefühl – der Wellness-Boom!

Gut essen, kuren, baden, eincremen, den Körper durchkneten lassen und abends vielleicht noch eine nette Bekanntschaft in der Tanzbar! Wellness boomt, wo sie nur boomen kann. Je mehr Sterne und Verwöhnkomfort, desto besser. Eine Unterkunft, in der man »nur« wohnen, essen und schlafen kann, ist schon fast undenkbar geworden. Ohne Wellness-Abteilung, ohne Masseure, Kosmetiker, Friseure, Schwitz-, Dampf- und Lichtbäder können wir uns ein gutes Hotel kaum mehr vorstellen. Je getoppter, umso besser. In Heu, Sand oder Schlamm zu liegen, gibt uns das Gefühl, dass mit uns etwas Wunderbares, Heilsames passiert – ganz zu schweigen von dem gewissen geheimnisvollen Flair, das die fremdkulturellen Anwendungen aufgrund ihres Ursprungs begleitet. Das ist dann einfach die Krönung, wenn der Original-Chinese auf mysteriöse Art und Weise mit dem Stecken seiner Nadeln unseren Körper und unseren Geist manipuliert oder der asketisch lebende, heilende Buddhist uns lehrt, wie wir vollkommen gleichgültig den äußeren alltäglichen Dingen entfliehen und im inneren Nirwana verschwinden können. Selbst Falten, unschöne Wülste oder Flecken können wir uns wegmachen lassen, und der gute Schönheitschirurg umrahmt unseren gestressten und traurigen Blick mit wunderschönen Lidfalten.

Dennoch geschieht etwas an uns und nicht in uns. Wir lassen uns behandeln, weil das Handeln so schwer geworden ist. Wir haben uns an die Illusion gewöhnt, Wohlbefinden und Glück kaufen und konsumieren zu können und uns bleibt trotzdem der schale Nachgeschmack, dass nicht wirklich etwas in uns passiert. Das Gefühl, satt, sauber, schön und rein zu sein, verblasst in kurzer Zeit.

Das frühe Aufstehen mit den heilsamen Anwendungen, das Sich-massieren-Lassen, die netten Gespräche im weißen Bademantel vor dem Kosmetikstudio, das Liegen im Schwefel, das Sauerstoffbad … Ja, es ist schön, tut so gut und kostet auch viel Geld … Wir haben jetzt alles für unser Wohlbefinden und unser Glück, alles, was es nur gibt, alles, was unser Herz begehrt. Doch irgendetwas scheint zu fehlen. Ist es das nette Kleid, welches wir heute Morgen in der Boutique gesehen haben, oder sollten wir uns doch noch das Büchlein *Die zehn Schritte zum Glück* an der Ecke im Buchladen kaufen? Es ist zwischen den Anwendungen ja schnell gelesen. Morgen haben wir keine Zeit mehr. Um 8 Uhr müssen wir im Büro sein. Da wird schon wieder eine Menge Unangenehmes auf dem Schreibtisch liegen, fast nicht zu bewältigen. Der Chef wird drohende E-Mails schicken, der Kunde den Zeitdruck erhöhen, Frau Müller wird mich wieder nicht grüßen und Schmidt hat sicherlich wieder eine Gemeinheit vor, um mein Leben zur Qual zu machen. Der Lehrer wird sich über die Leistungen meiner Kinder beschweren und die Schwiegermutter hoffentlich nicht anrufen. Und die regelmäßigen Aufbaupillen und Nahrungsergänzungsmittel, von denen wir uns so viel versprochen haben, helfen auch nicht so richtig. Vielleicht ist es aber auch der Feinstaub in unserer Stadt oder die Ozonwerte, die mich so matt werden lassen. Aber da haben wir doch gelesen über ein ganz neuartiges Verfahren. An einem Wellness-Wochenende können wir uns entschlacken lassen von all den Sorgen und Giften, die das Leben so mit sich bringt.

Nein, hier soll keine Lustfeindlichkeit verbreitet werden. Wellness, Pflege und sich etwas Gutes tun, das ist sinnvoll und hat durchaus seine Berechtigung. Wenn wir jedoch denken, dass uns nur die entsprechenden Behandlungen fehlen, um zu unserem Glück und einem gelingenden Leben zu kommen, dann haben wir zu kurz gedacht. Glück und ein gelingender Lebensentwurf haben zum überwiegenden Teil etwas mit intrinsischen Dingen zu tun. Sie spielen sich in uns selbst ab, nicht an uns. Natürlich sind wir dadurch noch lange nicht vor Schicksalsschlägen wie Armut, schwerer Krankheit oder dem Verlust eines lieben Menschen gefeit. Aber zum einen wollen wir ja nicht immer gleich von den schlimmsten Schicksalen ausgehen, zumal sie nicht die Regel sind, und zum anderen sollte uns bewusst sein, dass wir als aktive, selbsttätige Menschen über ganz andere Verarbeitungs- und Bewältigungsstrategien verfügen, wenn es uns einmal treffen sollte (Resilienz). Passive Menschen hingegen werden es eher bevorzugen, im Leiden und in der Hilflosigkeit zu verharren und über ihr Los fortwährend zu klagen.

Zurück zum Wohlgefühl, das wir uns leisten dürfen: Prinzipiell und im Kern geht es bei einem anzustrebenden gelingenden Dasein darum, welche intrinsischen Kompetenzen uns zur Verfügung stehen, welche Leidensfähigkeit, welche Frustrationstoleranz, welche Handlungskompetenzen, welche Selbstwirksamkeit, welche resilienten Eigenschaften, um mit den alltäglichen Dingen des Lebens fertig zu werden – auch mit denen, die uns nach einem Wellness-Wochenende erwarten.

Patienten, die mit sich und dem Leben nicht sehr gut zurechtkommen, erwarten jedoch meist die Lösung vom behandelnden Arzt: »Herr Doktor, machen Sie mich gesund! Ich will alles, was es hier gibt, bekommen. Alle Anwendungen und Möglichkeiten, alle Pillen und Mittel, damit ich mich schnell wieder wohlfühle.« Falschen Heilserwartungen erst einmal entgegenzutreten, gilt in der stationären Psychotherapie oftmals als wichtiger erster Schritt.

Nicht bei allen, aber doch bei einer beachtlichen Anzahl von Menschen
herrschen grundsätzlich ebenso falsche Vorstellungen darüber vor, wie man zu
einem gesunden und gelingenden Leben kommt: Es soll nämlich zu ihnen
kommen und nicht umgekehrt. Das Begehren der Patienten ist passiv-konsumtiv
und wenn die Gesundung nicht sofort gelingt, ist zunächst die Behandlung
falsch, das Essen schlecht, der Komfort zu wenig, das Bett zu hart, etc. Psychotherapie und gesund werden, das ist oft harte Arbeit für beide Seiten –
sowohl für den behandelnden Therapeuten als auch für den Klienten. Um
Menschen von ihrem »Behandle-mich-Anspruch« und ihrer konsumtiven
Grundeinstellung zu kurieren und zu einer mitwirkenden, aktiven, verantwortlichen inneren Haltung anzuleiten, ist allerdings der oben genannte erste
Schritt eine gute Therapie.

Glück und Zufriedenheit sind sicher der Lohn für unsere Anstrengungen, mit
den intrinsischen Eigenschaften an den Herausforderungen zu wachsen. Es ist
der Lohn dafür, Widersprüche, Herausforderungen und Anstrengungen auszuhalten und uns eine positive subjektive Wirklichkeit vom Sein zu erschaffen,
die uns Handlungskompetenzen und Möglichkeiten zur Verfügung stellt, an der
Gestaltung unseres eigenen und gemeinsamen Lebensentwurfs aktiv teilzunehmen. Eine innere Haltung einnehmen zu können, uns selbst als einzigartiges
Individuum, als Bereicherung dieser Welt zu erfahren und zu erleben, dass wir
mit kleinsten Beiträgen am Erfolg der Geschichte der Menschheit partizipieren
können, das gibt uns in unserem Dasein ein Gefühl von Zufriedenheit, ein
Gefühl von »Selfness«.

Glück ist letztendlich deshalb eine Frage von Autonomie und erlebter Kompetenz. Wellness falsch verstanden – und der Boom legt dies nahe – könnte zu
einem Zuviel, zu einer Dauerberieselung und -behandlung, zu einer »Überfütterung« führen, die letztendlich genau das Gegenteil bewirkt, statt Glück und
Wohlbefinden ganzheitlich zu erzeugen. Wirkliche Probleme, die wir haben,
können wir so zwar gut verdrängen und eine Art künstliches, nicht wirkliches,
zeitlich begrenztes Wohlgefühl herstellen, aber zu wirklichem Glück und
wirklicher »Selfness« gehört weitaus mehr. Da spielt die Bereitschaft, sich innerlich bewegen zu lassen, zu aktivem Handeln und Verändern gewillt zu sein,
eine große Rolle. Da geht es auch um die Frage der Identität, wie und wo fühle ich
mich wohl, und um Gruppenzugehörigkeiten. Und zuletzt ist unsere Motivation,
aktiv für unser Glück etwas zu tun und das auch umsetzen zu wollen, von
Bedeutung. Das eigene Handeln und Gestalten ist so weitaus bedeutender für
unser Wohlbefinden und ein gelingendes Leben. Das trifft nicht nur für den
Einzelnen zu, sondern auch für die Gemeinschaft, in der man lebt. Das Prinzip
gelebter Gestaltungskraft fördert auch dort wirklich notwendigen Fortschritt
und Anpassung, damit auch das Leben im Kollektiv gelingen kann. Ohne dass
wir uns aber dem wahren Leben im Hier und Jetzt aussetzen, ohne eigene

emotionale Betroffenheit, haben wir es schwer, mit unserer Motivation und unserer (Selbst-)Wirksamkeit. Und genau davon lesen wir im nächsten Kapitel.

4.6.4   Die Welt – ein globales Dorf mit Kehrwoche?

Vor nicht allzu langer Zeit mokierte sich halb im Ernst, halb im Spaß ein sich als Berliner fühlender Politiker über die in seinem Wohnbezirk, dem Prenzlberger Kiez, einziehende Kehrwochenmentalität. Dort würden sich die aus dem Süden zuziehenden Schwaben ausbreiten, die Brötchen in den Bäckereiauslagen hießen nicht mehr berlinkulturell »Schrippen«, sondern »Wecken« oder »Weckle«, lamentierte er. In den schwäbischen Lokalzeitungen löste diese Kritik am hauptstädtischen Siegeszug schwäbischer Kultur eine Flut von Seiten füllenden Leserbriefen aus, teils mit spaßigen, aber teils auch mit halbernsten bis ernsten Stellungnahmen. Das Geld von den Schwaben würden sie nehmen, die Berliner, und dann so was! Wer einen so struppigen Bart hätte wie der Politiker, solle froh sein, wenn die Schwaben ihm den »Dreck« wegkehren. So etwas Diskriminierendes könne man nur mit den Schwaben machen. Man stelle sich vor, ähnliche Kommentare hätte der Politiker über Türken und Döner geäußert. Mit letzterem Argument wird der schreibende Schwabe wohl Recht haben, denn das wäre politisch nicht korrekt und hätte ein ganz anderes Donnerwetter ausgelöst.

Bevor mein Sohn in einer oberschwäbischen Provinzstadt geboren wurde, bekamen wir von unseren badischen Freunden die dringende Empfehlung, »dem Kind zuliebe« doch zur Geburt in ein ca. zwanzig Kilometer entferntes und hinter der schwäbischen Grenze gelegenes Krankenhaus zu fahren, also nach Baden. Denn dann wäre unser Sohn ein Badener und – Gott sei Dank! – kein Schwabe.

Sie kennen bestimmt auch die Diskussionen, die immer wieder dann entbrennen, wenn bei Europa- oder Weltmeisterschaften von unseren Fußballspielern nicht nur verlangt wird, dass sie traumhaften Fußball spielen, sondern auch, dass sie noch vor dem eigentlichen Spiel die Nationalhymne singen können sollen. Wenn sie den Text schon nicht auswendig wissen, erwartet man doch wenigstens, dass sie vor den Fernsehkameras die Lippen identitätsbekundend adäquat bewegen, denn die Fans wollen sich schließlich mit ihrem in dieser Situation aufkommenden Gefühl von Vaterlandsliebe mit ihrer Elf identifizieren können. Identifikation und Wir-Gefühl sind hier alles.

Aus der Fußballwelt kennen Sie gewiss auch die kriegerisch anmutenden Szenarien, wo es auch um Gruppenbekenntnisse geht. Unterschiedliche Fanparteien versuchen, sich gegenseitig mit ihren Schlachtgesängen niederzubrüllen. Ja, es gibt sogar Anheizer, die leicht erhöht auf dem trennenden Absperrgitter sitzen und mit einem Megaphon in der Hand, gleich einem Alphaschimpansenmännchen auf einem von den anderen gut zu sehenden Erdhügel, ihren Anspruch auf Führung geltend machen.

Vielleicht erinnern Sie sich auch an die typischen Großaufnahmen aus dem Fernsehen, wo sich selbst die Spieler Auge in Auge, mit verzerrtem Gesicht und gebleckten Zähnen, in nur zwanzig Zentimeter Abstand gegenüberstehen und feindliche Laute von sich geben, bemüht, ihre Hände und Füße zurückzuhalten, weil Körperberührung stets bestraft werden würde. (Zinedine Zidane war das bekanntermaßen 2006 nicht gelungen.)

Es geht bei all den oben genannten Beispielen um den Identifikationseffekt und/oder um ein territoriales Reviergefühl. Es gibt ein weiteres Beispiel im Deutschen Jagdrecht, wo die Überschreitung von fremden Jagdrevieren genauso streng geregelt ist, als hätte man eine Demarkationslinie unerlaubt überschritten. Das Nichtbeachten der nachbarlichen Grenze, womöglich noch mit Jagdgewehr, und wenn es nur zwanzig Meter sind, wird beim Jägervolk entsprechend mit harten Strafen geahndet. Bei territorialen Verfehlungen können dort wüste Streitigkeiten unter den Jagdleuten entstehen – eine Verhaltensweise, die wir natürlich auch in Schrebergärten und Nachbarschaftsscharmützeln, aber auch von vielen Tieren, insbesondere von Schimpansen kennen.

Menschen wie Menschenaffen sind hoch soziale Wesen. Sie möchten Gruppen angehören. Menschen brauchen Identitätsstiftendes, wie ähnliche Ziele, ähnliche Wertvorstellungen, ähnliche Regeln. Sie suchen nicht nur nach Unterstützung und Geborgenheit, sondern auch nach Akzeptanz ihrer Lebensweise und nach Verstärkung ihrer Ansichten in den Gruppen, in denen sie sich aufhalten (z. B.: Familie, Verwandtschaft, Dorf-/Stadtbewohner, Vereinsmitgliedschaft, Zugehörigkeiten zu einer Religion oder Ethnie usw.). Je übersichtlicher, intimer und konformer eine Gruppe ist, umso besser für die Identität des Einzelnen. Das bedeutet so viel wie, dass Gruppenidentität als solche fast nur ausschließlich im lebendigen Miteinander und in der realen Interaktion mit anderen im alltäglichen Leben entsteht und sich entwickelt.

Gruppenidentität setzt sich meist aus auf diese Weise gewachsenen und lebendigen Strukturen zusammen. Theoretisch definierte Gruppen, die beispielsweise wie bei statistischen Erhebungen nur auf dem Papier existieren – wie die Gruppe aller 60-jährigen Europäer oder aller Akademiker auf der Welt oder Ähnliches – sind nicht lebendig und weniger identitätsrelevant. Sie sind eben nur theoretisch definiert und ihre Mitglieder sind nicht durch reales gemeinsames Erleben oder Emotionen direkt miteinander verbunden. Lebendige Gruppen zeichnen sich im Gegensatz zu theoretischen Gruppen auch dadurch aus, dass sie tatsächliche, beispielsweise territoriale oder geistige Grenzen ziehen. Anderen und Fremden, ob Gruppen oder Einzelpersonen, die diese Grenzen überschreiten, die Regeln verletzen oder anders leben, begegnet man erst einmal mit einer feindlichen Grundstimmung. Wer sich den Gesetzen der

Gruppe unterwirft oder sich integriert, hat indes eine Chance. Wer dies nicht tut, riskiert viel und/oder wird von der Gruppe ausgeschlossen oder bekämpft.

Moral als Verhalten bewertendes Konstrukt dient zur Aufrechterhaltung der emotionalen Gruppenkohärenz, indem sie dazu beiträgt, dass für die Legitimierung gegenwärtigen Handelns adäquate Gefühle herausgebildet werden können. So bewertet man heutzutage beispielsweise Krieg je nach Zusammenhang als gerecht, wenn man von Verteidigungs- und Befreiungsbewegungen spricht, oder als ungerecht, wenn es um Terrorismus oder Fanatismus geht. Ganz einfach gesagt, geht es hier um Kategorien gerechten oder ungerechten, guten oder bösen Verhaltens und Handelns. Ob wir aber überhaupt dieser emotionalen Bewertung nachgehen und diese für uns relevant ist, das hängt ganz allein vom Grad unserer emotionalen Betroffenheit ab: Je mehr wir in die jeweiligen Situationen und je direkter wir selbst spürbar in die dazugehörigen Handlungsprozesse miteingebunden sind, desto mehr berühren sie uns, desto mehr können sie in uns emotionale Betroffenheit auslösen. Sind die Situationen oder Themen, um die es geht, zu weit von unserem alltäglichen Leben entfernt und sind wir mit ihnen emotional nicht direkt verbunden, dann rühren sie auch nicht unser Gefühl und machen sie uns auch nicht wirklich betroffen.

Wenn im Nachbarhaus grausame Eltern ihr Kind haben verhungern lassen, stellen wir Kerzen und Blumen als Zeichen unserer direkten Betroffenheit am Ort des Geschehens auf, und auch vor der Schule, wo ein Schüler Mitschüler mit Waffen gemeuchelt hat, gedenkt man in ähnlicher Weise mit Kerzen- und Blumenschmuck lange der Opfer. Das Gebäude lässt man als Mahnmal vorerst ungenutzt und leer stehen. Genau so verhalten wir uns, wenn wir direkt betroffen sind. Es ist sogar oft so, dass die am nächsten Betroffenen, nämlich aus der Gruppe der Eltern, Verwandten und Freunde der Opfer, sich in ihrer Trauer und ihrem Leid in Vereinigungen zusammenschließen. Auf diese Weise versuchen sie dann, ihren Schmerz auszugleichen, indem sie etwa über viele Jahre hinweg gegen jeglichen Besitz von Waffen kämpfen, egal ob es sich um friedliche Sportschützen oder Jäger handelt. Die Gruppe der Waffenbesitzer wird einfach kollektiv als potenzielle Gefahrengruppe sanktioniert und so vereinen sich die direkt Betroffenen im Kampf.

Gewalt und Gräueltaten kennen wir aber überall auf der Welt, das gab es damals sogar häufiger als heute, das passiert aber hier wie dort, und es passiert vielleicht gerade jetzt in diesem Moment wieder. Irgendwo auf der Welt bekriegen sich feindlich gegenüberstehende Menschengruppen oder die eine Gruppe massakriert die andere, vielleicht eine Minderheit, Frauen und Kinder. Unzählige Menschen sterben täglich jämmerlich an Durst, Hunger und Krankheiten. Und das alles finden wir wirklich alle ganz schlimm, aber wir erfahren es nicht direkt. Es ist einfach zu weit von unserer Lebenswelt entfernt, als dass wir wirkliche Betroffenheit spüren könnten oder aktiv die Situationen verändern wollten. So bleibt es bei Betroffenheits- und Beileidsbekundungen. Je weiter das Leid von uns entfernt ist, desto mehr nehmen wir es still und billigend in Kauf. Es betrifft uns nicht direkt, und so sind wir nicht betroffen.

Irgendwo auf der Welt ist ein Flugzeug abgestürzt, und fast immer folgt am Ende der Nachricht ein Appendix mit der Anzahl der Opfer, aufgelistet nach Nationalitäten. Ob sich Deutsche unter den Opfern befinden? Gott sei Dank nicht! Wenn doch, dann sind wir mehr betroffen, denn Menschen mit einer deutschen Staatsangehörigkeit gehören zu einer unserer näheren identitäts-stiftenden Gruppen.

Insgesamt vermehren sich die Menschen auf der ganzen Welt so stark, dass die Probleme, die auf uns als Kollektiv »Weltbewohner« zukommen werden, nur zu gut abzusehen sind. Wir haben aber primär ein weitaus größeres und an-deres Problem, das uns Deutschen derzeit Angst macht, nämlich das, dass wir uns nicht genügend vermehren. Die Deutschen bekommen zu wenige Kinder. Und das hat für uns Deutsche direkte Folgen. Zunächst, dass unsere Renten beim gegenwärtigen System anscheinend nicht mehr gesichert sind, und letztlich ist sogar unsere gesamte Gruppe in ihrer Existenz bedroht. Es besteht die Gefahr, dass wir, die Deutschen, als Bevölkerungsgruppe aussterben oder von eindringenden Flüchtlingsströmen oder ins Land geholten ausländischen Fachkräften »überfremdet« werden. Solche Ängste und diese Betroffenheit ansprechende Bücher mit markigen Titeln erreichten in den letzten Jahren Topauflagen, wie etwa das relativ aktuelle Buch: *Deutschland schafft sich ab* (Thilo Sarrazin, 2010). Der Art Homo sapiens ist es aber ziemlich schnuppe, ob es »Deutsche« gibt. Für den Weltenlauf ist das völlig uninteressant und für die identitätsstiftende Gruppe »Deutsche« dann ja auch, weil es sie eben nicht mehr gibt.

Das sind einige wenige Betroffenheitsszenarien eines relativ kleinen Landes in Europa, nämlich Deutschlands. Natürlich geht es in anderen Ländern und Gruppen ähnlich zu. Betroffen macht das, was die jeweilige Gruppe mehr oder weniger direkt emotional bewegt, was im erfahrbaren Lebensumfeld eine Rolle spielt und was für die Identität(en) des einzelnen Individuums relevant ist. Betroffenheitsszenarien sind nicht immer gleich, sondern hängen natürlich auch sehr stark von der gemeinsamen sozialen Wahrnehmung der Gruppe ab. Dies ist kultur-, moral- und situationsabhängig. Kollektive Meinungen haben eine starke moralische Kraft und beeinflussen individuelle Meinungen. Es kommt zur »Gruppenmeinung«. Nur eine starke individuelle Urteils- und Ent-scheidungsfähigkeit (Basiskompetenz) ist diesem Sog weitestgehend gewachsen.

Homo sapiens ist ein soziales Wesen, das die Gemeinschaft mit anderen sucht und sich deshalb in den unterschiedlichsten Gruppen organisiert. Dort und im Austausch, in der Kommunikation und im Kontakt mit anderen, bildet der Einzelne seine Meinung und Identität heraus. Sein Verhalten verändert Homo sapiens am ehesten und nur dort wo er oder seine Gruppe mehr oder weniger selbst direkt betroffen ist.

Alle intellektuelle oder mediale weltumfassende Betroffenheit dient darum lediglich dazu, daran zu erinnern, dass es ja noch etwas übergeordnetes Dringliches anzustreben gilt. Diese nach außen hin auf die ein oder andere Weise kundgetane globale Betroffenheit symbolisiert quasi den moralisch erhobenen Zeigefinger. »Achtung, dieses Problem geht uns alle weltweit etwas an!«, mahnt er, und alle wissen es insgeheim auch schon. Darüberhinaus zeigt die globale Betroffenheit kaum eine Wirkung oder Konsequenz in Bezug auf Verhaltensänderungen oder Handlungsabsichten, was wir beispielsweise an den unzähligen, wirkungslosen Klimakonferenzen feststellen können. (Das soll keinem Menschen zum Vorwurf gemacht werden, es ist schlicht eine Tatsache, die wir erkannt haben und berücksichtigen sollten.)

Wieso sollten wir auch grundlegend anders sein als unsere nächsten Verwandten: die Schimpansen und Bonobos. Der Appell, die Welt, auf der wir leben, zu schonen, in einem friedlichen Nebeneinander, ist genauso wirkungslos wie der Appell: »Schimpansen und Bonobos aller Wälder vereinigt Euch!« Daran ändern zunächst auch unser Entwicklungs- und Anpassungsvorsprung, unser Denkvermögen und unsere kognitiven Fähigkeiten nicht viel.

Das muss uns aber nicht macht- und hilflos oder zu Nihilisten machen, sondern sollte uns anspornen, nach dem optimalen Weg für uns selbst als Individuen, als Mitglieder unserer Gruppen und uns als Gattung Mensch Ausschau zu halten. Das bedeutet, gerade im Alltag nach Lösungsmöglichkeiten für Probleme zu suchen. Veränderung und ein Verbessern der Lebensumstände gesamtgesellschaftlich gesehen kann nur bei jedem Einzelnen selbst im eigenen Leben anfangen, wenn wir direkt emotional betroffen sind. Von oben oder außen verändern wir nur wenig. Veränderung kommt von innen!

Ein gutes Beispiel an dieser Stelle ist die schreckliche Katastrophe um den Kernreaktor in Fukushima, Japan. Die Diskussionen, ob Atomkraftwerke bleiben sollen oder nicht, waren vorher endlos. Natürlich war irgendwie jedem mehr oder minder klar, dass stets ein Restrisiko bleiben würde, z. B. die Möglichkeit eines großen Unfalls, eines Gaus. Keiner konnte das damals leugnen, und das ist heute immer noch so. Selbstverständlich beschwichtigten wir uns mit der Annahme, dass unsere Atomkraftwerke (fast) absolut sicher seien. Als in Japan das Atomkraftwerk dann in die Luft flog, mit bis heute nicht abzuschätzenden Langzeitfolgen, haben wir binnen weniger Tage einige dieser Werke bei uns in Deutschland abgeschaltet und das schnellere Aus für Atomkraftwerke beschlossen. Wie es dazu kommen konnte? Wir waren emotional direkt betroffen. Das mediale Live-Gau-Szenario schürte unsere Angst, bei uns könne ebensolches auch passieren, hatten wir doch in direkter Nähe oder doch zumindest inmitten unserer deutschen Bevölkerungsgruppe solche unberechenbaren

Monsterwerke. Von unserer kollektiven Wahrnehmung waren wir sowieso bestens für den Switch vorbereitet (anders als manch anderes Land).

Handlungskonsequenzen durch direkte Betroffenheit begegnen wir in unserem Leben täglich. Damit lassen sich übrigens auch gute Geschäfte machen. Denken Sie nur an die »Angstbetroffenheit«, die in der Bevölkerung ausgelöst wurde, als die Bedrohung der Ansteckung mit dem Vogel- oder Schweinegrippenvirus durch die Medien bekannt gemacht und die Sorge und Angst vor einer schwerwiegenden Pandemie auf die Spitze getrieben wurde! In kollektiver Betroffenheit und Angst vor dem eigenen Tod sowie fast schon in kollektivem Wahn wurden in Massen Impfstoffe hergestellt und überall peinlich genau zu benutzende Desinfektionsmittel verteilt. Wir waren scheinbar sehr betroffen. Es betraf uns auf der ganzen Linie – unsere Gesundheit, unsere Existenz, unser Leben.

Zunächst lief das Geschäft mit dem Impfstoff ganz gut, auch wenn es so einige, von den Befürwortern stark geschmähte Kritiker gab. Doch dann sank nach einer Weile der Angstpegel wieder und damit auch schnell die Betroffenheit, und man hatte für die massenweise produzierte Impfstoffware keinerlei Verwendung mehr. Das Szenario einer suggerierten Pandemie von enormem Ausmaß war zu abstrakt geblieben, die medial in Szene gesetzte Angstblase hatte nicht ausgereicht (anders als bei Fukushima). Sie war geplatzt, und all das dramatisch inszenierte Theater um Nichts wirkte jetzt wie eine große Farce. Die sich angeblich zu einer Pandemie weltweit auszubreiten drohenden schrecklichen Grippen zeichneten sich erstaunlicherweise in ihrem Verlauf und Verbreitungsgrad nicht so drastisch ab wie die jährlich wiederkehrenden saisonalen Grippenwellen. Im Gegenteil: Der Virus der Schweinegrippe war nicht nur weniger aggressiv, als die saisonalen Grippeviren es waren, sondern auch die Anzahl der zu beklagenden Todesfälle waren weitaus geringer. Die WHO schätzt die Anzahl der an dieser Krankheit weltweit Verstorbenen auf ca. 18.500, bei der Vogelgrippe gab es 2007 nur 50 Tote. An der saisonalen Grippewelle sterben jährlich jedoch mit ca. 300.000 bis 500.000 Toten weitaus mehr Menschen. – Wer weiß, vielleicht versucht man, den übriggebliebenen Impfstoff zu einem späteren Zeitpunkt doch noch durch ein neues Bedrohungsszenario abzusetzen. Vielleicht trägt die Bedrohung ja dann einfach nur einen anderen Namen: z. B. Fledermausgrippe …

Eine solche Betroffenheit bei den Menschen zu erzeugen, das gelingt nicht überall auf der Welt auf diese Weise und auch nicht in gleichem Maße. Eine solche Kampagne in einem wirklich an Armut leidenden Land zu starten, wo es der Bevölkerung am Notwendigsten mangelt, das würde nicht funktionieren. Sie könnte keinen Erfolg haben. In einer modernen Gesellschaft geht das sicherlich viel besser. Moderne Gesellschaften scheinen dafür prädestiniert. Dort ist man besonders angstkonditioniert, und die Angst um die Gesundheit und Sicherheit ist sogar so groß, dass sie fast schon einen hohen, fast neurotisch anmutenden Stellenwert einnimmt.

Tiefe eigene Betroffenheit, die wirkliche Verhaltens- und Handlungskonsequenzen nach sich zieht, ist nicht in allen Gruppen oder auf der ganzen Welt identisch. Sie variiert je nach Gruppe, Kultur und Zeit erheblich, auch graduell. Das ist leicht nachzuvollziehen, wenn wir davon ausgehen, dass Betroffenheit, wie wir erwähnten, von derzeitigen Moralvorstellungen und den jeweiligen Lebensumständen abhängt.

Ich erinnere mich an die Äußerung chinesischer Regierungsmitglieder, die sich anlässlich eines amerikanischen Staatsbesuchs entrüstet über die Forderung mokierten, sie sollten sich doch ein wenig mehr an die Menschenrechtskonventionen halten: Keinesfalls ließen sie sich von diesen »Westlern« deren Menschenrechte aufdrücken! Man solle sich gefälligst nicht in ihre inneren Angelegenheiten mischen! Stimmt, irgendwie gehen wir wirklich wie selbstverständlich davon aus, dass Menschenrechte oder die Forderung nach demokratischen Verhältnissen prinzipiell global anzuwenden seien. Das scheint augenscheinlich so aber nicht akzeptiert zu werden. Unterschiedlichste Gruppen sind da wohl ganz anderer Meinung. Das hängt damit zusammen, dass es keine objektive, allgemeingültige Moral gibt und geben kann, denn jeder Mensch ist anders, jede Gruppe, jedes Land, jede Kultur usw.

Als ich als Arzt in Afrika arbeitete, erstaunte mich sehr, wie die Menschen dort mit Gewalt und Tod umgehen, wie anders die Maßstäbe für Zufriedenheit oder notwendige Sicherheit sind und was die Menschen dort unter Liebe oder Nächstenliebe verstehen.

> Eine Krankenschwester, die stets gut im Team arbeitete, verließ im Notfallraum in einer sehr brenzligen Situation ihren Arbeitsplatz – sie sollte aus einer nahe gelegenen Blutbank schnell dringend benötigte Blutkonserven holen. Sie verschwand eilig und kam nicht wieder. Der Patient überlebte das nicht. Die Krankenschwester kam ohne schlechtes Gewissen am nächsten Tag wieder zur Arbeit. Gefragt, was geschehen sei, antwortete sie, ihre Familie sei überraschend nach einer langen Reise zu Besuch gekommen. Sie hätte die Familie mit Essen und Schlafplätzen versorgen müssen. Es sei immerhin ihre Familie gewesen, und sie gehöre ja sowieso einem anderen Stamm an als der Patient. Die Prioritäten, die sie hätte setzen müssen, seien doch ganz klar.

Ich habe des Öfteren beruflich in Moskau zu tun. Die Verkehrsverhältnisse dort waren und sind auch heute noch sehr problematisch. Persönliche Betroffenheit als Katalysator für infrastrukturelle Maßnahmen, das konnte man dort sehr gut beobachten:

> Zu Anfang chauffierte man mich bei starkem Verkehrsaufkommen mit einer schwarzen Limousine und Blaulicht an den Staus vorbei. Viele solcher schwarzen Limousinen eilten durch die Stadt. Bald waren es dann schon zu viele, als mir dieses Privileg plötzlich nicht mehr zustand. Es schien auch, dass man sich nicht viel Mühe machte, an

der verkehrstechnischen Infrastruktur etwas zu verbessern. Und irgendwann kamen selbst die schwarzen Wagen nicht mehr durch. In unheimlicher Weise, so hatte es für mich den Anschein, nahmen jetzt die weißen Wagen mit dem rotem Kreuz zu. Ich selbst durfte mal mit einem solchen Wagen an den Staus vorbeirauschen. Einen Notfall hatten wir nicht an Bord.

Aber auch diese Wagen erliegen heute immer mehr dem Totalkollaps des Verkehrs. Ich habe den Eindruck, dass jetzt doch infrastrukturelle Maßnahmen plötzlich und zügig in Angriff genommen werden, und den heimlichen Verdacht, dass die direkte Betroffenheit nunmehr die Gruppe der Entscheidungsträger erreicht hat. Sie kommen einfach nicht mehr mit ihren eigenen schwarzen und weißen Wägen durch das Verkehrschaos durch, und das bringt schnelle Handlungskonsequenz. Ich gebe zu, es ist nur eine Vermutung, beweisen kann ich es nicht.

In Bangkok hingegen stand ich mehrfach stundenlang im Stau neben großen, klimatisierten, für den Stadtverkehr vollkommen ungeeigneten Fahrzeugen:

Ich hielt dies für einen absolut unerträglichen Zustand. Ich war betroffen und verwundert, wie friedlich und geduldig die Menschen um mich herum in diesen Blechkarossen die Situation ertrugen. Und ich war sicher, nicht einer schafft es, sich hier durchzumogeln. Meine diesbezüglichen Fragen wurden eher erstaunt und gleichmütig mit der Äußerung beantwortet, sie seien erst einmal froh, sich ein so tolles Auto leisten zu können, und fast jedes Auto sei hier sogar klimatisiert, man könne es doch gut darin aushalten – in Bangkok ist es oft unerträglich schwül und heiß. Ich kam zu dem Schluss, dass ich wohl mehr betroffen sei als die Menschen aus Bangkok. Ja, es traf mich mehr! Ich hatte weder die Leidensfähigkeit noch die Langmut, die ständige Wiederholung dieser Grausamkeit zu ertragen. Vor allem aber hatte ich das Gefühl, ich hätte keine Zeit dafür. Offensichtlich war und ist es für andere aber gar nicht so schlimm, im klimatisierten Auto zu hocken, Chips zu essen und Cola zu trinken. Manch einer erzählte mir, dass er täglich so vier Stunden in seiner Blechbüchse, mehr oder weniger bewegungslos, in den Straßen von Bangkok verbringt, um dann doch einige Kilometer zu bewältigen.

Daraus ist zu schließen, dass es je nach Gruppe, Kultur oder Lebensumständen vollkommen unterschiedliche Betroffenheiten gibt, und daraus auch vollkommen unterschiedliche Verhaltens- und Handlungskonsequenzen resultieren. Was bedeutet das nun aber alles für die gegenwärtige und zukünftige Anpassung von Homo sapiens an seine Umwelt? Die Beispiele oben zeigen es: Veränderungsbereitschaft entsteht in persönlichen Erfahrungsräumen und nicht auf den Skizzenblättern kluger Weltveränderer und wohl auch nicht durch eine Pseudobetroffenheitskultur an der großen globalen Klagemauer.

Fangen wir also nicht von außen, oben oder aus der Ferne an, sondern direkt bei uns selbst! Suchen und kreieren wir uns neue persönliche Erfahrungsräume, in denen Veränderung und eigenes Handeln möglich ist, und nutzen wir sie auch! Es ist in jedem Fall richtig, dass wir Atomkraftwerke abschalten, auch wenn die anderen Gruppen das zunächst nicht tun. Jedes nachhaltige Lernen ist

Erfahrungslernen und wenn sich dadurch unsere Lebenssituation verbessert, lernen die anderen bestenfalls an unserem Beispiel oder schließlich durch eigene Negativerfahrungen. Es ist auch richtig, wenn wir damit anfangen, die kleinen und großen Herausforderungen anzugehen, die für uns durch einen Ausstieg aus der Atomenergie und Investition in regenerative Energien entstehen.

Es ist besser, wir fördern kleinere und mittelständische Unternehmen, die die Kraft der Veränderung gebären und in denen eine Unternehmenskultur der persönlichen Betroffenheit besteht, statt konstruktive Reformen von gigantomanen Großkonzernen zu erhoffen. Deren entscheidungsbefugten Geschäftsetagen befinden sich weit weg von realen Erfahrungsräumen, die persönliche Betroffenheit aufkommen ließen. Dort hat der schnelle Profit auf Biegen und Brechen (die) größte Bedeutung. Dort entstehen die Grundlagen für unternehmensrelevante Entscheidungen vorwiegend in anonymen Netzwerken statt in direktem persönlichem Austausch und Miteinander. Dort sind Verursacher und Betroffene von internen und externen Problemen mehr oder minder außer Reichweite und haben nicht mehr direkt etwas miteinander zu tun.

Wer für Windräder ist - was durchaus sinnvoll sein kann - muss in Kauf nehmen, dass sie eventuell direkt neben seinem Gartenteich platziert werden. Natürlich ist er dann betroffen. Und wer denkt, dass Pumpspeicherwerke für nachhaltige Stromspeicherung sinnvoll sind, der wird in Kauf nehmen müssen, dass eines in dem geliebten Tal gebaut wird, wo er mit seinem Hund immer Gassi geht.

Wer meint, wir bräuchten Integration - was ebenfalls richtig sein wird -, der muss in Kauf nehmen, dass noch nicht Integrierte im Nachbarhaus oder in der Wohnung oben drüber leben, und wer meint, wir müssten mehr Asylanten, Arme und Flüchtlinge in unserer Gruppe aufnehmen, der sollte das auch in seinem Haus zulassen und den ein oder anderen bei sich wohnen lassen.

Wer über die Überalterung der Gesellschaft klagt - er diskriminiert damit übrigens die älteren Bürger und impliziert, sie aus der Solidargemeinschaft, also der Gruppe, ausschließen zu wollen -, der orientiere und engagiere sich lieber in Richtung Verjüngung. Dass dies nicht wirklich oft geschieht, scheint im Grunde das wirkliche Problem zu sein. Warum holen wir nicht einfach junge Menschen aus aller Welt in unser Land und so in unsere Gruppe, wenn wir selbst nicht bereit sind, für ausreichend Nachwuchs zu sorgen?

Vielleicht hört sich dies alles etwas überzogen und radikal an, aber es ist ein Plädoyer für eine wirkliche Basis- und Betroffenheitsdemokratie, für Volksentscheide und direktes Engagement, Verantwortung und das Tragen von Konsequenzen in kleinen Einheiten oder Gruppen. Es ist ein Plädoyer für die Veränderung von innen, für Erfahrungslernen, für das Fördern von Basiskompetenzen, für wirkliches Verantwortungsbewusstsein und dafür, dass jeder bestmöglich in das aktuelle Geschehen mit allen Vor- und Nachteilen eingebunden sein soll. Wir sollten uns fragen, welchen Beitrag wir leisten oder noch leisten können: in unseren Familien, in unserer Straße, in unserer Gemeinde, in unserem Kreis, beispielsweise zum Erhalt mittelständischer Strukturen. Und wie sieht es eigentlich mit regenerativen Energien in unserer Umgebung aus? Wie viele Windräder stehen in unserer Gemeinde? Und in Sachen »Ausländerpolitik«: Was bieten wir denn den jungen Immigranten in unserer Stadt an? Welche Chancen geben wir ihnen, sich zu entfalten und sich in die Gemeinschaft einzubringen? Ambivalenzkonflikte wie »Wir sind für Solarenergie, aber nicht auf den Dächern unserer schönen Altstadt!« werden gelöst, wenn wir von den Menschen, die solche Forderungen aufstellen, direkte Alternativen, wo sie sich selbst einbringen, einfordern. Auf diese Weise stehen Betroffenheit, Verhaltens- und Handlungskonsequenz wieder eng beisammen, und Konfliktlösungen können wieder gemeinsam gesucht, gefunden, abgewägt und Entscheidungen wieder gemeinsam getroffen und getragen werden.

Das ist sicher alles noch keine Lösung, aber wohl ein artgerechter Weg, der wahrscheinlich auch der begehbarste ist. Was wir persönlich als Nachteil erfahren, ändern wir, und was wir persönlich als Vorteil erfahren, fördern wir. In den Familien, den Kommunen und Ländern, in den Schulen, Institutionen und Unternehmen müssen wir anfangen. Und wohl eher nicht auf von der Masse der Betroffenen weit entfernten globalen Klimakonferenzen, deren Ergebnisse – wenn es welche gibt – mit vielen unlebbaren und undurchsetzbaren theoretischen Konstrukten enden. Natürlich hat beides seine Berechtigung, und beides ist wichtig: die Zusammenkünfte zur Veränderung im Kleinen wie die internationalen Zusammenkünfte der Landesoberhäupter. Aber eben beides! Wir müssen nicht nur darum bemüht sein, globale Strukturen zu ändern, sondern die Menschen, das heißt unter anderem Bildungsysteme, Erfahrungsräume und allem voran die Beteiligung und Betroffenheit der Menschen. Das wird zu Anpassungsprozessen in kleineren Menschengruppen jeglicher Art führen. Bewähren sich diese Anpassungsprozesse – natürlich betrifft das nicht ausschließlich nur menschliches Verhalten, sondern auch wirklich gewollten und akzeptierten technischen Fortschritt –, dann wird sich dieser Menschentypus und seine Anpassungsprozesse durch unsere einzigartige Fähigkeit und Strategie des Voneinander-Lernens immer mehr ausbreiten. Es werden sich Gesinnungsgemeinschaften bilden, die erfahren haben, dass bestimmte Veränderungen einfach besser sind, etwa Atomkraftwerke abschalten und auf alternative regenerative Energien zu setzen.

Wir werden, um in einem unserer Schwarz-Weiß-Bilder zu bleiben, sicherlich den mehr kriegerischen Schimpansen in uns nicht so schnell austreiben können, aber das darf uns auch nicht daran hindern, den mehr friedlich, strategisch verträglichen Bonobo in uns zu fördern. Das zu verstehen, ist vielleicht unser wichtigster, epigenetisch größter und förderlichster Auftrag.

Zuletzt bleibt unsere Anfangsfrage zu beantworten: Können wir die Welt durch Beschlüsse, Konferenzen, Gipfel oder gar das Internet zu einem globalen, friedlichen Dorf von Homo sapiens machen? Anwort: So schnell wahrscheinlich nicht, weil wir ein Problem damit haben, uns weltweit einig zu werden, ob es hier oder dort eine Kehrwoche geben darf, oder wie wir nun unsere Brötchen nennen – Schrippen, »Weckle«, »Rundstücke«, »Semmeln« oder sonst wie.

4.6.5 Die Suche nach dem Glück – »Selfness«

Erst wenn wir persönlich betroffen sind, sind wir emotional bewegt und motiviert, etwas zu verändern. Manchmal jedoch können wir uns dazu aber einfach nicht durchringen, etwas zu tun, um unsere Situation zu verbessern. Es fällt uns schwer, wir glauben, keine Kraft zu haben, und es ist ja sowieso sinnlos, reden wir uns ein. Das Schicksal hat uns übel mitgespielt, und vor allem haben wir einfach kein Glück. (Jammern ist einfacher, als sein Glück selbst zu schmieden oder wie es in der Psychotherapie oft heißt: »Leiden ist leichter als Lösen!«)

Wir dürfen dem Leben aber weder bei von uns als positiv noch als negativ bewerteten Geschehnissen einen Widerfahrens-Charakter zuschreiben. Das Leben macht nicht etwas mit uns, sondern wir machen etwas mit dem Leben. Jenseits des Widerfahrens ist Glück auch die Empfindung, dass wir selbst für ein Gelingen zuständig sind. In der Tat ist der Umstand, dass wir selbst, durch eigenes Zutun, eigene Leistung und eigenen Erfolg unser Leben bestimmen können, etwas ganz anderes als Wellness. Wir könnten es als »Selfness« bezeichnen.

Sind wir unterfordert, überkommt uns Langeweile, Anhedonie und Stillstand. Sind wir überfordert, erzeugt dies vielleicht Stress, Angst und Frustration. Persönliche Meisterschaft ist, sich auf die bunte Vielfalt der Möglichkeiten des Lebens einzulassen, verbindliche Entscheidungen zu treffen und das individuelle richtige Maß für die Gratwanderung zwischen den unterschiedlichen Polen mit dem bestmöglichen Ziel eines gelingenden Lebens zu wählen. Wenn wir diesen Weg wählen und beschreiten, erleben wir uns als kompetent, effektiv und im Einklang mit unserem *self*. »Selfness« ist der Weg zu Glück und innerer Freiheit.

Doch der zivilisierte Mensch von heute hat einen nicht geringen Teil dieser Glücksmöglichkeiten mittlerweile gegen etwas anderes eingetauscht, z. B. gegen vermeintliche Sicherheit und falsch verstandene Bequemlichkeit. Es mag auch sein, dass er nicht mehr weiß, dass sie existieren, diese Chancen, und dass er darum verlernt hat, wie man diese zum Glücklichwerden nutzt. Die Glücksfrage lässt uns trotzdem oder gerade deswegen nicht los. Wir stellen sie uns in vielen

Zeitschriften und Büchern – heute wie damals und heute sogar vermehrt, wie es scheint.

Die Antworten, die wir erhalten, sind teils falsch, teils in Fragmenten und somit ungenügend: »Machen Sie zwischendurch mal eine Pause!« oder »Gönnen Sie sich mal etwas Schönes!«, »Lernen Sie, für sich zu sorgen!« oder »Lernen Sie, sich abzugrenzen!« sind solche boulevardpsychologischen Halbweisheiten. Als ob wir nicht sowieso ein Zuviel an Individualisierungs- und Egoverwirklichungsideen hätten. (Sinnvollere Antworten als diese existieren natürlich auch.)

Die Frage nach dem Glück ist zwar sicherlich nicht so alt wie die Menschheit selbst, aber gewiss schon länger da. In jedem Fall ist ihre Beantwortung mit der Entstehung der Wohlstandsgesellschaften für den Menschen ungleich schwieriger und komplexer geworden. Könnten wir heute einen Mammutjäger befragen, so hätte uns dieser geantwortet: »Glück ist, wenn ich für mich und meine Familie ausreichend zu essen habe, wenn wir es nach unserem Tagewerk warm und behaglich haben, wenn wir alle gesund sind, keine Schmerzen haben, wenig Gefahren drohen und wenn wir uns in unserem sozialen Bindungsgefüge wohlfühlen!«

All diese Ansprüche und Wünsche an das Glück sind mittlerweile – zumindest in den heutigen Wohlstandsgesellschaften für den größten Teil ihrer Mitglieder – erfüllt und zur Realität geworden. Dennoch haben die Suche des Menschen und seine Fragen nach dem Glück nie aufgehört, damals nicht und auch heute nicht. Grund für die fortwährende Glückssuche ist die Relativität des Glücks. So wie ein Messgerät auf eine Bezugsgröße geeicht ist, so sind wir Menschen es in all unserem Denken, Fühlen und Handeln auch. Unser emotionaler »Glücksmesser« unterliegt natürlicherweise einer ständigen Anpassung an eine neue Bezugsgröße. Die Mammutjägereichung, als Glück und Zufriedenheit noch »satt, warm, gesund und geborgen in der Gemeinschaft« bedeuteten, zählt heute schon lange nicht mehr. Selbst der sozial bedürftigste Fall lässt sich darauf nicht reduzieren. Zufriedenheit und Glück beziehen sich deshalb auch immer auf unseren Anspruch und unsere Erwartungen.

In der jüngeren Vergangenheit haben sich die Menschen, vor allem die großen Denker, immer wieder gefragt, was das Glück sei. Für Nietzsche war Glück eine Frage der Macht: das Gefühl davon, dass die Macht wächst, dass ein Widerstand überwunden wird. Der Psychologe Manès Sperber hat mit seiner Beantwortung der Frage nach dem Glück sicherlich auch für heutige Verhältnisse ins Schwarze getroffen, indem er behauptete: »Glück ist eine Überwindungsprämie.« Und ein chinesisches Sprichwort besagt: »Wenn Du für eine Stunde glücklich sein willst, betrinke Dich. Willst Du drei Tage glücklich sein, dann heirate. Wenn Du aber für immer glücklich sein willst, werde Gärtner.« Wenn wir uns einen Gärtner vorstellen, wie er mit Strohhut und grüner Schürze seiner nützlichen und sinnvollen Tätigkeit nachgeht, ganz im Einklang mit den Zyklen der Natur und dem eigenen Rhythmus folgend sich weder unter- noch überfordert fühlt, um am Ende die Früchte der eigenen Leistung und des eigenen Erfolgs zu ernten, können wir uns bildlich vorstellen, wie er sich freut, zufrieden und glücklich ist. (Sein) Glück – oder besser (seine) Zufriedenheit – stellt sich durch (s)eine innere Haltung und gelingende Lebensweise ein. Glück ist also eine indirekte Größe und kein Zustand, den wir punktuell erreichen können. Das bestätigt der Psychologe, David G. Myers, indem er definiert: »Glück ist die anhaltende Wahrnehmung des eigenen Lebens als erfüllt, sinnvoll und angenehm.«

Glückliche sehen sich als die Gestalter ihres Lebens, mit dem Gefühl einer großen Selbstwirksamkeit – eine grundsätzlich andere Haltung, als die der Unzufriedenen, die in ihrer Passivität verharren und glauben, das Leben geschehe nur an ihnen (Widerfahrens-Charakter). Glück und Zufriedenheit haben auch etwas damit zu tun, wie gut wir Leid oder Frustration ertragen können und wie wir solche emotionalen Erfahrungen in unser Selbstkonzept integrieren oder wie tief, intensiv und bewertend wir in uns hineinhorchen. Wenn wir uns in einem Übermaß damit beschäftigen, was nun gerade nicht so gut, was unbekömmlich, was für uns negativ ist oder uns gar Schmerzen bereitet, ist diese vertiefte Negativsuche sicherlich ein Hindernis für unser Erfahren von Glück und Zufriedenheit. Es gibt also ein Maß an übermäßiger Ich-Zentriertheit, welches durchaus Einfluss auf das Empfinden von Glück oder Unglück haben kann.

Noch einmal: Natürlich kann Unterforderung, wenn wir nichts dagegen tun, Langeweile und Frustration in uns hervorrufen, genauso wie Überforderung und Nichthandhabbarkeit Stress, Angst und Frustration. Meister auf dem Weg zur Zufriedenheit werden aber diejenigen, die zwischen diesen beiden Polen das für sie individuell richtige Maß an Herausforderung für ihr Leben immer wieder neu finden und sich stellen, die ihr Leben und ihre Aufgaben tiefer greifend gestalten können, in dem Sinne, dass sie zwar bis auf das Äußerste psychophysisch gefordert sein können, aber dennoch permanente Bewältigungserfahrungen erleben und inneres Wachstum verspüren. Auf dieser Gratwanderung genutzter Möglichkeiten erfahren wir uns als kompetent, effektiv und irgendwie im Einklang mit uns selbst. Wir fühlen uns frei und zufrieden. Auf diese Weise sind die Siege über den »inneren Schweinehund«, die eigenen Schwächen und »Müdigkeiten« bestimmt einige der schönsten.

Natürlich schließt eine solche *vita activa* weder die beschauliche und genießerische Ruhe noch die eigene selbstbestimmte Geschichtsschreibung aus. Nein, eine *vita contemplativa*, Zeiten, wo man über das eigene Leben, Denken und Handeln reflektiert, gehören zu einer bewussten glücklichen und zufriedenen Lebensführung ebenso dazu. Die Mischung macht es, und wir brauchen beides: die Aktivität, die Fülle und die reflektierende Ruhe einer Kontemplation und überdies noch eine Art meditative Ruhe der vollkommenen Leere. Wir benöti-

gen die Nähe und die Distanz. So sind Glück und Zufriedenheit eine Frage von in
Anspruch genommener Autonomie, erlebter Kompetenz und dem Auffinden
von Orten und Zeiten der Leere. Es gibt zwar das Glück des Augenblicks, doch
das ist bekanntlich flüchtig. Das »große Glück« ist, ein erfülltes, sinnvolles Leben
zu führen, auch wenn wir zwischendurch Mühe und Leid ertragen und unsere
kleinen Wünsche den größeren Zielen unterordnen müssen. Ja, gerade in dieser
Polarität können wir überhaupt erst Glück und Zufriedenheit empfinden.

Bei so viel »Ich« und Konzentration auf individuelle Bedürfnisse und Wünsche in unserer Glücksbetrachtung dürfen wir keinesfalls übersehen, dass wir im
tiefsten Herzen soziale Wesen sind, und eigenes Glück und Zufriedenheit geradezu in einem direkten Abhängigkeitsverhältnis zu unseren sozialen Umständen stehen. Stellen wir uns vor, wir haben alles zum Leben Notwendige –
vielleicht sogar im Überfluss – und um uns herum sterben und hungern andere
Leute! Was ist das für ein Glück? Stellen wir uns vor, uns geht es gut und einem
geliebten Menschen unserer Familie widerfährt Unglück und Leid! Wie können
wir da noch rundum froh sein? Ein Söldner (ehemaliger Patient), der sich im
Gespräch brüstet, absolut kein Mitleid zu empfinden, ist sicherlich als eher
krank einzuordnen. Bei sozialen Wesen finden Glück und Zufriedenheit immer
im Kontext ihrer Beziehungen zu anderen Menschen und den vergangenen und
aktuellen Geschehnissen statt. Dies natürlich mal mehr und mal weniger.

Finden Unglück und Leid fernab unserer nächsten Realität statt, so können
wir uns (in gewisser Weise) emotional davon distanzieren. Das ist auch gut so,
sonst wäre gerade heute, in einer Zeit, wo wir so viel mitbekommen können, was
auf der Welt geschieht, das Leben unerträglich. Im Globalisierungsprozess
wiederum wird dies ein größeres Problem werden. Denn unser »kurzes« Mit-
denken, Fühlen, Handeln verhindert zunächst eine gemeinsame Weltglücks-
strategie. Nichtsdestotrotz scheint das Soziale an sich – unsere Beziehungen zu
anderen Menschen, unser Mitgefühl mit und unser Hineindenken in den
Nächsten sowie der ureigenste Wunsch nach Gemeinschaft, nicht allein sein und
sich gegenseitig unterstützen zu wollen – evolutionär betrachtet eine der förderlichsten und wichtigsten Eigenschaften von Homo sapiens Wesen zu sein.
Deswegen tragen gelingende Beziehungen bestimmt auch sehr wesentlich zu
einem glücklichen Leben bei.

Leider haben dennoch der Wohlstand und sein Entstehungsprozess einen
großen negativen Einfluss auf unser soziales Wesen. In den wohlhabenden Gesellschaften leben mehr und mehr Singles, und Beziehungslosigkeit, aus Angst,
sich binden zu wollen oder direkte Bindungsschwäche treten immer häufiger
auf. Beziehungsfähigkeit, Wertschätzungspotenzial oder allgemein soziale
Kompetenz sind jedoch wichtige Glücks- und Gesundheitsparameter. Beziehungsfähigkeit üben, erneuern und gesunde Bindungen gestalten, das gehört
demnach zu den geeigneten Strategien, die gegen unsere Zeitkrankheiten wie

Depression, Angst und Einsamkeit helfen vorzugehen – und nur die helfen wirklich. Anhedonie scheint begünstigt zu werden durch Überfluss, Überdruss und einem »Ersticken« im Zuviel. Überfütterung und Dauerberieselung scheinen ebenso beziehungslos zu machen. Wie wichtig das Soziale doch für den Einzelnen ist, das lässt sich, wie schon so vieles andere, an den Phänomenen der gegenwärtigen Gesellschaft ablesen.

Die größtmögliche Chance für Zufriedenheit und ein gelingendes Leben erreichen wir in einer aktiven, ganzheitlichen Körper-Seele-Geist-Bewegung auf ein für uns sinnvoll erscheinendes Ziel oder Sein hin. Das zu tun, wird in einer Identität und Geborgenheit vermittelnden Gemeinschaft erleichtert und gefördert. Für gemeinsame, zukunftsrelevante Veränderungsprozesse, Verhaltensanpassung, Annahme wichtiger Herausforderungen und damit Gestaltung gemeinschaftlich gelingenden Lebens sind diese Gemeinschaften durch ihr eigenes emotionales Bindungsgefüge die stärksten Wirkfaktoren für ein gelingendes Heute und Morgen. Das Wahrnehmen und Erfahren so gestalteter Prozesse und Lebensentwürfe bedeuten eigenes und gemeinschaftliches Glück.

4.7   Sozialer Hunger und seine Regeln

4.7.1   Was Klatsch, Tratsch und Public Viewing mit unseren großen Köpfen zu tun hat

Im Vergleich zu anderen Primaten hat Homo sapiens, der Allrounder, einen ziemlich großen Kopf. (Dabei ist und war der Kopf der anderen Primaten schon relativ groß.) Die verschiedenen Hirnteile im Hominiden-Gehirn haben jedoch nicht gleichmäßig proportional an Volumen zugenommen, sondern bestimmte Teile des menschlichen Gehirns wurden größer als andere – beispielsweise der Neokortex, eine Abteilung im Hirn, wo höhere Problemlöse- und Wahrnehmungsvorgänge stattfinden. Insgesamt betrachtet kann man sagen, dass sich das menschliche Gehirn so entwickelte, dass es den Herausforderungen gerecht werden und die Aufgaben, die sich ihm stellten, im Zusammenwirken verschiedener Spezialabteilungen lösen konnte. Hierbei nahm die Größe des Gehirns hauptsächlich durch die Volumenzunahme der Leitungsbahnen, Vernetzungen und Beziehungskonstrukte – sprich der interaktiven Strukturen – zu. Das Gehirn war es, das als Erstes die Arbeitsteilung erfand, so wie wir sie ja heute im Spiegelbild unserer Gesellschaften, auch in Wirtschafts- und Produktionssystemen vorfinden.

Dass sich die menschlichen Gehirne so und nicht anders entwickelten, das war sicher kein Zufall. Es hat bislang viele ursächliche Vermutungen zu dieser Frage gegeben, z. B. dass es mit dem aufrechten Gang oder mit dem Beginn der Benutzung von Werkzeugen zusammenhängen könnte. Die wahrscheinlichste und naheliegendste Ursache scheint aber der Umstand zu sein, dass das größte Potenzial der Menschen in seinen herausragenden sozialen Fähigkeiten begründet ist. Die Fähigkeit von Homo sapiens, sozial denken, fühlen und handeln zu können, unterschied ihn in diesem Ausmaß und grundsätzlich von allen anderen Primaten und Säugetieren.

Sozial zu denken, zu fühlen und zu handeln, das ist jedoch eine ziemlich schwierige und komplexe Angelegenheit. Es bedeutet, miteinander zu kommunizieren (Sprachvermögen), Kooperationen und Allianzen zu schließen, Konkurrenten geschickt zu täuschen, hierarchische Ordnungen zu entwickeln, sich in andere Menschen hineinzuversetzen (*Theory of Mind*, Spiegelneuronen), Unterstützungssysteme in Gruppen zu bilden, innere Beweggründe eines anderen zu erahnen, darauf zu reagieren, Mitleid zu entwickeln, Folgen sozialer Handlungen abzuschätzen usw. Die Reihe ließe sich beliebig fortsetzen, und wenn wir jetzige moderne Gesellschaften diesbezüglich betrachten, werden wir feststellen, dass sie Weiterentwicklungen schon hochkomplex angelegter Gruppenbildungen früherer Zeit sind. Auch unsere Vorfahren schafften den Sprung nach vorne nur, indem sie Bündnisse schlossen, gemeinschaftlich jagten, ihre Aufgaben untereinander aufteilten, »feindliche Menschengruppen« austricksten oder zukunftsfähige soziale Handlungsmuster bildeten, möglicherweise auch im Sinne der altbekannten Volksweisheit: »Wenn Du einen Feind nicht besiegen kannst, mach ihn Dir zum Freund!« – Alle menschlichen Gesellschaften basieren also hauptsächlich auf sozialen Beziehungen, Abhängigkeiten und Regeln.

Doch soziales Denken, Fühlen, Handeln ist nicht nur sehr komplex, sondern auch sehr kompliziert: Wir müssen uns in andere hineinversetzen, erahnen, was sie meinen und fühlen könnten und wie voraussichtlich ihre Reaktion sein wird. Wir müssen ständig reagieren oder agieren. Wir müssen herausfinden, was ehrlich, was fadenscheinig gemeint und was vielleicht nur ein Trick sein könnte, was sich nützlich oder schädlich entwickeln oder was tatsächlich »dahinterstecken« könnte. Diese komplexe Aufgabe erfordert viele, gut vernetzte Spezialabteilungen des Gehirns und deshalb brauchen wir dafür einen großen Kopf.

Es gibt ein schlimmes Krankheitsbild, das uns eindrücklich zeigt, welch große Repräsentanzen normalerweise in unseren Hirnen für diese komplexen Aufgaben vorhanden sind: der Autismus. Autisten können sich nur schwer in andere hineinversetzen und emotional Beziehung aufnehmen. Sie haben eine gravierende Störung im sozialen Verhalten. Das »In-Beziehung-Treten« ist gestört, vor allem das soziale und das »Nach-außen-hin-in-Beziehung-treten«. Trotzdem können sie hochintelligent sein und spezielle Fähigkeiten entwickeln. Sie haben sich nur aus ihrer Umwelt entkoppelt. Sie leben in ihrer Innenwelt. Diese Menschen erscheinen uns sehr schwer krank und verdeutlichen, wie elementar sich unser Leben in sozialen Bindungsgefügen abspielt.

Wie wesentlich uns soziales Leben und das Tun und Lassen anderer Menschen berührt und wie wichtig soziale Geschehnisse für uns sind, das können wir auch an charakteristischen Phänomenen unserer Gesellschaft erkennen. Von diesen wollen wir zwei ausgewählte beispielhaft im Folgenden betrachten.

Wenn wir an einem Zeitschriftenkiosk vorbeigehen und die Schlagzeilen und Inhalte der meisten Zeitschriften aufmerksam betrachten, werden wir feststellen, dass diese meist von sozialen Themen handeln – und das ist nicht nur bei Klatsch-und-Tratsch-Zeitschriften der Fall. Wir lesen, wer mit wem zusammen ist, wer sich von wem getrennt hat, was in den Königshäusern und bei den Prominenten geschieht, wie diese sich verhalten, was diese für Kleidung tragen, wer von wem ein Kind bekommt oder eins will, wer keines bekommt und warum nicht. Wir lesen, wer was gesagt hat, meist gleich mit der Beurteilung dabei, ob dies vernünftig, unverschämt, fordernd, unangemessen, falsch oder richtig ist. Dabei ist es zumeist unerheblich, ob wir mit diesen Menschen direkt etwas zu tun haben. Auch was in Hollywood oder Timbuktu geschieht, interessiert uns daher natürlich brennend.

Das Leben der anderen, ihr Denken, Fühlen und Handeln zu kennen und zu bewerten, nimmt für viele Menschen einen hohen Stellenwert im gesellschaftlichen Leben ein. Da uns die Beschäftigung mit den Lebensrealitäten der anderen aber immer noch nicht genügt, konstruieren wir zusätzlich Situationen, Geschehnisse und Geschichten in unzähligen Seifenopern, die sich hauptsächlich mit Sex und Liebe und menschlichen Schicksalen beschäftigen. Wir verfolgen gebannt ihr Leben; weil es für unser eigenes soziales Verhalten ein voyeuristisches Lernfeld sein kann. Wir können es bewerten und verurteilen. Wir können Mitleid haben oder uns mit den anderen freuen. Das Leben der anderen ist uns Maßstab und Bewertungsstelle für unser eigenes Sozialverhalten. Selbst das virtuelle Leben in Fernsehgeschichten beeinflusst so maßgeblich sowohl unsere eigenen Wünsche und Vorstellungen als auch unsere individuellen wie kollektiven Bewertungs- und Beurteilungsmuster. An diesen virtuellen Geschichten spiegeln und messen wir uns, in diese oder in eine andere Richtung.

Natürlich nicht nur da, fernab der eigenen Wirklichkeit, sondern auch in unserem persönlichen Umfeld ist es überaus interessant, wie der Nachbar sich verhält, was er für ein Auto fährt, ob er seinen Rasen schneidet, was er samstags grillt, wen er einlädt und wen nicht und ob er früh oder spät oder gar nicht zur Arbeit geht. Unser Gehirn ist ständig in sozialer Aktion auf Sendung oder Empfang. Frauen, die allem Anschein nach und aller bisheriger Forschung zufolge über die höheren sozialen Kompetenzen verfügen, sind hierbei noch engagierter als Männer.

Selbst in Unternehmen und Institutionen, also überall, wo Menschen zusammenarbeiten, hat das Bescheid-Wissen um die anderen eine große Bedeutung. Das sollten wir uns klar machen, denn Arbeitsabläufe werden in nicht unerheblichem Maße davon beeinflusst. Bei der Arbeit geht es demnach keinesfalls nur um die sachliche Erledigung und Lösung von Aufgaben und Problemen, sondern ein nicht unwesentlicher Teil des Arbeitslebens spielt sich auf der Beziehungsebene zwischen den Menschen ab. Wer ist mit wem zusammen? Wen hat der Chef wohl lieber? Der spielt sich auf, der nimmt sich etwas heraus, was ihm nicht zusteht, den mögen wir nicht, den mögen wir doch! Auf der Basis von Beziehungen entstehen die Probleme innerbetrieblicher Intrigen, Mobbing oder Bossing, aber auch die Bildungen von effektiven und effizienten Cliquen und Allianzen; Sach- und Beziehungsebene werden dabei unheilvoll, aber auch heilsam miteinander verknüpft und verwoben. Für die Gestaltung von innerbetrieblichen Entwicklungsprozessen und somit maßgeblich für Führungskräfte oder Coaches gilt es, zu wissen, dass dies so ist. Was ist aber nun Sach- und was ist Beziehungsebene? Immer gibt es beides, und beides muss beim Coaching und im praktischen Arbeitsleben Berücksichtigung finden – beide Ebenen benötigen Energie und somit die Aufmerksamkeit der Führungskräfte.

Unser zweites Beispiel, das von der hohen Bedeutung des sozialen Mit- oder Gegeneinanders zeugt, finden wir in dem Phänomen großer sozialer gesellschaftlicher Veranstaltungen. Nun wussten schon die Herrscher in der Antike, was dem Volk zu geben war, um es im Zaume zu halten: *panem et circenses* (Brot und Spiele). Denken wir nur an die großen Gladiatorenkämpfe im antiken Rom, so ist es nicht nur unser großes Interesse am Schicksal, an Sieg oder Niederlage der anderen, unsere Identifikation mit dem Sieger oder unser Mitleid mit dem Verlierer, sondern in ganz bedeutendem Maße das große, kollektive Gefühl, was in der tobenden Masse entsteht. Gladiatorenkämpfe fanden – wie heute Fußballspiele – in großen Arenen statt. Die gleichschwingende Begeisterung oder Empörung, das gleiche Gefühl in der Menge gibt uns Sicherheit. Ich bin nicht allein, ich gehöre dazu, ich denke und fühle wie die anderen! Die(se) Wir-Erfahrung gibt uns das Gefühl, richtig zu liegen und in der Gemeinschaftserfahrung geborgen zu sein. Die kollektive Emotionalisierung und die Fokussierung auf ein solches Ereignis kann sogar so stark sein, dass sie von allem anderen ablenkt, und nicht selten haben in der Vergangenheit regierende Politiker solche Zustände genutzt oder derartige Situationen der Gruppeneuphorie direkt herbeigeführt, um schnell im Hintergrund unpopuläre Entscheidungen durchzudrücken (Steuer-, Abgaben-, Gebührenerhöhungen oder Ähnliches).

Natürlich gibt es heutzutage keine Gladiatorenkämpfe mehr und bei Sieg und Niederlage geht es auch nicht mehr um Leben und Tod, sondern Sieg und Niederlage spielen sich – wir sind ja zivilisiert – auf einer etwas sanfteren Ebene ab, zumindest in der Regel. Nur wer die Regeln verletzt, erhält die Gelbe oder Rote Karte, und das ist nicht nur bei den Aktivisten so, sondern auch bei den Zuschauern. Was bleibt, was gut tut, was verbindet und uns Gruppenzugehörigkeit vermittelt, ist das große Wir-Gefühl. Wir rennen in riesige Stadien, um aus weiter Ferne die Spieler ganz klein unten auf der Wiese in Aktion zu sehen. Das ist nicht unbedingt komfortabel, könnten Sie jetzt denken. Besser und komfortabler wäre, das Spiel vom Sofa aus auf einem großen Bildschirm zu verfolgen. Entscheidender ist für die meisten aber, dabei zu sein, eingereiht in die Emotionen der Menge. Da ist es auch egal, ob man sich direkt für Fußball interessiert, Fan einer bestimmten Mannschaft ist oder nicht – zu Zeiten von Europa- oder Weltmeisterschaften tummeln sich unter den unzähligen Menschen in den Biergärten und auf den großen Plätzen dann auch die eigentlich Fußball-Unwilligen. Die Schlachtenbummler sind auch gekommen, um in der Menge dem großen Fight der anderen beizuwohnen, sie wollen ebenso am großen Spektakel des Public Viewing teilhaben. »Das ganze Leben ist ein Mannschaftsspiel« und so gelingt es uns, mit unseren Spiegelneuronen den Akteuren in Freud, Leid und Schmerz beizuwohnen und »mitzufiebern«, wie es so passend heißt. Wir sind dabei, bewerten, was »die« dort stellvertretend für uns richtig oder falsch gemacht haben, und am Ende heißt es bezeichnenderweise: »WIR haben gewonnen!« So nah waren wir dabei und doch nicht dabei. Oder wir entsolidarisieren uns, wenn WIR verloren haben. Wir wollen nicht zu den Verlierern gehören. DIE haben verloren, und wir verbrennen unsere Fähnchen.

Auch Musikkonzerte haben eine ganz andere Wirkung in großen Konzerthallen und Arenen. Sicherlich ist die Musik nicht besser zu vernehmen als aus der eigenen Musikanlage, aber man ist eben live dabei, der Lieblingsgruppe oder seinem Idol ein Stückchen nähergerückt und erlebt das alles zusammen mit den anderen Fans, die die Begeisterung für die Musiker und die Band teilen. Das Massengefühl verbindet sozial und ist ein uraltes menschliches Bedürfnis. Es synchronisiert und harmonisiert kollektiv neuronale Netzwerke in unserem wichtigsten Multifunktionsorgan, unserem Gehirn für Soziales. So befriedigt es die sozialen Bündnisbedürfnisse unserer Seele.

Ausgeprägte soziale Eigenschaften inklusive hierfür notwendiger Kommunikationsmittel (z. B. Sprache) haben einen Raum beanspruchenden hohen Stellenwert bei Homo sapiens – und deshalb hat dieser auch einen relativ großen Kopf. Wir erinnern uns: Eine hohe soziale Kompetenz zu haben, das ist eine der Basiskompetenzen des Menschen. Dazu gehört auch die menschliche Sprache, mithilfe derer wir uns den anderen mitteilen können. Inwiefern das Thema Wetter als unabhängiges, natürliches Phänomen Mitteilungskanal für unsere Gefühle und Befindlichkeiten werden kann, das lesen wir im nächsten Kapitel.

4.7.2 Das Wetter

Der schon beim ehemaligen Nachrichtenredakteur und späteren Intendanten
des Westdeutschen Rundfunks – Friedrich Nowottny – zum Markenzeichen
gewordene, singulär und emotionslos dahingeworfene Kontext und Ausspruch
»Das Wetter!« am Ende der Nachrichten überschreibt ein eher weiteres kom-
munikatives Phänomen. Nowottnys Hinweis wirkte damals wie der Ohne-Ge-
währ-Pflichthinweis bei den Lottozahlen lästig und lustig zugleich, als sage er
»… und tschüss!«

Ganz ehrlich: Haben Sie sich eigentlich schon einmal Gedanken darüber
gemacht, warum bei allen Nachrichten die Wettervorhersage neben den Fuß-
ballergebnissen eine so große Rolle spielt? Sicherlich, die Landwirte sind bei
ihrer Arbeit oft abhängig vom Wetter und müssen ihre Arbeitsplanung darauf
abstimmen. Die meisten informieren sich allerdings professioneller über einen
eigenen landwirtschaftlichen Wetterkanal. Und wissen Sie, dass es Fernseh-
sender gibt, die rund um die Uhr und nonstop über das Wettergeschehen berichten?

Während eines Aufenthalts bei einer Familie in Kanada erlebte ich, dass in der
Küche, im Wohnzimmer und auch *upstairs* Bildschirme mit permanenten
Wetternachrichten liefen. Die allgegenwärtigen Wetterinformationen wurden als
Kommunikationsbrücken in der Familie genutzt: »Ist es nicht schrecklich mit
diesem Wetter? Morgen soll es immer noch regnen …«, hieß es dann, wenn
Mühsal und schwierige Themen angesprochen werden sollten. Die positivere
Formulierung »Na ja, jetzt regnet es halt noch ein bisschen, wir werden das
schon packen …!«, drückte eine generalisierende Durchhalteparole auch für
andere Aufgaben aus. Solche und ähnliche Instrumentalisierungen der Wetternachrichten zur Einleitung oder Ausleitung eines Smalltalks oder Umschreibung
eines Grundgefühls erleben wir auch anderswo.

Ist das Wetter nicht überall das geeignete Thema, um ein Gespräch zu beginnen oder eines zu füllen? Der tatsächliche Wetterablauf oder die tatsächliche
Vorhersage sind dabei geradezu unwichtig, hat ein jeder doch ganz unterschiedliche Beweggründe und Argumente, um sich über das Wetter zu freuen
oder aufzuregen. Dem Bauern verfault oder vertrocknet die Ernte, Ferienhotel-
und Biergartenbetreibern bleiben die Gäste aus, bei Trockenheit kann der Wald
brennen, bei Sonne laufen die Sonnenstudios nicht, bei Hitze stinkt der Abfall in
den Städten, den Leuten wird schwindelig, da ihr Kreislauf zusammenbricht, bei
Kälte klagen die Eiscafé-Besitzer und die kommunalen Freibäder erreichen nicht
ihre erforderlichen Besucherzahlen. Und sagen Sie ganz ehrlich, ist der Heilige
Abend nicht »versaut«, wenn nicht der Schnee leise rieselt und uns eine weiße
Weihnacht wie im Heimatfilm beschert? Schon Wochen vorher wird die Pro-
gnose in Prozentzahlen und Höhenmetern für ein gelingendes oder eben ins

Wasser fallendes Weihnachtsfest veröffentlicht und täglich korrigiert! Unendlich könnte die Liste weitergehen, doch eins ist klar: Die tägliche »Wetterdiskussion« hat, so scheint es, einen großen Stellenwert in unserem Leben. Selbst die, die aus ihren klimatisierten Büros mit dem Aufzug in die Tiefgarage fahren, um dann mit dem Auto den Heimweg anzutreten, welcher direkt in der eigenen Garage endet, philosophieren und fachsimpeln über das Wetter und die passende Kleidung, und viele von denen, die ihre ständige Internetpräsenz im Taschenformat mit sich herumtragen, nutzen diese Lebenshilfe zur ständigen Überprüfung, ob der Blick aus dem Fenster oder gen Himmel sie nicht doch trügt. »Nein wirklich, sie sagen auch Sonne an!«

Es ist herrlich, dass wir ein solch unbeeinflussbares Thema wie das Wetter gefunden haben, über das wir unsere emotionalen Befindlichkeiten ausleben und mitteilen können. Das Wetter ist ja, wie es ist, und es ändert sich auch nicht durch unsere langen Diskussionen darüber. Auch der vorwurfsvolle Ausspruch »Das Wetter macht ja, was es will!« stimmt insofern nicht, da das Wetter keinen Willen und keine Handlungsabsicht hat. Es ist einfach da. Es erwärmt die Gemüter, wenn wir uns über den bevorstehenden Sommertag freuen. Möglicherweise haben wir schon das Sommerkleid vor Augen, welches wir uns anschaffen wollen, oder wir verspüren bereits die steigende Motivation für eine Wanderung durch die Berge oder für einen Ausflug mit dem Motorrad? Und seien Sie mal ehrlich, ist es nicht genial, sich über den Dauerregen aufregen zu können, der den Verkehr behindert, oder eine Wetterapokalypse mit drohenden Erdrutschen und umstürzenden Bäumen vorherzusagen? Ist es nicht einfacher, über das Wetter mit seiner Befindlichkeit herauszurücken? Anstatt zu sagen »Ich fühle mich heute elend und schlapp!«, klingt es für uns doch wesentlich besser, wenn wir ganz allgemein feststellen: »Das ständig schlechte Wetter drückt einem schon langsam auf die Stimmung!«

All die Beobachtungen und Phänomene gesellschaftlichen Lebens – selbst das Wetter –, sind Tatsachen und Wirklichkeiten menschlichen Seins. Sie tangieren unser Leben und sind oft wichtiger und entscheidender, als wir mit unseren rational-kognitiven Betrachtungsmustern wahrnehmen.

Es sind die Zwischentöne, das nicht Ausgesprochene, das sich woanders Manifestierende, das Nichtoffensichtliche, was doch bei tieferer Betrachtung die grundlegende menschliche Systemkonzeption so ungemein deutlich werden lässt.

Das lässt sich auch sehr gut an Beispielen von Firmen und Unternehmen mit einer völlig fehlgeschlagenen Unternehmenskultur zeigen. Oft hat hier die Geschäftsführung genau diese Ebene menschlichen Daseins und Verhaltens – die soziale mit all ihren Erscheinungen – bewusst oder unbewusst vollkommen ausgeblendet. Vielleicht sind Worte gegenüber dem Kollegen gefallen, die nicht hätten fallen dürfen, vielleicht hat sich der neue Mitarbeiter zu viel herausge-

nommen – auch durch sein komisches Auftreten –, oder der neue Geschäfts-
führer hat im Unternehmen plausible Neuerungen eingeführt, die bei den Alt-
eingesessenen aus nicht offensichtlichen Gründen auf Granit gestoßen sind, was
nun im gesamten Betrieb für aufrührerische Unruhe gegenüber der Geschäftsleitung sorgt. Nicht nur in Firmen und Unternehmen, sondern auch in der
Gesellschaft gibt es sowohl diese nicht offensichtliche tiefere Ebene als auch die
Ebene des Unberührbaren. Liegen hier so etwas wie gesellschaftliche Tabus und
daraus resultierende Sprach- und Denkverbote vor?

4.7.3 Warum wir doch nicht immer sagen dürfen, was wir meinen

Vielleicht wurde schon in vorherigen Kapiteln einiges geschrieben, was man
nicht hätte schreiben dürfen. Wir gehen jetzt ein heikles Thema an, wir beschäftigen uns nämlich mit dem Tabu. Tabu bedeutet, dass wir uns im eigentlichen Sinne des Wortes gar nicht erst mit dessen Inhalt beschäftigen dürfen. Es
ist schließlich tabu! Dennoch scheint es oft notwendig, gerade das Tabuisierte
anzuschauen, um zu wirklichen Lösungsansätzen zu gelangen.

Tabus sind übrigens kein Phänomen neuer Gesellschaften, Tabus hat es in
allen menschlichen Gesellschaften immer schon gegeben. Sie dienen der Aufrechterhaltung einer festgelegten Ordnung, dem Machterhalt oder dem sozialen
Frieden. Gerade deshalb, weil sie so wichtige soziale Funktionen übernehmen,
ist es sinnvoll, über unsere Tabus Näheres zu erfahren, nicht zuletzt weil uns
dieses Wissen helfen wird, die aktuellen Phänomene unserer modernen Gesellschaften besser zu erfassen.

Was ist nun ein Tabu und was könnte dessen Inhalt sein? Das Wort Tabu ist in
einer freiheitlichen Gesellschaft immer erst einmal negativ besetzt, so viel wissen
wir. Dabei ist uns doch die persönliche Meinungsfreiheit und obendrein die
Pressefreiheit garantiert, leben wir doch in einer Demokratie. Deshalb nennen
wir das Tabu auch nicht mehr Tabu, sondern neudeutsch Political Correctness.
Das wirkt moderner und hört sich auch moderner an. In Wirklichkeit handelt es
sich dabei aber um die Festlegung von erlaubtem oder nicht erlaubtem Begriffs-
und Sprachgebrauch und damit natürlich auch um Denktabus. Wir setzen uns
Denkbarrieren, um die Grundfesten unserer demokratischen Ideale – Gleichheit, Freiheit, Brüderlichkeit, Sozialität und Gerechtigkeit und all das, was wir im
Prinzip vernünftig finden – nicht zu vergessen, nicht infrage zu stellen oder gar
zu gefährden. In Deutschland sind wir schließlich durch unsere jüngste Geschichte besonders betroffen und somit in hohem Grad verletzlich. »Nie wieder!« lautet die Parole und alles, was nur annäherungsweise anderen Bevölkerungsgruppen gegenüber als abwertend oder einteilend in bessere oder
schlechtere Menschen klingt und so empfunden wird, ist tabu. Dass dem

wirklich so ist, wird uns schnell deutlich, wenn wir einige Beispiele aufzählen. Sehr rasch sind wir emotional betroffen. So oder so. Entweder sind wir peinlich berührt oder ein innerliches emotionales »Jawohl, endlich sagt es mal einer!« überkommt uns. Machen wir einen Versuch:

Ein Neger ist kein Neger, sondern ein farbiger Mitbürger, der Krüppel heißt Behinderter, der Lehrling ist ein Auszubildender, Sozialschmarotzer gibt es nicht, auch eigentlich keine Faulen und Fleißigen, Zigeuner sind Sinti und Roma (obwohl nicht alle Zigeuner Sinti und Roma sind oder sein wollen) und Arbeitslose sind Hartz-IV-Empfänger ... und schon hier wird darüber nachgedacht, ob nicht auch dieser Begriff mittlerweile diskriminierend sein könnte. Ungebildete sind nicht dumm, sondern bildungsfern oder haben ein Bildungsdefizit, und ungehobelte, verwilderte Burschen Erziehungsdefizite.

Vielleicht ist es ja richtig, Begrifflichkeiten, die lange Zeit mit abwertenden oder diskriminierenden Denkinhalten belegt waren, nicht mehr zu gebrauchen oder deren Gebrauch sogar zu tabuisieren. Schlecht ist jedoch, wenn sich solche Tabuisierungen derart ausweiten, dass Denkverbote entstehen, weil sofort ein Aufschrei durch die Medien gehen würde, würde man sie brechen. Tabuisierungen haben die Eigenart, sich in Windeseile zu verbreiten. Das glaubte auch Sigmund Freud schon. Wie aber kommunizieren wir dann die Faulheit mancher Mitbürger, das Ausnutzen von Sozialsystemen, den Strafbestand des Betrugs bei Steuerhinterziehern, die Verrohung, Brutalität und soziale Inkompetenz oder – politisch korrekter – die Erziehungs- und Bildungsdefizite unserer Kinder und Jugendlichen? Wir bieten diesen Gruppen, oder besser gesagt Problemfeldern, durch unsere Sprachlosigkeit und unser Denkverbot einen Schutzraum, den bestimmt viele von ihnen, aber nicht alle, wirklich benötigen. Andererseits können wir das, wo wir nicht hinsehen und worüber wir nicht sprechen dürfen, auch nicht überdenken und somit solche problematischen Zustände oder Mangelzustände auch nicht beheben. Im Schutzraum der Tabus tummeln sich offensichtlich oft auch diejenigen, die ihren Opferstatus und die vermeintliche Diskriminierung gnadenlos ausnutzen. Dies ist natürlich nicht nur bei den Schwachen der Gesellschaft so, sondern ebenfalls bei den Starken, wie z. B. bei betrügenden und spekulierenden Bankern, rücksichtslosen Konzernen und reichen Interessengruppen oder machtgierigen Politikern, die über Leichen gehen, um ihre Ziele zu erreichen.

Jeder, so steht es jedenfalls im deutschen Grundgesetz, darf seine Meinung in Wort, Schrift und Bild frei äußern. Doch dem ist in Wahrheit nicht so. In jeder Gesellschaft entsteht früher oder später ein Meinungsklima, welches schnell als Mainstream in von Kollektiven festgelegten Denk-, Fühl- und Verhaltensmustern festgezurrt wird – durch Tabuisierung und öffentliche Abstrafung bei Tabubruch in den Medien. Wie sollen wir das Phänomen der Tabuisierung nun einordnen und wie sollen wir es bewerten?

Zunächst einmal haben Tabus die bedeutende Funktion, Axiome gesellschaftlicher Gruppen so zu schützen, dass diese niemals infrage gestellt werden dürfen, denn die Axiome bilden das Fundament der Gemeinschaft. Gemeint sind beispielsweise die Grundannahmen einer Demokratie, dass alle Menschen gleich sind und die gleichen Rechte und Pflichten haben. Doch dienen Tabus nicht nur solchen gesellschaftlichen Konstrukten, sondern auch der Machterhaltung von Organisationen und Parteien. So gibt es große Parteien und Interessenverbände, zu deren Klientel diejenigen gehören, die ihre Arbeit verloren haben, in weit größerem Maße aber zusätzlich die, welche Angst haben, ihre Arbeit noch zu verlieren. Diese Klientel kann die Organisation nur behalten, wenn man sie in »Schutzhaft« nimmt – als ausschließlich bedrohte Opfer quasi – und wenn man ihre Ängste, z. B. die Arbeit zu verlieren, aufrechterhält. Zu diesem Zweck muss man sie, wie oben bereits beschrieben, kollektiv in eine Klientelgruppe der Opfer, Schwachen und Diskriminierten stecken und sie allesamt mittels Tabuisierung schützen, so, wie es etwa auch die Interessenvertreter der Wohlhabenden machen, wenn sie angeben, dass sie »nur« das Wohl und Vermögen ihrer Klientel, nämlich der »Leistungsträger«, schützen wollen. Medial versuchen sie dies etwa durch einen empörten Aufschrei in der Presse, wenn seitens der Bevölkerung oder anderer politischer Vereinigungen gefordert wird, man müsse doch endlich mal die Einkünfte der Wohlhabenden und Reichen mittels einer Offenlegungspflicht transparent machen. (Überhaupt ist der »Gehaltszettel« oder die Offenlegung des eigenen Einkommens mindestens genauso tabuisiert wie die eigene Sexualität oder Religiosität.) Eine wirkliche Enttabuisierung würde die Gruppenidentität der »Leistungsträger«-Klientel durch gefährliche, differenziertere Betrachtung und Analyse auseinanderbrechen lassen. Dies würde aber einem Macht- und Einflussverlust gleichkommen. Der Kollektivstatus der Klientelidentität der »Armen und Entrechteten« und derjenige der so genannten »Leistungsträger« müssen demnach gleichermaßen durch Tabuisierung geschützt werden.

Bei der ersten Klientel geht es darum, durch Tabuisierung eine tiefer gehende Betrachtung und Differenzierung der Klientel zu verhindern. Alle sind von Ausbeutung, Ungerechtigkeit und Armut bedrohte Menschen. Bei der zweiten ist es ähnlich, weil ein näheres Beleuchten der »Leistung« ans Tageslicht bringen könnte, dass der ein oder andere ja nicht viel mehr »leistet«, als seinen Vermögensverwalter zu bezahlen oder mit dem Hab und Gut anderer zu spekulieren.

Natürlich dienen »Äquilibrierung« und Tabuisierung auch dem sozialen Frieden. Je mehr Tabus die wirklichen Unterschiede vertuschen, umso friedlicher bleibt es im Land. Dies kann beispielsweise durch Sprachtabus gesteuert werden. Vom Sprachgebrauch her lässt sich da einiges machen, denn ob jemand Müllmann oder Fachkraft für Kreislauf- und Abfallwirtschaft genannt wird,

Hausmeister oder Facility Manager, Verkäufer oder Sales-Manager, Spekulant oder Investmentbanker, das ist schon ein Wahrnehmungsunterschied, und das hat auch eine ganz andere Bedeutung. Förderlicher und ehrlicher wäre es, es nicht nur bei einer tabuisierenden Sprachregelung zu belassen, sondern sich wirklich inhaltlich mit den Themen auseinanderzusetzen.

Der Sprachgebrauch suggeriert Folgendes: Der Müllmann fährt nur Müll, die Fachkraft für Kreislaufwirtschaft denkt scheinbar über Verwertungskreisläufe nach. Der Hausmeister fegt und der Facility Manager koordiniert Haustechnik oder etwas Ähnliches. Der Verkäufer verkauft Sachen, während der Sales-Manager scheinbar irgendetwas managt, und der Spekulant macht irgendetwas Böses mit den Geldern seiner Kunden, während der Investmentbanker das Vermögen und Geld seiner Kunden intelligent anlegt. Also ist Müll fahren, Fegen, Verkaufen und Spekulieren etwas Schlechtes, Niederes, Billiges. Ist das so? Ja, so ist es irgendwie im Mainstream kollektiver »Denke« verankert. Der Mann, der schon mitten in der Nacht unseren Müll bearbeitet, ist weniger wert als die Dame am Schalter mit dem Stempelkissen für den Sonderparkschein. So viel zur Kraft der Sprache und was sich wirklich an Begrifflichkeit oder gar Wertschätzung dahinter verbirgt. Vielleicht sollten wir uns mehr mit wirklicher Wertschätzung – und zwar tabulos – auseinandersetzen, statt nur den Sprachgebrauch oberflächlich zu regeln oder gar Begriffe zu tabuisieren. Schauen wir uns nun an, wozu Homo sapiens generell Tabuisierung einsetzt und wieso dies in unserer Gesellschaft so leicht möglich ist.

Tabus können, so haben einige oben genannte Beispiele gezeigt, auch Vorteile haben. Zum besseren Verständnis, warum das so ist, müssen wir etwas weiter ausholen: Die Systemkonzeption Mensch ist darauf ausgelegt, neuronale Netzwerke zu synchronisieren und zu harmonisieren. Verständlicher ausgedrückt heißt das: Unser Gehirn, besser gesagt das gesamte »System Mensch«, ist zunächst größtenteils ungeordnet und weder synchronisiert noch harmonisiert. Denken Sie hier vielleicht an die unbeholfenen, strampelnden Bewegungen eines Kleinkindes im Vergleich zum späteren geschmeidigen Spurt eines Hürdenläufers! Unser Gehirn ist auf die gleiche Art und Weise konzipiert. Zuerst ist es mehr oder weniger blind, taub und ungeordnet. In diesem Zustand erhält es eine unsäglich hohe Anzahl an Erfahrungsinputs, die es nun in eine bestimmte Ordnung zu bringen gilt. Ein Teil der Datenmenge wird verworfen oder vergessen, ein anderer Teil für wichtig empfunden und in Tausenden Denk-, Fühl-, Werte- und Verhaltensmustern abgelegt. Je sinnvoller diese Muster dann in einem wachsenden, aufeinander bezogenen Bindungsgefüge eingeordnet werden, umso mehr ergibt das Ganze einen Sinn, und je sinnvoller das Ganze ist, desto besser können wir später auf die vorhandenen Denk-, Fühl-, Werte- und Verhaltenskapazitäten zurückgreifen. Wir reifen sozusagen zu Persönlichkeiten heran, und unsere persönliche Meisterschaft wächst ebenso. Auf diese Weise

wird das Leben für uns im besten Falle verständlich, handhabbar und sinn-
stiftend und trägt so wesentlich zu einem gelingenden und zufriedenen Leben
bei. Grundlage für diese Muster- und Kapazitätsbildung ist, wie gesagt, die
Synchronisierung und Harmonisierung neuronaler Netzwerke. Körperlich heißt
dies vereinfacht: Nervenzellen und Nervenbahnen feuern sehr synchron oder sie
feuern eben nicht. Wenn sie aber synchron feuern, kommt es zu einer Harmonisierung der elektrischen und chemischen Abläufe, sprich: zu einem brauchbaren Muster. (Die Beschreibung ist hier sehr vereinfacht dargestellt, da es
darum geht, das Prinzip zu verstehen und nicht darum, eine exakt wissenschaftliche Studie neuronaler Abläufe wiederzugeben.)

Da einer der größten evolutionären Vorteile von Homo sapiens seine soziale
Kompetenz ist, ist er darauf ausgerichtet, auch in seiner Gruppe möglichst kohärente, brauchbare Denk-, Fühl-, Werte- und Handlungsmuster zu erzeugen,
um hiermit kollektive Problemlösungsstrategien und kollektive Verhaltensmuster herzustellen. Um bei unserer vereinfachten Darstellung zu bleiben: Alle
Gehirne feuern gemeinschaftlich synchron; oder vielleicht können wir uns dies
noch besser verdeutlichen, indem wir uns Fisch- oder Vogelschwärme vorstellen, die sich gleichförmig bewegen. Schon das Kind ahmt die Mutter nach oder
lernt am Modell anderer Menschen. Später als erwachsene Person ist es nicht
anders: Der Mensch kann sich, dank seiner Spiegelneuronen (bestimmte Nervenzellen), in andere Menschen hineindenken und -fühlen. Dabei übernimmt er
bereitwillig oft auch von ihnen Verhaltensweisen. Diese Identifikations-, Syn-
chronisations- und Harmonisierungsprozesse mit den anderen laufen größtenteils unbewusst ab, und das Ergebnis gibt dem Einzelnen Sicherheit in der
Gruppe der Gleichen. Die soziale oder emotionale Identifikation mit den anderen wird dementsprechend nicht bewusst reflektiert, sie wird einfach übernommen. Stellen Sie sich doch einfach einmal vor, wie Sie sich fühlen, wenn Sie
von mürrischen oder ängstlichen Menschen umgeben sind, oder wie, wenn Sie
sich mitten in einer Gruppe von glücklichen, humorvollen Leuten befinden!
Bestimmt übernehmen Sie schnell die Stimmung der Gruppe, ohne großartig
darüber nachzudenken. Sie sind also auch mürrisch und ängstlich oder auch
glücklich und humorvoll, ganz so wie die anderen. Als soziales Wesen ist Homo
sapiens stark gruppenverbunden. In eine Gruppe gleich gesinnter, fühlender
oder handelnder Individuen eingebettet zu sein, gibt ihm Sicherheit. – Wir sind
dann nicht so allein auf der Welt, denn nichts ist für uns unangenehmer, als
einsam und allein unser Dasein zu fristen.

Diese soziale Eigenschaft – die übrigens nicht nur beim Menschen, sondern
auch bei anderen Lebewesen mehr oder weniger zu beobachten ist – gibt Al-
phamenschen die Möglichkeit, Gruppenbildungen massiv zu beeinflussen.
Letztendlich wird die ganze Angelegenheit ein Selbstläufer, denn die Gruppenidentität nährt sich gegenseitig in sich selbst organisierenden Vorgängen. Viele

Gehirne entwickeln sich auf diese Weise zusammen, also ähnlich wie ein einzelnes Gehirn durch Selbstorganisation, oder bildlich gesprochen: wie ein Vogel- oder Fischschwarm, ausgerichtet auf eine bestimmte synchrone Bewegung oder ein bestimmtes Ziel hin. Diese subtile Machtmöglichkeit, nämlich Gruppenbildungen zu beeinflussen, besteht natürlich auch oder gerade in Demokratien (Gruppenbildung entspricht der Systemkonzeption Mensch). Hierunter fällt nicht nur die Macht gesellschaftlicher Interessengruppen, sondern ebenso die Macht der Medien oder die der Werbung. Diese nach Macht strebenden Institutionen geben vor, wie man zu leben hat, wenn man zu denen dazugehören will, die von ihnen als erstrebenswerte Identifikationsfiguren präsentiert werden.

Ein Beispiel aus der Werbung: Die erfolgreichen, gut gelaunten und gut aussehenden Menschen fahren bestimmte Autos, tragen bestimmte Kleider, bewegen sich auf immer sauberen, frisch polierten Parkett- oder Teppichböden und grillen ganz bestimmte Würstchen in eigens dafür gestylten Vorgärten. Die identitätsstiftende Wirkung hält eine Gruppe mit gleichen Denk-, Fühl-, Werte- und Verhaltensmustern zusammen, und deshalb können sich ihre Mitglieder hier gut und geborgen fühlen. Das Zugehörigkeitsgefühl zu einer Gruppe bleibt natürlich nicht immer konstant und unterliegt einem dynamischen Prinzip. Schnell gibt es neue »Meinungsmacher« mit neuer Sinnstiftung oder schnell ist eine Gruppenzugehörigkeit verloren. Denken wir hier beispielsweise an denjenigen aus der Gruppe der Arbeit-Habenden, der seine Arbeit verliert oder an einen Reichen, der arm wird oder an den Täter, der zum Opfer wird! Gemeinschaftsgefühle mit gegenseitigem Verständnis und gegenseitiger Toleranz und Vertrauen lassen sich schnell wecken, aber ebenso schnell verlieren. Der Verlust der Gruppenzugehörigkeit hängt wie ein drohendes Damoklesschwert über jedem von uns. Je mehr wir von einer Gruppe innerlich abhängig sind, desto größer ist unsere Angst, die Gruppenzugehörigkeit zu verlieren. Je ausgeprägter unsere Denk-, Fühl- und Verhaltensautonomie, unser Könnensoptimismus, unsere Durchsetzungskraft, Leidensfähigkeit und Stresstoleranz sind, umso autonomer und unerschrockener können wir uns selbst mit drohenden Gefahren auseinandersetzen und umso flexibler ist unsere Bindung zu Interessen- und Schutzverbänden.

Dann gibt es auch noch den aktiven Gruppenwechsel. Dabei denken wir z. B. an den Reichen, der sein Hab und Gut verschenkt und Bettelmönch wird. Und genau dies verlangt eine gehörige Portion Autonomie. Interessen- und Schutzverbände schützen ihre Gruppenidentität durch Tabus, mit denen sie eine Infragestellungsbarriere aufbauen. Könige und Fürsten haben es früher nicht anders gemacht – ihre Macht infrage zu stellen, das hätte als Tabubruch gegolten und wäre einer Majestätsbeleidigung gleich gekommen.

Eine Gesellschaft, in der die Individual- und Sozialkompetenzen der Menschen gering sind oder gering werden, ist anfällig für starke unterschiedliche Gruppenidentitäten: einerseits, da das Bedürfnis einzelner, Sicherheit, Schutz und Geborgenheit in einer Gruppe zu erhalten, größer wird, andererseits, da es »geheimen Verführern« leichter fällt, identitätsstiftende Inhalte zu erzeugen und diese durch Tabus zu schützen.

Das, was Homo sapiens aber von seinem Wesen her als Individuum und gleichzeitig als kompetentes soziales Wesen ausmacht, sind seine eigenen autonomen und sozialen Kompetenzen. Entscheidungs- und Bewertungsfähigkeit durch Bildung und Charakter sind zudem das beste Medikament gegen die Verführung durch bestimmte Gruppen, die durch oberflächliche Propaganda, unreflektierte Forderungen oder durch uneinlösbare Versprechen für eine bestimmte Klientel auf sich aufmerksam machen und für eine Gruppenzugehörigkeit werben wollen.

Fassen wir zusammen: Wir dürfen nicht immer sagen, was wir meinen, weil wir möglicherweise mit unseren Äußerungen Mainstreamdenken und Gruppenidentitäten infrage stellen und diese damit gefährden. Das ist ein – durchaus oft sinnvolles – geschriebenes oder nicht geschriebenes soziales, Menschenhorden und der Art Homo sapiens entsprechendes Gesetz. Infragestellungen, Querdenken und tabubrechendes Denken, Fühlen und Verhalten dienen aber dazu, Neues, anderes und noch nicht Gewagtes anzuregen oder zuzulassen. Das ist sicherlich immer eine Gratwanderung. Aber es ist ein evolutionär wichtiges (Kultur-)Prinzip.

Es ist an der Zeit, gesellschaftliche Probleme hintergründiger zu betrachten. Es ist der falsche Ansatz, ausschließlich gesellschaftliche Probleme über die Verteilung von Geld lösen zu wollen und Menschen durch Schüren von Ängsten und Aufrechterhaltung unlauterer Tabus in Abhängigkeiten zu halten. Nehmen wir uns beispielhaft ein Problem, behaftet mit einer Menge Tabus und Vorurteilen, etwas genauer vor: Wir werden einem Arbeitslosen nicht gerecht, wenn wir ihm zwanzig Euro mehr oder weniger geben, und zwar dafür, dass er nicht arbeiten darf, und es hilft ihm auch nicht weiter, wenn wir ihm weismachen wollen, dass er es »wert« sei. Würdig ist, Arbeit zu haben und eine Rolle in der Gesellschaft spielen zu können. Wenn wir Menschen etwas geben, wofür sie keine Gegenleistung erbringen dürfen oder können, ist dies ein Almosen. Es ist unwürdig und beschämend. Geld ausschließlich auf Platz eins unserer Werte- und Bewertungsmaßstäbe zu setzen, ist auf Dauer für den Einzelnen und damit auch für die Gemeinschaft verhängnisvoll. Um nicht in diesem negativen Gefühl von Scham und Wertlosigkeit verbleiben zu müssen, wechseln die Arbeitslosen oft schnell ihre Gruppenidentität aus der Rolle des Sozialhilfeempfängers in die Rolle des Gesellschaftsopfers. Es ist der Hass der Dankbarkeit, der ihre Seelen kränkt und den es zu verarbeiten gilt. Sie fühlen sich als Opfer und Ausgeschlossene und verhalten sich dementsprechend. Opfer sind nicht mehr für ihr

Schicksal verantwortlich. Geben und Nehmen sind im Ungleichgewicht. Das ist es, was nicht stimmt. Wir dürfen Mitglieder unserer Gesellschaft nicht ausschließen, auch nicht gegen Bezahlung. Wir müssen sie fordern und fördern, in der Gemeinschaft zu verbleiben, und zwar mit allen Möglichkeiten und Konsequenzen, die uns zur Verfügung stehen. Das zeichnet wahre Solidargemeinschaften aus, nicht ausschließlich pekuniäre Umverteilung.

Es ist folglich wichtiger, alle Menschen in gemeinschaftlicher »Bewegung« und Teilnahme zu halten, als sie für ihren Ausschluss zu bezahlen. Hierzu gibt es vielfältige Möglichkeiten, Aufgaben und Modelle. Bloß müssen wir, um dies zunächst erkennen, in Betracht ziehen und dann umsetzen zu können, so einige Tabus brechen, z. B. das der Zumutbarkeit, das der Mobilitätseinforderung, das der finanziellen Gleichstellung oder das der gleichen Konsummöglichkeiten, das der unterschiedlichen Bildungsfähigkeit und das der unterschiedlichen persönlichen Fähigkeiten.   Wir sind eben nicht alle gleich. Ganz sicher reicht es jedoch nicht aus, durch andere Wortwahl und Tabuisierung hier etwas beschönigen zu wollen. Vorübergehend nicht in den Arbeitsmarkt Integrierte, Hartz-IV- oder Sozialhilfe-Empfänger – das meint doch alles das Gleiche: eine Gruppe von Menschen, die über keinen Arbeitsplatz verfügen. Warum nennen wir es nur immer wieder anders? Was wollen wir vertuschen?

Und noch ein wichtiger Aspekt hierzu: Wer nicht trainiert, gewinnt nicht! Wir kennen das vom Sport. Wer ausgegrenzt sein Leben auf dem Sofa verbringen soll oder muss, verlernt Regelmäßigkeit, Durchhaltevermögen, Leidensfähigkeit, Zielstrebigkeit und all die guten Basiskompetenzen, die für ein gelingendes Leben notwendig sind. Und schlimmer noch: Die erlernte Hilflosigkeit gibt er in seiner Gruppe weiter. So entstehen in Selbstorganisation Gruppen, die es verlernt haben, autonom einen Beitrag für ein eigenes gelingendes Leben zu leisten. In diesem »Nichtkönnen« und darin, nicht mehr so schnell die Gruppe wechseln zu können, bestätigen sich die meisten Gruppenmitglieder zusätzlich. Daran sind jedoch die Gruppenmitglieder im Einzelnen und die Gruppe als solche meist nicht selbst schuld, sondern eine Gesellschaft, die sie eigentlich im Stich lässt, nicht fordert und nicht fördert.

Die Zeit ist reif: Wir müssen also einige Tabus brechen! Wenn wir die Augen verschließen vor der Wirklichkeit und Homo sapiens gemeinschaftlich nicht mehr da abholen, wo er abgeholt werden sollte, schauen wir einfach weg und lassen menschliche Potenziale unentwickelt. Aber dadurch, dass wir wegschauen, machen wir die Probleme nicht unsichtbar.

Die Probleme unserer Bezahlgesellschaft beschränken sich nämlich nicht speziell auf die beispielhaft gewählte Gruppe. Sie ist nur ein Teil eines generellen Problems, nämlich vor lauter Tabus und Infragestellungsbarrieren zu sehr in starren, veralteten Strukturen zu verbleiben. Gerade Tabubrüche und Infragestellungen brauchen Kraft und persönliche Kompetenz: Wir sollten deshalb all unsere Kraft und unser ganzes Geld in die persönliche Meisterschaft der einzelnen Menschen stecken! Wir müssen ihnen nicht nur optimale Bildungschancen, sondern ebenso die Möglichkeit zur Selbstwirksamkeit, Entfaltung von Könnensoptimismus und Handlungskompetenz eröffnen, damit diese Barrieren fallen. Statt Geld in Passivität und Lebensabgewandtheit zu stecken, damit bestimmte Gruppen keine riskanten Fragen mehr stellen oder zu Reformierendes nicht offen gelegt wird – man ist ja bequem und hat sich gut eingerichtet –, müssen wir alle Kraft in die Meisterschaft jedes einzelnen Menschen stecken.

Leben bedeutet neben Wachstum auch Veränderung. Darum sollten wir den Menschen nicht nur optimale Wissensbildungschancen, sondern auch Erfahrungs- und Veränderungsmöglichkeiten geben. Eine funktionierende Gesellschaft wird gelebt und nicht verwaltet und ihre Mitglieder nicht ausschließlich bezahlt. Das Leben schafft die Kompetenzen und bietet die Trainingserfahrungen, damit ein jeder letztendlich ein lebendiges und gelingendes Leben führen kann, vorausgesetzt, man kann und muss am Leben »artgerecht« teilnehmen.

Um diese Chancen zu nutzen und unsere Potenziale ausschöpfen zu können, müssen wir also mutig genug sein, grundlegenden Wertediskussionen und Tabubrüchen Raum zu geben. Wenn wir dem einzigartigen Homo sapiens eine grundsätzliche Wertschätzung entgegenbringen und uns und unsere Art mit allem Drum und Dran lieben lernen, brauchen wir keine Angst mehr vor abwertendem oder diskriminierendem Verhalten zu haben. Anders gesagt: Aus Angst, etwas Falsches zu sagen, etwa Abwertendes oder Diskriminierendes, dürfen wir weder Tabus noch Schweigegebote im Übermaß gestatten. Wir müssen das Wagnis eingehen, durch Enttabuisierung Möglichkeitsräume für tatsächliche Lösungen unserer Probleme zu öffnen. Wir müssen Vertrauen in unsere kollektive Fähigkeit haben, die Gefahren einer Enttabuisierung so zu meistern, dass konstruktive Lösungen für die Zukunft daraus entstehen. Mit dem Verbleiben in einer angstvollen Starre und Sprachlosigkeit, die jede tiefer gehende Reflexion gesellschaftlicher Probleme tabuisieren, ist es sicher nicht mehr getan. Wenn wir also grundlegende, persönlich positive Eigenschaften (Basiskompetenzen) fördern wollen, muss es uns auch möglich sein, nicht vorhandene Kompetenzen beschreiben zu dürfen. Das ist eine zwingende Voraussetzung.

> Dem enormen Anpassungs- und Entwicklungspotenzial von Homo sapi-
> ens mit seinem »anschwellenden Frontalhirn« verdanken wir den erfolg-
> reichen Sprung in die postmoderne hochdigitalisierte Gegenwart. Unser
> Verhalten in Beziehungen und Gemeinschaften sowie das kollektive Ver-
> halten ganzer Gruppen werden von hochkomplexen Vorgängen gesteuert.
> Die Abnahme gewalttätiger Auseinandersetzungen zugunsten friedlicher
> Strategien trotz explosionsartiger Zunahme der Bevölkerung und die
> global entstehenden realen und künstlichen sozialen Netzwerke und Ge-
> meinschaften lassen vermuten, dass unsere Fähigkeit zu hochkomplexem
> sozialen Verhalten den Schlüssel für unsere Zukunft birgt.

4.8 Moderne Alphatiere

4.8.1 Der Starke ist am mächtigsten allein?

Das Soziale und damit soziale Themen haben einen unglaublichen Stellenwert in
der heutigen Welt und in unserer Gesellschaft, wie wir jetzt festgestellt haben,
und wir sind noch nicht ganz am Ende damit. Soziales und menschliches Miteinander durchziehen alle Bereiche unseres Lebens. Die Entfaltung und das
Wachstum der Demokratie, die damit einhergehende Entwicklung der Sozial-
gesetzgebung und die gesamte Konstellation unserer Gesellschaft basieren auf
sozialen Themen. Dies spiegelt sich auch überdeutlich in den Medien wider.
Soziale Themen sind »in«, umstritten und anscheinend auch unbedingt notwendig für unser Fortkommen. Teilweise sind aber auch soziale Grundgesetz-
mäßigkeiten entstanden, deren Infragestellung oder Diskussion grundsätzliche
Tabuthemen anzukratzen scheinen. Zumindest läuft man in diesen Gefilden sehr
schnell Gefahr, sich politisch nicht korrekt geäußert oder gehandelt zu haben.

»Der Starke ist am mächtigsten allein«, sagt Schillers Wilhelm Tell, doch diese
Ansicht ist heutzutage in allen Bereichen widerlegt. Als Charles Darwin vor ca.
hundertfünfzig Jahren seine Evolutionstheorie verkündete, lieferte er damit die
Grundlage für den dann aufkommenden Sozialdarwinismus, der im Wesentlichen Schillers Aussage beinhaltet, nicht aber Darwins Gesamttheorie. So ist der
Sozialdarwinismus nicht gleich Darwin. Darwin beschrieb in seiner Theorie,
dass die stärkeren Arten die evolutionären Sieger werden, viel differenzierter
also, als es später holzschnittartig der Sozialdarwinismus tun sollte. Der Sozialdarwinismus bereitete dennoch den Boden für das Recht des Stärkeren vor, den
allgemeinen Wettkampf und die Ellenbogenmentalität. Heutzutage sind in unseren modernen Gesellschaften zwar übermäßiger Egoismus, »soziale Kälte«

oder das offensichtliche Recht des Stärkeren so unpopulär wie noch nie. Auch die Ansicht, dass nur die Stärksten den Kampf ums Dasein überleben würden, ist anachronistisch und verpönt. Aber viele von uns erleben oder empfinden trotzdem oft die Atmosphäre einer ausgesprochenen Wettbewerbs- und Konkurrenzgesellschaft. Auf jeden Fall steigt die Zahl der Menschen, die offensichtlich darunter leiden oder erkranken. Wie können wir uns diesen Widerspruch erklären? Ist das Bekenntnis zu Freiheit, Gleichheit, Brüderlichkeit und das Verpönen von Egoismus nur ein kulturelles Statement, dem die biologische Realität, der Sieg des Stärkeren, entgegensteht?

Darwin betrachtete ausschließlich die biologische Evolution. Ausschließlich die Gene steuern unser Verhalten, wir sind genetisch fixiert und gewinnen oder unterliegen im genetischen Wettkampf, das war Darwins Meinung. Nun hat gerade diese biologische Evolution den Menschen ein Organ beschert, welches sich mit unheimlicher Plastizität selbst organisieren und entwickeln kann: unser Gehirn. Mit diesen Hirnen leitete Homo sapiens etwas Neues, Koexistentes ein, und zwar die so genannte kulturelle Evolution. Hierunter verstehen wir neue Möglichkeiten selbst bestimmender Menschen, die über ihre Lebensformen selbst entscheiden, beginnend mit dem Sesshaftwerden, der Herstellung und dem Kultivieren von Nahrungsmitteln oder in Auseinandersetzung mit dem technischen Fortschritt. Diese zusätzliche Entwicklung gab dem menschlichen Werdegang einen ungleich schwungvolleren und schnelleren evolutionären Impuls als die relativ träge Weitergabe der Gene. Zu dem Angeborenen – das, was Darwin hauptsächlich vor Augen hatte – kam das zügig Erworbene, die schnelle Anhäufung von Wissen, die zunächst nicht genetische Weitergabe von Erfahrung.

Es lässt sich gewiss darüber streiten, ob es wirklich eine scharfe Trennung zwischen biologischer und kultureller Evolution geben kann. Auf jeden Fall bedingen sie sich gegenseitig. Die genetische Fixierung steuert unser Verhalten, andersherum schlägt sich unser Verhalten schließlich in den Genen nieder. Doch dies geschieht auf einem für uns Menschen schwer überschaubaren Zeitstrahl. So sind es doch wieder Teile eines Ganzen, Teile eines evolutionären Systems, welches allen Lebewesen als Prinzip des Lebendigen zugrunde liegt. Dennoch nimmt möglicherweise Homo sapiens hier mit seinen »zwei Motoren« eine Sonderrolle ein. Zumindest ist der Mensch ein in jeder Hinsicht und in alle Richtungen hoch sensibles, formbares, komplexes Geschöpf. Aufgrund seiner hohen Komplexität existieren deshalb auch so viele unterschiedliche Einflüsse, die es vermögen, das menschliche Wesen in die eine, die andere oder in eine noch ganz andere Richtung zu entwickeln. Im Großen und Ganzen kann man aber davon ausgehen, dass es vermutlich eine Entwicklung hin zum Positiven, zum Besseren ist und sein wird.

Je mehr es Homo sapiens gelingt, sich an das Vorhandene und Zukünftige anzupassen, umso besser kommt er auch voran. Das hochkomplexe Wesen Homo sapiens unterliegt dabei nicht nur biologisch-relevanten Einflüssen, die seine Bedürfnisse nach Nahrung, Wärme, Sexualität, Auslauf usw. tangieren, sondern ebenfalls solchen eher kultureller Art, welche seine soziokulturellen Bedürfnisse nach Wissen, Gefühlsausdruck, Erfahrungen und sozialem Umgang berühren. Zweifellos vermischt sich beides – das Biologische und das Kulturelle – und zweifellos wird das eine das andere bedingen und beeinflussen. Nur ist der Zeitraum für uns unvorstellbar, und deshalb fällt es uns so schwer, das Ganze zu überblicken, es zu sehen und zu nehmen, wie es ist. Deswegen teilen wir das Ganze bei Homo sapiens in zwei für uns überschaubare und handhabbare Teile ein, den biologisch-genetisch fixierten und seinen, nennen wir ihn kulturell-narrativ weiterzugebenden Teil. Das ist eine charakteristische naturwissenschaftliche Vorgehensweise.

Versuchen wir jetzt, für unsere soziale Frage eine biologisch-kulturelle, systemische Gesamtschau zu erstellen! Biologische Systeme funktionieren immer im Zusammenspiel verschiedener Bereiche miteinander. Kommunikation und Kooperation sind hier die Stichwörter. Moleküle bilden Zellen, Zellen bilden Gewebe, Gewebe bilden Organe, Organe bilden Organismen, z. B. den Menschen. Menschen bilden wiederum soziale Gemeinschaften und diese bilden auf einer höheren Ebene Gesellschaften, die Teile noch größerer Systeme sind. Im Augenblick affinieren sie zu globaleren Gesellschaften und diese bevölkern unsere Erde. Zusammenwirken, Kommunikation und sich selbst organisierende Systeme scheinen biologisch sinnvoll und effektiv zu sein, sie fungieren zumindest als naturwissenschaftlich positives Prinzip.

Der Sozialdarwinismus – »der Starke ist am mächtigsten allein« – alle seine Folgesysteme und Ideologien scheinen für unsere Belange – nämlich das sehr komplexe System des Sozialen zu betrachten – unbrauchbare Ideen zu sein. Die didaktische Trennung in biologisch und kulturell ist also bei unserer evolutionären Betrachtung des Sozialen nicht sinnvoll.

Homo sapiens hat sich selbst ein unglaubliches Bevölkerungswachstum beschert. Lebten vor hunderttausend Jahren maximal hunderttausend Menschen auf der Erde – und das fast ausschließlich in Afrika –, so gab es beginnend vor ca. zehntausend Jahren einen gewaltigen, quantitativen Sprung, und jetzt steuern wir bald sogar auf die 10-Milliarden-Grenze zu. Diese fulminante Entwicklung, die natürlich auch mit einer ungeheuren biologischen Vielfalt und Selektion einherging – und deshalb evolutionär überaus wertvoll ist –, konnten und können wir nur durch sinnvolle Verhaltensweisen erreichen. Als evolutionär sinnvoll müssen sich u. a. die Mechanismen des Sozialen herausgestellt haben. Im positiven Sinne bilden das Soziale und das Miteinander kollektive Potenziale, die sich summieren und/oder exponieren. Sie bilden ein Ganzes, ähnlich wie ein Organ, welches aus verschiedenen Zellen, mit unterschiedlichen Funktionen

besteht. Aus sozialem Verhalten entstehen Unterstützungssysteme in Gruppen:
Man teilt Nahrung, Behausung, Wissen und Erfolg, verbündet sich aber auch
gegen Angriffe von Feinden oder bei Not und Bedrohung (z. B. bei Naturkatastrophen). Nennen wir es das »Aktiv-Soziale«!

Es gibt aber noch einen weiteren, anscheinend vorteilhaften Aspekt. Wir
könnten es das »Prinzip der Offensichtlichkeit« oder das »Passiv-Soziale«
nennen: Zeigt jemand offensichtlich, dass er stärker ist oder sich für den Stärkeren hält, oder zeigt er, dass er seine eigenen Interessen verfolgt, dann nährt er
den Aggressionstrieb des anderen. Er reizt ihn nicht nur zum offenen Angriff,
sondern er nährt auch negative Gefühle wie Gier, Neid oder Hass. Es kommt zum
offenen Konflikt. Konflikte offen auszutragen, kostet aber Kraft und Mühe und
es kann zudem auch noch schlecht ausgehen. Sich passiv-sozial zu verhalten,
sich kleiner und gutmütig-freundlich zu geben, ist ressourcenschonender. Es
scheint persönlich und evolutionär auf Dauer nicht sinnvoll zu sein, als Burgherr
die Burg des anderen niederzubrennen oder Kriege anzuzetteln, da wir kulturell
erfahren haben, dass dies meist auf beiden Seiten mit ungeheuren Verlusten und
Schäden materieller und immaterieller Art einhergeht. Die zu zahlenden Re-
parationen, das Kompensieren solcher Schäden und der Wiederaufbau kosten
viel Kraft und Zeit, und am Ende hat man – meist der Aggressor – gar nichts oder
nur unwesentlich etwas dazugewonnen, und der Angreifer ist mit seinem Anliegen (Wunsch nach Land-, Machterweiterung, Rohstoffen usw.) so weit wie
zuvor. Die Kollateralschäden für kriegerische Auseinandersetzungen sind eigentlich viel zu groß. Effektiver und effizienter scheint es zu sein, Individuen
oder Gruppen so zusammenzufügen, dass sie entweder an einem Strang ziehen
oder dies zumindest glauben zu tun. Entweder erhöht sich dabei auf ein bestimmtes Ziel hin gerichtet (aktiv-sozial) das motivationale Potenzial und die
kollektive Kraft der Gruppe, oder dem Primus inter Pares gelingt es, seine
persönlichen Interessen in einem Klima des Duldens und Tolerierens effektiver
zu verwirklichen (passiv-sozial). Frei nach dem Motto: »Lieber den Spatz in der
Hand als die Taube auf dem Dach!«. Für unsere Burgherren und natürlich auch
für die heutigen modernen Alphatiere, Bosse, CEO's, Macher hieße und heißt
dies, Allianzen zu schmieden und auf diese Weise gemeinsam stärker zu werden.
Wenn nun das Soziale, die Gewaltfreiheit, das Miteinander, das hehre Ziel,
gleiches Recht für alle durchzusetzen, in Religion, Ethik, Moral oder Gesetzes-
form (Menschenrechte) zum unumstößlichen Grundgesetz wird, dann ist diese
wohl geeignetste Form des individuellen und kollektiven Weiterkommens auch
zur unabdingbaren Spielregel geworden und erfüllt somit ein vorteilhaftes
evolutionäres Prinzip. Diese Situation haben wir in den so genannten westlichen
Demokratien und somit natürlich auch in unserer Gesellschaft.

Die Spielregel heißt »Konsens«, »alle miteinander«, »gleiches Recht für alle«,
»Mitbestimmung« und »die Mehrheit ist dafür oder dagegen und danach richten

wir uns«. Aus diesem Grund ist es zumindest für den westlichen Teil der Erdbevölkerung eine unbestreitbare Tatsache und nicht diskutierbar, dass demokratische Gesellschaftsformen das Nonplusultra sind. Sie verkörpern die »Spielregeln« des Aktiv- und Passiv-Sozialen für alle, Burgherren und Bürger, aus denen letztendlich auch die uns leitende Ethik und Moral, die Religion und die Gesetzmäßigkeiten hervorgehen. Nur was ist hier biologische und was kulturelle Evolution?

Vielleicht verunsichert eine solche Deutung einige unserer Zeitgenossen. Es hört sich zu archaisch, zu trivial an. Für diese können wir das Pferd auch von der gängigeren Seite her aufzäumen: Moral, Ethik, Religion und Menschenrechte verpflichten uns dazu, ein friedfertiges und konstruktives Zusammenleben der Menschen mit einem demokratischen und sozialen Grundverständnis zu entwickeln. Das ist auch gut so, und das Pferd bleibt auch dasselbe. Ganz pragmatisch gesehen, kommt es ja darauf an, was am Ende das Ergebnis ist, und bei aller Betrachtungsweise scheint es heutzutage keine bessere Alternative für ein demokratisches und soziales Grundverständnis zu geben. Auch für die Alphatiere und Burgherren ist es das günstigste Fortkommen, um ihre Interessen durchzusetzen.

Anzumerken ist an dieser Stelle allerdings, dass dies zurzeit wohl vorwiegend für die westliche Welt gilt und weniger für die östliche. Es gibt dort andere Betrachtungsweisen und andere Formen gesellschaftlichen Zusammenlebens, wie es beispielsweise in einigen asiatischen Systemen, in ursprünglicheren Naturgesellschaften oder mehr oder weniger stark islamistisch geprägten Staaten der Fall ist. Oft ist die Zeit dafür einfach noch nicht reif. Zu bedenken ist aber auch, dass wir »Westler« meist zu oberflächlich, zu parteiisch, zu ideologisch auf solche (noch) anderen Systeme blicken. Nicht selten scheitern wir zudem, wenn wir unsere eigene demokratische Ideologie auf unseren »Kreuzzügen« bei anderen implementieren wollen. Die Voraussetzungen waren und sind dann für solche Veränderungen noch nicht da. Immer wieder kippten und kippen die Machtsysteme in die eine oder in die andere Richtung, wie wir beispielsweise an den Unruhen in den nordafrikanischen und arabischen Staaten derzeit sehen. Wir konnten und können die »anderen« nicht an unsere Vorstellungen von Demokratie und sozialer Integrität binden. Stellen Sie sich vor, im Mittelalter hätte uns in Europa jemand etwas von Demokratie und Religionsfreiheit erzählt! Er wäre der Inquisition zum Opfer gefallen und verbrannt worden. Und das ist noch nicht so lange her.

Und bitte denken Sie jetzt nicht, dass westliche Gesellschaftsformen nichts mit Macht oder Machtverteilung zu tun hätten, da die Macht gleichermaßen vom Volke ausgeht! Nein, alles ist letztendlich eine Machtfrage und schon unsere Fragestellung, ob es der Starke ist, der allein am mächtigsten ist, zeigt das. Es gibt nichts Mächtigeres, als sich auf demokratische oder soziale Grundsätze zu be-

rufen. Wir spüren dies bei Politikern, Gewerkschaftsfunktionären und Hilfsor-
ganisationen, im Gesundheitswesen und in allen anderen sozialen gesellschaftlichen Belangen. Oder was können Sie einem Gewerkschaftsführer entgegensetzen, der proklamiert, dass es sein oberstes Ziel sei, sich zur Bekämpfung
der neuen Armut einzusetzen? Der Starke ist schon lange nicht mehr am
mächtigsten allein, aber im Bindungsgefüge starker, großer Gruppenidentitäten – wir haben sie beschrieben – ist er es.

Im Hinblick auf Globalisierung und Demokratie scheint der Burgherr also *out*
zu sein und die förderliche Interaktion großer Gruppenidentitäten das erfolgreichere evolutionäre Prinzip, und das beginnt bei den sozialen Kompetenzen
eines jeden Einzelnen. Deshalb werden wir die rasante Entwicklung in unserer
Gesellschaft, aber auch die deutlichen und immer näher rückenden globalen
Auswirkungen auf alle unsere Lebensbedingungen nicht meistern können, wenn
wir nicht das, was uns in den letzten Jahrtausenden weitergebracht hat, fördern,
trainieren und ausbauen, nämlich unsere sozialen Kompetenzen. Nicht umsonst
hat uns die Evolution ein ausgeprägtes Frontalhirn beschert, sodass wir uns,
zumindest visuell im Seitenprofil betrachtet, deutlich vom Schimpansen unterscheiden. Nehmen wir die Herausforderung an und trainieren wir unsere
förderlichsten Eigenschaften für eine gelingende Zukunft: unsere sozialen
Kompetenzen! Eine globalisierte Wissens- und Informationsgesellschaft benötigt mehr denn je die unterschiedlichsten sozialen Fähigkeiten des Einzelnen
und gute, schnelle und förderliche soziale Aktionen und Reaktionen. Das heißt:
Sowohl der Aktiv-Soziale als auch der Passiv-Soziale sind in ihrer Gruppe
gleichermaßen an der Macht, und wie wir bereits wissen, gehört das Soziale auch
zu unserem individuellen Glück. Sozial kompetent zu sein, macht außerdem
individuell zufrieden.

Es liegt nahe, uns nun abschließend ein paar Gedanken über die Führungs-
persönlichkeiten und Führungspositionen in diesem komplizierten menschlichen Bindungsgefüge zu machen.

4.8.2 Vom Führen

»Führungskraft« zu sein, beinhaltet ein ungeheuer großes soziales Prestige.
Deshalb wird es auch sehr inflationär benutzt. Jeder, der »von Amts wegen« ein
paar Menschen anleitet oder formal »weisungsbefugt« ist, wird »Führungskraft«
genannt oder nennt sich selbst so. Früher hörte man noch öfter prahlerische
Aussagen wie »Ich habe fünfzehn Leute unter mir!«, aber so redet heute eigentlich keiner mehr. Heute sind es u. a. Teamleiter oder CEOs (*Chief Executive
Officers*) – die Wortkreationen sind unendlich. »Führer« nennt man sie aber
keinesfalls, zumindest nicht im deutschsprachigen Raum, das Wort ist obsolet.

Aber es ist egal, wie wir sie nennen. Sofern sie wirklich die Aufgabe haben, Menschen zu führen, ist dies eine absolut anspruchsvolle Aufgabe. Mit Burgherrengehabe wie seinerzeit hat modernes Führen wenig zu tun.

Bedauerlicherweise haben wir ein verhängnisvolles Beförderungsphänomen in unserer Gesellschaft, das zu einem wirklichen Problem geworden ist. Zunächst einmal ist »Führungskraft« keine Berufsbezeichnung, und es fehlt auch eine adäquate Ausbildung, in der die wichtigsten Kompetenzen einer Führungskraft angeeignet und trainiert werden können. Als Führungskraft arbeiten zu können, lernt man nicht, zur Führungskraft wird man in den meisten Fällen berufen. Hierbei werden größtenteils die fachlichen Kompetenzen in den Vordergrund gerückt, die sich jemand in seinem speziellen Beruf angeeignet hat. Verdeutlichen wir dies an einem Beispiel:

Peter Maier, 38, Ingenieur, spezialisiert auf Brückenbauten

Der Brückenbauingenieur zeichnet sich durch seine hervorragenden Fertigkeiten bei Konstruktionen und Berechnungen aus. Was den Brückenbau angeht, gilt er unter seinen Kollegen als »der« Fachmann schlechthin. Aufgrund seiner hohen Fachkompetenz, wird er von der Geschäftsleitung deshalb als besonders geeignet befunden und zur »Führungskraft« befördert: Peter Maier wird zum obersten Brückenbauer berufen. Seine neue Aufgabe ist, ab sofort vierzig Brückenbauer anzuleiten, Projekte voranzutreiben, Konflikte und Differenzen im Team zu managen, Motivationen aufrechtzuerhalten, die Zusammenarbeit zu fördern und ein gutes Arbeitsklima zu schaffen. Dies ist aber eine vollkommen andere Aufgabe, als Brücken zu konstruieren – also das, was Peter Maier gelernt hat und sehr gut beherrscht.

Wie geht es nun weiter? Verschiedene Entwicklungen sind jetzt denkbar: Im besten Fall hat Peter Maier zufälligerweise eine natürliche Begabung und genügend hohe soziale Kompetenzen, um seine neue Aufgabe zu meistern. »Zufälligerweise« deshalb, da diese Kompetenzen in den meisten Fällen nicht als Auswahlkriterium geprüft werden. Peter Maier, aber auch das Unternehmen, in dem er beschäftigt ist, haben dann Glück gehabt. Peter Maier macht seine Aufgabe gut und gerne, er unterstützt, lenkt und fördert die Potenziale seiner Mitarbeiter – d. h. er ist weder über- noch unterfordert. Seine Leute werden von ihm gut geführt und sind ebenfalls zufrieden.

Es kann aber auch ganz anders kommen, und das ist leider in der Wirklichkeit oft der Fall: Peter Maier ist überfordert. Er kann die ihm übertragenen Führungsaufgaben mangels adäquater Führungsqualitäten nicht meistern. Die Unstimmigkeiten im Team nehmen zu, die Menschen sind unzufrieden oder demotiviert, sie bringen eine schlechte Leistung oder werden krank. Entweder Peter Maier ist dies egal und er lässt die Sache einfach schleifen, oder ihm ist es nicht egal, und er greift zu den Möglichkeiten seiner Macht: Er implementiert ein Angst- und Schreckensregime, lässt nichts unkontrolliert, unterdrückt Kreativität, Selbstbestimmung und Selbstwirksamkeit seiner Mitarbeiter, kränkt und beleidigt sie mit Abmahnungen und reglementiert sie in die Leistungsinsuffizienz. Dies kann zur Folge haben, dass die Mitarbeiter Präsenz ohne Leistung zeigen oder krank und unzufrieden werden. Es kann aber auch zur Folge haben, dass er selbst krank und unzufrieden wird, da er merkt, dass er seinen Aufgaben nicht gewachsen ist, wie es hier der Fall war.

»Gute« Führungskräfte benötigen ganz besonders Basiskompetenzen wie Einfühlungsvermögen in die Mitarbeiter, aktives und passives soziales Geschick, um der Gratwanderung zwischen Unternehmenszielen und Zielen der einzelnen Individuen gerecht zu werden und um somit eine hohe Motivation aufrechtzuerhalten. Sie bedürfen einer hohen Menschenkenntnis, um die Mitarbeiter an der richtigen Stelle einzusetzen. Sie bedürfen eines Gespürs für Konflikte und sie müssen Widersprüche aushalten können. Führungskräfte unterstützen ihre Mitarbeiter, damit diese in der Lage sind, ihre größtmöglichen Fähigkeiten freisetzen. Dies ist eine große Herausforderung und hohe Kunst.

Es ist kaum zu verstehen, dass Unternehmen und Institutionen diese Aspekte so wenig sehen und berücksichtigen, ebenso wenig, wieso eine solche komplexe und schwierige Aufgabe eigentlich ohne entsprechende Berufsausbildung ausgeübt werden kann. Natürlich könnte Peter Maier ohne eine gewisse fachliche Kompetenz seine Mitarbeiter auch nicht führen, da er dann nicht wüsste, um was es eigentlich bei ihrer Arbeit geht. Seine wirkliche Aufgabe aber ist, eine Arbeitsatmosphäre und Unternehmenskultur herzustellen, in der die größtmögliche Leistung für das Unternehmen erbracht werden kann und bei der die Mitarbeiter möglichst zufrieden, gesund und motiviert bleiben. Kein Wunder, dass viele Führungskräfte heute einen Coach oder Berater benötigen. Die Führungskraft selbst muss ja eigentlich ein Coach sein: Vertrauensperson für ihre Leute und gleichzeitig Motivator. Ihre Arbeit kann nicht Dienst nach Vorschrift sein und hört meist nicht beim Verlassen des Arbeitsplatzes auf. Eine Führungskraft ist da für ihre Leute und zwar immer, so wie ein Vater oder eine Mutter für die Kinder da ist. Die Führungskraft gibt ihren Mitarbeitern das Gefühl von Präsenz und Fürsorge bei gleichzeitiger Erwartung guter Leistung. Wenn ihr dieser Mix gelingt, ist sie eine »gute« Führungskraft – was, wie schon gesagt, nicht nur Fachwissen erfordert, sondern auch eine ausgereifte Persönlichkeit und hohe Basiskompetenzen. Diese braucht sie natürlich auch für ihre Selbstfürsorge. Nun kommt in den meisten Unternehmen noch dazu, dass das Unternehmen in hierarchische Ebenen gegliedert ist. Das bedeutet: Peter Maier hat selbst einen Chef, auch eine Führungskraft, die ihn wiederum führen soll. Die meisten Führungskräfte stecken in solchen »Sandwichpositionen« und müssen nicht nur »nach unten«, sondern ebenfalls »nach oben« ihre Kompetenz beweisen.

Das alles ist nicht wenig und entspricht einer Höchstleistung, meinetwegen wie im Leistungssport. Aus diesem Grunde müssen »Führungskräfte« oder die, die es werden wollen, auch besonders trainieren und trainiert werden. Auswahlkriterium für Führungspositionen darf also nicht ausschließlich das Verfügen über Fachkenntnisse sein, und schon gar nicht dürfen Führungsposten als

Gratifikationen vergeben werden, und überhaupt nicht sollte man die Besetzung von Führungspositionen dem Zufall überlassen. All dies gilt natürlich nicht nur für Wirtschaftsunternehmen, sondern auch für die Besetzung von höheren Posten bei Ämtern und Institutionen sowie besonders für solche von politischer Natur.

Vom Hordenführer über den Burgherrn zum Gutsherrn bis hin zu demokratischen Führungskräften sind bis heute die Anforderungen an komplexe soziale Kompetenzen enorm gestiegen. Das Vorhanden- oder Nichtvorhanden-Sein dieser Kompetenzen wird mit darüber entscheiden, von wem Homo sapiens sich in Zukunft führen lassen wird.

5. Sind wir noch zu retten?

5.1 Burn-out ist keine Krankheit

Wir beobachten also in den modernen Gesellschaften verschiedenste Phäno-mene – Neuerungen bei den menschlichen Verhaltensweisen und gesellschaft-liche Entwicklungen, die nach außen hin sichtbar in Erscheinung treten – die einerseits auf ernstzunehmende neue Mangelerscheinungen, andererseits auf grundlegende Bedürfnisse, Notwendigkeiten und Wünsche der Art Homo sapiens hinweisen. Unser Streben nach Wohlstand, Komfort, Bequemlichkeit und Sicherheit erkaufen wir uns auf Kosten unserer Gesundheit, auf Kosten unseres Lebensraums Erde und oft auf Kosten anderer menschlicher Gesell-schaften. Gleichzeitig gehen diese Entwicklungen mit gewaltigen Umbaupro-zessen und einem rasanten Biotopwandel einher. Wichtige Erfahrungsräume für die Entwicklung basaler Kompetenzen verschwinden zunehmend. In etwa können wir dies damit vergleichen, was passiert, wenn ein wildes Tier gefangen genommen und domestiziert wird. Nach und nach verliert es in seinem nicht natürlichen Schutzraum basale Kompetenzen, etwa sich selbst zu ernähren oder drohende Gefahren richtig einzuschätzen und diese zu meistern, und das po-tenziert sich entsprechend bei den Nachkommen. Bei den Menschen scheinen sich unter anderem ähnliche Prozesse abzuspielen. Menschen in modernen Gesellschaften verlieren häufig den Kontakt zu sich selbst, es mangelt an Aus-prägung von Basiskompetenzen und damit natürlich auch an Könnensopti-mismus, der bald einer nicht mehr unterschwelligen grundlegenden Angst Platz machen wird. Viele weichen dem Leben mit seinen kleinen und großen Her-ausforderungen aus, flüchten möglicherweise in Illusionen und Scheinwelten oder bilden Verdrängungs- und Ersatzstrategien aus. Regelrechte kollektive Verdrängungs- und Ersatzphänomene haben wir bereits beschrieben. Nicht wenige moderne Menschen von heute fühlen sich dem Leben, wie es ist, nicht mehr gewachsen, und es beginnt ein Teufelskreis mit dem Gefühl des Selbst-wirksamkeitsverlusts, dem des fehlenden Selbstbewusstseins sowie dem der eigenen Inkompetenz – die freilich oft externalisiert wahrgenommen wird. Aber nicht nur der Verlust eigener grundlegender Kompetenzen, sondern auch der steigende Leistungsdruck, die Beschleunigung und die rasanten Veränderungen in unserer Gesellschaft spielen eine große Rolle. Denn in einem sich schnell wandelnden Biotop brauchen Menschen ebenso ein qualitatives und quantitatives Mehr an Basis- und Anpassungskompetenzen. Wir haben in unserer derzeitigen modernen Gesellschaft also ein fundamentales Problem, welches sich auch im Gesundheitszustand der Menschen niederschlägt und widerspiegelt. Durch ein Gefühl der Überforderung, der Hilflosigkeit, Orientierungslosigkeit und einen Verlust an Identifikation und Sinnhaftigkeit werden Menschen krank. Sie verlieren an Kraft und Begeisterungsfähigkeit und haben aufgehört, für etwas zu »brennen«. Möglicherweise funktionieren sie noch, indem sie einfach nur äußerlich präsent sind und kochen ihr Süppchen nur noch auf kleiner Flamme. Viele von ihnen sind bereits ausgebrannt.

Nun gibt es Zeiten, da ändert sich das Biotop langsam oder gar nicht. Für eine Gesellschaft und eine Welt, die sich wie derzeit in einem rasanten Biotopwandel befindet und die sich heute und in Zukunft großen Herausforderungen stellen muss, ist ein solches »Ausbrennen« bzw. »Verbrennen« von menschlichen Potenzialen, ein Leben auf basiskompetenter Sparflamme ein großer Widerspruch und ziemlich fatal. Gerade heute brauchen wir Menschen mit Mut und Begeisterungsfähigkeit, mit Leistungs- und Anpassungsvermögen, mit Motivation, Kreativität und Veränderungsbereitschaft. Unser derzeitiger Wohlstand und Komfort ist quasi unsere rosarote Brille, mit der wir uns und die Welt – allerdings nur sehr »kurzsichtig« – betrachten. Es geht doch eigentlich ganz gut so, wie es ist: Die offensichtlichen Schäden unserer Leistungs- und Wachstumsgesellschaft, unseres Lebens in Passivität und in der Wohlstandskomfortzone glauben wir immer noch durch unsere Gesundheits-, Sozial- und Steuersysteme bezahlen zu können, so die oft zu oberflächlich und zu kurz greifende gesellschaftliche und politische Denkweise. Sind wir denn noch zu retten?

Immer wieder werden die Topthemen der Arbeitswelt und die Phänomene moderner Gesellschaften gerne in Funk, Fernsehen und Printmedien »durchgenudelt«. Oft treffen sich in den allabendlichen Talkshows irgendwelche Menschen in Betroffenheits- oder Klageatmosphäre und alsbald sind die »Leidensthemen« auch schon wieder vergessen. Burn-out gehört auch dazu. Als Krankheit, Plage oder meist als undefinierter Begriff wird er immer mal wieder thematisiert. Burn-out ist aber weder schicksalhafte Krankheit noch Plage, sondern eine Bedingung einer krank werdenden Gesellschaft.

Lange bevor das Thema Burn-out von heute auf morgen von den Medien entdeckt wurde, hat es jedenfalls an Hinweisen, Kommentaren und Warnungen aus der Wissenschaft – von Professionellen und Expertengruppen aus Medizin, Psychologie und Soziologie – nicht gemangelt, und jene werden sich wohl auch weiterhin mit dieser Problematik unserer modernen Gesellschaft beschäftigen, selbst wenn das Thema in der Öffentlichkeit bereits wieder an Interesse verloren hat.

Ins Bewusstsein der Menschen gelangte Burn-out bereits seit einiger Zeit, indem die Medien – wie bei anderen Schlagzeilenthemen auch – berühmte Persönlichkeiten mit dem Phänomen in Zusammenhang brachten. Auf diese Weise gelingt es den Medien immer wieder, beim Publikum neue Aufmerksamkeit zu generieren. Erfahrungsgemäß nehmen die Gesellschaft und die Politik Probleme oft erst wahr, wenn sie durch die Medien hochgepusht und so in der Gesellschaft publik gemacht worden sind. Nun ist das Fatale an den Medien, dass durchaus ernstzunehmende Themen wie Burn-out meist sehr oberflächlich, schlecht recherchiert oder gar falsch dargestellt werden. Oft rührt das von der Komplexität schwieriger Probleme her. Ob es das Waldsterben, der Klimawandel, die Sache mit der Atomenergie, der Bau eines unterirdischen Bahnhofs oder eben jetzt das Thema Burn-out ist, Halbwissen, falsche Emotionalisierung, Begriffs- und Bedeutungsunklarheiten, Partei- und Machtinteressen führen dazu, dass solche durchaus wichtigen Themen im wahrsten Sinne des Wortes benutzt werden, ohne dass ein qualifizierter und sinnvoller Austausch darüber stattfindet oder nützliche Lösungsansätze erarbeitet werden. In den Hochzeiten der Burn-out-Vermarktung vergeht deshalb auch fast kein Tag, an dem sich nicht Menschen in Gesprächsrunden (v. a. Talkshows) zum Thema Burn-out zusammenfinden, um darüber zu diskutieren. Nahezu jeder hat ein Statement abzugeben, und schnell schießen auf dem Buchmarkt entsprechende Ratgeber wie Pilze aus dem Boden. Von Burn-out scheint schließlich heute nahezu jeder betroffen zu sein, zumindest aber bedroht. Vor was hat man hier aber genau Angst? Und um was handelt es sich genau, wenn wir vom »Ausbrennen« der Menschen oder von einer erschöpften Gesellschaft sprechen?

Was wir generell über Burn-out durch die Medien übermittelt bekommen, ist sehr unterschiedlich. Wir hören es meist von fachfremden Leuten: von Schauspielern, Kabarettisten, Fußballspielern, Gewerkschaftern, Tourismusmanagern etc. Zum anderen haben wir in der gesellschaftlichen Diskussion die Bedeutung des Begriffs nie einheitlich definiert. Wir wissen nicht genau, was gemeint ist, wenn von Burn-out die Rede ist, denn jeder misst dem Begriff eine andere Bedeutung bei, wenn er davon redet. Zu diesem Kapitel haben wir achtundsechzig unterschiedliche Personen gefragt, was sie unter Burn-out verstehen. Die Antworten auf die Frage sollten direkt und intuitiv erfolgen, ohne großartiges Nachdenken oder Recherchieren und ohne, dass einer seinen Nachbarn befragen kann. Wir wandten uns an Laien und Fachleute, Männer und Frauen aus verschiedenen Schichten in gleicher Weise und ohne darauf aus zu sein, aus unserer Erhebung einen wissenschaftlichen Anspruch ableiten zu können. Wir wollten einfach nur wissen, was die Menschen landläufig unter Burn-out verstehen. Hier eine Auswahl der Antworten, die wir bei der Umfrage erhielten:

Burn-out

– heißt, keine Kraft mehr für nichts zu haben, am Ende, null Bock, null Konzentration, alles geht einem auf den Zeiger, auch die Fliege an der Wand.
– ist heutzutage eine Modekrankheit.
– ist ein Simulanten-Argument für faule Menschen.
– beschreibt einen Zustand, der entsteht, wenn eine subjektive Sollbruchstelle auf eine objektive Mehrbelastung trifft, die aufgrund subjektiver Handlungshemmung im Sinne erlernter Hilflosigkeit nicht verändert werden kann.
– entspricht einer völligen Erschöpfung, fast Gelähmtheit oder Erstarrung, mit Sinn- und Perspektivlosigkeit, die eher engagierte und ambitionierte Menschen betrifft, die durch die berufliche Realität zunehmend desillusioniert werden, nicht mehr klarkommen, keine Bewältigungsstrategien mehr dafür haben.
– ist etwas, wobei ich mich frage, wie man das von einer Depression abgrenzen soll.
– ist eine tiefe Erschöpfung, die durch die üblichen Rekreationsmöglichkeiten nicht mehr ausgeglichen werden kann. Die Ursachen können vielfältig sein, ebenso die Symptome.
– entspricht einer Diagnose, die es mir erlaubt, mich ohne Scham – denn ich habe ja ungeheuer geackert und es mir verdient – der Allgemeinheit ungeniert zur Last zu legen.
– beschreibt den Endzustand einer Entwicklungslinie, die mit idealistischer Begeisterung begonnen hat und mit frustrierenden Erlebnissen zu Desillusionierung und Apathie führt.
– heißt so viel wie »ausgebrannt« sein, … wenn du der »Depp vom Dienst« bist.
– ist eine wichtige Zeit, in der man innehalten sollte.
– ist keine Krankheit, sondern eine Erschöpfung aufgrund beruflicher Überlastung.
– entsteht, wenn dein Arbeitgeber dich für seinen eigenen Vorteil ausbeutet.
– ist angesagt, wenn du »gefühlt« gar keine Zeit mehr hast.
– passiert dann, wenn der Staat dir nicht mehr genug Geld zum Leben gibt.
– ist an der Tagesordnung, wenn sie dich mit E-Mails, Telefonaten und Arbeiten so zuschütten, dass du nicht mehr runterkommst, nur noch mit drei Pullen Bier am Abend.
– ist mittlerweile zu einer weltweiten, neuen Epidemie geworden.
– kann entstehen, wenn dich ein geliebter Mensch verlässt oder Freunde sterben, dann brennt dir das Herz aus.
– kriegen die, bei denen die Arbeit mehr Zeit in Anspruch nimmt als die Freizeit.

- ist eine psychophysische Erschöpfung, verursacht durch berufliche Stressoren.
- entsteht, wenn deine Arbeit nicht mehr wertgeschätzt wird.
- kannst du bekommen, wenn dein Vorgesetzter wechselt, und der Neue ein »Arsch« ist.
- das ist, wenn du körperliche Beschwerden ohne Grund bekommst.
- das ist, wenn du so viel arbeitest, dass alles weh tut im Körper. Manche bekommen durch's Arbeiten körperliche Beschwerden, also Burn-out, und andere bekommen eine Depression.
- ist der Kompetenzverlust der Wohlstandsmenschen.
- resultiert aus menschenverachtenden Arbeitsbedingungen, die die Menschen krank machen.
- hat mit inkompetenten Führungskräften zu tun, die nicht für ihre Mitarbeiter, im Klartext für gute Arbeitsbedingungen sorgen können.
- ist nichts anderes als fehlende Willenskraft.

Diese Antworten zeigen uns, dass, wenn wir in der Öffentlichkeit von »Burn-out« reden, oft von ganz unterschiedlichen Dingen gesprochen wird. Meistens wird mit dem Begriff jedoch eine Art von totaler Ermüdung beschrieben, wobei das Augenmerk nicht vordergründig auf die psychischen Anteile der Erschöpfung gelenkt wird, sondern eher auf die physischen. Denn psychische Erschöpfung, Niedergeschlagenheit und Traurigkeit werden in unserer Gesellschaft nicht selten mit Begriffen der Schwäche und Niederlage verbunden. »Der hat jetzt etwas am Kopf!«, »Der ist durchgeknallt!«, »Ein jämmerlicher Weichling, der nicht seinen Mann steht!« und ähnliche Charakterisierungen nicht wissender und nicht reflektierender Zeitgenossen stigmatisieren Menschen als Versager, wenn sie beispielsweise an Depressionen leiden. Erkrankt jemand hingegen an »Burn-out«, so wird das eher positiv konnotiert mit »Der hat ja knallhart gearbeitet!«, »Der ist bis an seine Grenzen gegangen!«, »Der hat bis zum Umfallen gekämpft!« usw. Nur einer der befragten Personen konnotierte den Begriff Burn-out durchweg negativ mit dem Vorurteil, Burn-out sei lediglich ein Simulanten-Argument für faule Menschen, die gar nicht ausgebrannt seien, sondern einfach nur faul, wobei Faulheit hier wieder mit der oben genannten Schwächekategorie gleichgesetzt wird.

Kurz zusammengefasst: Burn-out wird landläufig vorzugsweise mit der Vorstellung rein mechanistischer körperlicher Erschöpfung von Menschen verbunden, die alles gegeben haben, und gerade deshalb ist es heutzutage unter Umständen beinahe heroisch und modern, davon zu sprechen, dass man »kurz vor einem Burn-out« steht.

Kommen wir nun dazu, den Begriff Burn-out etwas präziser von seiner Herkunft her und fachlich zu bestimmen. Das Wort »Burn-out« tauchte vor einigen Jahrzehnten in den USA erstmalig in der Umgangssprache, aber auch im technisch-wissenschaftlichen Sprachgebrauch auf. 1975 wurde der Begriff von dem deutsch-amerikanischen Psychiater Herbert Freudenberger benutzt, um seine eigenen körperlich-seelischen Reaktionen auf die chronische Belastungssituation in seinem Berufsleben auszudrücken. Es handele sich in seinem Fall, so der Psychotherapeut, um eine Erschöpfung aufgrund quantitativer und qualitativer beruflicher Überbelastung. Vor allem für die so genannten helfenden Berufe, wie er einen hatte, beschrieb Freudenberger im Anschluss an seine eigene Erfahrung und Erkenntnis das Burn-out-Phänomen. Jedoch bezeichnete er da Burn-out noch nicht als eine Krankheit, sondern eher als einen krankmachenden Zustand. Deswegen wird bis heute in der Medizin bei einem Fall von Burn-out auch nur formuliert, dass der Patient »Probleme mit Bezug auf Schwierigkeiten bei der Lebensbewältigung« hat (*International Classification of Deseases*, ICD-10). Zwar wird das »Ausgebranntsein« in Fachkreisen auch als »Zustand der totalen Erschöpfung« umschrieben, und natürlich kann eine »totale Erschöpfung« durchaus als Erkrankung gelten, aber häufig geht diese lediglich als Begleitsymptom mit dem körperlich-seelischen Zusammenbruch der Systemkonzeption Mensch einher oder mit Erkrankungen, die in den Medien als Depression, Angststörung, Somatisierungsstörung und organmedizinischen Korrelatserkrankungen bezeichnet werden.

Gerade wegen dieser Vielfalt an unscharfen Definitionen sollten wir uns darauf einigen, dass wir unter Burn-out hier Folgendes verstehen: Burn-out bedeutet das langsame Ausbrennen körperlicher, seelischer und geistiger Kräfte einer Person, die nicht mehr über ausreichende Selbstregulation und Regenerationsfähigkeiten verfügt, der Entkräftung also nichts mehr entgegenzusetzen hat, die durch meist berufliche, nicht kontrollierbare Belastungen (Dysstress) verursacht wird.

Aus einer solchen »Kernschmelze« können die verschiedensten Begleit- und Folgeerkrankungen resultieren: eine totale Erschöpfungsdepression, Angst-, Somatisierungs- und Zwangsstörungen, verschiedenste Süchte sowie Erkrankungen mit organmedizinischem Korrelat wie z. B. Diabetes, Erkrankungen, die das Herz und den Kreislauf, den Bewegungs- und Stützapparat oder den Gastrointestinaltrakt betreffen. Die Systemkonzeption Mensch oder – anders ausgedrückt – unser Körper-Seele-Geist-System wird im Zustand eines Burnouts massiv destabilisiert und dadurch auch letztendlich krank. Ihr völliger Zusammenbruch ist in der Tat eine tragische und schwere Erkrankung, der meist eine lange chronische Entwicklung der Krankheit – also ein langsames »Ausbrennen« (Burn-out) – vorangeht. Bei dieser totalen Verausgabung des Menschen spielt Angst generell eine große Rolle.

Geschichtstraditionell ist es nicht lange her, dass Angst verpönt und tabuisiert war: »Männer weinen nicht«, »Männer sind stark«, »Männer kämpfen« und

»Frauen stehen ihren Mann«. Während Angst sich früher noch hauptsächlich auf größere äußere Bedrohungen wie Krieg oder Hunger bezog, sind es heutzutage die inneren Bedrohungen, die für Erschöpfungsdepressionen zunehmend relevant sind. Es sind die Ängste, zu versagen, den Job zu verlieren, nicht (mehr) ausreichend zum Leben zu haben, die Kontrolle zu verlieren, keine oder nicht mehr genügend Anerkennung zu bekommen, nicht wertgeschätzt zu werden, sowohl im Beruf als auch im privaten Bereich den Anforderungen nicht mehr gerecht werden zu können, das Selbstbild revidieren zu müssen oder einfach nur das Gefühl zu bekommen, nicht mehr dazuzugehören.

Angst zu haben, ist mittlerweile sogar gesellschaftlich toleriert und wird mit apodiktischen Grundannahmen für fast alle Bereiche in den Berichten der Medien und durch bestimmte Interessengruppen geschürt. Nicht jeder ist hierfür gleich empfänglich, und nicht jeder befindet sich auf dem gleichen Angstlevel. Angst ist individuell und hängt stark mit der Persönlichkeitsstruktur des Einzelnen zusammen. Menschen, die aufgrund ihres Wesens sehr viel Sicherheit und Struktur, Regeln und Normen für ihre Lebensgestaltung benötigen, sind schneller zu verunsichern und ängstlicher als Menschen, die eher auf der Grundlage eigener Überzeugungen, Normmuster und Wertvorstellungen handeln.

Unsere generelle Angst drückt sich auch durch die Zunahme von Reglementierung, Gesetzgebung, Geboten und Verboten sowie Handlungs- und Vorgehensstandards aus. Fast kein Bereich gesellschaftlichen Lebens ist mehr der Eigenverantwortung des Individuums überlassen, fast alles ist scheinbar nur noch mit einem umfangreichen Regel- und Leitlinienkatalog zu bewältigen. Es sind nicht nur die direkten Regeln, sondern auch die indirekten Werte und Normen, die über die Medien und die Werbung vermittelt und vorgelebt werden, etwa das Outfit, das man braucht, um erfolgreich zu sein oder die notwendigen Nahrungsergänzungsmittel, um gesund bleiben zu können – freilich ist dies alles meist, wie erwähnt, zusätzlich an konsumtive Verhaltensweisen gekoppelt.

Infolge der Abgabe oder besser Zwangsabgabe der eigenen Verantwortung, Urteilsfähigkeit und Entscheidungskompetenz wachsen im Individuum wie im Kollektiv dann vorwiegend die inneren Ängste weiter, nicht das Richtige zu denken, zu fühlen oder zu tun. Die mangelnde eigene Bewältigungserfahrung und der schwindende Könnensoptimismus lassen zwar für den Einzelnen auch äußerliche Bedrohungen wie Umweltverschmutzung, schwindende Ressourcen, Klimaveränderungen oder die Unberechenbarkeit des Terrorismus gewaltiger und apodiktischer erscheinen (äußere Ängste), aber der geschilderte Burn-out-Prozess oder die beispielsweise daraus folgende Erschöpfungsdepression basieren in der Regel hierauf nicht. Es ist das angstbesetzte Innere, die Angst, in einer leistungsorientierten Gesellschaft zu versagen und zu verlieren, und natürlich auch die schwindende Kompetenz, mit den Ängsten überhaupt umgehen zu können, welche schließlich zur Krankheit führen. Die steigenden Abhängigkeiten von anderen, die Verlustangst, die abnehmende Bereitschaft und Fähigkeit zu Mobilität und Veränderung, das fast nicht mehr vorhandene oder schon fehlende Vermögen, mit plötzlichen Herausforderungen umgehen zu können und zuletzt die Entfremdung von ganzheitlicher Arbeit zu teilspezifischer Arbeit – welche natürlich auch die Chancen auf Erwerbstätigkeit schnell und stark einschränken können – verursachen die innere Unsicherheit und stellen die tatsächlichen Bedrohungen für Körper, Seele und Geist dar.

Paradoxerweise finden wir das Ansteigen der Ängste vor äußerer und innerer Bedrohung überwiegend in Gesellschaften, die mit der Fülle und Vielfalt ihrer Sicherheits-, Sozial- und Wohlstandssysteme vor Kraft nur so strotzen. Dabei haben sich unsere Lebensrisiken keinesfalls erhöht, sondern allenfalls ein wenig verändert. So befindet sich zunächst erstaunlicherweise die Angst vor sinkendem Wohlstand in den westlichen Gesellschaften in der Rangliste der Ängste ziemlich weit oben. Verschiedene Gruppierungen auf Mitgliedersuche und Parteien auf Stimmenfang nutzen gerade diese Ängste der Menschen aus und erleben so einen ungeheuren Zulauf.

Wir dürfen uns aber nicht mehr darauf beschränken, Angst- und Stressfolgeerkrankungen zu behandeln oder behandeln zu lassen, sondern müssen uns die Ursachen des Ausbrennens näher ansehen sowie Ideen und Lösungen für gesundheitliche Prävention bzw. eine sich gesund erhaltende und entfaltende Gesellschaft finden. Bei Stressfolgeerkrankungen denken wir oft, dass es nur »die anderen« trifft, die sowieso Schwachen, die »gescheiterten Existenzen« oder eben den jettenden Rund-um-die-Uhr-Manager. An einem einfachen Beispiel werden wir sehen, dass es auch einen ganz normalen Angestellten treffen kann, wenn sich beispielsweise die Position im Unternehmen stark verändert und ein derb empfundener Wechsel von der ursprünglich identitätsstiftenden leistungsstarken Gruppe in eine neue minderbewertete Gruppe hingenommen werden muss, der man »übel mitgespielt« hat. Dann gehört man zur Gruppe der Opfer des alles fordernden Unternehmens. Manchmal wird diese Opferrolle zusätzlich noch durch die Anteile des Mobbings oder Bossings oder durch ähnliche Dinge betont, die natürlich zweifellos den Krankheitsprozess mit beeinflussen, aber nicht allein die Ursache für den Burn-out darstellen. Ist es einmal so weit und die Stressoren sind nicht zu bewältigen und einfach zu überbordend groß, dann drohen weitere Gefahren, wie das Hinzukommen von Süchten, Impulsdurchbrüchen oder ein bevorstehender Suizidversuch aus Wunsch nach Erlösung vom Leid. Dann ist es schon zu spät und die erkrankten Menschen gehören rasch in professionelle psychosomatische Krankenhausbehandlung. Aber jetzt zu unserem Fallbeispiel:

Herr D., 50 Jahre, Beamter im höheren Dienst:

Eine Umstrukturierungsmaßnahme hatte dazu geführt, dass man Herrn D. die von ihm geleitete Niederlassung weggenommen hatte. Er hatte zehn Mitarbeiter gehabt, ein funktionierendes Büro mit allen notwendigen technischen und infrastrukturellen Einrichtungen und einen sinnvollen, klar umrissenen Aufgabenbereich. Er hatte alles gut gemacht, so gut, dass er jedes Jahr eine Bonuszahlung zu erwarten hatte.

Dann hatte man seine Niederlassung aufgelöst, um Personal- und Raumkosten einzusparen. Künftig sollte Herr D. ein neues Projekt leiten. Mit den neuen technischen Möglichkeiten sollte er seine Bürotätigkeiten von zu Hause aus durchführen. Feste Mitarbeiter hätte er nicht mehr, sagte man ihm, sondern bundesweit wechselnde Ansprechpartner, die ihm zu gegebener Zeit mitgeteilt würden.

Herr D. bemühte sich ein Jahr lang, sein neues Projekt zu organisieren. Er fuhr 130.000 Kilometer durch die Republik und suchte seine Ansprechpartner auf. Er war täglich ca. zwölf Stunden unterwegs, wohnte in Hotels, und am Wochenende führte er zu Hause sein Büro. Er machte seinen Job mehr recht als schlecht und wurde trotzdem für die Anfangsphase sogar gelobt.

Herr D. hatte eine nette Frau, zwei Kinder, die kurz vor dem Abitur standen, ein fast abbezahltes Eigenheim und nette Nachbarn. Früher hatte er in seiner Tätigkeit einen Sinn gesehen, seine Aufgabenbereiche waren für ihn verständlich, die Abläufe nachvollziehbar und vor allem handhabbar gewesen. Er hatte Selbstwirksamkeit und Motivation verspürt, schließlich hatte er sein Eigenheim abzubezahlen, seine Kinder studieren zu lassen und sein Ansehen nicht zu verlieren. Auch im heimatlichen sozialen Netz (Familie, Freunde, Nachbarn etc.) hatte er sich immer wohlgefühlt.

Nach elf Monaten Tätigkeit ohne Mitarbeiter und Büro, unklarer Aufgabe und wechselnden Ansprechpartnern entwickelte Herr D. zunächst Schlafstörungen. Immerhin war er auch oft nachts unterwegs. Ohrgeräusche kamen hinzu und aufkommende innere Unruhe. Sozial hatte er sich schon längst zurückgezogen, er war ja auch kaum mehr daheim und wenn, dann war er zu müde, um noch etwas zu unternehmen. Außerdem, was sollte er den Menschen denn schon erzählen, was er machte? Sein Projekt war umfassend und kaum zu beschreiben. Seine frühere Niederlassung war geschlossen, Mitarbeiter oder ein Arbeitsteam hatte er nicht mehr.

Eines Tages fand man Herrn D. auf einer Leiter stehend, einen Strick um den Hals, gerade noch etwas zögerlich, aber dennoch entschlossen, sich das Leben zu nehmen. Herr D. war verzweifelt und hilflos. Er hatte Angst, seinem Beruf und seinen Aufgaben nicht mehr gewachsen zu sein, seinen Job zu verlieren, somit seiner Familie nicht mehr gerecht werden und aufgrund von wachsenden Schulden das Eigenheim nicht mehr halten zu können. Seinen Kindern würde er wohl das ersehnte Studium nicht mehr bezahlen können, weil er versagt hatte, dachte er. Insgesamt würde jetzt seine Unfähigkeit auffliegen und an allem wäre er ganz alleine schuld. Die Nachbarn und Freunde würden lachen und Häme über ihn und seine Familie bringen. So wäre es wohl besser, ihn gäbe es nicht mehr, als Versager jedenfalls wolle er nicht dastehen und Kraft zu kämpfen, hätte er nun auch nicht mehr. Über allem lagen die Niedergeschlagenheit und die schreckliche Angst der Vernichtung. Letztendlich wolle er seiner Familie die Schmach auch nicht zumuten, einen kranken, gescheiterten Frührentner mit fünfzig auf der Couch liegen zu haben.

Herr D. war als Folge der burn-out-förderlichen Bedingungen an einer schweren
Erschöpfungsdepression Burn-out erkrankt. Die stationäre Behandlung dauerte viele
Monate, bis Herr D. wieder zu Kräften gekommen war und wieder an Selbstwert und
Selbstwirksamkeit dazu gewonnen hatte. In der Umstrukturierungsphase des Unternehmens, in dem er gearbeitet hatte, hatte es zwar Veränderungen gegeben, aber mit
einer realen Bedrohung, die zu diesen Verlust- und Versagensängsten des Herrn D.
geführt hatten, hatte das alles wenig zu tun. Wir erinnern uns: Beamter, Eigenheim fast
abbezahlt, Frau, die stets zu ihm gestanden hatte, was heute immer noch so ist, die
Kinder jetzt studierend. Und die Nachbarn redeten kaum, zumindest keine offene oder
tatsächliche üble Nachrede.

Die Krankheit von Herrn D. war kompliziert und langwierig. Solche oder ähnliche
Entstehungsgeschichten sind heute aber keine Seltenheit mehr.

Angst ist folglich – wie auch in unserem Fallbeispiel – das tragende Leitgefühl
jeder Erschöpfungsdepression und jedes Burn-outs. Menschen, die sich einem
Ereignis, bestimmten Anforderungen oder ihren Aufgaben nicht gewachsen
fühlen, bekommen Angst, und ist diese übermäßig hoch, scheint ihr Selbst
existenziell bedroht zu sein. Sie glauben oder spüren, dass sie trotz größter
Anstrengungen nicht genügend – Potenzial, Kraft, Wissen etc. – mitbringen, um
all den Herausforderungen, aber auch ihrem eigenen inneren Zusammenhalt
gewachsen zu sein. Sie glauben an ihr Scheitern und werden hilflos. Die Angst
macht sie entweder ärgerlich und aggressiv (Verhalten eines »Angstbeißers«)
oder schließlich niedergeschlagen, depressiv und traurig (depressiver Verarbeitungsmodus). Einige entwickeln auch körperliche Symptome als kinästhe-
tische Repräsentanz ihrer Gefühlslage (Verarbeitungsmodus über körperlichen
Schmerz). All diese Menschen haben den inneren und äußeren Anforderungen,
die für sie zu Überforderungen werden, nichts mehr entgegenzusetzen, und ihre
Angst vor Ausweglosigkeit und Scheitern vernichtet letztendlich jegliche Res-
source oder Möglichkeit der Selbstwirksamkeit. Ihre innerste Kohärenz, ihr
Selbst, scheint zu fragmentieren und zu zerfallen.

Was aber können wir tun, um einem Anstieg von Burn-out-Fällen und
schweren Angst- und Erschöpfungserkrankungen in unserer heutigen Gesellschaft zu begegnen? Wir müssen zunächst klarer erkennen, was dafür die eigentlichen Ursachen sind! Zum einen macht sich ihre Zunahme an den äußeren
gesellschaftlichen Umständen fest, am zunehmenden Zeit- und Leistungsdruck,
an der Entfremdung von der Arbeit, daran, dass die Führungskräfte nicht geschult und oft nicht in der Lage sind, Menschen sinnstiftende, transparente
Arbeitsbedingungen zu bieten, die dem Selbst des Individuums Handlungsspielraum und Selbstwirksamkeit ermöglichen, und zum anderen an der Persönlichkeitsstruktur des Menschen selbst.

Um es gleich vorwegzunehmen: Wir können beides – sowohl die äußeren
Rahmenbedingungen als auch die persönlichen Voraussetzungen – wesentlich

verbessern, sodass Menschen weniger in die Burn-out-Falle tappen und auch seltener an Angst- und Erschöpfungserkrankungen leiden müssen. Anderes ist aber unbeeinflussbar. So ist es etwa illusorisch anzunehmen, wir könnten die immer komplexer und schneller werdende globalisierte Welt plötzlich entschleunigen und/oder grundsätzlich vereinfachen. Homo sapiens muss sich der Welt anpassen und nicht umgekehrt – das war schon immer so und dies wird wohl auch in Zukunft so bleiben.

Wo können wir nun aber den Hebel ansetzen, damit sich die persönlichen Voraussetzungen verbessern und die Menschen widerstandsfähiger gegen Stress und angesichts der starken gesellschaftlichen Veränderungen und Herausforderungen entsprechend kompetenter werden? Erinnern Sie sich, wir haben bereits erwähnt, dass Menschen mit verminderter Resilienz (Widerstandsfähigkeit, Leidensfähigkeit, Frustrationstoleranz, Stresstoleranz) und mangelnden Bewältigungskompetenzen (Zielstrebigkeit, Durchhaltevermögen, Konfliktfähigkeit, Konsensfähigkeit oder Empathie) weitaus anfälliger für das Burn-out-Syndrom und die es begleitenden oder auf es folgenden Angst- und Erschöpfungserkrankungen sind als andere! Sie haben ein labiles Selbstwertgefühl, ihnen fehlen innere Werte, sie leiden an defizitären Selbstzuschreibungen, Zwanghaftigkeit, Abhängigkeiten, Abgrenzungsproblemen, Unsicherheiten und Ängstlichkeit – was alles einen wunderbaren Nährboden für das »Ausbrennen« darstellt. In der Medizin summiert man diese Eigenschaften unter dem Oberbegriff »Neurotizismus«. Menschen mit weniger Selbstwirksamkeitsgefühl und mehr Außenorientierung sind dabei genauso gefährdet wie perfektionistische Menschen, die kaum Kompromisse eingehen können, wenig Ambiguitätstoleranz besitzen – also Widersprüche aushalten können – und folglich schneller unguten äußeren Lebensumständen erliegen.

Um keine Missverständnisse aufkommen zu lassen: Die quantitative und qualitative Bandbreite an Basiskompetenzen ist sehr groß und sehr unterschiedlich. Der eine hat seine persönliche Meisterschaft in solchen Basiskompetenzen gefunden, der andere in ganz anderen. Im Übrigen: Hier soll keine Stigmatisierung oder Einteilung in »Starke« und »Schwache« oder, konkreter formuliert, in »Bewältigungsstarke« und »Leistungsschwache« erfolgen. Dennoch ist offensichtlich, dass ein jeder, um sein Leben in unserer Gesellschaft gelingen zu lassen, über ausreichende Basiskompetenzen und gleichermaßen über eine gute Wissensbildung verfügen sollte. Bei nicht ausreichenden oder extrem verminderten Basiskompetenzen lernt es sich zunächst auch schwieriger und eine schlechte Wissensbildung ist vorprogrammiert, was wiederum Probleme im schulischen, beruflichen und im gesamten gesellschaftlichen Leben mit sich bringen und die Voraussetzungen für einen Burn-out und/oder oben genannte Erkrankungen begünstigen kann.

Wir sehen uns heute mit dem Dilemma konfrontiert, dass durch die äußeren Rahmenbedingungen, durch Struktur und Gegebenheiten unserer Wohlstandsgesellschaft bereits bei vielen Menschen die Homo sapiens ureigenen Kompetenzen zum größten Teil verloren gegangen sind und dringend neu gefördert werden müssten. Unser technisiertes, globales Informationszeitalter verlangt ein wesentliches »Mehr« an Kompetenzen, und bei vielen hapert es bereits an der Basis. Wenn wir also etwas tun können, um die äußeren Bedingungen für ein gelingendes Leben eines jeden zu verbessern, dann möglichst früh, und zwar da, wo das Fundament für das Aneignen der Basiskompetenzen gelegt wird: in der Kindheit, in der Kindererziehung, in der Schule und Berufsausbildung. Wir können etwa für Bildungsarrangements sorgen, die persönliche Kompetenzen und Fähigkeiten der Menschen schulen und stärken, sowie für die notwendigen Erfahrungsräume, die ein Entwickeln von Basiskompetenzen ermöglichen. Damit geben wir den Menschen nicht nur die Chance, sich für ihr Leben zu bilden und ihren Wissenszuwachs zu fördern, sondern sich neben den überaus notwendigen Basiskompetenzen auch Entscheidungs- und Urteilskraft für die heutige Multioptionsgesellschaft anzueignen.

Das von der modernen Gesellschaft verlangte »Mehr« setzt die Basiskompetenzen also schon voraus und fordert vom modernen Weltenbürger neben maximaler Urteils- und Entscheidungskraft Schnelligkeit, Mobilität und Flexibilität, ein optimales Zeitmanagement, Verfügbarkeitsarrangements oft rund um die Uhr und Multitaskingfähigkeit sowie einen guten Umgang mit diesen Dingen – um nur ein paar Beispiele zu nennen.

Der Umgang mit Anforderungen in einem sich rasant ändernden Biotop ist aber eine Frage der »Software«. Erinnern wir uns an die Geschichten am Anfang des Buches! Homo sapiens kann vieles, aber eben nur ein bisschen. Seine eigentliche Stärke liegt aber darin, sich an die gegebenen Lebensumstände und Erfordernisse gut anpassen zu können: nützliche Werkzeuge wie das Stöckchen und den Knüppel für das Erreichen seiner Ziele zu entdecken, aber auch die Basiskompetenz-Software zu entwickeln und soziale Unterstützungssysteme zu bilden. Das kollektive Ausmaß an Angsterkrankungen in unserer heutigen Gesellschaft ist folglich mehr ein Software- als ein Hardwarefehler.

Hinzukommt, dass sich die inneren und äußeren Steuerungsmechanismen geändert haben. Wurde das Leben der Menschen früher noch durch das »Äußere« (Staat, Kirche, Obrigkeit) grundlegend bestimmt, so muss heute das »Innere« des Menschen das Lebensruder übernehmen. Jedes Individuum soll und sollte mehr oder minder – zumindest was sein eigenes Leben betrifft – selbst bestimmen, wohin die Reise geht. Dazu ist es aber oft nicht in der Lage, denn hier bestehen die großen Defizite: Wir brauchen für unser Privatboot gute Ruder (Basiskompetenzen) und für das große Gesellschafts- oder Globale-Welten-Schiff eine gute Mannschaft, jede Frau und jeden Mann mit all den individuellen

Potenzialen und Vorzügen, die für die Gattung Homo sapiens beschrieben worden sind. Wenn wir uns gegenseitig unterstützen können, sind wir stark und bewegen nicht nur unser Privatboot, sondern auch das große Schiff – vielleicht die neue Arche – mit Kurs auf die Zukunft.

Das kollektive Können und seine Nutzbarmachung ist eine große Stärke des Menschen. Denken Sie an das große Segelschiff: der einfache Matrose, der Steuermann, die Köchin, der Kapitän usw. (vgl. Kap. 3.3.6: Die Jetzt-Philosophie)! Wir werden die rasante globale Entwicklung wohl kaum aufhalten können und das auch nicht wollen, aber wir können versuchen, das zu tun, was unsere Spezies immer schon am besten konnte: uns als Art an die gegebene Situation so optimal anpassen, wie es nur geht, mit all den Neuerungen und Schwierigkeiten umgehen lernen und zuletzt sogar unseren Nutzen daraus ziehen.

Wir werden an unseren Basiskompetenzen arbeiten und uns auf die Stärken von Homo sapiens besinnen müssen: sozial stark und anpassungsfähig. Die gegebenen Umstände passiv hinzunehmen, sie zu leugnen oder die technische Entwicklung mit ihren modernen Kommunikationsmitteln, z. B. dem Internet, wieder rückgängig machen zu wollen, klingt nicht gerade sinnvoll und stellt wohl auch keine realistische Alternative dar: Wir können und wollen das Rad nicht zurückdrehen, und wenn alles komplexer und schneller wird, bringt es auch nichts, wenn wir Menschen wieder einfacher und langsamer werden. Jedoch können wir lernen, uns anzupassen und mit einer komplexer und schneller werdenden Welt umzugehen.

Das gilt für jeden Einzelnen von uns, aber eben auch für soziale Gruppen, größere Gemeinschaften und die moderne Gesellschaft im Allgemeinen. Beispielsweise: Wir können dafür sorgen, dass Führungskräfte nicht nur berufen werden, sondern auch qualifiziert sind. Wir können dafür sorgen, dass Unternehmenskulturen wachsen und gelebt und nicht nur von der Marketingabteilung des Unternehmens erfunden werden. Wir können dafür Sorge tragen, dass Arbeitsabläufe und -prozesse homo-sapiens-(art)gerecht gestaltet werden, was sich wiederum positiv auf das Ergebnis eines Unternehmens auswirkt. Wir können dafür sorgen, dass neben der Saft-Bar im Foyer auch der Erfahrungsraum für Kompetenztraining entsteht und dafür, dass sich Betriebliches Gesundheitsmanagement nicht nur mit »alten Hüten« aus der industriellen Revolutionszeit wie dem ergonomischen Stuhl, der richtigen Lux-Zahl und der vorgeschriebenen Arbeitsschutzkleidung beschäftigt, sondern sich auch um das strapazierte Innenleben der Menschen kümmert, zumindest in den so genannten modernen Gesellschaften. Denn hier haben wir ein Betriebliches Gesundheitsmanagement bitter nötig, welches sich auf die Verbesserung von Kommunikation, Konflikt-, Stress- und Wertemanagement konzentriert. Denn Burn-out entsteht nicht auf einem alten, nicht rückengerechten Stuhl, sondern durch vielfältige und zusammenkommende Faktoren, wie z. B. durch einen unbequemen Arbeitskollegen, schlechte räumliche Arbeitsbedingungen, »zer-fledderte« Arbeitsaufträge, ständige Präsenzerwartung und wachsende Arbeit-gebererwartungen bei nicht vorhandenen Bewältigungskompetenzen.

Im gesellschaftlichen Dialog sind wir ernsthaft in der Lage zu überlegen, was diese bedingungslose Leistungs-, Wachstums- und Konsumgesellschaft mit uns macht. Wir können anfangen zu überlegen, worauf wir unsere kollektive Auf-merksamkeit lenken wollen und dafür sorgen, dass wir statt unserer äquili-brierungs-, nivellierungs- und pseudotoleranten öffentlichen Schmusestate-ments eine vorbildliche, bewältigungsorientierte Haltung real und medial vor-leben, diese immer wieder öffentlich diskutieren und an die aktuellen Gege-benheiten anpassen, sodass sie von allen Mitgliedern der Gesellschaft verin-nerlicht wird. Wir können Vereinsleben, kommunitäres Leben und sinnvolle Gruppenbildungen fördern und so den gegenwärtig erlebten Werteverlust in einen Wertewandel überführen.

Gerade weil sichere familiäre Bindungen, Religion und Staatsautorität derzeit wenig Konjunktur haben, bedarf es für eine sichere Lebensplanung deshalb umso mehr autonomer und sozialer Kompetenzen. Darum müssen als wich-tigste Inhalte Selbstmanagement-, Selbstregulierungsprozesse sowie das Ent-wickeln und Stärken von Basiskompetenzen als »Handwerkszeug« für die Selbststeuerung auf dem gesellschaftlichen Lehr- und Lernplan stehen. Diese Inhalte gilt es sowohl in der gesellschaftlichen Debatte und gesundheitlichen Prävention als auch im Bildungs- und Arbeitsleben zu integrieren.

Die Frage, ob wir noch zu retten sind, können wir also mit »Ja!« beantworten, und die, ob Burn-out eine Krankheit ist, müssen wir verneinen, weil das Aus-brennen in dem derzeitig rasanten Biotopwechsel und nicht ausreichenden Anpassungskompetenzen begründet liegt. Burn-out umfasst Anpassungs-schwierigkeiten an dieses Biotop, die zu schweren Störungen führen können. Von Burn-out betroffen sind darum insbesondere die Menschen, die in mo-dernen Gesellschaften leben, wo ein Höchstmaß an Kompetenzen abverlangt wird, um sich an die sich schnell und komplex ändernden Umweltbedingungen anzupassen. Die dort bestehende »psychophysische Immunschwäche« führt zu eben diesen folgenschweren Stressfolgeerkrankungen von Körper, Seele und Geist, die letztendlich, abgesehen von tragischen Einzelschicksalen, nicht nur volkswirtschaftlich und in ihrer Behandlung viel Geld kosten, sondern insge-samt unsere Gesellschaften enorm schwächen und so schädigen, dass wir Gefahr laufen, unsere Zukunftsfähigkeit zu verlieren.

Wenn es aber einen pathogenen (krankmachenden) Zustand wie das Burn-out-Syndrom gibt, muss es dann nicht auch einen salutogenen (die Gesundheit erhaltenden bzw. gesundmachenden) Zustand geben, den wir als »Burn-on« bezeichnen könnten?

Burn-out bedeutet das langsame Ausbrennen körperlicher, seelischer und geistiger Kräfte einer Person, die nicht mehr über eine ausreichende Selbstregulation und Regenerationsfähigkeit verfügt, der Entkräftung also nichts mehr entgegenzusetzen hat. Die Stressoren liegen meist – umgangssprachlich verstanden – in beruflichen, nicht kontrollierbaren Belastungen (Dysstress) oder im Mangel eigener Coping-Strategien. Burn-out bezeichnet Anpassungsschwierigkeiten an ein sich rasant entwickelndes Biotop, welche zuletzt auch zu schweren Erkrankungen führen können.

5.2 Wenn sich das Biotop ändert

Wenn sich das Biotop ändert, passen sich im Tierreich viele Wildtiere dem Biotop an. Sie entwickeln sogar neue Strategien, um besser zurechtzukommen, sei es bei der Futtersuche oder bei der Aufzucht des Nachwuchses. Die meisten jedenfalls. Hat der Mensch das gemeinsame Tierbiotop kulturell verändert, nennen wir die erfolgreichen Tiere Kulturfolger. Die anderen nennen wir Kulturflüchter. Sie ziehen sich in ursprünglich gebliebene Gebiete zurück oder sterben aus. Die Kulturfolger hingegen sind da weitaus anpassungsfähiger.

Das Biotop hat sich ebenso für Homo sapiens verändert, wenn auch in unterschiedlichem Grade, je nachdem, wo er sich niedergelassen hat. Dabei sei dahingestellt, ob diese starken Veränderungen mehr oder weniger durch das gewaltige Bevölkerungswachstum, den immensen Wohlstand in den modernen Gesellschaften und/oder die Quantensprünge herbeigeführt wurden, die sich in den letzten Jahrzehnten in der technologischen Entwicklung ereignet haben. Weiterhin können und wollen wir hier nicht ergründen, inwiefern die Veränderungen des Biotops durch die Menschen oder durch äußere Einwirkungen verursacht worden sind. Tatsache ist jedoch, dass sich der Mensch in den modernen Gesellschaften allein in den letzten hundert Jahren, wenn nicht sogar in den letzten paar Jahrzehnten in einem vollkommen anderen Biotop zurechtfinden muss, als es vorher der Fall war – die äußeren Faktoren haben wir bereits erwähnt. Es handelt sich um die technologischen Errungenschaften, die neuen Medien, die gewaltige Beschleunigung der Abläufe, die neu gewonnene Freiheit und um den Wohlstand auf der einen sowie die Beliebigkeit und den Verlust äußerer Richtlinien auf der anderen Seite. Homo sapiens war in der Vergangenheit »so« erfolgreich (?), dennoch erinnert er uns jetzt etwas an Johann Wolfgang von Goethes Zauberlehrling, der den Besen so schnell seine Arbeit tun ließ, bis er ihn nicht mehr beherrschte. »Herr, die Not ist groß! Die ich rief, die Geister, werd' ich nun nicht los!«

Homo sapiens scheint ziemlich überfordert zu sein. Das hat aber nichts mit
Nöten zu tun, die man aus früheren Epochen kennt, sondern mit einer Überforderung, die der derzeitige Anpassungsprozess mit sich bringt. Diese scheint
ihn geradezu umzubringen, so groß ist sein Leiden in einer ambivalenten Situation. Hat er sich doch gerade so schön und gut in seiner Komfortzone eingerichtet – und doch leidet er. Das sind nun die Faktoren, die das Leben von
Homo sapiens bestimmen: der große Mangel an wertvollen Kompetenzen bei
gleichzeitigem Überfluss an Materiellem und Wohlstand. Entscheidend für die
Beantwortung der Fragen, wie und ob es ihm gelingt, Gegenwärtiges zu meistern
und Neues entstehen zu lassen, sind jedoch seine kollektiven und individuellen
basalen Kompetenzen.

Betrachten wir nun die moderne Gegenwart, den Ist-Zustand, so erscheint
Homo sapiens wie gelähmt. Ein bisschen so wie der Hund, den man zum Jagen
tragen muss, wie eine Redensart besagt. Welche Ursachen und Beweggründe
könnte der Hund aber haben, sich zum Jagen tragen zu lassen? Entweder er hat
seine Passion verloren oder er zieht es vor, satt und warm in seinem Körbchen zu
liegen. Das Schlimmste aber wäre, wenn er Angst vor dem Jagen hätte. Bei Homo
sapiens scheinen alle Faktoren zuzutreffen, und so ist er unbeweglich und un-
flexibel, voller Ratlosigkeit und Angst.

Natürlich hat er schon einige neue, mal mehr, mal weniger brauchbare Be-
wältigungsmuster entwickelt, die wir bereits beschrieben haben. Dennoch ist ein
Großteil an notwendiger Bewältigung aufgrund irrationaler Ängste oder irri-
tierten, auch eingeschlafenen emotionalen Steuerungsverhaltens nicht mehr
möglich. Das Schwinden der Basiskompetenzen haben Eigeninitiative und
Selbstwirksamkeit bei vielen von uns in einen Dornröschenschlaf fallen lassen,
das urmenschliche Bewältigungspotenzial ist erstarrt und immer öfter ist
angstvolles Verharren in unguten Situationen an der Tagesordnung. Dies zeigt
sich beispielsweise in einem großen Bevölkerungsanteil der »Nicht-mit-mir«-,
»Nicht-bei-mir«- und »Nicht-durch-mich«-Bürger. Es sind die Bürger, die alles
schlecht finden, die im Anspruchsdenken verbleiben, aber keine Lösungsansätze
mehr hervorbringen. Da gibt es die Gruppe der Klagend-Jammernden (depressiver Verarbeitungsmodus) und die noch kleinere Gruppe der so genannten
»Wutbürger« (aggressiver Verarbeitungsmodus), die sich zwar gern empören
und zum Teil auch aggressiv geben, aber nicht bereit sind, sich wirklich mit der
Beilegung von Konflikten oder dem Bewältigen von Schwierigkeiten zu beschäftigen. (Uns begegnen in unseren »modernen« Gesellschaften noch andere
Menschentypen, davon aber mehr in Kap. 8.4.1: Glück: nur Schicksal oder auch
Aufgabe?) Hinter diesem Verhalten kann Bequemlichkeit stecken, doch hinter
Wut, Verallgemeinerungen und Vorurteilen steckt meist hintergründig Angst.
Das kann die Angst sein, den Arbeitsplatz und/oder den Wohlstand zu verlieren,
die Angst vor »den« Chinesen oder »den« Türken, die es ja so gar nicht gibt, die

Angst vor dem Immigranten, die Angst vor dem Fremdartigen an sich, vor anderen Kulturen und fremden Religionen, dem Islam beispielsweise, die Angst vor dem gefällten Baum, der neuen Straße, jeglicher ungewohnter Veränderung, der man sich anpassen müsste, einfach generell vor allem, was neu und gleichzeitig so unberechenbar zu sein scheint, die allgemeine Bewahrungs- mentalität stört bzw. dem angewöhnten Sicherheitsbedürfnis nicht entspricht. Es ist aber auch die Angst, nicht mithalten zu können oder zu wenig zu be- kommen. Es ist die Angst der Menschen, mit der Veränderung nicht mithalten zu können oder möglicherweise den Platz in der angestammten sozialen Gruppe zu verlieren. Es ist aber auch die Angst vor der erlebten eigenen Sinnlosigkeit, die entweder im Frust mit Alkohol ertränkt oder durch andere Drogen betäubt wird oder zu wild um sich schlagenden Zeitgenossen und marodierenden Jugend- banden führt.

Hinzu kommt, dass die mediale Wirklichkeit und die eigene Realität schon lange nicht mehr zusammenpassen. Das mit Glanzparkett ausgelegte Reihen- häuschen mit den sauberen weißen Gardinen und den spielenden Kindern im Garten, welches wir täglich als Ideal oder Normalität im Werbefernsehen gezeigt bekommen oder in Seifenopern miterleben dürfen, irritiert uns, wohnen die meisten von uns doch in ganz anderen Verhältnissen. Suggeriert das nicht, dass wir noch mehr leisten und uns abstrampeln müssten, um im »Höher-schneller- weiter-Hamsterrad« mitzukommen, nicht nach draußen katapultiert zu werden und das »wahre« Glück doch noch zu erreichen?

Früher war sowieso alles besser, wo man in der guten alten Küche noch sorgsam und liebevoll feine Hausmannskost für seine Familie zubereitete. Man hatte noch genügend Zeit für das Familienleben, saß in der Küche zusammen und aß noch mit Genuss und Freude das selbstzubereitete Essen im Kreise seiner Liebsten. Aber das gibt es leider alles nicht mehr: Entweder es fehlt heute die Zeit oder das Kochen ist uns zu anstrengend geworden oder der Kohlgestank im Hausflur passt nicht in das von den Medien als ideal vorgegaukelte Familien- leben – darum lassen wir uns lieber von TV-Sterneköchen und anderen Promis etwas »Geruchsarmes« vorkochen.

In der Kindererziehung traut man heutzutage auch nicht mehr den ureigenen Instinkten der Eltern: Aus Angst, nicht die perfekte Mutter zu sein, studieren Frauen – freilich auch Männer – unzählige Ratgeber und Anleitungen zur rich- tigen Babyaufzucht, die dann anschließend in Krabbelgruppen heiß diskutiert werden. Man fragt sich heute: Wie ging das alles eigentlich früher mit den Babys? Und was ist heute so grundlegend anders? Bevor in unserer Gesellschaft das Kind lernt, zur Welt und seinen Mitmenschen Beziehungen aufzubauen und diese als solche zu erfahren, muss es oft schon in vorschulischen Kursen den ersten Fremdsprachenunterricht nehmen und wird von den Eltern von einem Kurs zum nächsten gekarrt. Das eigene Kind soll ja schließlich einmal mithalten können in dem rasant beschleunigten Hamsterrad. Es soll sich im Wettkampf gegen die anderen durchsetzen können und nicht mit ihnen (einfach) »nur« (»nutzlos?«) spielen, so eine weit verbreitete Meinung. Die Zielvorstellung vieler Erziehungsberechtigter lautet deshalb, ihren Schützlingen größt- und bestmögliche Förderung nach dem Höher-schneller-weiter-Prinzip zukommen zu lassen. Mein Sohn erzählte mir neulich von Mitschülern, die sich nun mit ihren sechzehn oder siebzehn Jahren neben der G8-Bewältigung schon mal parallel auf's Physikum (eine der ersten wichtigen Prüfungen für Medizinstudenten) vorbereiten.

> In meiner Kindheit hatte ich einen Hamster namens Fridolin. Natürlich hatte er in seinem goldenen Käfig auch das bereits erwähnte Hamsterrad. In diesem Rad lief er immer, wenn er Bewegungsdrang hatte. Es war ein Spiel für mich, das Rad zu beschleunigen, um auszutesten, wie schnell Fridolin in dem Rad laufen konnte, bis es ihn aus dem Rad katapultieren würde. Dieses Bild kommt mir immer häufiger vor mein inneres Auge, wenn ich unsere »modernen« Konsum- und »Wachstumsgesellschaften« betrachte.

Unseren natürlichen Bewegungsdrang kompensieren wir mit Helm und Pulsuhr im Stadtpark und das nicht gelebte Wagnis, welches im sicheren, aber grauen Alltag nicht mehr vorkommt, suchen wir im Extremsport. Unser Glück scheinen wir in Cremes, Massagen und Bädern der Wellnesstempel zu finden, muss man doch in dieser hektischen Zeit »endlich mal etwas für sich tun«. »Was tue ich hier eigentlich und wo bleibt mein eigener Lebensentwurf?«, fragen sich einige Wenige, die sich die Zeit nehmen, innezuhalten oder denen aus gesundheitlichen Gründen die Handbremse angezogen wurde. Als Ergebnis stundenlanger Gesprächspsychotherapie bleibt dann oft nur der Ratschlag: »Man muss auch mal ›nein‹ sagen können und besser für sich sorgen!« Dabei ist Verweigerung und Egozentrik ganz sicher nicht das, was die Menschen am meisten bräuchten. Und dann gibt es ja auch noch die, welche in ihrer »erlernten Hilflosigkeit« ihre Erwartungshaltung an andere kultivieren und der Auffassung sind, die Umwelt und die Mitmenschen seien verantwortlich für ihr Glück oder Unglück, und sie selbst hätten darauf überhaupt keinen Einfluss mehr. All diese Phänomene resultieren aber nicht daraus, dass wir etwa dumm oder im moralischen Sinne schlechte Menschen geworden sind, sondern daher, dass wir nur noch aus einer fatalen Hilflosigkeit und Angst heraus agieren. Wir sind einer Eindimensionalität mit medial und gesellschaftlich gefördertem Tunnelblick auf die Maxime »Höher, schneller, weiter, schöner, besser, mehr, und zwar sofort!« verfallen, und dieser Anspruch und Wettkampf machen Angst. Es ist die Angst, wie der Hamster hilflos aus dem Rad zu fliegen.

Die stetige Verweigerung dem Neuen, dem Veränderbaren, dem Unprobierten und scheinbar Unmöglichen gegenüber hat jedenfalls bewirkt, dass so einiges auf der Strecke geblieben ist und bleibt: die Suche nach neuen Lösungs-

und Lebensmöglichkeiten, die Abenteuerlust vergangener Tage, die Bereitschaft, etwas zu wagen, sich dabei möglicherweise Gefahr und Leid auszusetzen sowie die Fähigkeit zu entwickeln, Leid und Schmerz auch aushalten und ertragen zu können. Die Verweigerungshaltung und das fehlende Engagement, auch für Mehrdimensionalität, sind im Teufelskreis der Ängste dem Verlust der Basiskompetenzen geschuldet.

Sie haben Recht, all die Beschreibungen und Analysen helfen uns hier nicht weiter, wenn wir nicht zum aktiven Handeln übergehen. Wir müssen etwas tun, und zwar am besten sofort. Lernen wir also (wieder), das Leben zu leben, als Ganzes und mit allem Drum und Dran! Gewinnen wir unsere Kompetenzen zurück, die wir verloren haben, und gleichen wir jedweden Mangel aus, der uns daran hindert, unser Leben zur persönlichen Meisterschaft zu führen. Es tut not, in allen gesellschaftlichen Bereichen unsere innere Haltung zu schulen und damit aufzuhören, unsere Bewegungslosigkeit zu zelebrieren und zu kultivieren. Derzeit benehmen wir uns im Grunde wie ein Kind, das sich die Augen zuhält, in der Hoffnung, weg zu sein und nicht entdeckt zu werden. Wir sind aber erwachsen und sollten die Verantwortung für unser Leben und unser Handeln in der Welt (selbst) übernehmen. Durch Nichthinsehen verschwinden weder die Mangelzustände und Probleme unserer Gesellschaft noch bleibt unser Nichtstun, unsere Verantwortungslosigkeit und Starre unbemerkt und ohne Folgen.

Es hilft also nicht, zu nörgeln, zu jammern oder vor Wut über die so »unbequemen« Umstände wie ein dreijähriges Kind mit den Füßen auf den Boden zu stampfen. Dabei haben wir bestimmt auch die Kleinkinder vor Augen, die auf dem Bürgersteig Theater machen, weil sie nicht mehr weiterlaufen wollen. Sie brüllen wie am Spieß und werfen sich zu Boden, um ihrem Widerwillen nochmals Nachdruck zu verleihen. Das richtige Rezept scheint heute noch dasselbe wie damals: Trotzkopf ignorieren, langsam weitergehen, sich erst mal nicht umdrehen, vielleicht einmal vorsichtig, bis das Kind dann doch aufsteht und sich erinnert, dass es doch Füße hat und nicht nach Hause getragen werden muss – erst widerwillig, aber dann immer besser. Das Kind hat sich besonnen, es kann doch alleine laufen, und zuletzt hat es das Drama ganz vergessen, weil sich seine Aufmerksamkeit etwas anderem Freudvollen, Lebendigen zugewandt hat: einem Schmetterling, einer Katze am Fenster oder dem benachbarten Eisladen. Oder freut es sich sogar über seine Autonomie und Selbstwirksamkeit? Müssen wir Erwachsenen, wir Bürger, wir Medienfachleute, wir Politiker jammern und stampfen? Oder sollten wir besser aufstehen und weitergehen?

Wir müssten uns wieder mehr mit dem, was das Leben wirklich ausmacht, konfrontieren, mehr die echten prägenden Erfahrungen sammeln, welche unsere Basiskompetenzen entwickeln helfen und die Potenziale unserer Urteils- und

Entscheidungskraft sowie unsere Wahrnehmungen lenken. Das würde uns gut tun, zu unserer Entfaltung beitragen und unseren Blick wieder für Neues öffnen.

Persönlichkeit und innere Haltung entwickeln sich immer nur im Zusammenhang mit emotionaler Erfahrung, sowohl positiver als auch negativer. Verbleiben wir hingegen in erfahrungsarmen, erfahrungsleeren, konsumtiven und unbewegten Räumen und stellen uns dem Leben nicht, wird es schwer mit dem Ausbilden von neuem Selbstbewusstsein, dem wiederkehrenden Erfahren von Selbstwirksamkeit sowie dem innerem Wachstum.

Wenn wir müde sind, weil das Leben ein langer, grauer Fluss zu sein scheint oder irrationale Angst wie ein Damoklesschwert über uns hängt, wenn wir am liebsten »nicht mehr weiterlaufen wollen« und dabei sind, auszubrennen – jeder Einzelne für sich, die Gesellschaft und unser total erschöpfter Heimatplanet zuletzt auch – dann müssen wir das Feuer eben wieder anmachen, es neu entfachen.

Homo sapiens hat große Chancen, sich seine hohe Anpassungsfähigkeit wieder zunutze machen zu können und sich den Herausforderungen unserer Zeit kraftvoll zu stellen. Die wachsende Burn-out-Tendenz in unserer Gesellschaft kann deshalb nur mit der Aufforderung »Burn on!« beantwortet werden. Das derzeitig vorzufindende kindliche Klima des Beklagens und Vermeidens verlangt geradezu einen Klimawandel und zwar einen »inneren«, der bewirkt, dass wir wieder aufstehen und die Potenziale, die wir besitzen, nutzen. Die apodiktischen Grundannahmen, die unser gesellschaftliches Leben bestimmen, müssen einem Könnensoptimismus und einer Begeisterungsfähigkeit weichen, und dies sollte in Demokratien nicht nur für einige Zugpferde, sondern für alle Menschen gelten. Sie bestimmen nämlich heute, in Zeiten des Internets und der Finde-ich-gut-, Finde-ich-nicht-gut-Buttons, immer mehr, was getan oder eben auch nicht getan wird. Oft zählt dato diese online abgegebene Massenmeinung mehr als die der Experten oder schlicht die Realität.

Warum ist nun aber unser reales Biotop so wie beschrieben? Es war die Kraft des Mangels, die Gruppen von Homo sapiens veranlasste, alles nur Denkbare zu tun, um aus bitterer Not und Armut der Massen herauszukommen. Hierfür nahm er damals und nimmt er auch heute noch fast alles in Kauf, seien es kriegerische Auseinandersetzungen, Rohstoffausbeutung oder Umweltzerstörung. Eines muss man Homo sapiens aber zugutehalten: Er schaffte es, durch einzigartige Kooperationen für viele seiner Gesellschaften großen materiellen Wohlstand zu erzeugen. Sein wirtschaftliches Rezept hieß von Beginn dieses Vorhabens an »Wachstum«. Im Zuge der gigantischen Wirtschaftswachstumsdynamik gedieh zunächst vor allem das Pflänzchen »Wohlstand durch Wachstum«, welches die Gesellschaften aus dem Mangel in den Wohlstand und dann in den Überfluss überführte.

Das Pflänzchen »Wohlstand durch Wachstum« wuchs und wuchs und wuchs und wucherte das Biotop schlussendlich zu. Es erstickte beinahe jeden Wunsch nach innerer Entfaltung und innerem Wachstum. Es zerstörte Vielfalt und gebar eine nahezu monotone Konsumentengesellschaft, deren Mitglieder im Teufelskreis von Verlust- und Versagensängsten bis heute darum bemüht sind, in ihrer »Ich-komme-zu-kurz«-, »Ich-will-mehr«-, »Der-andere-hat-auch-mehr«-Haltung miteinander zu konkurrieren. Im Wirtschaftswachstums- und Konsumwahn sind moderne Gesellschaften zu gierigen Unersättlichkeitsgesellschaften mutiert, die letztendlich und auf Dauer Homo sapiens nicht gerecht werden. Das spüren wir in den »alten« modernen Gesellschaften. Aber auch die aufstrebenden, so genannten Schwellenländer werden dies auf Dauer zu spüren bekommen, wenn sie es nicht besser machen als wir und die Gesellschaft anders gestalten. Gieriges Verhalten und Unersättlichkeit, das ist krank! Zumindest entspricht das nicht den elementaren Bedürfnissen von Homo sapiens für ein gelingendes Leben und unterdrückt die Entfaltung all seiner Potenziale, die seine beachtenswerte Evolution erst möglich gemacht hat.

Wenn die Kraft des Mangels so groß war, bedeutende wohlhabende Gesellschaften mit all ihren Vorteilen zu formen, dann gibt es jetzt, da wir sehen, dass ihre Nachteile die Vorteile zu überholen scheinen und uns zu vernichten drohen, auch eine ähnlich große Kraft, die es uns ermöglichen wird, erneut einen entscheidenden Einfluss auf unser Biotop und Klima zu gewinnen, und hierbei ist nicht nur das äußere, sondern ebenso das innere Biotop und Klima gemeint.

5.3 Wenn die scheinbare Lösung zum Problem wird: Wirtschaftswachstum!

In der Medizin gibt es einen Formenkreis an Erkrankungen, den wir im Fachgebiet der Onkologie zusammenfassen. Es handelt sich um Erkrankungen, bei denen Zellen, aus welchem Grund auch immer, plötzlich beginnen, ungehindert zu wachsen. Sie erkennen ihre zweckbestimmten Grenzen nicht mehr und wachsen unkontrolliert in das umliegende Gewebe hinein. Hierbei überschreiten sie nicht nur die Zell-, sondern auch die Organgrenzen. Ihr fortwährendes Wachstum ohne Ende und Ziel zerstört letztendlich jegliches Leben und leitet das Sterben ein, wenn man keine Gegenmaßnahmen ergreifen würde, und selbst dann bleibt es, wie wir wissen, schwierig, diese Art von Krankheiten zu bekämpfen, die wir umgangssprachlich unter dem Begriff »Krebs« subsumieren. Jedes Wachstum ohne Grenzen ist also eine Bedrohung.

Der Begriff »Wachstum« begegnet uns in unserem heutigen Leben fast täglich, besonders häufig hören wir das Wort in den Medien: »Wir brauchen

Wachstum!«, »Ohne Wachstum geht es nicht!«, »Wirtschaftswachstum ist das A
und O, ja geradezu die Grundlage unseres wirtschaftlichen Systems!«. Stagniert
für eine gewisse Zeit einmal das Wirtschaftswachstum, werden gleich überall im
Land die Alarmglocken geläutet, und nichts macht uns mehr Angst, als wirtschaftliche Rezession. Unsere Angst vor dieser Art von äußerem Stillstand lässt
uns alleine schon dieses Wort vermeiden. Deshalb sprechen wir lieber von
»Nullwachstum«, meinen aber Stillstand – und noch grotesker: Rückläufigkeit
bezeichnen wir als »Minuswachstum«!

Alle stark industrialisierten Staaten – und nicht nur die – sind in den letzten
zweihundert Jahren einer gigantischen Wachstumssucht verfallen und dem
Rausch einer erblühenden Industrialisierung erlegen. Durch das einzigartige
Wachstum in den »Wohlstandsstaaten« wurden die Menschen regelrecht kri-
senentwöhnt. Über Generationen gingen und gehen sie immer noch von einem
nie endenden wirtschaftlichen Wachstum und einem immer fortbestehenden
materiellen Wohlstand aus. Hieran hingen und hängen sie bis heute ihr Glück
und ihre Lebenszufriedenheit. Hieraus entspringt auch die unrealistische Vorstellung, dass ein unendliches wirtschaftliches Wachstum notwendig, möglich
und letztendlich der Kern jeden Glücks sei.

Fast allen Menschen in den westlichen industrialisierten Ländern geht es
wirtschaftlich gesehen in der Tat wirklich gut. Fast keiner hat Hunger, die
meisten haben ein Dach über den Kopf und kaum einer muss im Winter frieren.
Noch nie zuvor haben wir einen derartigen wirtschaftlichen Wohlstand erreicht,
wie es jetzt der Fall ist, und ein paar gesellschaftliche Randerscheinungen gab es,
wenn wir ehrlich sind, doch schon immer (Kranke, Nicht- oder Desozialisierte,
Gewalttätige oder andere gesellschaftliche Störenfriede). Wir könnten uns
sagen, das hat alles schon so seine Richtigkeit, und alles wird im Endeffekt schon
gut gehen, ganz so, wie wir es bislang auch immer noch ganz gut hinbekommen
und die Generationen vor uns auch erfahren haben. Doch dem ist leider nicht so
und der prozentuale Anteil zufriedener Menschen steigt auch nicht mit einem
wachsenden Bruttoinlandsprodukt oder einem höheren verfügbaren Einkommen. In den Wohlstandsgesellschaften liegt der Prozentsatz der Zufriedenen
statistisch gesehen, nach Erreichen eines wirtschaftlichen Mindestsättigungs-
grades und trotz steigenden wirtschaftlichen Wohlstands, gleichbleibend bei
ca. sechzig Prozent. Übrigens haben, zumindest in Deutschland, genauso viel
Prozent grundlegende Existenzängste wie Angst vor Verlust des Wohlstands,
Arbeitslosigkeit, Umweltkatastrophen, Migrationsprobleme, Terrorismus etc.
Wichtiger für größere Zufriedenheitsraten sind anscheinend Faktoren, die den
Dysstress minimieren, wie z. B. solche, die es ermöglichen, sich Träume zu
verwirklichen oder sich an einem erfüllten Leben zu erfreuen, wozu für die
meisten von uns wertvolle Freundschaften, eine intakte Familie, Spaß, Erfüllung
und Erfolg im Beruf zählen.

Zwangsläufig stellt sich hier die Frage: Warum ist wirtschaftliches (Konsum-) Wachstum uns eigentlich so heilig und unser erstes Gebot? Anders formuliert: Wieso beharren wir unerschütterlich auf dieser erstarrten wirtschaftlichen, gesellschaftlichen und somit auch politischen Ordnung? Wir stehen nicht nur am Anfang eines Jahrhunderts und Jahrtausends, sondern wir befinden uns gesellschaftlich gesehen auch an einer Schwelle. Diese zu überschreiten wird ganz gewiss eine der großen Herausforderungen der Zukunft für Homo sapiens werden. Denn weitreichende Globalisierungsauswirkungen, die jetzt schon spürbar sind, werden uns aktives Handeln und große Veränderungsprozesse abverlangen, und diese werden wahrscheinlich vollkommen andere Gesellschaftsstrukturen zur Folge haben. Sie zeigen sich schon heute in knapp werdenden Ressourcen, Veränderungen des Klimas, im demographischen Wandel, im Bedeutungsschub digitaler Medien, in wachsenden Flüchtlingsströmen aufgrund von Krieg, Armut und demnächst wohl auch akutem Wassermangel sowie anderen Globalisierungsprozessen. Das müssen wir für ein besseres Verständnis und aus systemischer Sicht näher betrachten sowie in unsere Überlegungen und Vermutungen über Homo sapiens, seinen Weg zur persönlichen Meisterschaft und sein fortwährendes Ringen um ein gelingendes Leben im Hier und Jetzt miteinbeziehen.

Ganz bestimmt soll nun an dieser Stelle keine komplizierte Abhandlung zum Thema Wirtschaft folgen. Doch um sich besser auf die gewaltigen Herausforderungen, die auf Homo sapiens zukommen werden, einzustimmen, ist es wichtig, die Grundlagen unseres kollektiven Denkens, Fühlens und Handelns in unserer wirtschaftswachstumsorientierten, ideologisch geprägten, konsumorientierten Gesellschaft deutlich zu machen.

Unendliches Wirtschaftswachstum kann nicht nur wie beim Wachstum unkontrollierter menschlicher Zellen in einer »Krankheit« (Wirtschaftskrise) oder mit dem »Tode« (Zusammenbruch des Systems) enden, sondern es gebiert und prägt unaufhörlich und maßgeblich die Wertemuster, die wir in unserer Gesellschaft als Leitmotive für unser Leben definiert haben. Genug Geld zu haben, ist in unserer konsumorientierten und materialistischen Welt das Ein und Alles. Wirtschaftlich wohlhabend zu sein bedeutet, dass man zur gehobenen Schicht (zur *upper-class*) gehört. Auf diese Weise ist der wirtschaftliche Wachstumsbegriff in der Gesellschaft sowie gleichermaßen in der Lebensgestaltung jedes Einzelnen zu einem basalen Grundwert aufgestiegen. »Schneller, höher, weiter!« (*citius, altius, fortius*, eigentlich: schneller, höher, stärker), lautet das ursprünglich von den Olympischen Spielen her stammende Wettkampfmotto, welches wir jetzt im Wirtschaftswachstum und Konsum ausleben.

Den Konsum von allerlei nützlichen und unbrauchbaren Gütern stellen wir jedenfalls kaum noch infrage. Er ist für uns zum Sinnbild, zur axiomatischen Grundlage eines glücklichen und erfüllten Lebens geworden und hat beinahe alle anderen möglichen Werte gnadenlos verdrängt: Kirchtürme und Münster werden schon seit Langem von den gigantischen Banken- und Versicherungshochhäusern überragt und in den Schatten gestellt, und es sieht zumindest so aus, dass das gesamte gesellschaftliche Leben sich nur noch um materialistische Dinge dreht wie, Besitz, Statussymbole, Wohlstand in Form von angesagten Autos, schicker Markenkleidung, den entsprechenden Arbeitsplätzen und Arbeitszeiten, steigendem Absatz und Umsatz inklusive der sozialen Begleiterscheinungen, den Kämpfen und dem Gerangel um die Verteilung der Beute. Denn schließlich will jeder glücklich leben und ein Stück vom Kuchen abhaben.

Das schizophrene Verhalten, das wir dabei gesamtgesellschaftlich an den Tag legen, nämlich auf der einen Seite wachstumsanheizende Maßnahmen zu implementieren, von gigantischen Subventionen bis zu bizarr wirkenden Gütervernichtungsprämien (bspw. die sog. Abwrackprämie), und auf der anderen Seite unablässig und untätig über die Zerstörung unserer Lebensgrundlagen auf der Erde zu jammern, spricht für eine fast nicht zu glaubende Blindheit und einen götzenhaften Glauben an eine immerzu wachsende Wirtschaft als unabdingbare Voraussetzung für unser Wohlergehen und Glück. Das war nicht immer so, zumindest nicht in diesem Ausmaß. Der Wachstumswahn begann mit der industriellen Revolution und ergriff nach und nach alle Bereiche unseres Lebens. In kürzester Zeit wurden beispielsweise religiöse Grundwerte, die lange Zeit als Leitlinien für die gesellschaftliche Gestaltung gedient hatten, abgelöst durch den auf Platz eins der Skala rückenden Wert des Wirtschaftswachstums.

Nun wird aber jedem einigermaßen vernünftig nachdenkenden Menschen klar sein, dass diese Phase irgendwann ein Ende haben muss und auch ein Ende haben wird. Weder das Dritt- oder Viertauto, der Fernseher in jedem Zimmer noch die mehr oder weniger sinnvollen brandneuen Konsumgüter werden uns letztendlich retten. Sollte es uns trotzdem wider Erwarten noch lange gelingen, unseren Irrtum aufrechtzuerhalten, so wird unsere gigantische Wachstumsidee spätestens dann enden, wenn die Erde mit ihren natürlichen Ressourcen aufgebraucht ist und sich dadurch endgültig unserer Ausbeutung und unserer unrealistischen Vorstellung von einer nie endenden Konsumquelle entzogen hat. Abgesehen davon also, dass Wirtschaftswachstum rein systemtheoretisch betrachtet endlich ist, muss auch jedem nicht systemtheoretisch denkenden Menschen spätestens in Anbetracht der aktuellen gesellschaftlichen Probleme oder im Hinblick auf die Probleme globaler Natur (gigantischer Wachstum der Weltbevölkerung bei sinkender Geburtenrate in den Industrieländern, Umweltzerstörung und häufigeres Auftreten von Naturkatastrophen) klar werden, dass das Ende dieses jetzt schon maroden Systems abzusehen ist. Ungebremstes Produzieren und Konsumieren sowie der maßlose Verbrauch von Energie,

Rohstoffen und anderen Substanzen unserer Erde kann auf Dauer kein gelingendes System darstellen.

Spätestens jetzt müssten wir uns fragen, wie viel Konsumwachstum brauchen wir eigentlich (noch) zu unserem Glück und wie viel Wachstum ist überhaupt möglich? Ansatzweise werden diese Fragen gewiss schon diskutiert, doch sind bislang noch keine befriedigenden Antworten gefunden worden. Die sich zum Teil bereits bemerkbar machenden Folgeerscheinungen, die bedrohlichen Situationen, die uns auch früher oder später treffen könnten, welche mehr oder weniger aus unserer Wachstumsgläubigkeit resultieren, werden uns tagtäglich durch die Medien, durch einschlägige Nachrichten aus aller Welt – über Naturkatastrophen oder Bürgeraufruhr beim Gerangel um die bei Rezession geringer gewordene Beute usw. – vor Augen geführt.

Dennoch sind gerade die wirtschaftswachstumsorientierten Gesellschaften nicht bereit, den notwendigen Umorientierungsprozess einzuleiten, und bedauerlicherweise scheinen die noch nicht dazu gehörenden, aber auch nach Wachstum und Wohlstand strebenden Staaten – denen man ihren Wirtschaftswachstumswunsch noch eingestehen muss – auf dem besten Weg zu sein, in die gleiche Falle zu tappen. Alle zusammen werden aber früher oder später für ihr zu spätes oder fehlendes Reagieren die entsprechende Rechnung bezahlen müssen. Das soll keinesfalls heißen, dass wir uns auf einen sofortigen asketischen Verzicht-Trip begeben müssten, aber die zwingende und notwendige Umgestaltung unserer Gesellschaften – und hier am ehesten und besten zunächst unserer eigenen Gesellschaft – muss uns klar und deutlich vor Augen sein und überdies am besten jetzt gleich zum Inhalt all unserer individuellen und kollektiven Bemühungen werden.

Gegen das Grundbedürfnis eines jeden Menschen nach ausreichend Nahrung, einem Dach über den Kopf und Wärme, vielleicht auch nach einem gewissen Komfort und Mobilität, ist selbstverständlich nichts einzuwenden, nur gegen unseren ungebremsten Konsumwahn ohne Rücksicht auf Verluste. Angeheizt durch die mediale Erweckung neuer Bedürfnisse hat er sich in unserer gesamtgesellschaftlichen Werteideologie wie eine nicht zu stoppende Krebserkrankung eingenistet. Er bringt immer mehr Unheil, bis er schließlich mit dem totalen Zusammenbruch der Gesellschaft, ihrem Tod, enden wird, gesetzt den Fall, wir schaffen vorher den nötigen qualitativen Sprung nicht.

Das wirtschaftliche Wachstumsmanifest spätkapitalistischer Gesellschaften kann gesellschaftlich und/oder politisch jedoch erst in Zweifel gezogen werden, wenn wir uns zunächst selbst zu unseren subjektiven Wertvorstellungen befragen und uns beantworten, was wir persönlich und unsere sozialen Gruppierungen am meisten im Leben wertschätzen. Ansonsten ist und bleibt dieses Manifest – jedenfalls so, wie es bislang noch von der Politik und in den Medien propagiert wird – ein unantastbares göttliches Goldenes Kalb. Klar: Wer heutzutage das Goldene Kalb trotz angeblicher Unantastbarkeit berührt und es wagt, Wirtschaftswachstum und den damit verbundenen vorbehaltlosen Konsum von Platz eins der Werteskala herunterzudrängen oder ganz und gar als gesellschaftliches Ziel infrage zu stellen, wird meist noch – zumindest von den oberen Zehntausend, die um den Verlust ihres Wohlstands besorgt sind – als Traumtänzer, Spinner oder politischer Außenseiter dargestellt und belächelt. Doch wir kommen nicht umhin, uns in den kommenden Jahren und Jahrzehnten mit diesem Tabuthema zwangsläufig auseinanderzusetzen. Und ein Licht wird uns nicht erst aufgehen, wenn der letzte DVD-Player oder das letzte brandneueste Automobilmodell vom Band gelaufen ist, sondern schon sehr viel früher. Das wird allein deshalb so sein, weil unser gesamtes gesellschaftliches Leben inklusive der bestehenden Sozialsysteme – wie Kranken-, Renten-, Arbeitslosenversicherung sowie Sozialetats jeglicher Art – auf wirtschaftlichem Wachstum aufgebaut ist und wir bereits zu diesem Zeitpunkt absehen können, dass diese schon viel früher, nämlich jetzt, in die Knie gehen. Hinzu kommen Begleiterscheinungen von Wohlstandsgesellschaften, wie der so genannte demographische Wandel, sprich das Überaltern der Gesellschaften, Migrations- und Verwahrlosungsprobleme, die weit vor dem zwingenden Ende einer solchen Gesellschaft symptomatisch auftreten und auch schon aufgetreten sind.

Was haben diese gesellschaftspolitischen »Kassandrarufe« (Unheilsrufe) jetzt mit der Notwendigkeit zu tun, Menschen intensiv mit all ihren Kompetenzen, Potenzialen und Talenten zu fördern und sie auf ihrem Weg zu persönlicher Meisterschaft zu stärken? Diese Frage beantwortete bereits das Bild der Jetzt-Philosophie-Geschichte (vgl. Kap. 3.3.6). Es wird ein Umdenken geben (müssen); Moral, Ethik, Werte werden erneut einem großen Wandel unterliegen; Konsumbeschränkung, immaterielle Werte, Nachhaltigkeit, Informationstechnologien, Mobilitätswandel werden voraussichtlich Themen der Zukunft sein. Wir benötigen zur Bewältigung der gewaltigen, sich zuspitzenden innergesellschaftlichen und globalen Probleme jede Frau, jeden Mann und jedes Individuum mit seinen persönlichen Begabungen, um uns gemeinsam den Herausforderungen der Zukunft stellen zu können. Zunächst aber gilt es, die ureigensten Bedürfnisse und Wünsche, die basalen Fähigkeiten und die enorme Anpassungsfähigkeit von Homo sapiens zu betrachten, uns dessen bewusst zu werden, was wir alles vermögen, wenn wir es nur in den Mittelpunkt unserer Wahrnehmung und unseres Lebens rücken. Wir können ganz optimistisch sein, dass es uns gelingen kann, unsere Potenziale gewinnbringend zu fördern und für unser zukünftiges Leben in Form von Überlebens- und Bewältigungsstrategien nutzbar zu machen.

Einer der ersten notwendigen Schritte ist, auch hier Tabubrüche zuzulassen. Unsere »Wohlstandsgesellschaft« schützt ihr Selbstverständnis natürlich, wie viele Gesellschaften und politischen Systeme es bereits zu früherer Zeit getan haben, durch eine Mauer aus Tabus. Je kritischer der Zustand und je bedrohter dadurch die Existenz des bestehenden Systems, desto mehr werden sie beschönigt ausgedrückt, desto stärker und weit verbreiteter wird der Ruf nach Political Correctness laut (vgl. Kap. 4.7.3: Warum wir doch nicht immer sagen dürfen, was wir meinen).

Aber erst wenn wir es wagen, diesen Schutzwall zu umgehen, und es uns erlauben, dieses, unser Selbstverständnis und alle damit verbundenen Phänomene zu hinterfragen, geben wir uns die Chance, über den Tellerrand zu blicken, unseren Horizont zu öffnen und zu neuen Lösungen vorzudringen. Wir müssen es wagen, wirtschaftliches Wachstum, die so genannte soziale Gerechtigkeit, gewisse Gleichheitsgebote, aber auch individuelle Selbstverwirklichungsrechte zu hinterfragen und ihre Berechtigung anzuzweifeln, damit neben den grundlegend ungünstigen Entwicklungen individueller, gesellschaftlicher und globaler Art auch unser bestehendes Werte- und Gesellschaftssystem überdacht und positiv verändert werden kann. Eine grundlegende Debatte über Sinn und Unsinn sowie über tatsächlich vernünftige Lebensgrundlagen muss enttabuisiert möglich sein!

5.4　Die Zukunft kommt von innen!

Wenn wir also glauben, dass wir zu retten sind und dem zunehmenden Burnout-Phänomen der Menschen und der Gesellschaften ein Burn-on entgegengesetzt werden muss, bleiben folgende Fragen zu klären: Wie sollen wir brennen? Wie entzünden wir denn (wieder) unser Feuer, wenn es nur noch auf Sparflamme brennt oder unsere Flamme nahezu verglimmt ist? Wie erlangen wir konkret unsere Kompetenzen und unseren Könnensoptimismus wieder zurück, der uns in eine Dynamik der Aktivität und des Handelns bzw. der Selbstwirksamkeit bringt, um letztendlich unsere persönliche und die Zukunft unserer Art Homo sapiens nutzbringend und sinnvoll zu gestalten? – Die Antwort ist eindeutig: Die Zukunft wird von innen kommen, wenn der äußere Einfluss der Erde es zulässt.

Die artgerechte Anpassung von Homo sapiens an das sich zurzeit rasant
entwickelnde Biotop geschieht in und nicht an den Menschen. Homo
sapiens muss also lernen und trainieren, mit Leistungs- und Zeitdruck,
multioptionaler Entscheidungsfreiheit, neuen Informations- und Kom-
munikationstechnologien, einer Zunahme an Transparenz, notwendiger
gelebter Nachhaltigkeit, adäquatem Konsum und Verbrauch sowie artge-
rechtem Glücksstreben zurechtzukommen. Im Bindungsgefüge äußerer
und innerer Lebensgestaltung hat die innere stets die größere Hebelwirkung und deshalb Priorität. Eine zukunftsfähige äußere Lebensgestaltung
setzt deshalb das innere Wachstum des anpassungsfähigen kleinen All-
rounders Homo sapiens zwingend voraus.

Die »menschliche Welt« (im Sinne von Wirklichkeit) mit allem, was sie ausmacht, wird letztendlich durch Homo sapiens, sein Gehirn und die dort kon-
struierten Handlungsabsichten geprägt. Es liegt deshalb nahe, dass wir als
nächstes die Funktionsweise und die Leistungen dieser schöpferischen Quelle
genauer betrachten und uns fragen: Wie können wir unsere Gehirne am besten
(be)nutzen? Zunächst müssen wir unsere lineare Vorstellungswelt ad acta legen,
die bis zum Ende des vorigen Jahrhunderts in Physik, Medizin und Gesell-
schaftswissenschaften vorherrschte. Wir werden beispielsweise sehen, dass innere Haltungen, Emotionen und Begeisterungsfähigkeit für ein gelingendes
Leben unabdingbar notwendig sind. Sie sind mit dem gleichzusetzen, was wir
bislang als Basiskompetenzen kennengelernt haben.

Die inneren Haltungen sind nicht durch rein kognitive Appelle erzeugbar
oder veränderbar, sondern sie bedürfen einer Erfahrungskultur, die von den
unterschiedlichsten Emotionen begleitet werden kann. Unsere Gehirne funktionieren eben nicht wie Maschinen, bestehend aus einzelnen Teilen mit verschiedenen Funktionen, die linear miteinander verknüpft sind. Unsere Gehirne
arbeiten und wirken immer als Ganzes. Die einzelnen Gehirnteile interagieren
miteinander und wirken in Beziehungen in einem interaktiven neuronalen
Netzwerk. Nur so bilden sie Bedeutsamkeit, Sinnhaftigkeit, Motivation und
Handlungsabsicht. Harmonieren diese Vier miteinander, sind unsere Gehirne
(und dadurch wir als Ganzes) in unseren Bedürfnissen befriedigt, zufrieden und
glücklich – unser Leben(sentwurf) kann gelingen.

So also gestalten die Gehirne das moderne Außen oder eben auch nicht ...
Denn haben sie erst einmal echte Bedeutsamkeit, Sinnhaftigkeit, Motivation und
Handlungsabsicht verloren, dann werden sie »krank« und können nichts
Sinnvolles mehr hervorbringen und gestalten. Sie werden versuchen, ihr Zu-
friedenheits- und Harmonierungsbedürfnis (neurobiologische Befriedigung

durch Ausschüttung von Neurotransmittern wie Dopamin, Endorphine, etc.) anderweitig zu kompensieren (z. B. durch direkt stoffliche Süchte wie bei diversen Drogen oder Essen, durch nicht direkt stoffliche Süchte wie bei übermäßigen Konsumwünschen oder durch nichtstoffliche Süchte wie bei Magersucht, krankhafter Eifersucht, Beziehungssucht usw.). Durch Bedürfnis- und Befriedigungsverschiebung entstehen auf diese Weise Krankheitsbilder, einige von diesen und noch andere haben wir bereits in Kapitel 4 kennengelernt.

Das Fatale an der ganzen Geschichte ist der Umstand, dass unsere Gesellschaftssysteme so in ihrem Wachstumswahn angelegt sind, dass sie diese von Konsum abhängigen Süchte größtenteils sogar noch fördern, um den wirtschaftlichen Gewinn zu maximieren. Hinzu kommt, dass unsere Versicherungs- und Gesundheitssysteme nicht, wie es eigentlich sein müsste, darauf ausgerichtet sind, Schäden durch geeignete präventive Maßnahmen zu verhindern, sondern diese erst zu beseitigen, wenn es schon längst zu spät ist.

Die Zukunft aber kommt von innen! Treten wir also im folgenden Kapitel eine Reise zu unserem Inneren an, um uns und unsere Möglichkeiten besser verstehen zu lernen und neue Wege und bessere Lösungen finden zu können: Machen wir uns auf, unser Gehirn zu erforschen!

Dieser Schritt wird uns vielleicht helfen, die Fragen zu beantworten, wie wir – theoretisch gesehen – am besten unsere Gehirne trainieren, wie wir »lebendig brennen« und wie wir in einem »Burn-on-Zustand« die einzigartige Vielfalt unserer Potenziale weiter entfalten können. Doch damit sind wir nicht fertig. Es stellt sich ja dann noch die Frage: Wie sollten oder könnten wir das in die Praxis umsetzen? Wie könnte also eine menschengerechte Gegenwart und Zukunft tatsächlich aussehen? Welche Möglichkeiten haben wir für die Umsetzung unserer Ideen bereits und welche Voraussetzungen müssen wir noch schaffen? Was tut dem Menschen gut, was erhält seine Gesundheit, macht ihn gesund oder krank? Was ist Harmonie, Zufriedenheit und Glück wirklich, und wie erreichen wir das alles in unserem Leben? Es reicht nicht aus, den Weg zu kennen. Wir müssen ihn auch tatsächlich gehen. Wie könnte das jedoch aussehen? Hierauf wollen wir in den letzten Kapiteln näher eingehen. Zunächst aber nehmen wir unsere »Festplatte« ins Visier.

6. Unser Gehirn: ein »Erfahrungsreaktor«

6.1 Archiv der Vergangenheit, Motor der Gegenwart, Mutter der Zukunft

Nachdem wir nun einen Blick zurück auf die Wurzeln von Homo sapiens und seine Entwicklung geworfen, die über zweitausendjährigen Deutungsversuche von Philosophen, Psychotherapeuten, Psychologen, Pädagogen und anderen Menschen über Ursprung, Zweck, Sinn oder Unsinn des Lebens reflektiert und einige Phänomene moderner Gesellschaften betrachtet sowie den bestehenden äußeren und inneren Anpassungsdruck beschrieben haben, wenden wir uns dem Ort zu, wo Vergangenheit gestaltet wurde, Gegenwart gestaltet wird und wo Zukunft entsteht: im Gehirn. Die Hirnforschung und die Neurowissenschaften versuchen sich schon seit Langem an diesem letzten unzureichend erforschten, aber auch komplexesten und beeindruckendsten aller Organe von Homo sapiens, unserem Gehirn, das quasi die Steuerzentrale unseres Seins darstellt. Die Welt bildet sich in ihm ab und wird gleichzeitig von ihm gestaltet. Wenn wir also noch etwas Entscheidendes darüber lernen und erfahren wollen, wie unsere Gegenwart und unsere Zukunft gelingen können, dann finden wir die Antworten auf unsere Fragen sicherlich zum größten Teil in der Komplexität und Funktionsweise unseres Gehirns wieder. Denn überall sind es Hirne, welche Gesellschaften, Technologien, Strukturen, Moral und Ethik, aber auch Krieg und Frieden sowie letztlich ein gelingendes Leben entstehen lassen. Es sind die Hirne, die sich in allem abbilden, was entsteht und entstanden ist und sie selbst werden durch dies alles wiederum rückwirkend geprägt. Unsere Hirne sind folglich Speicher der Vergangenheit, Motor der Gegenwart und die Mutter, die unsere Zukunft immer wieder auf's Neue gebiert. Aber was genau macht unser Gehirn aus und aus was besteht es eigentlich? Wie lernt es, wie erfährt es, wie fühlt es, wie denkt es, wo sitzt die Vernunft oder die Seele, wie wird es krank und wie gesund?

Das Gehirn speichert nicht allein Wissen, sondern macht auch Erfahrungen und ist an der Wahrnehmung und Entstehung von Gefühlen beteiligt. Es beherbergt ungeheure Potenziale und Kräfte der Selbstorganisation, die im Gehirn Neues entstehen lässt und damit auch die Welt verändern kann.

6.2   Bestes Instrument zur Überwindung von Hindernissen

Unser Gehirn ist unser beweglichstes Organ und birgt die größten Schätze. Seine hohe Plastizität ist Voraussetzung für die enorme Anpassungsfähigkeit des Menschen, seine Vielseitigkeit und Komplexität übersteigt alles, was wir uns vorstellen können. Deshalb sehen sich die Wissenschaften, seien es die Medizin oder die Psychologie, sowohl in der Forschung als auch bei der Entwicklung therapeutischer Möglichkeiten mit der enorm schwierigen Herausforderung konfrontiert, dieses hochdifferenzierte komplexe Netzwerk unseres Selbst besser zu verstehen und seine Funktionsweisen nachzuvollziehen, um die erlangten Erkenntnisse für menschendienliche Zwecke nutzbar zu machen. Meist sind allerdings die wissenschaftlichen Methoden und Instrumente der Forschung oder die noch weit verbreitete lineare Denkweise in der Medizin nicht geeignet oder noch nicht so weit, entsprechende Forschung sinnvoll zu planen und durchzuführen sowie anwendbare Therapiemodelle aus ihren Ergebnissen zu entwickeln.

Bei den technisch-reparativen medizinischen Fachrichtungen, den chirurgischen, half uns damals natürlich unser technisch-mechanistisches Weltbild schnell weiter. Wir konnten dort mit Technik und Handwerkskunst viel erreichen. Bei den internistischen Disziplinen wurde es hingegen schon schwieriger, denn hier gilt es bis heute, komplizierte biochemische und physikalische Zusammenhänge und Wechselwirkungen zu beachten. Das menschliche Gehirn, unsere sich selbst organisierende und regulierende Steuerungszentrale, ist aber so komplex, dass wir bei Weitem noch nicht in der Lage sind, seine exponentiellen Funktionsweisen sowie die dort stattfindenden inhibierenden oder sich potenzierenden Wechselwirkungen vollständig zu erfassen. Vielleicht ist dies auch gar nicht möglich und letztendlich bleibt ja auch noch die große, alles übergreifende Aufgabe, Körper, Seele und Geist als Ganzheit im Kontext ihrer großen biopsychosozialen Wechselwirkungen als System zu verstehen und zu begreifen. Es kann sein, dass wir auch davon noch weit entfernt sind, doch sollten wir zumindest versuchen, in der Forschung und beim Entwickeln von Lehr- und Lernmodellen oder Therapien von Anfang an mit einem ganzheitlichen systemischen Ansatz zu arbeiten. Ohne ganzheitlich-systemisches Denken kommen wir nämlich sonst spätestens bei der Hirnforschung und bei der weiteren Evaluation psychotherapeutischer Medizin in Teufels Küche, ganz abgesehen von den Problemen, die sich im Bildungs- und Wissenschaftsbereich sowie in der Persönlichkeitsentwicklung beim Entwerfen, Planen und Umsetzen von Lehr- und Lernmodellen ergeben werden.

Die neurobiologische Forschung hat gezeigt, dass unser Gehirn nicht linear funktioniert, sondern enormen Effekten der Selbstregulation und der Selbstorganisation unterliegt. Hinweise darauf ergeben sich auch aus der Praxis und Erforschung erfahrungsorientierter Lehr- und Lernmethoden. Die Impulse, die der Klient erfährt, können dazu beitragen, im Gehirn des Klienten selbstregulierende und selbstorganisierende Prozesse auszulösen (initiierende Wirkung). Nur so sind die großen Effektstärken zu erklären, die beispielsweise erfahrungsorientiert arbeitende Therapeuten mit dieser Methode erreichen können.

Aus unserer eigenen medizinisch-therapeutischen Praxis kennen wir solche Effekte sehr gut. Nachdem Patienten zwei- bis dreimal im Hochseilgarten ein Erfahrungstraining absolvierten, zeigte sich in einer Befragung nach zwei Jahren, dass bei den Klienten signifikante Änderungen aufgetreten waren. Diese betrafen insbesondere Veränderungen persönlichkeitsstruktureller Merkmale wie Selbstwirksamkeit und *trait anxiety* (persönlichkeitsimmanente Ängste). Das Training hat also nicht nur einen einmaligen Effekt. Vielmehr ist anzunehmen, dass es sich selbst organisierende Prozesse in neuronalen Netzwerken anstößt und sich dabei deren hohe Plastizität zunutze macht. Das sind auch letztlich die Prozesse, die jedem Lernen und jeder Veränderung zugrunde liegen (Markus Wolf, Kilian W. Mehl: »Experiential Learning in Psychotherapy«, in: *Clinical Psychology and Psychotherapy* 18/2011).

Wir können also davon ausgehen, dass so genannte starke Primärerfahrungen autonome Prozesse in Gang setzen, die das Selbst organisieren, regulieren, letztendlich verhaltensrelevant werden und auf diese Weise auch Persönlichkeitsmerkmale modifizieren können. Erfahrungen lösen so auch längerfristig wirksame selbstorganisierende Veränderungs-, Lern- und Anpassungsprozesse aus, die wir dringend für die Gestaltung von Gegenwart und Zukunft brauchen.

Solche durch erfahrungsorientiertes Vorgehen ausgelösten selbstorganisierenden Prozesse gedeihen besonders gut in adäquaten Rahmenbedingungen. Wenn wir positive Lern- und Veränderungsprozesse in Gang setzen wollen, sollten wir also auch auf gute Rahmenbedingungen achten. Dies gilt für nahezu alle Bereiche des Lebens, insbesondere aber für das erfahrungsorientierte Lernen in Schule, Weiterbildung oder Universität, für die erfahrungsorientierte Psychotherapie, für unternehmensinterne Supervision, Coaching- oder Mediationssitzungen sowie für die Gestaltung des stationären Aufenthalts von Patienten im Sinne einer Verbesserung der Pflege und Förderung der Genesung. Wertschätzende, Potenziale fördernde Umgebungen und Räume sowie Menschen mit einer offenen, freundlichen und achtsamen inneren Haltung fördern deutlich positive Lern- und Veränderungsprozesse. Solche Erfahrungen sind der Nährboden für ein gutes Gelingen sich selbst organisierender Gehirnprozesse.

Sie können also lange Entwicklungsprozesse in Gang setzen. Stellen Sie sich das so wie bei einer rollenden Billardkugel vor, die durch eine andere Billardkugel einen Impuls bekommt und dadurch die Richtung wechselt!

Wir wissen es oder müssten es eigentlich wissen, und trotzdem reduzieren wir Menschen oft zu (Forschungs-)Objekten, wenn wir über die Art und Weise des Umgangs mit ihnen und über den Wert ihrer Behandlung anhand einer Skala von Kostenfaktoren entscheiden. Dabei ist unser Gehirn der Ort, an dem wir mit größter Hebelwirkung für ein gelingendes Leben ansetzen können.

Personen (Lehrer, Coaches, Trainer, Psychotherapeuten usw.), die Menschen in ihrer Entwicklung begleiten und unterstützen wollen, überbetonen immer noch die rein kognitiven Lernanteile. (Beispielsweise herrschen in vielen Schulen immer noch das Auswendiglernen von Faktenwissen und die Unterrichtsform des Frontalunterrichts vor – dabei sollte »Containerlernen« – wie es salopp auch von Freinet genannt wurde – didaktisch gesehen schon längst der Vergangenheit angehören. Darauf hat die Reformpädagogik bereits im letzten Jahrhundert hingewiesen. Célestin Freinet hat wie andere seines Fachs kritisiert, dass der Schüler nicht zum bloßen »Füllobjekt« des inputgebenden Lehrers gemacht werden darf.) Auch hier werden also weder der notwendige Erfahrungsraum noch ganzheitliche Lehr- und Lernmodelle berücksichtigt, obwohl wir wissen, welchen Input unser Hirn als Erfahrungsreaktor wirklich braucht. Generell wäre es bestimmt besser, Erfolg versprechende, gut durchdachte Unterrichts- wie Behandlungskonzepte und Forschungsszenarien zu entwerfen, die auf Erfahrungen, empirischen Studien und deren Vernetzung mit Erkenntnissen aus den Neurowissenschaften beruhen. Was könnte dem Menschen und seinem Gehirn denn auch mehr in seiner Entwicklung und auf seinem Weg zu persönlicher Meisterschaft nutzen als ein gesund denkendes, funktionierendes Gehirn eines Empirikers, der – wie wir es bestenfalls auch tun sollten – über den Tellerrand schaut und alle Dimensionen (des Lebens) in seinem Erfahren, Forschen und Wirken miteinbezieht?

Unser Ignorieren, Wegschauen und Nicht-in-Angriff-Nehmen angesichts dringendster Probleme im Bildungs- und Gesundheitswesen, mit der Behauptung, uns würden die Zeit und das Geld fehlen, verursachen ebenso einen großen Schaden wie unsere oben beschriebene eindimensionale, technokratische Denke. Wir haben Zeit und wir haben Geld. Wir müssen uns nur überlegen, wofür wir diese verwenden und wofür nicht. Es ist schließlich nicht die Menge der zur Verfügung stehenden finanziellen Mittel, die eine gute Förderung der menschlichen Potenziale ausmacht, sondern ob die erdachten und unternommenen Maßnahmen sinnvoll sind oder nicht. Neulich wurde beispielsweise in Deutschland ein Extra-Etat für Bildungsmaßnahmen beschlossen und jedem, dem an der Förderung von Menschen etwas liegt, hüpfte das Herz. Bei näherem Hinsehen stellte sich aber heraus, dass das Geld zum überwiegenden Teil für das

Anstreichen von Schulen und Universitäten sowie für die Reparatur von Sanitäreinrichtungen und Ähnlichem vorgesehen war. Vielleicht auch wichtig, aber was für eine Enttäuschung und Desillusionierung, auch angesichts dessen, dass unlängst entschieden wurde, fortan zehn Prozent des Bruttoinlandproduktes in die Bildung zu investieren. Doch die entscheidende Frage, die hier umso dringlicher zu beantworten ist, lautet: Wofür nutzen wir sinnvollerweise die zur Verfügung stehenden Gelder?

Nehmen wir ein Beispiel aus der Forschung: Die Hirnforschung etwa verschlingt Milliarden und Abermilliarden unseres Forschungsetats. Nichts gegen die Hirnforschung, sie muss sein und ist eine der wichtigsten Hilfswissenschaften für viele andere Bereiche. Aber zunächst ist sie Theorie und für manch teuer erworbene, abgehobene Erkenntnis für die Entwicklung der Gegenwart und Zukunft nutzlos. Sollten wir nicht genauso, wie wir Neurowissenschaftler für die Grundlagenforschung abstellen, ebenfalls gut ausgebildete Ärzte, Therapeuten, Lehrer und Trainer zum Zwecke empirischer Forschungsarbeit und zur Umsetzung der Theorie in die Praxis engagieren? Die gleichen Menschen könnten unser beweglichstes und wichtigstes Multifunktionsorgan, unser Gehirn, in seiner Multidimensionalität und -funktionalität trainieren und in ihre Arbeit die neu hinzugekommenen Forschungserkenntnisse einfließen lassen. Das bedeutet praxisnahes Handeln. Der Frage, welche Bedeutung heutzutage die Nummer eins unserer Forschungsaktivitäten – die Neurowissenschaften – für die Bildung und für erfahrungsorientierte Vorgehensweisen bei der Arbeit von und mit Menschen, Gruppen und größeren Kollektiven haben, gehen wir im nächsten Kapitel nach.

6.3 Neurowissenschaften und Lernen im Erfahren

Die so genannten Neurowissenschaften oder die Hirnforschung haben historisch betrachtet ihre Wurzeln in der Medizin. Mittels Gehirn-Scans beabsichtigte man zunächst, hirnfunktionelle Unterschiede zwischen Kranken und Gesunden nachzuweisen, um aus diesen Erkenntnissen neue Wege und Methoden für die diagnostische Praxis herzuleiten. Um die Jahrtausendwende begann dann der rasante Aufschwung der Technologie bildgebender Verfahren wie die Positronenemissionstomographie (PET) oder die funktionelle Magnetresonanztomographie (fMRT), die beide die Energiebilanzen in verschiedenen Hirnregionen messen. Die klassische Elektroenzephalographie (EEG), die hingegen die elektrischen Aktivitäten von Nervenzellen misst, hat sich mittlerweile weiter verbessern können. Alle drei Verfahren machen es auf ihre je eigene Weise möglich, die Aktivität und das Zusammenspiel verschiedener Teilbereiche im Gehirn darzustellen, etwa welche Regionen bei der Handlungsplanung beteiligt sind, welche Aktions- und Reaktionsmuster durch Erfahrung und Emotion ausgelöst werden und welche Areale des Gehirns bei den rein kognitiven Vorgängen beteiligt sind. Die Neurowissenschaften erleben derzeit, da fast täglich darüber neue Erkenntnisse zutage treten, einen enormen Aufschwung.

Wir wissen also gegenwärtig schon sehr viel mehr über das, was Freud bereits Anfang des 20. Jahrhunderts richtig vermutet hatte und anschließend von den Verhaltenstherapeuten intuitiv mit gutem Gefühl praktiziert wurde. Wir wissen, wann und wo Gehirnareale beteiligt sind, dass Körper, Seele und Geist durch Erfahrungen im Gehirn ihre Repräsentationsebenen finden und auf diese Weise ganzheitlich und wesentlich zu einem gelingenden oder nicht gelingenden Leben beitragen. Zuletzt wissen wir, dass unser Gehirn das Produkt einer jahrtausendelangen Evolution der Nervensysteme ist und von seiner enormen Plastizität, die es ihm erlaubt, bis ins hohe Alter zu lernen und modulationsfähig zu bleiben.

Die bildgebenden Verfahren zeigen uns das Zusammenspiel der verschiedenen Areale im Gehirn und dokumentieren so, »wo« etwas – oft auch zur gleichen Zeit – stattfindet. Wir erfahren z. B., wo wir Angst fühlen, wo wir sie denken, was die Repräsentationsebenen des Körpers bei Angst machen und welche Impulse sie auslösen. Das »Wie« in der Vielfalt seiner Dimensionen wird uns vermutlich jedoch noch lange verschlossen bleiben. Mit den Erkenntnissen der Neurowissenschaften wird es aber dennoch wahrscheinlich bald möglich sein, offenzulegen, wie wirksam bereits bestehende psychologische und pädagogische Lehr- und Lernhypothesen tatsächlich sind und neue weitaus förderlichere für die Zukunft zu entwickeln. Von den naturwissenschaftlichen grundsätzlichen Forschungsprinzipien her bleibt dies alles allerdings weiterhin noch sehr spekulativ – neue Methoden und Verfahren für konkrete Anwendungen bei Störungen und Krankheiten sind dabei ausgenommen, die genaue ganzheitliche Funktionsweise des Gehirns jedoch (noch) nicht. Eine grundlegende Erkenntnis ist aber mittlerweile nachgewiesen: Das noch stark vorherrschende dualistische Menschenbild, also die Trennung von Körper und Geist – bzw. der Triade von Körper, Seele und Geist – stimmt so nicht und wird auf Dauer auch nicht mehr aufrechtzuerhalten sein. Erleben, Wahrnehmen, Werten, Erfahren, Handeln und Denken scheinen immer in einer hochkomplexen ganzheitlichen und sich selbst organisierenden Aktion stattzufinden. Eine isolierte und somit lineare und mechanistische Betrachtungsweise von Denken, Fühlen und Handeln muss deshalb der Vergangenheit angehören.

Unser Gehirn ist die Repräsentation unserer Erfahrungen, und Erfahrungen werden am besten mit Körper, Seele und Geist gemacht. Über Jahrmillionen hinweg wuchs so aus einem in den Bäumen lebenden Primaten ein gut angepasster Allrounder heran, den wir Homo sapiens nennen. Mit seiner hochkomplexen und mehrdimensionalen Steuerzentrale sowie mithilfe neuester Erkenntnisse aus der Gehirnforschung kann er heute noch bewusster und eloquenter kulturellen Einfluss auf seine Evolution nehmen – das hat uns die Technologie bildgebender Verfahren also bereits offenbart.

Diese Technik hat sich bis heute so fulminant entwickelt, dass sie mittels bunter Bilder wertvolle Hinweise zu Aktivitäten und Funktionen im Gehirn wiederzugeben vermag. Doch gibt sie auch gleichzeitig Anlass zu den vielfältigsten Spekulationen und liefert ein zu den unterschiedlichsten Deutungen reizendes Brain-Puzzle. Als die Neurowissenschaften in der Vergangenheit begannen, sich in der Wissenschaftswelt ihren Platz zu erobern, waren unzählige wissenschaftliche Fakultäten schnell motiviert, die oft rätselhafte und unverstandene Steuerzentrale des Menschen zu erkunden und aus ihrer Perspektive zu deuten. Vor ihre ursprüngliche Professionsbezeichnung setzten die Akademiker anderer Fachrichtungen dann einfach die Vorsilbe »Neuro-« und schon entstanden in ihren Forschungs- und Lehrgebieten neue Schwerpunkte und Bezeichnungen, von der Neuropsychologie über die Neurolinguistik bis hin zur Neurodidaktik oder -pädagogik. Neuerdings hört man immer mehr von einer so genannten Neuroökonomie und von den in Mode gekommenen Strategien des Neuromarketings. (Man kann an dieser Stelle nicht verhehlen, dass neben vielem Nützlichen auch viel Raum für allerlei Pseudowissenschaftliches, auf den ersten Blick Spektakuläres, aber dennoch Unnützes entstanden ist.) Jetzt endlich ist alles Leben »Neuro«!

Vom heutigen Standpunkt aus betrachtet, dürfen wir uns aber keinesfalls der Illusion hingeben, wir wären annähernd so weit, die komplexe Funktionsweise des Gehirns tatsächlich zu verstehen. Allenfalls haben wir uns bislang die Basis dafür geschaffen und die Möglichkeit erarbeitet, »Neuro-Benutzerhinweise« und »Neuro-Bedienungsanleitungen« so gut, wie es eben geht, zu erstellen.

Was leistet nun die Gehirnforschung? Sie bringt gesichertes Wissen ans Licht über teils schon lange bestehende Grundannahmen, über die Systemkonzeption Mensch und die Lern- und Entwicklungsfähigkeit des Menschen. Lehr- und Lernmethoden und natürlich auch Therapien können so gezielter (weiter)entwickelt werden. Überdies zeigt sich, dass es überwiegend die Methoden des natürlichen Lernens sind, die über eine große Wirkungskraft verfügen, so wie es uns schon die Evolution vorgegeben hat. Seit Jahrtausenden von Jahren lernt der Mensch bereits mit Körper, Seele und Geist in einem teils bewussten, teils unbewussten Bindungsgefüge aus Aufmerksamkeit Wahrnehmung, Emotion, Kognition und (Körper-)Erfahrung. Auf diesem Fundament beruhen letztendlich all seine Handlungsreaktionen.

Mittlerweile kann man in vielen Bereichen sowohl von den neurobiologisch fundierten Modellen des Erfahrungslernens als auch von dem daraus resultierenden angewandten Praxiswissen profitieren. Wir arbeiten zunehmend mit neurobiologisch fundierten, erfahrungsorientierten Therapieformen, und Erfahrungslernen findet in der traditionellen Erlebnispädagogik – sei es in Schulen oder in der Erwachsenenbildung – langsam aber sicher immer mehr Beachtung. Selbst vor der noch in Kinderschuhen steckenden neuen Entwicklung der gesellschaftlichen und betrieblichen Gesundheitsvorsorge wird das Erfahrungslernen früher oder später nicht haltmachen. Dabei ist zu beachten, dass Erfahrungslernen als kreative, produktive und mehrdimensional unsere Gehirnmasse aktivierende Lernmethode stets auch auf die Forschung und die Erkenntnisse mehrerer Wissensgebiete angewiesen sein wird. Die Hirnforschung allein kann dies gewiss nicht leisten. Deshalb sollte eine sinnvolle Forschung auch immer interdisziplinär angelegt sein.

Die Überschrift dieses Kapitels lautet: »Unser Gehirn: ein ›Erfahrungsreaktor‹« und wahrscheinlich hat jeder von uns eine ungefähre Vorstellung davon, um was es sich bei einem Reaktor handelt. Das ist ein Ding, in dem irgendetwas »selbstständig« vor sich hin reagiert. Und wahrscheinlich haben wir auch eine ungefähre Vorstellung davon, was eine Erfahrung ist: irgendein Ereignis oder ein Gedanke, der einen starken Einfluss auf uns hat, wie etwa Folgendes: »Auf meiner gestrigen achtstündigen Wanderung hatte ich nichts zu trinken, da habe ich mal wirklich erfahren, was Durst ist!« Weil der Begriff »Erfahrung« für unser Nachdenken über Homo sapiens so wichtig und so oft schon im Rahmen von Erfahrungslernen gefallen ist, wollen wir uns nun etwas intensiver mit seiner Bedeutung beschäftigen.

6.4   Erfahrung: Was ist das eigentlich?

Ganz allgemein ist Erfahrung ein individuell wahrgenommenes Erlebnis, welches durch die eigene subjektive, kognitive, affektive und somatisch-motorische (Be-)Wertung in das eigene Selbstkonzept und Selbstverständnis und in die Beurteilung der Welt miteinfließt. Anders ausgedrückt: Bei Erfahrungen handelt es sich um selbstbezogene Prozesse von intero- und exterozeptiven (inneren und äußeren) Stimuli, die sich auf die eigene Person (Persönlichkeitsentwicklung) und den eigenen Organismus (Körpererfahrung) auswirken. Bei einer Erfahrung ist das Selbst also grundsätzlich immer mit all seinen Dimensionen ins Erleben miteinbezogen: motorisch, affektiv, kognitiv (Körper, Seele, Geist).

Das Selbst (vielleicht Synonym für Persönlichkeit oder Charakter) basiert auf den o. g. Prozessen, die fortdauernd ablaufen und sich kontinuierlich mit dem Konzept und den Anteilen des Selbst auseinandersetzen. Die über Erfahrung transportierten Inhalte werden dabei ins bestehende Selbstkonzept eingepasst, integriert oder bei ausbleibender Relevanz wieder verworfen.

Eine besondere Rolle beim Erfahren und bei der Verwertung von Erfahrungen spielen die Emotionen. Ohne emotionale »Bewertung« (bzw. Perzeption) bleibt es maximal bei einer kognitiven Einsicht, Erfahrung wird aber nur dann im

Selbst manifest, wenn sie mit einem emotionalen Erleben einhergeht. Zur Verdeutlichung des Zusammenwirkens von Affekt und Kognition nehmen wir uns ein Beispiel aus dem medizinischen Bereich vor. Betrachten wir eine Form der Depression, z. B. die Major Depression! Bei diesem Krankheitsbild und bei vielen anderen Depressionen tritt eine typische Störung oder Dissoziation (Aufhebung eines Zusammenhangs) zwischen Affektivem und Kognitivem auf. Das bedeutet, dass der Depressive rational eigentlich vieles erfassen kann, auch das, was für ihn wirklich gut sein könnte, aber durch eine »falsche« oder eine fehlende emotionale Bewertung bleibt die Erkenntnis nutzlos:

> Vielleicht stimmt alles in der Familie, er hat keine finanziellen Sorgen, er hätte Zeit für seine Hobbys – alles hätte er im Prinzip, um zufrieden zu sein. Aber nur scheinbar! Denn etwas Entscheidendes fehlt: Er kann das Erfahrene nicht ganzheitlich mit seinem Selbst adäquat erfassen und keine emotionale Bewertung durchführen, weil Affekt und Kognition gestört oder dissoziiert (getrennt) sind und ein »Gefühl der Gefühllosigkeit« vorherrscht. Ihm fehlt die emotionale Bewertungsmöglichkeit des »Guten« (auch des »Schlechten«). Er erfährt die Wirklichkeit mehr oder minder eingeschränkt und nicht mehr in ihrer Ganzheit, wie es bei einem gesunden Menschen der Fall ist. Deshalb ist er nicht in der Lage, die Erfahrungen, die er macht, in all ihren Facetten in sein Selbst zu integrieren und auf ihrer Grundlage Entscheidungen zu treffen. Da hilft kein gutes Zureden, wie oft und verständlicherweise von Laien praktiziert: Er habe doch alles und solle doch zufrieden sein. Und es hilft auch nicht der Rat, er müsse nur etwas Schönes unternehmen und erleben, dann komme er schon wieder auf andere Gedanken.

Der Depressive erfährt die mit den Erlebnissen »normalerweise« verbundenen Gefühle nicht, und so bleibt er bezüglich negativ und positiv konnotierter Gefühle mit seinem Selbst außen vor. »Zufriedenheit« ist eben ein Gefühl, und »etwas Schönes« muss als solches auch so empfunden werden. Im Zustand der Krankheit ist das jedoch für einen Depressiven mit diesem Krankheitsbild nicht möglich. Stattdessen nimmt er sein Unvermögen wahr: Ihm ist es nicht möglich, zufrieden zu sein, und er versinkt noch tiefer mit Scham und Schuld in seiner Depression. Vom »Kopf« her weiß er, dass es im Grunde genommen für seinen depressiven Zustand keinen Anlass gibt, und vielleicht findet er sich darum auch ein wenig undankbar.

Solche Depressionen nannte man früher »endogene« Depressionen, da sie scheinbar ohne äußeren Grund auftreten, von »innen« kommen und nicht als Reaktion auf etwas hervorgerufen werden.

Nun haben wir »holzschnittartig« erklärt, was wir unter Erfahrung verstehen und halten folgende Arbeitsdefinition fest: Erfahrung ist ein Zusammenspiel aus miteinander interagierenden Gedanken und Gefühlen, die im Erleben vom Selbst eine bestimmte Wertigkeit erhalten und entsprechend als bewusste oder unbewusste Erinnerung im Gehirn abgespeichert werden. Das ist so schon länger bekannt und trotzdem legen wir – zumindest in den modernen Gesellschaften – immer noch einseitig den Schwerpunkt unseres Zivilisiertseins und unseres Fortschritts auf die kognitiven Selbstanteile von Vernunft und Wissen. Dies erscheint uns auf den ersten Blick einleuchtend, verständlich und – hauptsächlich für die naturwissenschaftlich Geprägten unter uns – wenigstens messbar zu sein. Erfahrung, Ahnung, Intuition oder das so genannte »Bauchgefühl« stufen wir hingegen als etwas eher Schwammiges ein, weil sie schwer nachzuweisen und einzuschätzen sind sowie keineswegs messbar erscheinen. Vielleicht würden einige von uns diese Begriffe des Unbewussten und eher Nichtmessbaren deshalb am liebsten in von Esoterikern dominierten Gebieten verorten. Trotzdem ist sicher, dass wir mit einer so einseitigen Sichtweise der Ganzheit von Homo sapiens in keiner Weise gerecht werden können.

Wie gut ist es da, dass die Hirnforschung den Zusammenhang und das Wechselspiel zwischen bewussten kognitiven und unbewussten emotionalen Anteilen messbar belegt. Mittels der bildgebenden Verfahren vermag sie nun also auch die wichtigen Aktivitäten nicht kognitiv arbeitender Hirnareale nachzuweisen. Außerdem liefern uns die bildtechnischen Verfahren messbare und wiederholbare Daten und Bilder von Prozessen, bei denen Gedanken und Emotionen – meist unbewusst – zusammenwirken. Dies ist von grundlegender, erkenntnistheoretischer Bedeutung, besonders für diejenigen, die nur rein naturwissenschaftliches Denken gelernt haben, nach dem Motto: »Was nicht messbar und wiederholbar ist, das gibt es nicht.«

Dennoch sträubt sich immer noch bei vielen etwas, in den Tiefen des Unbewusstseins entscheidungsrelevante Vorgänge zu vermuten und diese näher zu betrachten. Dies hat zwei wesentliche Gründe: Zum einen gestehen wir dem Bewussten in uns eine viel höhere Bedeutung zu als dem Unbewussten – aber das liegt ja in der Natur der Sache. Zum anderen haben wir spätestens seit der Philosophie der Aufklärung genau diese vernunftbegabten Fähigkeiten – unser Reflektieren, logisches Denken, Beurteilen und Schlussfolgern, also unser bewusstes Wissen, unsere Ratio und die kognitiven Anteile unseres Selbst – zu den höchsten per se erhoben (passend zu Homo sapiens, der sich für die Krone der Schöpfung hält). So haben wir uns längst auf den Weg zur Entmystifizierung der Wirklichkeit gemacht, und das ist Mainstream bis zum heutigen Tage. Dennoch basieren unser gesamtes Verhalten und all unsere Entscheidungen nicht nur auf bewusstem Wissen und unserer bewussten Vernunft, sondern werden gleichermaßen von einem weiteren mächtigen, unbewussten Partner in unserem Selbst beeinflusst. Insofern werden Inhalte und Themen wie Erfahrung, Intuition, Erfahrungslernen und unbewusste Musterbildungen zukünftig in allen gesellschaftlichen Bereichen an Bedeutung gewinnen müssen.

Dies ist notwendig, weil im Zeitalter von World Wide Web und ungehindertem, beschleunigtem Datenfluss nicht nur die Wissensinhalte immer komplexer und schwieriger erfassbar werden, sondern der Mensch sich auch damit konfrontiert sieht, aus einer Vielzahl von Informationen die für ihn wirklich relevanten herauszufiltern. Wie wir mit Zeitdruck und Entscheidungszwang in diesem sich rasant ändernden Biotop umgehen können, diese Frage zu beantworten, wird in Zukunft immer bedeutender werden. Dem Menschen wird folglich oft nichts anderes übrig bleiben, als intuitiv zu reagieren oder unbewusst neue Verhaltensmuster zu entwickeln, weil die alten nicht mehr greifen. Hierzu brauchen wir auch ganzheitliche (Selbst-)Wahrnehmungskraft, etwa so wie »tut mir gut«, »tut mir nicht gut« oder »fühlt sich gut an«, »fühlt sich nicht gut an«. Er wird sich längerfristig gesehen vermutlich dem evolutionären Druck beugen und sich anpassen müssen. Rasante Lebens- und Arbeitsabläufe verlangen rasante Entscheidungen und intuitive Urteilskraft. Wenn wir diese Notwendigkeit (an)erkennen, können wir diese überaus wichtigen Fähigkeiten auch in unserer Kultur und in unserem Bildungswesen fördern, indem wir entsprechende Rahmenbedingungen und »Tools« bereitstellen.

Die Suche von Homo sapiens nach den inneren unbewussten Ratgebern hat indes bereits begonnen, spielt sich aber noch eher im Außen ab. Die Suchenden sind Menschen, die spüren, dass sie auf ihre grundlegenden Lebensfragen keine vollständig befriedigenden Antworten mehr bekommen. Früher, in Zeiten ihrer gesellschaftlichen Vormachtstellung, war es noch die Kirche, die sich dafür zuständig zeigte. Heute haben in unseren »aufgeklärten« Gesellschaften längst religionsähnliche Gruppierungen und Esoteriker diese Lücke besetzt. Ein unüberschaubarer bunter Markt an esoterischen Verfahren und »Allheilmitteln« ist entstanden, dessen Angebote immer noch zuzunehmen scheinen. Allein in Deutschland soll der Umsatz dieses Segments mittlerweile auf die Zehn-Milliarden-Euro-Grenze zusteuern. Es ist vor allem die Reaktion auf die immer komplexer werdende »Multioptionsgesellschaft«, wie der Soziologe Peter Gross unsere Gesellschaft der Moderne nennt, die für viele Menschen nicht mehr versteh- und handhabbar ist. Doch die Zuflucht zu dubiosen Gruppierungen, ihren Verfahren und angeblichen Allheilmitteln kann angesichts der selbstimmanenten Verunsicherungen und Anpassungsschwierigkeiten auch nicht der richtige, lösungsorientierte Weg sein. Die Zukunft wird demnach nicht von außen, sondern von innen kommen müssen.

Kehren wir also zu den unbewussten Erfahrungsschätzen zurück, die uns fast mehr ausmachen als das bewusste Wissen. Denn im Zusammenspiel von unbewussten Mustern, die wir im Laufe des Lebens gebildet haben, dem bewussten Wissen, welches wir bis zu diesem Zeitpunkt angehäuft haben, und dem Gegenwartswissen, welches die aktuelle Situation bereitstellt, entsteht jedes menschliche Entscheiden und Verhalten. Bei an Depression Erkrankten, bei denen dieses Zusammenspiel dieser drei Entscheider oft nicht funktioniert, kann es, wie erwähnt, folglich vorkommen, dass die Patienten im Gegensatz zu ihrem früheren gesunden Zustand ausgesprochen urteils- und entscheidungsschwach sind. Einfachste alltägliche Handlungen wie Körperpflege oder Kleiderauswahl können nicht mehr bewerkstelligt werden, da die endgültige Entscheidung zum Verhaltensimpuls nicht gebildet werden kann. Depressive bewegen sich deshalb immer und immer wieder in analytischen Denkstrukturen, die wir als unablässiges Grübeln bezeichnen würden. Das deutet darauf hin, dass in ihrem Gehirn auch eine physikalische und/oder chemische Störung beim Informationszusammenfluss bzw. -austausch der notwendigen bewussten und unbewussten Entscheider vorliegt.

6.4.1 Die Teilnehmer der »Entscheidungs- und Verhaltenskonferenz« im Gehirn

Wie können wir uns nun die für die Entstehung unseres aktuellen Verhaltens und Handelns maßgeblichen Funktionen im Gehirn näher vorstellen? Wir erwähnten bereits, dass Körper, Seele und Geist eins sind und für unser aktuelles Verhalten und Handeln die Repräsentationsebene darstellen. Bevor wir uns jedoch der Frage zuwenden, was das genau bedeutet, wollen wir zuerst eine Begriffsbestimmung für diesen Zusammenhang vornehmen:

Unter Geist verstehen wir den Inhalt unserer bewussten (expliziten) Gedächtnisse, also unser bewusstes Wissen, mit Seele bezeichnen wir all das, was unbewusst in unseren Erfahrungsschätzen verborgen liegt und mit Körper die so genannten »somatischen Marker« (António Damásio).

Um nun besser nachvollziehen zu können, wie die Entscheidungs- und Verhaltenskonferenz im Gehirn vonstattengeht, wollen wir uns eines Bildes aus der Filmvorführung bedienen. Stellen wir uns vor, der Körper bzw. die somatischen Marker einer Person entsprächen einer Leinwand und ihre Gefühle den mit Bildinformationen versehenen Lichtstrahlen eines Projektors oder Beamers. Wenn diese Lichtbündel nun auf keine Leinwand oder ähnliche Projektionsflächen treffen, sondern lediglich in den leeren Raum zielen, können wir das projizierte Bild nicht wahrnehmen. Dann kommt die Leinwand (der Körper) nicht als reflektierende Ebene des Gefühls zu ihrem funktionsbestimmten Einsatz. Aber genau das wäre es, was Damásio unter einem somatischen Marker verstehen würde, das (unbewusste und bewusste) Empfinden des Gefühls im Körper, das nur auf diese Weise für uns als Gefühl wahrgenommen werden kann.

Beim gesunden im Gegensatz zum kranken, depressiven Menschen sieht der Vorgang der Entscheidungsfindung im Normalfall so aus: Im Gehirn versammeln sich das bewusste Wissen, die unbewussten Erfahrungsschätze und die körperlichen Signale (somatische Marker) und beschließen im Austausch miteinander, was zu tun oder zu lassen ist. Der Ort im Gehirn, wo diese Konferenz stattfindet, ist mittlerweile weitestgehend bekannt: Es handelt sich um den präfrontalen

Kortex. Das ist in etwa der Bereich direkt hinter unserer Stirn. Dieser ist mit den unterschiedlichsten Gehirnteilen, z. B. dem limbischen System und den somatosensorischen und -motorischen Arealen unseres Gehirns »verdrahtet«. Hier laufen also quasi sämtliche Informationen zusammen, die in ihrem Zusammenwirken als Entscheidungsgrundlage für aktuelles Verhalten und Handeln dienen: unser vererbtes, »genetisches« Wissen, unsere kulturelle Prägung, das, was wir erlebt und uns bewusst angeeignet haben. All dies kommt auf den Tisch, wird abgewogen, verglichen und zur Abstimmung gebracht. Wie das im Einzelnen zugeht, das werden wir später noch ein wenig näher beleuchten.

Zunächst wenden wir jedoch unsere Aufmerksamkeit den unbewussten Erfahrungsschätzen und dem Erfahrungslernen zu. Denn gerade diese sind die einflussreichsten Teilnehmer und Mitentscheider in der neuronalen Entscheidungs- und Verhaltenskonferenz, die bis heute leider immer noch in nahezu allen Bereichen des gesellschaftlichen Lebens – wie etwa in den kollektiven Meinungsbildern, den Vorstellungen von Bildung, Wissenschaft und Forschung, der Persönlichkeitsentwicklung und auch in der psychotherapeutischen Medizin – zu kurz kommen. (Selbst-)Erfahrungen sind aber für ein gesundes Verhalten und eine selbstbewusste Urteils- und Entscheidungskraft überaus wichtig, und darum tut es dringend not, dass wir Erfahrungen wieder mehr Zeit- und Entstehungsräume öffnen, damit Homo sapiens zu seinen für die Entscheidungs- und Verhaltenskonferenzen relevanten Erfahrungsschätzen kommen kann. Für therapeutische Prozesse oder Lernprozesse (in Bildungseinrichtungen) sind verständlicherweise (Selbst-)Erfahrungen und das Entwickeln von Entscheidungsmustern generell von grundlegender Bedeutung, denn hier geht es ja schließlich ganz besonders um Selbstwerdung, Persönlichkeitsentwicklung, Selbstwirksamkeit und eine Zuwachsmöglichkeit an Wissen auf dem Weg zur persönlichen Meisterschaft.

Was bedeutet dies im Hinblick auf unser heutiges Bildungssystem, die praktische Psychologie und die psychotherapeutische Praxis? Wie prekär es in Bezug auf praktisches Erfahren beispielsweise immer noch an vielen unserer Schulen bestellt sein muss, zeigt der Fakt, dass heutzutage unter Bildung landläufig zum größten Teil die Wissensbildung verstanden wird: Dazu gehören sowohl das Lesen, Schreiben, Rechnen und Analysieren, ein möglichst umfangreiches Faktenwissen sowie die handwerkliche bzw. motorische (Aus-)Bildung. Damals verstanden unsere Altvorderen unter Erziehung noch das Einüben von Eigenschaften, wie das Fleißig-, Aufrichtig-, Hilfsbereit- oder Sittlich-gut-Sein, und das wurde hauptsächlich durch Wissensbildung und mittels entsprechender Bestrafungs- und Belohnungssysteme vermittelt. Die diesen Eigenschaften zugrundeliegenden »Werte«, die es zu erlernen und zu leben galt, kamen gänzlich von außen (Gesellschaft, Kirche, Eltern). Sie wurden als gesellschaftliches Gesetz festgelegt und mit Belohnung, Bestrafung, Lob oder

Ächtung kontrolliert. Nun leben wir aber in einer Zeit, wo das »Von-Außen« zugunsten von Multioptionen und extremer Wahlfreiheit oder dem, was wir unter Freiheit allgemein verstehen wollen, drastisch minimiert wurde. Umso wichtiger ist es heute für eine zukunftsfähige Gesellschaft, den Menschen geeignete Erfahrungsräume bereitzustellen, damit sie von innen heraus verhaltens- und handlungsrelevante Werte und Leitlinien produzieren können. Diese »Innenfähigkeiten« zu erlangen, sollte eines der großen Ziele des Erfahrungslernens sein und in unserer derzeitigen Gesellschaft und in unseren jetzigen Bildungssystemen besonders gefördert werden. Wir brauchen diese Innenfähigkeiten, um die großen Herausforderungen eines rasanten Biotopwandels und des Globalisierungsprozesses meistern zu können. Die Aussicht auf eine »vernunftbegabte« Weltregierung, die »das Richtige« tut und durchsetzen kann, ist eher unwahrscheinlich und auch nicht sehr attraktiv und erstrebenswert. Die Förderung der Innenfähigkeiten (Basiskompetenzen) ist demnach unbedingt und in allen gesellschaftlichen Bereichen anzustreben.

Gleiches gilt folglich auch für die praktische Psychologie und psychotherapeutische Praxis. Bei der erfahrungsorientierten Therapie richten wir uns ja bereits größtenteils nach den Erkenntnissen der Hirnforschung, da sie ja eigentlich nur das bestätigt, was viele von uns schon immer geahnt haben: Wenn wir Körper, Seele und Geist gleichzeitig in den Heilungs- oder Entwicklungsprozess miteinbeziehen, sprechen wir alle Teilnehmer der Entscheidungskonferenz im präfrontalen Kortex an und erreichen so die größten Wirkimpulse. Natürlich kann der Therapeut auch – je nachdem, um welche Therapierichtung es sich handelt – (zunächst) mit jedem einzelnen Teilnehmer am Konferenztisch Kontakt aufnehmen. Der Verhaltenstherapeut beispielsweise spricht meist als Erstes den kognitiven Teilnehmer an, der Körperwahrnehmungstherapeut wählt hingegen primär die somatischen Marker als Ansprechpartner, und wenn ein Therapeut den einzelnen Gesprächspartner nicht anschließend mit den anderen in Beziehung setzt, passiert es unter Umständen, dass die anderen Konferenzteilnehmer gar keine Berücksichtigung mehr finden. Gleiches geschieht manchmal auch dem Therapeuten, der ausschließlich den »Tanz der Emotionen« tanzt, welchen er dabei mit seinen Klienten zusammen auslebt – er läuft Gefahr, aufgrund seiner einseitigen Fokussierung den wichtigen Dialog aller Teilnehmer am Entscheidungstisch im präfrontalen Kortex zu verpassen.

Keines der oben erwähnten Verfahren und keine psychologische Schule soll hier im Übrigen kritisiert werden, denn sie haben alle auf ihre Art und Weise ihre eigene Berechtigung. Mit dem Plädoyer für ein erfahrungsorientiertes Bildungssystem und die erfahrungsorientierte Therapierichtung soll lediglich die Notwendigkeit verdeutlicht werden, den Menschen wieder als Körper-Seele-Geist-Einheit und nicht als Summe seiner Einzelteile zu betrachten. Denn wir benötigen ihn in seiner Ganzheit, damit er wieder sein gesamtes menschliches Potenzial für sich selbst, seine persönliche Meisterschaft sowie ein gelingendes Anpassen und Weiterentwickeln seiner Art nutzen kann. Unser Gehirn und dessen Erforschung verdeutlichen uns in eindrücklicher Weise, dass das Gehirn als Ganzes, mit all seinen Teilen immer als Einheit funktioniert und somit der Mensch auch. Die erfahrungsorientierte Therapie ist eine ganzheitliche Methode, die sich darum bemüht, dieser Einheit gerecht zu werden, die versucht, alle Wechselwirkungen von Körper, Seele und Geist miteinzubeziehen und sich die Wirkimpulse, also den Dialog zwischen Körper, Seele und Geist, zunutze zu machen. Gehen wir zurück zu den Funktionsmechanismen unseres Gehirns.

Was mit Einheit und Wechselwirkungen im Gehirn und in der Entscheiderkonferenz gemeint ist, soll anhand eines Beispiels näher verdeutlicht werden: Jeder von uns hat gewiss schon einmal erlebt, dass ihn ein bestimmter Geruch – sei es auf der grünen Wiese, in der U-Bahn oder im Gewürzladen – an ganz bestimmte Dinge oder Ereignisse von früher erinnert. Plötzlich fällt einem der Urlaub in den Bergen, der Aufenthalt in London vor einigen Jahren oder das würzige Essen mit einem guten Bekannten wieder ein. Dies scheint zunächst absurd, aber es zeigt uns ganz besonders, wie unser Gehirn funktioniert. Wissenschaftler nennen dieses Phänomen *Priming*. Das bedeutet, dass Erfahrungen nicht als Faktenwissen oder vollkommen isoliert abgelegt werden, sondern immer in Geschichten. Wir verfügen dadurch über einen unglaublich großen, bedeutenden Erfahrungs- und Wissensschatz, dessen Einzelbestandteile in Kontexten netzwerkartig miteinander verbunden und in bestimmten Situationen abrufbar sind. Auf diese Weise kommt es zu Assoziationen wie den oben beschriebenen oder dazu, dass der Geruch von Zimt uns an das Gespräch mit Peter über seine Schwierigkeiten im Beruf erinnert. Das ist ein ungeheures Kapital: Denn wir können mit unserem menschlichen Gehirn und unserem »Assoziationsscanner« für unser aktuelles Verhalten relativ schnell auf für uns in der jeweiligen Situation relevante und notwendige Informationen aus ähnlichen Zusammenhängen zurückgreifen. Dieser Vorgang geschieht völlig unbewusst.

Wir kreieren folglich unser aktuelles Verhalten auf Grundlage im Gedächtnis abgelegter Erfahrungen und entwerfen aus dem Stoff »alter« Geschichten und der Gegenwart »neue«, und dabei ist das Alte im Neuen immer irgendwie implizit enthalten. In den Speicher abgelegt wird allerdings nur, was für unser Leben oder unsere Zukunft als bedeutsam erfahren wurde. Belangloses wird hingegen schnell wieder vergessen. Entscheidend ist deshalb, dass das Erlebte vom Individuum im Gehirn emotional bewegt und anschließend bewertet wird. Auf diese Weise wird es zu einer wichtigen Erfahrung. Ohne die unabdingbare Gefühlsbeteiligung im Menschen ist das Erlebte für eine längerfristige Abspeicherung irrelevant und nicht mehr als Erfahrung oder Erinnerung abrufbar.

Es gibt demzufolge auch Erfahrungen, die zunächst belanglos sind und deshalb wie Wissen schnell vergessen werden, und solche, die nur brachliegen, weil sie noch nicht durch bestimmte Kontexte wieder aktiviert werden konnten. Diese Erfahrungsschätze und das passive Wissen kennen wir im Prinzip, weil es ein Teil unseres Selbst ist, das so lange in unserem Gedächtnis schlummert, bis es in unserem Alltag situationsbedingt wieder relevant wird. Das können längst vergessene Gefühle aus früheren Geschichten sein, die wir plötzlich spüren, oder die einzelnen in Schulzeiten auswendig gelernten Fakten zur Weltgeschichte, die uns mehr oder minder plötzlich wieder einfallen und in unser Bewusstsein vordringen. Es gibt aber auch Erfahrungen, die verdrängt wurden, weil sie möglicherweise sehr schmerzlich sind, und darum oft unbewusst bleiben. Diese haben, trotz ihrer Verborgenheit im Unbewussten des Menschen, einen nicht zu unterschätzenden großen Einfluss auf Verhaltens- und Handlungsentscheidungen bei der »Konferenz der großen Drei« – des bewussten Wissens, der unbewussten Erfahrungsschätze und des aktuellen Gefühls.

Homo sapiens greift also in seinem aktuellen Verhalten und Handeln auf seinen gesamten Erfahrungs- und Wissensschatz – auf Bewusstes und Unbewusstes gleichermaßen – zurück.

6.4.2 Neue Erfahrungen machen ist nicht immer leicht, aber notwendig

Wir alle kennen Aussprüche wie »Das, was Du gelernt hast, nimmt Dir keiner mehr!«, aber auch den etwas abfälligen Spruch »Denken tut weh!«. Beide Sprüche beschreiben in gewisser Weise zwei wichtige Tatsachen: der erste Ausspruch, dass das, was wir wissen und das, was wir verinnerlicht haben, Bestandteile unseres Selbst sind – das haben wir also sicher in unserer Erfahrungsschatzkiste – und der zweite, dass es uns oft schwer fällt, Neues zu erlernen und zu verinnerlichen.

Den ersten Ausspruch kenne ich durch meine Eltern und der war und ist für mich auch heute noch ohne Widerrede voll umfänglich nachzuvollziehen, und im zweiten habe ich mich früher immer dann wiedergefunden, wenn es an das Lernen von Lateinvokabeln oder an das Lösen von schwierigen Matheaufgaben ging. Ebenso erinnere ich mich genau daran, wie unangenehm es als Kind oder Jugendlicher oft war, völlig Neues auszuprobieren oder sich ungewohnten Situationen auszusetzen.

> Beispielsweise sollte ich als 15-Jähriger des Öfteren mir vollkommen unbekannten Leuten abends im Dunkeln mit dem Fahrrad noch Medikamente vorbeibringen – mein Vater arbeitete eine Zeit lang als Landarzt. Die Orte, wohin ich fahren sollte, waren mir völlig unbekannt. Mir war nicht klar, was mich erwartete. Ich hatte noch keine ähnlichen Situationen erlebt und konnte keine kontextrelevanten Informationen abrufen, die mich beruhigt hätten. »Würde ich den Weg im Dunkeln zu den Adressaten der

Päckchen finden? Und wie würden sich diese mir gegenüber verhalten? Würden sie sich freuen oder mir die Tür nicht aufmachen, weil sie mich nicht kennen? Was sollte ich sagen und wie?«, all diese Gedanken gingen mir angesichts der fremden Situation damals durch den Kopf. Es dauerte eine lange Zeit, bis ich ein angstfreier, routinierter, souveräner Nachtbote wurde.

Etwas Neues auszuprobieren, das ist zunächst mit Unsicherheiten verbunden. Wenn man hingegen etwas Gewohntes tut, was einem in Fleisch und Blut übergegangen ist, dann fällt einem das weitaus leichter. So gesehen ist es durchaus verständlich, dass es mit unangenehmen Gefühlen behaftet sein kann, neue Erfahrungen zu machen. Gerade in unserer komfortablen Gesellschaft fällt es uns Erwachsenen und insbesondere unseren Kindern leicht, neuen Erfahrungen aus dem Weg zu gehen, vor allem auch um Unangenehmes zu vermeiden. Doch Neues zu erfahren ist notwendig, um unsere innere Schatzkiste mit möglichst vielen unterschiedlichen und alltagsrelevanten Erfahrungen zu füllen und somit an die sich von Natur aus immer verändernde Umgebung anpassungsfähig zu bleiben.

Wurden in früheren Zeiten viele Erfahrungen noch zwangsläufig durch die Lebensumstände gesammelt, so ist es heutzutage durch vielerlei Faktoren zu einem Mangel an Erfahrungsräumen und Erfahrungssituationen sowie infolgedessen zu einer Erfahrungsverarmung gekommen. Gerade deshalb muss das Schaffen neuer und vielleicht auch das Wiederaufschließen alter Erfahrungsräume besonders gefördert werden, um dem modernen Menschen wieder genügend lebenswichtige Erfahrungen ermöglichen zu können. Insbesondere denken wir hier an unsere Kinder bzw. an die kommende Generation, denn im primären und sekundären Bildungswesen sollten unbedingt wieder mehr methodische Erfahrungsräume installiert werden. Denn nur durch das Eröffnen von neuen Möglichkeiten, durch das Ausprobieren von Ungewohntem, bleiben wir innerlich flexibel und beweglich. Und so kann es uns gelingen, unsere eigenen und die inneren Schatztruhen der anderen Menschen optimal zu füllen, menschliche Potenziale »freizulegen« und zu fördern sowie für eine zukunftsfähige Gesellschaft zu sorgen.

Dieser bildungs- und gesellschaftspolitische Ansatz bietet im Übrigen beste Präventionsmaßnahmen, um dem Entstehen von Erkrankungen, die infolge von Stress ausgelöst werden, und solchen gewisser psychischer Natur entgegenzuwirken. Denn oft ist es ja so, dass Menschen erkranken, weil sie sich mangels Erfahrungen und Kompetenzen nicht an die sich schnell verändernden gesellschaftlichen Lebensbedingungen anpassen können. Erfahrungsorientierte Therapie erhält somit einen hohen Stellenwert in der Gesundheitsförderung und Prävention derartiger Erkrankungen.

Viele von uns sehen die Wurzel allen Übels entweder in den im Menschen verbliebenen archaischen Unzulänglichkeiten oder in der dem Menschen immer fremder werdenden modernen Gesellschaft. Archaische Überreste und neues Ungewohntes machen den Menschen krank, argumentieren sie. Doch das moderne Leben ist ja nicht plötzlich auf den Plan getreten und hat auch nicht von heute auf morgen Homo sapiens lauter ungewohnte und unbeherrschbare Situationen präsentiert. Im Gegenteil: Unvorhersehbare Situationen hat es immer schon gegeben und Homo sapiens hat sie als Anpassungsgenie auch immer gut gemeistert. Um gut gewappnet zu sein, bedarf es dazu heute – genau wie damals – geeigneter Kompetenzen. So wie es früher für das Leben als Bauer bestimmte Anforderungen zu erfüllen gab, ist das heute für den modernen Menschen auch der Fall.

Vor vielen Jahrzehnten – vielleicht in einigen Gegenden der Welt auch heute noch – musste ein Bauer zumindest über eine robuste körperliche Gesundheit verfügen, denn sonst hätte er nicht bei Wind und Wetter die Tiere hinaus auf die Wiesen treiben und das Feld bestellen können. Er wäre schnell krank geworden und hätte keinen Ertrag gehabt. Entsprechendes Anpassen an die gegebenen Situationen verlangt das Leben in unserer modernen, sehr spezialisierten Gesellschaft auch von uns. Damit wir gut zurechtkommen und ein gelingendes und gesundes Leben führen können, müssen wir heute über hoch entwickelte Basiskompetenzen verfügen.

Fazit: Nicht die Umwelt muss sich Homo sapiens anpassen, sondern Homo sapiens der Umwelt. Dies betrifft nicht nur die individuellen Kompetenzen, sondern insbesondere die sozialen, die damals wie heute – wenn nicht sogar heute noch mehr als früher – im Zusammenleben, am Arbeitsplatz, in der Familie und in der Gesellschaft besonders gefragt sind: Welche Arbeitsteams werden gebildet? Welche Koalitionen müssen geschmiedet werden? Welche Allianzen stellt man »den anderen« gegenüber? Welches Gemeinschaftsgefühl können wir entwickeln? Es ist offensichtlich: Das Nichtverbale zu deuten, das Intuitive zu wagen, das schwer in Regeln und Fakten einzuordnende Gespür für Situationen und Entscheidungen wird angesichts der Beschleunigung des Lebensrhythmus immer wichtiger.

Dieses Gespür ist nicht nur einfach da oder nicht da, weil es genetisch so vorgegeben ist oder nicht, sondern es kann erfahren und erlernt werden. Das Wahrnehmen, Ahnen und Zurückgreifen auf Erfahrungen, die im Unbewussten abgespeichert sind, sind wichtige Kompetenzen. Schon mit einfachen Dingen kann übrigens jeder sofort damit beginnen, seine differenzierte Urteils- und Entscheidungskraft zu trainieren. Fangen Sie beispielsweise damit an, immerzu Ihr Verhalten und die Geschehnisse in der Welt zu hinterfragen und spüren Sie nach, wie sich die unterschiedlichsten Situationen für Sie anfühlen! Nehmen Sie nicht bequem alles so urteilslos hin, wie es ist! Vielleicht erscheint es ja nur so und ist ganz anders, als Sie denken. Wenn Sie sich so verhalten, wird Ihr Gehirn ganz allmählich nicht nur auf Ihr bewusstes, sondern auch auf Ihr unbewusstes

Wissen zurückgreifen und Ihre Erfahrungsschätze in ihrer Gesamtheit für die Gegenwart aktivieren. Ihr Gehirn wird flexibler, geschmeidiger und allmählich dahingehend trainiert werden, frühere Erfahrungen bei ähnlichen Situationen und Ereignissen noch besser zu nutzen. Zunehmend werden Ihre Wahrnehmung und Bedeutungsbeurteilung von aktuellen Ereignissen geschult werden. (Hiermit ist allerdings nicht die wissentliche Kenntnis eines Ereignisses oder einer Situation gemeint, also die Wahrnehmung und Beurteilung auf einer ziemlich horizontalen linearen Ebene, sondern eine vertikale exponentielle Wahrnehmung, die verschiedene Räume durchschreitet. Wir können es eine Art vernetztes, tiefes Denken und Fühlen nennen.) Dabei werden dann das richtige Gespür und intuitives Handeln (ein)geübt – also das tatsächliche Nutzbarmachen früherer Erfahrungen, die in meist unbewussten Speichern abgelegt sind und als Handlungsorientierung oder für die Bewältigung der gegenwärtigen Situation benötigt werden.

Erfahrungslernen zielt genau darauf ab, diese intuitiven Fähigkeiten beim Menschen zu fördern und weiterzuentwickeln, z. B. dadurch, dass dem Klienten oder Patienten durch Reflexion seine gewohnten Entscheidungs- und Verhaltensmuster deutlich und bewusst gemacht werden. Die kognitive Reflexion macht so den Weg für nachfolgende korrigierende emotionale Erfahrungen frei. Übrigens kann es auch vorkommen, dass das bisherige intuitive Entscheidungsmuster des Klienten bzw. Patienten durchaus richtig ist. Und selbst hier ist das Reflektieren von Vorteil, denn der Klient bzw. Patient wird so in seinem richtigen Verhalten bestärkt. Seine Entscheidungsfähigkeit wird sicherer und kräftiger, seine Selbstsicherheit wird gefördert. Kognition, Emotion und Gefühl wirken dann ganz eng zusammen.

Zur Kognition ist Folgendes zu sagen: Sie hat – wenn auch nicht immer, aber dennoch oft – bei vielen Entscheidungen letztlich ein Einspruchsrecht. Inwiefern der eingelegte Einspruch aber von den anderen Teilnehmern der Verhaltens- und Entscheiderkonferenz akzeptiert wird, das ist sehr unterschiedlich und richtet sich nach der individuellen Prägung des einzelnen Menschen und der jeweiligen Situation bzw. nach den Umständen, unter denen die Entscheidung getroffen werden muss. Ist das unbewusste Muster als Entscheidungs- und Verhaltensregel beispielsweise stärker als die »vernünftige« Beurteilung, wird das Verhalten immer der unbewussten Verhaltensregel folgen. In einem solchen Fall kann es wichtig sein, mittels erfahrungsorientierter Verfahren zu versuchen, die unbewusste Verhaltensregel offenzulegen und bewusst zu machen, um sie gegebenenfalls ändern zu können. Dafür benötigt man dann korrigierende emotionale Erfahrungen, die so oft wiederholt werden müssen, bis sich die Verhaltensregel ändert. Die Wiederholbarkeit von Erfahrungen ist darum ein bedeutender Bestandteil erfahrungsorientierten Lernens.

Machen Körper, Seele und Geist immer wieder die gleiche korrigierte oder

neue, vorteilhaftere Erfahrung, dann kommt es im Körper des Menschen zu
einer Ausschüttung von Dopamin, und der Mensch wird mit einem guten Gefühl
belohnt (wir erinnern uns an Damásios somatische Marker). Zu einem späteren
Zeitpunkt wird der Mensch dann intuitiv auf die Muster zurückgreifen, die ihn
bereits mit einem positiven Gefühl belohnt haben und dies aller Voraussicht
nach auch wieder tun werden. Hierzu nun ein ganz simples Beispiel aus dem
Bereich des Erfahrungslernens:

> Ein Mensch soll lernen, dass es sich mehr lohnt, sich anzustrengen, dem Leben aktiv
> entgegenzugehen sowie Schwierigkeiten und Mühen zum Erreichen eines Ziels in Kauf
> zu nehmen, statt Vermeidungsstrategien zu entwickeln. Dies zu verinnerlichen, stellt
> bei bestimmten Krankheitsbildern einen wichtigen Wirkimpuls dar: für ein aktiveres
> Selbstmanagement, ein aktives Zutun und zuletzt für ein besseres Morgen.
>   Stellen wir uns nun einen depressiven Patienten während einer erfahrungsorien-
> tierten Therapie vor! Seine inneren Glaubenssätze sind: »Ich kann nichts, ich bin
> nichts, an alledem bin ich obendrein selbst schuld, und es lohnt sich nicht, dass ich mir
> Mühe gebe, daran etwas zu ändern!« Der Therapeut nutzt zur Behandlung einen für
> den Patienten ungewohnten und neuen Erfahrungsraum: z. B. einen Hochseilgarten.
> Als verständnisvoller, aber auch provozierender Partner begleitet er seinen Patienten
> auf die Hochseilanlage. Der depressive Patient ist vorher ängstlich oder gleichgültig, er
> ist verzagt und traut sich nichts zu. Gelingt es dem Therapeuten während des Kletterns
> und Balancierens, den Patienten mit sehr einfachen Übungen eine positive Körper-
> Seele-Geist-Bewältigungserfahrung machen zu lassen, kann dieser die neue Erfahrung
> »Es lohnt sich doch, selbst etwas zu tun!« verinnerlichen.
>   Die entsprechenden Übungen sind relativ einfach: Der Therapeut führt den Patienten
> in eine Situation, in der er an seine Grenze kommt und etwas wagen muss. Das Gelingen
> der Übung – und das ist eine zwingende Voraussetzung – eröffnet dem Patienten diese
> positive Erfahrung. Sein Gehirn schüttet bei Erfolg als Belohnung Dopamin aus und die
> somatischen Marker des Körpers hinterlassen im Patienten schließlich ein gutes Ge-
> fühl. Er ist stolz, glücklich und hat gespürt, dass Veränderung durch eigenes Tun
> möglich ist. Diese positiven Erfahrungen werden verinnerlicht und als allgemeine
> Erfahrungen generalisiert. »Durch Handeln ist Veränderung möglich!«, kann jetzt der
> veränderte Glaubenssatz heißen oder im Falle einer schweren Depression mit Hoff-
> nungslosigkeit und Verzweiflung, dass eine Veränderung der Gemütslage überhaupt
> möglich ist. Oft reicht schon eine derartige Initialerfahrung, um einen depressiven
> oder sehr passiven Patienten auf den Weg der Heilung zu bringen.

Das gelingt natürlich nicht immer und auch nicht bei allen Depressionen. Alte
Muster können eben nicht immer ausnahmslos, von einen Tag auf den anderen
abgelegt werden und ganz verschwinden, sondern müssen durch ständig sich
wiederholende korrigierende Erfahrungen überschrieben werden.

Dies war ein relativ einfaches und eingängiges Beispiel aus unserer eigenen
Erfahrung als Therapeuten und typisch für erfahrungsorientiertes Arbeiten. In
der Behandlung von Patienten mit Depressionen, Angststörungen oder so ge-
nanntem Burn-out, also Stressfolgeerkrankungen, arbeiten wir in unserer Klinik

Wollmarshöhe neben anderen Methoden sehr viel mit dem Hochseilgarten. Anhand einer Studie mit 247 Teilnehmern konnten wir etwa die positiven Wirkimpulse beim erfahrungstherapeutischen Hochseilklettern mit signifikanten Effektstärken belegen. Natürlich wird erfahrungsorientiertes Arbeiten ebenfalls in der Prävention sowie in der Seminararbeit zur Persönlichkeitsentwicklung in Unternehmen und Institutionen angewandt.

6.4.3   Je besser der Koch, umso gelungener das Gericht

Erfahrungslernen als Methode ist also nicht nur in der Therapie sinnvoll, sondern für jede Art von geförderter Charakterbildung und Persönlichkeitsentwicklung – eigentlich für das gesamte Leben. Die Sache liegt auf der Hand: Je größer der Material- und Werkzeugkasten mit Erfahrungen und Wissen gefüllt ist, umso vorteilhafter, sinnvoller und auch schneller kann das jeweilige Individuum auf seine Umwelt reagieren und sich gegebenenfalls anpassen. Geistig-emotionale Eigenschaften wie Kreativität, Inspiration und Ahnung profitieren von solch einem großen verinnerlichten Erfahrungsschatz und der Kunst, sich daraus bedienen zu können (Intuition). Stellen wir uns das wie in einer Küche vor: Wenn Sie Salz, Mehl und Milch in Ihrer Küche haben, können Sie allenfalls Pfannkuchen backen. Vorausgesetzt natürlich, Sie wissen, wie man einen Pfannkuchen macht. Haben Sie aber die unterschiedlichsten Zutaten und allerlei Gewürze zur Verfügung, sind Ihrer Kreativität keine Grenzen gesetzt – vorausgesetzt natürlich, Sie sind in der Lage, diese zu altbekannten, aber auch völlig neuen Gerichten zusammenzustellen. Neues mit Pep entsteht folglich am besten in einer Küche voller unterschiedlicher Zutaten mit einem guten bis meisterlich ausgebildeten Koch, um in unserer Küchenanalogie zu bleiben.

Erfahrungslernen fördert die eigene Kreativität, Inspiration und Intuition, auch wenn nicht jeder ein Pianist wie Arthur Rubinstein oder ein Geiger wie Jascha Heifetz werden kann, selbst wenn er täglich mehrere Stunden übt. Die kreativen, intuitiven und inspirativen Eigenschaften sind eben auch von Person zu Person verschieden, in den unterschiedlichen Bereichen nur begrenzt förderbar und selbstverständlich spielt auch die genetische Veranlagung eine Rolle. Es ist wie mit allen Dingen: Im meisterhaften Können und Gelingen vereinen sich zugleich genetische Disposition(en) und fleißiges Üben.

Dennoch sollte keiner unterschätzen, was man erlernen, sich an inneren Fähigkeiten neu aneignen, freilegen und fördern kann, um eine gute Grundausstattung an Kompetenzen im Leben zur Verfügung zu haben. Ein reicher Schatz an Erfahrungen und ein vielseitiges, fundiertes Wissen sind generell wertvoll für ein gelingendes Leben und persönliche Meisterschaft.

Dass Kreativität viel mit erahnen, sich inspirieren lassen und den unbewussten Erfahrungsschätzen zu tun hat, zeigt sich u. a. auch darin, dass Neues oder Geniales nicht etwa durch scharfes Nachdenken entsteht, sondern eher wie ein Geistesblitz vom Himmel fällt. Die Art der vernetzten Abspeicherung all unserer Erfahrungen und unseres Wissens in den unendlich vielen Schattierungen und Geschichten verlangt geradezu für die effektive Nutzung des vorhandenen Erfahrungspotenzials das unscharfe, freie Flottieren zwischen Unbewusstem, halb Bewusstem und gänzlich Bewusstem durch und über diese Geschichten. Völlig unvermittelt entsteht dann dabei das Neue ...

Erfahrungen zu machen, das hat eine enorm hohe Bedeutung für uns. Sie beeinflussen wesentlich unsere Denk-, Fühl-, Handlungs- und Verhaltensmuster. Das können und sollten wir uns schleunigst in methodisch sehr wirksamen Instrumenten zunutze machen. Eugène Ionesco meinte treffend dazu: »Wir glauben, Erfahrungen zu machen, aber die Erfahrungen machen uns.«

> Erfahrung ist ein individuell wahrgenommenes Erlebnis, das durch die eigene subjektive, kognitive, affektive und somatische (Be-)Wertung in das persönliche Selbstkonzept und Selbstverständnis sowie in die Beurteilung der Welt miteinfließt. Sie ist ein Zusammenspiel miteinander interagierender Gedanken und Gefühle, die im Erleben des Selbst eine bestimmte Wertigkeit erhalten und entsprechend als bewusste oder unbewusste Erinnerungen (Muster) im Gehirn abgespeichert werden. Erfahrungen sind die Essenzen, auf die wir bei der aktuellen Wahrnehmung, Bewertung und Gestaltung unseres Lebens immer zurückgreifen.

6.5 Können wir unser Wissen methodisch nutzbar machen?

Nun müssen wir aber nicht unbedingt Neurobiologen oder Neurophysiologen werden, um erfolgreich unser Selbst weiterzuentwickeln. Doch ist es durchaus für die Gestaltung eines gelingenden Lebens hilfreich, ein Grundverständnis über die »Systemkonzeption Hirn« und die für uns so wichtigen Erfahrungsschätze zu erlangen. Wir haben einiges Theoretisches hierzu aufgezeigt und können uns jetzt durchaus vorstellen, was wir unter Erfahrung verstehen und wie uns unsere Lebenserfahrungen prägen. In Erfahrungsräumen der Psychotherapie oder Pädagogik macht man sich zunehmend diese theoretischen Erkenntnisse durch erfolgsorientierte Methoden nutzbar.

Erfahrungsorientierte Therapie- oder Lernformen arbeiten mit einem ganzheitlichen Ansatz, der dem System des Menschen und seines Gehirns entspricht. Sie sind darum besonders förderlich für die individuelle und die kollektive Entwicklung der Menschen, erheben allerdings nicht den Anspruch, bessere Inhalte als andere Therapie- oder Lernmethoden zu besitzen. Sie treten auch nicht in Konkurrenz zu Sigmund Freud und seiner Couch. Denn trotz der teils so grotesken und bizarren Ansichten bezog Freud immerhin schon die Ebenen des so genannten Nichtbewussten, Vorbewussten und Unbewussten in sein(e) Arbeiten mit ein. Der Psychoanalytiker wusste oder ahnte zumindest, dass diese Bereiche im menschlichen Selbst eine entscheidende Rolle für das gegenwärtige Selbst- und Weltverständnis spielen.

Auch wenn erfahrungsorientiertes Arbeiten mit dem Klienten nicht besser ist als die kognitive Verhaltenstherapie – es beinhaltet neben anderem sogar wesentliche Teile der kognitiven oder praktischen Verhaltenstherapie –, so ist es doch umfassender. Das Fundament erfahrungsorientierter Therapie basiert dabei jedoch nicht auf neurowissenschaftlichen Laborergebnissen, sondern es verhält sich genau andersherum: Die Neurowissenschaftler untermauern mit ihren Forschungserkenntnissen quasi nachträglich so manche erfahrungsorientierte Vorgehensweise, sich also durch Erfahrungen weiterzuentwickeln (Erfahrungslernen). Letzteres ist für Homo sapiens ein Leichtes, denn das praktiziert er ja eigentlich immer schon so. Aus diesem Grund kann beispielsweise ein Klettergarten auch nicht das Heilmittel oder die Entwicklungsmethode schlechthin sein, doch ein sehr gutes Instrument, mit dem der Therapeut, Coach oder Trainer dem Klienten helfen kann, sein Selbst, die Umwelt und das dazugehörige Beziehungs- und Bindungsgefüge (besser) wahrzunehmen und dies dem Erkenntnis-, Erfahrungs- oder Lernprozess zugänglich zu machen.

Das Wichtigste und Wesentliche beim Erfahrungslernen bzw. bei der erfahrungsorientierten Therapie ist aber vor allem, dass es sich hier um eine ganzheitliche Methode handelt, der in all ihren Facetten die Systemkonzeption Mensch zugrunde gelegt ist. Gerade deshalb ist sie auch praktischer und wirklichkeitsnäher als so manch andere Methode, die nur einen Teilaspekt aus dem Ganzen herausgreift und sich gemäß ihres therapeutischen Konzeptes ausschließlich auf einen Teil des Selbst spezialisiert. Denn krank, dysfunktional oder entwicklungsbedürftig ist ja schließlich immer der ganze Mensch, wobei Körper, Seele und Geist immer in unglaublicher Wechselwirkung miteinander stehen und stets als Einheit ganzheitlich zu betrachten sind. Sie bilden bekanntermaßen die Repräsentationsebene, die unser Handeln und Verhalten und somit letztendlich das Gelingen unseres Lebens bestimmt. Und da wir nicht isoliert durch diese Welt gehen, müssen wir in unser Betrachtungssystem natürlich auch noch die Umwelt miteinbeziehen. Umwelt ist alles, was nicht Ich ist. Wir stehen mit der Umwelt im Austausch und bilden so Beziehungen mit dem oder den anderen. Im Gegenüber des anderen erfahren wir uns selbst. Oft sind es jedoch gerade die Beziehungen zur Umwelt, die uns krankmachen, sie können aber auch ganz im Gegenteil heilsam wirken.

Kurzum: Wir sind hochkomplexe Systeme, die sich selbst organisieren und immerzu verändern. Das Gute daran ist, dass wir uns im Prinzip von Natur aus stets dem außerhalb unseres Selbst befindlichen Neuen zuwenden, uns diesem öffnen und mit diesem in Beziehung treten können. Damit unterscheiden wir uns übrigens nicht wesentlich von anderen Lebewesen, denn es gibt keinen plausiblen Grund anzunehmen, dass wir prinzipiell anders funktionieren sollten als all die anderen Systeme der Natur oder die Natur selbst als Ganzes.

Betrachten wir nun Homo sapiens, der sich in einem permanenten Wandel und in einer ständigen Entwicklung befindet! Unser Gehirn – abgesehen einmal davon, dass es genetisch prädisponiert ist – ist zunächst blind, taub und unerfahren. So betritt es die Welt und nimmt nach außen hin Beziehung auf. Wir befinden uns also immer im Kontext eines größeren Systems, in dem wir uns zurechtfinden sollen. Wir müssen lernen, zu denken, zu fühlen, uns zu verhalten und in unserer Welt zu handeln. Wie bewerkstelligen wir aber eine solch hochkomplexe Aufgabe? Wir wissen, dass der Mensch durch seine Erfahrungen Denk-, Fühl-, Verhaltens- und Handlungsmuster bildet. Sie liegen in den Schubladen seiner meist nicht bewussten »Ablage«. Er macht Erfahrungen, erfährt, was gut und was schlecht für ihn ist und integriert diese Erfahrungen in sein Selbstkonzept. Ob er letztendlich sein Leben und das Leben in der Gesellschaft erfolgreich gestalten kann, hängt also wesentlich von den oben genannten Mustern ab. Natürlich spielt sein Wissen dabei ebenso eine bedeutende Rolle, aber darauf brauchen wir in diesem Zusammenhang nicht einzugehen.

Der Mensch macht sich durch Wissen und Erfahrung mit seinem Gehirn einen Reim auf seine Umwelt, auf die Welt und ihre Probleme. Durch das In-Beziehung-Treten mit seiner Umwelt, durch das unablässige Erfahren des anderen, konstruiert er eigene Muster. Zunächst werden dafür in seinem Gehirn viele Neuronen bereitgestellt, und zwar mehr als er braucht. Dann kommt es im Zuge des Erfahrens bzw. Lernens (neuronale Lerntheorie) zu Verknüpfungen oder Verwerfungen und ein selektives individuelles Muster entsteht, das sich als neuronale Bahn in hochkomplexer Weise ins Gehirn einschreibt. So wird das, was der Mensch zuerst erlebt und anschließend gewertet hat, zur Gehirnstruktur. Letztlich ist also das, was von unseren Erfahrungen im Gehirn hängenbleibt, was unsere Denk-, Fühl-, Verhaltens- und Handlungsmuster, unsere Glaubenssätze, unsere Soll- und Mussvorstellungen ausmacht – neurophysiologisch gesehen –, eine zu Struktur gewordene Erfahrung.

An dieser Stelle sollten wir uns nochmals in Erinnerung rufen, dass Erfahrungen stets subjektiv sind. Denn jeder verwertet das von ihm selbst Erlebte auf seine eigene individuelle Art und Weise, befindet es für seine Person als relevant oder nicht, integriert es in sein Selbstkonzept oder verwirft es, oder das Erlebte transformiert seine bisherigen Erfahrungen und updatet so quasi das vormals Erlebte sowie das bisherige Wissen.

Das, was wir erleben, prüfen wir also aus Sicht unseres Gehirns immer wieder auf Richtigkeit, Stimmigkeit, Relevanz und Kohärenz mit unseren vorhandenen Denk- und Fühlmustern. Wir synchronisieren es sozusagen und werten es anschließend mit unseren Gefühlen neu. Wenn es dann harmonisch in unseren bisherigen Erfahrungsschatz hineinpasst, verinnerlichen wir es als schlüssige Lernerfahrung(en) bzw. als Verhaltensmuster. Passt das Erlebte überhaupt nicht hinein, so hat es auch keinerlei Relevanz für uns, und wir vergessen es ganz schnell wieder. Dann haben wir keine nützliche Erfahrung gemacht. Jetzt können wir uns vorstellen, wie wir mittels all dieser kleinen bunten Puzzleteilchen, die von uns integriert, verworfen, bewertet und/oder zurechtgebogen werden, ein Bild legen, unser Bild von der Welt, unsere subjektive Wirklichkeit. Unsere Wirklichkeit ist also subjektiv, weil wir uns mit unserem Selbst einen Reim auf das von uns Erlebte gemacht haben und das auch weiterhin tun.

Natürlich sollten wir dabei unsere subjektive Wirklichkeit auch mit all den anderen um uns herum bestehenden Wahrheiten und Wirklichkeiten abgleichen. Gerade weil der Mensch ein Gemeinschaftswesen ist und verschiedenen Gruppen, Vereinigungen und einer Gesellschaft angehört, muss er versuchen, die dort bestehenden kollektiven Gesetzmäßigkeiten, Ideale, Wahrheiten und Wirklichkeiten mitzuerfassen. Somit kann er prüfen, ob seine subjektive Wahrheit konsensfähig ist und wenn nicht, kann er entscheiden, ob er seine Sicht auf die Dinge anpasst bzw. sich bewusst machen, wie viel kollektive Stimmigkeit und Passung überhaupt notwendig ist. Jeder von uns ist auf seine eigene Art und Weise einzigartig und verfügt über einen individuell gewachsenen Erfahrungsschatz, den er auch in Gruppen und für die Gesellschaft nützlich einbringen kann. Jeder von uns ist einzigartig in seiner Persönlichkeit, mit seinem Charakter und all den anderen Eigenschaften, die ein ganz eigenes Produkt unserer subjektiven Erfahrungen darstellen – und jeder Mensch bildet und besitzt so sein stetig sich veränderndes subjektives Weltbild.

Was bedeutet das nun im und für das Hier und Jetzt? Wenn wir das Hier und Jetzt in seiner Komplexität und mit all seinen Herausforderungen erfassen wollen – auch im Hinblick auf eine möglichst gelingende Zukunft –, brauchen wir etwas, worauf wir als Bezugspunkt(e) zurückgreifen können. Der Ort, auf den wir uns beziehen können, sind z. B. unsere limbischen Gedächtnisse. Dort werden unsere Erfahrungsschätze aufbewahrt. Diese ins Unbewusste versenkten Muster und Erfahrungen sind unsere emotionalen Bewertungsstellen und dienen uns als Anhaltspunkt(e) für unser aktuelles Denken, Fühlen, Verhalten und Handeln, für das, was gerade geschieht. Unser Wille ist somit in dieser Hinsicht nicht so frei, wie wir das meinen oder gerne wollen. Es geht hier um Erfahrungen und deren Einflussnahme auf unser Sein, nicht um etwaige philosophische oder religiöse Betrachtungsweisen. All unser gegenwärtiges Denken, Fühlen, Verhalten und Handeln wird also entscheidend durch uns nicht mehr bewusste oder direkt präsente Vorerfahrungen mitbestimmt, auch wenn uns natürlich zuletzt aber noch einige Modifikationsmöglichkeiten durch unsere Kognitionsfähigkeit bleiben: Wir sind in der Lage, aktuelles Denken, Fühlen, Verhalten und Handeln vorher, währenddessen und danach zu reflektieren. Also so ganz willenlos sind wir also auch wieder nicht.

Hier wird schnell deutlich, welche Bedeutung erfahrungsorientiertes Lernen und erfahrungsorientierte Therapie für den Menschen haben können. Mit der ganzheitlich greifenden Methode werden einerseits neue Erfahrungen möglich, die wiederum durch weitere (therapeutische oder pädagogische) Arbeit ins Selbst integriert oder auf das Selbst (des Klienten) verändernd wirken können, andererseits kann gut auf bereits vorhandene »alte« Erfahrungen und Muster zurückgegriffen werden, die nur über eine ganzheitliche Sensibilisierung erreichbar sind. Wer also mit »Lernen über Erfahrung« arbeitet, arbeitet mit alten wie neuen Erfahrungen und holt diese optional auf den Amboss des Bewusstseins zur kognitiven Bearbeitung, um sie dann wieder in die Integrität der Persönlichkeit des Klienten – sozusagen meist wieder in dessen Unbewusstes – zu versenken. Dies ist letztlich nichts anderes, als die ursprünglichste und ganzheitlichste Art uns weiterzuentwickeln: Es ist ein Prinzip der Evolution, das Prinzip des Lebendigen. Wir beschäftigen uns hier folglich mit der weitaus verbreitetsten und besten Lehr- und Lernmethode, die prinzipiell ein integrativer Bestandteil der Systemkonzeption Mensch ist: mit erfahrungsorientiertem Lernen, erfahrungsorientierter Therapie, aber natürlich auch mit der Erfahrung im alltäglichen Leben.

Das Lernen über Erfahrung hilft uns Menschen generell, uns mit unseren alten und neuen Erfahrungen in der Gegenwart an unsere jeweilige Umwelt anzupassen. Heute wie damals sind wir dazu angehalten, unser Leben hinsichtlich der sich immer wieder verändernden Anforderungen und Bedingungen zu modifizieren und aktiv zu gestalten. Auch auf gesellschaftlicher Ebene müssen wir wieder lernen, uns anders an der Gestaltung der Gegenwart zu beteiligen sowie daran, uns eine gelingende Zukunft zu bahnen, bessere Antworten als die herkömmlichen zu finden, uns neue Räume und Wege zu erschließen und somit individuell und kollektiv zu wachsen. Selbstverständlich unterliegen nicht nur die Menschen diesem Prinzip, sondern auch alle anderen lebendigen Wesen. Das war früher so und ist heute noch genauso. Es ist schließlich schwer vorstellbar, dass die Eroberung der Savanne mit all den gefährlichen Tieren einfacher gewesen sei, als die existenziellen Bedrohungen heutzutage.

Im besten Fall werden wir für das positive Bewältigen dieser Herausforderungen äußerlich (z. B. durch materielle Sicherheit und Reichtum) und innerlich (z. B. durch Ausschüttung von Dopamin) belohnt. Die innere Belohnung wiegt allerdings viel mehr als die äußere und trägt weitaus mehr zu Zufriedenheit und Glück bei: Dopamin als Belohnung für eine positive Bewältigungserfahrung, als Belohnung dafür, dass wir etwas geschafft haben, was wir uns kaum zu erträumen wagten. Wir haben uns gestellt, es bewerkstelligt und Erfolg gehabt – wenn auch mit Angst. Einen größeren Attraktor für Zufriedenheit, Glück und ein gelingendes Leben gibt es nicht und kann es niemals geben.

Wenden wir uns jetzt nochmals den Erfahrungsgedächtnissen aus einer etwas anderen Perspektive zu. Sie gehören zu den deklarativen Gedächtnissen, die Wissen und Erfahrungen abspeichern. Jedes deklarative Gedächtnis eines Menschen verfügt u. a. auch über ein so genanntes autobiographisches Gedächtnis. Hier werden Lebensepisoden, -ereignisse, -fakten verbunden mit Wissensinhalten in Kontexten der Erinnerung zusammengehalten und als Hilfsmaterial angeboten, so dass sich der Mensch mit all dieser Komplexität einen Reim auf das Leben und das eigene Sein machen kann. Mit diesen Werkzeugen kann er seine eigene Geschichte schreiben.

Gedächtnisse sind aber nicht immer und ausschließlich in die Vergangenheit gerichtet, sondern auch in die Zukunft. Eigentlich müsste man hier von »prospektiven« Gedächtnissen sprechen. Ohne die wüssten wir beispielsweise nicht, dass wir in vier Wochen um zehn Uhr einen Termin beim Zahnarzt haben. Wir wüssten, weder ob wir vor dem Termin Angst haben noch ob wir uns auf das Wiedersehen mit dem Zahnarzt freuen sollen. Generell wäre ein Lernen oder auch eine erfolgreiche Therapie ohne deklarative Gedächtnisse nicht möglich, denn dann fehlten uns die Bewertungsstellen für unser aktuelles Denken, Fühlen, Verhalten und Handeln. Es fehlte uns der Bezug, das Maß oder bildlich gesprochen »der Boden unter den Füßen«.

Neurobiologisch gesehen sind die deklarativen Gedächtnisse insgesamt eng mit dem organischen Korrelat des Hippocampus verbunden. Der Hippocampus ist ein Bereich im Gehirn, der die evolutionär ältesten Strukturen unseres Gehirns beherbergt. Er fungiert als eine der Hauptschaltstationen des limbischen Systems und liegt im Temporal- bzw. Schläfenlappen. Solche Zusammenhänge eröffnet uns beispielsweise die Hirnforschung. Nehmen wir uns zur Verdeutlichung der Erfahrungsverwertung wieder ein Beispiel aus der Medizin vor:

> Es gibt eine Krankheit, die wir posttraumatische Belastungsstörung nennen. Wer daran erkrankt ist, leidet an den Folgen eines so stark erfahrenen Negativereignisses, dass es zu den vielfältigsten symptomatischen Auswirkungen kommen kann: vom Albtraum bis zur Schlaflosigkeit oder Flashback, zu formalen Denkstörungen, Konzentrationsschwierigkeiten, Erinnerungsstörungen, phantastischen, neu konstruierten Erinnerungen, Stressintoleranz und Angst. Bei einer so gewaltigen negativen Erfahrung werden vermutlich während des Erlebnisses der Hippocampus und die Amygdala – ein mandelförmiges Kerngebiet unseres Gehirns, das auch zum limbischen System gehört – strukturell durch eine massive Freisetzung von Glucocorticoiden und deren

toxische Wirkung geschädigt. Beide, Hippocampus und Amygdala, spielen bekanntermaßen jedoch sowohl bei den deklarativen Gedächtnissen als auch beim Lernen eine
bedeutende Rolle. Infolgedessen kann es bei posttraumatischen Belastungsstörungen
auch zum Verlust des Gedächtnisses und der Lernfähigkeit kommen, also zu so irre-
versiblen Schäden, dass die Bewertungsgrundlage (das Maß, der Bezug, »der Boden
unter den Füßen«) komplett zerstört wird. Das führt dann zu den oben genannten
Symptomen und ebenfalls zu einer vollkommen verzerrten Wahrnehmung aktueller
Ereignisse. Es kommt sozusagen zu einem »Filmriss«. Die Erfahrung wird nicht negativ
verarbeitet, sondern gar nicht. (Das ist übrigens der diagnostische Unterschied zwischen posttraumatischer Störung und negativer Erfahrung. Selbst bei einer starken
negativen Erfahrung muss es sich nicht per se um eine posttraumatische Belastungsstörung handeln.)

Warum eine bereits vergangene extreme Negativerfahrung einen so großen Einfluss
auf das aktuelle Leben haben kann, ist uns jetzt durch die Ergebnisse der Hirnforschung klarer und deutlicher geworden. Wie viel wichtiger muss es uns nun erscheinen, in therapeutischen und schulischen Zusammenhängen sowie im Leben generell
für positiv wirkende Erfahrungen zu sorgen, damit es nicht zu Lern- oder Konzen-
trationsstörungen bis hin zum Verlust des Gedächtnisses und der Lernfähigkeit
kommen kann. Sind Erfahrungen und Lernprozesse also im Übermaß mit stark negativen Gefühlen oder starker Angst besetzt, mindert dies den gewünschten Erfolg und
kann sich sogar negativ auswirken. Lernen und Erfahren sollten daher überwiegend in
einem Rahmen von positiven Gefühlen stattfinden.

Sehr starke negative Erfahrungen können also auch organisch einen großen Schaden
anrichten. In der Amygdala – wir haben gehört, dass sie bei Furcht und Angst strukturell eine große Rolle im Gehirn spielt – stellen wir z. B. bei einer posttraumatischen
Belastungsstörung eine massive Vergrößerung der Nervenzellen fest. Erfahrungen,
egal ob negativer oder positiver Art, bilden also stets ein organisches Korrelat in
unserem Hirn, sie graben sich strukturell in unser Gehirn ein. Wir könnten also sagen,
dass die beschriebenen hirnorganischen Veränderungen bei der Belastungsstörung das
neurophysiologische Korrelat einer pathologisch massiven negativen Erfahrung darstellen.

Halten wir also fest: Im Guten wie im Schlechten ist unser Hirn stets zu Struktur
gewordene Erfahrung, die uns immerfort als Bewertungsgrundlage für unser
Erleben des aktuellen Geschehens dient. Ohne diese Erfahrungen, beispielsweise
in den therapeutischen oder pädagogischen Prozess, einzubinden, würden wir
eine bedeutende Grundlage im angestrebten Veränderungsprozess vernachlässigen. Die Erfahrungsgrundlage ist demnach der »Boden«, den wir berücksichtigen müssen, wenn wir etwas aussäen, wachsen lassen und ernten wollen –
ganz so, wie es der Bauer auch tun muss.

Die Gehirnforschung hat einen wesentlichen Beitrag dazu geleistet, diese
großen Zusammenhänge zwischen Hirnfunktionen und Hirnsubstrat aufzude-
cken und zu ergründen. Die Bedeutung einer ganzheitlichen Sichtweise der
Funktions- und Wirkungsmechanismen des Systems Mensch wird dadurch

besonders deutlich. Deshalb sollten wir ständig und überall für ein wissenschaftliches Miteinander sowie interdisziplinäres Forschen und Lehren in den unterschiedlichen Fakultäten werben – sei es die medizinische Fakultät, die psychologische, die pädagogische oder die soziologische, um einige wichtige zu nennen. Klar ist jedenfalls, dass jede Polarisierung und Abgrenzung kontraproduktiv ist und uns wichtiges, ergänzendes Wissen verschließt. Wir sollten Grenzen und wissenschaftliche Engstirnigkeit überwinden, um das zu tun, was das Gehirn auch macht: uns vernetzen und ganzheitlich wirken.

Um die Bedeutung von Erfahrungen nochmals deutlich zu machen, kommen wir zu einem weiteren Beispiel für psychosomatische Wirkungsweisen beim Menschen, dem Phänomen der Pubertät.

Diese menschliche Entwicklungsphase geschieht in einem relativ kurzen Zeitraum, und deshalb sind hier die Zusammenhänge zwischen Denken, Fühlen, Verhalten und Handeln sowie den physikalischen und chemischen, also strukturellen Organveränderungen im Gehirn besonders gut untersucht worden. Pubertät ist gewiss kein krankhafter Vorgang, dennoch bricht in dieser Zeit, wie die Gehirnforschung zeigt, das jugendliche Gehirn regelrecht zusammen und drastische Umbauarbeiten finden statt. Ungefähr im Alter von derzeit vielleicht vierzehn bis siebzehn Jahren passiert es, dass sich stabile Phasensynchronisationen (wirksame Verschaltungen zwischen neuronalen Netzwerken) im Gehirn plötzlich lösen und sich vollständig neu anordnen. Das »Kinderhirn« stirbt sozusagen, um sich im Hinblick auf die kommenden Herausforderungen als Volljähriger zu einem stabilen »Erwachsenengehirn« zusammenzusetzen. Wir erleben diese Phase bei Jugendlichen oft als »pubertäres Irre-Sein«. Es scheint aber dennoch ein ganz normaler Vorgang einer notwendigen Reorganisation von Denk-, Fühl-, Verhaltens- und Handlungsmustern zum »Erwachsenentypus« zu sein. Das Puzzle kindlicher und jugendlicher Erfahrungen wird jetzt zu einem neuen, stimmigen erwachsenen Selbst-, Fremd- und Weltbild zusammengesetzt. Es bestehen also sehr enge Beziehungen zwischen Denk-, Fühl- Verhaltens- und Handlungsmustern sowie den chemischen, elektrischen und biologischen Vorgängen und Strukturen im Gehirn. Diese Erkenntnis haben wir uns allerdings auch schon lange zunutze gemacht, indem wir mit Medikamenten (Psychopharmaka) die chemischen und physikalischen Vorgänge im Gehirn und somit die Denk-, Fühl-, Handlungs- und Verhaltensmuster bei Menschen mit psychischen Störungen oder Erkrankungen beeinflussen.

Wenn wir mit Chemie oder Physik Vorgänge im Gehirn so modifizieren können, dass dabei andere Denk-, Fühl-, Handlungs- und Verhaltensmuster herauskommen, so liegt es nahe, dass wir im Umkehrschluss mit erfahrungsorientiertem Lernen und Therapieren elektrische, chemische und strukturelle Veränderungen im Gehirn schaffen können. Dabei ändern sich dauerhaft neuronale Aktivitätsmuster, und dieser Weg ist der weitaus natürlichere. Es ist allemal besser, die Strukturen unseres Gehirns hauptsächlich mittels Erfahrung zu modifizieren als mit Medikamenten. Für die Psycho-Medizin heißt dies: Psychopharmaka so viel wie notwendig, aber so wenig wie möglich.

Nach Ansicht des Hirnforschers (Gerhard Roth: *Aus Sicht des Gehirns*, 2003) sind einige psychische Störungen u. a. in Fehlprogrammierungen und Fehlfunktionen des limbischen Systems begründet, also des Hirnteils, der auch unsere unbewussten Erfahrungsteile beherbergt. Es handelt sich demnach um emotionale Fehlkonditionierungen, also Störungen der Bewertungsgrundlage für Aktuelles. Durch Bereitstellen entsprechender therapeutischer Erfahrungsräume können Erfahrungen, die wir gemacht haben, generalisierend persönlichkeitsimmanent nutzbar gemacht werden. Das kann zu einer heilsamen Umprogrammierung führen oder zu neuen förderlichen Hirnfunktionen. Manch scheinbar notwendiges Medikament wird so überflüssig. Diese erfahrungsorientierte Vorgehensweise gilt natürlich nicht nur für Medizin und Therapie, sondern im Prinzip für jeden Bereich, in dem man Menschen helfen will, sich zu entwickeln.

Um also wirken zu können, müssen Lernen und Therapie Zugang zu diesen tiefer liegenden emotionalen Bewertungsstellen erlangen – sie müssen zum limbischen System vordringen (vgl. Klaus Grawe: *Neuropsychotherapie*, 2004). Deshalb scheint es auch nicht auszureichen, wenn sich Coaching, Training, schulisches Lernen oder Therapie ausschließlich an die sprachbegabten Gehirnregionen wenden, weil diese kaum prägenden Bezug zum limbischen System haben. Erfahrungslernen muss darum den Versuch darstellen, die Kanäle zu diesen emotionalen Speichern zu öffnen. Denn nur so ist es möglich, dass die Klienten mit neuen Erfahrungen dysfunktionale Erfahrungsstrukturen »überschreiben« und diese somit weniger verhaltensbestimmend werden. Im Sinne eines »Überstrahlungseffektes« würden dann neue Erfahrungen ungünstige bestenfalls verblassen lassen, und das würde sich dann auch auf aktuelles Fühlen, Denken, Verhalten und Handeln modifizierend auswirken. Hirnphysiologisch betrachtet findet an dieser Stelle allerdings keine »Löschung« der ungünstigen Erfahrungen statt, sondern vielmehr eine Umbewertung des Erlebten durch neue prägende Erfahrungen. Ferner ist anzunehmen, dass es meist nicht eine einzelne Erfahrung ist, die solchen Veränderungen den Weg im Gehirn des Klienten bahnt, sondern dass durch wiederholtes veränderungswirksames Erfahren längere intrapsychische Umbildungsprozesse initiiert werden. Dennoch gibt es sie, die einzelne Initial- oder Primärerfahrung, die sich veränderungsrelevant auf Denk-, Fühl-, Verhaltens- und Handlungsmuster auswirkt. Vermutlich löst diese Selbstorganisations- und Modifikationsprozesse im Gehirn aus, die durch Wiederholungserfahrungen weiter ausgebaut werden.

Weitere Einflussnahmen auf hirnphysiologische und -psychologische Vorgänge durch das Erfahrungslernen sind sicher die besonders fokussierte Aufmerksamkeit, der mögliche Verstörungseffekt, der zu neuer Selbstorganisation neuronaler Netzwerke führt, aber auch das Einüben kortikaler Kontrolle über limbische Konditionierungen. Mit Letzterem ist gemeint, dass mit dem Klienten trainiert wird, sein emotionsdominiertes Verhalten zunächst zu reflektieren, um dieses sowie die ihn überkommenden, übermächtig erscheinenden Gefühle später bestenfalls unter Kontrolle zu bekommen. Man spricht bei dieser verhaltenstherapeutischen Methode auch von »kognitiver Modulation« (vgl. zu diesem Ansatz auch die von Dietmar Hansch entwickelten Behandlungsmodule: *Erfolgreich gegen Depression und Angst*, 2011).

> Wir wissen genug über die Entstehung und Wirkmechanismen von Erfahrungen, um deren überaus große Bedeutung für Gesundheit, Charakter- und Persönlichkeitsbildung zu erkennen und auf dieser Grundlage förderliche und anwendbare erfahrungsorientierte Methoden zu entwickeln.

Wenn aber Erfahrungen zu einem großen Teil in unbewussten Speichern liegen, anderes uns hingegen bewusst ist, wollen wir nun auch wissen, wo jetzt genau das Unbewusste und wo das Bewusste im Gehirn lokalisiert werden kann – oder: Wo sitzt gar die Seele?

6.6   Erfahrung: Bewusstsein und Nichtbewusstsein

Eigentlich gibt es im Gehirn keine Orte, wo etwas »sitzt«. Es sitzt nicht links oben die Freude, links unten das Glück oder ganz hinten das Zentrum für Angst. Alles entsteht als »virtuelles« Produkt verschiedenster Reaktionen und Wechselwirkungen an und zwischen den verschiedensten Orten mit verschiedenster elektrischer oder chemischer Intensität. Deshalb befindet sich das Bewusste auch nicht oben im Gehirn und das Unbewusste unten. Wenn wir Dinge überhaupt im Gehirn lokalisieren, dann tun wir dies aus rein didaktischen Gründen. Bewusstsein und Nichtbewusstsein betrachten wir korrekterweise besser ausschließlich als veränderte Bewusstseinszustände.

Die Transferleistung von Vorgängen und Gedanken, die in unser Bewusstsein vordringen, also das, was da oben bei uns ankommt, beträgt – computeräquivalent beschrieben – zwischen 1 – 40 Bits pro Sekunde. Die Übertragungsrate von Informationen, die jedoch über den Input der Sinne – Sehen, Hören, Riechen, Schmecken, Fühlen – in unser Gehirn gelangt, ist mit 100 – 1.000.000 Bits pro Sekunde weitaus größer. Wo bleibt also der gesamte große Rest an Informationen? Nun irgendwo wird er wohl schon noch sein und in der einen oder anderen Situation vielleicht auch abgerufen werden können. Nur scheinen die Daten nicht voll umfänglich und in jeder Situation unserem Bewusstsein zugänglich zu sein, sondern nur zum Teil, ab und an oder eben gar nicht, wenn sie im Unbewussten vergraben bleiben. Es handelt sich also bei den unterschiedlichen Bewusstseinszuständen um einen fließenden graduellen Zustand präsenter Informationen. Die Bewusstheit wird biologisch begrenzt oder auch nicht.

Es existieren also in einem erfahrenen Gehirn Denk-, Fühl-, Verhaltens- und Handlungsmuster, gebildet aus subjektiven Erfahrungen, die uns teils bewusst, aber zum größten Teil unbewusst sind, und selbst wenn sie uns nicht bewusst sind, wirken sie doch mit ihrer ganzen Kraft auf unser aktuelles Handeln, Verhalten, Denken oder Fühlen. Gerade deshalb liegt die Schlussfolgerung nahe, dass die Bearbeitung solcher uns ausmachender Erfahrungen und Muster sich auch oder vielmehr vornehmlich auf den Anteil der uns nicht bewussten Erfahrungen und Muster beziehen muss. Diese Erkenntnis macht die Essenz des Erfahrungslernens aus und darum bezieht man Körper, Seele und Geist mit ihren bewussten und unbewussten Erfahrungen sowie Mustern auch in den Coaching-, Therapie-, Lern- oder Entwicklungsprozess mit ein. In logischer Konsequenz ist Erfahrungslernen eine der ergiebigsten Vorgehensweisen und Methoden, da hiermit am ehesten und leichtesten bewusste und nicht bewusste Anteile der Persönlichkeit und Muster exploriert und bearbeitet werden können.

Sicherlich ist uns dies alles nicht erst seit gestern bekannt. Entspannungsverfahren, Hypnose, auch Schamanismus basieren, mit welchen Methoden auch immer herbeigeführt, auch darauf, dass die kortikalen Erregungen und damit der Grad des Bewusstseins in diesen Fällen gesenkt werden. Erfahrungsorientierte Methoden, wie beispielsweise die Hochseilgartenbegehung, erschließen sich jedoch das zunächst Nichtbewusste anders. Es ist anzunehmen, dass durch die Hyperstimulation, durch die bewusste Erzeugung von Emotionen, zwei wesentliche Wirkimpulse entstehen. Zum einen tritt der so genannte Arousel-Effekt (Verstörungseffekt) auf, der feste Muster lockert bzw. »verschüttelt« und diese dann für eine Neuordnung freigibt. Zum anderen wird die Aufmerksamkeit des Klienten auf eine bestimmte Erfahrung gelenkt, diese fortwährend fokussiert, um sie in hoch aktiviertem, emotional aufgewühltem und rational-kognitiv sehr wachem Zustand als Ganzes zu bearbeiten. Auf diese Weise bleibt es nicht bei rein oberflächlichen rational-kognitiven Erklärungsmustern, sondern es werden zusätzlich zunächst nicht bewusste Fühl-, Denk-, Verhaltens- und Handlungsmuster freigelegt, bewusst und der therapeutischen Intervention zugänglich gemacht.

Bewusstseinszustände sind somit möglicherweise neurophysiologisch spezifische, präzise und synchronisierte Erregungsmuster verschiedener, im Gehirn lokalisierter Neuronen, die passgenau ineinandergreifen und so den Bewusstseinsgrad festlegen. Bewusstseinszustände sind also nichts Statisches, sondern etwas fließend Veränderbares. Um es verständlicher darzustellen, könnten wir Bewusstseinszustände mit einem Lichtdimmer vergleichen, mit dem wir den Helligkeitsgrad von ganz hell bis ganz dunkel stufenlos regeln können.

Wenden wir uns jetzt dem Begriff »Seele« zu, der ähnlich unscharf ist. »Herr, ich bin nicht würdig, dass Du eingehst unter mein Dach. Aber sprich nur ein Wort, so wird meine Seele gesund!«, beten Katholiken und klopfen sich rituell mit der Hand auf die Brust. Warum klopfen sie sich nicht auf den Kopf? Wo sitzt denn nun die Seele?

6.7 Die Wiederbeseelung des Menschen

Körper, Seele und Geist bilden eine Einheit. Überall lesen und hören wir das, mindestens aber in nahezu jedem alternativen, ganzheitlichen, esoterischen oder modernen Boulevardblatt, welches sich mit alternativer Medizin, Gesundheit oder psychologischen Aspekten beschäftigt. Und dennoch machen wir uns keine Gedanken über die wirkliche Aussage, die hinter diesem Satz steht. Was soll denn nun eigentlich »die Seele« überhaupt sein?

Was der Körper ist, das ist uns klar. Wir können ihn sehen, wir können ihn anfassen und der überwiegende Teil der wissenschaftlichen Medizin beschäftigt sich mit ihm – wenn auch manchmal nur ausschließlich. Den Körper schicken wir zum Training ins Fitnessstudio oder zum Sport. Er tut uns weh, er bewegt sich langsam oder schnell, er wird dick oder bleibt dünn, braun oder weiß. In vielen bunten Bildern der Werbeindustrie wird uns vorgeführt, wie er im Idealfall auszusehen hat oder wie man ihn schmücken kann.

Mit dem Geist wird es schon etwas schwieriger. Er ist irgendwie nicht fassbar, dennoch verbinden wir ihn mit unserem kognitiven Denkvermögen. Wir können lesen, schreiben, rechnen und uns kluge Gedanken machen. Mittlerweile kann man sogar in vielen Ratgebern lesen, wie wir den Geist trainieren können. Wir können mithilfe von Intelligenztests seine Leistungen analysieren und einschätzen oder Studien durchführen, die wie die Pisa-Studie über das Wissen von Schülern Aufschluss geben. In erster Linie bringen wir unseren Geist also mit unserem Gehirn in Zusammenhang.

Aber was ist denn nun die Seele? Wenn wir christlich erzogen worden sind, ist sie oft etwas, was jenseits der Körperlichkeit lokalisiert wird. Sie war vielleicht schon vor unserem Eintritt ins Leben da, vielleicht aber auch nicht. Vielleicht überlebt sie sogar unseren Tod und begibt sich, wenn wir sterben, an einen paradiesischen Ort. In anderen Kulturen glaubt man auch, dass sie wiederkommt, dass sie in irgendein anderes körperliches Wesen hineinschlüpft, es »beseelt« und dann wieder ins irdische Leben zurückkehrt. Dass die Seele eigenständig, also vom Körper getrennt zu betrachten ist, wurde uns spätestens dann ganz deutlich, als Philosophen wie René Descartes den Dualismus diesbezüglich festschrieben: Die Seele kommt und setzt den Körper in Gang. Dass die Seelen den Tod überdauern, glaubten allerdings auch schon unsere urgermanischen Vorfahren. Sie glaubten daran, dass die Seelen der Menschen vor und nach dem Leben in bestimmten Seen leben (See-le).

Im Gebrauch der Umgangssprache begegnet man der Seele in Form von Aussprüchen wie: »Der ist aber eine arme Seele!«, »Was für eine schöne Seele!« oder »Sie ist eine Seele von Mensch!«. In Kunstwerken findet man sie manchmal visualisiert als kleine Flamme oder Wolke und in der Bäckerei gar als längliches Laugengebäck. Meist wird sie als etwas Gutes angesehen, die Seele. »Sie ist eine Seele von Mensch!«, meint, dass die so bezeichnete Person, je nach Perspektive des Schreibers, gütig und empfindsam für die Bedürfnisse anderer, empfindlich oder tiefgründig ist. Aus dem Griechischen abgeleitet wurde die Seele dann auch Psyche genannt, obwohl nicht ganz: Denn die Seele bezeichnet bis heute etwas Gutes und Geheimnisvolles, die Psyche hingegen etwas anderes, mehr Fassbares. Wir merken, es ist uns eigentlich nicht ganz klar, was die Seele genau ist. Das Wort Seele hat jedenfalls verschiedene Bedeutungen, je nachdem in welchem psychologischen, philosophischen oder religiösen Kontext der Begriff benutzt wird. Im Allgemeinen verstehen wir unter dem Begriff Seele aber meist eine nicht materielle Gesamtheit gedanklicher Vorgänge oder Gemütsbewegungen.

Vielleicht können wir uns an dieser Stelle darauf einigen, dass die Seele etwas Unscharfes, nicht Gegenständliches, im Grunde ein Prinzip des Lebendigen beschreibt, das die unterschiedlichsten immateriellen Funktionsmechanismen beinhaltet. Dazu gehören Empfindungen, Erinnerungen, Wahrnehmungen, Empathie, aber auch Freude, Lust, Leid und Schmerz. All diese Begriffe beschreiben nichts Statisches, Dingliches, sondern dynamische Vorgänge, etwa wie der Begriff »Bewegung«. Bewegung können wir als Vorgang gut visualisieren, indem wir uns vorstellen, dass wir beispielsweise einen Schritt nach vorne machen, uns also von A nach B bewegen. Viele Begrifflichkeiten seelischen Vorgehens leiten sich aus solchen aktiven, dynamischen Verben oder Prozessworten ab. Beim Begriff »Aufmerksamkeit« denken wir z. B. an »aufmerksam sein«, bei der Frage »Hast Du dies begriffen oder erfasst?« an »begreifen« oder daran, ein Thema inhaltlich zu »(er)fassen«.

Der Begriff Seele umschreibt also dynamische Vorgänge, die sich entwickeln und verändern können. Er umschreibt ein komplexes Funktionsprinzip, bestehend aus Wissen, emotionaler Wertung und Handlungsabsicht oder anders ausgedrückt: ein letztendliches Antriebs- oder Hemmungsgemisch aus Wahrnehmungen, Gefühlen und Wertungen, das unsere »Bewegung« und unser Handeln ausmacht – wir sind bewegt oder auch nicht. Umgangssprachlich beschreibt Seele heute demnach am besten das menschliche Befinden, welches Grundlage für das Leben und dessen individuelle Ausgestaltung ist.

Auf diese Weise ist die Seele natürlich untrennbar mit dem Körper (Soma) verbunden. Wir erinnern uns: Körper, Seele und Geist sind eins. Deshalb vermuteten die alten Griechen auch so etwas wie einen Ort, wo sich die Seele im

Körper befindet. Sie nahmen an, die Seele sitze irgendwie in der Mitte des menschlichen Körpers, in der Gegend des Zwerchfells. Da die Seele also untrennbar mit dem Körper verbunden zu sein scheint – sie treibt diesen schließlich an – fokussiert die moderne Medizin heutzutage insbesondere die Wechselwirkungen, die sich zwischen Seele und Körper abspielen. Diese Betrachtungsweise, die wir unter dem Kompositum »Psychosomatik« – Psyche (Seele), Soma (Körper) – subsumieren, ist nicht neu. Schon früher versuchte man, Wechselwirkungen zwischen Körper, Seele und Geist zu beobachten und zu erforschen, wenn man sie auch schwer beschreiben oder erfassen konnte. Dies ist heute möglicherweise durch die moderne wissenschaftliche Kenntnis der Systemkonzeption Mensch etwas einfacher geworden, dennoch bleibt die Seele ihrem Wesen nach irgendwie metaphysisch und nicht wirklich in ihrer Gänze (be)greifbar.

Vor nicht allzu langer Zeit wurde in diesem Zusammenhang das deutsche Wort »Gemüt« noch häufiger genutzt, wie z. B. wenn man in der Medizin oder landläufig von »Gemütskrankheiten« sprach und darunter seelische Störungen verstand. Vom Begriff Gemüt abgeleitete Begriffe umschreiben in unserer Sprache seelische Zustände. Wir sprechen von Unmut, Langmut oder auch Hochmut, der vor dem Fall kommt, oder einer demütigen Lebenshaltung. Schwermütig ist der Depressive, missmutig der Verstimmte, reumütig der Sünder, oder wir fangen einen mutmaßlichen Täter, wenn wir annehmen (mutmaßen), dass er der Kriminelle ist. Uns ist komisch zumute bei Dingen, die wir nicht einordnen können oder wir stürzen uns wagemutig in eine Handlung. Es fällt uns schwer, Dinge nicht genau definieren, katalogisieren und einordnen zu können. Aber das ist gerade die Pointe dieser, für uns nicht fassbaren Ganzheit der Seele.

Gerade dort, wo wir Unschärfe begegnen, handelt es sich um einen inneren funktionalen Zustand, der Kreativität und Veränderung hervorzubringen vermag. Durch Unscharfes, Dynamisches, Veränderliches, Bewegliches wird erst die Möglichkeit, der Raum für Entwicklung und Wachstum oder aber das Gegenteil für Stillstand und Verkümmern gegeben. Seele ist Ausdruck des Lebendigen, welches wir heute allzu sehr aus den Augen verloren haben. Die Seele, die durch die grundlegenden seelischen unfassbaren Funktionsweisen begründet wird – Kompetenzen zu besitzen, um auf innere und äußere Zustände einwirken und mit unserer ganzen Lebenskraft wirkungsvoll auf uns selbst und unsere Umwelt Einfluss nehmen zu können – ist gleichbedeutend mit dem Lebendigen, Veränderbaren. Wir sind beseelt und dadurch lebendig. Die Fähigkeiten, die in dieser »unscharfen Seelenwolke« begründet sind, machen das Leben für uns verstehbar und handhabbar.

Wir brauchen eben alles, Körper, Seele und Geist, und wenn wir zu einseitig werden, verlieren wir viel von unserer Lebenskraft. Wir haben die Seele als fühlende, ahnende, bewertende Mitte in der letzten Zeit oft sträflich vernachlässigt und unser Augenmerk zu sehr auf das konkret Greifbare, Gegenständliche, Praktische, rein Kognitive gerichtet. Ähnliches vermutete auch schon Schiller, als er in seinem Gedicht: »Die Götter Griechenlands« schrieb: »[A]lles Schöne, alles Hohe nahmen sie mit fort, alle Farben, alle Lebenstöne, und uns blieb nur das entseelte Wort.«

Die Seele ist weder ein Gegenstand noch hat sie einen Ort oder Sitz. Sie beschreibt eine innere Haltung, die sich aus einem Bindungsgefüge grundsätzlicher, meist unbewusster Einschätzungs- und Verarbeitungsmuster zusammensetzt. Diese teilen wir im folgenden Kapitel in bestimmte Kategorien ein, um sie für uns verständlicher, handhabbarer und so besser nutzbar zu machen. Diese Kategorien sind im Übrigen nichts anderes als die immer wieder erwähnten Basiskompetenzen. Wir beschäftigen uns also erneut aus verschiedenen Blickwinkeln mit ihnen, wohlweislich mit der Überzeugung, dem Seelischen mit Kategorien nur teilweise gerecht werden zu können.

6.8   Seele: »Cloud« der Basiskompetenzen?

Wenden wir uns hier also den »seelischen« Kategorien bzw. Basiskompetenzen zu, die deshalb so wichtig für uns sind, weil ihre bestmögliche Ausprägung die Wahrscheinlichkeit für die Gestaltung eines gesunden und gelingenden Lebens erhöht. Basiskompetenzen sind quasi die »Rechenvorschriften« für unser individuelles und kollektives Verhalten.

Um ihre Bedeutung erfassen zu können, bedarf es einiger kreativer Vorstellungskraft, auch weil wir uns in einen Bereich der Unschärfe begeben, denn das Leben ist nicht statisch und existiert als eine stetige Bewegung, Veränderung und gegenseitige Beeinflussung von Dingen. Als Hilfskonstrukt und für ein besseres Verständnis der Bedeutung von Basiskompetenzen ist die Verwendung des abstrahierenden Begriffs Rechenvorschriften aber durchaus sinnvoll, obwohl sich die Begriffe »Unschärfe« und »Rechenvorschrift« dem Grunde nach schon widersprechen. Betrachten wir deshalb den Begriff Rechenvorschrift trotz seiner gewissen starren Natur als nützliches Hilfskonstrukt für unser Denken, Fühlen, Verhalten und Handeln!

Basiskompetenzen sind also grundsätzliche, persönlichkeitsimmanente Rechenvorschriften für komplexe Verhaltensmuster und das Treffen von Entscheidungen. Sie bestehen aus einem Zusammenspiel von Emotionen, Kognitionen, Erinnerungen und Erfahrungen, aus dem sich unsere Verhaltensantwort und sprachliche Reaktion auf Umweltreize ergibt. Im Vordergrund unserer Betrachtung sollen jedoch weniger unsere Verhaltensantworten auf Umweltreize wie Kälte, Wärme, Licht oder Ähnliches stehen, sondern vielmehr diejenigen, die sich im Umgang mit unseren Mitmenschen und bei der Auseinandersetzung mit komplexen Fragen und Problemen aus dem Kontext Leben ergeben.

Die menschlichen Basiskompetenzen (in sozialen Kontexten bezeichnet man sie auch als soziale Kompetenzen) lassen sich in zehn Hauptkategorien einteilen: Urteils- und Entscheidungskraft, Wahrnehmungsfähigkeit, Eigen- und Fremd-wahrnehmung (wie werde ich von anderen wahrgenommen), Empathie, Stresstoleranz, Zielstrebigkeit, Durchsetzungsvermögen, Ambiguitätstoleranz (Widersprüche aushalten), Wertschätzungspotenzial, Konsensfähigkeit und Kommunikationsfähigkeit. (Die Begriffsbedeutungen der einzelnen Basiskom-petenzen überschneiden sich sicherlich zum Teil, denn sie bedingen sich ge-genseitig, so wie im Leben auch alles ineinander wirkt und sich bedingt. Es handelt sich bei den erwähnten zehn wichtigsten Basiskompetenzen demnach um eine durchaus willkürliche Schwerpunktmischung, die natürlich, wenn man will, ergänzt, reduziert oder umformuliert werden kann.)

Basiskompetenzen entstehen an keinem bestimmten Ort und zu keinem bestimmten Zeitpunkt. Sie befinden sich auch nicht in einem ganz bestimmten Areal unseres Gehirns. Sie entwickeln sich aus den individuellen, genetischen Voraussetzungen und im Zuge von lebenslangem Erfahren, Erkennen und Ler-nen, wobei früh(kindlich) Erfahrenem, Erkanntem und Erlerntem bekanntlich eine besondere Bedeutung zukommt.

In unserem Leben passiert unendlich viel, und all dem, was geschieht, messen wir eine subjektive Bedeutung bei oder eben keine. Dabei integrieren wir das für uns relevante Entstandene in unser Selbst. Es sind also genau die (Lern-)Er-fahrungen und Erkenntnisse, die letztendlich unsere Basiskompetenzen gene-rieren. Wir nehmen die Welt mit unseren emotionalen, kognitiven und taktilen Sensoren wahr, verleihen dem Ganzen unsere subjektive Bedeutung und erklä-ren diese anschließend zu unserer Rechenvorschrift für unser zukünftiges Leben. Zusätzlich verknüpfen und vergleichen wir bei diesem Vorgang das Geschehene noch mit bereits abgespeicherten älteren und anderen Erfahrungen. Danach ist diese Akte für uns bearbeitet und wird als vorerst erledigt, aber gültig, meist in unseren nichtdeklarativen (un- oder vorbewussten) Gedächt-nissen abgelegt. Die nichtdeklarativen Gedächtnisse beeinflussen nun im Zu-sammenspiel mit anderen wichtigen Funktionen des Gehirns (z. B. bewusste, autobiographische und prozedurale Gedächtnisse) unser zukünftiges Reagieren und Verhalten auf entsprechende Umweltreize. Wir agieren oder reagieren also auf der Basis von Erfahrungsmustern (vgl. dazu Kap. 6.4.1: Die Teilnehmer der »Entscheidungs- und Verhaltenskonferenz« im Gehirn).

Zugegebenermaßen, die Sache hört sich etwas kompliziert an – und sie ist es auch. Aber komplexe, neue Umweltreize sowie Probleme bedürfen auch kom-plexer Antworten. Wir erwähnten es bereits: Wir befinden uns im Bereich der Unschärfe, im Bereich des Lebendigen. Darum beschreiben wir phänomenolo-

gisch diese, zu einem großen Teil nicht bewussten, komplexen Basiskompetenzen und Hirnfunktionen mit einer Vielfalt von unterschiedlichen Begriffen
wie Intuition, Ahnung, Eingebung, Charisma, »Bauchgefühl« oder auch Seele,
aber auch mit solchen, die uns handhabbarer erscheinen und sich in unserer
Persönlichkeitsstruktur bzw. in unseren Charaktereigenschaften ausdrücken.

Fassen wir noch einmal zusammen: Basiskompetenzen bilden die Grundla-
gen (Axiome und Rechenvorschriften), auf denen unsere Reaktionen, unser
Verhalten und unser Umgang mit komplexen neuen Herausforderungen sowie
Beziehungen basieren. Sie entstehen zu einem wesentlichen Teil aus lebenslan-
gen Erfahrungen. Nun kann es passieren, dass uns an dieser Stelle ein Gefühl der
Beklommenheit und Machtlosigkeit beschleicht: »Wie kann ich mir denn in
Kürze nicht erlernte Basiskompetenzen aneignen oder verloren gegangene
Kompetenzen wieder zugänglich machen, wenn diese in einem lebenslangen
Prozess entstehen, in dem ich immer wieder (Neues) erfahren und dem Ge-
schehenen Bedeutungen beimessen muss?« Die Antwort auf diese Frage kann
nicht etwa heißen: durch das Lesen eines Ratgebers, den Besuch eines Seminars
»Basiskompetent in zehn Schritten« oder durch ein einmaliges ganzheitliches
Erfahrungstraining. Hier greift vielmehr die etwas abgegriffene Losung: »Dein
Weg ist das Ziel!«

Es gibt sie nämlich nicht, die endgültige persönliche Meisterschaft, so wie es
auch nicht »das« alleinige und endgültige Ziel im Leben gibt. Es gibt auch nicht
»den einen« richtigen Weg – bekanntermaßen führen viele Wege nach Rom. Es
ist nur wichtig, dass wir uns überhaupt auf den Weg begeben, in Bewegung – im
Prozess – bleiben und den Mut haben, auch neue Wege zu gehen. Wir müssen
uns immerwährend schulen, trainieren und uns reflektieren vor dem Hintergrund basaler Kompetenzen. Das Leben ist zu schnell, um es einzuholen. Immer
gibt es ein Stückchen Lebendiges mehr, was wir erfahren können. Es bedarf einer
inneren Haltung des Weiterkommen-, Können- und Bewältigen-Wollens, der
offenen Bereitschaft, sich auf das Neue, auf Probleme und Herausforderungen
einzulassen, um sich offen und reflexiv den gegenwärtigen und zukünftigen
Herausforderungen zu stellen und sich mit ihnen auseinanderzusetzen. Das ist
in der Tat nichts Neues und war schon bei den Mammutjägern so.

Tasten wir uns nun etwas weiter vor und lassen Sie uns die Auswahl der
Basiskompetenzen hier mit Gefühlslagen verknüpfen und als eine positive seelische Grundstimmung und innere Haltung betrachten! Dabei gehen wir
selbstverständlich davon aus, dass sich alles gegenseitig bedingt und vernetzt,
ganz so, wie unser Gehirn eben funktioniert. Um einen lebendigen Zustand oder
Vorgang bestmöglich einzuschätzen, müssen wir erst einmal so viele Dinge wie
möglich wahrnehmen. Dies umfasst zum einen alles, was um uns herum passiert,
sei es das gesprochene und nicht gesprochene Wort, die Mimik, die Atmosphäre,
die Reaktion oder Aktion des anderen im Kontext (s)einer Geschichte sowie seine

Befürchtungen und Erwartungen. Ebenso sollten wir versuchen, zu erfassen, was
der andere womöglich von der ihn umgebenden Situation wahrnimmt, auch in
Bezug auf uns. Das alles nennen wir »Wahrnehmung« (der Umwelt) und
»Fremdwahrnehmung« (wie werde ich von den anderen wahrgenommen). Dann
sollten wir uns noch selbst beobachten und uns selbst nachspüren (wie empfinden wir unsere eigene Situation und aus welchem Grund empfinden wir sie so).
Auch unsere Befürchtungen und Erwartungen gehören dabei mit auf den Prüfstand. Das alles zusammen nennen wir »Eigenwahrnehmung«.

Alles in allem handelt es sich bei der Wahrnehmung folglich um einen
ziemlich komplexen Vorgang, der uns erst die Basis dafür gibt, für unser Innen
und Außen einen möglichst adäquaten und stimmigen Verhaltens- oder
Handlungsplan zu entwerfen. Insgesamt ergibt sich so ein ganz gewisses Gefühl
für die Gesamtsituation und für die Handlung des anderen – wir fühlen uns ein.
Vielleicht lässt sich unsere ursprüngliche Einschätzung, dass die Absicht des
anderen heimtückisch und böse oder gut und vertrauensvoll ist, so am besten
nachprüfen. Vielleicht relativiert sich auf dieser Grundlage im Anschluss daran
auch unsere ursprüngliche oder impulsiv entstandene, gefühlsmäßige und kognitive Einschätzung, oder sie wird durch die Erfahrung, die wir anschließend
machen, bestätigt. Nur durch dieses Ein- und Mitfühlen gegenüber der Situation
und gegenüber allen Beteiligten wird uns ermöglicht, adäquat zu reagieren, zu
erfahren und daraus entsprechende Schlussfolgerungen zu ziehen. Wir nennen
diese Eigenschaft des Ein- und Mitfühlens »Empathie«.

Eine schwierige Lage, in der wir uns befinden oder ein Problem, welches
vorliegt, kann uns unter Druck setzen. Wir werden gestresst. Aber erst, wenn wir
den Stress in seiner Gesamtheit wahrnehmen, können wir auf diese Weise besser
einschätzen, ob wir in der Lage und bereit sind, diesen Druck auszuhalten – etwa
weil uns an der Lösung des Problems etwas liegt oder weil wir der Überzeugung
sind, dass uns die Situation nicht umwirft und wir sie bewältigen können – oder
ob wir uns dieser Situation besser entziehen. Wir können unterschiedliche Lö-
sungswege für ein Problem finden und die Lösung wählen, die die uns betreffenden Stressoren bewältigt oder ausschaltet. Dass wir den Stress bzw. Druck,
der auf uns lastet, billigen können, um das Problem zu lösen, setzt unsere
grundlegende innere Bereitschaft dazu voraus. Das In-Kauf-nehmen-Können
nimmt sozusagen etwas von der Gefährlichkeit unseres Stresses, nimmt etwas
von unserem Druck. Wir nennen diese Kompetenz »Stresstoleranz«. (Wie wir
dann im Einzelnen mit den Stressoren umgehen, das ist eine andere Sache.
Methoden, Tricks und Management der Stressbewältigung nennen wir
»Stressmanagement«. Das ist etwas ganz anderes, welches sich auf einer anderen
Ebene abspielt und eher zum Handwerkszeug gehört, also eher eine Schlüssel-
qualifikation ist.)

Haben wir derart unsere innere und äußere Situation wahrgenommen, im

Gefühl gewertet und die für uns stimmige Stressbereitschaft erkundet, so können wir im Anschluss daran an Gewissheit und Sicherheit gewinnen, unser Problem oder die uns herausfordernde Situation bewältigen zu können. Wir sind dann in der Lage, uns für ein zielorientiertes Verhalten zu entscheiden. Das Vorhaben oder Ziel kann sehr individuell sein, aber auch gemeinschaftlichen Interessen dienen. Mit dieser grundsätzlichen Gewissheit unserer Möglichkeiten und unseres Wollens entwickeln wir dann die notwendige Zielstrebigkeit. Emotional und kognitiv entfalten wir so die motivationale Kraft, das von uns angestrebte Ziel auch zu erreichen. Mit dieser Kraft und Sicherheit werden wir versuchen, uns bestmöglich mit unserer subjektiven inneren, als wahr empfundenen Richtigkeit über unser wahrgenommenes Inneres und Äußeres und unserer daraus entwickelten Zielabsicht durchzusetzen. Entscheidend dabei ist unsere Annahme der Wichtigkeit und Richtigkeit unseres Ziels. Sie bildet die Basis für unser »Durchsetzungsvermögen«.

In der Realität geht es aber nicht immer nur nach unserem Willen. Andere Menschen werden auch probieren, ihre eigenen Ziele vehement zu verfolgen. Da kommt es nicht selten zu Unstimmigkeiten, wenn unterschiedliche Zielbestrebungen bestehen. Es kann auch sein, dass es in Bezug auf das Erreichen eines gemeinsamen Ziels unterschiedliche Ansichten gibt, ganz so wie auch unterschiedliche Auffassungen darüber existieren, wie man am besten in Gemeinschaft zusammenleben soll. Deshalb sind wir angesichts all der verschiedenen Meinungen und Widersprüchlichkeiten oft blockiert und müssen, damit es weitergeht, einen Konsens finden. Das kann zum Haare raufen sein, zum Verzweifeln oder zur kindlich-bockigen Verweigerungshaltung bei so manchem führen, nicht aber, wenn wir ein Grundgefühl und eine Fähigkeit dafür entwickelt haben, im Kontext unterschiedlicher subjektiver Wirklichkeiten von unserer eigenen Meinung divergierende Ansichten sowie nicht für gut befundene Handlungen und aufkommende Widersprüchlichkeiten auszuhalten. Diese Fähigkeit bezeichnen wir als »Ambiguitätstoleranz«.

Übrigens benötigen wir diese Ambiguitätstoleranz nicht nur in der Interaktion mit anderen, sondern natürlich auch für uns selbst, wenn wir in unserem Inneren hin und her gerissen sind, was gar nicht so selten der Fall ist. Es ist dieses innere »Ja, aber … !«, unser innerer Konflikt zwischen Wunsch und Wirklichkeit oder eben dieses Gefühl, das auch Goethes Faust überkam, als er sprach: »Zwei Seelen wohnen ach! in meiner Brust«. Je mehr wir diese zwei Seiten in uns, aber auch in unserem Gegenüber im Ganzen wahrnehmen und anerkennen können, umso leichter fällt es uns, die bestehende Wirklichkeit so zu akzeptieren, wie sie ist. Wir sind dann viel leichter imstande wahrzunehmen, was wirklich ist. Wir nehmen wahr, dass der andere aus unserer Sicht mit dem, was er denkt oder tut, vielleicht falsch liegt, aber gleichzeitig können wir ihn wertschätzen, wenn wir uns vergegenwärtigen, dass dem nicht immer so ist, sondern er sehr oft viel richtiger liegt als wir selbst. Er ist wie du und ich, ein unvollkommenes, aber einzigartiges Individuum.

Nehmen wir also unser Gegenüber ganz und gar so an, wie es ist! Das Respektieren und Wertschätzen unseres Nächsten mit allem Drum und Dran ist gleichbedeutend mit seiner Annahme im Gefühl und meint nicht bloße Akzeptanz mit dem Verstand. Auf dieser Basis lässt sich bestimmt leichter eine Synthese bzw. ein Konsens finden als im starren Stellungskrieg. Natürlich trifft auch dies wieder nicht nur auf interaktionale Prozesse zu, sondern auch auf intrapsychische. Wir erkennen uns in diesem letzteren Fall selbst als dieses nicht vollkommene, innerlich nicht perfekte oder ratlose Wesen an, ohne uns gleich gänzlich zu verurteilen. Wir verzichten auf den Anspruch gottähnlicher Allwissenheit, Perfektion und Stimmigkeit in uns und nehmen uns selbst mit all unseren Widersprüchlichkeiten als Ganzes an. Diese Fähigkeit, uns und andere als Ganzes wahrzunehmen, nennen wir »Wertschätzungspotenzial«.

Mit dieser wertschätzenden Grundhaltung uns selbst und anderen gegenüber sind wir viel eher dazu bereit, auch innere Kompromisse zu (er)tragen oder gar auf die für uns »vollkommene« Lösung zu verzichten. Das betrifft ebenfalls unser Anspruchsdenken, wir müssten immer und überall vollkommen glücklich sein. Dieser zum Teil verkrampfte und verbitterte Anspruch auf das vollkommene innere Glück, auf die vollkommene innere Zufriedenheit, resultiert jedoch nur aus einer Illusion und raubt uns unnötig seelische Kraft und Energie. Das vollkommene Glück, das Erreichen jeden Ziels bedeutet im Grunde doch nur das Ende alles Lebendigen – da ist eine etwas bescheidenere innere Haltung weitaus wirklichkeitsnäher. Das Gleiche gilt auch für Konflikte mit äußeren Gegebenheiten oder mit unserem Gegenüber. Die aus unserer Sicht nicht bestmögliche Lösung aushalten und akzeptieren zu können, bezeichnen wir als »Konsensfähigkeit«. Nach einem Konsens zu suchen und vorhandene Widersprüchlichkeiten auszuhalten, ist allemal förderlicher und fortschrittlicher, als auf unserer eigenen bestmöglichen Lösung zu beharren. Oft entsteht Neues ja gerade aus These und Antithese als Synthese. Darum ist es so wichtig, dass wir bereit sind, uns über all das mit unserem Gegenüber in aller Wertschätzung ausgiebig auszutauschen. Wir müssen über unsere Gefühle zu einzelnen Meinungen und Sachverhalten genauso reden wie über reine Informationen. Denn sie beinhalten unsere Bewertungen der Dinge, und auf diese Weise machen wir uns verständlicher. Nur wenn wir dies tun, erfährt der andere mehr über uns, unsere Haltung und den Grund unseres Verhaltens und umgekehrt genauso. Dieser zwischenmenschliche Austausch ist oft ein schwieriger, langwieriger, manchmal verletzender oder gar zäher Prozess. Wenn uns aber innerlich klar geworden ist, dass das Bestreben, den anderen ganzheitlich zu verstehen und anzunehmen, eine wichtige Voraussetzung für Fortschritt, die Lösung von Problemen und das Bewältigen von Herausforderungen ist, dann werden wir diesen Ehrgeiz und die

innere Bereitwilligkeit kommunikativen Verhaltens und Aushaltens auch auf-
bringen. Diese Kommunikationsfähigkeit kommt uns auch wieder selbst zugute.
Um unsere innere Stimme hören und unsere Denk-, Fühl-, Verhaltens- und
Handlungsmuster ergründen zu können, bedarf es gewissermaßen eines inneren Dialogs und einer intrapsychischen Kommunikation.

Ziehen wir hier Resümee: Die bis zu diesem Punkt beschriebenen Kategorien
(vgl. auch Merkkasten am Ende dieses Kapitels) machen im Wesentlichen unsere
Fühl-, Denk-, Verhaltens- und Handlungsmuster aus. Je mehr wir über diese
Prägungsmuster Bescheid wissen, auch in Bezug auf uns selbst, umso größer ist
unsere Selbstkenntnis. Allerdings ist es nicht möglich, diese Prägungsmuster
rein verstandesmäßig zu erlernen, denn hauptsächlich bilden wir sie durch
emotionale »Übungsarbeit« aus. Wir lernen auf diese Weise emotionales Bewerten. Auf uns selbst bezogen nennen wir das »Selbsterfahrung«. Die positive
Ausgestaltung der beschriebenen Kategorien und die Auswirkung auf unser
soziales Verhalten hingegen fassen wir unter dem Oberbegriff »Soziale Kompetenz« zusammen. Es ist die Kompetenz, uns mit anderen konstruktiv und
förderlich in Beziehung zu setzen.

Basiskompetenzen gewinnen wir folglich mit einer ganzheitlichen Beteiligung von Körper, Seele und Geist. Diese innere Haltung ist kein Gegenstand, sie
hat keinen Ort oder Sitz im Menschen, sondern bildet die Basis, auf der Persönlichkeit und Charakter sowie ein konsekutiver Umgang mit Verhaltensin-
strumenten gründen. (Unter »Instrumente« verstehen wir hier Techniken und
Methoden, die man mehr oder weniger kognitiv-praktisch erlernen kann, wie
z. B. Kommunikationstechniken, Methoden, um zielführende Pläne entwerfen
zu können, das geeignete Handwerkszeug für Konfliktmanagement, um Refle-
xions- und Aufmerksamkeitsfähigkeit oder Techniken für ein besseres Zeitmanagement zu entwickeln usw. Das alles sind Beispiele für Qualifikationen, die auf
einer anderen Ebene erlernt werden können.) Da Basiskompetenzen immer
auch mit Emotionen und Gefühlen zu tun haben, lassen sie sich schwerlich allein
durch Lektüre, konsumierten Frontalunterricht oder reine Gesprächstechniken
erlernen. Schwerlich deshalb, weil Körper, Seele und Geist nicht voll umfänglich
in den Lernprozess miteinbezogen werden können, selbst wenn bloße Lektüre
oder das Anwenden von Gesprächstechniken selbstverständlich auch auf uns
eine Wirkung haben.

Keine Frage, der Mensch hat in begrenztem Maß auch die Fähigkeit zu innerem Probehandeln. Er kann noch nicht durchlebte Situationen innerlich
durchspielen und abwägen. Die Sprache und das Gespräch sind außerdem unverzichtbare Voraussetzungen für die menschliche Entwicklung und gleichermaßen ein wesentlicher Bestandteil des Erfahrungslernens. Sie gehören dazu.
Dennoch wird im Erfahrungslernen Wert auf Ganzheitlichkeit gelegt. Hier wird
versucht, direkt aktional Situationen, Emotionen, Gefühle und Gedanken im

Handeln erfahrbar zu machen. Darum ist eine solche ganzheitliche Methode auch so umfassend, denn sie entspricht der natürlichen menschlichen Entwicklung und dem Menschen in seiner komplexen Ganzheit selbst.

Zumindest die Eigenschaften, die wir mit dem »Seelischen« und mit den Kategorien der Basiskompetenzen um- und beschrieben haben, lassen sich keinesfalls rein kognitiv, emotional oder somatisch modulieren. Solche komplexen, persönlichkeitsprägenden Eigenschaften sind nur ganzheitlich veränderbar und wirken nur in ihrer Ganzheit, und so benötigen wir sie deshalb auch. Beschreiben wir unser Innerstes, unser Selbst mit moderneren Begriffen der Basiskompetenzen, entmystifizieren wir in gewisser Weise ein wenig die Seele. Seelische Angelegenheiten, Probleme oder gar Krankheiten sind uns dann nicht mehr so fremd. Das ist wünschenswert, ist die Seele doch der Kern dessen, was unsere individuelle Einzigartigkeit und die Persönlichkeit von Homo sapiens ausmacht.

Der Begriff »Seele« beinhaltet die nichtstoffliche Gesamtheit gedanklicher Vorgänge und Gemütsbewegungen. Basiskompetenzen sind die »Rechenvorschriften« für unser individuelles und kollektives Denken, Fühlen, Verhalten und Handeln. Folgende Kategorien können wir bilden:

– Urteils- und Entscheidungskraft,
– Wahrnehmungsfähigkeit, Eigen- und Fremdwahrnehmung,
– Empathie,
– Stresstoleranz,
– Zielstrebigkeit,
– Durchhaltevermögen,
– Ambiguitätstoleranz (Aushalten von Widersprüchen),
– Wertschätzungspotenzial,
– Konsensfähigkeit und
– Kommunikationsfähigkeit.

Mit unserer Jetzt-Sprache könnten wir es so beschreiben: In der »Cloud« von Homo sapiens befinden sich die »Rechenvorschriften« für menschliches Denken, Fühlen, Verhalten und Handeln. Diese erwirbt und erhält er durch lebenslanges Erfahren. Es sind seine Basiskompetenzen. In ihrer Gesamtheit können wir sie auch »Seele« nennen.

Nun aber Näheres zu den Emotionen und Gefühlen: Wie können wir diese überhaupt beschreiben und worin unterscheiden sie sich eigentlich?

7. Der Mensch lebt nicht mit Hirn allein

7.1 Emotion und Gefühl beim Erfahrungslernen

In den vorhergehenden Kapiteln haben wir uns die Entwicklungsgeschichte von
Homo sapiens angeschaut, Szenen der Vergangenheit und Gegenwart beschrieben und uns die verschiedensten Vermutungen über Homo sapiens von
Anbeginn der Philosophie vergegenwärtigt. All dies haben wir getan, um uns
selbst und unsere Entwicklungsmöglichkeiten kennenzulernen. Denn wir stecken in einem rasanten Biotopwandel, mit dem wir anscheinend nicht wirklich
zurechtkommen. Wir sind verunsichert, ob wir mit all dem auf Dauer leben
wollen und können: mit dem rasanten technischen Wandel, der Schnelllebig-
keit – an nichts kann man sich mehr halten, alles scheint flüchtig – und der
Beschleunigungszunahme, was die Fortbewegung, die zwischenmenschliche
Kommunikation, den Informationsaustausch und allgemein die globalen Prozesse anbelangt. Unser Glaube an ein immerwährendes Wachstum scheint er-
schüttert und die Lösungen, die wir noch gestern dachten für unsere Probleme
gefunden zu haben, erwecken den Anschein, jetzt keine Gültigkeit mehr zu
besitzen.

Wir haben Phänomene beschrieben, die die Gegenwart gebiert (Kap. 4),
darunter das, was wir landläufig Burn-out nennen – nämlich Zustände und
Befindlichkeiten, die aus unseren Ängsten und unserer Überforderung entstehen. Wir haben die »modernen« Krankheiten betrachtet, die ein Zeichen unserer
Überforderung sind und uns die Grenzen unserer Anpassungsfähigkeit aufzeigen. Bei all dem wurden jedoch zugleich auch unser einzigartiges Potenzial und
unsere enormen Fähigkeiten als Menschen sichtbar. Deshalb ist es zu früh, sich
mit Klagen und Jammern und dem scheinbar unvermeidlichen Ausbrennen zu
begnügen. Die Nachfahren der kleinen Altweltaffen – und dazu gehört jeder
Einzelne von uns – sind auf einem guten, einzigartigen Weg. Wenn der Weg
einmal schwieriger wird – und das wurde und wird er immer wieder –, sollten
wir uns davor hüten, ihn zu verlassen oder ihn gar ganz aufzugeben. Denn im
Prinzip wissen wir doch immer mehr über unsere so besondere Systemkon-

zeption und unsere Stärken und Schwächen Bescheid. Wir haben von Anbeginn unserer Kultur aus unseren Erfahrungen gelernt und uns fortentwickelt. Warum also aufgeben, wenn wir doch so viel Potenzial zur Verfügung haben (könnten)? Die Möglichkeiten, die uns unser Erfahrungsreaktor, unsere Steuerungszentrale in Gestalt unseres Gehirns bietet, sind uns erst in den letzten Jahrzehnten und Jahren klarer geworden. Immer mehr erkennen und erfahren wir, wie wir mit Körper, Seele und Geist durch sich selbst organisierende und wachsende Prozesse lernen und wie sehr wir es vermögen, uns anzupassen.

Hierbei hantier(t)en wir mit allerlei Begriffen, die zugegebenermaßen auch heute noch und nicht nur im umgangssprachlichen, sondern auch im wissenschaftlichen Bereich mit unterschiedlichen Bedeutungen und in unterschiedlichen Kontexten benutzt werden. (Wie umfangreich und verschiedenartig Begriffe benutzt werden können, das haben wir eindrücklich am Beispiel des Begriffes Burn-out in Kap. 5.1 gesehen.) Weil diese Begriffsungenauigkeit zu Verständnisschwierigkeiten und Unklarheiten führen kann, ist es wichtig, dass wir zumindest festlegen, was wir meinen, wenn wir den einen oder den anderen wichtigen Begriff hier benutzen.

Was Erfahrung von einem Erlebnis unterscheidet und wie Bewusstsein und Nicht-Bewusstsein zu verstehen sind, haben wir gelesen. Aber ist Vernunft gleich Kognitionsfähigkeit und »Emotion« das Gleiche wie »Gefühl«? Insbesondere im Hinblick auf ein Sich-Entwickeln durch Erfahrung ist Präzision hier von Bedeutung. Aus diesem Grund wenden wir uns jetzt zunächst den Begriffen Emotion und Gefühl zu. Um es gleich vorwegzunehmen: Die beiden Begriffe werden längst nicht einheitlich verwandt, und letztendlich ist es wissenschaftlich auch noch nicht abschließend geklärt, was Emotionen und Gefühle eigentlich sind. Rund um die Definitionsfrage sind aber mittlerweile sehr viele Theorien entstanden. Damit wir dennoch ein besseres Verständnis für die gesamte Systemkonzeption Mensch erlangen und besser verstehen, was Lernen durch Erfahrung bedeutet, legen wir folgende, für unsere Überlegungen völlig ausreichende Arbeitsdefinitionen fest:

Unter Emotionen verstehen wir basale Körperreaktionen, z. B. das Erschrecken. Der Körper zuckt zusammen, der Atem stockt, es wird einem heiß oder kalt, man fühlt Lähmung oder einen Fluchtreflex, vielleicht spürt man aber auch Angriffslust. Um mehr geht es da noch nicht, um das Warum, Wieso, Weshalb und Wohin haben wir uns zu diesem Zeitpunkt noch keine Gedanken gemacht. Denken wir einfach einmal daran, was körperlich passiert, wenn der Ekel uns ergreift! Der Magen verkrampft, der Hals schnürt sich zu, wir wollen Abstand nehmen – Gedanken zum Warum, Wieso, Weshalb und Wohin haben wir uns da noch nicht gemacht. Oder was passiert mit oder in uns, wenn wir eine Anziehung spüren: Wenn uns etwas oder jemand anzieht, dann wollen wir näher sein, uns mehr in die für uns so wünschenswert erscheinende Situation hineinbegeben oder in näheren (Körper-)Kontakt mit der von uns als attraktiv empfundenen Person kommen. Wir spüren die Anziehung, weil sich etwas in unseren Körperfunktionen niederschlägt.

Emotion kommt aus dem Lateinischen von *ex* (»heraus«) und *motio* (»Bewegung, Erregung«) und bedeutet so viel wie »Bewegung nach außen«. Es will also vielleicht von innen nach außen, entsteht in einem Kern, breitet sich selbstständig aus, ergreift uns in unserem Körper und drängt dann in Form von Körperreaktionen nach außen. Emotionen sind folglich sehr komplexe Vorgänge, die sich in ebenso komplexen Zusammenhängen abspielen und auf höchst unterschiedlichen Wegen entstehen können. Körper und Seele sind bei emotionalen Prozessen zugleich betroffen, aber noch nicht der Geist. Ein Wissenschaftler namens Paul Ekman – aber auch viele andere – haben sich mit diesen Prozessen beschäftigt. Ekman nannte daraufhin die Emotionen, die Homo sapiens weltweit eigen sind, »Basisemotionen«.

Was ist dann aber ein Gefühl? Unter einem Gefühl wollen wir hier eine verstandesmäßige (kognitive) Bedeutung verstehen, die wir der Emotion zuordnen. Das Zuweisen von Bedeutungen gehört zu den herausragendsten Fähigkeiten des Menschen. Wir geben der Emotion – also der Wahrnehmung des Körper-Seele-Zustands – eine Bedeutung. Wir sind darum bemüht, uns den Zustand zu erklären und können im besten Fall dann auch noch darüber nachdenken. Reflexion nennen wir das. Ich erschrecke mich, weil sich jemand leise von hinten nähert und ich somit keine Kontrolle mehr über die Situation habe. Ich ekele mich, weil mich der Zustand und der Geruch des Objekts in meiner Hand an Fäulnis erinnert und ich Angst habe, mich anzustecken oder mir den Magen zu verderben. Oder ich fühle mich von einem Sonnenuntergang und dem frischen Duft von Zitronen und Oleander angezogen, weil ich ähnliche Situationen als wohltuend erfahren habe. Oder ich fühle mich angezogen von einer Person, weil deren Denkmuster und Vorstellungen in der Kommunikation sehr mit meinen eigenen harmonisieren oder weil Hormone, Pheromone und die Ästhetik des Körpers optimal in das Muster meines Begehrens passen: »Sie soll mir räumlich immer nahe sein, ich liebe sie!« oder aber: »Ich möchte möglichst viel Zeit mit ihm verbringen, damit ich immer seine Nähe spüren kann.« Bei Gefühlen handelt es sich folglich um das kognitive Bewerten von Emotionen. Zumindest wollen wir es in diesen Texten so verstehen. Gefühle geben Emotionen eine bestimmte Bedeutung und Richtung.

Alle von uns kennen bestimmt den Ausdruck »blind vor Wut sein«. Diese Art von Emotion hat erst einmal keine Bedeutung und keine Richtung. Sie ist einfach da – eine Emotion. Bin ich wütend auf meinem Vater, weil er niemals meine Leistung anerkennt, spüre ich körperlich vielleicht zwar meine »Wut im Bauch«, aber es handelt sich dabei keinesfalls um eine blinde Wut, sondern um ein Wutgefühl, das ich für mich schon näher bewertet habe. Die Wut hat dann eine

Bedeutung und somit auch eine Richtung bekommen. Einer Emotion Bedeutung und Richtung zu geben, also ein Gefühl durch Reflexion und Nachdenken entstehen zu lassen, ist beim Erfahrungslernen etwas ganz Elementares.

Fassen wir noch einmal zusammen, da dies für das Verständnis des Erfahrungslernens sehr wichtig ist: Unter Emotion verstehen wir also eine körperliche Reaktion, die sich evolutionär gebildet hat und weiterhin bildet. Es handelt sich dabei zunächst um eine psychische Kraft. Diese ruft eine physiologische Reaktion hervor, um ganz artspezifische Verhaltensmuster auszulösen. Diese sind etwa dazu da, unser Überleben zu sichern, wie es z. B. in Gefahrensituationen der Fall ist, wenn wir aus Reflex Flucht oder Angriff als Reaktion auswählen. Ohne dass wir ihr, der Emotion, kognitiv eine Bedeutung zuschreiben, überfällt es uns einfach ganz plötzlich und es treten unterschiedliche physiologische Reaktionen wie Herzklopfen, Blutdruckanstieg, Adrenalinausschüttung, Schmerz etc. auf. Das ist von großer motivationaler Bedeutung, denn daraus folgt letztlich unser Flucht- oder Angriffsverhaltensmuster.

Diese unbewussten Verhaltensroutinen benötigen wir heute genauso wieder, wie wir sie früher brauchten, um zu überleben. Meist fehlt uns nämlich in den Situationen, in denen wir uns befinden, die Zeit zuvor intensiv durchdachte Entscheidungen überhaupt treffen zu können – besonders in den brenzligen, und wir müssen uns intuitiv und sehr rasch entscheiden, um der bedrohlichen Situation entkommen zu können. Wenn wir bei Nahrungsaufnahme Ekel empfinden, schützt uns das, ohne nachzudenken davor, verdorbene Nahrung aufzunehmen und uns und unsere Gesundheit damit zu gefährden. Wenn wir Neues erfahren, fokussiert uns die Emotion der Überraschung auf das Neue, und derartige Beispiele gibt es viele.

Unter Gefühlen verstehen wir die kognitive (auch kulturelle) Einordnung unserer Emotionen – wozu wahrscheinlich der Mensch am besten in der Lage ist. Es handelt sich also prinzipiell um die Bewertung von Emotionen, z. B. »Ich bin traurig und habe Angst, weil ich meinen Arbeitsplatz verloren habe.« oder »Ich freue mich, weil das Wetter heute so gut ist.«

Beim Erfahrungslernen geht es nun u. a. um den Prozess, Emotionen aus dem zunächst Nichtbewussten oder Intuitiven in unser Bewusstsein zu holen. Dort können wir sie beschreiben, analysieren, ihre Bedeutung im Kontext unseres Lebens als Gefühl reflektieren und mit anderen Gegebenheiten und Situationen abgleichen. Erst dann ist die Emotion als Gefühl unserer kognitiven Modulation zugänglich, und wir können das Gefühl annehmen und in unser Selbstbild integrieren. Vielleicht bestärkt es uns sogar darin, dass wir schon immer richtig »gefühlt« haben, oder das Gegenteil ist der Fall und wir verwerfen das Gefühl wieder. Körperemotionen, Gefühle und Gedanken stehen so in einer sich gegenseitig bedingenden Wechselbeziehung zueinander.

Beziehungen sind für den Menschen an sich und ebenso für die menschliche

Systemkonzeption sehr wichtig; sie bilden eine Grundvoraussetzung für das Leben und das Lebendige. Sie machen per se ein System erst aus, denn Systeme bestehen schließlich aus Dingen oder Lebewesen, die in Wechselbeziehungen zueinander stehen. Sie machen die Essenz des Lebens erst möglich und gestalten sie nicht nur außerhalb des menschlichen Systems, sondern auch innerhalb der menschlichen Systemkonzeption: die Bindungen innerhalb von Atomen und Molekülen, die Beziehung zwischen mir und meinem Ziel, meine Beziehung zu Familienmitgliedern, meinem Partner, meinem Haustier, zur Umwelt, zu meinen Zimmer- und Gartenpflanzen usw. Überall können Beziehungen das entscheidende Gefühl der Zusammengehörigkeit (Kohärenz) entstehen lassen. Und ohne Beziehung wäre ein Ziel auch gar nicht erst erkennbar.

So entstehen durch die Denkprozesse Gefühlssysteme, die sich wiederum gegenseitig in Beziehung setzen. Sie vermögen wiederum, Gedanken zu bewerten und Gedanken und Gefühle erneut in Relation zueinanderbringen. Dabei kommt dann ein komplexes, sich gegenseitig bedingendes Gesamtsystem heraus. Kognition ist bei Homo sapiens folglich in den meisten Fällen untrennbar mit Emotionen verbunden, so dass Gefühle entstehen. Lassen Sie uns dieses gesamte System mit dem Begriff »Subjektsystem« bezeichnen!

Wenn dieses Subjektsystem also etwas wahrnimmt, passiert meist gleichzeitig etwas in Körper, Seele und Geist. Wahrnehmen ist nicht ausschließlich gleichzusetzen mit solchen Unbestimmtheiten wie Ahnen oder Spüren, sondern meist auch mit Wissen. Gedanken und Emotionen und damit auch der Körper treten miteinander in Kontakt und bauen Beziehungen zueinander auf. Ist eine Beziehung zwischen Gedanken, Emotionen, Gefühlen und Körpergefühl erst hergestellt, ergibt sich so ein systemisches Ganzes – eine Erfahrung.

Wird das Erleben einer Emotion folglich gedanklich bewertet, wird es zum Gefühl und anschließend zu einer Erfahrung. Sobald uns also in einem Lebensmoment ein Gefühl steuert, durch Raum und Zeit lotst, ist das Bewusstsein als Beobachter und damit als Interpret der Emotion mit dabei. Gefühle, die aus gedanklich bewerteten Emotionen entstanden sind, fungieren dann als Messinstrumente und Empfehlungen, damit wir Entscheidungen treffen und so handlungsfähig werden können. Viele Gefühle werden übrigens – egal von welcher Menschenrasse und ganz gleich von welcher ethnischen Gruppe – durch gleiche primäre Kommunikationsmittel wie Mimik, Gestik, Lachen, Weinen oder einen gewissen Tonfall in der Stimme ausgedrückt. Die Emotion, die so zu einem Körperausdruck wird, ist nahezu weltweit als ähnliches Gefühl definiert.

Die Art der Beziehungsgestaltung von Emotionen, Kognitionen, Gefühlen und Körper in der komplexen menschlichen Systemkonzeption zu erfassen, ist zugegebenermaßen etwas schwierig. Deshalb versuchen wir, uns diese Zusammenhänge an einem klassischen Beispiel einer Angststörung und deren Modulation durch therapeutisches Erfahrungslernen zu verdeutlichen.

Harald K., 46 Jahre

Harald K. arbeitet eigentlich in einem größeren, innovativen Unternehmen. Aufgrund seiner Position und seines Berufs wird er täglich immer wieder mit neuen Herausforderungen konfrontiert. Dass er diese rasch und ohne große Bedenkzeit meistert, das wird von ihm einfach erwartet. Er muss Sitzungen moderieren, die zu Lösungen führen sollten, kleinere Ansprachen halten und Projekte betreuen, bei denen es plötzlich zu unvorhersehbaren Ereignissen und Wendungen kommen kann.

Genau in einer solchen unerwarteten Situation spürte er eines Tages, dass »sein Körper versagte«, so seine Worte. Noch während er spontan eine Projektidee präsentierte, merkte er plötzlich dieses »Kribbeln im Bauch«, »Enge in der Brust«, sein Herz begann zu rasen, er bekam keine Luft mehr und kippte einfach um. Man holte den Notarzt, er bekam eine Infusion und wurde mit dem Rettungswagen in eine Notaufnahme gebracht. »Als ich im Notarztwagen lag, dachte ich, das sei das Ende«, beschrieb er die Situation. Doch es ging nochmals gut.

In der Notaufnahme wurde er dann komplett durchgecheckt. »Aber man fand nichts bei mir«, erzählte er. Mit den Worten, dass er nichts habe, wurde er entlassen. Die Situation sei so schrecklich gewesen, fügte Harald K. hinzu, dass er sich mit der vagen Äußerung der Ärzte nicht habe zufrieden geben können. Von diesem Zeitpunkt an sei seine gesamte Aufmerksamkeit auf seinen Körper gerichtet gewesen. Die kleinsten Anzeichen von Herzklopfen oder Kribbeln im Bauch hätten ihn veranlasst, sich zu schonen. Er habe zwar auch Medikamente bekommen, aber letztendlich sei er nicht mehr dazu fähig gewesen, zu arbeiten. Zu Hause habe er sich deshalb weiterhin geschont, Spaziergänge aus Angst nicht mehr unternommen, viele Ärzte aufgesucht, die aber nichts gefunden hätten.

Harald K. hat eine klassische Angststörung entwickelt und steckt seitdem in einer Art Teufelskreis. Durch die erhöhte Aufmerksamkeit und Fokussierung auf seinen Körper setzt bei ihm jede noch so kleine Körperwahrnehmung die Angstkaskade in Gang. Das Geringste, was er in dieser Beziehung in seinem Körper wahrnimmt, löst in seinem Kopf sofort wieder die Gedanken von damals aus: »Es wird schrecklicher werden. Vielleicht muss ich sterben …« (Kognition). Damit wird von ihm die basale Emotion, das reine Wahrnehmen des Körpers, bewertet: »Wenn Du so etwas wahrnimmst, kann etwas ganz Schreckliches passieren, möglicherweise wirst Du sterben …«

In solchen Momenten hatte Harald K. schon damals ein Gefühl (!) der Angst verspürt. Dieses Angstgefühl verfestigte sich daraufhin immer mehr und steigerte so bis heute immer mehr die körperlichen Symptome. Es kam zu einer unangemessenen, übersteigerten Symptom-Manifestierung im Körper-Seele-Geist-System, und man kann mit Fug und Recht behaupten, dass hier eine Fehlprogrammierung oder – besser ausgedrückt – eine krankhafte Veränderung stattgefunden haben muss.

Sämtliche Erklärungen, dass er eigentlich nichts habe und deshalb keine Angst haben brauche, mussten ins Leere gehen, denn die Erfahrungen, die auf seine schlimme Primärerfahrung folgten, fühlten sich durch die negative Bewertung folgender Erfahrungen genauso »ungut« an. Allein der Umstand, dass er bis jetzt noch nicht gestorben ist, entkräftet sein mehrfach bestätigtes Angstgefühl nicht. – Ein Kribbeln im Bauch, ein beschleunigter Herzschlag oder Ähnliches können aber auch durch andere Einflüsse entstehen, und da kann der Therapeut in der Behandlung ansetzen.

Es geht beim Therapieprozess folglich um zwei Dinge: Erstens sollte die erhöhte Aufmerksamkeit nach innen und die auf den eigenen Körper wieder mehr nach außen gerichtet werden, also auf das, was um den Patienten herum geschieht. Zweitens sollte der Patient die Erfahrung machen, dass die geschilderten Körperwahrnehmungen auch in anderen Situationen – hier: fernab vom beruflichen Kontext – auftreten können, z. B. wenn er etwas Neues ausprobiert, er sich einer sportlichen Herausforderung stellt. Dann erfährt er, dass diese Wahrnehmungen eben nicht gleich etwas mit Versagen, Ähnlichem oder gar mit Sterben-Müssen zu tun haben müssen.

Das Ziel für Harald K. sollte also lauten, die übermäßige, lähmende und zerstörerische existenzielle Angst gegen Neugier, Explorationsdrang, Motivation und Interesse an etwas, was außerhalb seines Selbst liegt, zu modifizieren. Die erfahrungsorientierte Exploration in einem Hochseilgarten als therapeutisches Instrument kann dafür ein gutes Mittel darstellen. Mithilfe des Therapeuten erfährt Harald K. nunmehr in einigen Sitzungen, wie das aufkommende Körpergefühl zunehmend umgedeutet werden kann. Zunächst einmal schwächt sich das Gefühl nach einiger Zeit etwas ab. Denn die Aufmerksamkeit von Harald K. ist jetzt erst einmal nach außen – nämlich auf die Aufgabe, die Hochseilanlage zu begehen und die Anlage selbst – gerichtet und nicht so sehr nach innen auf den eigenen Körper. Weiter erfährt Harald K., dass diese Körpergefühle ihn nicht vernichten, sondern seinen Körper vielmehr auf die Herausforderung vorbereiten, also quasi als »Freund« fungieren. Der Körperemotion wird eine andere Bedeutung gegeben und das negative Gefühl (Sterben) in ein positives Gefühl umgewandelt (Lust auf Neues und Herausforderung). Das Gefühl ist dann also nicht mehr gegen ihn gerichtet, sondern es »handelt« bzw. arbeitet stattdessen für ihn. Es fokussiert ihn auf die Aufgabe, die er bewältigen will und muss, und auf die Außenwelt, sodass die ständige Dauerbeobachtung in Bezug auf die eigene Person und den eigenen Körper mit der Zeit verblasst.

Diese Vorgehensweise wird es Harald K. bald ermöglichen, sich und die Welt in einer völlig neuen Realität zu erfahren: Wenn er entsprechende gefühlsverändernde Erfahrungen gemacht hat, wird er in der Lage sein, durch anderes Wahrnehmen, Werten und Denken ähnliche mit Angst besetzte Situationen wie seine Primärerfahrung neu zu umschreiben. Die angstbesetzte Situation verwandelt sich dann also in ein Vorgefühl der Neugier und Spannung auf das, was gleich geschehen wird, und die Emotion und das Gefühl, die Herausforderung bewältigt zu haben, werden der Lohn sein. Die Geschichte »Mein Herz klopft mir bis zum Hals, ich werde gleich umfallen oder sterben!« wird dann lauten: »Ich erkunde Neues, ich nehme Herausforderungen an und dabei klopft mein Herz und der Bauch kribbelt, weil es so spannend ist!«

(Hinweis: Dies ist eine sehr vereinfachte Darstellung möglicher Veränderungen durch Erfahrungslernen. Kein Angstklient gleicht jedoch einem anderen, und die Reaktionsmuster beim Erfahrungslernen sind generell sehr unterschiedlich, insbesondere bei Angstpatienten.)

Eine andere Methode zur Modifikation von Angstemotionen, -gefühlen und -gedanken ist das so genannte »Flooding«. Dabei wird der Patient der angstmachenden Situation immer wieder ausgesetzt. Auf diese Weise wird versucht, eine pathologische Erregung (übermäßige Angst) zu neutralisieren. Der Patient, der zunächst noch sehr sensibel auf die angstbesetzte Situation reagiert, wird in seiner Angst nach und nach desensibilisiert. Flooding bedeutet also zu versuchen, eine pathologisch erregende Emotion (hier das Körpergefühl der Angst) auf ein niedrigeres Niveau zu bringen, damit das dazugehörige wertende Gefühl verändert und katastrophisierendes Denken korrigiert werden kann.

Hierzu bedient sich der Therapeut zusätzlich der Möglichkeit, die Emotion der Angst kognitiv modulieren zu können. Dazu beschreibt und deutet er mit dem Klienten zunächst die Emotion, um sie ins Bewusstsein zu heben und als Gefühl der Veränderung zugänglich zu machen. Meistens beginnt dieser Vorgang mit der kognitiv besseren Einordnung der Emotion Angst als ein »nicht so schlimmes« Gefühl – beispielsweise, wie erwähnt, mit der Beschreibung der Angst als Freund, der sich einfach Sorgen um einen macht. Bei rein kognitiver Modulation kann es also zu einer »vernunftgesteuerten« Verhaltenskontrolle über Emotionen kommen, auch wenn die Emotion dabei letztendlich in ihrer Intensität erhalten bleibt. Selbst wenn also das dazugehörige Gefühl durch diesen Prozess bereits verändert werden kann, ist dies nicht vergleichbar mit der Veränderung, die eine neu hinzukommende emotional bewegende Erfahrung zu bewirken vermag. Die kognitive Mithilfe ist folglich ein wichtiger Teilaspekt der therapeutischen Intervention, reicht aber meist alleine nicht aus. Denn da unser Gehirn sehr komplex ist, bedarf es hier – für solch tief greifende Veränderungsprozesse – logischerweise auch sehr ausdifferenzierter und vielschichtiger Interventionen, die im »Gesamtpaket« des Erfahrungslernens unverkennbar vorhanden sind.

Damit wir also besser verstehen können, was unser menschliches Systemkonzept ausmacht, warum wir generell besser durch (Lebens-)Erfahrungen lernen und wie essenziell die Methode des erfahrungsorientierten Lernens für die positive Förderung, Prägung und Anpassung des Menschen ist, benötigen wir ganz elementar ein gewisses Grundwissen, was die Beziehungsgestaltung und die Wechselwirkungen zwischen Emotionen, Gefühlen, Kognitionen und Körperwahrnehmungen in unserem Selbst anbelangt. Das ist deshalb so, weil Emotionen und Gefühle nicht immer Privatsache sind, sondern in sehr bedeutendem Maße unser soziales Verhalten und damit auch Staat und Gesellschaft direkt beeinflussen – im Folgenden lesen wir dazu mehr.

7.2   Kollektive Denk-, Fühl- und Verhaltensmuster

Warum spielen Emotionen und Gefühle also eine so große Rolle für unser soziales Verhalten und warum beeinflussen sie unser Zusammenleben in Staat und Gesellschaft so sehr? Weil sie eine so überaus hohe kommunikative Bedeutung besitzen und wir als soziale Wesen ein generelles Bedürfnis nach Austausch,

Abgleich und Kontakt mit anderen haben, auch um letztendlich unser Selbst zu stabilisieren. Wir Menschen teilen unseren Mitmenschen im sozialen Kontakt mehr oder weniger, verbal oder nonverbal unsere inneren Zustände (Emotionen und Gefühle) mit. Dabei vergleichen wir unsere inneren Zustände mit denen der anderen und überprüfen u. a., wie diese unsere Emotionen und Gefühle bewerten. Auf diese Weise versuchen wir, im sozialen Kontext unsere Gefühle und damit unser Verhalten mit dem der anderen abzugleichen, um es anschließend für uns bewerten zu können.

Dieses Verhalten hat folgenden Hintergrund: Erstens wollen wir uns so in eine Gruppe einordnen. Wir kommen also unserem sozialen Bedürfnis nach Gemeinschaftszugehörigkeit nach. Das Sich-gegenseitig-angleichen-Wollen würde dann etwa dem modischen Uniformierungswunsch einiger Gruppen entsprechen, wie z. B. der Gruppe der Krawattenträger, der Outdoor-Kleidung-Bekenner, derer, die Springerstiefel lieben oder edle Kostüme, oder den Gruppen, die aus schulischem oder Vereinszwang Uniformen tragen sollen/müssen als Zeichen einer Gruppenidentität. Zweitens wollen und brauchen wir den Perspektivwechsel: Wir wollen uns in den anderen hineinversetzen, um ihn besser verstehen zu können, um uns mit ihm zu verbrüdern oder vielleicht auch, um ihn auszutricksen. Das alles gestaltet sich aber wesentlich einfacher, wenn wir über die gleichen oder über ähnliche Denk-, Fühl-, Verhaltens- und Handlungsmuster verfügen. Und drittens haben wir ein starkes Kohärenz- und Harmoniebedürfnis: Wir möchten die Gefühle der Sippe im Einklang wissen und wenn dem nicht so ist, wollen wir sie in Einklang bringen. Das Ziel, das wir dabei verfolgen, ist, zu ermöglichen, dass sich ein gleiches, kollektives Verhalten und somit Harmonie in der Gruppe, Sippe oder Gesellschaft entwickeln kann. Dieses menschliche Verhaltensmuster hat sich nicht nur im Laufe der Evolution entwickelt, sondern auch immer mehr als Vorteil herausgestellt. Denn es vermindert kraft des großen Harmoniebedürfnisses sowohl das gegenseitige »Verletzungsrisiko« innerhalb der Gruppe selbst als auch die Gefahr, als Gruppe von außen durch Einzelne oder konkurrierende Gruppen verletzt zu werden – auch gefühlsmäßig. So ist die Gemeinschaft wesentlich gefestigter und widerstandsfähiger.

Die anderen in unserer Gruppe denken, fühlen, handeln und verhalten sich ähnlich, und gerade diese Verbundenheit und die Identifikation mit den anderen geben uns Halt und Sicherheit, und das Individuum vermag auf diese Weise, an höherer innerer Stabilität zu gewinnen. Wir haben die daraus resultierenden Gesellschaftsphänomene bereits im Kapitel »Was Klatsch und Tratsch und Public Viewing mit unseren großen Köpfen zu tun hat« (4.7.1) und im Kapitel »Der Starke ist am mächtigsten allein?« (4.8.1) erörtert. Nachdem wir jetzt also wissen, welch große Bedeutung die Stellschrauben Emotion und Gefühl in der Systemkonzeption Mensch, aber auch im Umgang miteinander haben, sollten wir nun auch die Kognition etwas näher betrachten.

Kognitionen sind der Inbegriff der bewussten Fähigkeiten unseres Gehirns. Im Laufe der Geschichte und bis zum heutigen Tage wird ihnen ein enormer Stellenwert für die menschliche Entwicklung zugesprochen, der alles andere überstrahlt und in den Schatten stellt. Erst jetzt – durch die Erkenntnisse der Hirnforschung – wird die Bedeutung des Kognitiven (des Geistes) mit den anderen bedeutenden Fähigkeiten des Gehirns in Beziehung gesetzt und dadurch relativiert.

7.3   Wozu dann noch Vernunft?

Glücklicherweise (?) sind wir in der Lage, »vernünftig« zu handeln. Damit meinen wir, dass es uns möglich ist, Erkenntnisse zu erlangen und durch Nachdenken logische Schlussfolgerungen zu ziehen. Wir können also bewusst etwas durchdenken, um anschließend das zu tun, was für die meisten von uns am Sinnvollsten und Förderlichsten erscheint. Diese Möglichkeiten sind uns aber, wenn wir die lange Evolutionsgeschichte von Homo sapiens näher betrachten, erst seit Kurzem gegeben. Deshalb sind rein vernunftgesteuerte Verhaltensmuster bei Weitem nicht so tragend und bedeutend, wie wir es uns vielleicht wünschen würden. Und ob sie dann im Endeffekt wirklich »vernünftig« sind, das stellt sich sowieso meist erst viel später heraus.

Unser Sein in Raum und Zeit wird im Wesentlichen also nicht primär durch uns Bewusstes, Rationales gesteuert, sondern durch die uns meist nicht bewussten Bewertungsstellen in unserem Gehirn. Wir brauchen uns nur in der Welt umzuschauen, dann finden wir dafür ausreichend empirisches Beweismaterial. Denn sicherlich würde von uns keiner behaupten wollen, dass alle menschlichen Verhaltensmuster, ob individuelle oder kollektive, die innerhalb von Gemeinschaften auftreten, aus heutiger Sicht vernünftig wären – geschweige denn die Geschehnisse, die aus diesen Mustern resultieren. Nun sind Vernunft und Kognition zwei unterschiedliche Dinge. Die Kognitionsfähigkeit, also die Fähigkeit zu denken, Schlüsse zu ziehen und Handlungen zu planen, bildet zwar die Voraussetzung dafür, etwas denken oder tun zu können, was vernünftig ist, aber umgekehrt ist das Vorhandensein von Vernunft keine unbedingt notwendige Bedingung dafür, überhaupt denken zu können. Allerlei nur Erdachtes und Konstruiertes ist daher oft unvernünftig.

Dennoch haben wir mit unseren kognitiven Fähigkeiten eigentlich ein wunderbares Instrumentarium an die Hand bekommen, welches wir neben anderem dazu nutzen können, unseren Zielvorstellungen von einem gesunden, glücklichen Leben und unserer persönlichen Meisterschaft durch bewusstes Verhalten ein großes Stück näherzukommen. Anders gesagt, ohne unsere Vernunftbegabung, ohne unsere kognitiven Fähigkeiten wäre die Möglichkeit, erfolgreich

Einfluss auf unsere Entwicklung und persönliche Meisterschaft zu nehmen, überhaupt nicht machbar. Denken wir hierbei auch an unsere Fähigkeit, Emotionen eine Gefühlsbedeutung zu geben und sie dadurch in eine mehr oder weniger kohärente Geschichte zu verpacken! Wie sollten wir uns und unser Verhalten anders als auf diese Weise reflektieren? Wir brauchen neben dem Unbewussten, den Emotionen und Gefühlen also auch das Bewusste, das Bewerten und das Reflektieren, um Vorteilhaftes kulturell verwerten und an nachfolgende Generationen weitergeben zu können.

Abgesehen von der einfachen basalen Konditionierung benötigen wir auf jeden Fall auch die Erkenntnis. In diesem Zusammenhang müssen wir mehr Wissen über die Systemkonzeption Mensch erlangen. Jeder Mensch sollte also zumindest über Grundlegendes Bescheid wissen, soweit uns dies wissenschaftlich bekannt ist. Wir brauchen Modelle der kognitiven Modifikation unserer Verhaltensmuster und gleichermaßen – soweit dies möglich ist – auch unserer Emotionen und Gefühle. Modelle kognitiver Modulation und entsprechende Methoden hat beispielsweise bereits der Mediziner und Psychotherapeut Dietmar Hansch entwickelt. Basierend auf den synergetischen Modellen des Physikers Haken hat Hansch die synergetischen und systemischen Modelle auf die Psyche des Menschen stimmig übertragen (vgl. ders.: *Erfolgsprinzip Persönlichkeit. Selbstmanagement mit Psychosynergetik*, 2009).

Wir verstehen jetzt besser – bei Weitem natürlich noch nicht ganz –, wie sich die Dynamik psychischer Vorgänge gestaltet und sind demnach besser als früher in der Lage, Kernprozesse der Persönlichkeitsbildung nachvollziehen und somit auch fördern zu können. Ohne Kognition, ohne unsere Denkfähigkeit, wäre dies alles nicht möglich. Uns soll an dieser Stelle ausreichen, zu wissen, dass beim Erfahrungslernen und bei der erfahrungsorientierten Therapie neben anderem auch auf kognitive Ansätze als unverzichtbare Bestandteile zurückgegriffen wird, da Emotion, Gefühl und Kognition immer zusammengehören. Kognition, Erkenntnis und Deutung sowie ein zielgerichtetes Vorgehen bilden im Grunde genommen ja erst das Fundament für erfahrungsorientiertes Lernen. Rationalität und Emotionalität schließen sich demnach nicht aus, sondern sind letzten Endes untrennbar miteinander verbunden.

Vernunft hingegen ist wieder etwas anderes. Nicht jeder, der denken kann, ist vernünftig. Und was ist schon vernünftig? Wir haben von der Subjektivität unserer Wirklichkeiten gehört, und deshalb wird es wohl keine allgemeingültigen vernünftigen Schlussfolgerungen geben – zumindest nicht für alles. In vielen alltäglichen Situationen kann man natürlich in Bezug auf das Verhalten, das man an den Tag legt, einen mehrheitlichen Konsens finden. So gilt es beispielsweise als allgemein anerkannt vernünftig – auch um einen Unfall zu vermeiden –, erst dann über die Straße zu gehen, wenn man sich davon überzeugt hat, dass diese auch frei ist. Was vernünftig ist, um eine mögliche Klimakatastrophe zu vermeiden, zu beeinflussen oder zu stoppen, das ist hingegen allgemeingültig wohl nicht so leicht zu beantworten. Die Voraussetzungen aber, die man für die Bearbeitung und Beantwortung solcher Fragen mitbringen sollte, liegen in den Basiskompetenzen, und diese kann man trainieren.

> Erst durch die kognitive Bewertung wird eine Emotion (Körpersensation, Körperempfindung) zu einem Gefühl. Die menschliche Kognitionsfähigkeit (Denkvermögen, Erkenntnisfähigkeit) ist eine äußerst wertvolle Fähigkeit von Homo sapiens. Denkvermögen aber ist keine Gewähr für vernünftiges Verhalten oder Vernunft. Unter Vernunft verstehen wir eine logisch richtige Schlussfolgerung unseres Denkens mit allgemeiner Gültigkeit, die es aber so absolut nicht gibt. Darum unterscheiden sich die Begriffe Kognition und Vernunft wesentlich!

7.4 »Was Dich nicht umbringt, macht Dich nur stärker!« – Resilienz, Ressourcen und Reifung durch Erfahrungslernen

Überall in der Gesellschaft und in der Medizin liegt derzeit der Fokus auf Negativem und auf einer Art Defizitorientierung. Wenn ich aber nur das Negative vor Augen habe, verliere ich den Blick für das Positive. Sicherlich war und ist es evolutionär notwendig und eine menschliche Eigenschaft, zunächst die Gefahr und das Negative an einer Situation zu sehen. Denn würden wir die Gefahren, die uns umgeben, nicht schnell genug wahrnehmen, könnte uns das unter Umständen das Leben Kosten. Erfahrungsorientiertes Lernen und Therapie müssen aber nicht zwingend diesen evolutionären Mustern folgen, sondern können und sollten gerade dann, wenn das »Negative« – warum auch immer – Überhand gewinnt, die positiven Gefühle zu Inhalten ihrer Arbeit machen. Schließlich geht es um »korrigierende« Erfahrungen, die wir machen wollen.

Ein wichtiger Bestandteil erfahrungsorientierten Lernens und Therapierens ist die Förderung von Resilienz (*resilire*: lat. für »abprallen«, »elastisch bleiben«), Ressourcen und Reifung. Resilienz nennen wir den psychophysischen Zustand, der uns trotz Unwägbarkeiten, Leid und Schmerz – gleich welcher Art – in einem stabilen Zustand hält. Hierzu gehören Selbstwirksamkeit, Widerstandsfähigkeit, positive Gefühle, soziale Kompetenzen, das Finden und Entwickeln von Coping-Strategien, externale Schuldattribution und Toleranz. Resilienz ist eine Art Überbegriff, der verschiedene Eigenschaften und Fähigkeiten der Leidensfähigkeit bei Erhalt positiver Lebensstrategien in sich vereint. Schlicht das, was wir also Basiskompetenzen nennen. »Was Dich nicht umbringt, macht Dich nur stärker!«, wäre die entsprechende provozierende Lernüberschrift zur Förderung der Resilienz. Natürlich können wir das so nicht stehen lassen. Die Formulierung, die auf Friedrich Nietzsche zurückgeht, ist zu einfach, zu plakativ.

Denken wir aber nochmals an die Emotion als ein aufkommender psychophysischer Zustand, der auch durch unsere kognitive Einschätzung die Attribution »negativ« oder »positiv« erhält. Erst dieses Gefüge aus plötzlichem psychophysischen Zustand und kognitiver Bedeutungszumessung macht das eigentliche Gefühl aus. (Dieses eigentliche Gefühl spielt beim Erfahrungslernen und bei der erfahrungsorientierter Therapie eine große Rolle, es kann dort bearbeitet und positiv umgewertet werden.) Die so entstandenen Gefühle werden auf Dauer zu Automatismen, also Mustern, die später blitzartig und unüberlegt als im Unter- oder Vorbewusstsein abgelegte Gefühle einen gegebenen Zustand, die aktuelle Lage der Dinge bewerten und somit das Verhalten der jeweiligen Person steuern. Die Attributionen »negativ« und »positiv« in Bezug auf Emotionen sind somit sehr bedeutsam, ebenfalls der kognitiven Modulation unterworfen und beeinflussbar.

Wenden wir uns nochmals der Angst zu. Ist die Emotion Angst grundsätzlich als negative Emotion verinnerlicht, ist es alleine schon die Angst vor der Angst, die uns grundsätzlich dazu bringt, bestimmte Situationen zu vermeiden. Wer so empfindet, für den ist Angst grundsätzlich zu einer negativen Emotion geworden. Angst hat jedoch durchaus eine Berechtigung in unserem Leben. Sie übernimmt eine Schutzfunktion vor überhöhten Risiken und sichert somit auch unser Überleben. Das ist der positive Aspekt der Angst, der es uns vielleicht ermöglicht hat, bis zum heutigen Tag nicht von Autos überfahren zu werden, aus dem Fenster gefallen zu sein, unser Hab und Gut verspielt zu haben oder Ähnliches.

Die Emotion Traurigkeit beinhaltet durchaus ebenso positive Aspekte, beispielsweise wenn sie uns dabei hilft, Verluste zu verarbeiten. Sie macht uns etwa nochmals deutlich, wie wertvoll der verstorbene Mensch für unsere Lebensgeschichte war. Und mit dem Schmerz ist es so, dass er nicht nur verursacht, dass uns etwas weh tut, sondern er dient auch dazu, den angeschlagenen Körper oder die angeschlagene Seele in einen Schonzustand zu versetzen und/oder eine vorübergehende Ruhigstellung zu erzwingen.

Wir können also im Umgang mit aufkommenden Emotionen und über neue Erfahrungen lernen, die negative oder positive Bewertung im Gefühl zu verändern. Bei Ängsten kann es beispielsweise deshalb nicht darum gehen, diese zu überwinden – so könnte man es möglicherweise auch aus Nietzsches Zitat herauslesen. Ängste zu überwinden, diese loswerden zu wollen, ist zwar ein sehr häufig geäußerter Wunsch, aber für den Menschen und sein Selbstbewusstsein förderlich ist vor allem zu lernen, wie er mit seinen Ängsten umgehen kann. So relativiert sich rasch die Aussage, dass Angst eine negative Emotion sei und zu nichts wirklich nutze.

Ein Gefühl auf diese Weise zu modifizieren, das wird durch erfahrungsorientiertes Lernen oder erfahrungsorientierte Therapie ermöglicht. Selbstverständlich kann man Emotionen und Gefühle nur dann ganzheitlich bearbeiten bzw. modifizieren, wenn sie auch wirklich da sind. Das durch Erfahrungen neu und anders erlebte Gefühl kann nach entsprechendem Training als neues Bewertungsmuster in unserem Selbst abgelegt werden. Es verliert im Laufe des Trainings und des Lebens beim Wiederholen der umdeutenden Erfahrung das zuvor sich stetig wiederholende kognitive Abwägen und vermag, als zu einem Muster gewordenes Unbewusstes in den gegebenen Situationen »blitzschnell« unser aktuelles Verhalten neu zu steuern. Dann ist es zu einem Teil unserer Persönlichkeit geworden.

Nietzsches Formulierung müsste neurobiologisch und genauer ausformuliert also etwa so lauten: »Wenn Du erfahren hast, dass Deine Emotionen und Dein Körperempfinden nicht nur negative Aspekte haben, sondern auch etwas Gutes beinhalten müssen, wenn Du erfahren hast, dass sie Dich nicht vernichten wollen und dass Schmerz, Leid und Traurigkeit nicht nur ertragen werden müssen, sondern sich heilsam auf Dein Körper-Seele-Geist-System auswirken, dann wirst Du Dein ganzes Erleben in all seinen Dimensionen positiver und ausgeglichener erfahren. Das lässt Dich nach außen hin auf den ersten Blick bestimmt stärker erscheinen oder – sagen wir es aus Deiner Perspektive – selbstbewusster. Dein Körper, Deine Seele und Dein Geist befinden sich dann mehr im Einklang als früher.«

Um ein Leben gelingen zu lassen und Situationen des Gelingens durch eigenes Verhalten herbeiführen zu können, bedarf es also auch solcher Fähigkeiten, die uns Stress und Leid ertragen lassen. Es bedarf der optimalen Koordination von Handlungen und der Fähigkeit, innere und äußere Informationen bestmöglich zu bewerten, damit das eigene Verhalten gut an veränderte oder neue Umstände angepasst werden kann. Es bedarf einer angemessenen Zielorientiertheit und einer energischen Initiierung entsprechender Handlungen. Um solche Fähigkeiten und Kompetenzen erlangen zu können, ist ein stabiles seelisches Fundament eine wichtige Voraussetzung – mit anderen Worten: innere Reife. Und diese lässt dann im selbsttätigen, selbstbewussten Handeln das Gefühl von Selbstwirksamkeit entstehen. So können wir unsere Ressourcen besser nutzen (Utilisationsfähigkeit) und eine schützende Widerstandsfähigkeit gegen Unangenehmes aufbauen (notwendige protektive Resilienz). Das geeignetste und wirksamste Lern- und Trainingsfeld ist das Leben selbst und das Reifen durch eigene Erfahrungen an Körper, Seele und Geist. Die Menschen, denen wir begegnen, sind unsere Trainingspartner, und es sei ergänzend erwähnt, dass wir sogar in weit größerem Maße durch schlecht, hart oder ungut bewertete Erfahrungen wachsen, als dass wir durch sie Schaden nehmen!

Erfahrungsorientiertes Lernen und erfahrungsorientierte Therapie als Training setzen also voraus, dass möglichst die gesamte menschliche Systemkonzeption (Körper, Seele und Geist) aktional in den Lern- und Veränderungsprozess eingebunden ist. Oft hinterlassen solche Lern- bzw. Therapiemethoden den Eindruck, dass die Menschen, die sich auf so etwas einlassen, übermäßige Risikolust verspüren müssten. Zumindest ist das meist bei den »härteren« oder Outdoor-Methoden der Fall, dass man meint, das sei besonders etwas für Leute mit Sensationslust oder auf der Suche nach einem ganz gewissen Adrenalin-Kick. Dabei denken wir an Methoden wie die Hochseilgarten- oder Höhlenbegehung, wir denken an eine riskante Bergbesteigung oder eine anstrengende Bergtour, an ein Übernachten im Freien, den bewusst herbeigeführten Verzicht auf Komfort und Hilfsmittel und an Ähnliches, und schnell assoziieren wir zu dem markanten Spruch Nietzsches, dass das, was uns nicht umbringt, uns nur stärker und härter macht. Schließlich ist es nicht schlecht, ein Held zu sein. Richtig angewandt sollen die Methoden beim erfahrungsorientierten Arbeiten aber Resilienz, eine optimale Ressourcennutzung, einen besseren Umgang mit Emotionen und innere Reifung zur Folge haben und keine ausschließlich – vielleicht unsensible – heldenhafte Härte.

Nun gibt es Menschen, die geradezu süchtig danach sind, solche »High-end-Erfahrungen« zu machen, ständig Spannungs- und Erregungsniveaus aufrechtzuerhalten und diese sogar noch zu erhöhen, weil sie scheinbar nur so das Leben spüren können. Solche Verhaltensmerkmale bezeichnet man in diesem Zusammenhang als »Sensation Seeking« (vgl. weitergehend dazu: Marvin Zuckerman: *Behavioral Expressions and Biosocial Bases of Sensation Seeking*, 1994 oder R. H. Hoyle u. a.: »Reliability and validity of a brief measure of sensation seeking«, in: *Personality and Individual Differences* 32/2002). Es gibt natürlich Menschen, bei denen dieses Persönlichkeitsmerkmal sehr oder vielleicht sogar in einem übertriebenen Ausmaß ausgebildet sein kann. Dass diese Verhaltensweise durchaus auch eine positive Wirkung für die menschliche Persönlichkeit erzeugt, haben jedoch gerade Untersuchungen mit so genannten »Sensation Seekern« gezeigt, die auf diese Weise eine protektive Resilienz entwickelten.

Es ist sicher wie immer das Maß der Dinge, was darüber entscheidet, ob etwas für die Persönlichkeit als förderlich bewertet werden kann oder nicht. Eine gewisse Lebenseinstellung und der Wille, sich aktiv mit dem Leben und seinen Unwägbarkeiten auseinanderzusetzen, Risiken anzunehmen, Probleme und Aufgaben zu lösen und somit Bewältigungserfahrungen zu machen, sind in ihrer Gesamtheit sicherlich förderlich. So hilft sowohl ein kohärentes Inneres aus Sinnhaftigkeit, Verstehbarkeit und Handhabbarkeit (Aaron Antonovsky: *Salu-*

togenese. Zur Entmystifizierung der Gesundheit, 1997) als auch eine gewisse innere Haltung gemäß dem Sensation Seeking als Persönlichkeitsmerkmal, die psychophysische Widerstandsfähigkeit (Resilienz) und Lebensbejahung zu entwickeln.

Neugier, Mut, Liebe, Bewältigungslust, Wagnisbereitschaft, Empathie – natürlich auch Freude und Humor – sind weitere wichtige zu erarbeitende positive Grundgefühle, die die gefühlsmäßige Bereitschaft, das Leben in all seinen Dimensionen anzunehmen, fördern. Liebe das Leben mit Körper, Seele und Geist als Ganzes, und es liebt Dich zurück!

Beschäftigen wir uns also jetzt noch ein wenig mit dem Körper und den psychophysiologischen Wechselwirkungen innerhalb der Triade von Körper, Seele und Geist.

7.5 Unter einem gesunden Geist wohnt ein gesunder Körper – Psychoimmunologie und Erfahrungslernen

Wir kennen nahezu alle den Ausspruch: »In einem gesunden Körper wohnt ein gesunder Geist«, der auf die lateinische Redewendung des Satirikers Juvenal – *mens sana in corpore sano* – zurückgeht. Man benutzt sie meist kurz und knapp mit Aufforderungscharakter, um zu körperlicher Fitness und einem gesunden Lebenswandel zu motivieren. Denn wer »geistig fit« sein und bleiben will, der braucht auch einen gesunden Körper, so die Rede von Juvenal. Dass da etwas dran sein muss, kann wohl keiner so richtig leugnen. Können wir diese Feststellung aber auch umdrehen? Erzeugen ein gesunder Geist und eine gesunde innere Haltung zum Leben auch einen gesunden Körper? Wenn wir Körper, Seele und Geist als eins betrachten, dann wird es wohl auch Wechselwirkungen innerhalb der Triade geben müssen.

Im Fachbereich Psychoimmunologie untersucht man solche Zusammenhänge. Die immunologische Aktivität des Körpers hat zur Aufgabe, feindliche Angriffe auf unseren Körper und unsere Zellen abzuwehren. Dies ist ein ziemlich kompliziertes System, auf das wir hier im Einzelnen nicht näher eingehen können. Nur zum allgemeinen Verständnis: Es gibt einen Abwehrweg, den so genannten T1-Weg, der sich vornehmlich damit beschäftigt, Viren abzuwehren (Schnupfen, Grippe), und einen T2-Weg, der sich im Wesentlichen auf die Abwehr von Bakterien und die Abwehr von Allergenen (Reizstoffen, z. B. Blütenstaub) bezieht.

Es ist bekannt, dass (Dys-)Stress – hier gemeint als unkontrollierbare, nicht zu bewältigende, unangenehm empfundene Belastung – eine massive Ausschüttung von Cortisol-Glucocorticoiden und eine Freisetzung von Cytokinen zur Folge hat. Daraus resultiert wiederum, dass die Immunabwehr generell geschwächt wird und wir schneller krank werden. Genauer gesagt, es findet eine Verschiebung vom Abwehr-T1-Mechanismus (Schnupfen, Grippe) zum Abwehr-T2-Mechanismus statt (z. B. Blütenstaub-Allergen). Die erst durch äußere Überbelastung entstandenen Stressbotenstoffe Cortisol und Katecholamine hemmen den T1-Weg, aber stimulieren den T2-Weg. Dies verursacht zum einen eine Schwächung der viralen Abwehr – eigentliches Aufgabengebiet des T1-Mechanismus – und folglich werden wir in unserer körperlichen Widerstandskraft geschwächt. Dann bekommen wir z. B. ganz leicht eine Grippe. Zum anderen wird jedoch durch die Stimulierung des T2-Mechanismus die Abwehr von Allergenen oder allergischen Stoffen (Blütenstaub, chemische Stoffe u. v. m.) forciert, was nichts anderes bedeutet, als dass die Entstehung allergischer Symptome (erhöhtes Abwehrverhalten, laufende Nase, rote Augen, Hautreizungen oder Hautausschläge, Unverträglichkeiten etc.) vorangetrieben wird. Der Körper wehrt sich sozusagen »mit Händen und Füßen« gegen jegliches Stäubchen, gegen die unterschiedlichsten Nahrungsbestandteile, anzuwendende Medikamente und Ähnliches. Die interne Verschiebung der Abwehrkräfte spielt also eine bedeutende Rolle in Bezug auf das Entstehen psychosomatischer Krankheiten und den daraus resultierenden körperlichen Symptomen. Das beobachten wir z. B. beim Verlauf asthmatischer Erkrankungen und insgesamt bei der Entstehung proallergischer Schübe oder so genannter Unverträglichkeiten, aber auch bei Hauterscheinungen oder Hauterkrankungen wie der atopischen Dermatitis. Gestresste Menschen kränkeln aus diesem Grunde oft vor sich hin. Sie klagen über Unverträglichkeiten und Allergieprobleme.

Dysstress mit all seinen Symptomen – Schlafstörungen, innere Unruhe, Abgeschlagenheit, Freudlosigkeit, Erschöpfung etc. – kann bekanntlich auf Dauer zu körperlichen, organmedizinisch nachweisbaren Erkrankungen führen. Das hat etwas mit der dauerhaft, alarmierend unausgeglichenen physikalisch-chemischen Stoffwechsellage im Körper zu tun. Wir sprechen deshalb bei vielen manifesten Erkrankungen – d. h. bei solchen, bei denen wir eindeutig ein organmedizinisches, krankes Korrelat feststellen können, z. B. bei einem Herzinfarkt, bei Zuckerkrankheit, einem Teil der asthmatischen Erkrankungen sowie bei Erkrankungen des Magen-Darm-Traktes – von psychosomatischen Zusammenhängen. Aber schon lange, bevor sich ein organischer Schaden manifestiert, werden die psychosomatischen Wechselwirkungen deutlich. Wir haben schon angesprochen, dass Menschen, die sich in einem dauerhaften psychischen Ungleichgewicht befinden, auch körperlich vor sich hin »kränkeln«, hier und da ein »Zipperlein« haben oder irgendwelche Arten von Unverträglichkeiten. Es besteht also ein direkter Zusammenhang zwischen psychischen Zuständen und einem späteren organmedizinischen Schaden.

Ist es nun aber möglich, durch psychologische Interventionen die immunologische Aktivität im Körper direkt zu beeinflussen, indem wir durch einen gesünderen Geist die Gesundheit des Körpers fördern? Diese Frage wurde bereits mit verschiedenen Methoden untersucht, wovon hier zwei beispielhaft erwähnt werden sollen: zum einen die klassische Konditionierung, zum anderen die Hypnose.

Die im verhaltenstherapeutischen Bereich angesiedelte klassische Konditionierung basiert auf den Versuchen von Ivan Petrowitsch Pawlow (1849 – 1936). In seinem berühmten Hunde-Experiment hat der russische Physiologe und Mediziner den Versuch unternommen, einem Hund durch das gezielte Setzen eines Reizes einen »bedingten Reflex« anzutrainieren. Das heißt auf den Pawlow'schen Hund bezogen: Beim Anblick des Futters begann wie bei allen Hunden der Speichelfluss. Pawlow verband nun jede Fütterung mit dem Geläut einer Glocke. Nach mehrmaliger Wiederholung des Fütterungsszenarios konnte der Hund letztlich so weit konditioniert werden, dass allein das Läuten der Glocke bei ihm Speichelfluss erzeugte. Die Wirkungsweise dieser klassischen Konditionierung untersuchte man auch in Bezug auf den Menschen und etwaige Veränderungsmöglichkeiten seines Immunsystems.

Folgendes Experiment sollte darüber mehr Aufschluss geben: Den Versuchspersonen wurde Adrenalin injiziert – Adrenalin erhöht die Menge der Killerzellen, sie wirken wie eine Art Abwehrpolizei –, und gleichzeitig teilte man ihnen mit, dass ihr Körper jetzt abgehärtet sei und nicht krank werden könne. Mit dem Adrenalin verabreichte man ihnen außerdem noch eine neutrale Brausetablette. Bei den anschließenden Messungen stellte man natürlich die Erhöhung der Killerzellen fest, die man rein medizinisch gesehen der Wirkung des Adrenalins zuschreiben würde. Später ließ man dann die Adrenalin-Injektion weg und die Klienten bekamen nur die Brausetablette mit der psychologischen Botschaft, dass dies ihren Körper gegen Krankheiten stärke. Ergebnis: Die Killerzellenzahl stieg ohne Adrenalin ebenfalls an. Das geschah allein aufgrund der psychogenen Wirkung der beruhigenden Aussage, der Körper sei nun abgehärteter gegen die Angriffe von außen.

Dieses Experiment zeigt, dass sich nicht nur die direkt injizierten physikalisch-chemischen Stoffe positiv auf negativen Stress sowie die Gesundheit des Körpers auswirken können, sondern auch – und das ganz allein – verinnerlichte Botschaften, die beim Klienten eine positive innere Haltung, Zuversicht und Bewältigungsoptimismus erzeugen. Das kann natürlich auch bedeuten, dass diverse Nahrungsergänzungsmittel oder wahrlich körperlich unnötige Vitaminpräparate tatsächlich positive Effekte auf den Gesundheitszustand eines Menschen haben können, allein dadurch, dass er die innere, positive Überzeugung in sich trägt, dass ihm die Einnahme der Mittel hilft.

Ebenfalls konnte die psychogene Beeinflussung der Immunabwehr während der Hypnose untersucht werden. Mit Kindern im Alter zwischen sechs und zwölf Jahren wurde im hypnotischen Zustand eine Immunimagination durchgeführt, wie z. B.: »Dein Körper ist jetzt ganz stark und wird nicht mehr krank.« Dies hatte eine signifikante Anhebung immunrelevanter Stoffe zur Folge. Inwieweit die Wirkungen anhielten oder klinisch nutzbar waren, wissen wir nicht, hierzu liegen keine Untersuchungen vor. Bedeutend ist aber, dass nachgewiesen wurde, dass es Wechselwirkungen zwischen psychischen Faktoren wie Fühlen, Denken und erhöhter Immunabwehr gibt. Über diese wechselseitigen Abhängigkeiten von Psyche und Immunsystem forscht und berichtet Christian Schubert, Leiter des Labors für Psychoneuroimmunologie an der Universität Innsbruck.

Wenn es aber so ist, dass eine höhere Stresstoleranz, ein besserer Umgang mit Stresssituationen und eine positive Grundhaltung zum Leben und der Wille, selbst aktiv zu werden, aus seinem Leben etwas machen zu wollen, einen förderlichen Einfluss auf physikalische und chemische Prozesse haben, die den Körper gesund erhalten, dann ist das Trainieren solcher Eigenschaften – wie bei der Arbeit mit positiven Emotionen, bei erfahrungsorientierter Therapie oder Erfahrungslernen bezüglich Resilienz, Ressourcen und Basiskompetenzen – eine wichtige Strategie auch in der Prävention körperlicher Gesundheit.

Zu diesem Thema gibt es in der Tat bereits auch Untersuchungen, bei denen man herausgefunden hat, dass so genannte »aktivierte Menschen« – hier ist nicht rein körperlich aktiv gemeint – eine größere und verbesserte Immunabwehr haben und weniger an psychosomatischen Krankheiten und manifesten Erkrankungen leiden. Diese Ergebnisse hat man durch spezielle Fragebögen erheben können. Bei den »aktivierten Menschen« handelt es sich um Personen, die aktiver handeln, aktiver Entscheidungen treffen und/oder aktiver soziale Bindungen eingehen als andere.

Man kann den Einfluss und die Auswirkungen einer gesunden inneren Haltung auf das körperliche Wohlbefinden aber auch an anderen positiven psychischen Parametern untersuchen. Ein bekanntes, wenn auch etwas umstrittenes Beispiel ist folgende Untersuchung: Bei Kirchgängern wurde festgestellt, dass sie eine bis zu fünfundzwanzig Prozent höhere Lebenserwartung besitzen als Nichtkirchgänger. Auch wenn es sich für einen Gläubigen zunächst sehr plausibel anhört – denn der Glaube kann ja bekanntlich Berge versetzen und auch Heilung mit sich bringen, denken wir nur an den Wanderprediger Jesus –, so ist dieses Phänomen nicht einfach zu deuten und zu korrelieren, denn viele andere Faktoren können hier, streng wissenschaftlich gesehen, eine Rolle spielen.

Von außen betrachtet können wir zunächst einmal davon ausgehen, dass Kirchgänger aktiv am gesellschaftlichen Leben teilnehmen, ein festes, sie tragendes Wertesystem haben und allein aufgrund ihrer Kirchenzugehörigkeit regelmäßig soziale Kontakte pflegen. Positive soziale Beziehungen und überhaupt Kontakte zu anderen Menschen sind ein ungeheures Lebenselixier. Sie gehören zum Fundament, auf dem wir unser Wertesystem aufbauen – Homo sapiens ist schließlich ein soziales Wesen. Allein deshalb müsste es wohl auch körperlich von Vorteil sein, eine hohe soziale Kompetenz zu besitzen: Basiskompetenzen und Werte, die dem Leben einen Sinn geben, das Leben verständlicher und besser handhabbar machen, den Umgang mit Herausforderungen erleichtern und somit Stressoren reduzieren.

Der Umkehrschluss für:»In einem gesunden Körper wohnt ein gesunder Geist« ist also durchaus zulässig. Eine gesunde innere Haltung und hohe Basiskompetenzen haben de facto eine die Gesundheit erhaltende und gesundheitsfördernde Wirkung (auch) auf den Körper.

7.6   Oder hatte Turnvater Jahn doch Recht?

In einer ganzheitlichen systemischen Betrachtungsweise schließen sich die Dinge oft nicht aus, sondern sie ergänzen sich. Körper, Seele und Geist stehen miteinander in einer unglaublich großen Wechselwirkung, und das Wort »Wechsel« sagt es ja schon: Nicht nur Geist und Seele üben einen großen Einfluss auf die Funktionalität des Körpers aus, sondern natürlich hat auch andersherum ein gesunder Körper förderliche Auswirkungen auf den Geist und die Seele eines Menschen. In der Vergangenheit empfahlen Ärzte und Wissenschaftler zunächst einmal ausschließlich körperliche Aktivität, um fit zu bleiben. Das Herz-Kreislauf-System, der Bewegungs- und Stützapparat, die Ausdauer würden durch körperliche Aktivitäten positiv beeinflusst, meinten sie, und sicherlich ist dem auch so. Aber gleichzeitig wirkt die körperliche Aktivität auch auf Hirn und Seele.

Vielleicht stellen wir es uns zunächst einmal so vor, dass körperliche Bewegung die Hirn-Chemie und Hirn-Physik beeinflusst, und zwar auf diese Weise, wie es auch Medikamente tun können. Diese Wirkung erleben wir nicht nur in der klinischen Praxis schon seit Jahren und haben deshalb zunehmend Sport und Bewegung in ganzheitliche Therapieprogramme integriert, sondern auch – wie es Turnvater Jahn anscheinend auch gewollt hat – auf die gesamte Gesellschaft bezogen. Sport ist zumindest für gewisse Bevölkerungsgruppen »in«. Dass der Drang nach und der Wille zur Bewegung da ist, zeigen nicht zuletzt die schon im Phänomene-Kapitel beschriebenen Sportarten, wie das Mit-Stöcken-Wandern oder das Mit-Rädern-auf-Berge-Steigen. Auch wenn etwas unnatürlich, es handelt sich dabei immerhin um Bewegung und ist auf die ein oder andere Art doch irgendwie gut für Körper, Seele und, Geist.

Wenn wir sagen, dass die Herausforderung von Seele und Geist gesund erhaltend ist, dann natürlich auch die des Körpers. Schonhaltung ist meist kontraproduktiv. In Krankenhäusern gibt es zwar schon Ansätze, die dies berücksichtigen, etwa die Frühmobilisation oder ergänzende Sportprogramme, aber leider ist der therapeutische Wert solcher Herausforderungen in vielen medizinisch-therapeutischen Bereichen noch viel zu wenig (an)erkannt oder umgesetzt worden. In klassischen Krankenhäusern wird er zum Teil noch sehr stiefmütterlich behandelt. Auf die förderlichen Einzelheiten und medizinischen Aspekte körperlicher Herausforderung in Bezug auf Herz-Kreislauf-Erkrankungen bis hin zu Krebs wollen wir hier nicht explizit eingehen. Wir können aber sagen, dass die Systemkonzeption Mensch generell auf körperliche Bewegung ausgerichtet ist und Homo sapiens nur dadurch überlebt hat, weil er sich bewegt hat. Man denke an Pietek und die Vorteile, die er entdeckte, als er sich mit aufrechtem Gang begann fortzubewegen (Kap. 1.2)! Und dann – das ist zehntausend Jahre her – wurden uns als steinzeitliche Jäger und Sammler körperliche Höchstleistungen auf der Suche nach Nahrungsmitteln und beim Bau von Hütten abverlangt. Wir brauchten viel Kraft und Ausdauer, aber darauf war Homo sapiens eingestellt, und das wird sich bis heute auch nicht grundlegend geändert haben. Zehntausend Jahre sind gewiss zu kurz, als dass sich genetisch in der Systemkonzeption Mensch etwas Entscheidendes hätte wandeln können. Daraus lässt sich schlussfolgern, dass heute körperliche Aktivität immer noch die Voraussetzung für ein gutes Funktionieren der Systemkonzeption Mensch sein muss.

Körperliche Aktivität ist generell für die Menge, Wirksamkeit und Leistung von Nervenzellen verantwortlich und fördert deren Wachstum, beispielsweise durch eine bessere Durchblutung, durch verringerte Ablagerungen (Amyloidplaques), die die Grundlage für die Alzheimer-Krankheit bilden, und natürlich durch das Erlernen besserer Bewegungs- und Koordinationsmuster. Körperliche Aktivitäten begünstigen aber auch unspezifisch das In-Erscheinung-Treten eines bestimmten Gehirn fördernden Proteins (BDNF – *Brain-derived neurotrophic factor*) und andere Biomarker. Ebenso werden die mit der körperlichen Aktivität verbundenen psychogenen Faktoren und Muster auf besondere Art und Weise positiv beeinflusst.

Der körperlich Aktive braucht Durchhaltevermögen, Leidensfähigkeit, Zielstrebigkeit und andere wichtige Basiskompetenzen. Er erlebt durch die körperliche Herausforderung, dass sich sein Körper verändert und sich Wohlbefinden einstellt. Als Belohnung für seine Anstrengung erfährt er ein durch Dopamin und Endorphine erzeugtes Glücksgefühl, das sich auf das gesamte Körper-Seele-Geist-System auswirkt. »Anstrengung lohnt sich!«, »Durchhalten zahlt sich aus!« und »Eigenes Tun fördert das Gefühl der Selbstwirksamkeit!« – das sind die Basisbotschaften, die als generalisierende Muster abgespeichert werden können. Der körperlich aktive Mensch erhält – bewusst oder unbewusst – das Signal, dass Beweglichkeit, ob körperlich, seelisch oder geistig,

Veränderung und Weiterkommen beinhaltet. Aus diesem Grund gehört zu jeder erfahrungsorientierten und ganzheitlich ausgerichteten Persönlichkeitsentwicklung oder Psychotherapie, dass man den ganzen Menschen in die Arbeit miteinbezieht – Körper, Seele und Geist – also auch den Körper.

Insbesondere den Outdoor-Bereich nutzt man beim Erfahrungslernen, um den Körper innerhalb einer Therapie oder eines Lernprozesses anzusprechen. Wer auf dem Hochseilgarten, in Höhlen, auf Bergen oder in der Nacht seinen Weg gehen muss, muss nicht nur mit seinen Denk- und Fühlmustern sowie Ängsten umgehen (lernen), sondern auch mit seinem Körper, der in diesen ganzheitlichen Prozess miteinbezogen ist, mit all seiner Geschicklichkeit oder Ungeschicklichkeit und mit all seinen physischen Reaktionen. Körperliche Aktivität bzw. körperliche Beteiligung ist an sich ein unverzichtbarer Bestandteil einer ganzheitlichen, erfahrungsorientierten Therapie oder eines ebensolchen Seminardesigns. Ganz zu schweigen von der ganzheitlichen Wirkung, die beispielsweise eine gezielte, gut durchdachte, Spaß machende Volkssportbewegung auf die Bewohner einer Stadt und die Gesellschaft haben kann. Damit ist keinesfalls Leistungssport gemeint, der mit seiner Du-musst-um-jeden-Preis-gewinnen- und Millisekunden-Mentalität genau die falschen Signale aussenden würde, sondern der erlebnisreiche, sozial aktive Volkssport aus Spaß an der Freud'. Die Bewegung nach Maß ist hier also gemeint.

Immer wieder haben wir die Vorteile für die individuelle und gemeinschaftliche Förderung und Entwicklung anhand der Methode »Erfahrung« beschrieben. Erfahrungslernen ist aber eine basale menschliche Eigenschaft, und so geht es immer auch um eine allgemeine, wichtige, menschliche und aufgeschlossene Haltung der Erfahrung und dem Neuen gegenüber. Es geht um unsere innere und äußere Bereitschaft, unserer persönlichen Entwicklung Raum zu geben und so den Weg zur persönlichen Meisterschaft und Selbstwirksamkeit zu beschreiten. Dies ist nicht nur mit der Lehr- und Lernmethode Erfahrungslernen möglich, sondern es liegt in der Hand jedes Einzelnen, Erfahrungsräume aufzusuchen und sich dem wirklichen Leben zu stellen.

7.7 Bewegende Augenblicke: Da soll sich auch der Körper bewegen!

Wir haben einen Streifzug durch bewegende Augenblicke des Lebens gemacht. Nur durch Bewegung selbst kommt auch etwas in Bewegung und nur, wenn etwas in Bewegung kommt, kann sich etwas verändern. Wir wissen nun, dass Bewegung etwas Ganzheitliches ist und dass es bewegende Gedanken, bewegende Gefühle und die Bewegung des Körpers gibt. Und wir wissen, dass alles irgendwie zusammenhängt. Aber die körperliche Bewegung, die ein wesentlicher Bestandteil des Lebens ist und damit auch des erfahrungsorientierten Lernens sein muss, hat immer noch nicht den Stellenwert bekommen, der ihr eigentlich zustehen müsste. Schon allein die Bedeutung, die ihr rein körpermedizinisch in der Behandlung von Krankheiten zukommen sollte, ist ihr bislang noch immer nicht zuteil geworden. Und in der Gesundheitsprävention erreichen wir mit überwiegend langweiligen Sport- und Bewegungsmaßnahmen mit düsterem Ernstcharakter mal knapp die Hälfte der Bevölkerung, wenn überhaupt.

Es bedarf schon großer Überwindung, wie ein Hamster im Hamsterrad minuten- oder stundenlang auf einem Laufband zu laufen. Die Eintönigkeit solcher Vorgehensweisen bedarf einer großen mentalen Überwindung oder Techniken, sich die Maßnahme »schön« zu laufen. Die ernsten Gesichter sich quälender Menschen, die sich in Maschinenräumen von Technokraten die Trainingsschlagzahl zur Gesundheit vorgeben lassen, spricht für sich. Dabei ist es doch so wichtig, in einer bewegungsverarmten Gesellschaft, in der viele Menschen im Auto, vor dem Fernseher, dem Computer oder am Arbeitsplatz hocken, Bewegung attraktiv(er) zu machen. Es gibt Studien, die belegen, dass sich die meisten Menschen im Alltag weniger als dreißig Minuten auf den eigenen Beinen halten, dabei ist der Mensch doch seit Jahrtausenden schon ein »Lauftier«, welches darauf angewiesen war, sich stundenlang in Bewegung zu halten.

Die Beweislast, die für mehr Bewegung spricht, ist groß: Körperliche Aktivität beeinflusst den Verlauf unzähliger Krankheiten positiv. Nicht nur das Herz-Kreislauf-System, Bewegungs- und Stützapparat profitieren von mittelmäßiger Bewegung, sondern auch Schlaganfall- und Tumorrisiken sollen sich nach Forschungsstudien durch mehr Bewegung vermindern. Das hat auch damit zu tun, dass die Muskeln große sensorische Organismen sind, die durch ihre komplexe Verdrahtung zum zentralen Nervensystem mit fast allen Organsystemen korrespondieren und in Wechselwirkung stehen. Auf diese Weise werden durch körperliche Bewegung nicht nur die Kontraktionen der Muskeln, Neuronen und Spindeln ausgelöst, sondern zugleich auch vegetative und hormonelle Effekte. Diese stehen wiederum in einem engen Wirkungszusammenhang mit dem Immunsystem und dem Gemüt. Körperliche Aktivität und Gemütszustand bedingen und beeinflussen sich so gegenseitig, und dazu ist keineswegs übermäßiger Leistungssport erforderlich, sondern die angemessene, durchschnittliche Bewegung reicht vollkommen aus.

Dennoch, trotz all dieser Erkenntnisse, gehören Sport und Bewegung immer noch nicht zum selbstverständlichen Standardangebot eines jeden Regelkrankenhauses. Von der Prävention wollen wir besser erst gar nicht sprechen, solange im Gesundheitssystem meist passiv-kurative Maßnahmen bezahlt und aktivierende Präventivmaßnahmen eher als nebensächlich abgehandelt werden. Das ist besonders so, wenn man Gefahr läuft, dass diese auch noch Spaß machen könnten. Denn dann entsteht klammheimlich der Eindruck, dass das, was ja vielleicht Spaß macht, gar nicht helfen könnte, und dass wohl eher passiv-konsumtive Vorgehensweisen wie die Einnahme von Tabletten, der Kauf »gesunder« Nahrungsmittel oder das Sich-behandeln-Lassen vom Spezialisten einen größeren Einfluss haben müssten als selbst gewählte Maßnahmen, die auch noch Vergnügen bereiten. Vielleicht ist das alles aber auch so gewollt. Dies könnte zum Teil in wirtschaftlichen Interessen begründet sein, zum Teil aber auch in einer Gesellschaft mit Ich-kann-mir-alles-kaufen-Mentalität.

Gesundheit entsteht jedoch zu einem wesentlichen Teil durch eigenes Handeln und weniger dadurch, dass man sich behandeln lässt. Sich bewegen, gleich welcher Art, ob geistig, seelisch oder körperlich, bedarf eigenen Zutuns. Bewegung können wir weder kaufen noch uns von außen angedeihen lassen. Wir müssen es einfach selbst tun: uns bewegen.

Erfahrungsorientierte Vorgehensweisen helfen dem Menschen, zu einer angemessenen körperlichen Gesamtbewegung zu kommen. Dabei mag der Spaß- und Spielcharakter Erleichterung verschaffen. Das kennen wir ja von unseren Kindern. Haben sie Freude am Bewegen, am Lernen und ihrem Tun, gedeihen und wachsen sie wie von selbst.

8. Burn on!

8.1 Dem großen Gehirn ist es egal, warum es da ist

Homo sapiens weiß schon ziemlich viel über sich, und bestimmt wird er auch noch mehr über sich und seine Art erfahren, wenn auch nicht alles. Denn sein Hirn selbst ist auch nur ein Teil des eigenen Systems. Und es wird für sein vom System her selbst begrenzten Gehirn nahezu unmöglich sein, alles in seiner Gänze und Komplexität je erfassen zu können. Dennoch hat er eine wohl seltene Fähigkeit unter den Lebewesen entwickelt, die ihm gestattet, sein eigenes Sein vor dem inneren Auge zu betrachten und auch kritisch zu bewerten: Wir können über uns selbst nachdenken.

Dass wir uns selbst und über uns selbst reflektieren können, gibt uns eine enorme innere geistige Freiheit. Wir können Vergangenes überdenken, unsere Bedürfnisse, Wünsche und Ziele definieren, uns Strategien überlegen, wie wir völlig neu unser Leben gestalten, um Glück, Zufriedenheit und Sinngebung in unser Leben zu holen. Wir können uns unserer geistigen Freiheit bedienen, um allerlei bestehende Annahmen über uns und vorhandene Lebenskonzepte zu nutzen, so wie viele Denker es schon vor uns getan haben. Und wir können all dies zusammenfügen und daraus einen eigenen Lebensentwurf basteln. Vielleicht sind wir die ersten und einzigen Wesen, die durch diese geistige Freiheit in der Lage sind, ihre eigene Evolution entscheidend mit zu beeinflussen.

Entscheidend ist und bleibt dabei aber, ob diese allgemeinen und theoretischen Denkfiguren dem Erreichen unserer Lebensziele und dem Befriedigen unserer Bedürfnisse im Hier und Jetzt nützen. Die Frage, die wir uns stellen müssen, lautet demnach: Sind diese Entwürfe und Konstrukte praxistauglich und im Sinne der Gestaltung eines mehr und mehr gelingenden Lebens anwendbar oder nicht?

Da wir oft das Gegenteil erlebten, drängen sich weitere Fragen auf, und zwar, ob die Vermutungen über Homo sapiens und daraus resultierend das Entwickeln philosophischer und erkenntnistheoretischer Modelle ausschließlich philosophischen Denkern überlassen werden sollten oder ob wir heute nicht Themen der Neurobiologie, der Evolutionsforschung, der neueren medizinischen Wissenschaften und alle derzeitigen empirischen Erkenntnisse und weniger Wunschdenken und Wunschgefühle, sprich unsere Erfahrungen, in bedeutenderem Umfang in unsere Überlegungen miteinbeziehen müssten, um Homo sapiens und das Funktionieren seines Systems besser verstehen zu lernen. Auf diese Weise würden wir bestimmt passendere Antworten auf die großen Fragen der Menschheit finden können.

Hauptsächlich ist das Gehirn des Menschen und sein Denk-, Fühl- und Handlungsfokus jedenfalls auf das Ziel ausgerichtet, sich an die gegenwärtige Lebenssituation bestmöglich anzupassen und weniger darauf, zu erkennen, was ihn denn nun selbst und »was die Welt im Innersten zusammenhält«, -hielt und -halten wird. Insofern müssen die philosophischen Konstrukte einiger weniger Menschen, wenn sie mehr oder weniger ausschließlich aus Überlegungen über Gott und die Welt und persönlichen Wünschen der Denker erwachsen, auch weiterhin reine Spekulationen über Homo sapiens bleiben, sollten sie nicht unsere neuesten Erkenntnisse aus den Natur- und Neurowissenschaften – auch unpopuläre – seriös mit einbeziehen.

Homo sapiens' bedeutendste Aufgabe ist und bleibt aber letztlich, mit all seinen körperlichen, geistigen und seelischen Fähigkeiten und Mitteln die Gegenwart bestmöglich zu gestalten. Wenn wir dabei von Körper, Seele und Geist statt von Körper, Geist und Gehirn reden, dann geschieht dies nicht von ungefähr. Im streng naturwissenschaftlichen Bereich wird der Begriff Seele zwar nicht gern genutzt, da er sehr unspezifisch ist, die Seele nicht wirklich geortet werden kann und nahezu mystisch daher kommt (vgl. Kap. 6.7: Die Wiederbeseelung des Menschen u. Kap. 6.8: Seele: »Cloud« der Basiskompetenzen?). Aber dennoch ist der Mensch beseelt, wenn wir darunter unsere nicht fassbare, unscharfe Mitte, unser Selbstgefühl und unsere innere Kohärenz verstehen. Mehr und eine tiefer gehende Kenntnis über das Funktionieren dieser menschlichen Systemkonzeption und unseres Selbst sind ganz sicher förderliche Voraussetzungen, um dadurch besser mit den vorhandenen Lebensgegebenheiten klarzukommen, Herausforderungen bewältigen zu können, mehr Selbstwert, Selbstwirksamkeit und soziale Kompetenzen zu entwickeln und so bessere Rahmenbedingungen für eine optimalere Gestaltung der Gegenwart und ein besseres Zukunftsfundament bereitzustellen. Genau dafür sind unsere großen Köpfe schließlich da. Sie sind unsere »Anpassungsapparate«.

Sie wollen wissen, wie es zu den großen Köpfen kam? Damals, irgendwann, als es noch viele verschiedene Arten von Primaten gab (vgl. Kap. 2: Vermutungen über Primaten), vergrößerte sich in enorm kurzer Zeit bei einigen von ihnen das Gehirn gewaltiger, als es bei den anderen Lebewesen der Fall war. Dies resultierte vielleicht daraus, dass die drei Wesen/Männer – Sie erinnern sich an die Geschichten am Anfang dieses Buches (vgl. Kap. 1.2 u. 1.3) – vor enorm hohe

Herausforderungen gestellt wurden. Sie waren plötzlich aufgrund von natur-
gegebenen Veränderungen und neuen Lebensbedingungen in ihrer Welt gezwungen, sich aus dem Regenwald in die Savanne vorzuwagen. Und vielleicht
konnten sie diese abenteuerliche Herausforderung nur gemeinsam bewältigen,
weil ihre Gehirne durch neu erschlossene Nahrung (tierische Proteine) wuchsen
und gediehen. Wahrscheinlich begünstigten sich die Vorgänge gegenseitig,
insbesondere im Hinblick auf die soziale Ausprägung ihrer Gehirne. Gemeinsames Bewältigen von Herausforderungen war evolutionär sehr vorteilhaft und
trug dazu bei, neue Nahrungsquellen zu erschließen. Gemeinsam in der Gruppe
Herausforderungen anzunehmen, setzte schnelles Denken, Verständigen und
Abstimmen untereinander voraus. Es ist ein hochkomplexer Vorgang, der
schnellstes Kombinieren erfordert, so dass ein unverzügliches Reagieren, Kon-
figurieren und Sich-Anpassen möglich wird. Warum der Mensch ein Gehirn
bekam, welches bedeutend mehr Möglichkeiten und Plastizität hatte, als es für
seine damalige Aufgabe – mit anderen in die Savanne zu gehen – überhaupt
notwendig war, das gibt uns heute noch Rätsel auf. Aber wir dürfen annehmen,
dass dies das Geheimnis seiner überaus großen Anpassungsfähigkeit und somit
Zukunftsfähigkeit ist.

Homo sapiens war also irgendwann im Besitz eines enorm beweglichen und
fähigen Organisationsorgans. Mit diesem war er ab diesem Zeitpunkt imstande,
sich schnell und flexibel immer wieder neuen Lebensbedingungen anzupassen.
Er bewies Köpfchen und oft fand er kreative Lösungen für seine Probleme. Wir
alle besitzen demnach heute ein sehr anpassungsfähiges, flexibles Multifunktionsorgan, das sehr hoch entwickelt ist, viel Potenzial bietet und sich dadurch
immer noch weiter fortentwickeln und anpassen kann.

Unser Gehirn, unser dynamischstes Organ von allen, ist es wahrscheinlich,
was uns zum »Edel-Primaten« gemacht und zum Hominiden bestimmt hat. Es
ermöglicht uns, zu sprechen, uns verschiedene Sprachen anzueignen und somit
(lebens-)wichtige Informationen direkt und präzise mit anderen auszutauschen.
Durch unsere Sprachbegabung und Kommunikationsfähigkeit können wir auch
über alles Mögliche nachdenken, Handlungen besser planen, Projekte durchführen und vieles andere mehr. Wir sind, wie gesagt, dadurch womöglich sogar
in der Lage, unsere eigene Evolution in gewisser Weise zu beeinflussen.

Wir können annehmen, dass wir ein so gut ausgebildetes Gehirn entwickelt
haben, weil wir es aller Wahrscheinlichkeit nach für den Aufbau unseres viel-
schichtigen und komplexen Soziallebens brauchten und brauchen. Zweifelsohne
sind es aus evolutionstheoretischer Sicht unsere Sozialkompetenzen und unsere
Beziehungssysteme zu anderen Menschen, die uns einen so enormen Vorteil vor
anderen Lebewesen einbrachten. Evolutionsbiologisch haben wir es auf diese
Weise jedenfalls vorerst geschafft, uns die Welt untertan zu machen (vgl.
Gen 1,28).

Überall auf der Welt sind die Hominiden, und ihr Vormarsch nimmt wohl immer noch kein Ende. Vielleicht aber doch! Oder die beste Zeit liegt noch vor uns! Es scheint jedenfalls, als bedürfe es jetzt eines erneuten Paradigmenwechsels: jetzt, da es uns bewusst geworden ist, dass wir selbst ein Teil der Welt sind und uns niemals die Welt untertan machen können; jetzt, da wir zumindest erkannt haben, dass wir ein Teil der Natur sind; jetzt, da wir ahnen, dass wir liebevoller, behutsamer und auch etwas demütiger mit uns und der Natur umgehen sollten, jetzt, da wir wissen, dass soziales Verhalten, Anpassung und Veränderung unsere Stärken sind.

Aber etwas zu ahnen oder zu wissen, heißt noch lange nicht, dass daraus direkt eine Veränderung unseres Verhaltens erfolgt. Der Weg, bis wir in Aktion treten und unser Denken und Handeln an das Erkannte anpassen, scheint noch sehr weit. Bis das Alte aus den Köpfen und den Systemen heraus ist, dauert es erfahrungsgemäß sehr lange. Gerade deshalb bedeutet das für uns, dass wir uns jetzt und sofort auf den Weg machen müssen, um unsere inneren Haltungen entsprechend unserer wirklichen Bedürfnisse als Menschen und der kommenden Herausforderungen zu gestalten. Dafür hat Homo sapiens ja schließlich sein großes »soziales« Gehirn. – Unsere großen Köpfe mit der geraden, hohen Stirn beherbergen unsere Anpassungsfähigkeit und damit die Kapazität und das verschwenderisch vorhandene hohe Potenzial für die Gestaltung unserer Zukunft.

8.2 Nützliche Philosophie ist erfahrbar, verinnerlicht, anwendbar und mitbestimmend für Glück und Zufriedenheit

Das große Gehirn ist also schon mal da und bestens vorbereitet für unsere Zukunft. Im Vordergrund menschlicher Evolution stehen die zukünftige Ausbreitung und das Fortkommen der Art. Diese Hauptbestrebungen der Spezies Mensch schwingen deshalb auch immer in allen Handlungsmotivationen und persönlichen Zielsetzungen des Menschen mit. Das Soziale spielt dabei eine bedeutende Rolle. Es sind das Mitgefühl, die Selbstlosigkeit, die Bindungen zu anderen Menschen und Gruppenzugehörigkeiten, die menschliche Triebfedern darstellen. Sie sind weitaus bedeutender und bestimmender für das Gelingen im menschlichen Zusammenleben, als es die großen und kleinen materiellen Verteilungs- und Machtkämpfe unter den Menschengruppen je sein können. Es ist demnach nicht ausreichend, gesellschaftspolitisch das Augenmerk hauptsächlich auf die Produktion und Verteilung von Gütern, wirtschaftliches Wachstum und noch mehr wirtschaftliche Leistung zu richten. Mindestens in den wohlhabenderen Gesellschaften wie der unsrigen sollte eine hohe, werthaltige soziale

Kompetenz und ein intelligentes Zukunfts-Know-how einen höheren Stellenwert und eine bessere Wirkungskraft für die Sicherung des sozialen Miteinanders besitzen als eine ausschließliche wirtschaftliche Grundsicherung oder Gleichstellung aller Mitglieder einer Gesellschaft, wie sie beispielsweise in der abwegigen Debatte um ein bedingungsloses Grundeinkommen zum Ausdruck kommt (»Hartz IV für alle?«). Unsere plumpe Konsumwachstums- und Güterverteilungsphilosophie ist sicher so nicht mehr lange zukunftsfähig. Soziale Kompetenz und soziales Verständnis hingegen sind Basiskompetenzen, die von Natur aus ein weitaus größeres Potenzial als »materielle Sicherheiten« bieten, um Frieden, Zufriedenheit und Glück in einem Kollektiv zu etablieren. Bedauerlicherweise ist uns die Dimension des wirklich Sozialen oft gar nicht mehr richtig bewusst.

Die Zeitungen sind vollgestopft mit Berichten über Anspruch, Neid, Ungerechtigkeit, Chancen bezüglich der Güter- und Geldverteilung und kein Fernsehabend vergeht, ohne dass die vermeintlich Schwachen und Benachteiligten in den Talkshows sitzen, lamentieren und an das soziale Mitgefühl der Zuschauer appellieren. Manchmal konfrontiert man die »guten Armen« mit den »bösen Reichen«, um zu polarisieren und um die »guten Armen« und die »bösen Reichen« noch eindeutiger zu stigmatisieren. Dies geschieht, weil und damit es uns emotional und sozial bewegt. Es geht im Grunde genommen, aber oft verdeckt, um materielle Verteilungskämpfe oder um Macht und nicht darum, ob da Unglückliche Glücklichen gegenübersitzen oder diejenigen, deren Leben gelingt, denen, deren Leben nicht gelingt.

Für ein gelingendes Leben ist aber das »erfahrbare« Soziale in jedem Fall wichtiger als das »bezahlte« Soziale. Die Krux an der Geschichte des Unglücksgefühls wohlhabender Gesellschaften ist schließlich der Mangel an lebendigen Erfahrungen von Sozialität und sozialen Kompetenzen in allen Bereichen des Lebens, und diese Missstände sind nicht etwa durch ein Durchsetzen der so genannten »sozialen Gerechtigkeit« zu beheben, die sich auf die Verteilung von Geld oder auf andere Zuwendungen beschränkt.

Damit unsere Gegenwart glückt und wir uns als Menschen und als Spezies Homo sapiens weiterentwickeln können, brauchen wir also mehr lebendige soziale Erfahrungen, die uns prägen. Unsere dynamischen, formbaren Gehirne sind zu Struktur gewordene Erfahrungen einer langen Menschheitsgeschichte und auf diese inneren erfahrungsgeprägten Bewegungen sind wir angewiesen, um uns innerlich lebendig und wachsend zu fühlen. Sie sind unverzichtbar und eine wesentliche Voraussetzung für ein glückliches, zufriedenes und gelingendes Leben. Wir sollten darüber nachdenken, ob eine passiv-konsumtive Lebenshaltung in einer nur scheinbar glücklich machenden Komfort- und Wellnesszone nicht den Verlust unserer grundlegenden Lebenskompetenzen und unseres Bewältigungsoptimismus zur Folge hat.

Was wir brauchen sind zweierlei Erfahrungen: die des Individuellen und die des Sozialen. Bei beiden handelt es sich um ganzheitlich erlebte Prozesse. Sie machen das Prinzip unseres Lebens aus, mit allen daraus folgenden individuellen und sozialen Konsequenzen. Sie kurbeln mit ihrem pragmatischen Charakter direkt die gesellschaftspolitische Gestaltungskraft an und vermögen so, die Gesellschaft nachhaltig positiv zu verändern. Damit sollte sich nützliche Philosophie beschäftigen.

Aufgrund von Bequemlichkeit oder Sicherheitsfanatismus beschneiden sich heutzutage Menschen jedoch oft ihrer eigenen Erfahrungsmöglichkeiten, oder man kultiviert von staatlicher Seite die Passivität von Menschen (Arbeitsmarktpolitik, Integrationspolitik). Es gibt nichts Übleres, als Menschen auf diese Weise klein zu halten, sie gar für ihr Stillhalten zu bezahlen und sie so fortwährend von wichtigen Erfahrungen des Selbstkönnens und Selbstwirkens fernzuhalten. Es ist der »Sozialstaat«, der diese Menschen von der Teilnahme am (sozialen) Leben ausschließt und ihnen dafür Entschädigung zahlt. (Bei Beziehern von Arbeitslosengeld II – umgangssprachlich auch Hartz IV – nennt man den Obolus getreu seinem Almosencharakter sogar »Hilfe zum Lebensunterhalt«.) Arbeitslose in unseren gesellschaftlichen Gruppen zu belassen, etwa durch gemeinnützige und soziale Tätigkeiten inklusive der nötigen Wertschätzung dafür, wäre wesentlich nützlicher.

Letzten Endes verlieren viele Empfänger »sozialer« Geld- oder Güterleistungen aufgrund von mangelnder Selbsttätigkeit an Erfahrung und innerem Erleben ihre Würde und ihr Selbstwirksamkeitsgefühl. Je länger diese Entwürdigung andauert, umso mehr geraten die Hilfebedürftigen in die Falle der Abhängigkeit des Sozialstaates. Sie werden erst klein und verschämt, vergessen und verlernen dann die Selbstfürsorge und entwickeln dabei nur noch Gefühle der Antriebs-, Interessen- und Freudlosigkeit oder schlimmer noch: den Hass der Dankbarkeit. Weil viele von ihnen diese deprimierenden Gefühle nicht lange aushalten, werden sie sich dann als »Opfer der Gesellschaft« empfinden, und zwar mit einem generellen Anspruchsdenken und der wütenden Einstellung: »Das, was die anderen haben, ob mit eigener Kraft erarbeitet oder nicht, das steht mir auch zu – gleiches Recht für alle!« Ganz unserer Gesellschaftsideologie entsprechend machen sie »ihr Recht« zwar an Geld und Gütern fest, das wirklich kränkende Soziale aber ist das Nehmen-Müssen und Nicht-geben-Dürfen. Vor diesem Hintergrund ist nachvollziehbar, warum sich das angebrachtere Dankbarkeitsgefühl in den Hass der Opfer transformiert.

Der Mensch will aber lebendige, nützliche Erfahrungen machen. Was »nützlich« ist, macht Sinn, verleiht dem Handeln erst Bedeutung und schenkt Anerkennung durch die Gemeinschaft. Trotz des Hangs vieler Menschen, sich heutzutage der Passivität anheimzugeben, will sich also auch das Ich spüren, am Leben teilnehmen, etwas bewirken, dazugehören und über sich nachdenken dürfen. Das ist es, was vielen Menschen in unseren modernen Gesellschaften bewusst oder unbewusst fehlt: sich, ihr Selbst und dessen Wirksamkeit wahrnehmen zu können.

Das Ich – oder besser das Selbst – entspricht aber einem Erfahrungsprodukt. Es gedeiht und wächst an der Summe seiner Erfahrungen, und es bleibt leblos und klein, wenn wir diese Lebendigkeit nicht fördern. Gesund und lebendig bleiben und werden unser Körper, unsere Seele und unser Geist nur, wenn wir ihnen die notwendige Nahrung zuführen. Von Natur aus hungern die Drei neurobiologisch regelrecht nach Erfahrung, Wissen, Aktivität und Kompetenzgewinn. Der Geist und die Seele wollen denken und fühlen, und der Körper will entsprechend handeln. Das fühlt sich lebendig, bewegend und kohärent an.

Auf diese Weise beeinflussen lebendige Erfahrungen des Bewältigen- und Ertragen-Könnens, der Anstrengung und der Belohnung, der erfahrenen Urheberschaft, der Verstehbarkeit und Handhabbarkeit, der Unterstützung in der Gruppe, der Gemeinsamkeit und der daraus erwachsenen Geborgenheit entscheidend den positiven Verlauf unseres Lebens, indem sie bedeutend zu unserer Gesundheit, unserem Glück und unserer Zufriedenheit beitragen. Sie setzen dann in unserem Körper physiologische – also chemische und physikalische – Prozesse in Gang und wirken wie ein indirektes Glücksmedikament. Mangelt es an diesen lebendigen, förderlichen Erfahrungen für Körper, Seele und Geist, so führt dies nicht nur zu Unzufriedenheit, sondern unter Umständen auch zu seelisch-körperlicher Versehrtheit wie Depressionen, Angst oder zu solch einem Burn-out, mit allen Körpersymptomen, wie wir ihn umgangssprachlich verstehen und beschrieben haben. Nützliche Philosophie und darauf aufbauende Politik muss sich das bewusst machen und die entsprechenden Schlussfolgerungen daraus für die Praxis ziehen.

In unseren westlichen Gesellschaften haben wir uns, so scheint es, mit unserer nur oberflächlich glückselig machenden wirtschaftlichen Wachstums- und Stillhaltepolitik in eine verhängnisvolle Ausgangslage für eine aktive und gelingende Gestaltung unseres Lebens und unserer Zukunft gebracht. Die Vereinsamung von Menschen, passiv-konsumtive und auch aktiv-kopflose Haltungen und Verhaltensweisen sowie die falsche Individualisierung bestimmter Lebensbereiche sind längst zu Begleitsymptomen unserer modernen Gesellschaften geworden. Diese verursachen fortlaufend neben den vielen bedauerlichen menschlichen Einzelschicksalen immense wirtschaftliche Folgekosten. Eine ängstliche Überreglementierung in allen Lebensbereichen, falscher Sicherheits- und Kontrollwahn, Qualitäts-, Zertifizierungs-, ISO-, DIN-, EN-Zwänge sind zusätzliche Auswüchse dieser sich als »modern« einstufenden Gesellschaften. Auf diese Weise versucht man verzweifelt, Glück, Wohlstand und Sicherheit herzustellen und das dann möglichst auch noch gegen eventuelle Veränderungen zu konservieren. Das Gegenteil aber ist der Fall, und die Re-

glementierungspolitik lähmt obendrein die Menschen, indem sie die Möglichkeiten, das Leben in seiner Vielfalt zu erfahren, immer mehr mindert.

Wir brauchen sie also, die lebendigen, vielfältigen Erfahrungen. Sie sind
existenziell für uns und machen uns geradezu aus. Enthalten wir uns diese vor,
werden wir einen hohen Preis dafür bezahlen müssen – wir legen uns nach und
nach selbst lahm … Und bei der auf uns folgenden Generation wird die Lage noch
prekärer sein: nicht nur, weil wir unseren Kindern heute schon Passivität, Si-
cherheitswahn und Angst vor dem Selbsttun vorleben, sondern auch, weil wir sie
in vermeintlich sicheren, meist passiv-konsumtiv orientierten Gestaltungsräu-
men belassen und ihnen so keine Chance geben, ihr Selbst(vertrauen) und ihren
Könnensoptimismus durch aktives Erfahren zu entwickeln. Sie können keine
Anpassungs- und Bewältigungskompetenzen entwickeln oder sie verlieren die
nach und nach, die sie bereits erworben haben. Darum werden sie es womöglich
später noch schwerer haben als wir, Probleme zu lösen oder Herausforderungen
zu meistern. Sie werden weder ein Einfühlungs- oder Einschätzungspotenzial
noch das Glücksgefühl innerer Bewältigungskompetenz besitzen. Unsere Kinder
befinden sich in der Phase ihrer grundlegenden und höchsten Prägung. Sie erlernen vielleicht gar nicht mehr die für das Leben und das Selbstwerden so
wichtigen Kompetenzen. Unser diesbezügliches Dilemma könnte sich demzufolge explosionsartig potenzieren. Was soll eine passive, ängstliche, lebensabgewandte Generation schon an die nachfolgende weitergeben?

Im schlimmsten Fall resultieren schon heute aus unseren schlechten Er-
wachsenenvorbildern und den erfahrungsarmen, lebensfernen Welten für unsere Kinder Verhaltensstörungen, wie wir sie in der letzten Zeit immer häufiger
beobachten können. (Auch das sieht nützliche Philosophie.) Doch wollen wir
den Teufel und die Ausweglosigkeit nicht an die Wand malen und auch nicht
untätig herumjammern, sondern Wege und Lösungen finden, mit dem Verlust
unserer Selbstkompetenzen und unserer Erfahrungsräume umzugehen. Wie
könnte dies aber aussehen?

Zunächst brauchen wir wieder die verloren gegangenen natürlichen Erfahrungsräume zurück und dazu neue künstliche, in denen eigenes Tun und
selbstverantwortliches Leben eingeübt, gelernt werden und gelingen kann. Das
ist sozial, menschengerecht, gesundheits-, persönlichkeits- und bildungsför-
dernd. Unser ideologisches und philosophisches Denken darf sich also nicht
ausschließlich mit dem freudigen Spiel an der Kreation von Denkfiguren und
schlüssigen Konstrukten befassen, sondern sollte letztlich auch handhabbar sein
und in die Praxis umgesetzt werden können. Eine nützliche Jetzt-Philosophie
wird deshalb von basiskompetenten Menschen gelebt und die dazugehörige
anwendbare Gemeinschaftsmoral auch. Die moralisierenden Gut-und-Böse-,
Richtig-und-Falsch-Kategorien ideologischer Vordenker können wir uns auf
diese Weise bestimmt ersparen und wieder lernen, uns eigene Urteile zu bilden.

Bewertungsprozesse und verinnerlichte Kategorienbildungen geschehen im Menschen und infolgedessen auch in den Kollektiven selbst. Sie gestalten sich also nach evolutionär vorgegebenen Möglichkeiten individueller Prägung durch eigene Erfahrungen und entsprechend dem gerade bestehenden gesellschaftlichen Biotop.

Nur auf dem aufbauend, was wirklich und möglich ist, können wir ein gelingendes Leben gestalten – Philosophien, Illusionen und Utopien geben das nicht her. Insofern sollten wir uns auch auf das Mögliche beschränken, auf das, was wir unmittelbar zur Verfügung haben. Homo sapiens fühlt das eigentlich – sowohl als Individuum als auch als soziales Wesen. Er bemüht sich weitestgehend, die derzeit nützlichste Moral und die zurzeit sinnvollste Gesetzmäßigkeit zu konstruieren. Kants postulierter kategorischer Imperativ »Handle [stets] so, daß die Maxime deines Willens jederzeit zugleich als Prinzip einer allgemeinen Gesetzgebung gelten könne.«, müsste für unser Anliegen deshalb folgendermaßen umformuliert werden und lauten: »Gestalte die Prinzipien einer allgemeinen Gesetzgebung so, dass sie den tatsächlichen Möglichkeiten und Fähigkeiten von Homo sapiens entsprechen.« Das ist dann eine angewandte und brauchbare Philosophie.

Beginnen wir also damit, unseren neurobiologischen Erkenntnissen Rechnung zu tragen und mehr und mehr von der alles beherrschenden, uns vordenkenden Vernunft etwas Abstand zu nehmen. In der Illusion, es gäbe »das« Vernünftige, »das« Gute und »das« Sittliche, haben sich schon viele Philosophen verstrickt und sind letztlich nicht weitergekommen. Bestimmend für unser Handeln ist nicht nur die von uns meist als einzig »gut« erachtete »liebe« Vernunft, sondern sind auch die traditionell meist als moralisch schlecht eingestuften »bösen« Dinge, die triebhaften und aggressiven sowie die unendlich vielfältige Palette an Tönen, die dazwischen und rundherum liegen. Wenn wir Säugetiere oder Affen oder – etwas gehobener ausgedrückt – aus diesen hervorgegangen sind, dann haben wir von ihnen auch Eigenschaften übernommen. Keinesfalls aber sind wir in der Lage, das instinkthaft-emotional-animalische Böse vollkommen zu kontrollieren oder gar zurückzulassen, unsere Wurzeln, unsere Substanz zu kappen und den uns als Menschen auszeichnenden Rest ins »Göttlich-Gute« zu sublimieren. Alle Philosophen und Wunschdenker mit dieser Vorstellung scheiterten und werden scheitern. Mal ehrlich: Können Tiere denn wirklich von Grund auf böse sein (vgl. auch Kap. 2.4: Den bösen Affen austreiben?) und Menschen von Grund auf lieb und vernünftig?

Evolutionsgeschichtlich betrachtet haben wir jedenfalls alles von unseren äffischen Vorfahren geerbt und sollten lernen, dieses Potenzial als solches auch zu wertschätzen und bestmöglich zu nutzen. Deshalb sollten wir vermeiden, bestimmte Teile unserer Gefühls- und Gedankenwelt als zweitrangige Impulse anzusehen, denn alle »bösen« wie alle »guten« Gefühle und Gedanken gehören wesentlich zu uns: Rache-, Zorn-, Wut- und Neidgefühle genauso wie solche der Rücksichtnahme und des Mitleids sowie unsere einzigartige Fähigkeit, Visionen zu entwickeln, uns eine gelingende Zukunft zu entwerfen. Und weil wir all diese Fähigkeiten und Möglichkeiten besitzen, sollten wir sie auch in unsere Überlegungen und Handlungen als vorhanden und wichtig miteinbeziehen. Sie alle haben einen tieferen Sinn und Zweck, auch wenn er uns vielleicht zunächst verborgen bleibt.

Und was den Unterschied zwischen »gut« und »böse« anbelangt, so können wir gewiss sein, dass unser Gehirn da erst einmal keinen Unterschied macht und somit auch keine grundsätzlich zu vertretende richtige Moral oder Ethik kennt. Wieso aber kommt es dann zu gesellschaftlich anerkannten moralischen und ethischen Prinzipien?

Unser Gehirn oder besser unsere vereinten Gehirne entwerfen nach systemischen Gesetzmäßigkeiten – in qualitativen Sprüngen – moralische Prinzipien, die nicht nur für den Einzelnen, sondern auch für die Gruppe gelten, in der der Mensch lebt. Diese Gesetzmäßigkeiten, die für unser gesellschaftliches Zusammenleben im Staat relevant sind, bilden sich anhand des Erfahrungskriteriums heraus, dass sie für uns Menschen und unser kollektives Fortkommen in dieser Zeit und an diesem Ort am günstigsten zu sein scheinen. So ändert sich die Moral im Gleichklang mit der jeweils notwendigen zeitlichen und kulturellen Anpassungsmodifikation.

Erleben und Handeln werden folglich sowohl im Individuum als auch in der Gemeinschaft hinsichtlich des bestmöglichen Anpassungsreflexes für ein gelingendes Leben emotional bewertet. Aus vielen Einzelerfahrungen werden so »vernünftige« Gesetze für die ganze Gemeinschaft gemacht. Sie basieren meist auf kollektiv erfahrenen, nützlichen Werten – jedenfalls in einer einigermaßen demokratisch organisierten Gesellschaft. Moralische Werte sind also flexibel und können sich stetig ändern.

Zum besseren Verständnis ein paar Beispiele: Manchmal bekommt man für das Töten von Menschen einen Orden, manchmal kommt man ins Gefängnis. Wir unterscheiden Abtreibung, Kindstötung, Erwachsenentotschlag und Mord und differenzieren zwischen sträflichem Raub, Mundraub, legitimiertem Raub (Robin Hood) sowie der Ausbeutung (Ausraubung) der Dritten Welt durch westliche Gesellschaften. Monogamie und Polygamie werden zumindest in der westlichen Welt moralisch unterschiedlich bewertet, von der Norm abweichende ausgelebte Sexualität anders als die heterosexuelle, wobei die homosexuelle Lebensform zurzeit mehr und mehr in der Gesellschaft akzeptiert wird.

Ein wirklich verbindliches, immer gültiges moralisches Gesetz über das Maß allgemeiner evolutionärer sozialer Sinnhaftigkeit und Notwendigkeit hinaus, scheint es also in Homo sapiens selbst nicht zu geben. Was von ihm als gut und was als böse bewertet wird, das erwächst aus einem Gefüge innerer individuell und kollektiv gebildeter (Vor-)Urteile und Bewertungsmuster, die sich meist nach Vorteil und Nützlichkeit aktueller Anpassungsnotwendigkeiten ausrichten.

Je nuancierter diese Bewertungsinstanz arbeitet, desto differenzierter und adäquater wendet sie ihre Bewertungsmuster an. Dieses Maß an persönlicher moralischer Unterscheidungskraft begünstigt die fortschreitende Entfaltung der eigenen Persönlichkeit und im Zuge dessen auf nächst höherer Ebene eine positive Entwicklung unserer Gesellschaft. Deshalb können wir nur mutig fordern, in unseren eindimensional auf Konsum, Wachstum und Höher-Schneller-Weiter getrimmten Gesellschaften natürliche Erfahrungsräume wiederzuentdecken und möglichst vielen Mitgliedern der Gesellschaft diese wieder zugänglich zu machen – ganz im Sinne einer freien, selbstständigen Moral-, Werte- und Basiskompetenzbildung. In Schulen, Universitäten und Betrieben sollten diese um weitere künstliche Erfahrungsräume erweitert werden. Dafür Raum und Zeit zu schaffen hat oberste Priorität. Das ist wirkliches Gestaltungspotenzial für Gegenwart und Zukunft.

Eine nützliche, anwendbare Philosophie, die zu einem gelingenden Leben beitragen soll, verliert sich also nicht in Wunschkonstrukten über den Menschen, sondern bündelt immer wieder von Neuem menschliches Erfahrungswissen und die aktuellsten Erkenntnisse über den Menschen in der Welt zu einem an der Praxis und am Nutzen orientierten Menschen- und Weltbild. Eine brauchbare Philosophie postuliert in ihrem Kern die Weisheit, dass der Mensch sich selbst nichts nutzt, wenn er sich selbst den Boden unter den Füßen wegzieht. Nachhaltigkeit und Friedfertigkeit müssen positiv erfahrbar gemacht und nicht nur verkündet werden, damit sie stabil verhaltenswirksam werden. Sie sollten viel Spielraum für weitere, neue Erfahrungen lassen und so förderlich für das menschliche Selbst, die stetige Entwicklung und das Fortbestehen seiner Art sein. Jede Handlung, die der Mensch begeht, wirkt sich über das System wieder auf ihn selbst aus. Im besten Falle positiv und nutzbringend. Alles ist eins und stetig im Wandel begriffen, ein ständiger Zusammenhang von Ursache und Wirkung, Leben, das erfahren werden will in der Unendlichkeit seiner Möglichkeiten. Wir brauchen eine offene, anwendbare Philosophie für einen förderlichen Paradigmenwechsel, um das Feuer für die Zukunft zu entfachen. Am philosophischen Ende sind dann nur noch die großen menschlichen Fragen offen.

8.3   Mein Sinn, mein Gott ...

Um es vorwegzunehmen, ja, die sehr persönliche Frage nach dem Sinn des Lebens oder nach Gott muss jeder Mensch versuchen, für sich alleine zu beantworten. Die Antworten, die Menschen auf ihre Sinn- oder Gottesexistenzfrage finden, sind genauso individuell und subjektiv wie die Gotteserfahrungen, die wir unter Umständen machen (können). Ob es einen allumfassenden Sinn für die Existenz von Homo sapiens oder einen Gott für uns alle gibt, das kann aus systemtheoretischer oder weltphilosophischer Sicht sowieso nicht beantwortet werden, und es ist auch nicht nötig. Dass es keinen Gott gibt ist genauso wenig nachweisbar, und was objektiv betrachtet nicht bewiesen werden kann, das kann auch nicht als allgemeingültige »Wahrheit« oder verbindlich für alle bestimmt werden. Einen Gottesbeweis herbeiführen oder einen allumfassenden Welt- und Lebenssinn finden zu wollen, käme darum auf der jetzigen Grundlage unserer neurobiologischen und menschlichen Fähigkeiten einer Anmaßung gleich.

Ein Gott, Göttliches in uns selbst, kann allerdings erfahren werden. Hierzu benötigt es im Hier und Jetzt allerdings vielfältiger Erfahrungsmöglichkeiten. Wir sprechen von den bereits genannten Gotteserfahrungen, die u. a. schon Aristoteles, Thomas von Aquin, Rousseau und Schleiermacher beschäftigten. Erfährt jemand Gott für sich, in welcher Ausgestaltung auch immer, so ist das für ihn wahr und richtig und eine sehr hilfreiche Erfahrung. Gotteserfahrungen vermitteln Sinn durch den Glauben an etwas Vollkommenes (Göttliches) und daran, dass ein jedes Leben seine Bedeutung hat. Dies gibt dem Menschen Kraft und leitet ihn durch sein Leben. Erfährt jemand für sein Leben einen solchen Sinn und sein Dasein als bedeutungsvoll, so kann er daraus für sein Leben Glück und Zufriedenheit ableiten, und zwar unerheblich davon, wie er sich seine Sinnfragen beantwortet. Allein der Umstand, dass er sie sich beantwortet, kann als förderliches Kriterium für die Gestaltung eines gelingenden Lebens gelten. Denn fragt der Mensch und will er Antworten finden, beginnt er für sich (s)eine kohärente, sinnvolle (Lebens-)Geschichte zu entwickeln und zu schreiben. Und dafür muss er sich und die anderen zunächst bestmöglich erfahren.

Ob man nun eine Familie gründet, Kinder großzieht, ein bedeutendes Kunstwerk schafft, den Mitmenschen im Altenheim hilft oder sich selbst als Gotteskrieger in die Luft sprengt, damit man glücklich wird, das ist ganz egal. All das kann ein Lebens- und Sinnmodell sein. Wesentlich für den Einzelnen ist nur, dass er sein eigenes Modell findet, seine eigene stimmige Geschichte und so seine Bedeutung erfährt. Natürlich gibt es auch charismatische Sinnstifter, die die menschliche Sinnbedürftigkeit ausnutzen und nach Rattenfänger-Manier auf Jüngersuche gehen. Das oder anderes, was mit proklamierter »absoluter Wahrheit« und Gewalt verbunden ist, muss jedoch weder der Einzelne noch die

Gesellschaft tolerieren, das versteht sich von selbst. Die Toleranz sollte ganz klar da aufhören, wo der Sinn des anderen in unzulässiger Weise beeinträchtigt wird.

Wenn jemand einen Sinn in seinem Leben sieht, möchte er ja nicht unbedingt durch den Sinn eines anderen ausgelöscht werden. Wenn sich ein Extremist selbst in die Luft sprengt, so ist dies seine Sache, wenn er andere Menschen mit in den Tod reißen will, nicht mehr – selbst wenn er persönlich darin vielleicht einen tieferen politischen oder religiösen Sinn begründet sieht. In diesem Fall nimmt die betroffene Gemeinschaft in der vom Selbstmordattentäter subjektiv als gut empfundenen Absicht etwas Böses wahr, bestraft ihn, falls das Attentat vereitelt wird und verhindert seinen Versuch zurecht.

Jesus von Nazareth war sicherlich auch ein populärer und charismatischer Sinnstifter, sonst hätte er nicht noch zweitausend Jahre später existierende Kirchen hervorgebracht. Und natürlich gab und gibt es auch, wie bei anderen Religionen, neben der religiösen Sinnstiftung für die Gläubigen seitens der Würdenträger innerhalb der Geschichte des Christentums Verletzungen der Glaubens- und Sinnfreiheit. Wir brauchen nur an die Zeit der Inquisition, an die Kreuzzüge oder an die Rolle der Kirchen im Dritten Reich zu denken.

Verordneter Sinn von oben, die Überheblichkeit, für andere einen Sinn bestimmen oder andere mit Gewalt von ihrem persönlichen Sinn abbringen zu wollen, das ist Machtpolitik, hat aber nichts mit intrinsischer Sinnfindung zu tun. Der natürliche Wandel des Lebens und die Unbegrenztheit der Möglichkeiten, die es bietet, legen die Wahrscheinlichkeit nahe, dass subjektiv aus Erfahrenem konstruierte »Wahrheiten« sich auch verändern und ebenso wie die Geschichte der Menschheit systemischen Gesetzmäßigkeiten unterworfen sind. Deshalb müssen konstruierte Zukunftsvisionen auch nicht unbedingt eintreffen, wie man es sich vorgestellt hat. Unsere Aufgabe sollte es folglich sein, analog einer brauchbaren Philosophie Anwendbarkeit und Nutzen im Hier und Jetzt reaktionären oder visionären Philosophien vorzuziehen. Das bedeutet, die individuellen und sozialen Entwicklungs- und Wachstumsbedingungen zu optimieren und persönliche Sinnfindung zu ermöglichen, damit dies unserem eigenen System – unserem Selbst – und der Menschheit im Hier und Jetzt zuträglich ist.

Es ist mit dem einzelnen Menschen letztlich wie bei einer Pflanze, die in ihrer Vitalität abhängig ist von ihrem Standort, dem Wasser, der Luft, dem Klima, den Nachbarpflanzen und den eigenen genetischen Voraussetzungen. Beim Menschen sind es ebenfalls sowohl die äußeren als auch die inneren Lebens- und Wachstumsbedingungen, die für Gedeih und Verderb ausschlaggebend sind. Je mehr wir also für gute äußere und innere Bedingungen sorgen, die Entwicklung ermöglichen, z. B. indem wir die heute notwendigen Erfahrungsräume bereitstellen – neue erschaffen, alte, verloren geglaubte reaktivieren und im Verschwinden begriffene neu aufbauen –, umso mehr tragen wir dazu bei, dass unser Selbst wächst, wir an Kompetenzen gewinnen und so in der Lage sind, eine sinnvolle Lebensgeschichte zu schreiben. Viele sinnvolle Lebensgeschichten wirken sich letzten Endes auch positiv auf den Verlauf der Geschichte von Homo sapiens aus, nehmen den Hang zum Burn-out und machen ein »Burn-on« möglich. Das bedeutet für die Politik, sich der Aufgabe zu stellen, ein artgerechtes Biotop zu fördern und so aktiv Einfluss auf den gesellschaftlichen Zeitgeist zu nehmen, sodass die Menschen wieder mehr nach persönlicher Meisterschaft streben. Solch eine Meisterschaft beinhaltet kreative Selbstorganisation, das Generieren von Sinn und Selbstwirksamkeit und das Kreieren von immer wieder neuen Handlungsmöglichkeiten im Austausch mit anderen in einem wachsenden gesunden sozialen Umfeld.

Entschließen wir uns also am besten, innerem Wachstum und den Kompetenzen der Menschen (Persönlichkeit, Selbst) mindestens den gleichen, besser noch einen höheren Stellenwert einzuräumen, als dem äußerem Wachstum (Besitz und Konsum). Denn das ist der Samen, aus dem die Zukunft erwächst. Wenn der Wunsch besteht, Blumengärten in aller Pracht erblühen zu sehen, können wir Samen säen, alles hegen und pflegen und gedeihen lassen. Wir wissen aber nicht, ob zu viel oder zu wenig Regen fallen, ob die Sonne genug scheinen, welche Pflanze erblühen wird und welche nicht, oder ob einige Samen vielleicht gar nicht aufgehen werden. Und wie die Blumen dann letztendlich aussehen werden, das wissen wir genauso wenig wie die Blumen selbst! Aber so haben wir wenigstens die besten Voraussetzungen für einen prächtig blühenden Garten geschaffen. Motivation und der Ansporn, etwas lernen, verändern und verbessern zu wollen, das ist die Aufgabe im Menschengarten und das Prinzip des Lebendigen. Um Sinn in unser Leben zu bringen, brauchen wir also weder »den neuen« noch »den besseren« Menschen. Nehmen wir den, den wir haben, mit all seinen Stärken und Schwächen, und verhelfen wir ihm dazu, sein Potenzial zu entfalten und es in einem sinnvollen In-Aktion-Treten hier und jetzt zu erfahren. Sinn, Glück und Zufriedenheit liegen in jedem Menschen selbst und in den individuellen Erfahrungen und Wegen verborgen, im Auf-dem-Weg-Sein, dem Entwickeln des eigenen Selbst und in der Gestaltung des eigenen und gemeinschaftlichen Lebens.

8.4   Die Geschichte vom Glück

Der Sinn des Lebens ist also auch oder nur Selbstzweck, und wir haben gesehen, dass sich unsere Vermutungen über Homo sapiens jahrhundertelang schon im Kreise drehen. Der Mensch hat immer wieder versucht – je nach Zeitgeist, kultureller und religiöser Prägung – eine befriedigende Zusammenschau, eine sinnvolle und kohärente Geschichte seines individuellen Lebens im Kontext des

Weltgeschehens und der Menschheitsgeschichte zu erstellen. Und das hat meist nicht mit dem Nachdenken über die Vergangenheit und Gegenwart aufgehört, sondern auch Zukunftsvisionen miteingeschlossen, die sich bedauerlicherweise oft auf nicht existente »absolute« Wahrheiten oder »der« richtigen Lebensphilosophie gründeten.

Hinter all dem stehen natürlich die urmenschlichen Fragen nach dem (letzten) Sinn, nach dem Göttlichen, nach dem (absoluten) Glück und der (absoluten) Wahrheit, die wir bis heute und wohl auch zukünftig nicht (einheitlich) beantworten können. Ein Gott, eine Wahrheit, ein Sinn, ein Glück für alle und immer, das würde dem Wesen des Lebens zuwiderlaufen und alle Vielfalt des Lebens negieren und zunichtemachen. Glück, Sinn und Zufriedenheit ergeben sich nur punktuell in der Gegenwart dadurch, dass wir uns immer wieder neu aktiv darum bemühen, sie in unser Leben zu holen. Das ist in der Systemkonzeption Mensch so angelegt und entspricht dem Prinzip des Lebendigen.

Wir müssen uns bewusst werden, dass Glück und Sinn nur individuell im lebendigen Prozess der Gegenwart erfahren werden können, und Gesellschaften, Staaten oder Institutionen selbst, aus sich heraus, nicht glücklich sein und den Menschen kein Glück bescheren können. (Sie haben ja kein eigenes Leben.) Eine Lebensgemeinschaft oder eine Gesellschaft, die Glück ausstrahlt, ent- bzw. besteht vielmehr aus Menschen, die in ihrem eigenen Handeln und Leben Glück erfahren. Eine philosophisch konstruierte, ideale Glücksgesellschaft ist deshalb noch lange kein Garant dafür, dass Menschen, die in einer nach solchen Prinzipien ausgerichteten Gesellschaft leben, auch wirklich glücklich sind. Das lehren uns mitunter die zahlreichen philosophisch-politischen Ideologiekonstrukte, die in der Praxis schon fehlgeschlagen sind.

Wahre Glücksgefühle entstehen also vielmehr, wenn der Einzelne seine Geschichte, die er selbst schreibt und (er)lebt, erzählen kann, vorausgesetzt, er besitzt dafür die notwendigen Kompetenzen. Sie stellen sich ein, wenn diese Geschichten zudem als Mosaiksteinchen in das Gesamtwerk Leben (Geschichte Homo sapiens, Weltgeschehen etc.) stimmig integriert werden können. Wir benötigen diese Zusammenschau unseres Tuns und unserer Möglichkeiten sowie die Demut und Fähigkeit, auch unsere Grenzen anerkennen zu können.

Zufriedenheit und Glück von anderen oder gar vom Staat zu erwarten, das geht meist ins Leere. Schon C. G. Jung war der Meinung, dass Menschen eher selten die Überzeugungen anderer in ihr Denk- und Fühlsystem integrieren, wenn diese aus ihrer Sicht dort nicht hineinpassen. Deshalb macht es letztendlich auch keinen Sinn, in teuer bezahlten Ratgebern, in Seminarbesuchen oder Beratungsgesprächen nach Glück, Sinn und Zufriedenheit zu suchen, wenn nicht eigene Erfahrung, eigenes Handeln und Verhalten daraus resultieren. Hier finden wir allenfalls Anstöße und Inspirationen für unsere Lebensgestaltung.

Zufriedenheit, Glück und gelingendes Leben sind aber aktive Prozesse und können nicht passiv einfach so konsumiert werden.

Im Grunde übernehmen wir von außen sowieso nur das, was wir schon längst selbst wissen. Wir integrieren nur das in unser Selbstkonzept, was wir selbst glauben und wobei wir das Gefühl haben, das auch wirklich (er)leben zu können und zu wollen. Am ehesten überzeugt uns dann das, was wir als autonome Kompetenz, Eigenschaft oder Konzept für uns selbst als gut und richtig erfahren haben. Um solche Erfahrungen machen zu können, die uns innerlich wachsen lassen, brauchen wir aber zunächst die innere Bereitschaft und Haltung, aktiv mit Körper, Seele und Geist unsere Geschichte und die unserer Gemeinschaft zu erfahren und zu gestalten.

Derzeit besteht in unserer Multioptions- und Konsumgesellschaft jedoch die wachsende gefährliche Tendenz, dass wir in einer passiv-konsumtiven Anspruchshaltung verharren, die anderen für uns tun lassen und nicht selbst unsere Geschichte schreiben, sondern sie uns lieber von anderen erzählen lassen (wollen). Das ist scheinbar bequemer. Vielleicht lassen wir uns unsere Geschichte aber auch von den Medien oder manipulativen Werbestrategen diktieren, oder wir leben in den Geschichten anderer, wenn wir vorgegebene Rollen oder Schicksale beispielsweise in Scheinwelten im World Wide Web übernehmen. Wir denken uns ja beispielsweise auch virtuelle, nicht real erfahrbare Geschichten in künstlichen sozialen Netzwerken aus. Leider werden wir so zu einer Gemeinschaft von Menschen, die unter ihren Möglichkeiten bleiben und gerade nicht ihre eigene Glücksgeschichte aktiv und kreativ selbst schreiben.

Ja, oft ist es anstrengend, selbst aktiv zu werden, sich neuen Erfahrungen auszusetzen und auf diese Weise die eigene Geschichte selbst zu (er)finden. Um uns darauf einlassen zu können, müssen wir die innere Einstellung und das Vertrauen gewinnen, dass es sich lohnt, uns in fremde oder fremd gewordene Situationen vorzuwagen, Neues auszuprobieren, selbst aktiv zu werden, Ausdauer zu zeigen und bei der Sache zu bleiben. Sicher, der Lohn wird inneres Wachstum, mehr Selbstbewusstsein und mehr Urheberschaftsgefühl sein. Aber das müssen wir erst einmal erfahren, um es in seiner Wirkung würdigen zu können. Wenn wir zudem damit anfangen würden, gesellschaftlich inneres Wachstum, auch für die Gemeinschaft, mit Lob und Anerkennung zu honorieren, wenn Menschen Neues wagen, sich auf unbekannte Situationen und das Kennenlernen von Fremden einlassen, dann sollte es für den Einzelnen einfacher werden, sich auf seinen eigenen Schreibprozess einzulassen, und zwar trotz geforderter Anstrengung und Konzentration, trotz des ungewissen Ausgangs, trotz der möglicherweise notwendigen Korrektur von Wahrnehmung und Verhalten, die uns auch manchmal abverlangt, den Kurs unseres Lebensweges anzupassen, zu ändern oder sogar die eigene Geschichte umzuschreiben. Leider gehen wir zurzeit gesellschaftlich genau in die andere Richtung. Staatliche

Entmündigung, Verantwortungsabnahme, Reglementierung und übermäßiges Sicherheitsdenken sind überzogene gesellschaftliche Phänomene und reflexhafte Antworten auf unsere krankhaften Veränderungs- und Verlustängste, die uns aber auch oft dabei stören, unsere eigene Geschichte selbst zu schreiben.

Aber je öfter und vielfältiger wir uns dem realen Leben selbsttätig stellen, desto mehr werden wir die Lust verspüren, selbst etwas zu tun und zu erfahren, auch und gerade, weil es für uns eine Herausforderung bedeutet. Denn das wiederholte Selbsttun wird uns lehren, dass die »neurobiologische Belohnung« für das, was wir jetzt vielleicht noch als unnötige Anstrengung oder Wagnis deuten, Zufriedenheit, Glück und inneres Wachstum sind. Diese Aussicht und der bereits erfahrene Erfolg wird unsere Motivation nähren, die Feder in die Hand zu nehmen und selbstverantwortlich drauflos zu schreiben. Allein, dass wir schreiben, ist wichtig und nicht, den Bewertungsmaßstab für unsere Geschichte besonders hoch anzusetzen, womöglich noch mit den Maßstäben der anderen. »Was machst Du überhaupt hier auf dieser Welt? Was hast Du gemacht und was willst Du tun?« Das sind die Fragen, die wir uns selbst stellen müssen.

Wir brauchen auch nicht zwingend eine klare Linie in der Geschichte, eine Geschichte ohne Brüche oder Wechsel und auch nicht unbedingt ein Happy End. Eine Geschichte der ab jetzt immer glücklichen Menschheit, der ewig rosigen Zukunft oder der Erkenntnis des »wahren« Göttlichen zu schreiben, das kann auch nicht sinnvoll sein, da das Leben und unsere Geschichten in der Gegenwart spielen, und die Zukunft sowieso meist anders ausgeht, als wir sie uns vorstellen oder voraussagen können.

Aus systemischer Sicht kann das wiederholte Einüben in eine notwendige innere Haltung, die zur Selbstwerdung und zum Glücklich-Sein in der Welt beiträgt, so beschrieben werden: Wir trainieren die innere Selbstorganisation beim Schreiben der eigenen Geschichte, die sich nach und nach in einem habituellen Verhaltenssystem zeigt. Wenn wir dieses System pflegen und in Gang halten, entsteht aus der automatisch ablaufenden Selbstorganisation früher oder später das Gefühl von Selbstwirksamkeit. Und wie von selbst wird unsere Frage nach der Bedeutung unseres Daseins in der Sinnhaftigkeit unseres eigenen Tuns ihre Antwort finden. Das ausschließliche kognitive Betrachten potenziell richtiger Annahmen oder das untätige Verharren in illusionären Wünschen oder angstvollen Zukunftsvisionen bremsen oder lähmen Homo sapiens nur. Sie halten ihn eher davon ab, Sinn, Glück und Zufriedenheit in sein Leben zu bringen.

Menschen, die hingegen selbst aktiv werden und durch vielfältige Erfahrungen ausgeprägte Basiskompetenzen besitzen, verfügen über ein starkes Gefühl an Selbstwirksamkeit und Selbstverantwortung. Sie leben in der Gegenwart und widmen all ihre Aufmerksamkeit und Energie den momentanen Anforderungen des Lebens. Aktuelle Herausforderungen und Probleme, die entstehen, spornen sie eher an, als sie abzuschrecken. Wenn es so läuft, dann können Menschen Höchstleistungen vollbringen, beispielsweise als nach dem Zweiten Weltkrieg unter schwierigsten Bedingungen Deutschland wiederaufgebaut werden musste und die Menschen trotzdem zufrieden waren. Auch heutzutage gibt es Menschen, die sich trotz äußerer Handicaps ihre Selbstständigkeit und -wirksamkeit nicht nehmen lassen, sich dem Leben stellen, wie es ist, und wachsen. Eine solche beeindruckende Person konnte ich bei einem Griechen-landaufenthalt kennenlernen.

Danula B., ca. 45 Jahre

Im Mai 2013 stieg ich auf einer nordgriechischen Insel auf den höchsten Berg. Er war nicht sehr hoch, ca. 1200 m bis zur Schutzhütte kurz unter dem Gipfel. Danach wurde es schwieriger. Nicht viele Menschen waren an diesem Tag unterwegs, gerade mal vier traf ich davon. Ab einem bestimmten Zeitpunkt meines Aufstiegs hörte ich in den Felsen über mir ein ständiges metallisches Klacken, welches ich nicht zuordnen konnte. Nach einer Weile näherte ich mich ihm und alsbald war es aufgeklärt. Das Geräusch kam von einem Taststock einer blinden, ca. 45-jährigen Frau, die sich mit dessen Hilfe und der verbleibenden freien Hand an der Felswand langsam nach oben bewegte.

Danula B. war heimisch auf dieser Insel und konnte ein wenig Englisch. Durch eine Krankheit, so berichtete sie, habe sie ihr Augenlicht vor ca. fünfzehn Jahren verloren. Früher sei sie an schönen Tagen oft auf den Berg gestiegen, mindestens zehn bis zwanzig Mal im Jahr. Die körperliche Betätigung, die Düfte der Kräuter, Gräser und Bäume, die klare Luft und dann der Rundblick oben, das alles habe sie immer sehr fasziniert. Da überlegte ich, ob sie wohl heute den Berg noch genauso erfahren könne wie früher – das wäre durchaus vorstellbar. Die Antwort auf meine nicht gestellte Frage kam prompt: Die Schwierigkeiten des Aufstiegs, die Gerüche, die Geräusche nehme sie heute sogar noch viel intensiver wahr und viele Steine, Wurzeln und Felsen seien alte Bekannte. Es sei spannend, mit ihnen in Kontakt zu kommen, und die Belohnung jeden Aufstiegs sei der Blick in die Weite und Ferne von der Stelle unterhalb des Gipfels aus. Den könne sie genauso vor ihrem inneren Auge genießen. Über die Schutzhütte hinaus (etwa 200 m unterhalb des Gipfels) schaffe sie es freilich leider nicht mehr. (Der Gip-felsteig ist dort nicht so verdrahtet und gesichert, wie wir es von alpenländischen Touristenpfaden kennen.) Allein sei das doch zu gefährlich. Fünf bis zehn Mal im Jahr gehe sie aber allein hinauf, es mache sie frei und glücklich.

Nicht nur diese besondere Höchstleistung, als Blinde auf einen Berg zu klettern, beeindruckte mich, sondern vor allem auch der Mut, die Zielstrebigkeit, das Durchhaltevermögen und das neue Wahrnehmen von Danula B., die sich den Veränderungen ihres Lebens stellte und ihre Geschichte trotz ihres Schicksals um- und weiterschrieb. Sie hatte ihr Schicksal und die Herausforderung ange-nommen, und das Neue machte sie glücklich. Der Verlust ihres Augenlichts und die Trauer darüber halten sie nicht vom Leben zurück, sondern die Freude am Hier und Jetzt und an ihrem eigenen Handeln und Gestalten führen sie durch's Leben. Menschen wie Danula B. gibt es heutzutage vermutlich in unseren modernen Gesellschaften nicht so viele. Welche anderen Arten von Menschen, welche Charaktertypen und Verhaltensweisen uns in der Jetzt-Zeit begegnen, davon lesen wir im nächsten Kapitel.

8.4.1 Glück: nur Schicksal oder auch Aufgabe?

In den westlichen Gesellschaften haben von Angst und Passivität bestimmte innere Muster bei den Menschen überhandgenommen. Der ängstliche, sicherheitsorientierte, bequeme, an Althergebrachtem sich festklammernde Menschentypus beherrscht ungeachtet auch bestehenden Erfindergeists und technischen Fortschritts die Szene, wohingegen der positiv denkende, selbstständige und tatkräftige Menschentypus eher rar zu werden scheint.

Denken wir beispielsweise an »den verkrampften Denker«, der eher in seiner Passivität und der Rolle des Betrachters verbleibt. Er meint, mit seinem Wissen über die menschliche Komplexität und alle weltlichen Sachverhalte genau urteilen zu können. Als reiner Betrachter liegt er jedoch oft daneben, da er die Wirklichkeit zu wenig erfährt. So erlebt er die Gegenwart und Zukunft nicht selten als unberechenbar. Das macht ihm Angst. Letztendlich wird er darüber auch unzufrieden, dass er sich neben dem Misserfolg der Falscheinschätzung auch noch fürchten muss – ein weiterer Wink für ihn, dass er selbst besser nicht eingreift und handelt und besser nur die Geschichten anderer weiterkonstruiert und -schreibt. Seine eigene Lebensgeschichte ist oft leer oder geht schlecht aus.

Auch »der Bewahrungsbürger« kann sich schwer tun. Er kämpft ausschließlich für den Erhalt alter Häuser, Bäume und Traditionen. Er möchte den Jetzt-Zustand veränderungsfrei erhalten. Auch er ist oft getrieben von seiner Mutlosigkeit, Neues zu wagen, und von Verlustängsten, die ihn in seinen Potenzialen eigentlich beschränken. Der persönlichkeitsstrukturell artverwandte »Verhinderungsbürger« hingegen ist aktiver, denn er kämpft gegen alles Neue, seien es Straßen, Bahnhöfe, Neubauten, neues unternehmerisches Denken oder Gentechnik. Dadurch wirkt er oft wie eine gesellschaftliche Entwicklungsbremse, weil er das Ausprobieren alternativer Möglichkeiten und das Finden von konstruktiven Lösungen aktiv blockiert. Er lähmt Kreativität und Entwicklungspotenzial und es geht ihm gut, wenn er sich über seinen Kampf stabilisieren und definieren kann. Sonst ist es wie beim Bewahrungsbürger, seine Geschichten gehen ebenfalls oft frustrierend aus, ganz à la Don Quijote. Wie bedauernswert er ist, wenn er sich beklagt: »Mein Leben lang habe ich gegen die Zukunft gekämpft, und dann kam sie doch!« Es sind nur Beispiele, aber sie zeigen, dass unser Glück und unsere Zufriedenheit immer auch etwas mit unserer Persönlichkeit und unserer Haltung zu tun haben, mit dem, was wir von unserem Leben erwarten, aus unserem Leben machen oder aber eben nicht.

All den erwähnten Menschentypen ist eines gemeinsam: das Grundgefühl der Angst. Es ist die Angst vor Neuem oder die Angst vor Verlust, die sie lenkt, oder gar die Angst vor einer bevorstehenden Apokalypse, also dem totalen Verlust des jetzt auf der Welt »noch« Vorhandenen. Sie haben das Vertrauen in sich selbst und in die Menschheit verloren und glauben auch nicht mehr daran, wieder zukunftsfähiger werden zu können. Deshalb blockieren sie den notwendigen Anpassungsprozess und bemühen sich, lieber das, was jetzt ist und noch irgendwie funktioniert, zu konservieren. Dabei verhindern sie jedoch bedauerlicherweise das, was notwendig wäre, um für sich selbst, für alle derzeit lebenden Menschen und alle nachfolgenden Generationen die Zukunft möglichst gut vorzubereiten. Ihre Angst, ihre mangelnde Kompromissfähigkeit, Stresstoleranz und Leidensfähigkeit, ihr mangelndes Selbstvertrauen und ihr mangelnder Bewältigungsoptimismus machen sie nicht nur unzufrieden, sondern auch unglücklich.

»Den Heuchler«, der sich angeblich mit allem auskennt und überall mitmischen muss, um seine Anerkennung in der Gesellschaft, sein eigenes komfortables Leben und seinen Wohlstand abzusichern, wollen wir aus dieser Kategorie herausnehmen. Der Heuchler möchte am liebsten gar nicht erst mit all dem Neuen belästigt werden, vor allem nicht, wenn es ihn in seiner Komfortzone oder in seiner schönen Landhausidylle stört. Er predigt Veränderung, aber nur wenn er dabei nicht in seinem persönlichen Umfeld tangiert wird.

So wie es zunehmend Unzufriedene in unserer Mitte gibt, zählen wir zu unserer Gesellschaft natürlich auch die Zufriedenen. Sie alle gestalten mehr oder weniger unser gesellschaftliches, politisches Leben, beeinflussen es positiv oder negativ. Sicherlich gibt es viel mehr zusätzliche Aspekte, die wir bei einer solchen Bestandsanalyse der Gesellschaft noch berücksichtigen müssten. Nehmen wir uns jetzt aber die Fälle des passiv und des aktiv Zufriedenen vor.

»Der passiv Zufriedene« stellt nur geringe oder gar keine weiteren Ansprüche an das Leben oder an andere. Er bescheidet sich mit dem, was er hat. Den wollen wir einfach lassen, wie er ist, er ist ja zufrieden. Das sind beispielsweise sehr genügsame Menschen oder welche, die sich in meist östliche Übungen flüchten, Askese und Verzicht praktizieren oder den Reiz des Einfachen zum Lebensentwurf gewählt haben, um das innere Nirwana herzustellen und besser die Welt ertragen zu können. Vielleicht reicht ihnen auch die eigene, gut ausgestattete Komfortzone. Der passiv Zufriedene ist nicht zu vergleichen mit unserem Zukunftsgestalter, dem aktiv Zufriedenen, der sich seine Zufriedenheit immer wieder neu verdient und in nahezu jeder Schwierigkeit eine Herausforderung sieht. »Der aktiv Zufriedene« nimmt das Leben mit allem Drum und Dran so an, wie es ist, versucht Neues und das Beste aus allem zu machen, vor allem aber schult er sich durch vielfältige Erfahrungen. Dadurch und weil er in Bewegung bleibt und etwas bewirkt, empfindet er seine Selbstwirksamkeit. Er hat gelernt, verknüpfend – narrativ, kohärent und sinnvoll – zu denken. Sein Selbst ist wandelbar, er ist in der Lage, sich anzupassen und weiterzuentwickeln, er schreibt seine Geschichte selbst, trägt Verantwortung für sich und hat Gestaltungskraft.

Im Heer der Unzufriedenen gibt es jedoch noch eine weitere Kategorie: der Unzufriedene, der gar nicht wahrnimmt, worin seine Unzufriedenheit eigentlich besteht. Dieser interessiert uns sehr, ist er doch ein modernes Phänomen. Er fordert im Kampf gegen sein persönliches Unglück von den anderen oder von der Gemeinschaft (oft materielle) Entschädigung. Denn er sieht sich nie selbst verantwortlich für sein Leben, Glück oder Unglück, sondern es sind stets die anderen oder die Umstände, die ihm Unrecht zufügen. In dieser Opferrolle verharrt er, statt selbst aktiv zu werden und seine Lage aus eigener Kraft positiv verändern zu wollen. Dabei ist es gar nicht das Entscheidende, ob er oder die anderen über mehr oder weniger materiellen Besitz verfügen. Und dennoch spricht er oft nur die Sprache des Materiellen.

Eine erzählbare, sinnvolle Geschichte schreiben zu können, ist einer der größten Wünsche des Menschen. Sie ist direkt verbunden mit den Fragen nach Sinn, Glück und Zufriedenheit, und ihre Bedeutung lässt sich nicht zuletzt daran ablesen, dass auch heute noch zahlreiche Lebenswerke – Biographien und Autobiographien – geschrieben und verlegt werden. So ist es nicht das Konsumieren von immer wieder neuen Inhalten und Dingen, das uns glücklich macht, sondern vielmehr der Umstand, dass wir in der Lage sind oder uns dazu befähigen können, eine eigene zusammenhängende Geschichte zu konstruieren, in die wir das von uns Erfahrene sinnvoll und tiefer gehend einbauen können. Unsere persönlichen Geschichten sind natürlich durchaus subjektiv. Wir haben die Urheberschaft und wir selbst müssen sie für lebbar, verstehbar und sinnvoll halten. Ist das der Fall, macht das wirkliche Zufriedenheit aus.

Die Glück- und Sinngewinner werden demnach mehr und mehr »die Gegenwartsbereiten« sein, »die Risikokompetenten« und »die Anpassungsfähigen«. Sie sind es, die motiviert sind, Geschichten und Geschichte zu schreiben. Der Passive, der reine Betrachter, der nur Nörgelnde, der Festgefahrene und der in seinem Anspruch an andere Verharrende bleiben möglicherweise die unglücklichen Verlierer in diesem evolutionären Spiel.

Es ist also die Kunst der Zusammenschau, die Glück, Sinnhaftigkeit und ein gelingendes Leben hervorbringt. Dazu gehört, dass wir die für uns bedeutsam erscheinenden komplexen Erfahrungen, die vielfältigen Informationen und Sinneseindrücke der modernen Welt zu filtern, zu bewältigen und sinnvoll in unser Selbst zu integrieren vermögen. Wir sollten den Mut besitzen, Neues zu erfahren und die Überzeugung, dass es gut ist, selbst aktiv zu werden. Wir sollten darauf vertrauen, dass neue Erfahrungen stets einen Gewinn mit sich bringen, selbst auf die Gefahr hin, dass der von uns erwartete Erfolg nicht eintritt, wir

Fehler machen oder sich einer unserer Wege als Sackgasse herausstellt. Uns auf Neues einzulassen, macht uns um eine Erfahrung reicher, die uns weiterbringt oder uns einen anderen Weg weist. Erfahrungen lassen uns unser Verhalten und unsere Muster korrigieren. Wir schreiben weiter an unserer Geschichte, akzeptieren und überwinden »Schreibblockaden« und leben und inszenieren keinen fortwährenden Stillstand mitten im Text. Das Leben geht weiter und wir machen Fortschritte in der Bereitschaft, uns weiterzuentwickeln, zu wachsen, etwas zu verändern, uns der Gegenwart bestmöglich anzupassen, in dem Bewusstsein, dass das Ende offen und die Zukunft unvorhersagbar ist. Glück und Zufriedenheit sind auch persönliche Aufgaben und so Ergebnis einer inneren Haltung.

8.4.2   Das Leben ist kein Ringelspiel

Unvorhersagbarkeit und das Neue machen uns in den meisten Fällen erst einmal Angst. Die Fähigkeit des perspektivischen Denkens kann uns aber dabei helfen, diese Angst zu verlieren. Wechselnde Perspektiven einnehmen zu können, erlernen wir, wenn wir Experimentierfreude entwickeln und den Mut beweisen, unserer Phantasie freien Lauf zu lassen. Wir spielen Handlungsmöglichkeiten in Gedanken durch und probieren sie im besten Fall anschließend selbst aus.

Bei all dem, was wir an Neuem ausprobieren, für all die Erfahrungen, auf die wir uns einlassen, gilt, dass wir auch die Bereitschaft mitbringen müssen, die Unzulänglichkeiten und Probleme, die Ängste und die Vagheit des Ergebnisses als zum Leben dazugehörende Bestandteile zu akzeptieren. Das ist eine wichtige innere Haltung, die dazu beiträgt, das Leben, so wie es in seiner Wandelbarkeit ist, besser zu bewältigen. Diese Einstellung hilft, das Vertrauen zu entwickeln, dass wir positive Bewältigungserfahrungen machen können, obwohl wir unsere Grenzen erfahren und uns nicht alles möglich ist. Vielleicht ist es gerade die Einsicht, dass wir unvollkommen sind und nicht alles möglich ist, die uns so erfinderisch macht und nach persönlicher Meisterschaft streben lässt. Genau das muss es auch gewesen sein, was damals den Mammutjäger angespornt hat, weiterzugehen, weiterzumachen, sich hinauszuwagen und sich weiterzuentwickeln.

Eine weitere Fähigkeit, die der Mammutjäger schon damals brauchte, damit seine Lebensgeschichte nicht abrupt endete - weil er etwa aufgrund von Unvorsichtigkeit von einem wilden Tier gefressen wurde - ist das Annehmen-Können seiner eigenen Grenzen, seines Schicksals, der Wirklichkeit, des Lebens, so wie es ist, mit all seinen Auf-und-Abs. Das Leben anzunehmen, wie es ist, das bedeutet, so wie Danula B. sich seinem Schicksal und manchmal auch den Umständen und dem Unglück ergeben zu können, und zwar ohne in eine Opferrolle zu verfallen, sich selbst zu bedauern oder aufgeben zu müssen. Das Leben annehmen, wie es ist, heißt aber auch, dass wir unsere Erwartungen an das Leben und unsere Visionen von einer glücklichen Zukunft an die Realität entsprechend anpassen müssen. Wir sollten lernen, zu erkennen, was überhaupt im Bereich des Möglichen liegt und real eine Chance hat, gelingen zu können. Glück ist so auch eine Prämie für realistische und nicht überzogene Erwartungen.

In unserer bunt medial geprägten Höher-schneller-weiter-Gesellschaft haben jedoch nicht wenige den Blick für das, was realistisch umsetzbar ist oder nicht, verloren und gegen abstruse Wunschvorstellungen und künstliche Glücksbilder von einem waschmittelwerbungsweißen Musterlebenslauf oder einem wirklichkeitsfernen Heilsmärchen mit ewig-buntem Happy End eingetauscht. Da liegt der Absturz angesichts der so anders in Erscheinung tretenden Wirklichkeit sehr nahe. Leben heißt aber Bewegung, Veränderung, Selbst-Tun und immerwährendes Sich-Einlassen und Sich-Anpassen an den Wandel. Und das ist anstrengend, fällt einem nicht unbedingt zu und kann auch Leid beinhalten.

Dass es anstrengend ist, ist ja auch nicht verwunderlich, wenn man das Sich-Einlassen und -Anpassen lange nicht mehr trainiert hat. Da kommen dann zwei unvorteilhafte Dinge zusammen: unrealistische, abgehobene Erwartungen an das Leben, die am wirklichen Leben vorbeigehen, und ein bedauernswertes fehlendes Training in Sachen Selbstkompetenzen und realem Wahrnehmungsvermögen. Wahrzunehmen, was wirklich ist, verbessert nicht nur unsere Handlungsfähigkeit und ist Ausdruck seelischer Reife und kognitiver Einsicht, sondern sichert auch unser Überleben und das Bewahren unserer Gesundheit. Auf diese Weise kann unsere eigene Geschichte für die Gegenwart nutzungsadäquat bleiben und zu realer Zufriedenheit führen.

Ngombo, Dorfältester

Als ich vor einiger Zeit für eine Hilfsorganisation in Afrika war, saß ich in einer Runde Einheimischer vor ihrer Hütte. Die größten Teile Kenias sind sehr arm, so wie es der ein oder andere unter uns sich nicht vorstellen kann. Auf meine Frage, ob sie zufrieden seien und was sie sich wünschen würden, sagten sie sinngemäß: Ihnen ginge es gut, es hätte sich sehr viel verbessert und es mangele ihnen an wenig. Vor drei bis vier Jahren habe ihr Essensvorrat ca. für eine Woche gereicht. Ob dann etwas Neues zu ergattern sei oder man hungern müsse, das habe man nicht gewusst. Heute könnten sie aus Ernteperioden oft für ein halbes Jahr ihre Ernährung sichern. Wovor sollten sie da noch Angst haben? Auch der neue Brunnen sei näher, in einer Stunde schon habe man ihn erreicht, und zweimal im Jahr käme der Doktor persönlich vorbei. Was wolle man mehr? Man brauche also auch keine Angst um die Kinder zu haben. Ja, sie seien sehr zufrieden. Natürlich würden sie weiter daran arbeiten, ihre Lebensbedingungen noch mehr zu verbessern, aber ihr Leben sei schon sehr gut.

Die Geschichte beinhaltet das Wesen vom Glück. Vielleicht ist dies nicht sofort verständlich und nachvollziehbar. Unsere Erwartungen an das Leben und die eigenen Möglichkeiten der Selbstwirksamkeit sind die entscheidenden Parameter für Glück und Zufriedenheit. Kennen wir doch auch den grimmigen, unzufriedenen Miesepeter, der alles hat, was man sich an Luxus und Wohlstand nur vorstellen kann, der aber mit seinem eigenen Leben und seiner eigenen Geschichte ganz und gar nicht zurechtkommt und irgendetwas erwartet, oft das, was er selbst nicht weiß.

Im Hinblick auf die evolutionäre Zukunft des Menschen kann die Versöhnung mit der Erkenntnis, dass wir nicht alles können und unser Leben in seinen Möglichkeiten begrenzt ist, eine realistische Bestandsaufnahme der Wirklichkeit und ein erfolgreiches Gestalten des Lebens im Jetzt fördern. Ausgebildete Geschichtsschreiberfähigkeiten (Basiskompetenzen) tragen zu einem Leben in Selbstverantwortung bei und sorgen sehr gut dafür, der Art Homo sapiens ihre Selbstwirksamkeit zurückzugeben. Alles zusammengenommen würde auf diese Weise die so notwendige Transformation des heutigen, nahezu immerfort gestressten, ausgebrannten und unzufriedenen Menschen zu einem wieder und noch anpassungs-, bewältigungs- und glücksfähigeren Zeitgenossen wahrscheinlicher werden.

Wir können uns wahrnehmen als lebendiges Teilsystem eines größeren, übergeordneten Systems, dem »Leben«. Wir können ein sinnvoller Teil einer noch größeren sinnvollen Geschichte sein, als wir es sowieso schon sind. Glück und Sinn ergeben sich systemimmanent im Jetzt und im Teilhaben am realen Leben, im Erfahren und Wagen von Neuem.

8.5   Eine Gesellschaft wird erfahren und nicht konstruiert

Wir wissen nicht, was die Welt im Innersten zusammenhält, auch wenn es unzählige unterschiedliche Annahmen darüber gibt. Dennoch können wir im Jetzt unseren Sinn des Lebens finden, indem wir eine kohärente persönliche Lebensgeschichte schreiben. Wir können Leben erfahren, gestalten und uns immer wieder neuen Gegebenheiten anpassen. Wir wissen schließlich nicht, wie die Zukunft aussehen wird. Wir können nur das Beste in der Gegenwart geben und uns bestmöglich auf das Kommende vorbereiten.

Derzeit sieht es aber in der Realität in modernen westlichen Gesellschaften eher so aus, dass viele Menschen mehr oder weniger verlernt haben, ihre persönlichen Basiskompetenzen aufzubauen und die Bereitschaft verloren haben, sich für die Entwicklung der Gegenwart und Zukunft zu interessieren und einzusetzen. Metaphorisch gesprochen könnte man den heutigen »modernen« Menschen mit einem Goldolympioniken vergleichen, der sein Training in der Illusion aufgibt, in vier Jahren ohnehin wieder die Goldmedaille zu bekommen, weil er sie ja schon einmal verliehen bekommen hat. Von außen betrachtet, scheint eine solche Haltung bei uns traurigerweise bereits zur Grundstimmung aufgestiegen zu sein und jegliche Transformationskraft von Homo sapiens zu überschatten. Sogar in unseren kurzsichtigen Verteilungswettkämpfen um das verteilbare Materielle, nehmen wir unsere kämpferische Haltung nur noch im Liegestuhl ein. Unser Verhalten und Handeln ist dabei oft motiviert durch Neid, Missgunst oder Gier. Es ist aber nicht der Mangel an Wohlstand, der uns unseres letzten Sicherheitsgefühls beraubt und uns so ängstigt, sondern der Verlust und das Fehlen von wichtigen eigenen Basiskompetenzen und Könnensoptimismus. Viele haben die Kontrolle über ihr Leben längst verloren. Die Welt verändert sich rasant und wir als Einzelne, als Kollektiv und Gesellschaft kommen schlicht nicht mehr mit.

Die Welt ist scheinbar noch unberechenbarer geworden, als sie es sowieso schon immer war – davon zeugt unser Technologie- und Informationszeitalter. Es offenbart uns mittels der Fülle und Komplexität des bereitgestellten Wissens und der Neuigkeiten aus aller Welt, wie ungeheuer vielseitig und differenziert das Leben und wie unberechenbar die Zukunft tatsächlich ist. Das war schon immer so: die wunderbare Vielfalt des Lebens und zugleich der Umstand, weder das eigene Schicksal noch die (nächste) Zukunft voraussagen zu können. Nur wird uns das heute viel stärker als früher durch die mediale Welt und das globale Informationsuniversum bewusst gemacht.

Unsere Angst zeigt sich in den schon geschilderten pathologischen Konservierungsideen, bei denen es darum geht, sich mit Gewalt an allem Althergebrachten festzuklammern, nichts Neues und keine Dynamik zulassen zu wollen. Praxisuntaugliche Reglementierungen, Normierungen, Festschreibungen sind da nur ein Beispiel, wie wir heute mit allen Mitteln versuchen, den Ist-Zustand einzuzementieren. Dass das am Leben und an den Bedürfnissen der Menschen oft vorbeigeht, bleibt nicht unbemerkt, und nicht zufällig erreichen uns dann hoffnungsvolle Glaubenspostulate wie »Yes, we can!« doch wieder in unserem tiefsten Inneren. Auch wenn viele von uns eigentlich nicht mehr daran glauben, dass wir es können. Aber es scheint uns trotzdem zu beruhigen, wenn man hört, dass da jemand ist, der noch Hoffnung hat und proklamiert: »Ja, wir können es schaffen, eine Basis für eine bessere Gegenwart aufzubauen, hier und jetzt!«

Wenn wir die Geschichte von Homo sapiens bis heute Revue passieren lassen, hat die menschliche Spezies es nur so weit bringen können, weil sie mit ihrem einzigartigen, dynamischen Körper-Seele-Geist-Potenzial sich immer wieder vielfältigen Herausforderungen gestellt, Neues ganzheitlich erfahren und ihre Anpassungsfähigkeit immer wieder unter Beweis gestellt hat.

Mit dieser einzigartigen Fähigkeit der Selbstorganisation war Homo sapiens damals und ist der Mensch heute in der Lage, bewusst seine eigene Umwelt – nennen wir sie Kultur – zu gestalten und sich auch für Zukünftiges, so weit das geht, vorzubereiten. Besinnen wir uns jedoch nicht mehr auf dieses erfolgsversprechende Potenzial zurück, uns die Welt mit all ihren Facetten erfahrbar zu machen (uns selbst inbegriffen), verlieren wir unsere Zukunftsfähigkeit damit weiter. Wir brauchen also die notwendige Rückbesinnung für morgen! Deutlicher ausgedrückt: Wir sind gerade dabei, unseren wertvollsten Joker zu verspielen, unsere Anpassungsfähigkeit – zumindest in den modernen Gesellschaften. Mit Passivität und angstvollem Verharren im Nichtstun, in irrealen Scheinwelten geben wir unser Können für Gegenwart und Zukunft auf. Wir Modernen haben Angst davor, Gegenwart und Zukunft selbstwirksam gestalten zu müssen. Das spiegelt sich auch in der Politik und in der Verdrossenheit ihr gegenüber wider.

Wenn es uns gelingt, uns die Erfahrungsräume wieder zu erschließen, die in Vergessenheit geraten sind oder abgeschafft wurden, und neue, innovative hinzuzugewinnen, die unserem Wesen und unserem Gehirn am meisten entsprechen, dann nutzen wir wieder unsere Lebendigkeit, unsere Dynamik und Formbarkeit, und dann können wir auch wieder Verantwortlichkeit zeigen. Es ist eine Frage des Sich-Trauens. Es sind das Prinzip des Lebendigen und die soziale Kraft, die die Lösungen von morgen gebären.

Die Entwicklung von Mensch und Gesellschaft müssen sich also in erster Linie darauf konzentrieren, diese Ebene des Lebendigen bei jedem Einzelnen und in der Gestaltung der Gemeinschaft, in der er lebt, bestmöglich zu fördern. Beginnen wir also an der Basis mit der Charakter- und Persönlichkeitsbildung der einzelnen Individuen, bei den Mitgliedern der Gesellschaft. Es geht um Erfahrungsräume, die im Bereich des Bildungswesens gestaltet werden müssen, um die Gestaltung von Unternehmenskulturen als Arbeits- und Lebensräume sowie um das Etablieren einer förderlichen Wertekultur, die die ganze Palette an Basiskompetenzen impliziert und inneres Wachstum anstrebt. Es bedarf des Muts, der Zielstrebigkeit, der Durchsetzungsfähigkeit, der Frustrationstoleranz, der Stress-, Konflikt- und Leidensfähigkeit, und zwar jedes Einzelnen. Das ist auch eine politische Aufgabe, wenn nicht gar die wichtigste für eine gelingende Zukunft. Auf diese Weise entsteht eine sich selbst organisierende Lebendigkeit, Dynamik und Entwicklung auch auf gesellschaftlicher Ebene.

Eine derart lebendige Kultur nährt sich von selbst, indem sie die Erfahrungen, die sie für Neues braucht, immer wiederkehrend produziert und auch verwerten kann. Dazu gehören Schulen, die einen reformpädagogischen Ansatz vertreten, bei denen Erfahrungslernen und Lernen für's Leben zum didaktischen Grundrepertoire gehören – Schule und Alltag sind keine getrennten Lebensräume, Schule ist Leben und Leben ist Schule. Dazu gehören Unternehmen, in denen Mitarbeiter ihre Potenziale einbringen und Verantwortung übernehmen können, in denen sich Leben und Arbeiten nicht widersprechen und Arbeitnehmer und Arbeitgeber im Hinblick auf die Unternehmensziele gerne gemeinsam an einem Strang ziehen. Genau an solchen Orten entsteht kollektive Schaffenskraft, die auf den für die menschliche Entwicklung so wichtigen Basiskompetenzen beruht.

Fangen wir aber am besten sogleich in unserem persönlichen Umfeld damit an, unser natürliches Potenzial und unsere daraus wachsenden Kompetenzen zurückzuerobern. Lernen am Leben und sich auf Neues einlassen, das geht sofort.

8.6   Wir brauchen Wachstum, aber Wachstum von innen!

Wenn Sie jetzt schon oder bei den folgenden Gedanken zu aktuellem und zukünftigem Gesellschafts- und Politikgeschehen denken: »Das geht doch nicht!« oder »Traumtänzertum!« oder »So einfach lässt sich die Welt doch nicht retten!«, dann haben Sie Recht. Ja, einfach lässt sich die Welt wirklich nicht retten und auf die Schnelle schon gar nicht, denn der Mensch ist in seiner jeweiligen Persönlichkeitsstruktur ziemlich stabil. Dennoch muss bei den Menschen ein Umdenken, vor allem aber ein »Umfühlen« einsetzen, und zwar am besten gleich. Dass dabei Ängste entstehen können, das ist ganz normal. Alles Neue mahnt zunächst einmal begründeter Weise zur Vorsicht.

Wenn wir zukunftsfähig bleiben wollen, sollten wir, um ein Modewort zu gebrauchen, Nachhaltigkeit zu einer der Grundprämissen unserer Lebensweise machen. Wir müssen ein Gefühl dafür entwickeln, dass innere wie äußere Energievorräte nur in dem Maße verbraucht werden dürfen, wie sie sich wieder zu regenerieren vermögen, so dass wir auch künftig auf sie zurückgreifen können. Nachhaltiges Verhalten meint dann auch, dass wir darauf Acht geben, das Gleichgewicht in uns selbst aufrechtzuerhalten, um nicht auszubrennen. Um diese innere wie äußere Energiebalance herzustellen, müssen sich jedoch unsere Paradigmen, unsere angewöhnten destruktiven Selbstverständlichkeiten und unsere dysfunktionalen Muster ändern. Das geht aber nicht von heute auf morgen, sondern entwickelt sich nur langsam in eine andere, die gewollte Richtung. Aber wenn nicht jetzt, wann wollen wir dann beginnen?

»Nachhaltigkeit« ist ein Begriff, der in der Forstwirtschaft populär wurde und nach und nach eine moderne Bedeutungserweiterung erfuhr. Heute benutzt man ihn für eine gesellschaftlich-wirtschaftliche Grundhaltung, die darauf abzielt, Systeme so zu nutzen, dass sie ihrem Wesen nach erhalten bleiben und sich selbst auf natürliche Art und Weise wieder herzustellen vermögen. Nachhaltiger Waldbau pflanzt und erntet dementsprechend so, dass dem Wald genügend Energien und Ressourcen zum Nachwachsen bleiben. Die Bilanz ist ausgeglichen, der Wald ist stetig nutzbar und kann immerzu nachwachsen.

Im Sinne der Nachhaltigkeit entschied man sich im Waldbau deshalb gegen den Anbau fast lebloser, krankheitsanfälliger Monokulturen, die lange für ein ausreichendes Wachstum benötigen, um dann durch radikalen Kahlschlag geerntet werden zu können. Stattdessen pflanzte und pflanzt man heute lieber lebendige Mischwälder, die das Vermögen haben, sich durch Naturverjüngung selbst zu generieren. Reife Bäume entnimmt man in diesen Wäldern selektiv. Analog hierzu passierte es, dass moderne, freiheitsorientierte Individuen in wohlstands- und konsumorientierten Gesellschaften sowie Ersatzwelten zu ängstlichen, krankheitsanfälligen und ausbrennenden Menschen degenerierten und die Gesellschaften zu uniformen, monokulturellen »Menschenwäldern« ohne nachgewachsenes Neues.

Sicher, es braucht Zeit, Muße und Mühe, um aus den Menschen, die ihre wirklichen Potenziale längst vergessen haben, wieder Früchte tragende, selbstbewusste Menschen zu machen, Menschen, die Schwierigkeiten als Herausforderungen ansehen und Hindernisse als Chance, innerlich wachsen zu können. Darum gibt es auch keine schnellen Rettungs- oder Patentrezepte. So wie es uns nicht gelingt, aus eintönigen, monokulturellen Nutzwäldern unmittelbar gesunde, bunte Mischwälder zu machen, so gelingt uns dies auch nicht bei uniformen Menschenwäldern. Dennoch ist es unsere Aufgabe, Homo sapiens, den schlauen, feinfühligen, sozialen, kreativen Allrounder, wertschätzend und fördernd wieder in den Mittelpunkt unseres Denkens, Fühlens, Planens und Handelns zu rücken und ihm dabei zu helfen, seine verloren geglaubten Kompetenzen wieder zurückzugewinnen und kompetent die Herausforderungen anzunehmen, die ihm die Gegenwart beschert. Mit einem Zuwachs an weiteren Kompetenzen und seinem einzigartigen Entwicklungspotenzial – analog zum lebendigen, gesunden Mischwald – wird so der Mensch mit Feuer und Flamme dafür brennen, seine bedeutsame Geschichte weiterzuschreiben – damit auch die seiner Art und die der Welt, in die er sich sinnvoll einzufügen vermag.

So unterschiedlich wie die unzähligen Leben alle verlaufen, sind auch die Menschen selbst als Personen einzigartig und aus unterschiedlichem Holz geschnitzt. Und dennoch pochen wir in unseren modernen Gesellschaften immer wieder auf das Gleichheitsprinzip und meinen damit nicht etwa nur die Gleichheit vor dem Gesetz, sondern vielmehr eine Art Gleichschaltung der Menschen, wie im monokulturellen herkömmlichen Waldbau.

Menschen sind aber – Gott sei Dank! – nicht alle gleich. Sie sind von Natur aus unterschiedlich und bringen individuelles Potenzial für ihre eigene Selbstwerdung und für die Gemeinschaft mit, in der sie leben. Letztendlich kann man Menschen weder durch Geldgaben, dem Ermöglichen von materiellem Wohlstand noch durch Gleichmachversuche mittels Tabuisierungen mit Respekt und Würde begegnen und ihnen als einzigartige Individuen gerecht werden. Es gibt dicke und dünne, kleine und große Menschen, helle und dunkle, fleißige und faule, sensible und unsensible, minder- und hochbegabte, vorsichtige und Draufgänger, basiskompetentere, weniger oder anders kompetente und damit auch reichere und ärmere. Dieser »Mischwald« ist wunderbar und birgt ein gewaltiges Potenzial. Wenn wir den Wunsch und die Illusion von der Gleichheit der Menschen aufgeben, hat dies nichts damit zu tun, dass wir den einen mehr und den anderen weniger in seiner Andersartigkeit wertschätzen. Im Gegenteil erkennen wir den Einzelnen mit seinem individuellen Potenzial, das er mitbringt, an und schaffen dadurch eine Basis für wirkliche Gerechtigkeit unter den Menschen. Das ist Wertschätzung – eine unserer wichtigsten Basiskompetenzen, wenn wir sie denn haben.

Es scheint, als würde in unseren modernen Gesellschaften Ungleichheit meist nur tabuisiert oder vertuscht, um einen sozialen Pseudofrieden herstellen und von den wirklichen Missständen in unseren Gesellschaften ablenken zu wollen. Wir müssen uns bewusst machen, dass Leistung für die Gesellschaft nicht nur durch monetäre Mittel bewertet und honoriert werden kann, sondern auch durch andere Formen der Anerkennung. Ehrenamtliches Arbeiten beispielsweise könnte wieder einen ganz neuen Stellenwert in unserer Gesellschaft bekommen. Ungleich ist der Mensch also in seiner physischen und psychischen Ausgestaltung und in seinen Stärken, Schwächen und Fähigkeiten. So ist er auf die Welt gekommen, so darf und soll er auch sein. Wertschätzend sollten wir die Einzigartigkeit (Ungleichheit) jedes Menschen annehmen und wohlwollend miteinander umgehen, indem wir uns darum bemühen, jeden bestmöglich darin zu unterstützen, seinen, für ihn geeigneten Platz im Leben einzunehmen. Es hat demnach keinen Sinn, Ungeeignete an falscher Stelle fördern oder Geeignete in ihren Fähigkeiten bremsen zu wollen, nur um vermeintliche Gleichheit herzustellen. Denn letztlich macht das niemanden wirklich glücklich, weil es an dem individuellen, unterschiedlichen Potenzial vorbeigeht, das jeder einzelne Mensch für seine Persönlichkeitsentwicklung und für die Gestaltung der Gesellschaft mitbringt. Persönlichkeit und Unterschiedlichkeit werden hier nicht anerkannt. Das Individuum erfährt in seinem einzigartigen Sein nicht die Anerkennung und Wertschätzung, die ihm zusteht. Wir sind konfrontiert mit einer wirklichen Ungerechtigkeit, die auf Gleichmacherei basiert.

Dieses Dilemma trifft für den größten Teil unseres Bildungssystems und bedauerlicherweise für die überwiegende Gestaltung unserer Arbeitswelt heute zu. Eine Offenheit mit wertschätzender Grundhaltung würde wirkliche soziale Gerechtigkeit und echten sozialen Frieden in unserer Mitte mehr fördern und etablieren. Der soziale Friede wird also vielmehr gestört, wenn wir unser individuelles Potenzial nicht nutzen, die Ungleichheit der Menschen ihrem Wesen und ihrer Leistung nach ignorieren und Gerechtigkeit ausschließlich an gleicher Bezahlung sowie an einem Anspruch auf gleichen Besitz von wirtschaftlichem Gut festmachen. Die einen pochen unverhältnismäßig stark auf »Leistungsgerechtigkeit«, wobei sie mit Gerechtigkeit die ihrer Auffassung nach angemessene Entlohnung für ihren Arbeitseinsatz, ihr Engagement meinen. Die anderen sprechen von »Verteilungsgerechtigkeit« und meinen damit, dass das gemein-schaftliche Gut gerecht und gleich – allerdings von der eigenen Leistung ent-koppelt – verteilt werden müsse. Beide Ansichten sind in ihrer Absolutheit weder richtig noch förderlich für Frieden und Gerechtigkeit. Wir brauchen das offene Gespräch, Mut zur Veränderung und vor allem einen Wertewandel. So sollte es natürlich gesellschaftlich als sittenwidrig gelten, dass manche Menschen monströse, unverhältnismäßige Einkommen beziehen, die in keinerlei Relation zu ihrer erbrachten Leistung stehen (nicht leistungsgerecht) und als ungerecht und nicht unterstützbar, wenn Menschen ohne jegliche Leistung ein gutes Ein-kommen aus staatlichen oder wirtschaftlichen Mitteln beziehen (nicht vertei-lungsgerecht).

Wo aber bleibt die Wertschätzung und Anerkennung für Menschen, die sich unentgeltlich engagieren: durch ein Ehrenamt in der Gesellschaft, durch Für-sorge und Erziehung ihrer Kinder und Pflege ihrer Alten? Ist es wirklich der richtige Weg, sie entweder dafür bezahlen zu wollen oder sie von diesen Auf-gaben zu entbinden? Das notwendige Umdenken und -fühlen erfordern sowohl von jedem Einzelnen als auch von gesellschaftlicher und institutioneller Seite einen großen inneren (Werte-)Wandel. Das umzusetzen ist eine Herausforde-rung, die viel Zeit und Mühe kosten wird, aber sie birgt auch die Chance auf positive Veränderungen, enorme Entwicklung und neues Potenzial für eine bessere Gegenwart und Zukunft. Auf Parteien, Gewerkschaften, Schulen, Prä-sidenten und Medien kommt dabei als meinungsbildende Institutionen eine entscheidende Rolle zu. Sie haben zum einen Vorbildfunktion, zum anderen die Macht, gesellschaftlichen Wandel durch konstruktive Vorarbeit und durch das Vorleben des neuen Werteprinzips voranzutreiben. Sie sind es, die wesentlich dazu beitragen können, die Menschen für die Herausforderungen der Gegenwart und die der Zukunft fit zu machen, nicht zuletzt, indem sie für das Installieren von neuen und bereits verloren gegangenen Erfahrungsräumen die notwendigen Rahmenbedingungen schaffen. Das kann die Pflicht zu ehrenamtlicher Tätig-keit, die materielle und ideelle Förderung von verschiedensten Vereinen sein, die oft – vor allem in ländlichen Gegenden – die besten Erfahrungsräume für ein gelingendes Leben anbieten (Musikverein, Sportverein, Freiwillige Feuerwehr).

Die Mitgliedschaft in Vereinen und anderen Interessensgemeinschaften er-möglicht den am Vereinsleben Teilnehmenden das Erlernen und Trainieren wertvoller individueller und sozialer Kompetenzen, die wir im Leben benötigen. Solche größtenteils mittlerweile verkümmerten Erfahrungs- und Lernräume sollten wieder breiter und intensiver gefördert und genutzt werden, insbeson-dere in Ballungsgebieten und multikulturell geprägten Zentren. Diese Vereini-gungen von Menschen zu fördern, ist ein wichtiges und zudem kostengünstiges Mittel der sozialen Kompetenzstärkung und Weiterbildung. Denn dort lernen Menschen voneinander, weil der Inhalt der Tätigkeit sie begeistert und sie Spaß in der Gemeinschaft haben, z. B. beim gemeinsamen Musizieren. Freiwillig und mit Freude können sie ihr Wissen und ihre Kompetenz gut an neue Mitglieder weitergeben. Voneinander lernen hat in Vereinen Tradition.

Der gängige politische Spruch »Leistung muss sich lohnen«, darf sich also nicht ausschließlich auf Geldwert beziehen. Leistung kann durchaus auch mit Wertschätzung, Ehre und Belobigung oder anderen Belohnungen in der Gesellschaft honoriert werden, so wie Wertabschöpfung ohne wirkliche Leistung, z. B. durch unseriöses Spekulantentum, durchaus mit Geringschätzung, dem Makel der Unehrenhaftigkeit und der Ermahnung vor der Gesellschaft bedacht werden darf. Ein gelingendes Leben ist auch eine Frage der Ehre und Persönlichkeit, nicht nur eine Frage des Geldes.

Noch im 21. Jahrhundert wird es aus einem anderen Grund einen Wertewandel, andere Vergütungsformen und damit eine Veränderung kollektiver Denk-, Fühl- und Verhaltensnormen geben müssen, alleine schon, da ein wirtschaftliches Wachstum und ein steigender Konsum in dieser Form, wie wir es gerade erleben, nicht mehr aufrechterhalten werden kann. Menschen werden demnach wieder lernen müssen, dass Glück und Lebenszufriedenheit nicht unbedingt mit wachsendem Konsum einhergehen und weniger oft mehr bedeutet. Konsuminteressierte Menschen, die nichts anderes kennen, als »von anderen bespielt zu werden«, werden es in Zukunft schwerer haben als Menschen mit Differenzierungsvermögen und anderen inneren Ressourcen. Mühevoll und deshalb wenig zu arbeiten und trotzdem viel Geld für Konsum und Freizeit verdienen zu wollen, das wird als Lebensmaxime nicht mehr ausreichen.

Von der Kinderbetreuung bis zur Renovierung von Schulen über die Gestaltung öffentlicher Straßen und Plätze gibt es eine Menge sinnvoller, abwechslungsreicher und erquickender Freizeitbeschäftigungen, die wir als ehrenamtliche Tätigkeiten zum Wohl der Gemeinschaft ausüben können. Zugegebenermaßen, der Gedanke kann einem schwer fallen, geizen wir doch mit unserer wohlverdienten Freizeit nach der oft so anstrengenden Arbeitszeit. In Wirklichkeit bleibt es aber eine Frage der inneren Bewertung, was wir unter Freizeit verstehen wollen.

Wenn Eltern und Kinder z. B. in den Ferien gemeinsam die Schule renovieren, dadurch soziale Kontakte knüpfen und pflegen und vielleicht sogar gemeinsam auf dem Schulhof grillen, könnte dies doch sehr dem Urlaub auf dem Campingplatz nahekommen, bei dem man mit den Camping-Nachbarn gemeinsam Volleyball spielt und abends gemütlich zusammensitzt.

Mit der immer älter werdenden Bevölkerung sind auch Themen wie Alter, Krankheit und Pflege mehr denn je in unserer Gesellschaft präsent. Obwohl sie ganz natürlich zum Leben eines jeden Menschen dazugehören, werden sie als »Probleme« des Staates angesehen. Alte, Kranke und Pflegebedürftige sind mittlerweile zu Kostenfaktoren degeneriert. Wie ging das denn früher, ohne

Pflegeversicherung und Altersbetreuung? Da hat man sich untereinander geholfen, da gab es noch Familienverbände. Aber auch heute können wir »geldlose«, staatsentkoppelte Hilfssysteme einführen, die wir selbst organisieren – wenn wir nur wollen. Das entlastet den Staat und führt die Menschen wieder zu mehr Selbstverantwortlichkeit.

Der grundsätzliche Reflex: »Mehr Geld muss her!«, damit wir (der Staat) alle Hilfen bezahlen können, und jeder (Bürger) gerecht entlohnt wird, fällt damit weg. So ist der anonyme Staat nicht länger verantwortlich, sondern die Menschen wieder selbst. Das wird dann auch zu einer wohltuenden Leistungsentschleunigung führen, und wir müssen den Staatsapparat nicht weiter aufblasen. Beispiel: Bei einem Schulrenovierungsprojekt geht es nicht mehr darum, schnellstmöglich fertig zu werden, die Arbeit ist ja nicht kostengebunden, es muss kein Stundenlohn an eine Fremdfirma gezahlt werden. Man kann sich demnach die Zeit nehmen, die man braucht, um das Schulgebäude schön herzurichten. Zeit haben wir eigentlich doch immer mehr. Noch nie war die Arbeitszeit so kurz wie heute. Die Entschleunigung der Arbeitsprozesse wird folglich den Wachstumszwang entschärfen, weil wir schließlich auch weniger Geld, z. B. für Fremddienstleistungen, brauchen, weniger Lohnnebenkosten haben und am Ende weniger Steuern zahlen. In letzter Instanz senkt das natürlich auch die Staatskosten. Eine derart veränderte Einstellung zum Leben wird aber nicht nur wirtschaftliche Auswirkungen haben, sondern ganz wesentlich auch die Beziehungsstrukturen und den Zusammenhalt innerhalb von Gemeinschaften in der Gesellschaft verändern. Wie einfach das geht, erfahren wir beispielsweise bei Flutkatastrophen, wenn plötzlich viele Menschen »einfach so« mit anpacken und Sandsäcke schleppen. (Jeder herkömmliche, mit Effizienz- und Effektivitätssteigerung beauftragte Reengineering Manager wird natürlich bei diesen Textpassagen den Kopf schütteln und mit zahlreichen Gegenargumenten aufwarten: die Konkurrenz, China und Indien, die Arbeitsplätze ...)

Strukturen wie Ehe, Partnerschaft oder Familie passen sich an gegebene gesellschaftliche Umstände, die äußeren Lebensbedingungen und die Erfordernisse der Zeit an. Seit dem wirtschaftlichen Aufschwung nach dem Zweiten Weltkrieg orientieren sie sich an einer leistungsorientierten Konsum-, Anspruchs- oder Wohlstandsgesellschaft. Wir haben uns angepasst. Wirtschaftlich betrachtet ist es heutzutage nicht mehr notwendig, aneinander festzuhalten. Scheidungswaisen oder Alleinerziehende sind in Wohlstandsgesellschaften mit ausgeklügelten Sozialsystemen längst kein Problem mehr. Man unterstützt und fördert sie besonders, ermöglicht es den Eltern, doch im Produktionsprozess zu bleiben und gleichzeitig am Konsumleben weiter teilzunehmen. Oft ist es, wie schon angesprochen, die fatale Gleichheitsdebatte, die auch hier zu ewiger Inanspruchnahme von sozialen Hilfeleistungen führt. Oder man entwickelt die Haltung: »Nur weil ich alleinerziehend bin und meine Freiheit für den Kindernachwuchs der Gesellschaft opfere, darf man mich nicht auch noch materiell benachteiligen. Gleiches Glück (Konsum) für alle.« Der politische Reflex heißt dann: Freistellung von Erziehungsaufgaben, Kitaplätze und Ganztagsschulen. Kindergeld, Krippenplätze, Ganztagsschulen, Zoo- und Kinokarten, Kuren für Mutter und Kind. Das entsteht dann wie von selbst als Symptome einer auf Sozialalimentierung und Konsumrecht fixierten Gesellschaft.

Wenn wir starke, sich unterstützende Familiensysteme nicht mehr aufrecht-erhalten wollen (das ist durchaus legitim) oder können, müssen wir alternative unentgeltliche, gemeinschaftsorientierte Unterstützungssysteme finden. Unsere Kinder benötigen für ihre gesunde Entwicklung ihres Selbst dann ein anderes, gleichwertiges lebendiges Biotop. Sie brauchen ein Biotop, das geprägt ist von Verlässlichkeit, Wertevermittlung, genügend Räumen für das Ansammeln von Erfahrungen, Geborgenheit und Zeit zum Gedeihen. Es muss ja nicht die klas-sische Groß- oder Kleinfamilie sein. Denken wir nur an Mehrgenerationen-häuser oder an das Wiederaufleben von Stadt-, Land- oder Ökokommunen! Da herrscht das Prinzip der unentgeltlichen Gegenseitigkeit von Geben und Neh-men und das Motto: »Eine Hand wäscht die andere.« Das sind nur zwei Beispiele, wie es Alleinerziehenden ermöglicht werden könnte, selbst ihre Kinder groß-zuziehen, trotzdem zu arbeiten und gemeinsam mit den Kindern nicht allein, sondern in einer familienähnlichen Gemeinschaft zu leben. Es wäre mutter- und kinderfreundlicher, artgerechter, selbstverantwortlicher und mit weniger Kos-ten verbunden. Und: Das sind keine utopischen Visionen.

Auch für Alte, Kranke und Pflegebedürftige trifft dies gleichermaßen zu. Solche alternativen Lebensformen und das Reaktivieren nichtstaatlicher Ge-meinschaften könnte ein politisches Ziel sein, vielleicht auch unterstützt durch vom Staat bezahlte »Entwicklungshelfer«. Warum sollte man auch in mensch-liche Gemeinschaften der »Ersten Welt« keine ausgebildeten Trainer schicken, die zum Erlernen von Sozialkompetenzen, zum Praktizieren von Selbstorgani-sation und Selbstmanagement bis zur »Selbst- und Sozialkompetenzreife« an-leiten? Wenn wir auf diese Weise wieder mehr und neu geschult werden und über mehr Erfahrungsräume verfügen, werden wir uns im eigenen Handeln selbst eigenverantwortlich weiterbilden können und unsere Denk- und Fühlmuster ändern. Wahrscheinlich würde dann sogar der langersehnte Pauschalurlaub als nur scheinbare Selbstverwirklichung und Pseudo-Ausgleich zum harten, an-strengenden, »bösen« Arbeitsleben obsolet werden und wäre nicht mehr absolut (überlebens-)notwendig. Vielleicht würde dann auch das Kinderkriegen-Wollen nicht mehr mit dem Makel des »Leistungsausfalls« behaftet sein. Kinder haben zu wollen, hätte nichts mehr damit zu tun, Existenzangst haben zu müssen. Die durch existenzielle Angst oder Konsumorientiertheit erzwungene Kinderlosig-keitstendenz würde abnehmen. In derartigen Gemeinschaften ginge folglich mehr, als wir zu hoffen wagen: Kinder haben, erziehen, mit ihnen leben, voneinander lernen, Verantwortung übernehmen und abgeben. Diese alternativen Lebensformen und neuen Erfahrungsräume sind vielleicht sogar spannender als Cluburlaub! Und Kinder sind dann nicht mehr nur dazu gut, dass die Rente in den nächsten Jahrzehnten gesichert wird, sondern weil sie Leben sind, aus Liebe zum Leben geboren werden, wesentlich zur Familie dazugehören, das System stärken, uns mit neuen Ideen bereichern und das »Familienerbe« weitertradieren.

Auch Menschen mit fremder Kultur und Sprache könnten in einer solchen gesellschaftlichen Atmosphäre der Toleranz, Zugewandtheit und Wertschätzung wichtige integrative Erfahrungen machen. Sie würden spüren, dass auch sie durch das Neue, das sie in die Gesellschaft einbringen, etwas bewegen und die Gemeinschaft bereichern können. Indem man ihnen erlaubt, etwas zu geben, ermöglicht man ihnen, einen Ausgleich für die Gastfreundschaft zu schaffen. »Fremde« würden ihr vermeintliches Bedrohungspotenzial verlieren. Sie wären dann lebendiges Erfahrungspotenzial zum gegenseitigen Lehren und Lernen. Voraussichtlich werden aufgrund von seit Jahren schrumpfenden Geburtenraten in Europa und wachsenden Flüchtlingsströmen in die Länder der Ersten Welt in den nächsten Jahrzehnten sowieso mindestens die Hälfte aller erwerbstätigen Menschen in unseren modernen westlichen Gesellschaften Migrationshintergründe aufweisen. Das hört sich für so manchen vielleicht bedrohlich an, ist es aber nicht, wenn wir schlau damit umgehen. Es macht uns alle vielfältiger, reicher an Erfahrung und kompetenter. Wieso sehen und nutzen wir das also nicht?

Wir brauchen also mehr gemeinsame Erfahrungsräume für Migranten und Nichtmigranten. Wir müssen soziale, inter- bzw. transkulturelle Kompetenzen schulen, Sprachkenntnisse und Kommunikationsfähigkeit trainieren, uns gegenseitig Wissen über Kultur, Religion und Landeskunde vermitteln. Dann ist Globalisierung auch kein Schreckensgespenst mehr, sondern kündet von einer neuen Welt, wo statt Ablehnung und Intoleranz Annahme und Akzeptanz an der Tagesordnung sind. Wer Fremde und Neues mit Wertschätzung willkommen heißt, schenkt anderen und sich das Vertrauen, dass Neues und Veränderung Entwicklung und Wachstum bedeuten. Das ist es, was Homo sapiens im Blut liegt, das ist die Anpassungsfähigkeit, die er als Joker für eine gelingende Zukunft ausspielen kann. Letztendlich wird nicht mehr entscheidend sein, wes genetischen Kindes man ist, sondern wes Geistes Kind. Es wird nicht von Belang sein, welcher Nationalität, ethnischer oder religiöser Gruppierung man angehört, sondern ob man über die Kompetenzen verfügt, die man zum Überleben braucht und die den Fortbestand der Gemeinschaft, in der man lebt, sichern.

Es bedarf also eines Paradigmenwechsels, Wertewandels und der Veränderung der inneren Einstellung in allen gesellschaftspolitischen Bereichen. Wir haben aufgezeigt, wie schwer wir uns in einem rasanten Biotopwandel tun (vgl. Kap. 4: Phänomene moderner Gesellschaften). Ob im Bildungswesen, in der

Arbeitswelt, bei Freizeitaktivitäten oder im Gesundheitswesen, überall dort benötigen wir vor allem Eines: eine Abkehr von unserer Erwartungs- und Anspruchshaltung, nur nehmen zu wollen, am besten nichts (ab)geben zu müssen sowie allein von außen, von anderen, auf Lösungen für unsere Probleme zu hoffen. Wir brauchen eine innere Einstellung, die Bereitschaft und Motivation, selbst die Herausforderungen unseres Lebens bewerkstelligen zu können. Wir brauchen lebenslanges Lernen, den Optimismus und die Überzeugung, selbst konstruktive Lösungen finden und unsere Zukunft gestalten zu können.

Wäre es vor diesem Hintergrund betrachtet dann noch statthaft und sinnvoll, einen Rentner, der einen Nebenjob ausübt, als bedauernswert einzustufen, weil er hinzuverdienen muss, und den, der ab dem 55. Lebensjahr sein Leben hauptsächlich im Liegestuhl auf einer Sonneninsel verbringt, weil er etwas geerbt hat, als einen tollen Hecht, der es zu etwas gebracht hat und nun wohlverdient abhängt? Und was ist mit der Pflege unserer Alten, der Erziehung unserer Kinder und der Versorgung unserer Kranken? Sollten wir all dies tatsächlich ausschließlich in der Verantwortung des Staates belassen? Was Gewalttätige und Außenseiter betrifft, sollten wir ihnen etwa vermitteln, dass ihr Verhalten uns nichts angeht und der Staat sich um sie schon kümmern und das Gesetz sie schon richten wird?

Doch sie alle gehen uns etwas an: der weiterhin teilnehmende Rentner, der ausgestiegene Erbe, unsere Alten, unsere Kranken und unsere Kinder, genauso wie der unsere Gemeinschaft Bedrohende und der Außenseiter am Rande der Gesellschaft. Sie alle sind nicht ausschließlich eine zu bezahlende Staatsaufgabe, sondern haben eine kompetente Einschätzung aufgrund unserer inneren Bewertungsmaßstäbe verdient.

Selbstverständlich geht all dies nicht immer und in allen Fällen, aber ein Großteil unserer Probleme wäre mit einer derart veränderten verantwortlichen Haltung innerhalb unserer Gemeinschaft bestimmt lösbar. Und genau hier liegt nun neben all den leidlichen Verwaltungsaufgaben des Staates die wirklich wichtige und gesellschaftsförderliche Hoheitsaufgabe unserer staatlichen Führung: das Wiedereinrichten natürlicher Erfahrungsräume zu fördern und dort, wo es notwendig und sinnvoll ist, Bildungsräume für erfahrungsorientiertes Lernen zu installieren, um ein inneres Wiedererstarken seiner Bürger zu fördern.

Nichts ist jedoch schwieriger zu modifizieren und stabiler als vorherrschende tradierte innere Überzeugungen und eingeschliffene Denk-, Fühl- und Verhaltensmuster. Bildungsmaßnahmen sollte man deshalb in alle Bereiche des Lebens integrieren und nicht mehr nur auf formale Bildung beschränken, sondern mit dem Ziel der Charakterbildung und Entwicklung von Basiskompetenzen verbinden. Wenn das Alte nicht mehr tauglich erscheint, müssen wir das Neue für die Zukunft wagen. Und dass wir unser Leben stets zu unserer aller Gunsten verändern und verbessern können, das sollten wir stets im Blick behalten.

Weil neu implementierte Denk-, Fühl- und Verhaltensmuster erst nach und nach eine Eigendynamik und Selbstorganisation entwickeln und erst nach einigen Generationen stabil sein werden, wird es zum jetzigen Zeitpunkt Staatsaufgabe Nummer eins sein, einen solchen Umbau durch entsprechende Bildungsmaßnahmen und Rahmenbedingungen in Gang zu bringen und zu fördern. Wir brauchen also mehr inneres Wachstum des Menschen statt äußerliches wirtschaftliches Konsumwachstum.

In Zukunft werden Geld, Besitz und materieller Vorteil immer mehr an Wert und Einfluss verlieren, wohingegen derjenige wirkliche Macht – im Sinne von einem hohen Grad an persönlicher Meisterschaft – besitzen wird, der über ein Höchstmaß an basiskompetenten Fähigkeiten verfügt. Selbstverständlich müssen wir, weltweit betrachtet, auch zu einer sinnvolleren Verteilung materiellen Vermögens kommen. Die ständige Forderung nach »mehr« – mehr Steuern, Gehalt und Wohlstand – wird uns dabei allerdings nicht weiterhelfen.

Sozialer Frieden wird nicht mehr ausschließlich über materielle Wohlstandsverteilung zu erreichen sein, sondern über einen neuen Zusammenhalt innerhalb von Gesellschaften und Gemeinschaften, über Werte, die sich nicht aus Angst oder Verdrängung ergeben, sondern aus dem immer wieder neu gewonnenen Gefühl der Selbstwirksamkeit, den wiedererlangten Selbst- und Sozialkompetenzen, über Werte, die mehr im sozialen und kulturellen Bereich liegen. Wir müssen wieder gut leben lernen, anstatt uns damit zu begnügen, gut und ausreichend konsumieren zu können. Solche Werte Schritt für Schritt erfahrbar zu machen, das ist und wird die größte Herausforderung für uns Menschen sein, für jeden selbst, als Gruppe, Gemeinschaft und Gesellschaft.

Wenn es uns gelingt, hier ein Umdenken einzuleiten und eine tatsächliche Wertschöpfung aus dem Inneren der Menschen zu erzielen, die in ein selbsttätiges und selbstwirksames Handeln überführt werden kann, dann wird es uns auch glücken, in den modernen Gesellschaften eine nachhaltige Stabilität zu implementieren, die sich aus dem inneren Reichtum ihrer Mitglieder nährt. Das wird das Potenzial moderner Gesellschaften sein, das uns für eine gelingende Zukunft befähigt. Mit gedankenloser Rohstoffausbeutung, Dumpinglohnsystemen und gedrillt auf die unersättliche Gier nach Konsumbefriedigung als Lebensmaxime, können wir auf Dauer nicht punkten. Bei all dem Haben-Wollen haben wir, so scheint es, unser Sein und Leben vergessen. Vieles, was wir vorleben und in die Welt hinaustragen könnten, was wir für eine lebendige, starke und zukunftsfähige Kultur brauchen, haben wir bereits in uns. Um es zum Vorschein zu bringen, müssen wir nur lebendiger, aktiver, selbstwirksamer, kreativer werden und zum Prinzip des Lebendigen zurückfinden.

Lieben wir das Leben jetzt, mit allem Drum und Dran, mit allen Höhen und

Tiefen und allen Grautönen dazwischen und mit seinen unendlichen Möglichkeiten! Tauschen wir unsere jammervolle Ängstlichkeit gegen ein Brennen für die Zukunft aus und machen wir sie uns heute schon erfahrbar! Lieben wir das Leben, so wie es ist, und es liebt uns zurück! Homo sapiens hat die ungeheure Kraft, ein buntes, vielfältiges, erfülltes und eigenverantwortliches Leben zu gestalten, denn er ist ein Allrounder und der bestangepasste Affe auf der Welt.

Unser Gehirn ist mit seinen Fähigkeiten und seiner Plastizität geradezu dafür prädestiniert, die notwendigen Anpassungsleistungen und so die Zukunft für Homo sapiens zu erfinden. Lassen wir es deshalb im Hier und Jetzt arbeiten, und unterwerfen wir es nicht starren, tradierten, reaktionären Philosophien oder menschenfernen Utopien und Illusionen! Individuelle Sinnfindung im Hier und Jetzt ist wichtig für ein gelingendes Leben und somit Selbstzweck. Glück und Zufriedenheit sind Lebensaufgabe und Ergebnis einer inneren Haltung, realistischer Erwartung, kreativer Gestaltungskraft und eines gesunden Selbstvertrauens.

9. Das letzte Kapitel ist nie geschrieben

9.1 Warum tun wir nicht, was wir wissen?

Erkannt ist noch nicht verwirklicht, und Wertewandel und Paradigmenwechsel geschehen nicht von heute auf morgen – auch nicht, wenn wir es wollen. Und wollen wir denn die 180-Grad-Kehrtwende überhaupt?

Man hat uns doch das Leistungsprinzip eingebläut: Karriere machen ist ein Muss, Ellenbogenprinzip, höher, schneller, weiter, im gnadenlosen Wettkampf gegen die Konkurrenz. Zeit ist Geld. Deshalb lernen wir Fremdsprachen am besten schon als Vorschulkind und halten Ausbildungszeiten so kurz wie möglich. Umso früher steigen wir ins Arbeitsleben ein und desto früher können wir Geld verdienen und »materiell« mitreden. Nur nicht zurückbleiben, nur nicht versagen, nur nicht schlecht dastehen, nur nicht abgehängt werden und sich immer mit den anderen vergleichen, die es bereits geschafft haben, ein Haus, einen Garten und ein Auto zu besitzen. Materieller Wohlstand und Konsummöglichkeit sind hohe, wenn nicht höchste Kriterien (früher baute man zu Ehren Gottes Kirchen wie den Kölner Dom, heute Banken- und Versicherungstürme), und diese Maxime treibt uns manchmal unaufhörlich und gnadenlos an, ist sie uns scheinbar doch schon in Fleisch und Blut übergegangen.

Erschöpfung, Unwohlsein und Krankheit sind oft der Preis. Schnell die Symptome kurieren, oft in einer »Gesundheitswirtschaft«, die sich selbst zum Ziel gesetzt hat, auch den Kranken zum Konsumenten zu erziehen, der sich am besten ein standardisiertes Gesundheitsangebotsprodukt kaufen kann, das ist die Folge. Gegen die Angst finden wir die passende Pille, oder wir betäuben uns eben mit Drogen, damit wir endlich wieder schlafen können. Um wieder fitter zu werden und glücklicher zu sein, können wir vielleicht auch auf die schnelle chemische oder physikalische Lösung zurückgreifen. Wir lassen unsere »Maschine« dann gelegentlich einmal gegen Geld gründlich durchchecken, mittels allerlei Schläuchen, Kathetern und Strahlen, die wir bereitwillig in unser Inneres lassen.

Nicht mehr das Leben selbst und der Wunsch, es individuell gestalten zu wollen, sind es, die uns an- und umtreiben, sondern es ist die Angst, nicht mithalten zu können und damit zum Außenseiter zu werden. Es ist die Angst, nicht zur Gruppe der Gewinner und Sieger zu gehören, ausgeschlossen zu werden, verarmt oder als Versager auf der Strecke zu bleiben. Wir haben Angst vor Veränderung, dem Altwerden, vor Krankheiten und dem Sterben. Wir wollen das Leben festhalten, leben aber gar nicht. Wir haben Angst vor der Vergänglichkeit und fürchten den Blick auf die Uhr. Wir sind ständig auf der Jagd, weil wir Angst haben, irgendetwas nicht bekommen zu haben oder etwas erreichen zu müssen. Das Glück liegt nie im Jetzt. Es rennt uns davon, wie unser eigener Schatten, den wir einzuholen versuchen. Für dieses Rennen glauben wir, noch ein paar Jahrzehnte dranhängen und unser Leben verlängern zu müssen, anstatt uns zu bemühen, im Hier und Jetzt unser zeitlich begrenztes Leben mehr wahrzunehmen und zu nutzen.

Das Nicht-zufrieden-sein-Können, die Überforderung, das Gefühl, nicht genug Zeit zu haben, und der immense Druck, mit den anderen mithalten können zu müssen, führt systemimmanent zu einer immer rasanter werdenden Tempobeschleunigung. Wir gehen rücksichtslos mit unseren Mitmenschen und mit uns selbst um, saugen jegliche Information auf, auch wenn sie unnütz und nebensächlich ist, in dem Glauben, sie könnte uns gegenüber den anderen und im Wettkampf des Seins einen Vorteil verschaffen. All dem können wir, so scheint es, nicht entrinnen, denn dieses Denken und diese Mechanismen sind dem System moderner Gesellschaften und modernen Lebens immanent. Wir kommen also aus dem Teufelskreis nicht so schnell wieder heraus und eine kompromisslose Alternative ist erst einmal nicht in Sicht.

Wenn wir nicht mehr mithalten können, nicht konkurrenzfähig bleiben, steht der andere schon vor der Tür – so wird es uns jedenfalls überall suggeriert. Halten wir inne oder richten wir unser Augenmerk auf die »weichen Faktoren« des Daseins, dann werden uns die anderen im aggressiven Wettkampf »platt-machen« – das glauben wir zumindest. »Ergebnis vor Erlebnis« ist schließlich der Slogan der Menschen, die sich dem System unterworfen haben und sich auf der Gewinnerseite modernen Lebens wähnen.

Darum sind auch die meisten Ratgeber, die aufzeigen wollen, wie wir unsere zunehmenden Ängste und Erschöpfungszustände in den Griff bekommen können, allerhöchstens symptomkurierend, sie beseitigen aber nicht die Ursachen für die bestehenden Missstände in unserem Leben. Die Medien werden derzeit überschwemmt von solchen Gesundheits- und Glücksratgebern angesichts der nicht zu enden scheinenden Burn-out-Diskussionen in unserer Gesellschaft: »Schalten Sie mal Ihr Handy aus!«, »Lesen Sie Ihre E-Mails nur einmal am Tag!« Das sind auch nur bedingt gute Tipps, wenn auf der anderen Seite stetige Erreichbarkeit erwartet wird und Informationsdefizite hart sanktioniert werden.

Gut gemeinte Sprüche wie »Schaffen Sie sich Zeitfenster für Ruhe und Besinnlichkeit!« klingen da in unserer modernen Gesellschaft des Tempowahns wie eine Farce und sind schwer umzusetzen. Machen Sie sich eine Präferenzliste, damit Sie all Ihre Aufgaben schaffen (denn das räumt Ihnen zusätzliche Zeit für neue Aufgaben ein, die Sie außerdem noch erledigen können). Etwas platt psychologisierende Tipps wie »Sagen Sie mal nein!« oder »Sie müssen auch mal für sich selbst sorgen!« helfen in dem komplexen Erwartungs- und Verhaltensschema moderner Gesellschaften kaum weiter und wirken ziemlich hilflos.

Die multiplen Optionen und Freiheiten einer modernen Gesellschaft auszuhalten, ist weitaus schwieriger, als vorgegebenen Gesetzen zu folgen. Mit grenzenlosen Wahlmöglichkeiten zurechtzukommen, ist einfach unmöglich, wenn dazu Beurteilungsfähigkeit und Entscheidungskraft fehlen. Es wird also nicht gelingen, die in allen Lebensbereichen um sich greifende innere Rat- und Rastlosigkeit mit simplen Entschleunigungsratschlägen unter Kontrolle zu bekommen, solange man die wirklichen Ursachen nicht an der Wurzel packt.

Es mangelt uns an den grundlegenden inneren Kompetenzen und an Selbstwirksamkeit, um den notwendigen Wertewandel und Paradigmenwechsel einzuleiten, und die Mut- und Perspektivlosigkeit ist unser größter Feind. Dabei brauchen wir in unseren modernen Gesellschaften beides so dringend für die Bewältigung gegenwärtiger Probleme. Das erreichen wir aber nur, wenn wir ab sofort in entsprechende Erfahrungs- und Bildungsräume investieren. Denn ohne die besagten Basiskompetenzen wird es nicht gehen.

Kooperation, Konflikt- und Konsensfähigkeit müssen wieder erfahren und verinnerlicht werden. Wir müssen neue Unterstützungssysteme in unseren Gemeinschaften aufbauen, diese etablieren und auch nutzen. Dazu brauchen wir Beziehungs- und Bindungserfahrungen. Unsere Tendenzen zur Versingelung und zum Einzelkämpfertum in der Gesellschaft sind untrügerische Anzeichen für wachsende soziale Kompetenzmängel und Solidaritätsprobleme. Schwindende psychische Ressourcen machen es uns unmöglich, die schon weit verbreitete Erkenntnis über das dringend Notwendige auch umzusetzen. Darum tun wir nicht, was wir wissen.

Heißt das dann aber, dass wir die moderne Gesellschaft vollkommen ablehnen müssen? Moderne Gesellschaften hatten und haben doch durchaus einen Sinn. Wohlstand, Fortschritt und Wirtschaftswachstum sind in Zeiten des Mangels und der Armut weltweit schließlich erstrebenswerte und notwendige Ziele. Jedoch hat alles seine Zeit, und wenn wir merken, dass unser System »moderne Gesellschaft«, so wie es sich bis heute entwickelt hat, nicht mehr trägt, dann müssen wir den Problemen und Fragen von heute eben mit anderen Lösungen und Antworten begegnen. Neue Probleme und Herausforderungen verlangen neue Lösungen und Bewältigungsstrategien.

Wir dürfen keine Angst haben, Altes loszulassen, insbesondere wenn wir neues Wissen gewonnen haben – z. B. neurobiologisches. Warum setzen wir es dann aber nicht auch in die Praxis um und machen es für alle anwendbar? Warum haben wir es nicht längst schon getan? Warum tun wir nicht, was wir wissen, weder in der Gesellschaft, dem Bildungs- und Gesundheitswesen noch in den Unternehmen? Was heißt es, wenn wir von schwindenden psychischen Ressourcen reden?

Wir haben in jüngster Zeit gelernt, das Leben mehr theoretisch und kognitiv zu erfassen, es zu (ver)messen, als es zu leben und zu erfahren. Es ist ein Zuviel, geboren aus Aufklärung, Industrialisierung, Technisierung und Digitalisierung. Was nicht mess- und wiederholbar ist, das ist nicht wissenschaftlich und damit nicht wirklich, posaunen uns die Wissenschaftler und Techniker um die Ohren. Diese Auffassung hat bis heute nahezu alle unsere Lebensbereiche durchdrungen. Es blieb nicht bei den nützlichen und hilfreichen Erleichterungen für unseren Alltag, sondern der wissenschaftliche Ansatz ergriff unser ganzes Leben. Digitalisieren und Messen sind zu unserer Gegenwartsphilosophie und zu unseren Denkfiguren geworden, mit denen wir unser Leben und unser Biotop gestalten und evaluieren.

Gerade die neueren Entdeckungen der menschlich-analogen Systemkonzeption zeigen jetzt aber, dass diese Vorgehensweise weder uns selbst noch der Natur des Lebens an sich entspricht. In unserer Sehnsucht und verzweifelten Suche nach Sicherheit, Ewigkeit und komfortablem Stillstand sind wir mittendrin, uns ein digitales Biotop mit künstlichen Welten zu erschaffen. Unsere Sehnsucht und unser Suchen nach immerwährendem und leicht zu erhaltendem Dauerglück ist illusionärer Irrtum, entstanden aus einer schon länger anhaltenden Wohlstandsphase und einem Leben in und mit Kunst- und Scheinwelten. Und das entspricht ganz und gar nicht dem Prinzip des Lebendigen und unserer Art. Das wissen wir spätestens zum jetzigen Zeitpunkt.

So glauben wir, die Leistung unserer Kinder in Zahlen und die Effektivität der nationalen und internationalen Bildungsmaßnahmen mittels Analysen wie die der Pisa-Studie messen zu können. Wenn wir Sport treiben, messen wir unseren Puls, unsere Schnelligkeit, den Kalorienverbrauch und anderes mehr mit allerlei Uhren und Geräten, statt uns selbst in einer wohltuenden Bewegung wahrzunehmen. Wir messen unsere Nahrung nach scheinbar optimalen Zusammensetzungen, Bestandteilen und Grammzahlen, statt zu schmecken, zu genießen und einfach mit Lust und Leidenschaft nach Gefühl zu essen. Wir haben es schlicht verlernt.

In Unternehmen und Institutionen messen und überwachen wir unsere Arbeit mit Kennzahlen, Controlling, Maximierungsstrategien, Lean-Production,

Effizienz- und Effektivitätsmessungen, statt sie in Erfahrungsräume der Motivation, der Kreativität, des Entdeckens, Ausprobierens und Fehler-machen-Dürfens zu betten. Das Ergebnis in letzterem Fall wäre allemal besser, weil da die analogen, sich selbst organisierenden Potenziale der Menschen als nachhaltigste Innovationskraft freigesetzt werden würden.

Wir messen unser Glück und unsere Zufriedenheit am besseren Häuschen und schöneren Auto des anderen und unsere Gesundheit mit Pulsuhren, Schrittzählern oder Blutdruckgeräten, weil wir sie selbst nicht mehr fühlen. Komplexe ärztliche Entscheidungen geben wir auf zugunsten von Referenz- und Standardwerten. Wir versuchen, Körper, Seele und Geist in eine äquilibrierte Balance zu titrieren, um Schmerz zu vermeiden, unsere Vergänglichkeit zu verdrängen und unseren Tod hinauszuschieben. Dabei vergessen wir ganz und gar, dass es gerade das Leben mit seiner Veränderbarkeit und Unausgeglichenheit ist, mit all seinen Höhen und Tiefen, das uns den Raum und die Möglichkeiten gibt, uns als selbstwirksam zu erfahren. Diese unberechenbare Vitalität schult uns, das Leben mit allem Drum und Dran zuzulassen, uns selbst und die Umwelt zu erfahren. Im Bewältigen von Herausforderungen, im Überschreiten von Grenzen und Hindernissen, im Entwerfen und Ausprobieren neuer Strategien auf dem Weg zum Erreichen unserer Ziele verändern auch wir uns und werden lebendig wie das Leben selbst. Wir bilden die zum Leben notwendigen psychischen Ressourcen.

Auch unser Privatleben lassen wir vermessen, indem wir unsere persönlichen Daten, Angaben zu unserem Verhalten und unsere innigsten Wünsche Analysefirmen überlassen, die uns unseren Status quo in Form von Algorithmen vorrechnen. Sie klären uns darüber auf, wo und wie wir uns bewegen, was wir konsumieren und wie unser soziales Leben »gestrickt« ist. Der Cyberangriff dient aber nicht einer besseren Selbstwahrnehmung zum Entwurf von Entwicklungsstrategien für eine bessere Zukunft, sondern einzig und allein der Konsumwirtschaft und einer scheinbar messbaren Totalkontrolle des Lebendigen. Unser Leben besteht heute also vordergründig aus Zahlen und Algorithmen. Und die Medien fassen zusammen und beschreiben zielgenau den genormten, modernen Bürger, mit seinen Werten, Wünschen und seinem Begehren, von außen wie von innen, quasi als verpflichtende Gebrauchsanweisung, unter welchen Bedingungen man dabei sein darf, bei den Modernen. Selbst wenn wir allen Erwartungen entsprechen, leben wir unser Leben damit noch lange nicht und verpassen die Chance, selbst die Wirklichkeit zu erfahren.

Unsere Welt und unser Leben bestehen aber nicht nur aus Zahlen und Daten. Vielleicht spüren wir sogar, dass das Vermessen des Lebens nicht richtig ist, aber anscheinend können die meisten von uns dem nichts entgegensetzen. Auf diese Weise wird uns jedoch oft der Blick auf die existenzielle Wirklichkeit verstellt. Oder warum sind die Menschen in unseren wohlhabenden, modernen Gesellschaften nicht die glücklichsten? Warum zählen in unseren modernen Gesellschaften Depressionen und Angsterkrankungen zu den am meisten auftretenden Krankheitsbildern? Warum erschreckt es uns so, wenn sich unser Land an Kriegen beteiligt und einer unserer Soldaten umkommt? Krieg und Soldatensterben gehören zumindest in der heutigen Wirklichkeit noch eng zusammen. Krieg ohne Tod ist Scheinwelt. Warum verfallen wir in Angststarre, wenn junge Menschen in unserer Nachbarschaft durch Amokläufer sterben müssen? Weil es überall auf der Welt so ist, nur nicht bei uns? Ist das unsere Wirklichkeit? Warum glauben wir in unserem Überfluss, unsere Ernährung sei nicht ausreichend und fügen ihr allerlei Ergänzungsstoffe, Vitamine und Biomerkwürdigkeiten bei? Wir müssten es bei genauerer Betrachtung doch eigentlich wissen und gegen »magische« Heils- und Gesundheitsversprechen gefeit sein. Warum nehmen wir an, unser Unwohlsein läge an Laktose- und Glutenunverträglichkeit, am Gift in der Nahrung oder am Blütenstaub? Warum bauen wir Autos, die zweihundert und mehr Stundenkilometer fahren, um sie per Gesetz und Verbot auf dreißig Stundenkilometer abzubremsen? Wieso tragen wir Frösche und Kröten über die Straßen und wollen, dass Wolf und Luchs wieder unter uns weilen – aber am besten zahn- und krallenlos? Was treibt die Ökojunkies in ihr Extrem? Warum fesseln wir uns zunehmend selbst in die Bewegungslosigkeit mit einem Übermaß an Regeln, Gesetzen, Verordnungen und Geboten? Warum müssen wir Sicherheitswächter um Häuser schleichen lassen und Zäune um Marktplätze errichten, damit Jugendliche dort nicht trinken, möglicherweise randalieren und sich gegenseitig verprügeln? Und wieso reizt uns der Gedanke, überall Videokameras aufzuhängen, um jeden Winkel unseres Seins zu überwachen? Wieso gibt es für jeden Lebensbereich eine Ratgeberkultur – für das Kinderkriegen, das Erziehen, das Führen einer Ehe, das Erhalten der Gesundheit, bis hin zum würdevollen Sterben? Sind diese Zwänge unsere Angst vor dem Kontrollverlust oder unser Unvermögen, das Leben, wie es wirklich ist, zu erkennen, zu spüren und zu leben? Wieso geben wir unsere finanziellen Mittel zum Spekulieren auf die Spielwiese einer einem Spielcasino gleichenden Glücks- und Scheinwirtschaft, in die Hände von Zockern und mancher Banken, statt unser Geld in der realen Wirklichkeit sinnvoll zu investieren? Haben wir bald einen gesetzlichen Anspruch auf einen persönlichen Life-Guide, der uns durch unseren Spielfilm des Lebens coacht? Wollen wir uns wirklich künstlich satt dahinängstigen, mit der immerwährenden Hoffnung und dem wahnwitzigen Anspruch, irgendeiner müsse uns schon irgendwann zu Hilfe kommen und uns heilen? Brauchen wir überhaupt so viele Tabus und haben wir es nötig, die Wirklichkeit auszublenden und unsere Handlungsmöglichkeiten zu begrenzen? Wollen wir es nicht wahrhaben, dass wir den Boden unter den Füßen verloren haben, die Verbindung zur Natur, auch zu unserer eigenen, zum Selbst, zur Körper-Geist-Seele-Einheit und zur Wirklichkeit? Wollen wir die vitalen Pole des Lebens – z. B. der Aggression und Gewaltbereitschaft auf der einen und der Liebe und Kooperationsfähigkeit auf der anderen Seite – nicht anerkennen? Kann es sein, dass wir einerseits begriffen haben, dass man Fahrstunden nehmen muss, um das Autofahren zu lernen und es nicht ausreicht, nur ein Buch darüber zu lesen, um es wirklich zu können, andererseits aber nicht einsehen wollen, dass man das Leben existenziell in möglichst vielen Facetten erfahren und verarbeiten muss, um gut leben zu lernen und eigene Strategien für eine gelingende Lebensführung zu entwickeln? Glauben wir wirklich, dass unsere lebensfernen Verhaltensweisen, die wir als Mitglieder moderner Gesellschaften an den Tag legen, die Nachhaltigkeit ist, die wir für das Überleben und die Weiterentwicklung von Homo sapiens jetzt und in Zukunft brauchen und wollen?

Da wir spätestens jetzt erleben, dass uns unser Defizit an Basiskompetenzen krank und unglücklich macht, dass immer mehr Menschen ängstlich, depressiv oder anderweitig krank werden, dass immer mehr Menschen die Wirklichkeit von Leben, Natur und Kultur aus den Augen verlieren, sind wir gezwungen, uns kurz entschlossen die ersten notwendigen Schritte in eine andere Richtung zu überlegen. Sonst ist das Scheitern im eigenen System vorprogrammiert, sonst verbauen wir uns immer mehr Möglichkeiten, ein Leben in Gesundheit, Glück und Zufriedenheit zu führen.

Wenn wir spüren, dass wir an einer Zeitenwende stehen, die neue Lösungen verlangt, wenn wir mitbekommen, dass alle Systeme erschöpfen, wenn die Rede ist von erschöpften Menschen, von erschöpften Unternehmen, erschöpften Gesellschaften oder der erschöpften Erde, dann ist die Zeit reif, sich auf die Suche nach einer neuen Balance zu machen. Nachhaltigkeit ist hier das Stichwort. Wenn aggressive Lebensformen und aggressiver Wettkampf ausgedient haben und nicht mehr die geeigneten Mittel zu sein scheinen, müssen wir darüber nachdenken, wie wir im Kleinen und Großen Win-win-Systeme implementieren und wachsen lassen. Dem Burn-out müssen wir ein Burn-on entgegensetzen.

Nun ist gesagt noch nicht gehört, gehört noch nicht verstanden und verstanden noch lange nicht getan und umgesetzt, geschweige denn beibehalten. Auch wenn wir die Zukunftsfähigkeit moderner Gesellschaften wollen, so erreichen wir diese nicht sofort, ganz schnell und bequem. Wachsen, Gedeihen und Entwicklung – das sehen wir an unseren Kindern –, das braucht Muße, Einsatz und Liebe. Etwas wachsen zu lassen oder aufzubauen dauert länger, als etwas zu zerstören. Es geht schneller, eine Stadt dem Erdboden gleichzumachen, als sie wieder aufzubauen. Ein Wald wächst langsamer nach, als er abgeholzt ist. So braucht alles seine Zeit, um Wurzeln schlagen zu können, zu gedeihen, zu wachsen, verinnerlicht zu werden und zur Blüte zu kommen. Mit unserem Gehirn ist das nicht anders, es braucht viele Jahre des inneren Wachstums und

Gedeihens, bis es ausreichend Erfahrungen und Wissen angesammelt und vernetzt hat, damit wir unser Leben möglichst gut gestalten können.

Was wir jetzt brauchen für Gegenwart und Zukunft, das ist eine Rückbesinnung auf unsere ursprünglichen natürlichen Kräfte und Basiskompetenzen. Dafür müssen wir die Menschen sensibilisieren und begeistern. Wir müssen sie wieder an ihren inneren Reichtum heranführen, ihnen helfen, ihre Haltung zu sich selbst zu verändern und sie anleiten, ihre Potenziale und psychischen Ressourcen zu entfalten.

Wir brauchen die individuellen und kollektiven Basiskompetenzen jedes Einzelnen ganz dringend als Fundament für die Um- und Weitergestaltung unseres Biotops. Es gibt keinen Grund dafür, nicht jetzt sofort damit anzufangen, sie zu schulen. Jeder, der im Privaten und Kleinen damit anfängt und Erfolg hat, innerlich wie nach außen hin ersichtlich wächst, wird eine Vorbildwirkung für die anderen haben und zur Nachahmung motivieren.

Dazu brauchen wir aber dringend die so oft zitierten Erfahrungsräume, natürliche wie künstliche. Installieren und etablieren wir diese wieder in unseren modernen Gesellschaften! Dort können wir heute notwendige Kompetenzen trainieren, um uns den Erfordernissen der Zeit neu anzupassen. Ziel ist, das Biotop, in dem sich der kleine Altweltaffen-Nachfahre Homo sapiens bewegt und lebt, so von innen heraus zu erneuern, dass es für die Menschen wieder artgerecht und für die Zukunft nachhaltig wird.

9.2   Wie erhalten und gewinnen wir Erfahrungsräume?

Der Mangel und das Schwinden von natürlichen Erfahrungsräumen in unserer Zeit und in unseren modernen Gesellschaften erfordert, dass wir alte wieder einrichten, neue entdecken, natürliche und künstliche in unsere Lebenswelten wieder integrieren müssen. Aber wodurch müssen sie sich auszeichnen, welche Zielvorgaben sollten sie haben und was soll da genau passieren?

Es müssen Lebens- und Erfahrungsräume sein, in denen Menschen lernen können, eigene Urteils- und Entscheidungskraft zu bilden, Vor- und Nachteile abzuwägen, Entscheidungen zu treffen und Verhaltenskonsequenzen folgen zu lassen. Hier müssen Sieg und Niederlage erfahrbar werden, Schmerz und Freude. Hier kann man kennenlernen, was Zusammenhalt, Wertschätzung, Konflikt und Konsens bedeuten, wie gut es ist, ein Ziel zu haben, und wie schwer es sein kann, es zu erreichen. Hier kann man sich (verloren gegangene) Basiskompetenzen (wieder) aneignen und trainieren. Hier können persönliche und kollektive Meisterschaft gedeihen. Es sind Orte in und mit der Welt, in denen Körper, Seele und Geist, Kopf, Herz und Hand gleichermaßen wahrnehmend und lernend involviert sind. So sind die Erfahrungs- und Lernprozesse ganzheitlich angelegt. In solchen Erfahrungsräumen ist ein deutlicher Realbezug zu spüren. Die Umgebung wirkt direkt und unmittelbar. Sie verlangt bei Aufenthalt eine sofortige innere, meist auch äußerlich sichtbare Antwort. Erfahrungsräume sind demnach Räume, in denen wir uns mit unserer Ganzheit unmittelbar mit dem anderen in Beziehung setzen und so Wirklichkeit erfahren.

Erfahrungsräume können sich nicht nur in der ursprünglichen Natur befinden, sondern auch Orte unserer urbanen Welt sein. Eines ist ihnen jedoch gemein: Sie unterscheiden sich deutlich von den uns so sehr bekannten Ersatzwelten, den rein erdachten, theoretischen Vorstellungsräumen, den virtuellen und den anderweitig multimedialen Cyberwelten, die oft nur auf den Konsum fremden oder fiktiven Lebens beschränkt sind. Konstruktive Erfahrungsräume hingegen verlangen, dass man sich selbst und andere kreativ infrage stellt, dass man Neues entwirft und ausprobiert, dass man seine Aufmerksamkeit auf wichtig Erscheinendes fokussiert und versucht, sich und die Welt immer wieder von Neuem zu begreifen. Sie motivieren dazu, Selbstkontrolle über reflexhaftes Verhalten einzuüben – Selbstbeherrschung und -steuerung, etwas wahrzunehmen, sich bewusst zu machen und eigene Werte anzueignen – und aus den gemachten Erfahrungen anschließend die richtigen Schlussfolgerungen und Verhaltenskonsequenzen zu ziehen. Solche Erfahrungsräume bieten den Raum für ein sich selbst organisierendes Wachstum, welches zu persönlichkeitsimmanenter Präzision und Kompetenz führt oder führen kann.

Die Lebensräume in unseren gegenwärtigen modernen Gesellschaften degenerieren bislang aber immer noch in Richtung Passivität und Leblosigkeit. Reglementierungswerke, Normierungszwänge, Gebots- und Verbotskataloge verdrängen und beschneiden die Möglichkeiten zu eigenen Erfahrungen und eigener Verantwortung in zunehmendem Maße. Das Band zur Lebendigkeit und zum Selbst wird gekappt. Eigenes Urteilen, Entscheiden, eigene Verantwortlichkeit und die Bereitschaft, die Konsequenzen für eigene Entscheidungen und das eigene Verhalten zu übernehmen, verlieren mehr und mehr an Bedeutung zugunsten vorgefertigter und vorgegebener Scheinwelten mit entsprechenden Lebens- und Verhaltensschablonen, in die man sich nur bequem einfügen muss. Das muss sich ändern, wenn wir etwas bewegen und unser Biotop an die Bedürfnisse und Herausforderungen der heutigen Zeit anpassen wollen. Wir brauchen mehr Realitätsbezug und existenzielle Erfahrungen, mehr zu eigener Aktivität und Verantwortung reizende Lebens- und Gestaltungsräume.

Marionettengleich halten uns Verwaltungen an unseren Lebensfäden fest und bewegen uns, wie es ihnen beliebt, wie unsere Autos, denen wir durch überdimensionierte Technik nicht nur die Zielfindung, sondern immer mehr auch das Fahren überlassen. Den Rest unseres Lebens überlassen wir der Ratgeberindustrie, von der Ernährung über unsere Bewegung bis hin zur Gesundheit. Wir selbst spielen eigentlich keine bedeutende Rolle mehr in unserem aktuellen

Leben. Und wenn wir dann doch noch eine Rolle spielen, dann ist es die aus einer Kunstwelt, vordefiniert, nicht am realen Leben orientiert, nicht selbst gewählt, sondern zugewiesen.

Gebrauchsanweisungen für ein besseres, oft Scheinleben erhalten wir über eine unerbittliche und dauerhafte Medienberieselung, Urteile und Meinungen, die wir übernehmen sollen, miteingeschlossen. Natürlich sind wir so kaum mehr selbst für unser Tun verantwortlich, weil uns mehr und mehr die eigene Urheberschaft verloren geht. Wir erleben das Leben wie vor einem Bildschirm, aber wir leben es nicht.

Der zweifelsohne natürlichste und ursprünglichste Erfahrungsraum ist die Natur. Wir sind ein Teil der Natur und aus ihr geboren. Wir haben uns Jahrtausende lang mit ihr in Beziehung gesetzt und sind in ihr und mit ihr zu kompetenten Wesen erwachsen. Wir haben sie erkundet, ihre Schätze entdeckt und ihre Gefahren erkundet. Wir haben gelernt, mit Gefahrensituationen umzugehen, essbare Schätze wie Beeren, Pilze und Früchte zu finden und anschließend die guten von den schlechten zu unterscheiden. Wir haben gelernt, uns selbst das natürlichste Biofleisch in den Wäldern mit Instinkt und großer Anstrengung zu erjagen, Erfolge beim Acker-, Getreide- und Fruchtanbau zu verbuchen und auch Zeiten des Misserfolgs zu verkraften. Durchzuhalten, unsere Ziele weiterzuverfolgen, sie nicht aus dem Blick zu verlieren und Frustrationen zu ertragen, jene Fähigkeiten haben wir uns bis vor Kurzem in diesem Erfahrungsraum angeeignet. Damals waren wir noch für alles selbst verantwortlich.

Das Biotop, in dem wir leben, hat sich bis zum heutigen Tag aber rasant gewandelt, und es käme einer Illusion oder utopisch anmutenden Romantik gleich, sich dieselben Erfahrungsräume zurückzuwünschen. Das Brot kommt heute aus der Bäckertüte und das Fleisch meist nicht einmal mehr von den Rindern, die vor unserem Haus auf der Weide stehen, sondern aus kunstbeleuchteten Ställen und industrialisierter Agrarwirtschaft. Das Rind selbst braucht nicht mehr auf Wiesen zu grasen. Das Futter wird gezüchtet, geerntet, in Folien verpackt und mit großen Maschinen in den Stall gebracht, um den Dung dann wiederum hinaus auf die Wiesen zu fahren. Natur ist also »kultiviert« und angelegt in riesigen Agrar- und Forstwüsten, um den Profit zu maximieren.

Die wilden und noch natürlich lebenden Tiere werden meist und vielerorts in diesen Wüsten als wald- und feldschädlich bekämpft, das Reh genauso wie der Borkenkäfer, und dennoch besteht die klammheimliche Sehnsucht, wieder zu den alten Paradiesen zurückzukehren, was sich in der sich häufenden Gründung von Vereinigungen des Naturschutzes und der Bio-Freunde zeigt. Wir suchen das Ursprüngliche und haben uns doch von der Natur und den eigenen Wurzeln entfremdet. Auf der Suche nach Ursprünglichem, zurück zur Natur, mit Hightech-Kleidung, GPS und Power-Müsli im Gepäck und auch mit der erneuten

Einladung für Luchs und Wolf in unsere künstlich angelegten Naturschutzgebiete werden wir diese Paradiese nicht zurückholen, zumindest nicht in dem Maße, wie wir es uns vielleicht ersehnen.

Schützende Areale für die letzten Naturparadiese werden uns grundsätzlich nicht weiterbringen und retten, wenn wir nicht gleichzeitig auch Maßnahmen zum »Kulturschutz« erlassen und Räume für »Kulturschutzgebiete« ausweisen. Kulturschutz hieße für unser persönliches und kollektives Gedeihen, Wachsen und Entwickeln, die notwendigen Erfahrungsräume – natürliche wie künstliche – in einem zu transformierenden Biotop zu installieren.

Wir brauchen eine neue, offene Haltung zu lebendiger Erfahrung. Wir sind dazu aufgerufen, »normale« Erfahrungsräume wieder aufzuschließen und zu etablieren. Die Zeit und das Geld, welche wir hierfür investieren, sind langfristig gut für eine bessere Zukunft angelegt. Übergeordnetes Ziel ist, dass Menschen kein gelingendes Leben mehr »vorgekaut« oder reglementierend vorgeschrieben wird. Stattdessen sollte man den Menschen wieder mehr Selbstverantwortlichkeit zurückgeben, sie wieder mehr fordern, ihre Aktivität und Initiative fördern, mit dem Ziel, dass sich ihr Inneres wieder für Neues, zunächst Ungewohntes, aber Herausforderndes öffnet, also für das eigene Erfahren mit Kopf, Herz und Hand.

Die Phänomene moderner Gesellschaften haben uns nur allzu deutlich gezeigt, wie sehr die Menschen unter den jetzigen Umständen leiden und wie notwendig es ist, ihren Bedürfnissen nach Eigenaktivität, Verantwortung und Selbsterfahrung nachzukommen, damit sie sich wieder selbst in ihrer Wirksamkeit spüren können. Natürlich steht das »zwischen den Zeilen«, die Wenigsten würden das so für sich bewusst formulieren, aber ihr »Ersatz-Verhalten« spricht eine eindeutige Sprache.

In einer anwendbaren Jetzt-Philosophie (vgl. Kap. 3.3.6) wurde beschrieben, wie eine gelingende Reise in eine andere Gegenwart und Zukunft heute aussehen könnte. Wohin die Reise genau gehen soll, das bleibt jedoch wie die Zukunft offen. Die grundlegenden Voraussetzungen dazu sollten wir allerdings im Hinterkopf behalten. Zunächst kommt es darauf an, dass die meisten Erfahrungen – vor allem die Primärerfahrungen – wieder im alltäglichen Leben gemacht werden, dem ursprünglichsten und auch größten aller von Natur aus vorgegebenen Erfahrungsräume, auch wenn sich unser Biotop gewandelt hat.

Jeder benötigt möglichst viele unterschiedliche und gegensätzliche Erfahrungen, um überhaupt ein starkes, eigenes Muster herausbilden zu können. Denn mit der Vielfalt an Erfahrungen wird auch der Horizont für unterschiedliches Wahrnehmen und Bewerten vergrößert, auf ähnliche Weise, wie Wärme erst erfahren und geschätzt werden kann, wenn man zuvor die Erfahrung von Kälte und Frösteln gemacht hat. Im Alltag und im Rahmen meiner Arbeit als Mediziner, Therapeut und Klinikleiter habe ich oft mit Menschen über Armut, Verzicht,

Anstrengung, aber auch über Freude, Erleichterung, Zufriedenheit und Glück gesprochen und musste feststellen, dass hierzu nicht ansatzweise genügend Erfahrungen gemacht worden waren. Wie eine seichte Welle vermischen sich heutzutage die geschilderten Zustände und Gefühle zu einem leichten Auf und Ab eines unklaren, verwaschenen, nahezu äquilibrierten Zustands. Die Vielfalt und Buntheit von den tiefsten Tiefen bis zu den höchsten Höhen sind in einer wohlstandsgesättigten Sicherheitsgesellschaft anscheinend nicht mehr vorhanden – allenfalls in Kunstprodukten wie dem internationalen Fußballsommermärchen (WM 2006 in Deutschland) oder in neuen Modebewegungen wie die therapeutisch neue Attitüde, jede noch so geringe, schicksalhafte Beeinträchtigung im Leben als posttraumatische Belastungsstörung zu diagnostizieren.

Tief greifende Erfahrungen können wir aber meist nur dann machen, wenn ein Vergleich stattfinden kann. In einer austarierten Gesellschaft wird dies aber nicht automatisch passieren, und nicht zuletzt aufgrund dieses Mankos hat die Belastungsfähigkeit der Menschen abgenommen. Ihnen fehlt die Möglichkeit, eigene starke, stabilisierende, für die Gegenwart notwendige Erfahrungsmuster zu bilden. Der Mangel an Erfahrung oder nicht ausreichend starken Erfahrungen sind deshalb Mitursache und mitverantwortlich für unsere modernen psychosomatischen Erkrankungen. (Wir erinnern uns wieder an die somatischen Marker von Damásio, die »schlechte Gefühle« am und im Körper spürbar machen.)

In medizinisch-therapeutischen Kontexten, im Umgang mit dramatisch zunehmenden psychosomatischen Erkrankungen müssen wir darum in stationären, aber auch ambulanten Konzepten mehr denn je den Fokus auf Hilfe zur Selbsthilfe und handlungsorientierte Therapie setzen. Die Patienten müssen in erfahrungsorientierten Therapien lernen, neue Wege zu gehen, problembehaftete Verhaltensmuster abzuändern, Gefühle umzudeuten, Neues auszuprobieren, eigenes Handeln und neue Verhaltensweisen zu aktivieren, statt sich passiv in die Hände von einem Heer von Ärzten und Therapeuten zu begeben.

Meist kommen die Patienten erst nach Durchlaufen eines Arztpraxenmarathons in die adäquate Behandlung, wenn schon mit allerlei technischen Untersuchungen nach einem pathologischen organmedizinischen Korrelat für ihre massiven funktionellen Beschwerden gesucht worden ist. Sie sind total erschöpft, haben Schmerzen, Schlafstörungen, innere Unruhe, Magen- und Darm-Probleme, Enge in der Brust. Sie leiden unter Antriebslosigkeit, Freudlosigkeit, Interessenverlust, haben sich sozial zurückgezogen und gehen nicht selten aus Kraftlosigkeit besonders schlecht mit sich selbst um. Sie haben aufgehört, sich zu bewegen, ernähren sich nicht gut und versuchen oft, mit einem verzweifelten Tunnelblick nicht unterzugehen. Ambulante therapeutische Maßnahmen sind da schon lange nicht mehr ausreichend oder indiziert. Patienten in einem solchen Zustand sollten natürlich zunächst aufgefangen werden, Schutz und Unterstützung erfahren. Aber nach einer Phase der Stabilisierung, in der die Symptome der Erkrankung behandelt worden sind, muss der Patient mithilfe des Therapeuten den Ursachen für seine Erkrankung auf den Grund gehen und lernen, durch neue, veränderte, optimierte und verstärkte innere Verarbeitungsmuster und Basiskompetenzen besser mit äußeren und inneren Stressoren umzugehen. Dies lernt er am besten durch Erfahrung mit Körper, Seele und Geist. Die innere Haltung verändert sich von einer passiven zu einer eher aktiven und damit gesundheitsfördernden Haltung. Im Folgenden nennen wir dafür ein paar Beispiele, um den Kern (künstlicher) Erfahrungsräume deutlicher zu machen.

Methodisch gibt es da beispielsweise den »Termin mit sich selbst«. Von einem Therapeuten angeleitet, wird er mit einer kleinen Gruppe von Patienten von Sonnenaufgang bis Sonnenuntergang in der Natur durchgeführt. Man bricht am frühen Morgen in den Erfahrungsraum Natur auf, mit möglichst wenig Ausrüstung, vor allem ohne Handys oder Ähnlichem sowie ohne Nahrung. Man verbringt die größte Zeit des Tages allein im Wald, begleitet von symbolischen Handlungen und Ritualen, um mit sich selbst wieder in Kontakt zu kommen und durch die enge Beziehung mit der Natur wieder eindringlich das Leben und ihre Lebendigkeit zu spüren. Dabei sollen die Patienten Erfahrungen machen, um ihre vergangene, gegenwärtige und mögliche zukünftige Geschichte neu in den Blick zu nehmen und mit neuem Sinn zu füllen. Diese Therapiemethode zeigt eine sehr hohe Relevanz und Wirksamkeit für individuelle, in der Lebensgeschichte und Persönlichkeit des Patienten begründete Problemstellungen. Außerdem öffnet sich in der Natur der Blick für Wesentliches. Es ist die Sinnsuche im Gehölz, die Natur als großer Lehrmeister.

Die therapeutische Arbeit auf dem »Niederparcours« nutzt man hingegen eher für soziale Themen, die in Bezug auf die vorliegende Erkrankung eine Rolle spielen. Man beleuchtet und fördert mit dieser Methodik vor allem die Basiskompetenzen, die für das soziale Leben eines Menschen relevant sind. Den Niederparcours begeht man in größeren Gruppen. Mit therapeutischer Führung durchlaufen die Patienten einen Parcours von interaktiven Übungen im Wald: Aufgaben sollen gemeinsam gelöst, Hindernisse überwunden und Erfahrungen im Umgang miteinander gemacht werden. Wie kommunizieren wir, wie gehen wir mit Konflikten um, wie kommen und einigen wir uns auf ein gemeinsames Handeln? Wie unterstützen wir uns gegenseitig, wie wertschätzend sind wir gegenüber unseren Mitmenschen? Das sind Themen, die im direkten Tun erfahrbar werden und modifizierbar sind. Es sind genau die gleichen, die den Menschen auch im alltäglichen und beruflichen Leben begegnen und die sie möglicherweise als krankmachende Stressoren erfahren. Der Umgang miteinander in Firmen, Institutionen, Familien oder Partnerschaften wird zum krankmachenden Stressfaktor, der nicht bewältigt oder gelöst werden kann, weil entsprechende Erfahrungen und Kompetenzen fehlen.

Beim »therapeutisch-intuitiven Bogenschießen«, einer anderen erfahrungsorientierten Therapie, geht es nicht wie beim gewöhnlichen Leistungssport
darum, mit äußerster Kraftanstrengung die bestmöglichste Leistung zu erreichen. Es geht auch nicht um den Wettbewerb und das Messen mit anderen,
sondern um die sinnliche Selbstwahrnehmung der Körper-Geist-Seele-Einheit
im Erleben und Wirken. Therapeutisch-intuitives Bogenschießen ist getragen
von einer ganzheitlichen Leichtigkeit, in Besinnung auf das Selbst. Die Dinge, die
hier zum Vorschein kommen oder wahrgenommen werden können, sind Metaphern des Lebens. Menschen verhalten sich beim therapeutischen Bogenschießen meist nicht anders als im alltäglichen Leben. In diesem therapeutischen Erfahrungsraum bekommen sie die Chance, ihr wirkliches Selbst mit allen
Stärken und Schwächen zu erfahren und zu verbessern.

Die »Exposition auf einem Hochseilgarten« hat einen ganz ähnlichen Ansatz,
nur die therapeutische Schwerpunktsetzung ist etwas anders gelagert. Wir haben
in der Klinik Wollmarshöhe Mitte der 1990er Jahre für die therapeutische Praxis
einen der ersten Hochseilgärten im deutschsprachigen Raum konzipiert und
konstruiert. Hochseilgärten werden aus Holzstämmen und Brettern zusam-
mengebaut, mit Hanf-, Polyamid- und anderen Seilen ausgestattet, auf denen
man sich dann in verschiedenen Höhen den unterschiedlichsten Übungen und
Aufgaben stellen muss. Auch hier werden unter therapeutischer Anleitung Pa-
tientengruppen mit durchschnittlich sechs Teilnehmern exponiert. Der Hochseilgarten an sich hat selbst keine therapeutische Wirkung, außer dass er ein
bisschen Angst, Lust oder Spaß bereitet und zur Adrenalinausschüttung beiträgt.
Erst durch Introspektion, Reflexion und Transfer der Wahrnehmungen und
Geschehnisse auf die eigene Person und das eigene Leben, entfaltet er beim
Patienten seine therapeutische Wirkkraft. Assoziiert man mit einem Hochseilgarten zunächst Angst, weil er ja hoch ist und Menschen Gott sei Dank Respekt
vor der Höhe haben, so ist diese Angst nur ein Gefühl neben vielen anderen,
welches erfahren und bearbeitet werden kann. Man wird beispielsweise mit den
Themen Selbst-, Fremd- und Körperwahrnehmung konfrontiert, mit Nähe und
Distanz und damit, in bestimmten Situationen Unterstützung einfordern zu
müssen und auch annehmen zu können. Es geht um Bewertungsmuster,
Schwingungsfähigkeit, Zielorientiertheit, Durchhaltevermögen und das Erkennen lebensleitender Verhaltensmuster. Es geht darum, anderen Menschen Vertrauen zu schenken, sich vertrauenswürdig zu verhalten und sich schlussendlich
selbst etwas zuzutrauen. Man beschäftigt sich da oben ganz offensiv damit, mit
wie viel Leichtigkeit man die Aufgaben bewältigen kann oder nicht, wie viel Kraft
man benötigt, und zwar nicht nur körperlich, sondern auch gedanklich und
emotional. Es geht darum, Altes loszulassen, um Neues ergreifen zu können. Es
geht um die Überwindung, den ersten Schritt zu tun, und darum, mentale
Blockaden wie »Ich kann das nicht, es geht nicht!« zu lösen. Man hat dort oben

die Chance, Soll- und Mussvorstellungen zu revidieren und vieles mehr zu verändern. Wir sehen, dass die Themenvielfalt für das Hochseil nahezu unbegrenzt ist und die psychophysischen Vorgänge, die sich dort abspielen, uns aus dem eigenen wirklichen Leben bekannt sind. Schließlich bleibt der Begeher eines Hochseilgarten ja ein und derselbe und ändert sich nicht, bloß weil er sich alltagsunüblich in luftiger Höhe bewegt. Er kommt ganz bewusst in Kontakt mit seinen Denk- und Fühlmustern, mit seinem gezeigten und gefühlten Verhalten. Die therapeutische Unterstützung bei der Offenlegung, Bewusstwerdung und Verdeutlichung der Prozesse hilft dem Patienten, die Welt und sich selbst besser wahrzunehmen und zu erkennen. So hat er die Möglichkeit, die in ihm ablaufenden Prozesse gegebenenfalls anzupassen.

Zugegebenermaßen haben wir diese möglicherweise etwas spektakulär anmutenden und für Veränderungsprozesse sehr günstigen Erfahrungsräume ausgewählt, da sie sich besonders gut anschaulich darstellen lassen. Natürlich gibt es unzählige andere, die sich im Hinblick auf das Ziel und auch graduell in ihrer Wirksamkeit unterscheiden. Dabei denken wir an systemische Aufstellungen, wie solchen von Familien oder Unternehmen, sowie an Kreativtherapien, bei denen der Zugang zu inneren Themen über Medien wie Ton, Farbe, Stein, Musik oder Ähnlichem hergestellt werden soll. Künstliche Erfahrungsräume brauchen wir natürlich nicht nur in der Therapie, sondern ebenfalls in allen Bereichen, in denen sich Menschen entwickeln sollen. Das betrifft also nicht nur Bildungseinrichtungen für Kinder und Jugendliche, sondern auch die Arbeits- und Lebenswelten von Unternehmen, Firmen und Institutionen.

Erfahrungsorientierte Methodik noch genauer zu beschreiben, würde sicherlich den Rahmen dieses Buches sprengen. Hier soll lediglich klar werden, welcher Ansatz und welche grundlegende Vorgehensweise hinter dieser wirksamen Methodik stecken. Denn nichts ist in der Gegenwart und wird in der Zukunft notwendiger sein als Erfahrungen, und nichts wird wertvoller sein, als zu wissen, wie man sie sich aneignen und für die Entwicklung seines Selbst verwerten kann. Künstliche Erfahrungsräume sind heute nicht nur Reservate in einem erfahrungsarm gewordenen Biotop, sondern dienen heute und morgen als Trainingsplätze der Aneignung notwendiger menschlicher Basiskompetenzen und psychischer Ressourcen.

Ein Leitziel für eine zukunftsfähigere Gesellschaft könnte deshalb sein, ab sofort mehr wirksame, erfahrungsorientierte Methoden in Bildung, Medizin, Therapie, Gesundheitsfürsorge und Forschung – auch präventiv – einzusetzen. Wir müssen wieder mehr aus konkreten, eigenen Erfahrungen lernen und uns schulen, dabei unsere körperlichen Signale besser wahrzunehmen. Wir müssen unsere Spiegelneuronen trainieren, um die Perspektive der anderen deuten zu können und letztendlich auch unsere Basiskompetenzen. Wir müssen wieder ein Gefühl für uns selbst und unsere Wirkungs- und Entscheidungskraft bekommen und uns trauen, Neues zu entdecken und auszuprobieren, über den Tellerrand zu blicken sowie unseren Horizont zu erweitern. Dieses (Selbst-)Vertrauen kann von außen gestützt und gefördert werden! Je stärker unsere diesbezüglichen Kompetenzen sind, umso weniger sind wir anfällig für Dysstress und umso geringer besteht die Gefahr einer Stressfolgeerkrankung.

Erfahrungsorientierte Lern- und Therapiemethoden sind ohne Frage gut geeignet, sowohl die Charakter- und Persönlichkeitsentwicklung zu unterstützen als auch bestimmte Krankheitsbilder zu behandeln. Doch nicht in Bildungs- oder Therapiekontexten machen wir unsere meisten und wichtigsten Erfahrungen, sondern im alltäglichen Leben. Es sei denn, wir haben davon Abstand genommen oder den Bezug verloren. Deshalb müssen die allgemeinen Worte zur erfahrungsorientierten therapeutischen Methodik hier unbedingt durch den dringlichen Appell an uns alle ergänzt werden, dafür zu sorgen, dass auf gesamtgesellschaftlicher Ebene eigenen Erfahrungen, Entscheidungen und Verantwortlichkeiten wieder mehr Raum und Zeit gegeben wird. Wir haben es mehrfach ausführlich erörtert und fassen zusammen:

Im Bereich der Wirtschaft müssen wir deutlicher machen, dass nicht ausschließlich mit Kennzahlen und Excel-Tabellen gute Unternehmen zu führen sind, sondern nur mit Wissen in Kombination mit Erfahrung über und mit den Menschen. Leider geht die Unternehmensentwicklung immer noch in eine etwas andere Richtung. Aus Angst, der eigenen Wahrnehmung nicht mehr trauen zu können, versuchen Menschen in Führungspositionen durch zwanghafte Kontrolle, ihre Unternehmen und ihre Mitarbeiter im Griff zu behalten. Umfragen haben ergeben, dass fünfzig bis siebzig Prozent der Beschäftigten den am Arbeitsplatz erlebten Führungsstil mangelhaft finden. Solche Führungskräfte sind abgeschnitten vom eigenen Gefühl für ihre Firma und agieren mehr aus Angst und Misstrauen sich selbst und den anderen gegenüber. Dabei sollten sie doch besser mit strategisch gut durchdachten Maßnahmen eine Potenziale fördernde erfolgreiche Unternehmensstruktur und -kultur installieren.

Regeln und Reglementierungen, Gebote und Verbote, Sicherheitsnetze und kollektiver Anpassungsdruck im Übermaß bringen uns auch generell gesehen nicht weiter. Wir versuchen dadurch nur, unserer eigenen Urteils- und Entscheidungspflicht zu entgehen und uns »zu unserer eigenen Sicherheit« in einen goldenen Käfig zu sperren. Auf der Strecke bleiben dabei aber: Erfahrung, Intuition und Kreativität. Sie sind die grundlegendsten Eigenschaften und Voraussetzungen für die Anpassungsfähigkeit von Homo sapiens an die sich stets wandelnden Lebensumstände und damit überaus notwendig, um sein Leben gelingen zu lassen.

Der Verlust von Urteils- und Entscheidungskraft und der Mangel an Erfahrungen aufgrund von Persönlichkeitsenteignung auf vielen Ebenen unseres Lebens haben uns hilflos gemacht. Wenn sich dann irgendwann unsere Lebensumstände wieder ändern – unser fürsorgliches, überverantwortliches System vielleicht nicht mehr existiert –, was anzunehmen ist, wird Homo sapiens es sehr schwer haben, zumindest der in einem goldenen Käfig domestizierte.

Als ich ein Kind war, hatten wir einen orangefarbenen Kanarienvogel in einem goldenen Käfig. Es war mir streng verboten, den Vogel aus dem Käfig zu holen, denn er könnte ja alles verschmutzen. Eines Tages konnte ich aber nicht umhin, die Klappe nach draußen zu öffnen. Einmal nur sollte er frei durch die Wohnung fliegen können. Wenn er etwas verschmutzte, wollte ich es einfach rechtzeitig sauber machen, bevor es jemand merkt. Doch Fridolin, so war sein Name, kam nicht aus seinem Käfig. Und als ich ihn behutsam herausnahm, schlüpfte er schnell wieder durch die kleine Klappe in seine goldene Behausung hinein. »Er hat bestimmt Angst vor dieser großen, unbekannten Wohnung mit all den neuen Dingen und Gefahren«, vermutete ich und war sehr traurig.

Das Überlassen unserer eigenen Urteils- und Entscheidungspflicht und damit unserer eigenen Verantwortung an Administrationen, Medien, digitale Welten, verhaltensanalysierende, Daten sammelnde Algorithmen-Schmieder und andere entfremdet uns, macht uns ängstlich und lässt uns in unserem goldenen Käfig verharren. Noch größere Barrieren für das Ansammeln des überaus notwendigen Erfahrungsschatzes stellen jedoch vermutlich die Schein- und Ersatzwelten dar, in denen wir bereits leben und die zunehmend unser wirkliches Leben aufsaugen. Sie hindern uns immens daran, unser lebloses, auf Komfort und Passivität ausgerichtetes Biotop wieder in ein förderliches, artgerechtes zu verwandeln. Mit dem Verlust unserer Kompetenzen und Fähigkeiten verlieren wir aber nicht nur die Macht über uns selbst, sondern auch den Kontakt zur realen Wirklichkeit sowie unsere Welt- und Bodenhaftung.

Auf einer meiner letzten »Erfahrungstrips«, so bezeichne ich diese Reisen, wollte ich wieder einmal bewusst wahrnehmen, wie es um neue Erfahrungen, meine eigene Intuition und Kreativität in für mich unbekannten Welten bestellt ist und wie Menschen, die in der Wildnis leben – ohne Gesetze, Regeln, Geländer, Absicherungen, Handy, Internet und allerlei Helfer in der Nähe – zurechtkommen. Ich fragte mich, ob sie glücklicher oder unglücklicher sind als wir. Wie würde es mir in einem so anderen Biotop, als ich es gewohnt war, ergehen?

Ich hatte beschlossen, nach Alaska auf die Aleuten zu gehen. Ich kam aus einer Welt, umgeben von Klingeltönen, allgegenwärtigem Internetzugang und nahezu lückenloser Erreichbarkeit per E-Mail oder Smartphone – alles, was ein »moderner« Mensch eben so braucht (?). Ich kam sozusagen aus der Komfortzone, umzingelt von vielen Menschen mit vielen Problemen und der Erwartung, dass ich sie löse und allem gerecht werde. Auf den Aleuten im Herbst 2011 war es dann anders. Von diesen persönlichen Erfahrungen möchte ich hier berichten:

Alaska

Mein Erfahrungstrip hätte eigentlich schon früher stattfinden sollen. Nur Preston, der
für die Vorbereitung der Reise und Ausrüstung zuständig war und mich bereits vor
einem Jahr in die Wildnis der Peninsula und der Aleuten führen sollte, war damals kurz
vor meinem geplanten Reisebeginn mit seinem Buschflugzeug abgestürzt. Seine gesamte Familie war mit an Bord gewesen: seine Frau, sein acht- und sein zweijähriger
Sohn. Sie waren alle zum Einkaufen nach Anchorage geflogen. Beim Rückflug hatte sich
dann die Ladung verschoben. Das Flugzeug war einseitig zu schwer belastet worden,
ließ sich nicht mehr lenken und riss so die gesamte Maschine in die Tiefe. Es stürzte ab,
die Tanks explodierten. Prestons achtjähriger Sohn kam dabei ums Leben, seine Frau
verlor beide Beine bis zu den Knien, der Zweijährige erlitt Brandverletzungen, und er
selbst verlor ein Auge. Eine Woche nach dem Unfall rief er mich an und bat mich, den
Trip um ein Jahr verschieben zu dürfen. Ich solle den an ihn erteilten Auftrag, mich in
der Wildnis zu begleiten, aber bitte nicht zurückziehen, denn er brauche jeden Cent für
die Operationen seiner Familie und für ein neues Buschflugzeug.

Nun holte er mich ein Jahr später in Anchorage ab, und wir flogen mit seinem
Buschflugzeug und Joe, einem seiner Helfer, einige hundert Meilen in die Wildnis des
»Panhandles« (dtsch.: Pfannenstiel), wie man umgangssprachlich Peninsula und die
Aleuten nennt. Das Basiscamp, eine kleine Holzhütte, lag unweit des Pazifischen
Ozeans, dort, wo das Buschflugzeug eine Landemöglichkeit hatte. Es war so stabil
gebaut, dass man dort zum Leben notwendige Gegenstände und Nahrungsmittel bä-
rensicher unterbringen konnte. Trotzdem zeigten uns immer wieder Kratz- und Gra-
bespuren, dass Meister Petz versucht hatte, an die Köstlichkeiten heranzukommen. Im
Basiscamp konnten wir unsere Isomatten und unsere Schlafsäcke ausrollen. Die Hütte
schützte uns vor dem täglichen Regen.

Mit einem kleinen Geländefahrzeug wollten wir am nächsten Tag zur Wildbeob-
achtung ein Stück weit in ein Tal hineinfahren, um dort unser Zelt aufzustellen. Früher
hatten Leute in diesem Tal nach Rohstoffen gegraben, und deshalb hatte man über die
ersten Wildwasser zwei kleine Brücken gebaut. Vor der ersten kleinen Brücke blieb
Preston plötzlich stehen. Er hielt inne und sagte: »Mit der kleinen Holzbrücke stimmt
was nicht! Hier bin ich schon oft drüber gefahren, aber irgendetwas stimmt hier nicht!«
Für mich sah die Brücke aber ganz normal aus. Vorsichtig untersuchte Preston die
hölzerne Konstruktion, die doch vier Meter hoch über dem Fluss hing und uns im Falle
eines Falles in die Tiefe hätte stürzen lassen. Er kroch durch das Gebüsch hinunter an
das Steilufer des Flusses, um die unteren Holzstreben der Tragekonstruktion zu untersuchen. Biber hatten die tragenden Stützen allesamt durchgenagt. Wieder oben
angelangt, machte Preston ein paar Schritte auf der Brücke und brachte sie so etwas ins
Schwingen. Mit einem lauten Krachen brach die nur noch lose stehende Brücke mit
einem Mal in sich zusammen.

Die Flussüberquerung musste also anders vonstattengehen. Wir mussten eine einigermaßen befahrbare Stelle finden, um dann mithilfe der Seilwinden den Fluss überqueren zu können. Weil wir diese Arbeiten im Fluss verrichten mussten, zogen wir zum
Schutz vor Wasser und Kälte unsere im Gepäck befindlichen Fischerhosen an, die bis
unter die Achseln reichten, und nach sechs Stunden war die Arbeit schließlich geschafft. Aber was hatte Preston eigentlich bewogen, vor dieser Brücke stehen zu blei-

ben? Diese Frage ließ mich nicht los und darum fragte ich ihn selbst und er sagte: »Ich hatte einfach ein komisches Gefühl!«

Als wir anschließend zum nächsten Fluss kamen, war die dortige Brücke bereits eingestürzt. Das gleiche Spiel noch einmal, waren meine Gedanken, aber Preston hielt wiederum inne. Dieses Mal ganz anders, nämlich indem er nach rechts, links, unten und hinten mit schnellen Bewegungen das Gelände absuchte. »Nimm Dein Gewehr!«, sagte er. Er selbst nahm seinen Revolver, und wir stellten uns Rücken an Rücken. Mit meinen Spiegelneuronen erkannte ich, was er erahnte. »Hier ist ein Bär!«, sagte Preston nach einer Weile. Ich sagte, dass ich nichts höre und nichts sehe. »Ich auch nicht«, sagte er, »aber hier ist ein Bär«, wiederholte er. Bären weichen Menschen im Allgemeinen aus, wenn sie sie riechen. Natürlich nicht immer und besonders dann nicht, wenn man sich an ihren Esstisch setzt. Ein solcher scheint der Fluss gewesen zu sein: ein Lachsparadies. Minutenlang standen wir so und sicherten uns in alle Richtungen ab. Das Herz rutschte mir in die Hose, wie man sich denken kann. Mit Bären hatte ich noch nicht so viel Erfahrung. Die Zeit, bis sich etwas tat, erschien mir unendlich. Doch dann sahen wir seinen riesigen braunen Kopf im dichten Gebüsch, vernahmen sein unwilliges Brummen und schließlich dann den ganzen Bären, der uns wohl erst beobachtet hatte und sich dann auf seine Hinterläufe stellte. Das wirkte auf mich sehr bedrohlich. Schon wollte ich meine Waffe anlegen, da sagte Preston: »Warte, er wird gleich gehen!« Woher will er das nur wieder wissen, ging mir durch den Kopf. Für mich vermittelte der Bär nicht gerade diesen Eindruck. Lieber eine Sekunde zu früh als zu spät, dachte ich mir. Der Bär richtete sich nach einigen Minuten nochmals auf, um die Gegend besser überblicken zu können. Die Sache gefiel ihm anscheinend nicht sonderlich, aber direkte Gefahr verspürte Meister Petz auch nicht, und so trollte er sich von dannen.

Stimmt, man sagt ja, Bären werden erst gefährlich, wenn es zu plötzlichen Begegnungen kommt, der Bär überrascht wird, der Mensch überrascht wird oder der Mensch zwischen Bärenmutter und Kind gerät. Preston jedenfalls vermittelte mir das Gefühl, dass er sich im Umgang mit Bären auskannte. Auch hier antwortete er auf meine spätere Frage, wieso er so sicher gewesen sei, dass der Bär gehe: »Das spürt man!« – Im Laufe der vielen Bärenerfahrungen, die ich in den folgenden vierzehn Tagen machen konnte, glaube ich jetzt übrigens, selbst eine »Bärenumgangskompetenz« erworben zu haben. Es machte mir bald nichts mehr aus, zwischen Bären zu zelten oder mich mit ihnen in der Natur immer mit dem notwendigen Nähe-Distanz-Verhalten und dem gegenseitigem Respekt zu bewegen. Es wurde eine Sache der Erfahrung.

Zurück zu unserer Fahrt ins Tal: Nach einiger Zeit kamen wir mit dem Fahrzeug nicht mehr weiter. Der Rest musste also zu Fuß zurückgelegt werden. Nach einigen Stunden durch Sumpf, hohes Gras, Flüsse, Bäche und endloses Gebüsch erreichten wir endlich das Plateau, auf dem wir unser »Flycamp« – so nennt man ein wechselndes Camp in der Wildnis – aufschlagen wollten. Während der Wanderung hatte es in Strömen geregnet, wie so oft schon in diesen Tagen. Wie hatte Preston hier nur bei dieser schlechten Sicht und in diesem Wirrwarr von Ästen die Orientierung bewahren können? Dort war weder ein Weg noch ein Pfad zu erkennen gewesen, noch hatte es irgendein Zeichen oder irgendeinen Hinweis gegeben, an dem wir uns hätten orientieren können, der uns gezeigt hätte, wie wir unser Camp in dieser endlosen Landschaft hätten finden können. Dort war einfach nichts weiter gewesen als drei Meter hohes Gebüsch. Allein wäre ich dort wohl irrend im Kreis herumgelaufen, dachte ich. »Man fühlt die richtige Richtung doch«, hatte Preston wieder gesagt. Und tatsächlich waren wir ja dann auch nach stundenlangem Marsch durch das fortwährende, immergrüne Buschwerk an dem von Preston angepeilten Plateau angekommen. Es war nicht das einzige Mal, dass ich dieses Orientierungswunder erleben konnte. (Und wir in unseren komfortablen Wohlstandsgesellschaften, dachte ich dann, sind auf dem Weg, uns mit dem Gebrauch von Navigationsgeräten immer weiter von unserem natürlichen Orientierungsgefühl zu entfremden.)

In den nächsten Tagen wollten wir von unserem Hochplateau aus Elche beobachten. Leider regnete und stürmte es in den kommenden drei Tagen so stark, dass wir unser Zelt nicht verlassen konnten. Alles war klamm und nass und so kauerten wir zwei Tage lang nur in unserem Zelt herum. Preston saß und ich saß. »Was machst Du?«, fragte ich Preston nach längerer Zeit. »Ich sitze«, sagte er, »das siehst Du doch!« »Was denkst Du?« fragte ich ihn weiter, und er antwortete: »Nichts, ich warte, bis der Regen aufhört!« Mein Gott! So dachte ich spätestens am zweiten Tag. Wie viel schwieriger ist es doch, zu sitzen, nichts zu denken und zu warten, dass der Regen aufhört, als von allerlei Klingeltönen, E-Mails, Nach- und Anfragen abgelenkt zu werden. Schier unerträglich schien mir das Warten auf den nachlassenden Regen, aber genau diese Erfahrungen wollte ich ja machen. Preston ging mühelos mit dieser Situation um. Er konnte sie sogar genießen. »Manchmal denke ich nichts«, sagte er, »manchmal denke ich, und manchmal fallen mir Ideen einfach so aus dem Nichts zu. Mir fällt dann beispielsweise ein, wie ich das Dach an meinem Schuppen reparieren oder wie ich meiner Frau nach unserem Unglück behilflich sein kann. Ich glaube, dass es Gott ist, der mir in solchen Phasen wie diese gute Ideen gibt.«

Stacey, seine Frau, bewegt sich heute mühevoll, aber tapfer und fleißig, in ihrem Haus auf zwei Beinprothesen. Und überhaupt, Gottvertrauen hat den beiden geholfen, ihr schweres Schicksal zu ertragen. Sie machen weiterhin das Beste aus ihrem einen Leben, das sie haben und das weitergeht. Irgendwie! Eine posttraumatische Belastungsstörung war bei den beiden zumindest aus meiner Sicht und Erfahrung nicht festzustellen.

Und auch diese »Sitz-Erfahrung«, die ich neben Preston während der immer wiederkehrenden Regentage selbst machen konnte, war beeindruckend. Das, was Preston mir vorlebte, war für mich anfangs schier unerträglich: »nutzlos und komfortlos« in einem grünen Zelt, in einer grünen Wildnis verharren zu müssen. Bei einer zweiten ähnlichen Zwangsunterbrechung konnte ich dann durchaus schon die Ruhe finden, vollkommen entspannt meine Gedanken oder Nichtgedanken stunden- bzw. tage- oder nächtelang frei flottieren zu lassen. Sehnte ich mich anfangs noch nach den dreimaligen Unterbrechungen, bei denen wir unser Müsli oder Trockenfleisch zu uns genommen hatten, so empfand ich sie später eher als störend für meinen »schwebenden, meditativen Zustand«. Auch mir kamen dann »wie aus dem Nichts« Ideen und neue Impulse. (Natürlich wissen wir an dieser Stelle des Buches schon, dass sie nicht aus dem Nichts, sondern »aus den Tiefen« unseres Gehirns geboren werden.)

»Morgen hört es auf zu regnen und die Elche kommen hinten ins Tal«, sagte Preston einmal nach einer solchen Sitzmeditation. Wieder einmal etwas, wo ich nicht wusste, woher er das wissen wollte. Wir hatten ja nichts: kein Internet, kein TV, kein Radio, kein Telefon oder sonstigen Funkkontakt. Hier draußen in der Wildnis war man von alledem abgeschnitten, ganz auf sich gestellt, ganz dem eigenen Wissen, Gefühl und der eigenen

Erfahrung überlassen. Aber es kam so, wie Preston es vorhergesagt hatte, es hörte auf zu regnen und die Elche kamen.

Wir brachen auf ins hintere Tal. (Entfernungen ließen sich hier allerdings nicht einschätzen, zumindest nicht von mir.) So ca. zwei Stunden lang schätzte ich den Weg ins hintere Tal ein. Es gab keine vertrauten Anhaltspunkte wie Höfe oder Häuser, natürlich auch keine Wege und das Gelände kannte ich auch nicht. Ferner waren auch die vorhandenen Hügel und Täler mit Auf- und Abstiegen zu berücksichtigen. So verließ ich mich, was Weg und Zeit betraf, ganz auf Preston. Sechs Stunden, so meinte er, müssten wir für den Hinweg einplanen. Wir packten das Nötigste zusammen und schlugen uns sprichwörtlich in die Büsche. Der Weg war äußerst mühsam und Preston bemerkte, wie ich an meine Grenzen kam. Er schaute jedoch nur etwas mitleidig, denn eine andere Alternative als weiterzulaufen gab es so oder so nicht. Von Regen und Schweiß durchnässt und müde, da jeder Schritt einem Hindernisparcours glich, erreichten wir nach tatsächlich ungefähr sechs Stunden unser Ziel: das hintere Tal. »Yes, Alaska is the last frontier«, meinte der ansonsten so wortkarge Preston und fügte hinzu, dass die Elche in einigen Stunden ins Tal ziehen würden. Wieder musste er es »im Gefühl haben«, denn woher sollte er das nur sonst angesichts dieses unglaublich großen und weiten Landes wissen? Aber er wusste es: Nach eineinhalb Stunden sollten wir durch den Anblick der urtümlichen Tiere belohnt werden. Dabei ging mir durch den Kopf, dass wir bis zum Einbruch der Dunkelheit den Rückweg zum Flycamp wohl nicht schaffen würden. (So war es dann auch.) Zumindest sollten wir aber eine »bären-überschaubare« Gegend aufsuchen, dachte ich.

»Wir müssen in der Mitte des kleinen Flusses laufen«, meinte Preston, als wir uns auf den Weg machten. Die Bären fischten zwar auch nachts, aber in dem etwas offeneren Gelände sollten sie von uns nicht plötzlich überrascht werden. Es war stockfinster und darum schalteten wir unsere Kopflampen ein. Preston empfahl zu singen, damit die Bären uns auch bei Gegenwind kommen hören konnten. Und so zogen wir inmitten des kleinen Flusses singend zwei Stunden in der Finsternis das Tal hinunter. Da sahen wir plötzlich direkt vor uns im Fluss, uns beobachtend, vier funkelnde Augen. »Hallo Bär, lass uns durch«, sangen wir und schritten langsam voran. Doch dieses Mal waren es keine Bären. Zwei Wölfe liefen ca. zwanzig Meter vor uns und hielten uns als ihr mit Abstand nachrückendes Gefolge aus, bevor sie dann doch das Weite suchten. »Immer dem Fluss nach«, rief Preston mir zu und entfernte sich dabei immer mehr. Ich war ihm wohl zu langsam, denn er lief vor und war alsbald in der Dunkelheit verschwunden. Immer dem Fluss nach, wiederholte ich in Gedanken immer wieder, dann wird wohl nichts schief gehen. Ganz alleine vor mich hinsingend, watete ich so zwei Stunden lang in der Mitte des Flusses hinter Preston her, der mir schon weit voraus sein musste. Dabei ging mir alles Mögliche durch den Kopf, was einem nur so durch den Kopf gehen kann: Was mache ich jetzt bei Bären oder Wölfen, wo Preston nicht in meiner Nähe ist? Oder: Hat sich der Fluss vielleicht geteilt, und ich habe es nur nicht bemerkt und bin in eine falsche Richtung gegangen? Als ich Preston schließlich auf einem Stein sitzen sah, war ich heilfroh: »Warum hast Du denn nicht auf mich gewartet?«, fragte ich leicht vorwurfsvoll. »Du wirst doch wohl einem Flusslauf alleine folgen können und wie man sich Wildtieren gegenüber verhält, hast Du doch bestimmt auch gelernt! Du bist doch ein ›german doctor‹ und wirst viel schwierigere Dinge bewältigen müssen!«, antwortete er. – Über diese Worte habe ich lange nachgedacht.

Als wir unsere Wanderung fortsetzten, verließen wir an der nächsten Flussbiegung das Flussbett. Wie ein Blinder folgte ich meinem Guide, durch die Büsche stolpernd, irgendwohin, bis wir Halt machten, um uns auf einer kleinen Anhöhe im Windschatten unter einen Busch hinzulegen. Preston verteilte im Abstand von zehn Metern einige unserer Gegenstände im Kreis um uns herum. Danach verkrochen wir uns unter all unsere Kleidungsstücke, die wir dabei hatten. Obenauf zum Schutz vor Niederschlag legten wir unsere Regenjacken. Ein Feuer zu machen, wäre gut gewesen, aber alles um uns herum und auch das Gehölz waren viel zu nass. »Hier sind wir sicher und warten das Morgenlicht ab«, meinte Preston. Mittlerweile akzeptierte ich sogar sein anderes Gefühl für Sicherheit und konnte mit der Vorstellung gut leben, dass zwischen uns, den Bären, Wölfen und verärgerten Elchbullen im Gegensatz zu der Situation im heimischen Zoo keine Gitter notwendig waren. Die Erschöpfung ließ uns schließlich einige Stunden schlafen. Im ersten Licht, nach einem altbekannten Müsli aus trockenen Flocken, Kernen und Körnern, mit Quellwasser essbar gemacht, zogen wir zurück ins Camp.

Es geht, es geht alles, dachte ich auf dem Rückweg. Im Nichts mit nichts außer einem guten Gespür, mit Erfahrung und Selbstvertrauen sowie etwas Körnerfutter, damit lässt es sich auch leben. Ich dachte an all das, was man denkt, unbedingt haben oder besitzen zu müssen. Ich dachte an die vielen Sorgen und Probleme meiner Patienten oder Klienten, an ihre isotonen Saugflaschen, Vitaminpillen und Nahrungsergänzungsmittel, an die Befürchtungen, Ängste, Sorgen und Unsicherheiten, die ihnen das Leben so oft bescherte und die in meiner Betrachtung jetzt so vollkommen unbedeutend geworden waren. Es wäre wohl hilfreich und gut, dem ein oder anderen einen solchen Erfahrungsraum zu öffnen, dachte ich. Vielleicht nicht gar so extrem, wie es bei mir der Fall gewesen war, aber doch so, dass er in der Lage und gezwungen wäre, in seinen Erfahrungsschätzen (neu) zu überprüfen, was geht und was nicht geht, was wichtig und was vielleicht nicht so wichtig ist und so, dass er wieder spürt, welch Leben in ihm steckt, in Homo sapiens, einem der anpassungsfähigsten Wesen auf dieser Erde. Zuletzt wäre es ihm möglich, wieder seine ungeheuren inneren Potenziale und die Kraft des Selbstmanagements zu erfahren und sich bewusst zu werden, welch inneren Reichtum er besitzt und über welche Kraft er verfügt, um (ungewohnte) Situationen zu beherrschen. Er würde spüren, dass der innere Reichtum und die innere Kraft weitaus wichtiger und stärker sein können als all der Hilfs- und Komfort-Schnickschnack, der uns so abhängig vom Außen macht.

Auf unserer Rückreise aus dem Busch zum Basiscamp, die nicht wie geplant stattfinden konnte, da das Wetter uns erneut einen Strich durch die Rechnung machte – unser Fortkommen war durch Regen, Wind und Schlamm erschwert und zunächst war auch an ein Starten unseres Buschflugzeugs nicht zu denken –, hatte ich ähnliche Gedanken, wie Preston sie während der Reise mir gegenüber geäußert hatte. Über Anchorage, Seattle, Chicago, Frankfurt alle Tickets zu besorgen, rechtzeitig die Abfahrts- und Abflugzeiten, die Verbindungen, Verspätungen und Ausfälle richtig zu koordinieren und die notwendigen Papiere bereitzuhalten, schien mir jetzt fast ungleich schwieriger als die erlebten Situationen im Busch. Aber irgendwie war ich auch viel gelassener als auf der Hinreise. Und neue Ideen, Lösungen und Wünsche hatte ich auch – irgendwie und ganz klar – in meinem Kopf geboren! Ich fühlte mich nicht müde und erschöpft von den Strapazen und Entbehrungen. Ich fühlte mich beschenkt und reicher, hatte ich doch Erfahrungen gemacht, die mir – so schien es mir – basale Kompetenzen bescherten, die ich immer wieder benötigen würde!

9.3   Das Beste kann noch kommen ...

Es gibt bislang keinen Grund, die Erfolgsgeschichte von Homo sapiens nicht anzuerkennen. Aus unendlich vielen Möglichkeiten heraus hat er sich zu einem einzigartigen, grandios anpassungsfähigen Hominiden entwickelt und sich bis heute vielfach bewährt. Sicherlich hat er schon immer einen Hang dazu gehabt, auch düstere Bilder zu malen und mögliche Gefahren zu sehen. Aber die Augen offen zu halten und nicht vor negativen Entwicklungen zu verschließen, ist ja auch durchaus sinnvoll. Denn nur so kann man sich schützen und erfolgreichere Wege einschlagen, die dem Erreichen unseres Ziels nützen, unserem Glück und unserer Zufriedenheit zuträglich sind.

Vergegenwärtigen wir uns also die bisherige imposante Erfolgsgeschichte des Menschen, statt mit den Missständen unserer Zeit zu hadern und untätig zu bleiben. Sehen wir das Glas halb voll und nicht halb leer. Homo sapiens ist ein Wunderwerk der Natur und mit seinem Gehirn ein grandioses System, dessen Weiterentwicklung und Anpassungsmöglichkeiten fast unbegrenzt erscheinen.

Auch die Phänomene unserer modernen Jetzt-Zeit sind aufschlussreich, um das nachvollziehen zu können (vgl. Kap. 4). Versucht der kleine Allrounder doch mit allen Mitteln, wahrscheinlich intuitiv, den Preis, den der Wohlstand ihn gekostet hat, auszugleichen. Der Preis, den wir für unseren Wohlstand und unseren Konsum zahlen müssen, ist hoch und das macht Angst. Bestimmt ist die Angst nicht geringer, als die, welche die Mammutjäger empfanden, als sie den Schritt wagten, um mit ihren primitiven Waffen neue Lebensräume für sich zu erkunden und zu erobern.

Homo sapiens macht heute die Tempobeschleunigung zu schaffen. Natürlich versucht er, sie zu umgehen, manchmal mit harmlosen Mitteln wie dem Chillen, manchmal mit gefährlicheren wie den verfälschenden und betäubenden Drogen. Der Bewegungsarmut begegnet er mit allerlei Gerätschaften, mit denen er sich, losgelöst von jedem wirklichen Ziel, durch Täler, auf Höhen, über's Wasser und durch die Städte bewegt. Seiner tatsächlichen Vereinsamung versucht er, twitternd in künstlichen Netzwerken zu entkommen und sich in gewaltigen Verwöhntempeln, Glück und Zufriedenheit einmassieren zu lassen.

Homo sapiens wird sich gewiss sammeln, die Errungenschaften bewahren und die Hindernisse hinter sich lassen. Das hat er immer schon getan. Die alten Lösungen greifen nicht mehr und die neuen sind noch nicht gefunden. Aber dieser Moment wird sicher kommen, denn in ihm steckt die unauslöschliche Kraft des Überleben- und Weiter-Kommen-Wollens, und das ist und wird immer seine Grundmotivation sein. Nur eine Jetzt-Philosophie wird uns dabei zur Seite stehen können, und zwar eine an der Praxis und am Nutzen für das ganze System orientierte. Eine Philosophie jenseits jeglicher Wirklichkeit und Machbarkeit hingegen kann nicht mehr wie früher die treibende Kraft sein, dazu wissen wir mittlerweile zu viel.

Nachdem für lange Zeit »das Ganze« aus dem Blick geraten ist, nach dem Irrtum der Aufklärung, nur das Rationale in den Vordergrund zu stellen, und nach Zerklüftung der Wissenschaften in Fachdisziplinen sind wir dabei, in unseren modernen Gesellschaften ganzheitliche, systemische Betrachtungs-weisen wiederzuentdecken und lebensnahe systemische Kraft zu erahnen.

Wir schauen auf alle Menschen dieser Welt, wir schauen auf die Umwelt, die Natur und beginnen wieder, das Ganze zu begreifen. Auch den monetären Glücksirrtum werden wir so überwinden, weil er irgendwann mehr düstere Bilder als hoffnungsvolle zeichnen wird. Wenn die Nachteile schließlich die Vorteile überwiegen, wird sich dann in kürzester Zeit das Verhalten allerorts rasant ändern. Denn Verhalten orientiert sich immer am Nutzen, sowohl das individuelle als auch das kollektive.

Die Erforschung eines der unbekanntesten und aufregendsten Organe des Menschen, seines Gehirns, gibt uns zunehmend Aufschluss über unser eigenes Sein und Tun und führt, auf die Menschheit bezogen, zur Wiederentdeckung einer Ganzheitlichkeit, die wir – zumindest seit Descartes – vollkommen aus-geklammert, aber vermutlich nur vorübergehend verloren haben. Unser Inneres hat das Äußere geprägt und das Äußere beeinflusst wiederum unser Inneres. Der aggressive Wachstums- und Konsumwahn hat sich nur bedingt als tauglich erwiesen. Seele, Körper, Geist und Umwelt leiden bald mehr, als dass es uns einen Nutzen einbringen würde. »Die Lust auf das große Fressen ist vorbei, wenn es einem übel wird …«

Je mehr wir diese Zusammenhänge des Lebenssystems verstehen, umso mehr begreifen wir das Ganze und das, was wir für ein zufriedenes und glückliches Fortkommen brauchen. Faszinierend, wenn wir uns nur klar machen, welche Möglichkeiten sich uns bieten und welches Potenzial wir von Natur aus schon für Veränderungen mitbringen. Der wirkliche Reichtum ist in uns und nicht um uns. Respekt vor der Welt, der Natur und dem Lebenssystem als Ganzes zu haben, das ist ein Muss, denn wir sind ein Teil dessen. Darum sollten wir auch Achtung vor der Faszination Mensch haben und seine Potenziale anerkennen.

Wenn wir von nun an pragmatisch die Funktionsweisen und die Potenziale unseres Gehirns, ein neues, ganzheitliches Bewusstsein und ein modernes Herz mit einer Leidenschaft für das Neue unserem Leben und unserer Zukunft zu-grunde legen, wenn wir die Menschen mit all ihren Fähigkeiten, Gedanken und Gefühlen fördern, dann machen wir uns einen unglaublichen Schatz zugänglich, der an Nachhaltigkeit nicht zu überbieten ist.

Natürlich haben wir unsere schimpansenhaften Kriege noch lange nicht überwunden, doch trotzdem scheint sich zunehmend ein friedliches Bonobo-Verhalten zu manifestieren, je mehr wir von den daraus erwachsenden Vorteilen erfahren. Sonst gäbe es schließlich nicht Milliarden von Menschen, die im Frieden miteinander leben, und nicht immer mehr Demokratien oder Halbdemokratien, deren gesellschaftliches Leben sich auszeichnet durch gewaltlose Konfliktlösungen, Konsensfähigkeit, Widerspruchstoleranz und ähnliche Basiskompetenzen. Krieg zu führen wird immer weniger sinnvoll, je weniger Siege errungen werden können. Trotzdem gehören Auseinandersetzungen als Form der Aggression und Ausdruck menschlichen Verhaltens genauso zu uns wie das Leben in Frieden und Eintracht. Die Zukunft kommt jedenfalls von innen und wir sind auf dem Weg, dies neu zu erfahren.

Wenn wir also etwas tun wollen, können wir das auch. Es ist weder sinnvoll, in Angst zu verharren, noch depressiv die Apokalypse heraufzubeschwören. Wir brauchen in unseren Gesellschaften eine geistig und emotional offene, einladende Atmosphäre, die neugierig auf Neues und die Zukunft macht. Wenn wir sehen, wie Kinder unbefangen die Welt entdecken und beobachten, unter welchen Umständen sie diese Unbeschwertheit an den Tag legen, dann wissen wir, dass wir als Erstes die uns hindernden und befangen machenden Normen, Konventionen, Pseudowelten und Ängste aufgeben müssen. In allen Bereichen des Lebens brauchen wir eine neue, positive Erfahrungskultur, die (Wieder-) Entdeckung natürlicher und künstlicher Erfahrungsräume zugunsten des (Wieder-)Erlernens ursprünglicher menschlicher Basis- und Überlebenskompetenzen. Wir brauchen sowohl in der Gesellschaft als auch in den Wissenschaften eine Kultur zumindest des tabulosen reflektierten systemischen Nachdenkens, wenn wir über Konsum, Binnenkonjunktur, notwendiges Wachstum im gleichen Atemzug reden wie über die globaldemographische Entwicklung, soziale Probleme, Umweltzerstörung und das materielle Ungleichgewicht in der Welt.

Es ist schmerzlich, wenn man die vermeintlich großen Staatslenker und -denker meist als einfältig und zu kurzfristig denkend erfährt, weil sie blind für das Ganze geworden sind. In der Regel ist ihr Verhalten allerdings auf ihre Unwissenheit und Kompetenzarmut zurückzuführen und in den wenigsten Fällen darauf, dass sie daraus einen Vorteil schlagen wollten. Nachhaltigkeit verlangt aber den ganzheitlichen Blick auf das gesamte System (Biotop) und langfristige Lösungen, die die Ursachen für die Mängel in der Gesellschaft beheben und bei denen nicht an den Symptomen herumgedoktert wird.

Die Menschen in modernen Gesellschaften spüren das alles immer deutlicher, und es gibt keinen Grund anzunehmen, warum dieses »neue« Denken sich nicht ausbreiten und auch die Zukunft prägen wird. Warum besetzen wir die wichtigsten politischen Ämter und Ministerien also nicht mit entsprechenden

Fachleuten? Wie ist es möglich, dass das Finanzministerium von einem Rechtsanwalt, das Verkehrsministerium von einem Lehrer oder das Wirtschaftsministerium von einem Verwaltungsfachmann geleitet wird?

Wir brauchen ein Bildungssystem des ganzheitlichen, lustvollen und »horizontalen« Lernens in Gruppen voneinander, wir brauchen Charakter- und nicht nur Wissensbildung. Wir wissen schließlich mittlerweile, wie Lernen geht und wie das Gehirn das am besten hinbekommt. Viele Neurowissenschaftler predigen das ja unentwegt. Wir brauchen eine Lernkultur der Begeisterung und Freude und nicht der Angst. Wir wissen, was wir jetzt zum Leben am meisten brauchen und wie wichtig Persönlichkeitsreife und Charakterbildung sind. Darum sollten wir das auch fördern und umsetzen, und zwar jetzt!

Sicher, die Aufgaben im Bildungssystem sind zurzeit schwieriger geworden, alleine wegen der Schnelligkeit des Wissenstransfers in unserem Multimediazeitalter. Zugleich ist der Anspruch von Eltern und Gesellschaft an die Schüler gewachsen, dabei sind die Kompetenzen, mit denen sie ins Schulleben einsteigen, eher geschrumpft. Für die Reformation des Bildungswesens brauchen wir darum gut ausgebildete, erfahrene und kompetente Lehrer, die etwas von ihrer Aufgabe verstehen. Fachkompetenz und Fachwissen mitzubringen, gehört dabei natürlich zu den Grundvoraussetzungen für das Lehrersein. Aber wie man mit Schülern umgeht, sie als Individuen wahrnimmt und wertschätzend fördert, sprich effektiv zur Persönlichkeits- und Charakterbildung beiträgt und daraus resultierend didaktisch den Unterricht und die Lernumgebung gut vorbereitet, das ist fast wichtiger. Für die Gestaltung einer gelingenden Gegenwart und Zukunft zählt die Gruppe der Lehrer zweifelsohne zu einer der wertvollsten und wichtigsten Gruppen innerhalb unserer Gesellschaft. Dementsprechend sollten wir sie in allen Bereichen fördern und würdigen, denn sie bildet die kommende Generation für unser Morgen aus. Zum Lehrauftrag in allen Schulbereichen gehören – ohne Wenn und Aber – regelmäßige erfahrungsorientierte Unterrichtseinheiten und eine umfassende Wissensvermittlung über die Systemkonzeption Mensch.

Systemisch ganzheitliche Reformen benötigen wir ebenso wieder im Gesundheitssystem. Wir brauchen ein Gesundheitssystem, bei dem sich ärztliches Wissen und Handeln nicht immer mehr in kleinste Fachdisziplinen aufsplittert. Wir müssen wieder zum ganzheitlichen Ansatz zurück, den schon die Urärzte hatten. Wir müssen das mechanistische Menschenbild ablegen, das den Menschen nur als Summe seiner Einzelteile betrachtet, als wäre er lediglich eine Maschine. Denn der Mensch ist ja deutlich mehr als die Summe seiner Einzelteile, und krank oder gesund ist immer der ganze Mensch und nicht nur ein Teil von ihm. Wir brauchen ein Gesundheitswesen, das sich nicht nur am Schlechten und am Kranken orientiert, sondern auch das Starke und Gesunde fördert, und zwar am besten, schon bevor der Mensch krank wird. Wir brauchen eine Medizin und Psychologie (!), die nicht nur die Symptome fokussiert, sondern auch nach den Ursachen forscht und diese behebt. Dazu gilt es, das Gesundheitssystem von allen planwirtschaftlichen Zwängen zu befreien, die nur aus falsch verstandenen sozialen Pflichten entstanden sind. Wir brauchen einen qualitätsgeprüften freien Markt der Gesundheitsvorsorge und Krankheitsbehandlung, und wir sollten mehr und mehr auf eine vom Staat finanzierte technische Untersuchungsmedizin verzichten. Wir müssen den Menschen die Selbstverantwortlichkeit für ihre eigene Gesundheit klarmachen und falschem Anspruchsdenken Einhalt gebieten. Wir müssen vom behandelnden Arzt mehr zum handelnden Patienten kommen und gesundheitsförderliche Konzepte (Salutogenese) zumindest gleich stark fördern wie die Betrachtungsweisen, die die schon eingetretenen Schäden und Erkrankungen in den Blick nehmen (Pathogenese). Vor allem aber müssen wir das Gesundheitswesen schützen vor denen, die Menschen ausschließlich zu Konsumenten einer profitablen Gesundheitswirtschaft machen wollen.

Dies sind nur einige Aufgaben, die Homo sapiens noch vor sich hat, ihrer gibt es jedoch noch viele. Es war schon schwer genug, unsere Wohlstandsgesellschaften aufzubauen, und das ist uns bis jetzt ja auch nur in einem recht kleinen Teil der Welt gelungen. Nun ist es an der Zeit, dafür zu sorgen, dass wir für alle Menschen auf der Welt ausreichende Lebensgrundlagen zur Verfügung stellen können. Das ist eine der wichtigsten Herausforderungen, nicht nur für die anderen, sondern für uns alle.

Wir brauchen außerdem weltweit eine nachhaltige Energiebilanz, die sicher nicht ausschließlich mit benzinsparenden Autos zu erreichen ist. Nur so lässt sich sozialer Friede als gesellschaftlicher Stabilitätsfaktor von der Ersten bis zur Dritten Welt nachhaltig und längerfristig fördern. Wir werden wieder mehr lernen müssen, im Einklang mit der übrigen Natur zu leben.

Wenn in unseren Gesellschaften erst die notwendigen Erfahrungsräume und -methoden implementiert sind, die Menschen dazu verhelfen, zu ihrer persönlichen Meisterschaft zu finden, wenn wir beginnen, aus dem menschlichen Reichtum zu schöpfen, statt andere Teile der Schöpfung auszubeuten, wenn die in uns liegenden Belohnungsfaktoren (z. B. Dopamin) auf uns einen viel größeren Reiz ausüben und eine weitaus größere Wirkung zeitigen als äußerer Wohlstand und Reichtum, dann wird das Früchte in Form von wirklichem Glück tragen, von tiefer Zufriedenheit und innerem Wachstum: für uns selbst, für alle Menschen und für das ganze System. Das ist die Sehnsucht eines jeden Menschen. Menschen wollen Zufriedenheit, soziales Zusammensein und Miteinander, einen gewissen Grad an Freiheit und Selbstbestimmung, um ein gelingendes und zufriedenes Leben führen zu können. Soll das nicht Theorie bleiben, müssen wir es leben, sprich: erfahrbar machen.

Auf Weiterentwicklung, Wachsen und Lernen durch Erfahrung wurde gerade deshalb in fast jedem Kapitel Bezug genommen, weil das ganzheitliche Erfahrungslernen mit Körper, Seele und Geist die notwendige Voraussetzung dafür ist, sich die erforderlichen Basiskompetenzen anzueignen und die Herausforderungen der Gegenwart und Zukunft bewältigen zu können. Lernen über Erfahrung, das ist sowohl in der Praxis im realen Leben als auch in der Theorie in methodischen Konzepten nur solange kompliziert für uns, solange wir es nicht versucht, verinnerlicht und verstanden haben. In Scheinwelten, wie wir sie beschrieben haben, bleiben uns nutzbare Erfahrungen verschlossen.

Mit Erfahrungen lernen und wachsen, das geschieht auf einer tieferen Ebene in unserem Selbst. Gebildete, basiskompetente Charaktere und Persönlichkeiten sind und werden die wirklich modernen Krieger für eine gelingende Gegenwart und Zukunft sein, und zwar jenseits aller plumpen persönlichen, politischen oder militärischen Drohgebärden. Sie werden spüren und sich dafür einsetzen, dass sich das System wandelt. Zu dieser Zeit werden die Menschen, die das schlechtere Los gezogen haben, nicht aufhören, alles zu versuchen, um ihre Situation zu verbessern und ihr (Über-)Leben zu sichern. Die wissens- und charakterausgeformten Menschen werden das erkennen und nach neuen Wegen und Strategien einer globalen Systemveränderung suchen müssen. Das ist heute schon unsere Aufgabe und Herausforderung, und das wird morgen erst recht so sein.

Das Beste kann also noch kommen, wenn wir es nur zulassen, wenn wir jetzt und nicht morgen erst nach Möglichkeiten suchen, ein optimistisches Klima der wirklichen Potenzialentfaltung herzustellen, in dem reife Persönlichkeiten und anpassungsbereite, kreative Gehirne gedeihen können – und das am besten weltweit. Freuen wir uns also auf die großen Aufgaben, die vor uns liegen! Freuen wir uns, eine moderne, mutige, zukunftsfähige innere Haltung zu fördern! Eine Haltung, die voller Könnensoptimismus ist und dazu motiviert, nachhaltig und wertschätzend mit der Welt und der Schöpfung umzugehen, dessen auch wir ein Teil sind. Glauben wir an uns, an jeden Einzelnen in seiner Einzigartigkeit, aber auch an unsere großen sozialen Fähigkeiten und Möglichkeiten, Frieden, Glück, Gelingen und Zufriedenheit in die Welt hineintragen zu können, und brennen wir für die Gestaltung unserer Zukunft. Homo sapiens, das Beste kann noch kommen!

> »Nicht weil die Dinge unerreichbar sind, wagen wir sie nicht.
> Weil wir sie nicht wagen, bleiben sie unerreichbar.«
>
> (Lucius A. Seneca)

Lucius A. Seneca (1 – 65 n. Chr.) war Philosoph und ein einflussreicher Schriftsteller seiner Zeit. Er war Erzieher und Berater des jungen Kaisers Nero. Nach einem gescheiterten Anschlag auf den Herrscher wurde Seneca der Mitwisserschaft beschuldigt und von Nero zur Selbsttötung verurteilt. Seneca vergiftete sich daraufhin.

10. Drei Wesen am Runden Tisch 3013

Ein undurchdringliches Dickicht aus riesigen kubischen und kugelförmigen Wohn- und Lebensräumen, elliptisch angelegt und mit luftigen Zwischenräumen über mehrere Etagen übereinander geschachtelt, bilden ein unendlich scheinendes und dennoch ästhetisch leichtes, wolkengleiches Kissen. Die Tage und Nächte spiegeln sich in geheimnisvollen, wechselnden Farben in den Glasfronten von Area 13.

Vor ca. tausend Jahren hatte sich das Klima diesseits und jenseits dieser Welt geändert. Trockensavannen erblühten, und einstmals fruchtbare Landstriche wurden zu kargen Landschaften. (Schon lange tummelt sich Homo sapiens überall auf dieser Welt.) Nach einer bewegten Anpassungsphase in einem sich rasant verändernden Biotop hatte sich Homo sapiens irgendwann von der Ausbeutung weltlicher Ressourcen und vom Raubbau an den eigenen psychischen und physischen Existenzmöglichkeiten verabschiedet.

Drei Männer sitzen am Runden Tisch. Nicht wirklich, nur Tom sitzt da. Die beiden anderen befinden sich in Asien und in Afrika. Sie haben sich im virtuellen Raum getroffen. Sie haben ein Problem mit der hunderttausende Hektar großen Anlage, die die Energie der Sonne einfängt und Area 13 mit Energie und Wasser versorgt. Ihre Steuerung hat einen Defekt, und das kann gefährlich werden. Denn die Anlagen, die das lebensnotwendige Wasser aus der Luft holen, um die großen Felder zu bewässern, brauchen den Strom. Sonst vertrocknet das nahrhafte Gemüse, das dort angebaut wird. Die gezüchteten, genveränderten Pflanzen halten normalerweise bei fünfzig Grad Celsius höchstens eine Woche im Wüstenbeet aus. Wenn es also bald kein Wasser mehr für sie gibt, was dann? Dann bricht die Versorgung von Area 13 zusammen, wo immerhin heute siebzig Millionen Menschen wohnen.

Die jetzige Situation erinnert die drei Männer an die Zeit vor vielen Jahren, als ihre Vorfahren die letzten fossilen Brennstoffe aufgebraucht hatten und sich in tonnenschweren Stahl- und Plastikkarossen zu Erde, zu Wasser und zu Luft von A nach B bewegten. Da wurden damals Stimmen laut, die meinten, dass sich durch die Verbrennung der Stoffe das Klima verändern oder verschieben würde oder beides. Sehr viel wurde dagegen zunächst allerdings nicht unternommen, und schließlich waren alle froh, als dann endlich alles weg und verbrannt war. Jetzt würde man bestimmt das Problem in den Griff bekommen. Das hatte man jedenfalls angenommen. Denn man hatte schließlich doch zu einer stringenten Nachhaltigkeitspolitik gefunden. Aber sie hatten sich alle getäuscht. Das Übel war gar nicht so sehr durch das Verbrennen der Stoffe entstanden, sondern es lag vielmehr an den Milliarden von Menschen, den Nutztieren und dem Schrumpfen grüner Biotope nebst anderer natürlicher Prozesse des Weltenlaufs. All das war tausend Mal bedeutender für das Klima und seinen Wandel gewesen.

Das war zu der Zeit, als die Menschen noch glaubten, alles zu haben, was sie brauchten und sich darüber hinaus die Ewigkeit ihres schönen Paradieses wünschten. Sie lehnten sich also zurück, richteten sich in ihrer Komfortzone ein und vermehrten sich. Sie verloren zunehmend ihre Savannenfähigkeit. Und mit dem Verlust ihres Könnensoptimismus, der meisten ihrer Fähigkeiten und Möglichkeiten war dann die große Angst gekommen, die nichts mehr von ihnen übrig ließ als einen jammervollen Haufen an Bewegungslosigkeit und depressiver Passivität. Sie hatten das Lösen von Problemen und Kämpfen in schwierigen Situationen verlernt und damit ihr wichtigstes Gut und Wesensmerkmal: ihre Anpassungsfähigkeit. Dieser Zustand hielt so lange an, bis der Lauf der Dinge die Anpassung für sie selbst übernahm. Für eine kurze Zeit hatten sie das Zepter aus der Hand gelegt und damit das Spiel des Lebens fast verloren. Aber jetzt, nachdem die großen Kriege um Wasser, Wohlstand und Verteilung vorbei und ganze Landstriche untergegangen waren, nach all den großen Katastrophen, haben sie sich wieder gefangen, die Menschen.

Sie lebten damals auf engem Raum wie jetzt in Area 13. Es gab wenig Wasser und viele Wüsten. Es lohnte sich schon lange nicht mehr, in diesem großen Umfang, wie es früher üblich gewesen war, nutzlose Güter herzustellen. Einst hatte man noch geglaubt, durch das ständige Produzieren von irgendwelchen unnötigen Dingen sich selbst und sein System stabilisieren zu können. Man hatte zum Schluss nur noch »Gesundheits-, Angst- und Sicherheitsprodukte« entworfen und produziert, in dem Glauben, die schrumpfenden inneren Kompetenzen und die eigene Glücklosigkeit von außen ersetzen zu können. Tonnenweise hatten die Menschen diese grotesken Gesundheitsprodukte verzehrt, Pillen gegen ihre Erschöpfung, für das Glück und gegen Ängste und Schmerzen eingenommen. Das hatte ihre innere und äußere Bewegungslosigkeit aber nur noch verstärkt, und wenn es trotzdem vonnöten war und sie sich bewegen mussten, dann hatten sie das nur auf zertifizierten, normierten, qualifizierten, geprüften und ausbalancierten Sicherheitspfaden getan. Kein Wagnis mehr, kein Risiko, kein eigener Könnensoptimismus, kein Denken des Unmöglichen, nur noch die Rufe nach den Rettern.

Und weil das nur sehr schwer zu ertragen gewesen war, hatten sich einige mit allerlei Zeugs betäubt oder einfach nur wild um sich geschlagen. Doch hinter ihren Aggressionen hatten nur Angst, Hoffnungs- und Perspektivlosigkeit gestanden. Die einen hatten sich für die Modernen und Zivilisierten gehalten, während die anderen noch die existenziellen Kämpfe des Mangels führten oder sich in mittelaltertypischen Konflikten oder Kriegen befanden. Zum Schluss hatten sie alle sogar befürchtet, die Welt gerate nun aus den Fugen. Sie verloren fast die Kontrolle. Aber keiner war gekommen, um sie zu erlösen … Doch dann muss doch noch etwas geschehen sein. War es vielleicht der totale Zusammenbruch der Systeme? Hatten sie sich dann doch aufraffen können zu Selbstverantwortlichkeit und Selbstwirksamkeit? Hatte es qualitativ evolutionäre Sprünge gegeben? Welche Erfahrungen hatten das neue Handeln der Menschen damals geprägt? Tom und seine Freunde werden das bestimmt wissen.

All das gibt es jedenfalls jetzt nicht mehr, dafür aber neue Probleme. Die Menschen leben nachhaltig, sie haben neue, lebendige Städte entwickelt, eine weltweit neue Mobilität kreiert, die sie allerdings gar nicht mehr so sehr benötigen, da sie sich viel in virtuellen Räumen treffen. Mobil und beweglich sind sie in den vielen Körperwahrnehmungs- und Tanzzentren oder auf den Sportplätzen, die rund um die Uhr für alle Menschen geöffnet sind, oder sie fahren in eine der riesigen Naturschutzzonen zum Skywandern (bei dieser Sportart spaziert man durch den Himmel auf kleinen Fußluftkissen und betrachtet von oben Teile einst zerstörter Natur, die dabei ist, sich zu regenerieren). Kriege lohnen sich kaum noch, die Gefahr der Selbstbetroffenheit ist mittlerweile viel zu groß geworden. Gewalt insgesamt spielt eine immer geringere Rolle. Schon lange Zeit nimmt sie zugunsten kooperativer Strategien ab. Doch nach den Herausforderungen, die sie in der Vergangenheit dann doch bravourös gemeistert haben, sind jetzt neue Probleme aufgetreten.

Tom und die anderen Männer am virtuellen Runden Tisch sind vernetzt. Die globale Vernetzung aller Menschen und die technischen Möglichkeiten haben große Teile der Kommunikation verändert. Die neuen Kommunikationsmöglichkeiten haben den tatsächlichen Raum überwunden und die notwendige Zeit für Kommunikation und notwendige Absprachen extrem minimiert. Von Face-to-Face, über Tal zu Tal, zu Postkutsche und Telefon bis hin zu den neuen Medien hat sich so einiges verändert: Nicht nur der Kommunikationsweg hat sich verkürzt, sondern ferne Länder, andere Kulturen sind jetzt quasi um die Ecke, die Informationsmenge hat sich exponentiell vergrößert und die Daten fließen schneller als je zuvor. Das hat zur Folge, dass Milliarden individueller und kollektiver Daten einer Wolke gleich im virtuellen Raum schwirren. Die Datenwolke umhüllt sozusagen die Welt und ist für jeden mehr oder weniger verfügbar. Vorgänge, vor allem aber auch die Menschen selbst sind überall auf der Welt transparent geworden. Es ist eine neue Privatsphäre entstanden, die nicht mehr von Staaten geschützt werden kann, sondern jeder muss jetzt selbst dafür Sorge tragen, seine persönlichen Grenzen zu definieren und zu schützen.

Auf der einen Seite hatten in der Vergangenheit mächtige Institutionen Daten gesammelt, um sie in Algorithmen über Gruppen und Individuen auszuwerten, auch um Kontrolle über sie zu erlangen, und auf der anderen Seite hatten sich die Menschen und Netzwerkgruppen der neuen raum- und fast zeitlosen Kommunikationsmöglichkeit bemächtigt, um Massenaufstände und Volksbegehren zu entfachen. Und wieder hatte sich Homo sapiens, der gewitzte kleine Allrounder, den daraus resultierenden Veränderungen angepasst und sich in das Werk eingefügt, das er selbst initiiert hatte. Galt es doch – wie immer –, sich mithilfe hoher Basiskompetenzen, neuer Erkenntnisse und angeglichener Moral an die veränderten Gegebenheiten anzupassen.

Daraus ist mittlerweile eine völlig neue Sicht auf die Dinge in der Welt entstanden. In neuen Räumen und mit rasender Geschwindigkeit sind Skandale aufgedeckt und Tabubrüche offengelegt worden. Sie wurden neu kommuniziert und bewertet. Die neue Transparenz des Möglichen und die Eigenverantwortlichkeit für das Private, all das hat auch neue Normen und eine neue Moral ins Leben gerufen. Freiheit wird zunehmend auch eine selbst zu bestimmende Möglichkeit. Noch lange sind die Menschen nicht am Ende mit diesen Prozessen und auch auf anderen Gebieten wird es nicht einfach werden. Die Veränderung der Welt und der Lebensbedingungen sind keine Katastrophe, sondern eben das Prinzip des Lebendigen. Tom und die Männer haben ein Problem. Die global sich auswirkenden, großen, intelligenten Versorgungssysteme machen die Menschen verwundbar. Immer wieder hat es große Probleme durch Ausfälle gegeben, die sie noch nicht ganz im Griff haben. Das gefährdet die Gesundheit der Menschen und fordert immer wieder Menschenleben in großer Zahl.

»Wir müssen los«, sagt Tom zu seinen Freunden im virtuellen Raum.
Sein Freund Pietek: »Da müssen wir jetzt durch! Leute, auch Ihr da drüben!«
Peter: »Ja, wir müssen mutig sein und dürfen unser Ziel nicht aus den Augen verlieren!«
Tom: »Dann los, packen wir es an!«
Pietek: »Wir legen das Zepter erst aus der Hand, wenn wir es müssen!«
Peter: »Okay, wir brechen auf zur großen Anlage und versuchen, den Fehler zu finden!«
Tom: »Ich fertige derweil den Plan an, den Ihr braucht!«
Peter: »Okay, wir treffen uns in acht Stunden auf Ebene X7 und schalten noch unsere Leute aus Neuguinea hinzu!«
Pietek: »Es wird nicht einfach, Jungs. Aber was ist schon einfach? Meist ist es ja immer noch gut ausgegangen und geglückt!«

Tom erinnert sich an eine über tausendjährige Sammlung rheinischer Redensarten, die damals als Glaubensartikel unter dem Titel »Rheinisches Grundgesetz« zusammengefasst worden waren. Die fünf ersten fielen Tom ein:

Artikel 1: Et es, wie et es.

Artikel 2: Et kütt, wie et kütt.

Artikel 3: Et hätt noch emmer joot jejange.

Artikel 4: Wat fott es, es fott.

Artikel 5: Et bliev nix, wie et wor.

Aus: »Das Rheinische Grundgesetz« von Konrad Beikircher (Köln 2001).

Die Stunde der Dämmerung verzaubert Area 13 in ein Meer blauer, violetter und gelblicher Töne, in die sich die aufflammenden Lichter der Nacht wie Lagerfeuer mischen. »Acht Stunden hab' ich Zeit«, denkt Tom. »Acht Stunden, um mit meinen Leuten die Lösung hinzukriegen. Immerhin hängen Gesundheit und Leben von Millionen von Menschen von unserer Arbeit ab. Es ist schwer, aber wir werden es schon schaffen!«

Mehrere Leben später wird es vielleicht anders sein. Besser oder schlechter, man wird sehen. Die Zukunft wird jedenfalls anders!

Nachwort

Unser Gehirn ist am Anfang, wenn wir diese Welt betreten, zwar genetisch individuell vorgeprägt, aber noch relativ »leer«. Wir verfügen über noch sehr wenig Wissen, wenig modifizierte Emotionen und wenig ausgeprägte Verhaltensweisen. Das Leben, die Erfahrungen, die wir machen, das Aneignen und Bilden von Wissen und vor allem die Vernetzung und individuelle Bewertung all dessen im Ganzen lassen uns mit der Zeit zu Persönlichkeiten mit eigener, ganz individueller Geschichte heranreifen. Daraus erwachsen unsere Vorstellungen von der Welt und unsere Erwartungen an unser Leben. Unsere Erfahrungen und all unser Wissen machen schließlich das Eigentliche aus: Bedeutung durch das Generieren von Kohärenz im menschlichen Selbst zu gewinnen und uns einen Reim auf uns, das Leben und die Welt zu machen. So werden die Geschichten und Essays dieses Buches in Zusammenschau mit den Erfahrungsschätzen des Lesers für diesen eine ganz eigene, neue Geschichte ergeben und vielleicht zu neuer Erfahrung inspirieren. Das ist auch gewünscht.

Bei diesem Buch handelt es sich nicht um eine Studie mit dem Anspruch der Beweisführung. Aus diesem Grunde wurde auf explizite Quellenverweise und ein Literaturverzeichnis verzichtet. Die Analogität und Komplexität eines Ganzen sollte vermittelt und die Wichtigkeit unserer lebendigen lebenslangen Erfahrungen und subjektiven Meinungsbildung betont werden. Dennoch möchte ich nicht darauf verzichten, auf impulsgebende Literatur und ergänzende Quellen hinzuweisen.

Die Erkenntnisse und Meinungen der Evolutionsbiologen beschäftigen sich in vielfältiger Weise bis heute mit der Frage, wie es denn nun kam, dass Homo sapiens diese hochkomplexe Systemkonzeption entwickeln konnte. Wer sich kritisch mit den Irrtümern eines mechanistischen Weltbilds und Annahmen mechanistischer Funktionsweisen des Gehirns auseinandersetzen möchte, dem seien die Bücher von António Damásio empfohlen. Autoren wie Gerhard Roth, Gerald Hüther und Wolf Singer beschreiben in ihren Büchern anschaulich, was wir über das Gehirn wissen und was noch nicht. Dort findet man auch pragmatische Ansätze für innere und äußere Lern- und Wachstumsprozesse. Der

Ansatz des Physikers Hans-Peter Dürr, Mitglied des *Club of Rome*, Friedens-
nobelpreisträger mit der Gruppe Pugwash und Ratsmitglied des *World Future
Councils*, vermittelt anschaulich ein neues physikalisches Denken der Ganzheitlichkeit. Ebenso hat Edward O. Wilson einen großen Beitrag zu einem
ganzheitlichen Denken in seinen Veröffentlichungen und Büchern geleistet.
Autoren wie Luc Ciompi, Joachim Bauer und Oliver Sacks haben sich mit einer
Vernetzung des Wissens über unser Gehirn und über die Welt beschäftigt. Natürlich dürfen wir an dieser Stelle nicht vergessen, noch einmal an die unzähligen Werke der altvorderen Philosophen und Psychotherapeuten zu erinnern,
die hier genannt oder nicht genannt wurden. Unzählige Bücher geben einen
guten Überblick über philosophische Denker und Psychotherapeuten, aber
dennoch lohnt es sich, das eine oder andere Werk dieser Menschen primär zu
studieren. Nicht vergessen sollten wir an dieser Stelle Primatologen wie Frans de
Waal oder Desmond Morris mit ihren anschaulich dargestellten Beobachtungen,
die sie bei Menschenaffen machten und in ihren inspirierenden Werken veröf-
fentlichten. Auch Siegbert Warwitz, der über das Wagnis schrieb, und viele
andere sind im gleichen Atemzug wie Anselm Grün zu nennen, der sehr populär
über innere Haltungen schreibt und spricht. Wichtig für die möglichen Veränderungen in unserer Mitte sind natürlich auch die in diesem Buch genannten
oder nicht genannten Reform- und Erlebnispädagogen, die gerade im Sinne
einer gelingenden Gegenwart und Zukunft gefordert sind, weiter ihren Beitrag
zur Beschreibung und Entwicklung erfahrungsorientierter Methoden zu leisten.
Das kurze Kapitel ist nur ein Hinweis auf unzählige Quellen, die es sich lohnt, zu
suchen und zu studieren. Viele interessante und bedeutsame Lehrer sind hier
nicht genannt und dennoch haben sie ihren Beitrag geleistet.

Mit offenen Augen und Ohren und guter Wahrnehmung müssen wir durch
das Leben und die Welt gehen. Betrachten Sie aktuelle Geschehnisse, Nachrichten und die Mediendarstellung mit offenen Sinnen und machen Sie sich
einen eigenen Reim auf die Menschen und die Welt! Gehen Sie mit einer offenen
Haltung und unbefangen mit all dem jetzigen Leben und Sein um, und es er-
schließt sich Ihnen ein ungeheurer Schatz an spannenden Entdeckungen, Erkenntnissen und grenzenlosen Möglichkeiten.

Nicht zuletzt aber sind es die direkten Situationen, das individuelle Erfahren,
vor allem im Alltag, die uns prägen. Für mich galt und gilt dies besonders in der
tagtäglichen (Zusammen-)Arbeit mit Menschen unterschiedlichster Couleur,
seien es nun Patienten, Seminarteilnehmer oder Mitarbeiter. Auch die Bücher
meiner Kollegen Dietmar Hansch und Till Bastian verdeutlichen ein gemeinsames Erkennen und Wachsen in unserer Aufgabe, gesunden und kranken
Menschen bei ihrer äußeren und inneren Entwicklung zu helfen, sie eröffnen
gegenseitig Perspektiven und setzen unterschiedliche Schwerpunkte. Das private Umfeld brauche ich gar nicht erst zu erwähnen. Es ist einfach großartig,

gemeinsame Erfahrungen mit Familie, Freundinnen und Freunden zu machen und dabei auch die geistigen und emotionalen Klingen zu kreuzen. All dies sind wunderbare Menschen, die mich im sozialen Miteinander und in der Begegnung bereichern.

Ein ganz besonderer Dank an meinen »Texttiger« und meine Lektorin Bettina Moll (www.texttiger.de), mit welcher ich über ein Jahr lang in den Tiefen der Materie verschwand, sowie an meine Mitarbeiterin Ulla Schmid, die im Verlauf der Entstehung des Buches ausgesprochen hohe Basiskompetenzen bezüglich Leidensfähigkeit, Frustrations- und Stresstoleranz sowie Durchhaltevermögen bewiesen. Denn eigentlich haben sie das Buch geschrieben, verworfen, eingefügt, weggelassen, korrigiert und zusammengefügt. Zum Schluss ist ein Buch in enger, konstruktiver Zusammenarbeit mit einem guten Verlag entstanden. Das Ganze nett zu verpacken, das war Schlussaufgabe. Die Künstlerin und Designerin Yimeng Wu (www.yimengwu.com) hatte dafür eine tolle Covcridee. Die Collage hängt natürlich auf der Wollmarshöhe.

Anleitung zum Selbstmanagement:
Was kann ich selbst sofort tun?

Ziel ist es, ein Leben mit wachsender Urteils- und Entscheidungskraft, mit einem gesunden Selbstwertgefühl, mit Selbstständigkeit und in Selbstbestimmtheit zu führen. Belohnung dafür wird das sich einstellende Gefühl der Zufriedenheit, der Selbstwirksamkeit und das innere Wachstum auf dem Weg zu Ihrer persönlichen Meisterschaft sein. Das Leben selbst bietet Ihnen dazu das bestmögliche Trainingsfeld, über ein Lernen durch Erfahrungen Ihre Basiskompetenzen zu erweitern und zu trainieren.

Versuchen Sie, Ihr Leben in einer gebenden und nicht in einer fordernden Haltung zu gestalten! Schenken Sie anderen Aufmerksamkeit, Hilfe, Liebe und Unterstützung, ohne einen Anspruch auf Ausgleich geltend machen zu wollen! Auf diese Weise fördern Sie Ihre Selbststärke, Ihren Selbstwert, Ihre Selbstsicherheit und auch die Liebe zu sich selbst. Sie werden die Erfahrung machen, dass es sehr lähmend ist, in einer Anspruchshaltung als Opfer zu verharren, oder Sie haben diese Erfahrung bereits gemacht. Versuchen Sie, nach Ihren inneren Überzeugungen zu leben und nicht nach den Vorstellungen anderer, die ständig Bedingungen stellen und Ihnen damit implizieren, was Sie alles müssen, und suggerieren: Sie müssen perfekt sein, Sie müssen immer lieb sein und eine gute Figur machen, Sie müssen fehlerfrei sein und Ähnliches. Relativieren Sie sich auf diese Weise selbst und stehen Sie zu sich als nicht perfektes, aber bemühtes Wesen, Ihr Leben bestmöglich und selbst zu gestalten! Sie sind für vieles verantwortlich, aber nicht für alles. Wenn Sie eine solche innere Gelassenheit und Akzeptanz der »Unperfektheit« angenommen und verinnerlicht haben, werden Sie auf Sie zukommende Probleme vollkommen anders beurteilen. Sie brauchen niemanden mehr dafür verantwortlich zu machen und müssen auch nicht in der Rolle eines Opfers davor kapitulieren. Sie sehen Probleme als etwas Natürliches an, die zum Leben dazugehören. Durch die Annahme dieser Herausforderung, durch das Bearbeiten und möglicherweise sogar Lösen des Problems haben Sie die Chance, neue Kompetenzen zu erwerben. Wenn Sie sich nun derart aktiv mit sich selbst beschäftigen, Ihr Leben, Ihr Sein, Ihr Handeln, Fühlen und Denken reflektieren, auch im Umgang mit Ihren Mitmenschen, dann gewinnen Sie als Erstes Selbsterfahrung.

Sich selbst zu erfahren, das ist eine der wichtigsten Erfahrungen, die Sie auf dem Weg zu Ihrer persönlichen Meisterschaft benötigen. Sie verlieren dabei die Unkenntnis und damit auch die Angst vor Ihrem Inneren. Das wird Sie innerlich frei machen, Ihnen Kraft geben, andere ohne Anspruchsdenken zu unterstützen, sich selbst als nicht perfekt zu akzeptieren und den Mut aufzubringen, mit dieser Selbstverantwortlichkeit selbstbestimmt und handlungsorientiert mit der nötigen Portion Optimismus hinaus in die Welt zu gehen. Wie das in der Praxis genau aussehen kann? Hier einige Beispiele:

1. Der Mensch ist vermutlich das einzige Lebewesen, welches über sich selbst nachdenken kann. Dies versetzt ihn in die Lage, mindestens teilweise einen Einblick in seine eigene Systemkonzeption zu bekommen und sein System kennenzulernen. Eignen Sie sich durch Literatur oder andere Medien ein Grundwissen über das menschliche System an. So wie es sinnvoll ist, die Funktionsweise eines Rasenmähers zu kennen, bevor man ihn bedient, ist es sinnvoll, im Hinterkopf zu haben, wie sich Körper, Seele und Geist entwickeln und in welchen Wechselwirkungen sie miteinander stehen. Auf diese Weise wird für Sie deutlicher werden, an welchen Stellen und mit welchen Methoden Sie persönlich an Ihrer eigenen Entwicklung arbeiten können.

2. Gehen Sie öfter in sich und seien Sie selbstreflexiv! Das heißt, versuchen Sie, so gut es geht, sich selbst zu betrachten und nachzuspüren, was Ihnen gut tut und was nicht und vor allem, warum das so ist! Überlegen Sie sich, welches Verhalten, welche Taten, welche Gefühle und welche Gedanken an Ihnen aus Ihrer Sicht nicht sehr förderlich sind, wo Sie Ihrer Meinung nach zufrieden mit sich sind und woraus Sie letztendlich Ihre Kraft schöpfen! Das können Sie beispielsweise beim Spazierengehen, auf einer Parkbank oder kurz vor dem Einschlafen tun.

3. Machen Sie sich bewusst, in welchen Situationen des Lebens Sie am meisten leiden! Wenn Sie diese Momente Ihres Lebens klar vor Augen haben, merken Sie sich diese, um später dafür Lösungen zu erarbeiten! Aber erweitern Sie auch mal kurz Ihre Perspektive und bewerten Sie Ihr Leid vor dem Hintergrund Ihrer gesamten Jetzt-Situation und Lebensgeschichte.

4. Machen Sie sich bewusst, welche Bereiche Ihres Lebens Ihnen am meisten Freude bereiten und Kraft geben! Wenn Sie diese Bereiche gefunden haben, überlegen Sie, wie Sie die Bedeutung dieser Bereiche in Ihrem Leben ver-

stärken können! Betrachten Sie diese Bereiche auch, indem Sie Ihre Perspektive für andere Lebensumstände und Schicksale auf der Welt öffnen!

5. Akzeptieren Sie auch die Situationen und Bereiche Ihres Lebens, die Ihnen schwer fallen oder in denen Sie Probleme haben! Sie sind »normal«, gehören zum Leben dazu und warten darauf, von Ihnen Zug um Zug gemeistert zu werden. Wenn Sie sich darauf einlassen, kommen Sie zu einer realistischen, lebendigen, lebensbejahenden inneren Haltung.

6. Ist etwas bei Ihnen nicht so gut gelaufen, verfallen Sie nicht gleich in ein generelles Selbstverurteilen! Schauen Sie sich die Sache in ihrer Ganzheit an, analysieren Sie, wo die Fehlerquelle liegt und wo nachgebessert werden muss! Durch Fehler lernt man, und noch was: Sie sind kein perfekter Automat!

7. Versuchen Sie, Ihr Leben als Ganzes anzunehmen und vor Ihren Problemen und Herausforderungen nicht zu kapitulieren oder gar wegzurennen! In erster Linie sind Sie selbst verantwortlich dafür, sich Ihrem Leben mit allem Drum und Dran zu stellen. Selbst Verantwortung zu tragen, trägt dazu bei, dass Ihr Selbstbewusstsein wächst und Sie das Gefühl von Selbstwirksamkeit erlangen.

8. Reflektieren Sie kritisch sowohl das auf sie einstürzende Mainstreamdenken als auch die Sie subtil beeinflussenden Medieninterpretationen und gleichen Sie sie mit Ihren eigenen Erfahrungen ab! Nur wenn sie in Ihre eigene Geschichte passen, haben diese für Sie eine Relevanz. Übernehmen Sie nichts unreflektiert und kritiklos!

9. Spüren Sie die tatsächlichen Gefahren in Ihrem Leben auf, die Sie, Ihre Mitmenschen oder Ihre Geschichte bedrohen! Übernehmen Sie nicht die Gefahren medialer »Gefahrenkonstrukteure«! Überlegen Sie sich doch einmal bei den nächsten Abendnachrichten, ob sich das Berichtete im Großen und Ganzen mit Ihrer erfahrenen Wirklichkeit deckt, und wenn nicht, warum dies wohl so ist!

10. Vergegenwärtigen Sie sich immer wieder mal, dass Zufriedenheit und Glück daran gekoppelt sind, wie sinnvoll Sie Ihre eigene Geschichte schreiben können! Singuläre, äußere Dinge, wie schöne Güter oder schöne Reisen oder was immer es an äußeren Umständen gibt, tragen nur zu Ihrer persönlichen Meisterschaft bei, wenn sie sich sinnvoll in Ihre eigene Geschichte einfügen. Manchmal ist es von Vorteil, diese aufzuschreiben, noch besser:

Sie reden mit Ihren engsten, wohlwollenden Freunden darüber. So gewinnen Sie Kohärenz!

11. Hören Sie nicht auf, Ihre eigene, sinnvolle Geschichte zu schreiben und
dabei stets ein Ziel oder Ziele vor Augen zu haben! Machen Sie sich klar,
dass wenn Sie aufhören, Ihre eigene, sinnvolle Geschichte zu schreiben, sie
von jemand anders geschrieben wird! Das bedeutet beispielsweise: Wenn
Sie einer Ihrer Freizeitaktivitäten nicht selbst eine Bedeutung und einen
Sinn geben (»Ich brauche das Schwimmen, weil es mir Kraft und Entspannung gibt!«), wird möglicherweise ein anderer dieses Kapitel Ihres
Lebens mit einer anderen Bedeutung belegen (»Anstatt dass er sich um seine
Pflichten kümmert, ist er nur auf sein eigenes Vergnügen bedacht und
entzieht sich unentwegt!«). Übernehmen Sie solche Einschätzungen, zahlen
Sie permanent mit Ihrem schlechten Gewissen dafür.

12. Wirkliche Veränderungen erleben Sie erst, wenn Sie das bislang nur Vermutete oder Gedachte als richtig erfahren. Die Erkenntnis, wie es gehen
könnte, ist nur eine, wenn auch wichtige Voraussetzung für Veränderungsprozesse. Erst wenn Sie das Gedachte leben, wird es erfahrbar und für
Sie persönlich verhaltensrelevant.

13. Seien Sie kein Feind Ihrer eigenen Emotionen und Gefühle! Auch wenn Sie
negativ sind, versuchen Sie nicht, sie zu unterdrücken oder zu bezwingen!
Sie gehören zu Ihnen und sind die entscheidenden Bewertungsstellen für Ihr
gegenwärtiges Denken und Verhalten. Je ausgeprägter Ihre emotionale
Schwingungsfähigkeit ist, umso lebendiger wird Ihr Leben. Nehmen Sie sich
darum die Zeit, Ihre Emotionen hin und wieder bewusst wahrzunehmen
und denken Sie darüber nach, wie nützlich und wichtig diese für Sie sind!
Auf diese Weise können Sie, wie bei der letzten Feinarbeit an einem Ge-
mälde, Ihrer emotionalen Kompetenz »den letzten Schliff« geben. Versuchen Sie zu ergründen, auf welchen früheren und aktuellen Erfahrungen Ihr
jetziges Gefühl basiert! Sie werden sehen, es ist gar nicht so einfach. Erfahrungen und Gefühle sind oft verborgen. Fangen Sie also ganz einfach mal
damit an, in Ihrem Erleben innerlich zurückgehen, bis Sie auf ein sehr
schönes und ein nicht so schönes Gefühl stoßen! Überlegen Sie sich dann,
ob aus jetziger Sicht das Gefühl zum damaligen Erleben passte!

14. Wenn Ihnen etwas Angst macht, ist dies zunächst ein gesundes Zeichen,
welches Ihnen signalisiert: »Achtung, Neues! Sei aufmerksam und vorsichtig!« Die Angst signalisiert Ihnen, dass Sie sich in irgendeiner Weise auf
ein unsicheres Terrain begeben oder sich bereits darauf befinden. Das Ge-

fühl, sich sicher zu fühlen, ist aber immer auch eine Angelegenheit der eigenen Deutung und Beurteilung. Prüfen Sie also an dieser Stelle Ihr verinnerlichtes Sicherheitsbedürfnis und überlegen Sie sich, wie Sie mit Angst und Sicherheitsbedürfnis aktuell und in Zukunft umgehen wollen! Versuchen Sie einmal, an einer Stelle Ihr Sicherheitsbedürfnis wegzulassen! Planen Sie mal nicht die nächste Woche oder den nächsten Urlaub! Fahren Sie doch mal einfach drauf los! Das ist nur ein Beispiel. Sie müssen sich natürlich Ihrer eigenen angsteinflößenden Gedanken und Situationen bewusst werden und daraufhin Ihre Sicherheitsbedürfnisse überprüfen! Machen Sie sich klar und sagen Sie sich immer wieder: Die Angst in mir ist kein schrecklicher Feind. Sie verhält sich zu mir wie eine sich sorgende Mutter, die sagt: »Ja, geh hinaus in die Welt, aber sei achtsam und vorsichtig, dann wird Dir alles gelingen!«

15. Vorab: Ihre emotionale Bewertung von Umständen und Situationen ist zunächst einmal immer richtig! Unbewusst wird in Ihnen die aktuelle Situation mit Ihren bisherigen Erfahrungen verglichen und wie bei einem geeichten Messgerät angezeigt, ob dort kritische Marken überschritten werden. Das Ergebnis des Messgeräts, die emotionale Bewertung, hängt also ganz von Ihren bisherigen Erfahrungen ab. Durch korrigierende Erfahrungen können Sie jedoch Ihre inneren Bewertungsstellen neu justieren. Das setzt voraus, dass Sie anders handeln, als Sie es gewohnt sind. Wenn Sie nur darüber nachdenken, bleibt der Wirkimpuls zu klein. Ziehen Sie ungewohnte Kleidung an, verhalten Sie sich anders, machen Sie etwas, das Sie noch nie gemacht haben! Das kann auch etwas vollkommen Alltägliches sein, dann erfahren Sie, was gemeint ist.

16. Ihr aktuelles Gefühl basiert sowohl auf früheren Erfahrungen als auch auf ihrer Persönlichkeitsstruktur. Die Evolution irrt fast nie und hat uns als Art Homo sapiens im Laufe der Geschichte die Fähigkeit verliehen, uns immer wieder bestmöglich anzupassen. Dadurch sind wir so weit gekommen und da, wo wir heute sind. Jeder Einzelne von uns besitzt diese naturgegebene Anpassungsfähigkeit. Sie ermöglicht Ihnen erst, sich gefühlsmäßig und verstandesmäßig den aktuellen Situationen bestmöglich anzupassen. Die Pointe: Sie passen sich nur an, wenn Sie neue Erfahrungen machen, die Sie auch verwerten können. Mit anderen Worten: Es geht nicht darum, dem Leben zu entrinnen, sondern es anzunehmen, das Beste draus zu machen, Ihren Horizont permanent zu erweitern und zu wachsen. Gehen Sie also, wenn Sie Klassikfan sind, mal in ein Rockkonzert, und wenn Sie Rockfan sind, in ein klassisches!

17. Begeben Sie sich nicht in die Illusion, Sie könnten das Leben, sich selbst oder gar Ihre Gefühle vollkommen kontrollieren! Gott sei Dank ist dies nicht so, sonst wäre Veränderung ganz und gar unmöglich. Streben Sie also nicht danach, das Leben mit all seinen Eventualitäten unter Kontrolle halten zu wollen, sondern danach, auf den Wellen des Lebens zu surfen. Dies gilt für Ihren Körper, Ihre Gefühle und Ihren Geist. Nehmen Sie das ganze Leben, so wie es ist, mit all seinen Höhen und Tiefen und dem anderen dazwischen an! Versuchen Sie, es so intensiv wie möglich zu erfahren, indem Sie mit dem Fluss des Lebens schwimmen! Strudel und Stromschnellen, dass Sie müde werden und sich mal auf einem Floss ausruhen müssen oder sogar in einen Sturm damit kommen, sind natürlich nicht ausgeschlossen, aber Sie können versuchen, sich der Perfektion und der Kunst des Lebens anzunähern und auf diese Weise an Ihren Aufgaben zu wachsen.

18. Stecken Sie weder sich noch andere Menschen sofort in irgendwelche Schubladen (gut – böse, begabt – unbegabt, etc.)! Nehmen Sie sich und die anderen Menschen als Ganzes wahr und an! Lassen Sie sich unter diesem Aspekt jetzt mal unterschiedliche Bekannte oder Arbeitskollegen durch den Kopf gehen! Was ist gut und liebenswert an der Person, was kann sie, was ist nicht so ihr Ding, was gefällt mir, was nervt mich? Üben Sie so zunächst gedanklich – vielleicht schon etwas mit Gefühl – eine wertschätzende Haltung einzunehmen! Versuchen Sie also, Ihre Mitmenschen mit allem Drum und Dran wahrzunehmen! Und weil man das nicht ausschließlich durch Nachdenken darüber erreicht, unternehmen Sie doch gemeinsam etwas! Planen Sie einfach gemeinsam ein Erlebnis, bei dem sie alle aktiv beteiligt sind! Sie sparen auch Geld, wenn sie mal auf konsumtive Dinge – Kino, Rummel, Club-Reisen mit Animation etc. – verzichten und etwas Ungewöhnliches machen, bei dem Sie selbst aktiv dabei sind. Das kann eine gemeinsame Wanderung in der Stadt oder in der Natur sein, mit Rucksackverpflegung oder dem Vorhaben, unterwegs gemeinsam etwas zu kochen. Und noch eines: Machen Sie daraus ja keine »therapeutische« Veranstaltung! Das fühlt sich dann wie bei gestellten Fotos an, unecht und nicht wie im Leben. Versuchen Sie selbst einmal nachzuspüren, wonach Sie sich besser fühlen: nach einem gemeinsamen Fernsehnachmittag oder nach einer gemeinsamen Erfahrung, bei der alle aktiv waren! Dadurch werden Sie sich Ihrer selbst bewusster und nehmen besser wahr, was Ihnen wirklich gut tut, und die anderen lernen sie auch besser einzuschätzen und anzunehmen, umgekehrt genauso. Beziehungsqualitäten werden so eindeutiger.

19. Bevor Sie sich in irgendeine Sache emotional verbeißen – in die Äußerung eines Mitmenschen Ihnen gegenüber, ein aufgetretenes Problem oder etwas

Ähnliches –, versuchen Sie, eine Außenperspektive einzunehmen und das Ganze einmal von einem Metastandpunkt aus zu betrachten! Lassen Sie los vom Detail! Wenn das nicht geht, warten Sie einen Tag, lassen Sie den Ärger erst mal verrauchen und versuchen Sie es erneut! Auf diese Weise üben Sie sich darin, Ihren Blick für die positiven Dinge des Lebens nicht zu verlieren. Auch das Positive an Ihrem Gegenüber nehmen Sie so deutlicher wahr, als wenn Sie sich nur auf das von Ihnen als negativ Empfundene versteifen. Sie können dies direkt beim nächsten Konflikt üben. Wenn Sie spüren, dass Sie ärgerlich oder gar wütend werden, versuchen Sie sofort, Ihr Gegenüber als Ganzes wahr- und anzunehmen, denken Sie an all das Positive, das Sie mit ihm verbinden und relativieren Sie so Ihren Ärger! Bringen Sie Ihren Ärger oder Konflikt dann zum Ausdruck, indem Sie nicht polarisieren, sondern beides erwähnen, das Positive und das Negative! Es könnte sich etwa so anhören: »Karl, ich finde es gut, wenn Du Dich um viele Dinge sofort kümmerst, aber wenn Du Dich dabei ohne Rücksprache in meine Angelegenheiten einmischst, ärgert mich das sehr ...« Sie werden, je öfter Sie dies tun, erfahren, wie Sie in solchen Situationen emotional immer entspannter reagieren können und wie viel besser Ihre Urteilsfähigkeit funktioniert. Dann wird wie von selbst auch vom Gegenüber der Konflikt anders bewertet und bearbeitet werden, da Sie ihn nicht frontal angreifen.

20. Sie leben nicht alleine auf der Welt und dafür sind Sie auch nicht gemacht. Homo sapiens ist ein soziales Wesen. Versuchen Sie also genau so, wie Sie mit sich selbst klar kommen wollen, mit anderen Menschen klarzukommen! Unterscheiden Sie immer und ganz präzise – z. B. im Berufsleben –, ob Sie sich auf der Sach- oder auf der Beziehungsebene befinden. Dies ist eine ganz wesentliche Voraussetzung für Ihr folgendes Fühlen, Denken, Handeln und Verhalten. Wollen Sie einer Sache dienlich sein oder mit Ihren Mitmenschen in einen Beziehungsnahkampf treten? Natürlich können Sie sich dem emotionalen Nahkampf stellen, aber Sie müssen sich dabei auch bewusst sein, dass Sie es tun und nicht unbedingt zur Lösung des Konflikts oder des Problems beitragen. Sie merken, dass etwas »hochkocht«? Fragen Sie sich, was es genau ist! Befinden Sie sich auf der Sach- oder auf der Beziehungsebene und worum geht es Ihnen bei der Lösung des Konflikts eigentlich?

21. Befinden Sie sich auf der Ebene einer Beziehungsklärung oder -modifizierung, versuchen Sie, Ihr Gegenüber nicht als Feind wahrzunehmen, sondern als Mensch mit ähnlichen Vorstellungen, Befürchtungen, Ängsten und Schwächen, aber auch mit Stärken, wie Sie sie haben, es sei denn, Sie wollen ihn vernichten! Dabei hat er vielleicht nur eine andere Meinung als Sie ...

22. Vergegenwärtigen Sie sich, dass Ihre Sicht auf die Dinge ebenso subjektiv ist wie die des anderen und auf Ihren persönlichen Erfahrungen beruht!

23. Versuchen Sie nicht, sich aus sozialen Schwierigkeiten herauszunehmen, indem Sie in Ihrer Höhle verschwinden! Sie haben schon rein evolutions-biologisch betrachtet einen sozialen Bedarf und eine soziale Verpflichtung. Sie brauchen das Gegenüber, die Gruppe, Anerkennung von anderen und das Soziale letztendlich für Ihre persönliche Zufriedenheit und Ihr Glück. Stellen Sie sich individuellen und kollektiven sozialen Herausforderungen, indem Sie im Miteinander Erfahrungen machen!

24. Die Kraftquellen für unser Leben kommen individuell aus sehr unter-schiedlichen Bereichen. Vertrauen Sie nicht blind auf Empfehlungen wie »Tun Sie sich mal was Gutes, indem Sie ins Kino gehen, eine Wanderung machen, auf dem Sofa faul herumliegen, Wellness machen, spazieren gehen, Ihre Lieblingsmusik hören, fernsehen oder unterstützend ein paar Nah-rungsergänzungsmittel nehmen …!« Das kann wohltuend sein, muss es aber nicht. Überprüfen Sie Ihre eigenen Bedürfnisse, denn die sind sehr individuell! Was für den einen gut ist, muss für den anderen noch lange nicht gut sein. Nützliche Erfahrungen machen Sie allerdings am häufigsten in aktiv-handlungsorientierten, weniger in passiv-konsumtiven Erfah-rungsräumen. Sagen Sie sich nicht: »Ich sollte ja eigentlich mal …«, »Ich müsste mal …« oder so etwas Ähnliches, sondern verwirklichen Sie Ihre Handlungsabsicht so schnell und gut es geht!

25. Vergessen Sie bei all den guten Ratschlägen nicht, ein Übermaß an Au-ßenorientierung zu behalten und wahrzunehmen, was im wirklichen Leben passiert! Das Leben ist von Natur aus nach außen gerichtet, nicht nach innen. Wenn Sie sich permanent mit sich selbst beschäftigen, bleiben Sie in sich und abgekoppelt von der stattfindenden Gegenwart. Versuchen Sie, in bewussten Übungen mit Ihren Sinnesorganen die Außenwelt wahrzuneh-men und fokussieren Sie Ihre Aufmerksamkeit darauf! Betrachten Sie be-wusst Formen oder Farben, auch Verhaltensweisen! Wie riechen, schme-cken, fühlen und hören sich die Menschen und Ihre Umwelt an?

26. Erwarten Sie nicht, dass Sie sich von heute auf morgen irgendwie voll-kommen verändern werden! Die menschliche Persönlichkeit ist ungeheuer zäh und stabil, und das ist auch gut so. Wäre es nicht so, würden wir in stetiger Verunsicherung leben, uns permanent infrage stellen, hin und her überlegen, uns nicht festlegen können und darüber schließlich wahnsinnig werden. Das heißt: Begnügen Sie sich mit kleinen Schritten, mit denen Sie

auf den Berg Ihrer persönlichen Entwicklung steigen und Ihren Horizont erweitern! Hier trifft die Weisheit zu: Der Weg ist das Ziel, das Ziel zu erreichen, bedeutet aber im Leben letztendlich den Tod.

27. Glauben Sie nicht, dass Einzelerfahrungen keinen Einfluss auf Ihre Persönlichkeitsbildung hätten! Sie können zu so genannten fundamentalen Leiterfahrungen werden. Aber vergessen Sie trotzdem nicht, dass in der Regel nur die Übung den Meister macht! Erst wenn Sie immer wieder in Ihrer Erfahrung durch neue Erfahrungen bestärkt werden, entsteht hieraus handlungs- und verhaltensorientierte Meisterschaft. Erst Übung macht den Meister! Es ist wie beim Sport.

28. Vergegenwärtigen Sie sich, dass das Leben gleich einer Blumenwiese nur in seiner Vielfalt und Buntheit interessant und lebenswert ist! Nehmen Sie deshalb, so gut und so viel wie es geht, am Leben teil! Natürlich brauchen Sie auch Ihre Rückzugsräume. Nur, wenn Sie sich vollkommen in Ihre Innenwelten zurückziehen, hat das etwas Autistisches. Wenn Sie vollkommen in Ihrem inneren Nirwana der Gleichgültigkeit und in einem amplitudenlosen, gleichförmigen Nur-überleben-Wollen versinken, überleben Sie zwar, aber Sie leben Ihr Leben nicht wirklich. Alles, was Ihnen begegnet, gehört zu einem erfüllten Leben dazu. Das Schöne und das nicht so Schöne, das Kalte wie das Warme, der Schmerz und die Freude. Wir brauchen all das, den Trubel und die Stille, die Arbeit und die freie Zeit, die emsige Tätigkeit und die Muße, das Geben und das Nehmen, die Nähe und die Distanz.

29. Nehmen Sie sich selbst und das ganze Leben nicht so wichtig! Wir sind weniger als eine Sekunde im Weltenlauf und haben die evolutionäre Aufgabe, die Gegenwart spielerisch zu gestalten. Den Menschen oder die Welt neu erfinden, das können wir sowieso nicht. Üben Sie eine solche Betrachtungsweise zunächst einmal an einer Sache, die Ihnen richtig misslungen oder schiefgegangen ist, und fragen Sie sich, wie vieles andererseits in Ihrem Leben schon gut geklappt hat und wie viel noch einmal so gut gehen wird!

30. Hören Sie niemals auf, perfekt sein zu wollen, aber nehmen Sie lächelnd in Kauf, dass Sie dies niemals erreichen können! Handeln Sie dabei nach Ihren eigenen Maximen und Leitsätzen, nicht nach denen der anderen, etwa Ihres Chefs oder Ihrer Mitmenschen, die überzogene Bedingungen an ihre Zuwendung, Zuneigung oder an Ähnliches knüpfen!

31. Seien Sie leistungsorientiert und verweigern Sie sich nicht im Schreiben
Ihrer eigenen Geschichte! Die Maxime Ihrer Leistung(sbereitschaft) sollte
sein, sich verantwortlich für das Gelingen des eigenen Lebens zu zeigen. Sie
sollte sich hingegen nicht ausschließlich darauf beschränken, Erfüllungs-
gehilfe anderer Geschichtsschreiber oder Institutionen zu sein. Seien Sie
ruhig traurig über die eine oder andere Erfahrung, die Sie in Ihrer Kindheit
oder Ihrem Leben gemacht haben, aber verharren Sie nicht in einer jammervollen Opferhaltung! Ihre Erfahrungen, auch wenn sie negativ sind,
erhöhen die Spannung in Ihrem Lebensroman. Sorgen Sie dafür, dass der
Roman durch neue und vielleicht auch korrigierende Erfahrungen eine
andere, vom Leser nicht voraussehbare, interessante Wendung nimmt und
letztendlich gut ausgeht. Erfahrungen machen wir immer dann, wenn wir
mit jemandem oder etwas in Beziehung treten. Das kann auch die Bezie-
hungsaufnahme zu uns selbst sein. Nur reicht die Selbsterfahrung allein
natürlich bei Weitem nicht aus. Der Mensch ist ein soziales Wesen und wir
sind dazu gemacht, uns mit unseren Mitmenschen und der Welt auseinanderzusetzen. Treten Sie also so viel wie möglich mit anderen Menschen,
Ereignissen und Entwicklungen in Beziehung und erhöhen Sie so Ihren
persönlichen Erfahrungsschatz! Mit einer lediglich dünnen Erfahrungsde-
cke ist die komplexe Gegenwart und anstehende Zukunft womöglich nicht
zu meistern …

32. Betrachten Sie Anforderungen an Sie und Ihr Leben nicht als unangenehme
Stressoren, sondern als lebendige Herausforderungen, die Sie meistern
können, wenn Sie nur wollen! Ihre Bereitschaft, diese annehmen zu können,
können Sie trainieren, indem Sie auch Unangenehmem nicht ausweichen.
Dies können Sie in einem ersten Schritt schon durch einfache Erfahrungen
üben. Gehen Sie joggen, auch wenn es kalt ist und regnet, ertragen Sie
Hunger, ohne die nächste Fastfood-Kette anzusteuern oder nehmen Sie
emotionalen Schmerz als Tatsache wahr, an dem Sie wachsen können!
Weichen Sie also nicht allem Unangenehmen sofort aus und machen Sie sich
bewusst, dass sich die Wahrnehmung von Herausforderungen des Lebens
immer subjektiv an unserem inneren Bewertungsmustern und Basiskompetenzen orientiert.

33. Betreiben Sie möglichst regelmäßig eine körperliche Tätigkeit oder Bewe-
gungsform! Wir sprechen hier bewusst nicht von Sport, weil damit oft
Leistung und Wettkampf assoziiert werden. Es geht darum, insgesamt in
Bewegung zu bleiben und nicht einzurosten. Lassen Sie Ihrem Körper Be-
wegung angedeihen, dann hat dies auch Auswirkungen auf Ihre Gefühle und
Ihren Geist. Durch die Wechselwirkung zwischen Körper, Seele und Geist

profitieren Sie von der körperlichen Bewegung auf der ganzen Linie. Denken Sie jetzt nicht, dass Sie dafür jetzt erst mal die passenden Schuhe oder das nötige modische Equipment kaufen müssten! Das brauchen Sie alles nicht. Holen Sie einfach das alte Fahrrad aus dem Keller und fahren Sie ein wenig durch die Straßen, laufen Sie eine Dreiviertelstunde lang mit zügigem Schritt durch den Park – das geht auch ohne Stöcke –, schwimmen Sie eine Runde im See, auch wenn das Wasser kalt ist oder es regnet! Vor allem aber, tun Sie das, was Sie vorhaben, jetzt und regelmäßig (eventuell sogar zweimal pro Woche)!

34. Dass Sie so sind, wie Sie sind – Ihr Sosein –, entspringt unter anderem einer Summe tausender Erfahrungen, die Sie während Ihres Lebens schon gemacht haben. Natürlich gibt es so genannte »prägende« Leiterfahrungen. Auf ihnen kann ein ganzes Lebenskonstrukt beruhen, da auf dieser Basis meist Folgeerfahrungen mit der entsprechenden inneren, teils unbewussten Bewertung gemacht werden. Wenn Sie solche Leiterfahrungen in Ihrem Leben herausarbeiten und ihnen modifizierte, korrigierende Erfahrungen entgegensetzen, kann sich ein ganzes Konstrukt tragender Lebensgefühle ändern. Dies trifft sowohl für die negativen als auch für die positiven Leiterfahrungen zu. Die positiven, aber auch die negativen Erfahrungen können Ihnen eine grandiose Stärke verleihen. Nun sind wir an dieser Stelle bereits in einem hoch komplizierten Bereich Ihrer persönlichen Entwicklung angelangt, der nicht so leicht selbst zu durchschauen ist. Da solche Erfahrungen zudem in vielen Fällen unbewusst sind, bedürfen wir zur Identifizierung unserer Leiterfahrungen oft eines Außenbetrachters, sprich eines Trainers, Coachs oder Therapeuten.

35. Wenn Sie das bis jetzt Beschriebene als Grundhaltung verinnerlicht haben, haben Sie sich somit jetzt mental und emotional die Tür geöffnet, um weitere Basiskompetenzen zu erfahren, zu vertiefen und zu trainieren.
    – Begeben Sie sich so, mit dieser inneren Haltung, in Erfahrungsräume – Sie sind ja jetzt ein Aktivist, der einiges über sich gelernt hat!
    – Gehen Sie zu gesellschaftlichen Veranstaltungen oder Partys, zu denen Sie aus Hemmung oder Angst nicht hingehen wollen!
    – Stellen Sie Ihren Mitmenschen die Fragen, die Sie immer schon einmal stellen wollten, wozu Sie sich bislang aber noch nicht durchringen konnten!
    – Machen Sie am Wochenende mal etwas vollkommen anderes, als das, was Sie immer schon machen!
    – Verhelfen Sie insbesondere Ihren Kindern dazu, Zutritt zu Erfahrungsräumen zu bekommen, sie benötigen es am meisten!

– Versuchen Sie, Sicherheiten aufzugeben und Dinge spontan zu tun! Das kann eine verrückte, spontane Idee im Alltag sein, aber auch eine ungeplante Reise ohne Navi, Vorbuchung oder Reiserücktrittsversicherung.
– Verabschieden Sie sich von der Vorstellung, Erfahrung hätte grundsätzlich etwas mit Geld zu tun! Erfahrungen machen Sie im Hier und Jetzt preiswerter und intensiver als in einem gegen Geld erstandenen Pauschalurlaub.

Sicherlich könnte das alles ein Anfang von einem besseren Selbstmanagement, mehr Selbstverantwortung in Bezug auf die eigene Entwicklung und ausgefeilteren Handlungsweisen sein. Nun wissen wir aber, dass es oft sehr schwer ist, ein Einzelkämpfer zu sein und allein diesen Weg für sich zu gehen. Noch mehr ist uns jetzt bewusst geworden, dass bei den meisten von uns Menschen, die in modernen Gesellschaften leben, oft der Mangel basiskompetenter Denk-, Fühl- und Verhaltensmuster schon so groß ist, dass es ohne professionelle oder institutionelle Maßnahmen eigentlich nicht von alleine und so schnell gehen kann.

Wir kennen das Dilemma: Haben wir bei einem Thema einmal den Anschluss verloren, begreifen wir plötzlich gar nichts mehr. Wir schalten einfach ab und auf Durchzug. Dadurch wird das Defizit aber noch größer. Und was unsere Kinder oder »die heutige Jugend« anbelangt, so können diese auch nur von den Eltern, Lehrern und anderen Erwachsenen das lernen und abschauen, was da ist und vorgelebt wird. Das könnte, wenn wir nichts ändern, ein sich auf alle Lebensbereiche ausdehnender Teufelskreis werden.

Wenn wir nun wissen, wohin uns dies führen kann, dann fangen wir doch am besten jetzt gleich an! Wir haben das Zeug dazu! Also, keine Angst! Nur die, die ganz den Sinn für sich selbst, für ein besseres Leben und Überleben verloren haben, werden in ihren Sesseln pessimistisch liegen bleiben und den Kopf schütteln. Sie aber, als einer der besten und anpassungsfähigsten Allrounder, werden mit Ihrem Könnensoptimismus wohl eine ganze Menge Schritt für Schritt entgegenzusetzen haben!

Wenn Sie mehr und tiefer in das Wissen über uns selbst und unsere psychischen und physischen Funktionsweisen vordringen wollen, dann beachten Sie auch die im Nachwort genannten Literaturhinweise. Systematisieren Sie Ihr Selbstmanagement, z. B. durch Aufzeichnungen, Reflexionen, Anmerkungen auf Ihren Laptops oder im ganz persönlichen Tagebüchlein in Ihrer Jackentasche! Dadurch werden Sie gewahr, wie weit Sie schon gekommen sind und welche nächsten Schritte Sie gehen sollten. Fangen Sie jetzt gleich damit an, neue Erfahrungen zu machen und vor allem: Bleiben Sie dran! Viel Spaß dabei!

Halt! Vergessen Sie niemals »nutzlos« zu genießen! Ich meine den Genuss, der nur schön, entspannend und erquickend ist. Denn auch das ist eine wichtige Erfahrung!

> »Kein Genuss ist vorübergehend,
> denn der Eindruck,
> den er zurücklässt,
> ist bleibend.«
>
> (Johann Wolfgang von Goethe)